토목기사·산업기사
수리수문학
필기

합격으로 가는
가장 빠른 길!

빠삭

토목기사·산업기사 수리수문학 필기

류권규 · 이남주 지음

교문사

머리말

토목기사·산업기사 필기시험 중 수리수문학 기출문제를 풀이한 것이다.

이를 위해 지난 20여 년 정도의 기출문제를 가능한 한 모두 모아 주제별로 분류하였다. 특히 2007년부터는 한 문제도 빠짐없이 정리하였다.

제1저자의 학교에서는 이와 비슷한 교재로 10여 년간 강의를 진행하였으며, 그 결과 제1저자의 강의를 들은 학생들은 수공학 분야에서만은 60점 이상을 받는 것이 어렵지 않다고 하였다. 또, 과락을 받은 학생들도 거의 없어, 가장 어렵다는 수리수문학이 적어도 토목기사·산업기사 시험에서만은 가장 쉬운 과목으로 생각하고 있다.

이런 성과를 거둘 수 있었던 것은 기사·산업기사 시험 문제를 푸는 데 전략적 사고를 갖고 대처하도록 하였기 때문이다. 토목기사·산업기사 필기시험은 6개 과목의 평균이 60점, 각 과목별 40점 이상이어야 한다. 따라서, 수리학과 수문학(여기서는 이 둘을 수공학이라 부르기로 하자)에서는 70점을 목표로 공부한다. 70점을 받기 위해서는 20문제 중 확실하게 아는 것 12개로 60점을 확보하고, 나머지 8개 문제 중 적절히 선택하여 1/4 확률인 10점을 얻으면 된다. 따라서 어려운 문제 하나를 푸느라 고생하는 것보다는 쉬운 문제 위주로 확실하게 이해하는 것이 더 좋다. 그래서 이 책에서는 전체 문제를 다음과 같이 세 가지 난이도로 분류하여 표시하였다.

- ★ 절대로 놓치면 안 되는 확실하게 알아야 할 문제, 즉 복잡한 계산이 필요 없는 문제이다. 60% 정도의 문제가 여기에 해당한다. 총 20문제 중 12문제 정도가 여기에 해당되므로, 이런 문제만 확실하게 맞히면 합격이 가능하다.
- ★★ 알아 두면 좋은 문제, 보다 나은 점수를 받기 위해 어느 정도 수리학적 지식이 필요한 문제이다. 전자계산기를 사용하여 간단히 계산할 수 있는 문제로, 35% 정도의 문제가 여기에 해당한다.
- ★★★ 복잡한 계산을 해야 답을 구할 수 있는 문제이다. 특별히 수공학에 관심이 많은 학생이 아니라면, 풀려고 노력하기보다는 그냥 답을 암기하는 것이 훨씬 나은 문제이며, 수공학 전체 문제 중 약 5% 이하가 여기에 해당한다.

모쪼록 독자 여러분은 자신의 수준에 맞게 공부하는 방법을 선택하기를 바란다.

2021. 1.

류권규 · 이남주

시험 시 유의사항

(1) 시험지를 받으면, 시험지에 이상이 없는지 확인한다. 즉, 제1과목 응용역학부터 제6과목 상하수도공학까지 120문제가 제대로 있는지 확인한다.

(2) 답안에 이름과 수험번호를 기입한다.

(3) 시험 중간중간에 항상 진행 시간을 확인하면서 시험을 치러야 한다. 따라서 시계는 필수이다.

(4) 전체 시간의 약 1/3 정도(실전에서는 약 60분)를 이용하여 처음부터 끝까지 간단한 문제들을 풀어서 시험지에 표시한다. 이때 연필로 답안지에 살짝 표시해 두어도 좋다. 이 과정에서 각 과목별로 과락을 면할 수 있는 8문제 정도는 풀 수 있을 정도로 실력을 쌓아야 한다.

(5) 전체 시간의 약 1/3 정도를 이용하여, 그래도 도전할 만한 문제들을 처음부터 차례대로 풀어서 시험지에 표시한다. 이 경우에도 한 문제당 1분 30초 이상을 초과하면 그냥 포기하고 다음 문제로 넘어간다. 이 과정에서 전체 문제의 60% 정도를 풀어낸다면 성공적이다.

(6) 나머지 1/3시간 정도(실전에서는 약 50분) 동안 처음부터 다시 확인하면서 답안지에 펜으로 표기한다. 앞의 (4)~(5)단계에서 풀지 못한 문제들은 이때 적절히 선택하여 표기한다. 실수로 잘못 표기하여 답안지를 교체하는 일이 없도록 천천히 신중하게 표기한다.

(7) 시험 종료 10분 전까지는 시험을 완료하도록 해야 한다. 이렇게 남은 10분은 최종적으로 답안지와 시험지를 비교하는 시간이다. 이때 아주 큰 실수(예를 들어 답을 밀려서 표기했거나, 이름이나 수험번호를 잘못 표기한 경우)에는 답안지를 교체하여 다시 표기한다. 그러나 사소한 실수는 그대로 넘어가는 것이 좋다.

시험 안내 TEST INFORMATION

개요

토목은 도로, 철도, 교량, 터널, 공항, 항만, 댐, 하천, 해안, 플랜트 등의 구조물을 건설하는 일로서, 종합적인 국토개발과 국토건설사업의 조사, 계획, 설계 및 시공 등의 업무를 수행하는 데 필요한 전문적인 지식과 기술을 겸비한 인력을 양성하기 위하여 자격제도 제정

수행 직무

① 토목시설을 포함하는 도로, 철도, 교량, 항만, 상하수도, 통신선로 등의 건설, 개량, 유지, 보수 등 토목사업에 대한 조사, 연구, 계획, 설계, 시공, 기술지도 또는 토목 관계법규의 정리 및 운용 등의 업무 수행

② 종합적인 국토계획, 지방계획, 도시계획 등을 세우고 토지, 항만, 천연자원의 이용, 공공시설의 규모와 배치의 조절 등을 위한 종합적인 개발계획을 연구하고 수립하는 업무 수행

실시기관

한국산업인력공단 Q-Net(http://www.q-net.or.kr)

취득방법

① **시행처** 한국산업인력공단

② **관련 학과** 대학 및 전문대학에 개설되어 있는 토목공학, 농업토목, 해양토목 관련 학과

③ **시험과목**

- 필기 : 1. 응용역학 2. 측량학 3. 수리학(토목기사의 경우 수리학 및 수문학) 4. 철근콘크리트 및 강구조 5. 토질 및 기초 6. 상하수도공학
- 실기 : 토목설계 및 시공 실무

④ **검정방법**

- 필기 : 객관식 4지 택일형, 과목당 20문항(과목당 30분)
- 실기 : 필답형(3시간, 100점 만점)

⑤ **합격기준**

- 필기 : 100점을 만점으로 하여 과목당 40점 이상, 전과목 평균 60점 이상
- 실기 : 100점을 만점으로 하여 60점 이상

출제기준

직무 분야	건설	중직무 분야	토목	자격 종목	토목기사·산업기사	적용 기간	2019. 1. 1.~2021. 12. 31.
필기 검정방법		객관식	문제 수	120	시험시간		3시간

과목명	출제 문제 수	주요 항목	세부항목	세세항목
수리학 및 수문학	20	1. 수리학	1. 물의 성질	1. 점성계수 2. 압축성 3. 표면장력 4. 증기압
			2. 정수역학	1. 압력의 정의 2. 정수압 분포 3. 정수력 4. 부력
			3. 동수역학	1. 오일러 방정식과 베르누이식 2. 흐름의 구분 3. 연속방정식 4. 운동량방정식 5. 에너지 방정식
			4. 관수로	1. 마찰손실 2. 기타 손실 3. 관망 해석
			5. 개수로	1. 전수두 및 에너지 방정식 2. 효율적 흐름 단면 3. 비에너지 4. 도수 5. 점변 부등류 6. 오리피스 7. 위어
			6. 지하수	1. Darcy의 법칙 2. 지하수 흐름 방정식
			7. 해안 수리	1. 파랑 2. 항만 구조물
		2. 수문학	1. 수문학의 기초	1. 수문 순환 및 기상학 2. 유역 3. 강수 4. 증발산 5. 침투
			2. 주요 이론	1. 지표수 및 지하수 유출 2. 단위유량도 3. 홍수 추적 4. 수문통계 및 빈도 5. 도시 수문학
			3. 응용 및 설계	1. 수문모형 2. 수문조사 및 설계

※ 파란색으로 표시한 부분은 토목기사 시험에 추가되는 항목임

책의 구성 STRUCTURE

01 | 시험에서 제시된 문제들은 가급적 손대지 않고 그대로 수록하였다. 다만, 그림은 새로 그렸으며, 국문법에 맞지 않는 문구들은 일부 수정하였다.

02 | 제시된 문제들은 분야별로 나누어 수록하였다. 이때, 저자들이 난이도에 따라 분류한 것을 문제에 부가하여 독자들이 적극 활용하도록 하였다. 즉, 문제 번호 옆에 붙어 있는 ★ 표시는 저자들이 붙인 것이다. 머리말에서 언급한 것처럼, 독자들은 자신의 수준에 맞추어 공부하는 방법을 정리할 필요가 있다.

03 | 난이도는 세 종류로 나누어 ★는 쉬운 문제, ★★는 약간 어려움, ★★★는 상당히 어려움을 의미한다.

★★☆
09 바닥으로부터의 거리가 y (m)일 때 $V=-4y^2+y$ (m/s)인 점성유체 흐름에서 전단응력이 0이 되는 지점까지의 거리 y는?

① 0 (m) ② 1/4 (m)
③ 1/8 (m) ④ 1/12 (m)

★★☆
10 유속분포의 방정식이 $V=2y^{1/2}$으로 표시될 때 경계면에서 0.5 (m) 되는 점에서의 속도경사(velocity gradient)는?

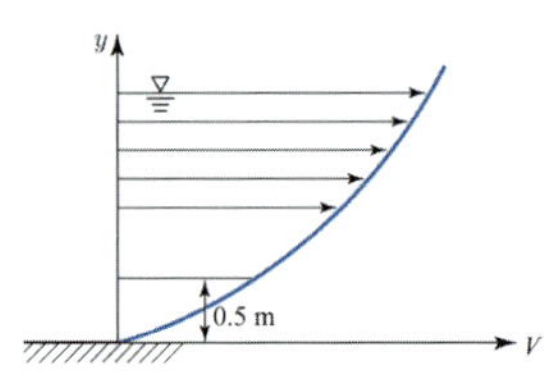

① 4.232 (sec^{-1}) ② 3.564 (sec^{-1})
③ 2.831 (sec^{-1}) ④ 1.414 (sec^{-1})

★★☆
11 두 개의 수평한 판이 5 (mm) 간격으로 놓여 있고, 점성계수 0.01 (N · s/cm^2)인 유체로 채워져 있다. 하나의 판을 2 (m/s)로 움직일 때, 유체 내에서 발생하는 전단력은?

① 1 (N/cm^2) ② 2 (N/cm^2)
③ 3 (N/cm^2) ④ 4 (N/cm^2)

3 동점성계수

★☆☆
12 물의 점성계수를 μ, 동점성계수를 ν, 밀도를 ρ라 할 때 다음 중 옳은 것은?

★☆☆
13 물의 점성계수의 단위는 (g/cm · sec)이다. 동점성계수의 단위는?

① (cm^3/sec) ② (cm/sec^2)
③ (sec/cm^2) ④ (cm^2/sec)

★☆☆
14 동점성계수의 차원으로 옳은 것은?

① $[FL^{-2}T]$ ② $[L^2T^{-1}]$
③ $[FL^{-4}T^{-2}]$ ④ $[FL^2]$

★☆☆
15 공학단위로 동점성계수의 차원은?

① $[FL^{-2}T]$ ② $[L^2T^{-1}]$
③ $[FL^{-4}T^2]$ ④ $[FL^2]$

★☆☆
16 다음 물리량 중에서 차원이 잘못 표시된 것은?

① 동점성계수: $[FL^2T]$
② 밀도: $[FL^{-4}T^2]$
③ 전단응력: $[FL^{-2}]$
④ 표면장력: $[FL^{-1}]$

★☆☆
17 다음중 무차원량(無次元量)이 아닌 것은?

① 프루드(Froude)수
② 에너지 보정계수
③ 동점성계수
④ 비중

★★☆
18 어떤 액체의 동점성계수가 0.0019 (m^2/s)이고, 비중이 1.2일 때 이 액체의 점성계수는?

① 228 (kg/m · s) ② 228 (kg/m · s^2/m^4)
③ 0.233 (kg · m^2/s) ④ 0.233 (kg · s/m^2)

04 | 모든 계산은 가급적 수계산을 시도해 보기 바란다. 많은 경우 중력가속도 $g=9.8$ (m/s²) 대신에 $g=10.0$ (m/s²)으로 보고 계산하면 간단히 수계산으로 되는 경우가 많다. 많은 경우 (kgf) 단위로 주어진 힘은 (N)으로 바꾸어 풀면 된다. (1 kgf = 10 N)

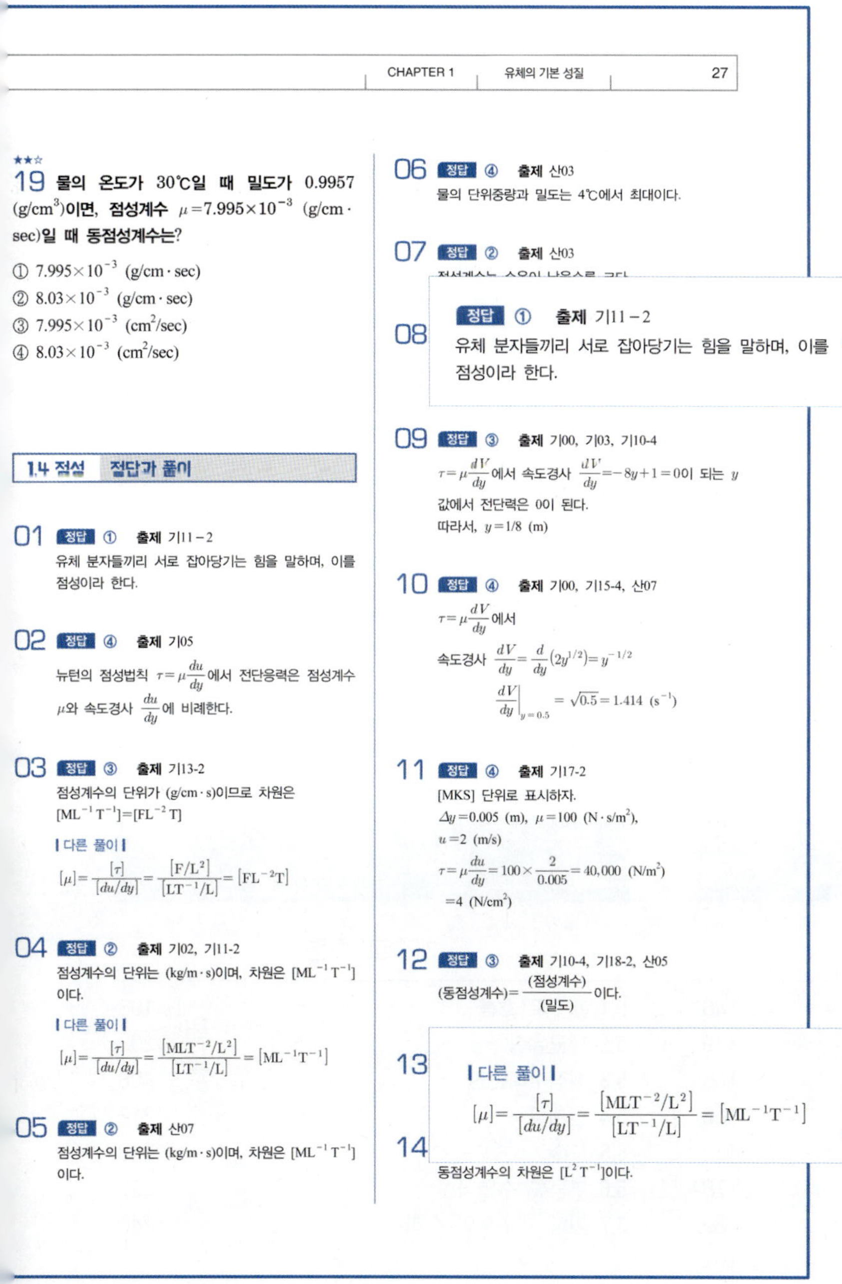

CHAPTER 1 | 유체의 기본 성질 | 27

★★☆
19 물의 온도가 30℃일 때 밀도가 0.9957 (g/cm³)이면, 점성계수 $\mu=7.995\times10^{-3}$ (g/cm·sec)일 때 동점성계수는?

① 7.995×10^{-3} (g/cm·sec)
② 8.03×10^{-3} (g/cm·sec)
③ 7.995×10^{-3} (cm²/sec)
④ 8.03×10^{-3} (cm²/sec)

1.4 점성 정답과 풀이

01 정답 ① 출제 기11-2
유체 분자들끼리 서로 잡아당기는 힘을 말하며, 이를 점성이라 한다.

02 정답 ④ 출제 기05
뉴턴의 점성법칙 $\tau=\mu\dfrac{du}{dy}$에서 전단응력은 점성계수 μ와 속도경사 $\dfrac{du}{dy}$에 비례한다.

03 정답 ③ 출제 기13-2
점성계수의 단위가 (g/cm·s)이므로 차원은 $[ML^{-1}T^{-1}]=[FL^{-2}T]$

| 다른 풀이 |
$$[\mu]=\frac{[\tau]}{[du/dy]}=\frac{[F/L^2]}{[LT^{-1}/L]}=[FL^{-2}T]$$

04 정답 ② 출제 기02, 기11-2
점성계수의 단위는 (kg/m·s)이며, 차원은 $[ML^{-1}T^{-1}]$이다.

| 다른 풀이 |
$$[\mu]=\frac{[\tau]}{[du/dy]}=\frac{[MLT^{-2}/L^2]}{[LT^{-1}/L]}=[ML^{-1}T^{-1}]$$

05 정답 ② 출제 산07
점성계수의 단위는 (kg/m·s)이며, 차원은 $[ML^{-1}T^{-1}]$이다.

06 정답 ④ 출제 산03
물의 단위중량과 밀도는 4℃에서 최대이다.

07 정답 ② 출제 산03

08
정답 ① 출제 기11-2
유체 분자들끼리 서로 잡아당기는 힘을 말하며, 이를 점성이라 한다.

09 정답 ③ 출제 기00, 기03, 기10-4
$\tau=\mu\dfrac{dV}{dy}$에서 속도경사 $\dfrac{dV}{dy}=-8y+1=0$이 되는 y값에서 전단력은 0이 된다.
따라서, $y=1/8$ (m)

10 정답 ④ 출제 기00, 기15-4, 산07
$\tau=\mu\dfrac{dV}{dy}$에서
속도경사 $\dfrac{dV}{dy}=\dfrac{d}{dy}(2y^{1/2})=y^{-1/2}$
$\left.\dfrac{dV}{dy}\right|_{y=0.5}=\sqrt{0.5}=1.414$ (s⁻¹)

11 정답 ④ 출제 기17-2
[MKS] 단위로 표시하자.
$\Delta y=0.005$ (m), $\mu=100$ (N·s/m²), $u=2$ (m/s)
$\tau=\mu\dfrac{du}{dy}=100\times\dfrac{2}{0.005}=40{,}000$ (N/m²) $=4$ (N/cm²)

12 정답 ③ 출제 기10-4, 기18-2, 산05
$(\text{동점성계수})=\dfrac{(\text{점성계수})}{(\text{밀도})}$이다.

13
| 다른 풀이 |
$$[\mu]=\frac{[\tau]}{[du/dy]}=\frac{[MLT^{-2}/L^2]}{[LT^{-1}/L]}=[ML^{-1}T^{-1}]$$

14
동점성계수의 차원은 $[L^2T^{-1}]$이다.

05 | 정수압 계산 시 가급적 표준단위로 환산해서 풀기를 권한다. 특히 1 (kgf/cm²) ≒ 10^5 (N/m²)으로 근사해서 계산한다.

06 | 많은 문제에서 힘을 (kgf) 대신 (kg)으로 표기하고 있으므로 주의해야 한다.

07 | [출제]는 문제가 실제 출제된 연도를 나타낸다. 2007년부터는 회차까지 같이 표시하였다.

08 | 이 책에서 사용하는 모든 수식과 기호는 각 문제에서 제시한 것에 맞추어 표기하였다. 즉, 단위중량은 γ 대신 w, 수로경사는 I 대신 S와 같이 표기하였다.

09 | 명확하게 구분하기 위해 가급적 단위에는 ( )를, 차원에는 [ ]를 붙여서 표기하였다.

10 | [주의]는 문제를 풀 때 유의해야 할 사항들을 제시한 것이다.

11 | [다른 풀이]는 다른 방법으로 보다 쉽게 풀 수 있는 방안을 제시한 것이다.

차례
CONTENTS

CHAPTER 01

유체의 기본 성질

CHAPTER 02

정수역학

CHAPTER 03

동수역학

CHAPTER 04

관로 흐름

CHAPTER 05

개수로 흐름

CHAPTER 06

수리구조물과 기타 수리문제

CHAPTER 07

지하수

CHAPTER 08

수문학 일반과 강우

CHAPTER 09

증발산과 침투

CHAPTER 10

유출과 수문곡선

SUPPLEMENT

부록: 최신 기출문제

CHAPTER 01

유체의 기본 성질

1.1 유체
1.2 단위와 차원
1.3 밀도와 단위중량
1.4 점성
1.5 표면장력과 모세관 현상
1.6 압축성

CIVIL ENGINEERING

HYDRAULICS AND HYDROLOGY

CHAPTER

01 유체의 기본 성질

1.1 유체

1 점성에 따른 분류

- **점성 유체(viscous fluid)** 유체가 흐를 때 유체의 점성 때문에 유체 분자 간 또는 유체와 고체 경계면 사이에 전단응력이 발생하는 유체를 말한다.
- **비점성 유체(inviscid fluid)** 점성이 전혀 없어서(점성계수 $\mu=0$) 유체가 흐를 때 전단응력이 발생하지 않는 유체 $\left(\text{점성전단응력 } \tau=\mu\frac{du}{dy}=0,\ \text{손실수두 } h_L=0\right)$를 말한다.

2 압축성에 따른 분류

- **압축성 유체(compressible fluid)** 일정한 온도하에서 압력을 변화시키면 체적(밀도, 단위중량 등)이 변하는 유체이다. 기체가 이에 해당한다.
- **비압축성 유체(incompressible fluid)** 압력의 변화에 따른 체적 증감이 (거의) 없는 유체를 말한다. 액체가 이에 해당하며, 밀도 변화를 무시할 수 있다.

3 이상유체와 실제유체

- **이상유체(ideal fluid), 완전유체(perfect fluid)** 비점성, 비압축성 가상유체, 전단응력이나 인장력이 발생하지 않으며, 압축되지 않고 마찰저항이 0인 유체이다.
- **실제유체(real fluid)** 점성과 압축성이 모두 존재하는 유체. 현실에서 존재하는 모든 유체는 실제유체이다.

1.1 유체 기출문제

1 점성에 따른 분류

• 2000년 이후는 출제된 문제 없음

2 압축성에 따른 분류

★☆☆

01 어느 유체의 압축성을 무시할 수 있는 경우는 그 유체의 무엇을 무시할 수 있는 경우에만 가능한가?

① 비중의 변화 ② 밀도의 변화
③ 속도의 변화 ④ 점성의 변화

3 이상유체와 실제유체

★☆☆

02 다음 중 이상유체(ideal fluid)의 정의를 옳게 설명한 것은?

① 뉴턴(Newton)의 점성법칙을 만족하는 유체
② 비점성, 비압축성인 유체
③ 점성이 없는 모든 유체
④ 오염되지 않은 순수한 유체

★☆☆

03 다음 중에 이상유체의 정의로 옳은 것은?

① 점성이 없고 $pV=RT$를 만족하는 유체
② 점성이 없는 모든 유체
③ 점성이 없고 비압축성인 유체
④ $\tau=\mu\frac{du}{dy}$를 만족하는 비압축성인 유체

★☆☆

04 어떠한 경우라도 전단응력 및 인장력이 발생하지 않으며, 전혀 압축되지도 않고 마찰저항 $h_L=0$인 유체를 무엇이라 하는가?

① 소성유체 ② 점성유체
③ 탄성유체 ④ 완전유체

1.1 유체 정답과 풀이

01 정답 ② **출제** 기13-2

(밀도)=(질량) / (부피)이므로, 압축성 유체의 경우 압축이 되면 부피가 변화되고, 부피의 변화는 밀도의 변화를 가져온다.

02 **출제** 기12-4

정답 ②

유체가 흐를 때 점성이 전혀 없어서 전단응력이 발생하지 않으며, 압력을 가해도 압축이 되지 않는 유체, 즉 비점성, 비압축성인 가상 유체를 이상유체(완전유체)라 한다.

03 정답 ③ **출제** 산08

유체는 실제유체와 이상유체(완전유체)로 구분하며, 이상유체는 비점성, 비압축성 가상유체로 마찰손실이 생기지 않는다.

04 정답 ④ **출제** 산03, 산09, 산11

유체는 실제유체와 이상유체(완전유체)로 구분되며, 이상유체는 비점성, 비압축성 가상유체이므로 마찰손실이 없다.

1.2 단위와 차원

1 기본 단위와 힘

• **MKS 단위와 CGS 단위**

단위 구분	길이(거리)	질량	시간	힘	
MKS	m	kg	s (sec)	(N)=(kg · m/s^2)	1 (N)=10^5 (dyne)
CGS	cm	g	s (sec)	(dyne)=(g · cm/s^2)	

2 [MLT]계와 [FLT]계

• **기본 물리량**

물리량	기호	단위	차원	물리량	기호	단위	차원
질량	m	kg	[M]	시간	t	s (sec)	[T]
길이	L	m	[L]	힘	F	N	[F]

• [MLT]계와 [FLT]계의 변환은 뉴턴(Newton)의 운동법칙을 이용한다.

$F=ma$에서 [F]=[MLT^{-2}] 또는 [M]=[FL^{-1} T^2]

• 중량(W)은 기본 단위가 아니지만 자주 나오며 질량과 혼동할 우려가 매우 크다.

(중량)=(질량)×(중력가속도)

즉, $W=mg$이므로, 중량의 단위는 질량(kg)이 아니라 힘(N)이다. 그런데, 관습적으로 (N) 대신에 (kgf)라는 단위를 자주 사용한다.

• 이런 혼동을 피하기 위해, 가급적 힘(N)을 사용하는 것이 좋다.

※ 다만, 기사시험 출제문제에는 아직도 9.8 (N) 대신 1.0 (kgf)을 사용하는 경우가 다수인 실정이다.

• **공학단위 변경** 9.8 (N)=1 (kgf), 980 (dyne)=1 (gf)

3 물리량의 단위와 차원

• 물리량의 대표적인 기호, 관계식, 단위, 차원

물리량	기호	관계식	단위	차원
속도	V	$V=L/t$	m/s	$[LT^{-1}]$
단면적	A	$A=L^2$	m^2	$[L^2]$
힘	F	$F=ma$	kg · m/s=N	$[MLT^{-2}]=[F]$
중량	W	$W=mg$	$kg \cdot m/s^2=N$	$[MLT^{-2}]=[F]$
운동량	M	$M=mV$	kg · m/s	$[MLT^{-1}]$
일, 에너지	$W,\ E$	$W=FL$	$kg \cdot m^2/s^2=N \cdot m=W$*	$[ML^2T^{-2}]=[FL]$
압력	p	$p=F/A$	$kg/m \cdot s^2=N/m^2=Pa$	$[ML^{-1}T^{-2}]=[FL^{-2}]$
전단응력	τ	$\tau=\mu\frac{du}{dy}$	$kg/m \cdot s^2=N/m^2=Pa$	$[ML^{-1}T^{-2}]=[FL^{-2}]$
표면장력	σ	$\sigma=F/L$	$kg/s^2=N/m$	$[MT^{-2}]=[FL^{-1}]$
일률	P	$P=W/t$	N · m/s=W/s=J	$[ML^2T^{-3}]=[FLT^{-1}]$
유량	Q	$Q=AV$	m^3/s	$[L^3T^{-1}]$

* 일과 에너지의 단위 W는 와트(watt)를 의미한다.

1.2 단위와 차원 기출문제

1 기본 단위와 힘

★☆☆
01 다음 중 힘의 차원을 갖지 않는 것은?

① 압력강도(p) ② 점성계수(μ)
③ 동점성계수(ν) ④ 표면장력(T)

2 [MLT]계와 [FLT]계

★☆☆
02 힘의 차원을 MLT계로 표시하면?

① $[ML^{-1}T^{-2}]$ ② $[MLT^{-1}]$
③ $[ML^{-2}T^{2}]$ ④ $[MLT^{-2}]$

★☆☆
03 차원방정식 [MLT]계를 [FLT]계로 고치고자 할 때 이용되는 식은 다음 중 어느 것인가?

① $[M]=[FLT]$ ② $[M]=[FL^{-1}T^{2}]$
③ $[M]=[FLT^{2}]$ ④ $[M]=[FL^{2}T^{2}]$

3 물리량의 단위와 차원

★☆☆
04 속도변화를 Δv, 질량을 m이라 할 때, Δt 시간 동안 이 물체에 작용하는 외력 F에 대한 운동량 방정식은?

① $m\dfrac{\Delta t}{\Delta v}$ ② $m\,\Delta v\,\Delta t$
③ $m\dfrac{\Delta v}{\Delta t}$ ④ $m\,\Delta t$

★☆☆
05 MLT계로 나타낸 차원 해석 중 옳은 것은?

① 동점성계수: $[LT^{-2}]$ ② 일, 에너지: $[MLT^{-2}]$
③ 표면장력: $[MT]$ ④ 힘: $[MLT^{-2}]$

★☆☆
06 다음 중 운동량의 차원을 옳게 나타낸 것은?

① $[MLT]$ ② $[MLT^{-1}]$
③ $[ML^{2}T]$ ④ $[MLT^{-2}]$

★☆☆
07 다음 차원의 방정식 중 옳지 않은 것은?

① 밀도: $[FL^{-4}T^{2}]$
② 동점성계수: $[L^{2}T^{-1}]$
③ 점성계수: $[ML^{-1}T^{-1}]$
④ 일, 에너지: $[ML]$

★☆☆
08 물리량의 차원이 옳지 않은 것은?

① 에너지: $[ML^{-2}T^{-2}]$
② 동점성계수: $[L^{2}T^{-1}]$
③ 점성계수: $[ML^{-1}T^{-1}]$
④ 밀도: $[FL^{-4}T^{2}]$

★☆☆
09 수리학에서 취급되는 다음의 여러 가지 양의 차원 중 옳은 것은?

① 유량$=[L^{3}T^{-1}]$
② 힘$=[MLT^{-3}]$
③ 동점성계수$=[L^{3}T^{-1}]$
④ 운동량$=[MLT^{-2}]$

1.2 단위와 차원 정답과 풀이

01 정답 ③ **출제** 산08

동점성계수의 차원은 $[L^2T^{-1}]$으로 질량이나 힘이 포함되어 있지 않다. 그래서 운동학적 점성계수(kinematic viscosity)라고도 한다.

02 정답 ④ **출제** 산02

$F=ma$ 식을 이용하면,

$[F]=[M]\ [LT^{-2}]=[MLT^{-2}]$

03 정답 ② **출제** 기17-4, 산06

$F=ma$에서 $[F]=[M]\ [LT^{-2}]$이므로

$[M]=[FL^{-1}T^2]$

04 정답 ③ **출제** 기14-4, 기18-2

$$F=ma=m\frac{\Delta v}{\Delta t}$$

05 정답 ④ **출제** 산01

① 동점성계수: 단위는 (m^2/sec)이고 차원은 $[L^2T^{-1}]$이다.

② 일, 에너지: 단위는 $(kg\cdot m^2/sec^2)$이고 $[ML^2T^{-2}]=[FL]$이다.

③ 표면장력: 단위길이당 힘이므로 단위는 (gf/cm) 또는 (dyne/cm)이며, 차원은 $[FL^{-1}]=[MT^{-2}]$이다.

④ 힘: 힘의 차원은 $[F]=[MLT^{-2}]$이다.

06 정답 ② **출제** 산00, 산05

(운동량)=(질량)×(속도)이므로 차원은

$[MLT^{-1}]=[FL^{-1}T]$이다.

07 정답 ④ **출제** 산03

일과 에너지는 (힘)×(거리)이므로

$[FL]=[ML^2T^{-2}]$이다.

08 정답 ① **출제** 기19-1

에너지 또는 일의 차원은 $[ML^2T^{-2}]$이다.

09 정답 ① **출제** 기18-1

① 유량: 단위 (m^3/s), 차원 $[L^3T^{-1}]$

② 힘: 단위 $(N=kg\cdot m/s^2)$, 차원 $[MLT^{-2}]$

③ 동점성계수: 단위 (m^2/sec), 차원 $[L^2T^{-1}]$

④ 운동량: 단위 $(kg\cdot m/s)$, 차원 $[MLT^{-1}]$

1.3 밀도와 단위중량

구분	1 밀도	2 단위중량	3 비중
영문명	density	specific weight	specific gravity
정의	단위 체적당 물질의 질량	단위체적당 물질의 중량	같은 체적의 물의 질량에 대한 물질의 질량의 비
	$(\text{밀도}) = \dfrac{(\text{질량})}{(\text{체적})}$	$(\text{단위중량}) = \dfrac{(\text{중량})}{(\text{체적})}$	$(\text{비중}) = \dfrac{(\text{물질의 밀도})}{(\text{물의 밀도})}$
사용기호	ρ	γ (또는 w)	s (또는 s_g)
관계식	$\rho = \dfrac{m}{\mathrm{V}}$	$\gamma = \dfrac{W}{\mathrm{V}} = \dfrac{mg}{\mathrm{V}} = \rho g$	$s = \dfrac{\rho}{\rho_w} = \dfrac{\gamma}{\gamma_w}$
차원	$[\mathrm{ML^{-3}}]$, $[\mathrm{FL^{-4}T^2}]$	$[\mathrm{FL^{-3}}]$, $[\mathrm{ML^{-2}T^{-2}}]$	무차원 $[\mathrm{M^0L^0T^0}]$
단위	$\mathrm{kg/m^3}$	$\mathrm{N/m^3}$	없음
물	$\rho_w = 1{,}000\ (\mathrm{kg/m^3})$ $= 1\ (\mathrm{g/cm^3})$	$\gamma_w = 9{,}800\ (\mathrm{N/m^3})$ $= 980\ (\mathrm{dyne/cm^3})$ $= 1{,}000\ (\mathrm{kgf/m^3})$ $= 1\ (\mathrm{gf/cm^3})$	$s_w = 1.0$

- **물의 밀도** 표준대기압하에서 물의 밀도는 4℃에서 최대이며, $1{,}000\ (\mathrm{kg/m^3}) = 1\ (\mathrm{g/cm^3})$이다.
- **밀도의 공학단위** 물의 밀도를 공학단위로 나타내면, $1{,}000\ (\mathrm{N \cdot s^2/m^4}) = 102\ (\mathrm{kgf \cdot s^2/m^4})$이다. 많은 문제에서 (kgf) 대신 (kg)을 써서 표현하므로 혼동하지 않도록 특별히 주의해야 한다.
- **비중** 석영질 암석은 $s_r = 2.65$, 수은은 $s_m = 13.6$

1.3 밀도와 단위중량 기출문제

1 밀도

★☆☆

01 물의 물리적 성질에 대한 설명으로 틀린 것은?

① 1기압의 물은 4℃에서 최대밀도를 가진다.
② 비중을 표시하는 수치와 밀도를 표시하는 수치는 항상 동일하다.
③ 순수한 물은 4℃에서 가장 무겁고 비중은 1이다.
④ 해수는 담수에 비하여 비중이 크다.

★☆☆

02 밀도의 차원을 공학단위 [FLT]계로 옳게 표시한 것은?

① $[FL^{-4}T^2]$ ② $[ML^{-4}T^2]$
③ $[FL^{-2}]$ ④ $[FL^4T^{-2}]$

★★☆

03 다음 중 물의 밀도를 공학단위로 표시한 것으로 옳은 것은?

① 980 $(g/cm \cdot sec^2)$
② 1,000 (kg/m^3)
③ 102 $(kg/m^4 \cdot sec)$
④ 102 $(kg \cdot s^2/m^4)$

★★☆

04 부피 5 (m^3)인 해수의 무게(W)와 밀도(ρ)를 구한 값으로 옳은 것은? (단, 해수의 단위중량은 1.025 (ton/m^3))

① 5 (ton), ρ=0.1046 $(kg \cdot sec^2/m^4)$
② 5 (ton), ρ=104.6 $(kg \cdot sec^2/m^4)$
③ 5.125 (ton), ρ=104.6 $(kg \cdot sec^2/m^4)$
④ 5.125 (ton), ρ=0.1046 $(kg \cdot sec^2/m^4)$

2 단위중량

★☆☆

05 다음 중 단위중량(비중량)의 절대단위계 차원은?

① $[ML^{-3}]$ ② $[FL^{-3}T^{-1}]$
③ $[ML^{-2}T^{-2}]$ ④ $[FL^{-3}]$

3 비중

★☆☆

06 체적이 8 (m^3), 중량이 4 (ton)인 액체의 비중은 얼마인가?

① 3 ② 2
③ 1 ④ 0.5

★★☆

07 부피가 4.6 (m^3)인 유체의 중량이 51.548 (kN)일 때 이 유체의 비중은?

① 1.14 ② 5.26
③ 11.40 ④ 1143.48

★★☆

08 용적이 4 (m^3)인 유체의 중량이 4.2 (t)이면 유체의 밀도(ρ)와 비중(s)은?

	밀도(ρ)	비중(s)
①	107 $(kg \cdot sec^2/m^4)$	1.05
③	100 $(kg \cdot sec^2/m^4)$	1.00
②	170 $(kg \cdot sec^2/m^4)$	1.50
④	100 $(kg \cdot sec^2/m^4)$	1.05

1.3 밀도와 단위중량 정답과 풀이

01 정답 ② **출제** 산02

비중은 무차원량이고, 밀도는 차원(단위)이 있다. 따라서 밀도의 단위에 따라 수치가 달라진다.

02 정답 ① **출제** 기01, 산02, 기20-2

밀도의 차원은 $[ML^{-3}]$이다.

이를 $[M]=[FL^{-1}T^2]$을 이용하여 공학단위로 나타내면, $[ML^{-3}]=[FL^{-4}T^2]$이다.

03 정답 ④ **출제** 기00

②는 절대단위이며, ④는 공학단위로 102 $(kgf \cdot s^2/m^4)$로 써야 한다.

주의 보기 ④에서 단위 $(kg \cdot sec^2/m^4)$는 $(kgf \cdot sec^2/m^4)$를 잘못 쓴 것이므로 주의해야 한다.

04 정답 ③ **출제** 기11-4, 기19-2

(무게)=(단위중량)×(부피)이므로,

$W = 1.025 \times 5 = 5.125 \ (tonf)$

(밀도)$=\dfrac{(단위중량)}{(중력가속도)}$이므로,

$$\rho = \frac{1025}{9.8} = 104.6 \ (kgf \cdot sec^2/m^4)$$

주의 힘의 단위는 (kg)이나 (ton)이 아니라 (kg중) 또는 (kgf)이나 (ton중) 또는 (tonf)이며, 따라서 보기의 단위는 (tonf)과 $(kgf \cdot sec^2/m^4)$로 표기해야 한다.

05 정답 ③ **출제** 산02

단위중량의 차원은 단위체적당 중량이므로

$[FL^{-3}]=[ML^{-2}T^{-2}]$

06 정답 ④ **출제** 기08-2

$$\gamma = \frac{W}{V} = \frac{4}{8} = 0.5 \ (tonf/m^3)$$

물의 단위중량이 $\gamma_w = 1.0 \ (tonf/m^3)$이므로, 비중은 0.5이다.

07 정답 ① **출제** 기16-1

부피가 4.6 (m^3)인 4℃ 물의 중량은

$W_w = \gamma_w V = 9.8 \times 4.6 = 45.08 \ (kN)$이다.

따라서 비중은 $s = \dfrac{W}{W_w} = \dfrac{51.548}{45.08} = 1.14$

08 정답 ① **출제** 기03

중량이 $W = 4,200 \ (kgf)$이므로,

질량은 $m = 4,200 \ (kg)$

밀도 $\rho = \dfrac{m}{V} = \dfrac{4,200}{4} = 1,050 \ (kg/m^3)$

$= 107 \ (kgf \cdot sec^2/m^4)$

비중 $s = \dfrac{\rho}{\rho_w} = \dfrac{1,050}{1,000} = 1.05$

1.4 점성

1 점성과 전단응력

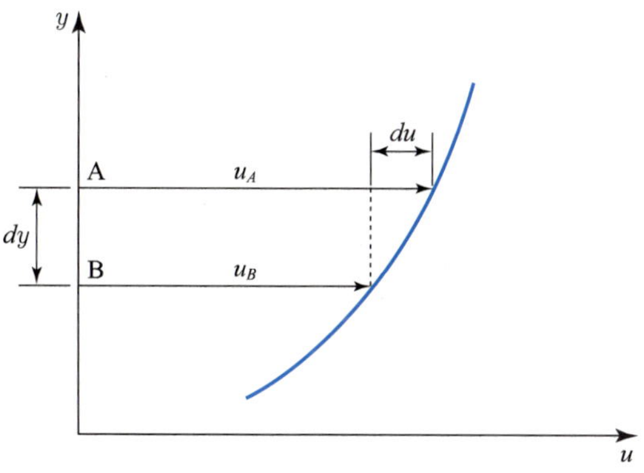

- **정의** (전단응력, τ, '타우'라고 읽는다)=(점성계수) × (속도경사)

$$\tau = \mu \frac{du}{dy}$$

여기서, μ는 점성계수, u는 속도, y는 벽면에서의 거리, (du/dy)는 속도경사

- **단위** $(\mathrm{N/m^2})$이며, $1\ (\mathrm{N/m^2}) = 1\ \mathrm{Pa}$(파스칼)
- **뉴턴유체** 전단응력이 속도경사에 비례하는(점성계수 μ가 상수인) 유체
- 속도 u가 위치 y의 함수일 경우, $y=a$에서 전단응력 $\tau(y=a)$를 구하려면, u를 y로 미분하여 속도경사 (du/dy)를 구하고, 여기에 $y=a$를 대입한 후 점성계수 μ를 곱해서 계산한다.

$$\tau(y=a) = \mu \left.\frac{du}{dy}\right|_{y=a}$$

2 점성계수

- **영문명** viscosity
- **정의** 전단응력과 속도경사의 관계를 나타내는 비례상수

$$(\text{점성계수}) = \frac{(\text{전단응력})}{(\text{속도경사})}$$

- **사용기호** μ
- **관계식** $\mu = \dfrac{\tau}{du/dy}$

- **차원** $[ML^{-1}T^{-1}]$, $[FL^{-2}T]$
- **단위** 1 (kg/m · s)=10 (g/cm · s), 10 (poise, 포아즈)=1 (g/cm · s)
- **물(20℃)** $\mu_w = 0.01$ (poise)
- 점성계수는 온도가 상승하면 감소한다.

$$\mu_w = \frac{0.01779}{1+0.0337\,T+0.000221\,T^2} \ \text{(kg/m·s)}$$

(식의 형태만 기억해 둘 것. 분모가 2차 식이며, 상수항이 1임)

- 동점성계수와 $\mu = \nu\rho$ 인 관계를 기억해 두자.

3 동점성계수

- **영문명** kinematic viscosity
- **정의** 점성계수를 밀도로 나눈 상수

$$(\text{동점성계수}) = \frac{(\text{점성계수})}{(\text{밀도})}$$

- **사용기호** ν
- **관계식** $\nu \equiv \dfrac{\mu}{\rho}$
- **차원** $[L^2T^{-1}]$
- **단위** 1 $(m^2/s) = 10^4$ (cm^2/sec), 1 (stokes, 스톡스)=1 (cm^2/sec)
- **물(20℃)** $\nu_w = 0.01$ (stokes) $= 1.0 \times 10^{-6}$ (m^2/s) — 꼭 기억하기!

1.4 점성 기출문제

1 점성과 전단응력

★☆☆
01 액체가 흐르고 있을 경우, 어느 한 단면에서 유속이 빠른 부분은 느린 부분의 물입자를 앞으로 끌어당기려 하고 유속이 느린 부분은 빠른 부분의 물입자를 뒤로 잡아당기는 듯한 작용을 한다. 이러한 유체의 성질을 무엇이라 하는가?

① 점성　② 탄성
③ 압축성　④ 유동성

★☆☆
02 흐르는 유체에 대한 마찰응력의 크기를 규정하는 뉴턴의 점성법칙의 함수를 구성하는 항으로 옳게 찍지어진 것은?

① 압력, 속도, 점성계수
② 각변형률, 속도경사
③ 온도, 점성계수
④ 점성계수, 속도경사

2 점성계수

★☆☆
03 뉴턴의 점성법칙(粘性法則)에서 점성계수 μ의 차원(次元)으로 옳은 것은?

① $[FL^{-1}T^{-1}]$　② $[FL^{-1}T]$
③ $[FL^{-2}T]$　④ $[FL^{-1}T^2]$

★☆☆
04 다음 중 점성계수의 차원으로 옳은 것은?

① $[L^2T^{-1}]$　② $[ML^{-1}T^{-1}]$
③ $[MLT^{-1}]$　④ $[MT^{-3}]$

★☆☆
05 유체의 내부마찰응력 τ는 그 단위면에 수직인 y방향의 유속의 변화율 $\Delta V/\Delta y$에 비례하며, 비례상수가 점성계수 μ이다. 점성계수 μ의 차원을 바르게 나타낸 것은?

① $[ML^{-3}T^{-2}]$　② $[ML^{-1}T^{-1}]$
③ $[ML^{-1}T^{-2}]$　④ $[ML^2T^{-1}]$

★☆☆
06 물에 대한 성질을 설명한 것으로 옳지 않은 것은?

① 점성계수는 수온이 높을수록 작아진다.
② 동점성계수는 수온에 따라 변하며, 온도가 낮을수록 그 값이 크다.
③ 물은 일정한 체적을 갖고 있으나, 온도와 압력의 변화에 따라 어느 정도 팽창과 수축을 한다.
④ 물의 단위중량은 0℃에서 최대이고, 밀도는 4℃에서 최대이다.

★☆☆
07 물의 점성계수(粘性係數)에 대한 설명 중 옳은 것은?

① 수온이 높을수록 점성계수는 크다.
② 수온이 낮을수록 점성계수는 크다.
③ 4℃에서 점성계수는 가장 크다.
④ 수온에는 관계없이, 점성계수는 일정하다.

★☆☆
08 상온에 있는 물의 성질 중 틀린 것은?

① 온도가 증가하면 동점성계수는 감소한다.
② 온도가 증가하면 점성계수는 감소한다.
③ 온도가 증가하면 표면장력은 증가한다.
④ 온도가 증가하면 체적탄성계수는 증가한다.

★★☆
09 바닥으로부터의 거리가 y (m)일 때 유속이 $V=-4y^2+y$ (m/s)인 점성유체 흐름에서 전단력이 0이 되는 지점까지의 거리 y는?

① 0 (m) ② 1/4 (m)
③ 1/8 (m) ④ 1/12 (m)

★★☆
10 유속분포의 방정식이 $V=2y^{1/2}$으로 표시될 때 경계면에서 0.5 (m) 되는 점에서의 속도경사(velocity gradient)는?

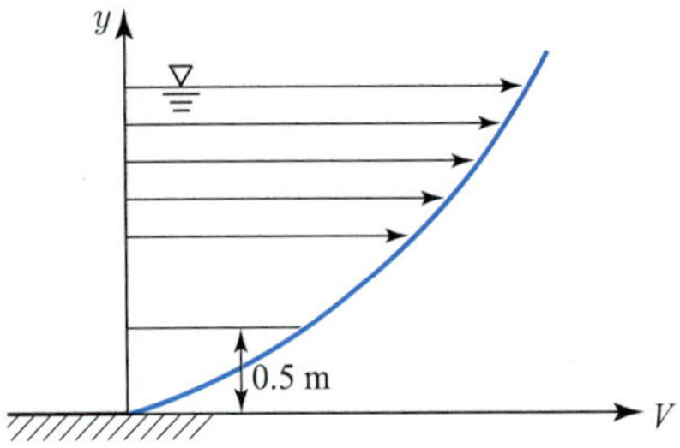

① 4.232 (sec^{-1}) ② 3.564 (sec^{-1})
③ 2.831 (sec^{-1}) ④ 1.414 (sec^{-1})

★★☆
11 두 개의 수평한 판이 5 (mm) 간격으로 놓여 있고, 점성계수 0.01 (N · s/cm^2)인 유체로 채워져 있다. 하나의 판을 2 (m/s)로 움직일 때, 유체 내에서 발생하는 전단력은?

① 1 (N/cm^2) ② 2 (N/cm^2)
③ 3 (N/cm^2) ④ 4 (N/cm^2)

3 동점성계수

★☆☆
12 물의 점성계수를 μ, 동점성계수를 ν, 밀도를 ρ라 할 때 다음 중 옳은 것은?

① $\mu=\frac{\nu}{\rho}$ ② $\rho=\mu\nu$
③ $\nu=\frac{\mu}{\rho}$ ④ $\frac{1}{\mu}=\rho\nu$

★☆☆
13 물의 점성계수의 단위는 (g/cm · sec)이다. 동점성계수의 단위는?

① (cm^3/sec) ② (cm/sec^2)
③ (sec/cm^2) ④ (cm^2/sec)

★☆☆
14 동점성계수의 차원으로 옳은 것은?

① $[FL^{-2}T]$ ② $[L^2T^{-1}]$
③ $[FL^{-4}T^{-2}]$ ④ $[FL^2]$

★☆☆
15 공학단위로 동점성계수의 차원은?

① $[FL^{-2}T]$ ② $[L^2T^{-1}]$
③ $[FL^{-4}T^2]$ ④ $[FL^2]$

★☆☆
16 다음 물리량 중에서 차원이 잘못 표시된 것은?

① 동점성계수: $[FL^2T]$
② 밀도: $[FL^{-4}T^2]$
③ 전단응력: $[FL^{-2}]$
④ 표면장력: $[FL^{-1}]$

★☆☆
17 다음 중 무차원량(無次元量)이 아닌 것은?

① 프루드(Froude)수
② 에너지 보정계수
③ 동점성계수
④ 비중

★★☆
18 어떤 액체의 동점성계수가 0.0019 (m^2/s)이고, 비중이 1.2일 때 이 액체의 점성계수는?

① 228 (kg/m · s) ② 228 (kg/m · s^2/m^4)
③ 0.233 (kg · m^2/s) ④ 0.233 (kg · s/m^2)

★★☆

19 **물의 온도가 30℃일 때 밀도가 0.9957 (g/cm^3)이면, 점성계수 $\mu=7.995\times10^{-3}$ ($g/cm\cdot sec$)일 때 동점성계수는?**

① 7.995×10^{-3} ($g/cm\cdot sec$)
② 8.03×10^{-3} ($g/cm\cdot sec$)
③ 7.995×10^{-3} (cm^2/sec)
④ 8.03×10^{-3} (cm^2/sec)

1.4 점성 정답과 풀이

01 **정답** ① **출제** 기11－2

유체 분자들끼리 서로 잡아당기는 힘을 말하며, 이를 점성이라 한다.

02 **정답** ④ **출제** 기05

뉴턴의 점성법칙 $\tau=\mu\dfrac{du}{dy}$에서 전단응력은 점성계수 μ와 속도경사 $\dfrac{du}{dy}$에 비례한다.

03 **정답** ③ **출제** 기13-2

점성계수의 단위가 ($g/cm\cdot s$)이므로 차원은 $[ML^{-1}T^{-1}]=[FL^{-2}T]$

| 다른 풀이 |

$$[\mu]=\frac{[\tau]}{[du/dy]}=\frac{[F/L^2]}{[LT^{-1}/L]}=[FL^{-2}T]$$

04 **정답** ② **출제** 기02, 기11-2

점성계수의 단위는 ($kg/m\cdot s$)이며, 차원은 $[ML^{-1}T^{-1}]$이다.

| 다른 풀이 |

$$[\mu]=\frac{[\tau]}{[du/dy]}=\frac{[MLT^{-2}/L^2]}{[LT^{-1}/L]}=[ML^{-1}T^{-1}]$$

05 **정답** ② **출제** 산07

점성계수의 단위는 ($kg/m\cdot s$)이며, 차원은 $[ML^{-1}T^{-1}]$이다.

06 **정답** ④ **출제** 산03

물의 단위중량과 밀도는 4℃에서 최대이다.

07 **정답** ② **출제** 산03

점성계수는 수온이 낮을수록 크다.

08 **정답** ③ **출제** 산03

점성과 표면장력은 온도에 반비례, 체적탄성계수는 온도에 비례한다.

09 **정답** ③ **출제** 기00, 기03, 기10-4

$\tau=\mu\dfrac{dV}{dy}$에서 속도경사 $\dfrac{dV}{dy}=-8y+1=0$이 되는 y값에서 전단력은 0이 된다.
따라서, $y=1/8$ (m)

10 **정답** ④ **출제** 기00, 기15-4, 산07

$\tau=\mu\dfrac{dV}{dy}$에서

속도경사 $\dfrac{dV}{dy}=\dfrac{d}{dy}(2y^{1/2})=y^{-1/2}$

$$\left.\frac{dV}{dy}\right|_{y=0.5}=\sqrt{0.5}=1.414\ (s^{-1})$$

11 **정답** ④ **출제** 기17-2

[MKS] 단위로 표시하자.
$\Delta y=0.005$ (m), $\mu=100$ ($N\cdot s/m^2$),
$u=2$ (m/s)

$$\tau=\mu\frac{du}{dy}=100\times\frac{2}{0.005}=40,000\ (N/m^2)$$
$$=4\ (N/cm^2)$$

12 **정답** ③ **출제** 기10-4, 기18-2, 산05

$$(\text{동점성계수})=\frac{(\text{점성계수})}{(\text{밀도})}\text{이다.}$$

13 **정답** ④ **출제** 산02

동점성계수의 단위는 (m^2/s) 또는 (cm^2/s)이다.

14 **정답** ② **출제** 기14-2

동점성계수의 차원은 $[L^2T^{-1}]$이다.

15 정답 ② **출제** 기03

동점성계수의 차원은 $[L^2 T^{-1}]$이다.

16 정답 ① **출제** 기18-3

동점성계수의 차원은 $[L^2 T^{-1}]$이며, [F] 또는 [M]이 포함되어 있지 않다.

17 정답 ③ **출제** 기07-4, 산11

동점성계수의 단위는 (m^2/sec), 차원은 $[L^2 T^{-1}]$

18 정답 ④ **출제** 산06

액체의 동점성계수 $\nu = 0.0019\ (m^2/s)$,

밀도 $\rho = 1,200\ (kg/m^3) = 102\ (kgf \cdot s^2/m^4)$이므로

$$\mu = \rho\nu = 1,200 \times 0.0019 = 2.28\ (kg/m \cdot s)$$
$$= 2.28\ (N \cdot s/m^2) = 0.233\ (kgf \cdot s/m^2)$$

주의 보기에서 (kg)은 (kgf)을 잘못 쓴 것이다.

19 정답 ④ **출제** 산06

$$\nu = \frac{\mu}{\rho} = \frac{7.995 \times 10^{-3}}{0.9957} = 8.03 \times 10^{-3}\ (cm^2/s)$$

| 다른 풀이 |

동점성계수의 단위를 고려하면, 답은 ③과 ④ 중 하나이며, $\nu = \frac{\mu}{\rho} = \frac{7.995 \times 10^{-3}}{0.9957}$을 계산할 때, 0.9957로 나누는 것이므로, 7.995보다 약간 커져야 한다. 따라서 답은 간단히 ④가 된다.

1.5 표면장력과 모세관 현상

1 표면장력

- **정의** 표면장력(surface tension)은 액체가 고체나 기체와 만날 때, 자신의 표면을 최소화하기 위해 발생시키는 힘
- **예시** ① 소금쟁이가 물 위에 떠 있고, ② 가느다란 철사나 바늘을 조심해서 물 위에 놓으면 가라앉지 않고 뜨는 현상, ③ 물방울이 원형을 이루고자 하는 현상
- 표면장력은 단위길이당 힘이므로, 기본단위는 (N/m). 이 단위는 너무 크므로 보통 (dyne/cm)를 사용하며, 모든 계산을 [CGS] 단위로 하는 것이 좋다.
- **기호** σ나 T를 사용. 이 책에서는 주로 T를 사용한다.
- 15℃일 때 물의 표면장력 $T_w = 75$ (dyne/cm). 이 값은 기억해 두면 편하다.

꼭 기억하기!

2 액체 방울의 압력차

- **유도** 안에서 밖으로 작용하는 압력차(Δp)의 합과 액체 방울의 원주를 따른 표면장력(T)의 합이 같다는 관계에서 유도

$$\Delta p \times \frac{\pi D^2}{4} = T \times \pi D$$

- **표면장력** $T = \dfrac{\Delta p D}{4}$

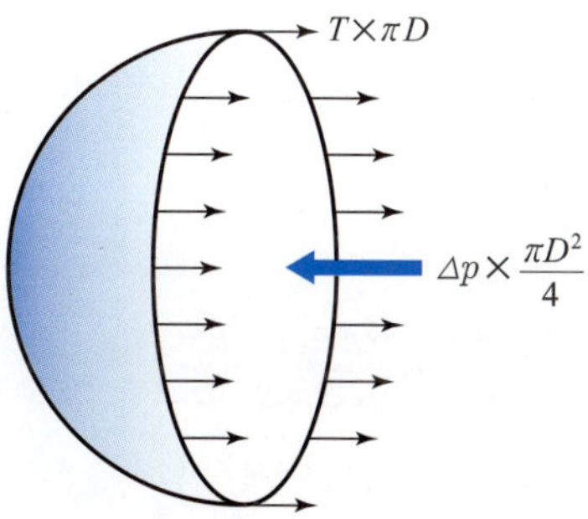

3 모세관 상승고

- **정의** 액체의 부착력과 응집력이 원인
- **단위** 장력이므로 (N/m)가 표준단위. 그러나 이 [MKS] 단위는 너무 크므로 그보다 작은 [CGS] 단위인 (dyne/cm)를 사용하는 것이 편하다.

- **원관의 모세관 상승고** 아래 그림을 이용하자.

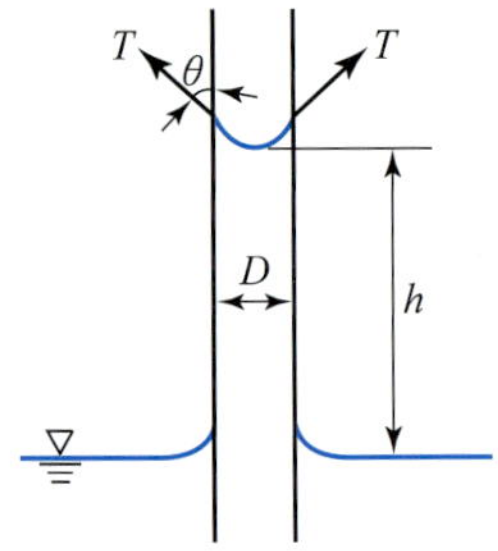

– 액체기둥에 작용하는 중력 $W = \gamma\left(\pi D^2/4\right)h$

– 이 물기둥을 들어올리는 표면장력의 연직성분의 합은 $\pi D(T\cos\theta)$

– 이 두 힘이 평형을 이루므로, $\gamma\left(\pi D^2/4\right)h = \pi D\,T\cos\theta$

– 그러므로, 원관(유리관)의 모세관 상승고

$$h = \frac{4\,T\cos\theta}{\gamma\,D}$$

꼭 기억하기!

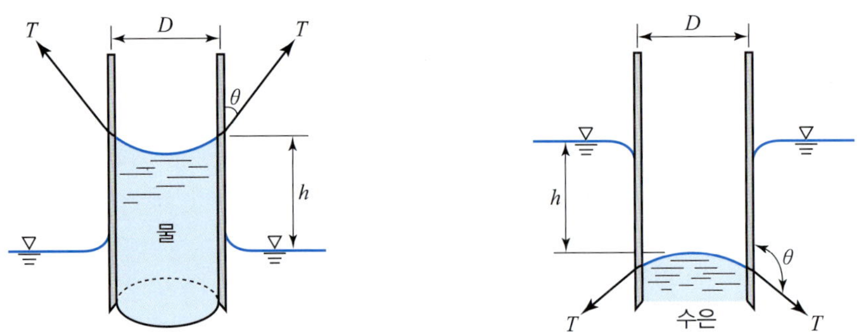

(a) 상승: (부착력>응집력)인 액체. 물이나 알코올이 대표적

(b) 하강: (부착력<응집력)인 액체. 수은이 대표적

- **연직 평판 사이(간격 D)의 상승고**

$$h = \frac{2\,T\cos\theta}{\gamma\,D}$$

꼭 기억하기!

즉, 원관의 상승고의 절반이다.

1.5 표면장력과 모세관 현상 기출문제

1 표면장력

★☆☆

01 액체와 기체의 경계면에 작용하는 분자 인력에 의한 힘은?

① 모관현상 ② 점성력
③ 표면장력 ④ 내부마찰력

★☆☆

02 다음 중 표면장력의 차원으로 옳은 것은?

① $[MLT^{-3}]$ ② $[FL^{-2}]$
③ $[MT^{-1}]$ ④ $[FL^{-1}]$

★★☆

03 다음 중 차원이 틀리게 표시된 것은?

① 점성계수 $\mu=[ML^{-1}T^{-1}]$
② 운동량 $M=[MLT^{-1}]$
③ 표면장력 $T=[MT^{-1}]$
④ 에너지 $E=[ML^2T^{-2}]$

★☆☆

04 다음 중 표면장력의 단위는?

① (dyne/cm) ② $(dyne/cm^2)$
③ $(dyne/cm^3)$ ④ $(dyne/cm^4)$

2 액체 방울의 압력차

★☆☆

05 물방울의 직경 d, 표면장력의 크기 σ, 그리고 물방울 내외부의 압력차를 Δp라고 할 때 그 상관식이 옳은 것은?

① $\Delta p=\frac{\sigma}{d}$ ② $\Delta p=\frac{2\sigma}{d}$
③ $\Delta p=\frac{4\sigma}{d}$ ④ $\Delta p=\frac{\sigma}{\pi d}$

★★☆

06 수온 15℃에서 직경이 0.5 (mm)인 물방울이 있다. 물방울 내부의 압력이 대기압보다 6 (g/cm^2)만큼 크다면 이 경우의 표면장력 크기는 얼마인가?

① 0.015 (g/cm) ② 0.075 (g/cm)
③ 0.15 (g/cm) ④ 0.75 (g/cm)

★★☆

07 20℃에서 직경이 0.3 (mm)인 물방울이 공기와 접하고 있다. 물방울 내부의 압력이 대기압보다 10 (gr/cm^2)만큼 크다고 할 때, 표면장력의 크기를 (dyne/cm)로 나타내면?

① 0.075 ② 0.75
③ 73.50 ④ 75.0

★★☆

08 10℃의 물방울 지름이 3 (mm)일 때 그 내부와 외부의 압력차는? (단, 10℃에서의 표면장력은 75 (dyne/cm)이다.)

① 250 $(dyne/cm^2)$ ② 500 $(dyne/cm^2)$
③ 1,000 $(dyne/cm^2)$ ④ 2,000 $(dyne/cm^2)$

3 모세관 상승고

★☆☆

09 모세관 현상에서 유리관을 통하여 하강한 수은의 경우는?

① 응집력보다 부착력이 크다.
② 응집력보다 내부저항력이 크다.
③ 부착력보다 응집력이 큰 경우이다.
④ 접촉각 $0<\frac{\theta}{2}$이며, $h>0$인 경우이다.

★☆☆

10 그림과 같이 물속에 세운 모세관의 내경을 d, 그때 물의 표면장력을 σ, 물과 관 사이의 접촉각을 θ라고 하면 모세관고 h는? (단, 물의 단위중량은 w이다.)

① $h=\dfrac{4d\cos\theta}{w}$

② $h=\dfrac{4d\cos\theta}{wd}$

③ $h=\dfrac{4\sigma\cos\theta}{w\sigma}$

④ $h=\dfrac{4\sigma\cos\theta}{wd}$

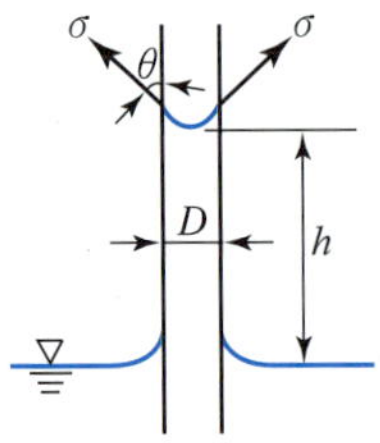

★☆☆

11 밀도가 ρ인 액체에 지름이 d인 모세관을 연직으로 세웠을 경우, 이 모세관 내에 상승한 액체의 높이는? (단, T: 표면장력, θ: 접촉각)

① $h=\dfrac{4T\cos\theta}{\rho g d^2}$　② $h=\dfrac{2T\cos\theta}{\rho g d}$

③ $h=\dfrac{2T\cos\theta}{\rho g d^2}$　④ $h=\dfrac{4T\cos\theta}{\rho g d}$

★☆☆

12 다음과 같은 모세관 현상의 내용 중에서 옳지 않은 것은?

① 모세관의 상승 높이는 모세관 지름 d에 반비례한다.

② 모세관의 상승 높이는 액체의 단위중량에 비례한다.

③ 모세관의 상승 여부는 액체의 응집력과 액체와 관벽의 부착력에 의해 좌우된다.

④ 액체의 응집력이 관벽과의 부착력보다 크면 관 내 액체의 상승높이는 관 밖보다 낮아진다.

★☆☆

13 모세관 현상에서 모세관고(h)와 관 지름(D)의 관계는?

① h는 D의 제곱에 비례한다.

② h는 D에 비례한다.

③ h는 D^{-1}에 비례한다.

④ h는 D^{-2}에 비례한다.

★★☆

14 정지하고 있는 물속에 지름 2.5 (mm)의 유리관을 똑바로 세웠을 때, 물이 관내로 올라가는 높이를 구한 값은? (단, 물의 온도 15℃일 때 물과 유리의 접촉각이 8°이고, 15℃일 때 T=0.075 (g/cm)이다.)

① 0.18 (cm)　② 1.18 (cm)

③ 1.80 (cm)　④ 1.0 (cm)

★★☆

15 직경이 0.15 (cm)인 미끈한 유리관을 15℃의 물에 세웠을 경우 접촉각이 9°였다면 모세관 현상에 의한 물의 높이는? (단, 15℃의 표면장력 T_{15} =0.075 (g/cm))

① 1.976 (cm)　② 0.384 (cm)

③ 0.988 (cm)　④ 2.831 (cm)

★★☆

16 직경이 1 (mm)인 모세관의 경우 모관 상승높이는? (단, 물의 표면장력은 74 (dyne/cm), 접촉각은 8°)

① 30 (mm)　② 25 (mm)

③ 20 (mm)　④ 15 (mm)

★☆☆

17 동일한 유체에 동일한 재료를 사용하여 모세관 상승고를 구하였다. 직경이 d인 원형 관을 세웠을 때의 상승고를 h_a, 간격이 d인 나란한 연직 평판을 세웠을 때의 상승고를 h_b라 할 때 옳은 것은?

① $h_a=2h_b$　② $h_b=2h_a$

③ $h_a=4h_b$　④ $h_b=4h_a$

1.5 표면장력과 모세관 현상 정답과 풀이

01 정답 ③ **출제** 기15-2

액체－기체 또는 액체－고체 경계면에서 액체의 표면을 최소로 만들려는 작용이 표면장력이고, 액체－고체 경계면에서 표면장력에 의해 액체면의 높이가 변화하는 것을 모세관 현상이라 한다.

02 정답 ④ **출제** 산10

표면장력의 차원은 단위길이당 힘이다.
따라서 $[FL^{-1}]=[MT^{-2}]$이다.

03 정답 ③ **출제** 산00

표면장력의 차원은 단위길이당 힘이다.
따라서 $[FL^{-1}]=[MT^{-2}]$이다.

04 정답 ① **출제** 산08

표면장력의 단위는 단위길이당 힘 $[FL^{-1}]$이므로 (dyne/cm) 또는 (gf/cm)이다.

05 정답 ③ **출제** 산09

이론의 '2 액체 방울의 압력차' 참조

06 정답 ② **출제** 기08-4

$$\sigma=\frac{\Delta p D}{4}=\frac{6\times0.05}{4}=0.075\ \text{(gf/cm)}$$
$$=73.5\ \text{(dyne/cm)}$$

여기서 1 (gf)=980 (dyne) 이용

주의 압력의 단위는 (gf/cm^2), 표면장력의 단위는 (gf/cm)

07 정답 ③ **출제** 기00

$$\sigma=\frac{\Delta p D}{4}=\frac{10\times0.03}{4}=0.075\ \text{(gf/cm)}$$
$$=73.5\ \text{(dyne/cm)}$$

08 정답 ③ **출제** 기12-2

$$\Delta p=\frac{4T}{D}=\frac{4\times75}{0.3}=1{,}000\ (\text{dyne/cm}^2)$$

09 정답 ③ **출제** 산00

수은의 경우 유리관의 모세관고가 하강한 이유는 같은 분자 사이의 인력인 응집력이 다른 분자 사이의 인력인 부착력보다 크기 때문이다.

10 정답 ④ **출제** 기08-2

유리관의 모세관 상승고 $h=\frac{4\sigma\cos\theta}{\rho g D}=\frac{4\sigma\cos\theta}{\gamma D}$이다.

주의 이 문제에서는 단위중량의 기호를 γ 대신 w로 표현하였다.

11 정답 ④ **출제** 기19-3

유리관의 모세관 상승고 $h=\frac{4T\cos\theta}{\rho g D}$이다.

12 정답 ② **출제** 산02, 산04

$h=\frac{4T\cos\theta}{\gamma D}$에서 모세관의 상승 높이는 액체의 단위중량에 반비례한다.

13 정답 ③ **출제** 산03, 산07

$h=\frac{4\sigma\cos\theta}{\gamma D}$에서 모세관 상승고는 관 직경의 －1승 (D^{-1})에 비례한다.

14 정답 ② **출제** 산00

모든 계산을 [CGS] 단위계로 하는 것이 좋다.
$D=0.25$ (cm), $T=0.075$ (gf/cm), $\gamma=1.0$ (gf/cm^3)이므로,

$$h=\frac{4T\cos\theta}{\gamma D}=\frac{4\times0.075\times\cos8^o}{1\times0.25}=1.19\ \text{(cm)}$$

주의 단, 여기서 표면장력의 단위는 (gf/cm), 단위중량의 단위는 (gf/cm^3)임에 유의

15 정답 ① **출제** 산00

모든 계산을 [CGS] 단위계로 하는 것이 좋다.
$T_{15}=0.075$ (gf/cm), $\gamma=1.0$ (gf/cm^3)이므로,

$$h=\frac{4T_{15}\cos\theta}{\gamma D}=\frac{4\times0.075\times\cos9^o}{1\times0.15}=1.975\ \text{(cm)}$$

주의 단, 여기서 표면장력의 단위는 (gf/cm), 단위중량의 단위는 (gf/cm^3)임에 유의

16 정답 ① **출제** 기05, 기13-4

모든 계산을 [CGS] 단위계로 하는 것이 좋다.
$D=0.1$ (cm), $T=74$ (dyne/cm), $\gamma=980$ (dyne/cm^3) 이므로,

$$h=\frac{4T\cos\theta}{\gamma D}=\frac{4\times 74\times\cos 8^o}{980\times 0.1}=3.0 \text{ (cm)}$$

17 정답 ① **출제** 기01, 기04, 산04, 산06

원형관의 모세관 상승고 $h_a=\dfrac{4\sigma\cos\theta}{\gamma D}$,

연직평판의 모세관 상승고 $h_b=\dfrac{2\sigma\cos\theta}{\gamma D}$ 이므로

$h_a=2h_b$ 이다.

1.6 압축성

구분	1 체적탄성계수	2 압축률	3 음속
영문명	modulus of elasticity(bulk modulus)	compressibility	speed of sound
정의	체적변화율에 대한 압력변화량	체적탄성계수의 역수	유체 속의 압력파(음파)의 전달 속도(음속)
	(체적탄성계수)$=-\dfrac{(\text{압력변화량})}{(\text{체적변화율})}$	(압축률)$=\dfrac{1}{(\text{체적탄성계수})}$	–
사용기호	E	C	a
관계식	$E=-\dfrac{\Delta p}{\Delta V/V}=\dfrac{1}{C}$	$C=\dfrac{1}{E}$	$a=\sqrt{\dfrac{E}{\rho}}$
차원	$[ML^{-1}T^{-2}]$, $[FL^{-2}]$	$[M^{-1}L^{1}T^{2}]$, $[F^{-1}L^{2}]$	$[LT^{-1}]$
단위	(N/m^2)	(m^2/N)	(m/s)

- 체적탄성계수 계산식의 (−) 부호는 압력과 체적은 서로 반비례 관계이므로 음수로 표현되는 것을 피하기 위한 것이다.
- **계산** 문제에서 체적변화율이 %로 주어지면, 이를 비율로 바꾸어야 하며 부호도 주의해야 한다. 예를 들어, 체적이 5% 감소라고 하면, $(\Delta V/V)=-0.05$이어야 한다.
- 체적탄성계수와 압축률을 혼동할 수 있으므로, 가급적 체적탄성계수만 기억해 두는 것이 좋다.
- 참고로 공기 중 음속은 $a=340$ (m/s), 수중 음속은 $a=1,440$ (m/s)

1.6 압축성 기출문제

1 체적탄성계수

★☆☆

01 물리량의 차원을 표시한 것으로 옳지 않은 것은?

① 각가속도: $[T^{-2}]$
② 힘: $[MLT^{-2}]$
③ 점성계수: $[ML^{-1}T^{-1}]$
④ 탄성계수: $[MLT^{-2}]$

★★☆

02 온도 10℃에서 물의 체적탄성계수가 2.0×10^4 (kg/cm^2)일 때, 1 (kg/cm^2)의 압력 증가에 의한 체적변화율은?

① 0.002%만큼 감소한다.
② 0.002%만큼 증가한다.
③ 0.005%만큼 증가한다.
④ 0.005%만큼 감소한다.

★★☆

03 18℃에서 물을 처음 용적에서 1% 축소시키려고 할 때 필요한 압력은? (단, 압축률 $C=5\times10^{-5}$ (cm^2/kg)이다.)

① 100 (kg/cm^2)　② 200 (kg/cm^2)
③ 300 (kg/cm^2)　④ 400 (kg/cm^2)

★★☆

04 어떤 액체가 0.01 (m^3)의 체적을 갖는 실린더 속에서 80 (kg/cm^2)의 압력을 받고 있다. 그런데, 압력이 120 (kg/cm^2)로 증가되었을 때 액체의 체적은 0.0099 (m^3)로 축소되었다. 이 액체의 체적탄성계수 E는?

① 2.5×10^4 (kg/cm^2)　② 2.5×10^{-4} (kg/cm^2)
③ 4.0×10^{-4} (kg/cm^2)　④ 4.0×10^3 (kg/cm^2)

★★☆

05 어떤 용기 속에서 압축된 액체가 압력 1,000 (kg/cm^2)에서는 0.4 (m^3)인 체적을, 압력 2,000 (kg/cm^2)에서는 0.396 (m^3)인 체적을 갖는다면 이 액체의 체적탄성계수는?

① 100,000 (kg/cm^2)　② 50,000 (kg/cm^2)
③ 25,000 (kg/cm^2)　④ 10,000 (kg/cm^2)

2 압축률

★☆☆

06 물의 체적탄성계수 E, 체적변형률 e 등과 압축계수 C의 관계를 바르게 표시한 것은? (단, e: 체적변형률 dV/V, dp: 압력의 변화량)

① $C=\dfrac{1}{E}=\dfrac{e}{dp}$　② $C=E=\dfrac{dp}{e}$
③ $C=\dfrac{dV}{V}=e$　④ $C=\dfrac{V}{dV}=\dfrac{1}{e}$

3 음속

★★☆

07 유체의 체적탄성계수가 E_w이고, 밀도가 ρ일 때 압력의 전파속도 C는? (단, 유체는 용기에 담겨 있으며, 용기는 강재이다.)

① $\sqrt{\dfrac{E_w}{\rho}}$　② $\sqrt{\dfrac{\rho}{E_w}}$
③ $\dfrac{E_w}{\rho}$　④ $\dfrac{\rho}{E_w}$

1.6 압축성 정답과 풀이

01 정답 ④ **출제** 기13-1

탄성계수의 단위는 (N/m^2)이며,
차원은 $[FL^{-2}]=[ML^{-1}T^{-2}]$

02 정답 ④ **출제** 기01

$E=-\dfrac{\Delta p}{\Delta V/V}$에서,

$$\frac{\Delta V}{V}=-\frac{\Delta p}{E}=-\frac{1}{2.0\times10^4}=-5\times10^{-5}=-0.005\%$$

주의 체적탄성계수와 압력의 단위는 모두 (kgf/cm^2)로 써야 한다.

03 정답 ② **출제** 산11

압축률 $E=-\dfrac{\Delta p}{\Delta V/V}=\dfrac{1}{C}$에서,

$$\Delta p=-\frac{\Delta V/V}{C}=-\frac{(-0.01)}{5\times10^{-5}}=200\ (kgf/cm^2)$$

주의 압력의 단위는 (kgf/cm^2)이므로, 압축률의 단위는 (cm^2/kgf)으로 써야 한다.

04 정답 ④ **출제** 산08

$$E=-\frac{\Delta p}{\Delta V/V}=-\frac{120-80}{(0.0099-0.01)/0.01}$$
$$=4.0\times10^3\ (kgf/cm^2)$$

주의 압력의 단위는 (kgf/cm^2)이므로, 압축률의 단위는 (cm^2/kgf)으로 써야 한다.

05 정답 ① **출제** 기07-1

$$E=-\frac{\Delta p}{\Delta V/V}=-\frac{2{,}000-1{,}000}{(0.396-0.4)/0.4}$$
$$=100{,}000\ (kgf/cm^2)$$

주의 압력의 단위는 (kgf/cm^2)이므로, 압축률의 단위는 (cm^2/kgf)으로 써야 한다.

06 정답 ① **출제** 기10-1

체적탄성계수 $E=-\dfrac{\Delta p}{\Delta V/V}=-\dfrac{dp}{e}$이고, 압축률($C$)의 역수이다.

주의 체적탄성계수의 식은 $E=-\dfrac{\Delta p}{\Delta V/V}$로 식에 음의 부호(−)가 붙어야 한다. 이 문제에서는 음의 부호가 빠져 있다.

07 정답 ① **출제** 산01

정수 중의 한 점에 압력을 가하면 그 압력은 거리에 관계없이 물속의 모든 점에 동일하게 전달되는데(파스칼의 원리), 압력파의 전파속도 C는 용기가 강재이고 액체의 탄성계수가 E이면 $C=\sqrt{\dfrac{E}{\rho}}$이다. 소리는 압력의 변화이므로, 음속은 바로 이 식에 따른다.

CHAPTER

02

정수역학

2.1 정수압
2.2 압력의 측정
2.3 수중물체에 작용하는 힘
2.4 관벽의 두께
2.5 부력과 부체의 안정
2.6 상대적 평형

CIVIL ENGINEERING

HYDRAULICS AND HYDROLOGY

CHAPTER

02 정수역학

2.1 정수압

1 정수역학

- **정수역학** 유체가 정지상태에 있거나 상대적인 운동이 없는 상태에서 어떤 점 또는 면에 작용하는 힘의 관계를 다루는 분야
- 정지상태나 등가속도 운동에서는 마찰력이 작용하지 않는다(마찰의 원인이 되는 점성을 무시).
- **수심(water depth, h)** 수면에서 연직 아랫방향으로 측정한 깊이
- **수위(water stage, H)** 어떤 기준면에서 연직 윗방향으로 측정한 높이

2 정수압의 성질

- 정수 중의 한 점에 작용하는 정수압은 모든 방향에 대해 동일하다.
- 경계면에 직각으로 작용한다.

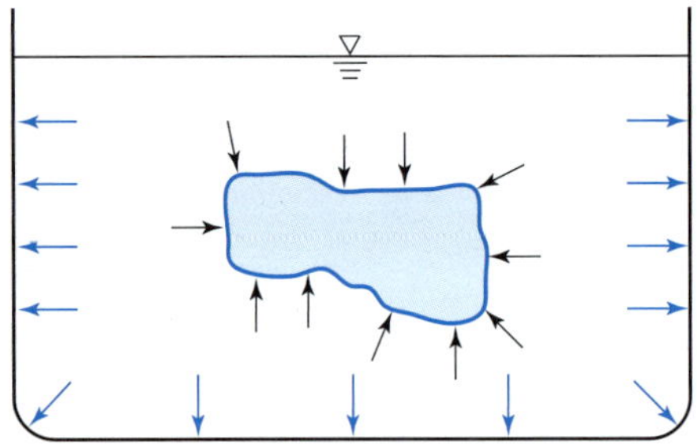

- **정수압(p, N/m^2)** 단위면적(A, m^2)에 작용하는 힘(F, N)의 크기

$$p = \frac{F}{A} \ \text{(Pa)}$$

- **기호** 압력강도(또는 압력)는 p, 압력힘(또는 전압력)은 대문자 P(또는 F)를 사용한다.

- **단위** 기본단위는 1 (N/m^2)=1 (Pa, 파스칼)
- 정지한 액체 속에서 같은 깊이에서는 압력이 같다. 즉, 정지된 유체에서는 수평면상의 모든 점에서 압력이 같다.

3 수심 h에서의 정수압

- **절대압력(absolute pressure, p_{abs})** 수면에 작용하는 대기압(p_a 또는 p_{atm})을 고려한 압력. 진공을 기준으로 한다.

$$p_{abs} = p_a + \rho g h$$

4 표준대기압과 계기압력

- **계기압력(gauge pressure, p_{gauge})** 대기압을 기준($p_a = 0$)으로 한 압력

(계기압력)=(절대압력)−(대기압)

$$p_{gauge} = p_{abs} - p_{atm}$$

- 이후 특별히 언급하지 않으면, 모든 압력은 계기압력이다.

(압력)=(유체의 단위중량)×(유체의 높이)

$$p = \rho g h = \gamma h$$

꼭 기억하기!

- **(표준)대기압(p_a 또는 p_{atm})**

1 (atm)=0.76 (mHg) (수은기둥 0.76 (m)의 높이)
=10.33 (mH_2O) (물기둥 10.33 (m)의 높이)
=101,300 (Pa)
=1013 (hPa)

- **압력 단위 환산**

<table>
<tr><td>1 (mHg)</td><td>$p = 13.6$ (mH_2O)</td><td>물기둥 13.6 (m)의 높이
($p = \gamma_w h_w = \gamma_m h_m$, 수은의 비중 $s_m = 13.6$)</td></tr>
<tr><td rowspan="4">1 (mH_2O)</td><td>$p = 9,800$ (Pa, N/m^2)</td><td>$p = \gamma_w h_w = 9,800 \times 1 = 9,800$ (Pa)
여기서, $\gamma_w = 9,800$ (N/m^3)</td></tr>
<tr><td>$p = 98,000$ (dyne/cm^2)</td><td>$p = \gamma_w h_w = 980 \times 100 = 98,000$ (dyne/cm^2)
여기서, $\gamma_w = 980$ (dyne/cm^3)</td></tr>
<tr><td>$p = 1,000$ (kgf/m^2)</td><td>$p = \gamma_w h_w = 1,000 \times 1 = 1,000$ (kgf/m^2)
여기서, $\gamma_w = 1,000$ (kgf/m^3)</td></tr>
<tr><td>$p = 100$ (gf/cm^2)</td><td>$p = \gamma_w h_w = 1 \times 100 = 100$ (gf/cm^2)
여기서, $\gamma_w = 1$ (gf/cm^3)</td></tr>
</table>

5 수압계의 원리

• **정의** 파스칼의 원리를 응용하여 작은 힘으로 큰 힘을 만드는 장치

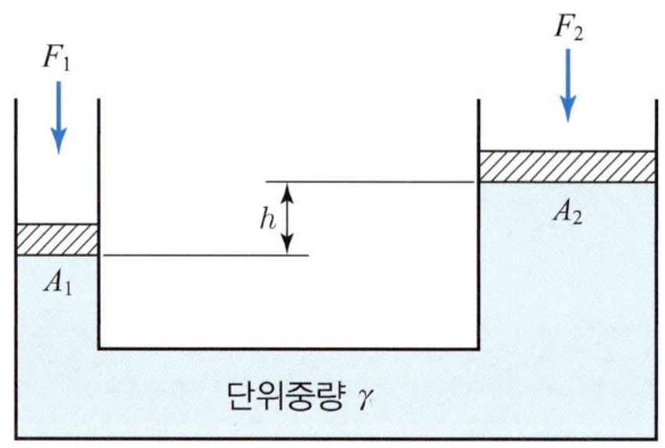

• 정지 중의 같은 유체에서는 같은 높이에서 압력은 같다. 위의 그림에서는,

$$p_1 = p_2 + \rho g h$$

• 대부분의 경우, F_1과 F_2에 비해 $\rho g h$는 매우 작아 무시한다.

$$\frac{F_1}{A_1} = \frac{F_2}{A_2}$$

2.1 정수압 기출문제

1 정수역학

• 2000년 이후는 출제된 문제 없음

2 정수압의 성질

★☆☆

01 정수(靜水) 중의 한 점에 작용되는 정수압의 크기는 방향에 관계없이 일정하다고 할 때 이유로 옳은 것은?

① 정수면은 수평이고 표면장력이 작용하기 때문이다.
② 수심이 일정하여 정수압의 크기는 수심에 비례하기 때문이다.
③ 물의 단위중량이 1 (g/cm^3)로 일정하기 때문이다.
④ 정수압은 면에 수직으로 작용하고 한 점에 작용하는 정수압은 방향에 관계없이 크기가 같기 때문이다.

★☆☆

02 정수압의 성질이 아닌 것은?

① 정수압은 면에 수직으로 작용한다.
② 정수 중에 임의의 한 점의 수압은 모든 방향으로 그 크기가 같다.
③ 정수 중의 임의의 한 점의 수압은 각 방향에 따라 그 크기가 다르다.
④ 정지한 물속의 임의의 점의 압력강도는 그 점의 수심과 물의 단위중량의 곱과 같다.

★☆☆

03 정수압의 성질을 설명한 것으로 틀린 것은?

① 정수 중에 작용하는 힘은 마찰력과 압력이다.
② 정수압의 크기는 단위면적에 작용하는 힘의 크기로 표시한다.
③ 정수 중의 임의의 한 점에 작용하는 정수압의 강도는 방향에 관계없이 동일하게 작용한다.
④ 정수압은 작용면에 대하여 물체 표면에 수직으로만 작용한다.

★☆☆

04 다음 설명 중 틀린 것은?

① 정수 중의 한 점에 작용하는 정수압의 강도는 모든 방향에서 균일하게 작용한다.
② 정수압은 항상 벽면에 직각 방향으로 작용한다.
③ 정수 중에서 인장응력이 발생하지 않는다.
④ 정수 중에서 전단응력이 발생된다.

★☆☆

05 물속에 존재하는 임의의 면에 작용하는 정수압의 작용방향에 대한 설명으로 옳은 것은?

① 정수압은 수면에 대하여 수평방향으로 작용한다.
② 정수압은 수면에 대하여 수직방향으로 작용한다.
③ 정수압은 임의의 면에 직각으로 작용한다.
④ 정수압의 수직압은 존재하지 않는다.

3 수심 *h* 에서의 정수압

★☆☆

06 정수압 강도 1 (kg/cm^2)를 압력수두로 환산한 값은?

① 0.1 (m) ② 1.0 (m)
③ 10.0 (m) ④ 100.0 (m)

★☆☆

07 **수면 아래 20 (m) 지점의 수압을 (kg/cm^2)로 표기하면 얼마인가?**

① 1.03 (kg/cm^2) ② 200 (kg/cm^2)
③ 20 (kg/cm^2) ④ 2 (kg/cm^2)

★★☆

08 **바닷속 35 (m) 깊이에서 잠수부가 받는 수압과 같은 민물에서의 깊이는? (단, 해수의 비중은 1.025이다.)**

① 35.88 (m) ② 34.15 (m)
③ 30.58 (m) ④ 28.53 (m)

★★☆

09 **다음 중 대기압이 762 (mmHg)로 나타날 때 수은주 305 (mm)의 진공에 해당하는 절대압력의 근사값은? (단, 수은의 비중은 13.6이다.)**

① 41 (N/m^2) ② 61 (N/m^2)
③ 40,650 (N/m^2) ④ 60,909 (N/m^2)

4 표준대기압과 계기압력

★☆☆

10 **대기압에 대한 다음 설명 중 틀린 것은?**

① 지구를 둘러싸고 있는 공기 무게에 의하여 지구 표면이 받는 압력이다.
② 대기압은 보통 1기압으로 가정한다.
③ 대기압은 장소, 때, 온도에 따라 다르다.
④ 대기압을 압력의 기준으로 할 때, 절대로 0이 되지 않으며, 이것을 계기압력이라 한다.

★☆☆

11 **수면 아래 30 (m) 지점의 계기 압력을 (kg/cm^2)로 표시한 것은? (단, 수은의 비중은 13.6이다.)**

① 0.3 (kg/cm^2) ② 3 (kg/cm^2)
③ 30 (kg/cm^2) ④ 300 (kg/cm^2)

★☆☆

12 **절대압력을 P_{ab}, 계기압력(또는 상대압력)을 P_g, 그리고 대기압을 P_{at}라고 할 때 이들의 관계식으로 옳은 것은?**

① $P_{ab} - P_g = P_{at}$ ② $P_{ab} + P_g = P_{at}$
③ $P_g - P_{at} = P_{ab}$ ④ $P_g + P_{at} = P_{ab} - 1$

5 수압계의 원리

★☆☆

13 **그림에서 P_1과 평형을 이루도록 하기 위해 P_2에 적용시켜야 할 힘은?**

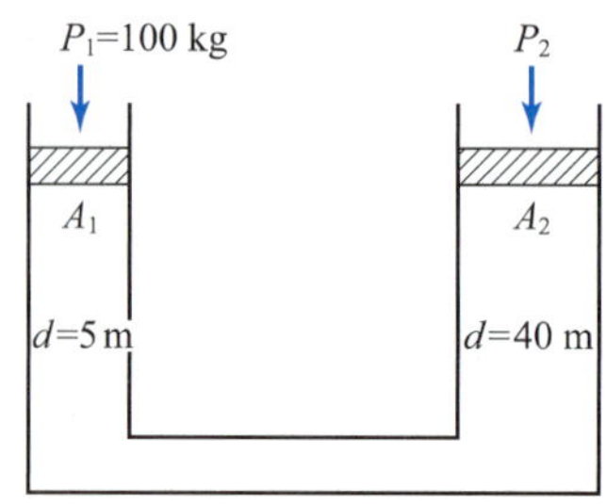

① 4,400 (kg) ② 5,400 (kg)
③ 6,400 (kg) ④ 7,400 (kg)

★★☆

14 **그림에서 $A/a = 1000$, $L/l = 8$로 하여 $P = 10$ (kg)의 힘이 가해질 때 Q의 힘은?**

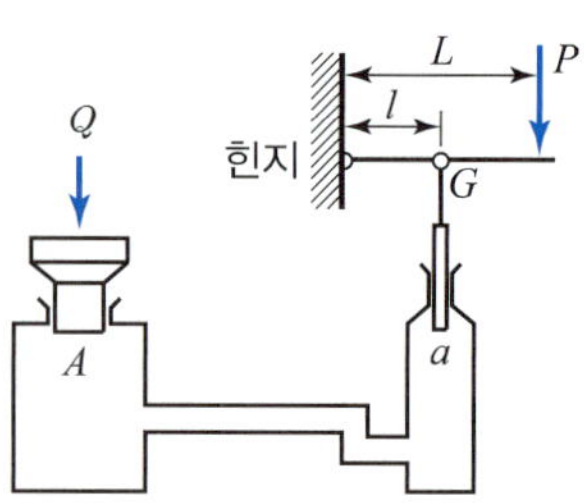

① 80 (t) ② 50 (t)
③ 8 (t) ④ 5 (t)

★★☆

15 **그림에서** 2 (t)**의 자동차를 들어올리는 데 필요한 힘을 계산한 값은?** (**단, 피스톤의 단면적은 각각** 400 (cm^2)**와** 10 (cm^2)**이고, 피스톤의 마찰력은 무시한다.**)

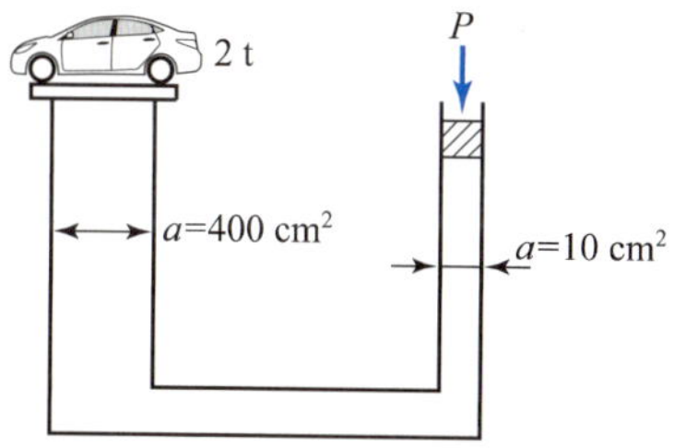

① 49.0 (kg) ② 50.0 (kg)
③ 52.5 (kg) ④ 55.0 (kg)

★★☆

16 **그림과 같은 수압기에서** B**점의 원통 무게가** 2,000 (N)(200 (kg)), **면적이** 500 (cm^2)**이고** A**점의 원통 면적이** 25 (cm^2)**라면, 이들이 평형상태를 유지하기 위한 힘** P**의 크기는?** (**단,** A**점의 원통 무게는 무시하고 관 내 액체의 비중은** 0.9**이며, 무게** 1 (kg)=10 (N)**이다.**)

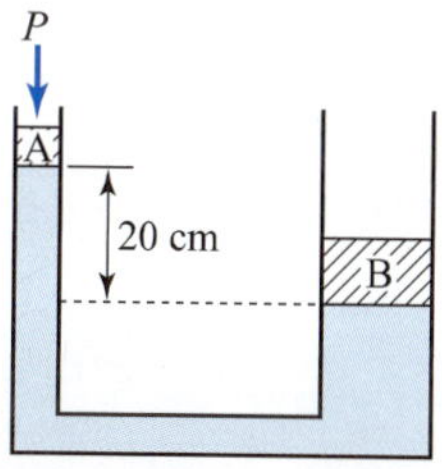

① 0.0955 (N) [9.55 (kg)]
② 0.955 (N) [95.5 (kg)]
③ 95.5 (N) [9.55 (kg)]
④ 955 (N) [95.5 (kg)]

2.1 정수압 정답과 풀이

01 **정답** ④ **출제** 산01, 산07

한 점에 작용하는 정수압의 크기는 모든 방향에 대하여 동일한 크기를 갖는다.

02 **정답** ③ **출제** 산03

한 점에 작용하는 정수압의 크기는 모든 방향에 대하여 동일한 크기를 갖는다.

03 **정답** ① **출제** 산02

$\tau=\mu\frac{du}{dy}$에서 $du=0$이므로, 마찰력이 0이다(마찰력이 작용하지 않는다).

04 **정답** ④ **출제** 기00

Newton의 점성법칙 $\tau=\mu\frac{du}{dy}$에서 정지유체는 $u=0$이므로, $\tau=0$이다.

05 **정답** ③ **출제** 기14-2, 기17-1

정수압은 임의의 면에 직각으로 작용한다.

06 **정답** ③ **출제** 산00, 산02, 산03

압력 $p=1$ (kgf/cm^2)=10,000 (kgf/m^2), $\gamma=1{,}000$ (kgf/m^3)이므로,

압력수두는 $h=\frac{p}{\gamma}=\frac{10{,}000}{1{,}000}=10$ (m)

주의 압력강도의 단위 (kg/cm^2)는 (kgf/cm^2)로 써야 한다.

07 **정답** ④ **출제** 산08, 산11

물의 단위중량 $\gamma=1{,}000$ (kgf/m^3),

수심 $h=20$ (m)이므로,

$$p=\gamma h=1{,}000\times 20=20{,}000 \text{ (kgf/m}^2\text{)}$$
$$=2 \text{ (kgf/cm}^2\text{)}$$

주의 문제에서 압력의 단위는 (kg/cm^2)가 아니라 (kgf/cm^2)이다.

08 정답 ① 출제 기07-2

민물의 단위중량 $\gamma_w = 1,000$ (kgf/cm^3),

바닷물의 단위중량 $\gamma_s = 1,025$ (kgf/cm^3)

$p = \gamma h$이므로, (바닷물 수압)=(민물 수압)

$1,025 \times 35 = 1,000 \times h$

따라서 $h = 35.88$ (m)

| 다른 풀이 |

해수의 비중이 크므로, 민물 수심은 해수 수심 35 (m)보다 항상 커야 한다.

09 정답 ④ 출제 기14-4

대기압은 $p_a = 0.762 \times (13.6 \times 9,800)$

$= 101,559$ (N/m^2)

수은주 305 (mm)의 진공

$p_{gage} = 0.305 \times (13.6 \times 9,800) = 40,650$ (N/m^2)

절대압력

$p_{abs} = p_a - p_{gage} = 101,559 - 40,650 = 60,909$ (N/m^2)

10 정답 ④ 출제 산01

(계기압력)=(절대압력)−(대기압)

즉, 계기압력은 대기압을 0으로 놓은 압력

11 정답 ② 출제 산00, 산08

계기압력(수압)

$p = \gamma h = 1 \times 30 = 30$ (tonf/m^2)$=3$ (kgf/cm^2)

주의 문제에서 압력의 단위는 (kg/cm^2)가 아니라 (kgf/cm^2)이다.

12 정답 ① 출제 기15−1

(계기압력)=(절대압력)−(대기압)

13 정답 ③ 출제 기03

$\dfrac{P_1}{A_1} = \dfrac{P_2}{A_2}$에서

$P_2 = \dfrac{A_2}{A_1} P_1 = \left(\dfrac{40}{5}\right)^2 \times 100 = 6,400$ (kgf)

주의 보기에서 힘의 단위는 (kg)이 아니라 (kgf)이다.

14 정답 ① 출제 기01

지레의 원리에 의해, G에 작용하는 힘 F_G는 $PL = F_G l$.

따라서, $F_G = \dfrac{L}{l} P = 8 \times 10 = 80$ (kgf)

수압계의 원리에 의해, Q에 작용하는 힘

$F_Q = \dfrac{F_Q}{A} = \dfrac{F_G}{a}$,

$F_Q = \dfrac{A}{a} \times F_G = 1,000 \times 80$

$= 80,000$ (kgf)$=80$ (tonf)

주의 보기에서 힘의 단위는 (t)이 아니라 (tonf)이다.

15 정답 ② 출제 산05

$F_1 = 20,000$ (kgf)

$\dfrac{F_1}{A_1} = \dfrac{P}{A_2}$에서

$P = \dfrac{A_2}{A_1} F_1 = \dfrac{10}{400} \times 2,000 = 50$ (kgf)

주의 보기에서 힘의 단위는 (kg)이 아니라 (kgf)이다.

16 정답 ③ 출제 기12-1

무게 1 (kgf)=10 (N)이라는 것은 중력가속도 $g = 10$ (m/s^2)으로 본다는 의미이다. 따라서, 액체의 단위중량 $\gamma = 0.9 \times 10,000 = 9,000$ (N/m^3)임에 유의하라.

점선 부분에 대해 양쪽의 압력 평형은

$\dfrac{P}{A_A} + \gamma h = \dfrac{W_B}{A_B}$,

$\dfrac{P}{25 \times 10^{-4}} + 9,000 \times 0.2 = \dfrac{2,000}{500 \times 10^{-4}}$

$P = 95.59$ (N)$=9.56$ (kgf)

주의 문제에서 (kg)은 (kgf)을 잘못 쓴 것이다.

2.2 압력의 측정

1 액주계(수압관, manometer)

- 관로의 벽에 가는 관을 연결하여 압력을 측정하는 장치
- 정지유체에서 수평방향으로 압력이 같다는 원리에 따라, $p=\gamma h=\rho g h$ 이다.

연직 액주계	경사 액주계
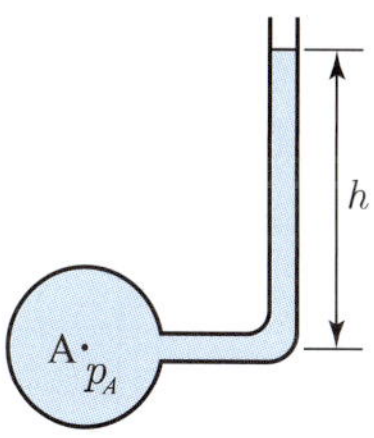	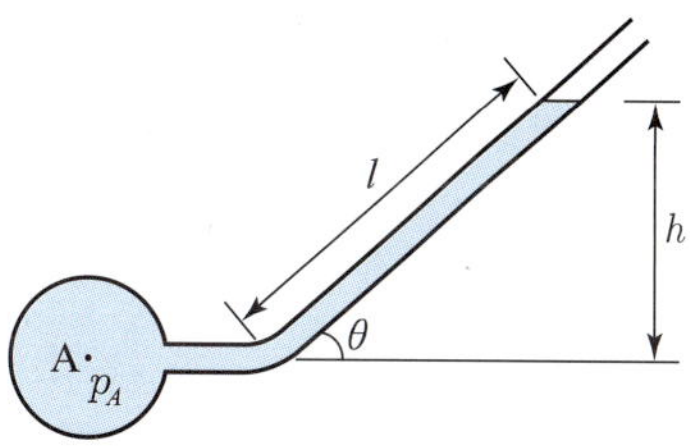
$p_A=\gamma h=\rho g h$	$p_A=\gamma h=\gamma l \sin\theta$

- 경사수압관(경사액주계)에서도 압력은 경사와 상관없이 연직방향 높이에만 관련이 있다.
- 유체의 비중이 s, 밀도가 ρ이면, 유체의 단위중량 $\gamma=\rho g=s\rho_w g=s\gamma_w$ 인 관계를 기억해야 한다.

2 U자형 액주계

- 관속의 압력이 클 때 사용하며, U자형 유리관 속에 비중이 큰 수은($s_m=13.6$)을 사용한다.

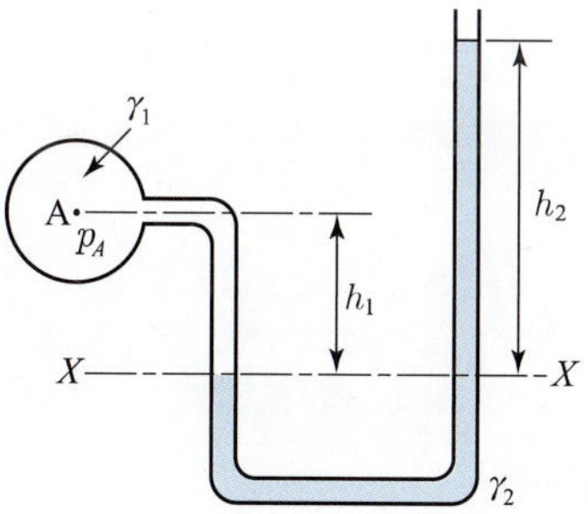

- 정지한 동일한 유체 속에서는 수평선(그림에서 $X-X$)의 압력이 같다. 이 선을 기준으로 잡아 압력 방정식을 세운다. 또한 액체 기둥이 기준선보다 높을 때는 (단위중량)×(기둥 높이)를 더한다.

$$p_A+\gamma_1 h_1=\gamma_2 h_2 \ (\text{또는 } p_A+\rho_1 g h_1=\rho_2 g h_2)$$

- 단위중량의 단위는 주어진 문제에 맞추어 (N/m^3) 또는 (kgf/m^3) 등으로 선정하면 편리하다.

3 시차액주계

- 두 관 또는 두 용기의 압력차 측정에 사용되며, U자형 액주계와 같은 원리이다.
- 정지한 동일한 유체 속에서는 수평선(아래 그림에서 $X-X$)의 압력이 같다. 이 선을 기준으로 잡아 압력 방정식을 세운다.
  - 액체 기둥이 기준선보다 높을 때는 (단위중량)×(기둥 높이)를 더하며,
  - 액체 기둥이 기준선보다 낮을 때는 (단위중량)×(기둥 높이)를 뺀다.

U자형 시차액주계	역U자형 시차액주계
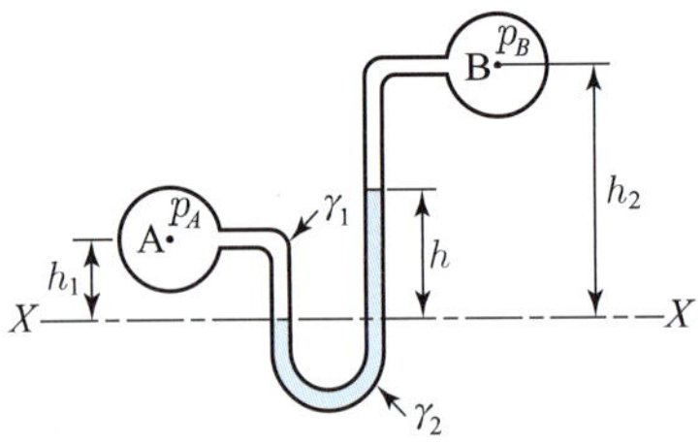	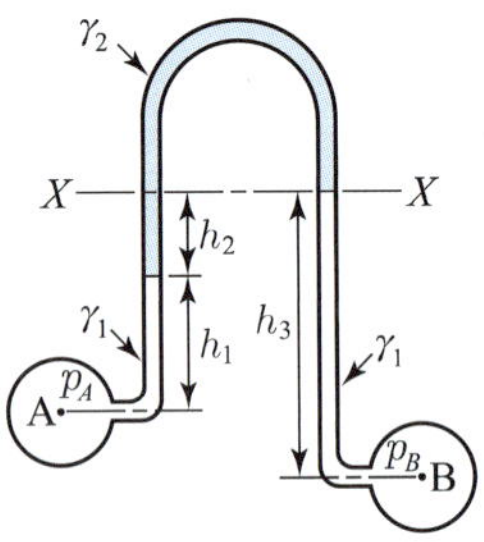
$p_A+\gamma_1 h_1 = p_B+\gamma_1(h_2-h)+\gamma_2 h$	$p_A-\gamma_1 h_1-\gamma_2 h_2 = p_B-\gamma_1 h_3$
수은($s_m=13.6$)을 많이 사용	벤젠($s_b=0.877$)을 많이 사용

2.2 압력의 측정 기출문제

1 수압계

★☆☆

01 **마노미터(manometer)와 피에조미터(piezometer)는 다음 중 어느 것을 측정하는가?**

① 압력과 압력 ② 압력과 유속
③ 수위와 유량 ④ 유속과 유량

★☆☆

02 **그림에서 A점(관 내)에서의 압력에 대한 설명으로 옳은 것은? (단, B점은 수면에 위치)**

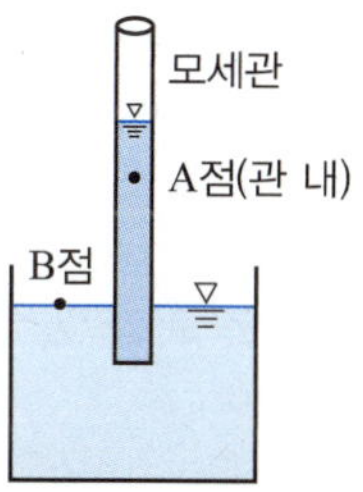

① B점에서의 압력보다 낮다.
② B점에서의 압력보다 높다.
③ B점에서의 압력과 같다.
④ B점에서의 압력과 비교할 수 없다.

★☆☆

03 **수압 측정용 계기에서 읽은 값이 1.72 (kg/cm^2)였다면 이곳에 수두계(piezometer)를 설치하였을 때 수두는?**

① 1.72 (m) ② 1.72 (cm)
③ 17.2 (cm) ④ 17.2 (m)

2 U자형 액주계

★★☆

04 **그림과 같은 수압계 눈금의 읽음이 그림과 같을 경우 수압강도 p를 계산하면?**

① $p=504$ (g/cm^2)
② $p=476$ (g/cm^2)
③ $p=28$ (g/cm^2)
④ $p=448$ (g/cm^2)

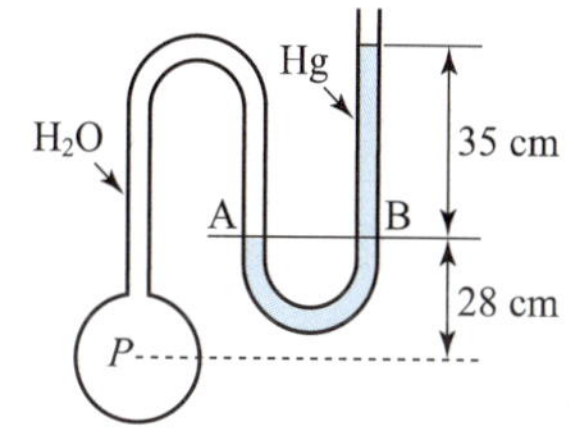

★★☆

05 **U자형 마노미터 내에 수은을 넣어 같은 높이에 있는 2본의 수압관과 연결하였더니 수은면의 차가 10 (cm)이었다. A와 B점의 수압차는? (단, 수은의 비중은 13.6)**

① 1.260 (kg/cm^2)
② 0.126 (kg/cm^2)
③ 1.360 (kg/cm^2)
④ 0.136 (kg/cm^2)

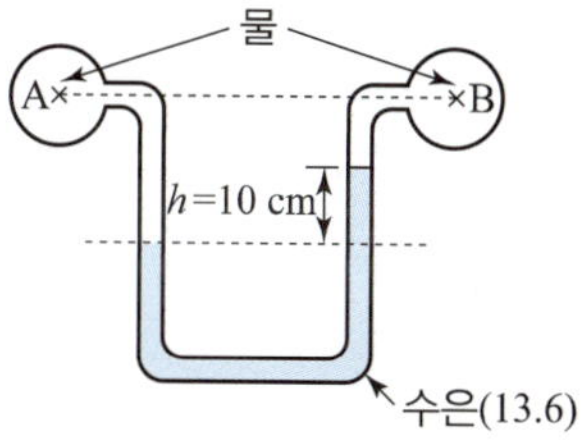

★★☆

06 **그림과 같이 물을 가득 채운 용기가 있다. A점은 표준대기에 접하고 있을 때 B점의 절대압력은?**

① 0.1533 (kg/cm^2)
② 0.5330 (kg/cm^2)
③ 1.5330 (kg/cm^2)
④ 5.3330 (kg/cm^2)

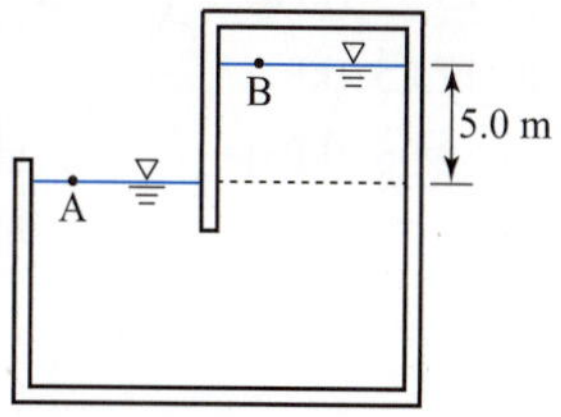

3 시차액주계

★★☆

07 그림에서 A와 B의 압력차는? (단, 수은의 비중은 13.5)

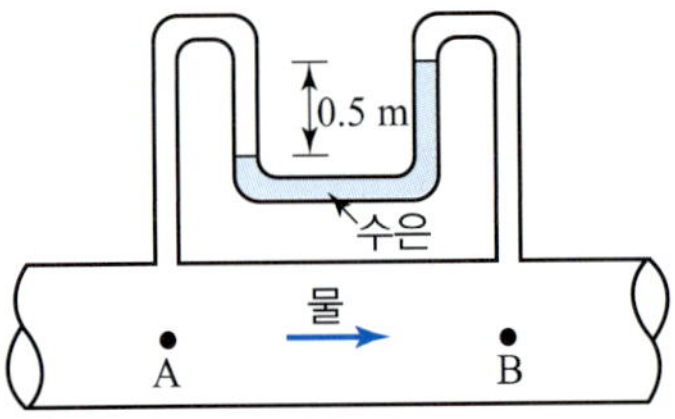

① 32.85 (kN/m^2) ② 57.50 (kN/m^2)
③ 61.25 (kN/m^2) ④ 78.94 (kN/m^2)

★★☆

08 그림에서 $h=25$ (cm), $H=40$ (cm)이다. A, B점의 압력차는?

① 1 (N/cm^2)
② 3 (N/cm^2)
③ 49 (N/cm^2)
④ 100 (N/cm^2)

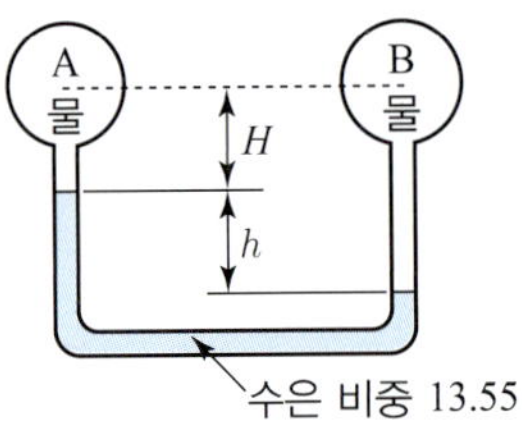

★★☆

09 그림과 같은 액주계에서 수은면의 차가 10 (cm)이었다면 A와 B점의 수압차는? (단, 수은의 비중=13.6, 무게 1 (kg)=9.8 (N))

① 133.5 (kPa)
② 13.35 (kPa)
③ 123.5 (kPa)
④ 12.35 (kPa)

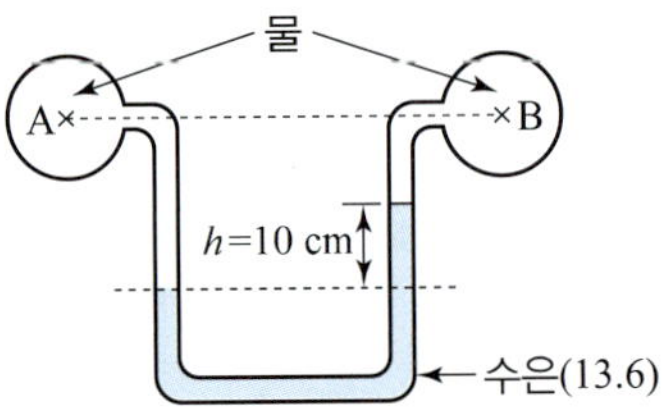

2.2 압력의 측정 정답과 풀이

01 정답 ① **출제** 산00

액주계(manometer)와 수두계(또는 정압관, piezometer)는 모두 정압력 측정기구이다.

02 정답 ① **출제** 기12-1

B점과 모세관 내 같은 높이의 수면은 압력이 같다. A점은 그보다 위에 위치하므로 B점보다 압력이 낮다.

03 정답 ④ **출제** 산00, 산01

$p=1.72$ (kgf/cm^2)$=17,200$ (kg/m^2)

수두계(piezometer)는 정수압을 측정하므로 $p=\gamma h$에서

$h=\dfrac{p}{\gamma}=\dfrac{17,200}{1,000}=17.20$ (m)

04 정답 ① **출제** 산03

보기에 맞추어, 물의 단위중량 $\gamma_w=1$ (gf/cm^3), 수은의 단위중량 $\gamma_m=13.6$ (gf/cm^3), $h_w=28$ (cm), $h_m=35$ (cm)라 하자(여기서 아래첨자 w는 물, m은 수은을 의미). A−B선을 기준으로 압력평형식을 세우면,

$p-\gamma_w g h_w=\gamma_m g h_m$

$p=1\times28+13.6\times35=504$ (gf/cm^2)

주의 보기에서 압력의 단위는 (g/cm^2)가 아니라 (gf/cm^2)이다.

05 정답 ② **출제** 기07-2

물의 단위중량 $\gamma_w=1,000$ (kgf/m^3),

수은의 단위중량 $\gamma_m=13,600$ (kgf/m^3)이므로,

$p_A+1,000\times0.1=p_B+13,600\times0.1$

$(p_A-p_B)=(13,600-1,000)\times0.1=1,260$ (kgf/m^2)

06 정답 ② **출제** 기06, 산05, 산06

정지유체에서 수평방향으로 압력이 같아야 하므로, A점을 지나는 수평선을 기준으로 좌우의 압력은 같다. 표준대기압 $p_{atm}=10,330$ (kgf/m^2), 물의 단위중량 $\gamma_w=1,000$ (kgf/m^3)이므로,

$p_{atm}=p_B+\gamma h$, $10,330=p_B+1,000\times5$

따라서, $p_B=5,330$ (kgf/m^2)$=0.5330$ (kgf/cm^2)

주의 보기에서 압력의 단위는 (kg/cm^2)가 아니라 (kgf/cm^2)이다.

07 정답 ③ **출제** 기08-1, 기16-4

물의 단위중량 $\gamma_w = 9.8$ (kN/m^3), 수은의 단위중량 $\gamma_m = 133.3$ (kN/m^3), $h = 0.5$ (m)이므로, 좌측의 수은과 물의 경계면을 기준으로 압력평형식을 세우면

$$p_A + \gamma_w h = p_B + \gamma_m h$$

$$p_A - p_B = h(\gamma_m - \gamma_w) = 0.5 \times (133.3 - 9.8)$$

$$= 61.25 \text{ (kN/m}^2\text{)}$$

08 정답 ② **출제** 기01, 기15-4

물의 단위중량을 $\gamma_w = 9{,}800$ (N/m^3), 수은의 단위중량을 $\gamma_m = 132{,}790$ (N/m^3)라 놓으면, 두 관의 압력평형식은

$$p_A + \gamma_m h + \gamma_w H = p_B + \gamma_w (H + h)$$

$$p_B - p_A = (\gamma_m - \gamma_w)h$$

$$= (132{,}790 - 9{,}800) \times 0.25$$

$$= 30{,}747.5 \text{ (N/m}^2\text{)} = 3.07 \text{ (N/cm}^2\text{)}$$

09 정답 ④ 출제 기13-4, 기16-1

물의 단위중량 $\gamma_w = 9.8$ (kN/m^3), 수은의 단위중량 $\gamma_m = 133.3$ (kN/m^3), $h = 0.1$ (m)로 놓고, 아래의 점선을 기준으로 평형식을 세우면,

$$p_A + \gamma_w h_1 = p_B + \gamma_m h + \gamma_w (h_1 - h)$$

$$p_A - p_B = (\gamma_m - \gamma_w)h$$

$$= (133.3 - 9.8) \times 0.1 = 12.35 \text{ (kPa)}$$

2.3 수중물체에 작용하는 힘

1 연직력: 수평면에 작용하는 힘

• 밀도 ρ, 단위중량 γ인 유체에 수심 h만큼 잠겨 있는 수평평판에 작용하는 압력힘(P)은

$$P = pA_h = \rho g h A_h = \gamma h A_h$$

여기서, A_h는 물체의 수평평판의 투영면적이다.

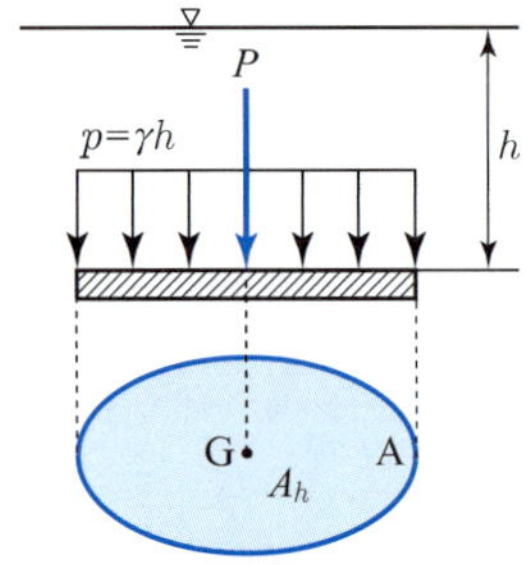

• 수평평판 위에 2가지 이상의 액체가 있을 경우 압력힘(P)은

$$P = pA_h = \sum_i (\gamma_i h_i) A_h$$

2 수평력: 연직면에 작용하는 힘

• 밀도 ρ, 단위중량 γ인 유체에 잠겨 있는 연직평판에 작용하는 압력힘(P)은

$$P = pA_v = \rho g h_c A_v = \gamma h_c A_v$$

여기서, h_c는 면의 무게중심까지의 수심, A_v는 물체의 연직평판의 투영면적이다.

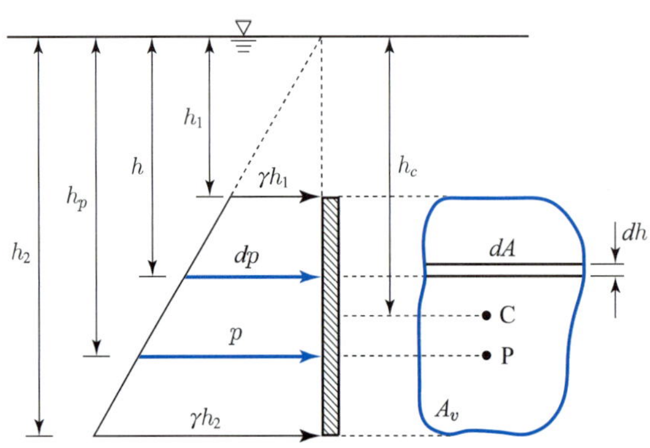

- 연직평판에 작용하는 전수압의 크기는 압력프리즘의 체적과 같다.
- 작용점의 깊이(h_p)는

$$h_p = h_c + \frac{I_x}{h_c A_v}$$

여기서, h_c는 도심까지 수심, I_x는 도심에 대한 단면2차모멘트이다.

도형	h_c	A_v	I_x
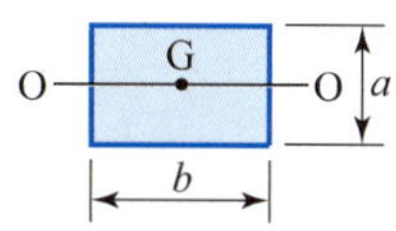	$\frac{a}{2}$	ab	$\frac{ba^3}{12}$
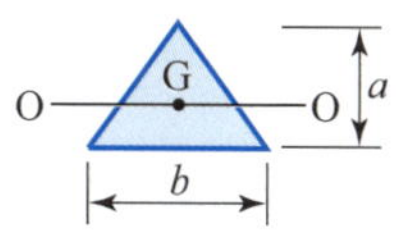	$\frac{2a}{3}$	$\frac{1}{2}ab$	$\frac{ba^3}{36}$
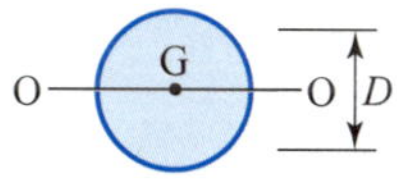	$\frac{D}{2}$	$\frac{\pi D^2}{4}$	$\frac{\pi D^4}{64}$

- **주의** 삼각형의 경우, 도심은 아래에서 $a/3$, 위에서는 $2a/3$의 위치임에 유의한다.

3 경사면에 작용하는 힘

- 밀도 ρ, 단위중량 γ인 유체에 수심 h 만큼 잠겨 있는 경사평판에 작용하는 압력힘(F_p)은

$$F_p = \rho g h_c A = \gamma h_c A$$

여기서, h_c는 경사평판의 무게중심(도심)까지의 수심, A는 경사평판의 면적이다.

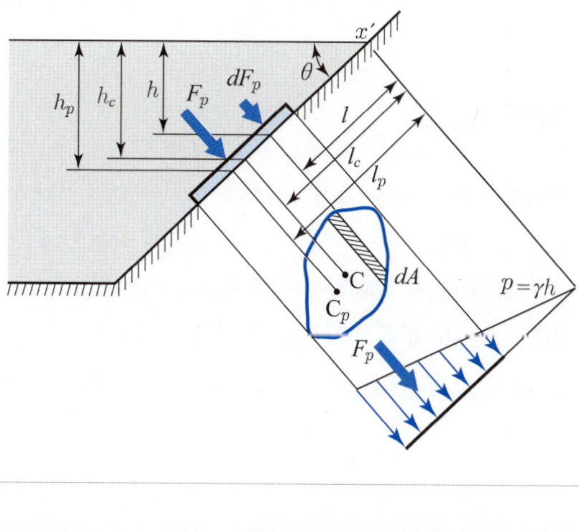

• 경사평판에 작용하는 전수압의 크기는 압력프리즘의 체적과 같다.

• 작용점의 깊이(h_p)는

$$h_p = h_c + \frac{I_x}{h_c A_v}$$

여기서, h_c는 도심까지 수심, I_x는 도심에 대한 단면2차모멘트이다.

4 곡면에 작용하는 힘

• 곡면에 작용하는 전수압의 연직분력은

P_v =(곡면을 밑면으로 하는 연직 물기둥 ABCD의 무게)

=(단위중량)×(연직물기둥의 체적)

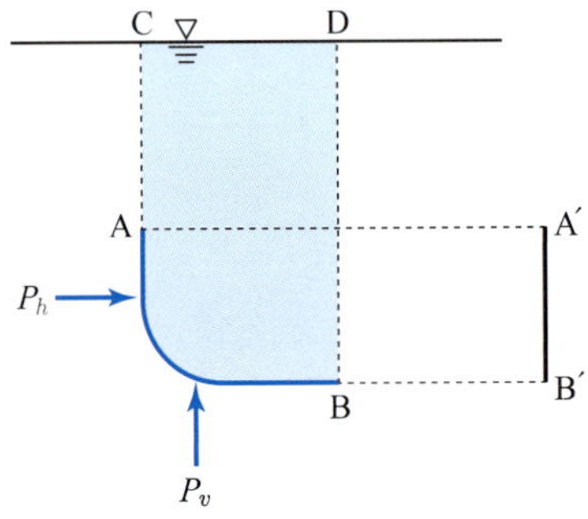

• 곡면에 작용하는 전수압의 수평분력은 연직투영면에 작용하는 정수압과 같다.

P_h =(연직투영면 A′B′에 작용하는 정수압)

$= \gamma h_c A_{A'B'}$

• **전수압** $P = \sqrt{P_h^2 + P_v^2}$

5 빈 공간이 있는 물체에 작용하는 힘

• 바닥면에 작용하는 전수압 계산에서는 빈 공간을 고려하지 않는다.

• 저울에 올려서 무게를 측정한다고 생각하면, 빈 공간의 부분은 부력이 작용한다.

• A−B 곡면이 받는 연직력은 다음 그림 (a)의 유체기둥의 무게만큼 아랫방향

• B−C 곡면이 받는 연직력은 다음 그림 (b)의 유체기둥의 무게만큼 윗방향

• A−B−C 곡면이 받는 연직력은 다음 그림 (c)의 유체기둥의 무게만큼 윗방향

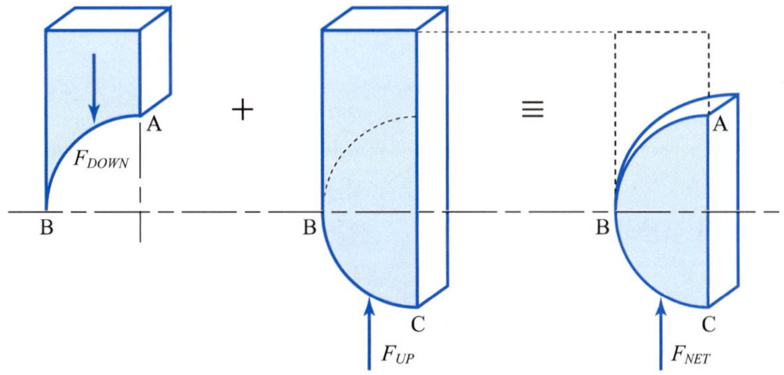

(a) A-B 곡면이 받는 힘 (b) B-C 곡면이 받는 힘 (c) A-B-C 곡면이 받는 힘

2.3 수중물체에 작용하는 힘 기출문제

1 연직력: 수평면에 작용하는 힘

★☆☆

01 물속에 잠긴 곡면에 작용하는 전수압의 연직방향 분력은?

① 곡면을 밑면으로 하는 물기둥 체적의 무게와 같다.
② 곡면 중심에서의 압력에 수직투영 면적을 곱한 것과 같다.
③ 곡면의 수직 투영 면적에 작용하는 힘과 같다.
④ 수평분력의 크기와 같다.

★☆☆

02 그림에서 a와 b 두 바닥이 받는 총 수압을 각각 P_a와 P_b로 표시할 때, 두 총수압의 관계로 옳은 것은? (단, 바닥 및 상면의 단면적은 그림과 같고, (a)와 (b)의 높이는 같다.)

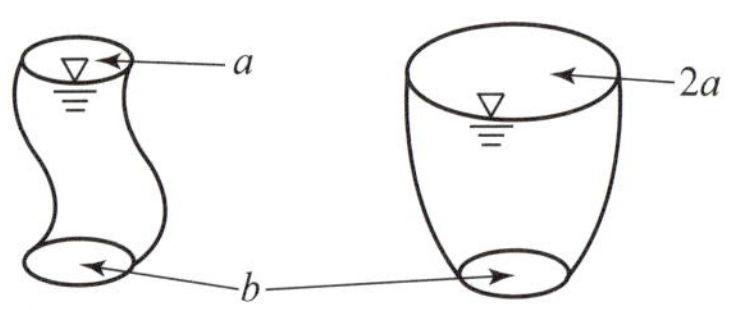

① $P_a = 2P_b$ ② $P_a = P_b$
③ $2P_a = P_b$ ④ $4P_a = P_b$

★☆☆

03 지름 20 (cm), 높이 30 (cm)의 원통 그릇에 물을 가득 채웠을 때, 그릇의 저변(밑바닥)에 작용하는 전수압은?

① 9.42 (kg) ② 18.84 (kg)
③ 94.2 (kg) ④ 188.4 (kg)

★☆☆

04 원통형의 용기 바닥에 깊이 1.5 (m)까지는 비중이 1.35인 액체를 넣고 위에는 2.5 (m)까지의 깊이로 비중 0.95의 액체를 넣었을 때 밑바닥이 받는 총 압력은? (단, 바닥의 직경은 2 (m))

① 12.823 (t) ② 13.823 (t)
③ 14.823 (t) ④ 15.823 (t)

★☆☆

05 그림과 같이 서로 혼합되지 않는 액체가 층상을 이루고 있다. 이때 바닥으로부터 2 (m) 되는 AB 면 상의 지점에 작용하는 압력은?

① 6.5 (t/m^2)
② 6.0 (t/m^2)
③ 4.8 (t/m^2)
④ 2.0 (t/m^2)

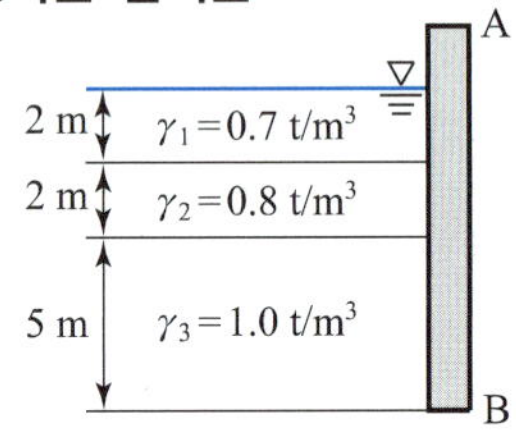

★★☆

06 그림과 같은 원통의 바닥이 받는 전수압의 크기는?

① 169.6 (g)
② 60.4 (g)
③ 113.1 (g)
④ 114.7 (g)

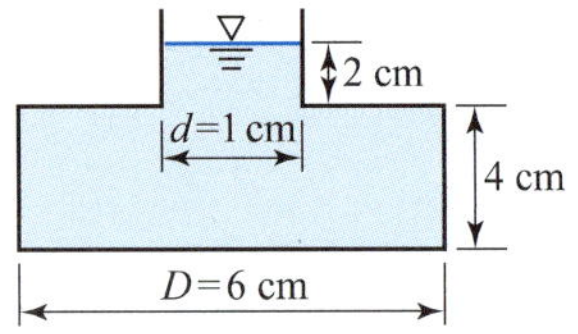

2 수평력: 연직면에 작용하는 힘

★☆☆

07 정수 중의 평면에 작용하는 압력프리즘에 관한 성질로 틀린 것은?

① 전수압의 크기는 압력프리즘의 면적과 같다.
② 전수압의 작용선은 압력프리즘의 도심을 통과한다.
③ 수면에 수평한 평면의 경우 압력프리즘은 직사각형이다.
④ 한쪽 끝이 수면에 닿는 평면의 경우에는 삼각형이다.

★☆☆
08 흐르지 않는 물에 잠긴 평판에 작용하는 전수압의 계산방법으로 옳은 것은? (단, 여기서 수압이란 단위면적당 압력을 말한다.)

① 도심의 수압에 평판면적을 곱한다.
② 단면의 상단과 하단 수압의 평균값에 평판면적을 곱한다.
③ 작용점 수압에 단면적을 곱한다.
④ 평판의 연직선 중앙점 수압에 면적을 곱한다.

★★☆
09 그림과 같이 2.5 (m) × 2.0 (m)의 수직판이 수면으로부터 1.5 (m) 아래에 세워져 있다. 이 판에 작용하는 전수압은?

① 16.57 (t)
② 12.00 (t)
③ 13.75 (t)
④ 15.50 (t)

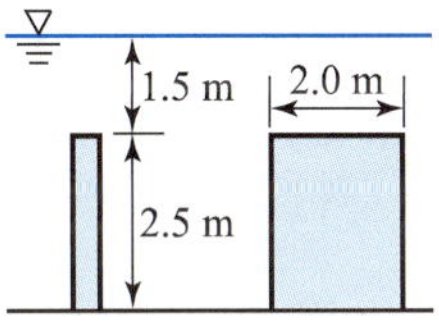

★☆☆
10 폭 8 (m)의 구형 판으로 물을 수직으로 가로막았을 때, 이 수직판에 작용하는 전수압이 100 (ton)이었다. 수심은?

① 3 (m) ② 4 (m)
③ 5 (m) ④ 6 (m)

★☆☆
11 그림과 같이 수면에서 5 (m) 깊이에 연직으로 놓여 있는 판의 전수압이 700 (t)이다. 이 판의 폭은?

① 7 (m)
② 8 (m)
③ 9 (m)
④ 10 (m)

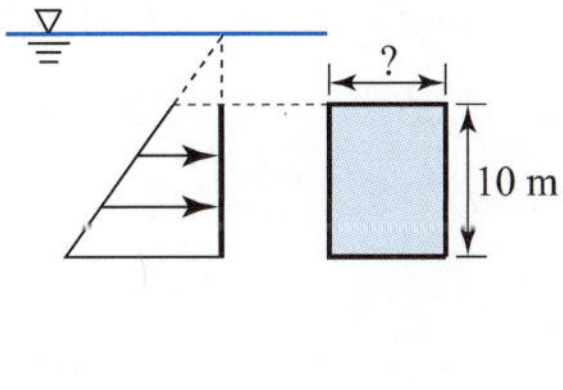

★☆☆
12 그림과 같은 길이 2 (m), 지름 0.5 (m)의 원주가 수평으로 놓여 있다. 원주의 한쪽에 원주의 윗단까지 물이 차 있다고 하면 이 원주에 작용하는 전수압의 수평분력은 얼마인가?

① 1.25 (t)
② 1.0 (t)
③ 0.5 (t)
④ 0.25 (t)

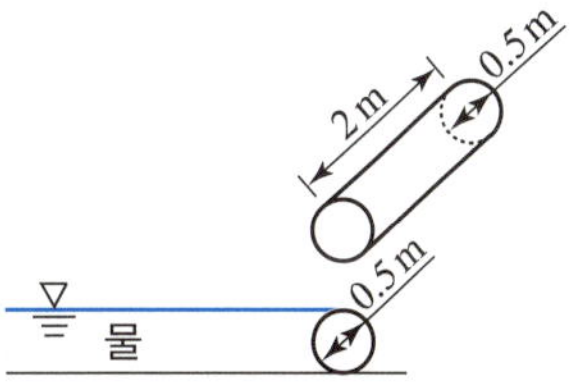

★☆☆
13 수면과 연직한 평면에 작용하는 전수압의 작용점 위치에 관한 설명 중 옳은 것은?

① 전수압의 작용점은 항상 도심보다 위에 있다.
② 전수압의 작용점은 항상 도심보다 아래에 있다.
③ 전수압의 작용점은 항상 도심과 일치한다.
④ 전수압의 작용점은 항상 도심 위에 있을 때도 있고 아래에 있을 때도 있다.

★☆☆
14 폭 3 (m), 높이 6 (m)의 판이 그림과 같이 물을 막고 있을 때 이 판에 가해지는 전수압의 작용점은?

① $h_c = 1.5$ (m)
② $h_c = 2.0$ (m)
③ $h_c = 3.0$ (m)
④ $h_c = 4.0$ (m)

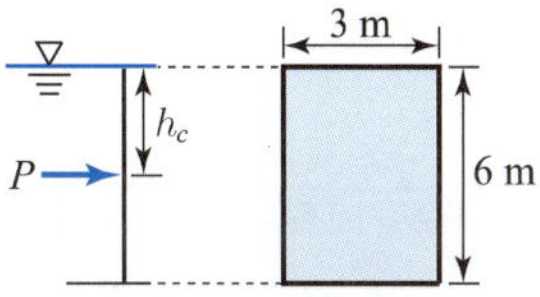

★☆☆
15 높이 6 (m), 폭 1 (m)의 구형 수문이 수직으로 설치되어 있다. 물이 수문의 윗단까지 차 있다고 하면 이 수문에 작용하는 전수압의 작용점은?

① $h_c = 3.0$ (m)
② $h_c = 3.5$ (m)
③ $h_c = 4.0$ (m)
④ $h_c = 4.3$ (m)

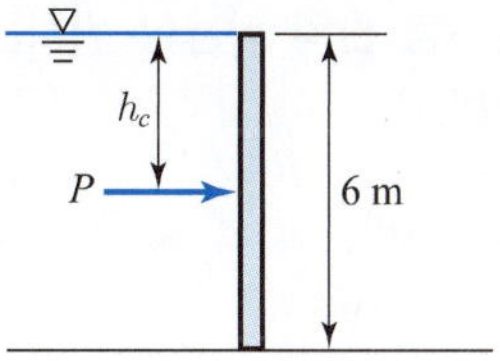

★☆☆
16 1 (m) × 1 (m) 크기의 평판을 연직 방향으로 세워서 물속에 잠기게 하였다. 이 평판을 점점 더 깊은 곳으로 이동할 경우 전수압의 작용점까지의 수심(h_p)과 평면의 도심까지의 수심(h_c)의 차($h_p - h_c$)는?

① 0보다 작아진다. ② 0에 가까워진다.
③ 점점 커진다. ④ 변함이 없다.

★☆☆
17 폭 2 (m), 높이 5 (m)의 연직 직사각형 판이 수면 아래 3 (m)(판의 상면에서) 지점에 있다. 이 연직판에 작용하는 전수압은?

① 40톤 ② 45톤
③ 55톤 ④ 50톤

★☆☆
18 그림과 같은 직사각형 평면이 연직으로 서 있을 때, 그 중심의 수심을 H_G라 하면 압력의 중심 위치(작용점)를 a, b, H_G로 표현한 것으로 옳은 것은?

① $H_G + \dfrac{b}{H_G ab}$

② $H_G + \dfrac{ab^2}{12}$

③ $H_G + \dfrac{b}{12 H_G}$

④ $H_G + \dfrac{b^2}{12 H_G}$

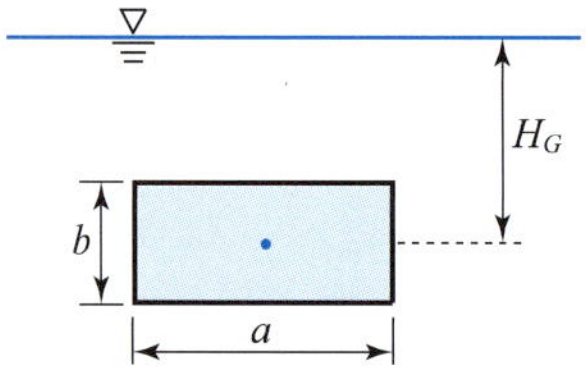

★☆☆
19 밑변 2 (m), 높이 3 (m)인 삼각형 형상의 판이 밑변을 수면과 맞대고 연직으로 수중에 있다. 이 삼각형 판의 작용점 위치는? (단, 수면을 기준으로 한다.)

① 1 (m) ② 1.33 (m)
③ 1.5 (m) ④ 2 (m)

★★☆
20 높이 5 (m), 폭 2.5 (m)인 연직평면 수문을 수로에 설치하였다. 이 수문에 작용하는 전수압(P)과 작용점의 위치(h_c)는? (단, 수면은 수문의 상부와 일치하고, 작용점은 수면으로부터의 깊이 방향 위치이다.)

① P=31.25 (t), h_c=1.33 (m)
② P=31.25 (t), h_c=3.33 (m)
③ P=62.50 (t), h_c=1.33 (m)
④ P=62.50 (t), h_c=3.33 (m)

★★☆
21 직경 4 (m)의 원판이 수직으로 수중에 잠겨 있다. 원판의 상단이 수면하 1 (m)의 위치에 있을 경우 원판에 작용하는 전수압과 전수압의 중심위치는?

① P=37.68 (t), h_c=3.33 (m)
② P=25.13 (t), h_c=3.33 (m)
③ P=37.68 (t), h_c=2.5 (m)
④ P=40.28 (t), h_c=2.8 (m)

★★☆
22 그림과 같은 연직 삼각형 판이 수중에 있을 때 작용하는 전수압과 수압의 중심위치는?

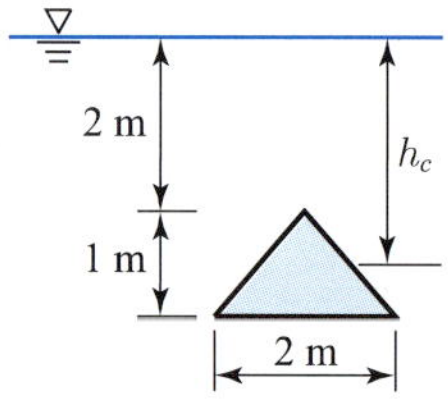

① P=2.667 (t), h_c=2 (m)
② P=2.667 (t), h_c=2.688 (m)
③ P=3.667 (t), h_c=2.667 (m)
④ P=4.667 (t), h_c=2.667 (m)

★★☆

23 다음과 같이 수로폭이 3 (m)인 판으로 가로 막았을 때 상류 수심은 6 (m), 하류 수심은 3 (m)이었다. 이때 전수압의 작용점 위치(y)는?

① $y=1.50$ (m)
② $y=2.33$ (m)
③ $y=3.66$ (m)
④ $y=4.56$ (m)

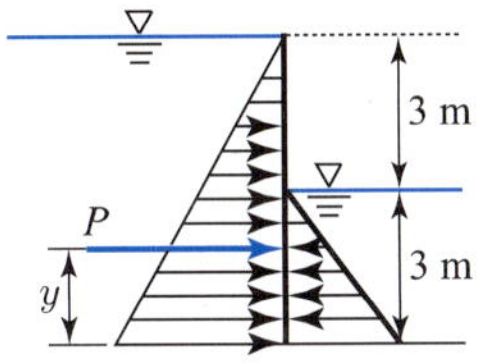

★★☆

24 그림과 같이 직각이등변 삼각형의 한 변을 자유표면에 두고, 변의 길이를 3 (m)로 하면 자유표면으로부터 정수압의 작용점은?

① 1.0 (m)
② 1.5 (m)
③ 2.0 (m)
④ 2.5 (m)

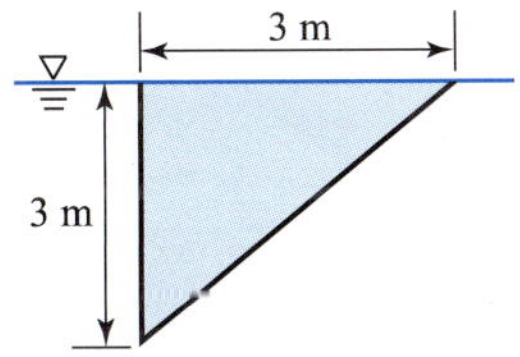

★☆☆

25 그림과 같이 지름 3 (m), 길이 8 (m)인 수문에 작용하는 전수압의 수평분력 작용점까지의 수심은?

① 2.00 (m)
② 2.12 (m)
③ 2.34 (m)
④ 2.43 (m)

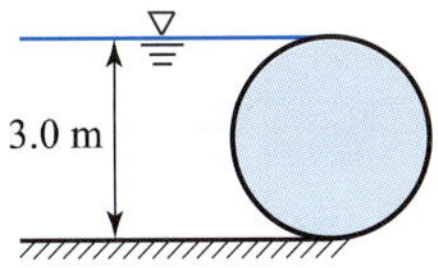

★★☆

26 수심 3 (m), 폭 2 (m)인 직사각형 수로를 연직으로 가로 막았을 때, 이 연직판에 작용하는 전수압(P)과 수압의 작용점 위치(y_p)는?

① 9 (t), 2.0 (m)
② 6 (t), 1.0 (m)
③ 6 (t), 2.0 (m)
④ 9 (t), 1.0 (m)

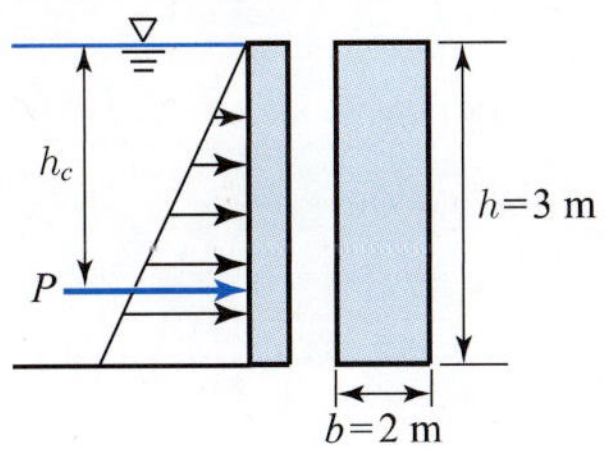

★★☆

27 그림과 같이 물속에 수직으로 설치된 2 (m)×3 (m) 넓이의 수문을 들어올리는 데 필요한 힘은? (단, 수문의 물속 무게는 1,960 (N)이고, 수문과 벽면 사이의 마찰계수는 0.25)

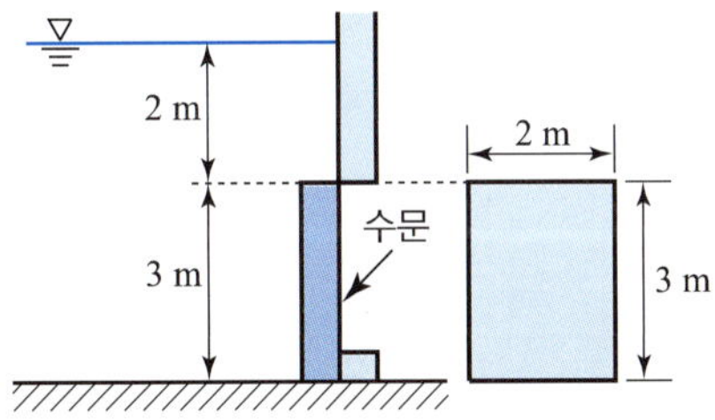

① 5.45 (kN) ② 53.4 (kN)
③ 126.7 (kN) ④ 271.2 (kN)

★★☆

28 그림과 같이 수문이 설치되어 있을 때 수문이 열리지 않도록 지지하는 힘 F는? (단, 수문 AB의 폭은 2 (m)이고 수심 9 (m) 부분만 물로 채워져 있다.)

① 10.22 (t)
② 20.44 (t)
③ 30.67 (t)
④ 40.89 (t)

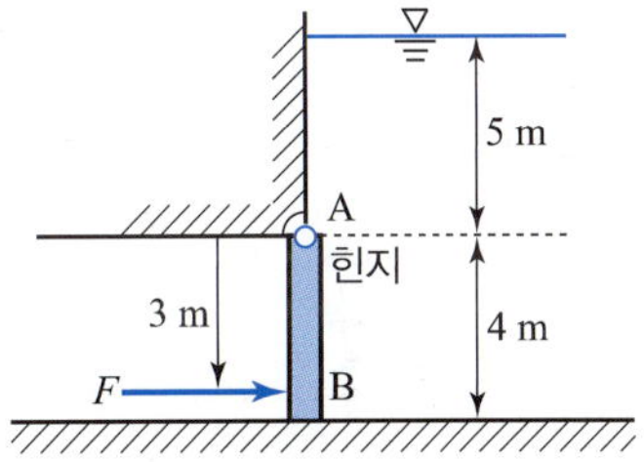

★★★

29 다음 그림과 같은 직사각형 수문에서 수문이 자동적으로 열릴 수 있는 수심 d는 최소 얼마를 초과하여야 하는가? (단, 수문의 크기는 2 (m)×3 (m)이고, 수문축은 수문 바닥면에서 1.35 (m) 높이에 있다.)

① 5.1 (m)
② 5.7 (m)
③ 6.7 (m)
④ 7.7 (m)

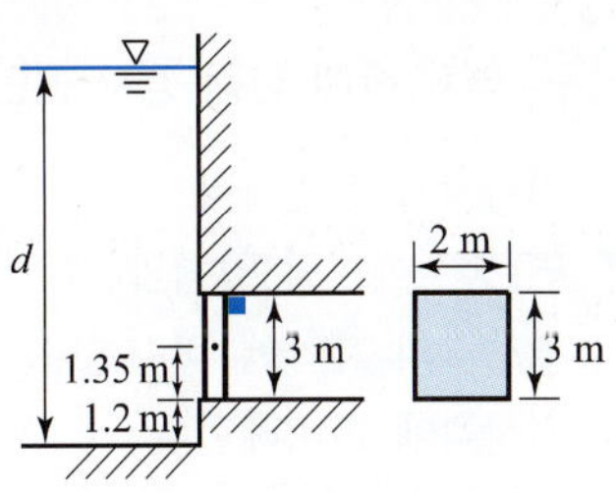

★★★

30 **그림과 같은 직사각형 수문은 수심 d가 충분히 커지면 자동으로 열리게 되어 있다. 수문이 열릴 수 있는 수심은 최소 얼마를 초과하여야 하는가?**

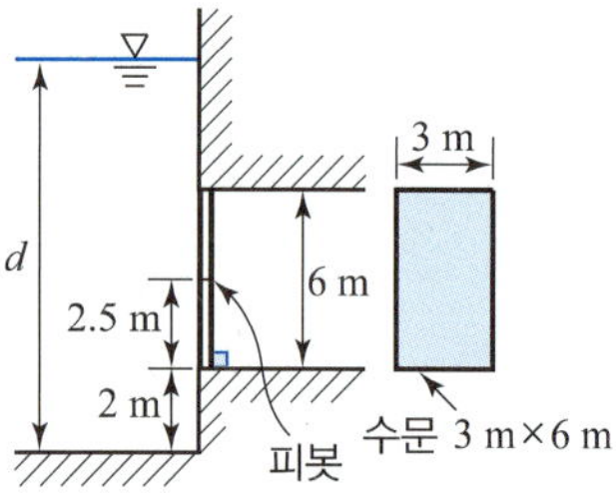

① 9 (m) ② 10 (m)
③ 11 (m) ④ 12 (m)

★★☆

31 **폭 4.8 (m), 높이 2.7 (m)의 연직 직사각형 수문이 한쪽 면에서 수압을 받고 있다. 수문의 밑면은 힌지로 연결되어 있고, 상단은 수평체인(chain)으로 고정되어 있을 때, 이 체인에 작용하는 장력(張力)은? (단, 수문의 정상과 수면은 일치한다.)**

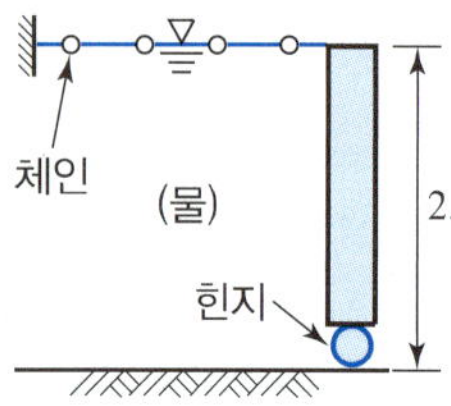

① 29.23 (kN) ② 57.15 (kN)
③ 7.87 (kN) ④ 0.88 (kN)

3 경사면에 작용하는 힘

★☆☆

32 **액체 속에 잠긴 경사 평면에 작용하는 힘은?**

① 경사각과 무관하다.
② 면 중심에서의 압력과 그 면적의 곱과 같다.
③ 경사각의 제곱에 비례한다.
④ 경사각에 반비례한다.

★☆☆

33 **유체 속에 잠긴 경사 평면에 작용하는 힘의 작용점은?**

① 면의 중심에 있다.
② 면의 중심보다 위에 있다.
③ 면의 중심과는 관계없다.
④ 면의 중심보다 아래에 있다.

★☆☆

34 **그림과 같이 정수 중에 있는 판에 작용하는 전수압을 계산하는 식은?**

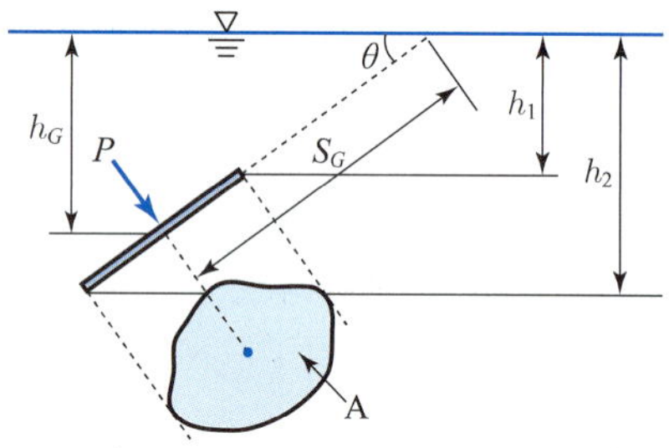

① $P=\gamma S_G A$ ② $P=\gamma \dfrac{h_1+h_2}{2}A$
③ $P=\gamma h_G A$ ④ $P=\gamma h_G A\sin\theta$

★★☆

35 **그림의 평판에 작용하는 전수압의 연직 분력 (P_v)은? (단, 평판의 폭인 z축 방향의 길이는 5 (m))**

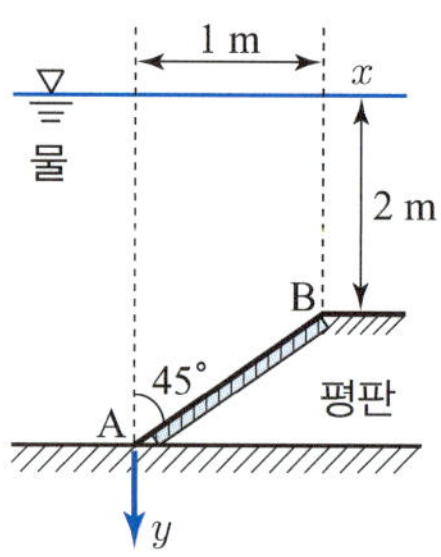

① 2.0 (ton) ② 10.1 (ton)
③ 12.5 (ton) ④ 17.7 (ton)

★★☆

36 다음 그림과 같이 수면과 경사각이 45°를 이루는 제방의 측면에 수면에서 도심까지 5 (m) 되는 원통형 수문이 있을 때 이에 작용하는 전수압은?

① 10.01 (t)
② 11.45 (t)
③ 12.11 (t)
④ 11.11 (t)

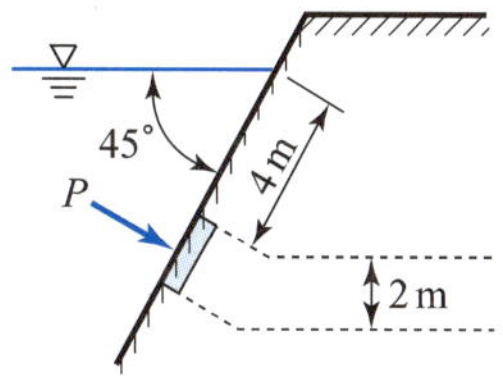

★★☆

37 3 (m) × 4 (m)의 구형 평면이 그림과 같이 수면에서 2 (m) 깊이에 30° 경사지게 놓여 있다. 이 평면에 작용하는 전수압은?

① 36 (t)
② 32 (t)
③ 24 (t)
④ 12 (t)

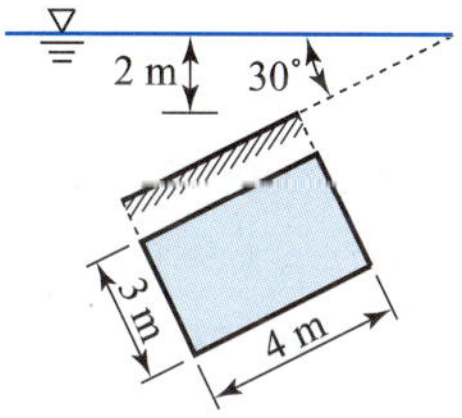

★★☆

38 정지한 담수에 담겨 있는 평판에 작용하는 전수압 및 전수압의 작용점 위치 S_c를 구한 값으로 옳은 것은?

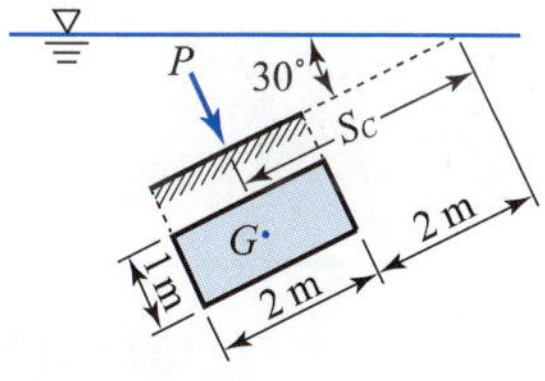

① P=5.2 (t), S_c=3.11 (m)
② P=3.0 (t), S_c=3.0 (m)
③ P=3.0 (t), S_c=3.11 (m)
④ P=5.2 (t), S_c=3.0 (m)

4 곡면에 작용하는 힘

★☆☆

39 물속에 잠긴 곡면에 작용하는 정수압의 연직방향 분력은?

① 곡면을 밑면으로 하는 물기둥 체적의 무게와 같다.
② 곡면 중심에서의 압력에 수직투영면적을 곱한 것과 같다.
③ 곡면의 수직투영면적에 작용하는 힘과 같다.
④ 수평분력의 크기와 같다.

★★☆

40 그림과 같은 테인터게이트(tainter gate)에 작용하는 수평수압은? (단, 폭은 1.2 (m))

① 12.5 (t)
② 10.5 (t)
③ 7.5 (t)
④ 5.5 (t)

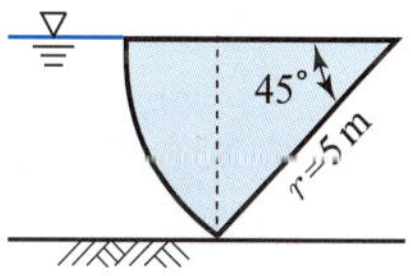

★★☆

41 그림과 같이 물을 막고 있는 원통의 곡면에 작용하는 전수압은? (단, 원통의 축방향 길이는 1 (m))

① 2 (t)
② 1.57 (t)
③ 3.57 (t)
④ 2.54 (t)

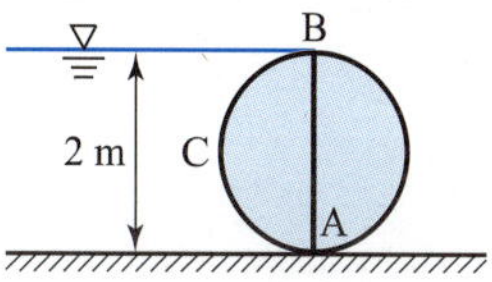

★★☆

42 길이 5 (m), 직경 8 (m)의 원주가 수평으로 놓여 있을 경우 원주의 한쪽에 윗단까지 물이 차 있다면 이 원주에 작용하는 전수압은 약 얼마인가?

① 126 (ton)
② 160 (ton)
③ 200 (ton)
④ 204 (ton)

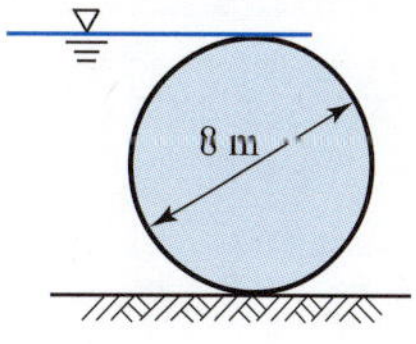

★★★

43 **그림과 같이 지름** 3 (m), **길이** 8 (m)**인 수로의 드럼 게이트에 작용하는 전수압이 수문** ABC**에 작용하는 지점의 수심은?**

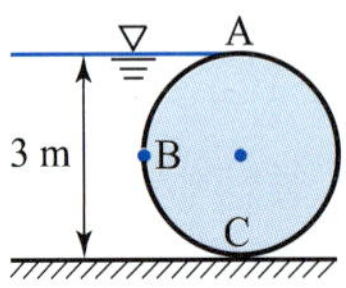

① 2.68 (m)
② 2.43 (m)
③ 2.25 (m)
④ 2.00 (m)

★★☆

44 **그림과 같이 댐 여수로 상에 설치된 회전식 수문의 꼭지점까지 물이 차 있다. 수문에 작용하는 정수압의 수평 분력과 연직 분력을 각각 구하면 얼마인가?** (**단, 수문의 직경과 길이는 각각** 2 (m))

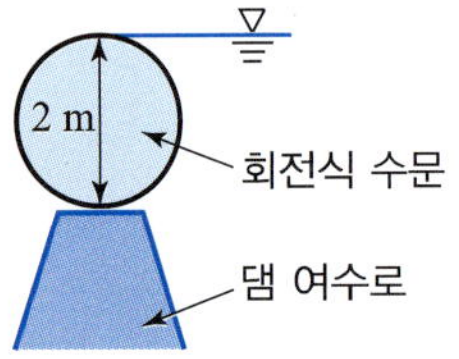

① 수평 4,000 (kg), 연직 1,570 (kg)
② 수평 4,000 (kg), 연직 785 (kg)
③ 수평 3,140 (kg), 연직 2,000 (kg)
④ 수평 4,000 (kg), 연직 3,140 (kg)

5 빈 공간이 있는 물체에 작용하는 힘

★★☆

45 **그림과 같은 원통면의 외측에 작용하는 수압의 연직분력을 구하는 식은?** (**단,** w_0: **물의 비중량,** l: **원통 길이**)

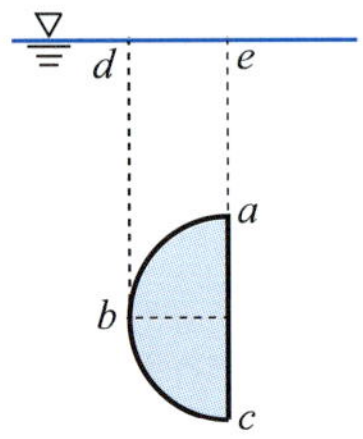

① ($bced$의 면적 − $abca$의 면적) $w_0 l$
② ($bced$의 면적 − $deab$의 면적) $w_0 l$
③ ($dboe$의 면적) $w_0 l$
④ ($dbae$의 면적) $w_0 l$

★★★

46 **반지름**($\overline{OP}$)**이** 6 (m)**이고,** $\theta' = 30°$**인 수문이 그림과 같이 설치되었을 때, 수문에 작용하는 전수압(저항력)은?**

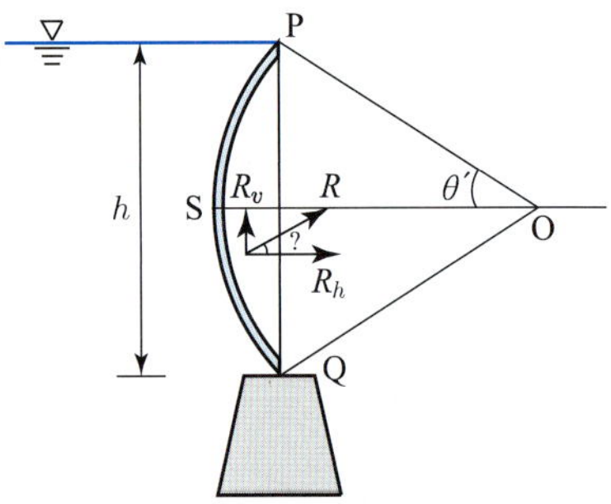

① 159.5 (kN/m)
② 169.5 (kN/m)
③ 179.5 (kN/m)
④ 189.5 (kN/m)

2.3 수중물체에 작용하는 힘 정답과 풀이

01 정답 ① **출제** 산05

곡면에 작용하는 전수압

- 수평분력: 곡면의 연직 투영면적에 작용하는 전수압과 같다.
- 연직분력: 곡면을 바닥면으로 하는 연직 수주(물기둥)의 무게(중량)와 같다.

02 정답 ② **출제** 산09

총 수압 $P=\gamma h_c A$이고 그림에서 (a)와 (b)의 높이와 바닥면 단면적이 같으므로, 총 수압은 같다.

03 정답 ① **출제** 기02, 기04

$$F=\gamma h A = 1{,}000\times 0.3\times\frac{\pi\times 0.2^2}{4}$$
$$=9.42(\text{kgf})$$

04 정답 ② **출제** 산02

비중이 1.35인 액체의 단위중량 $\gamma_1=1.35$ (tonf/m^3), 비중이 0.95인 액체의 단위중량 $\gamma_2=0.95$ (tonf/m^3)로 놓으면,

$$P=(\gamma_1 h_1+\gamma_2 h_2)A$$
$$=(1.35\times1.5+0.95\times2.5)\times\frac{\pi\times2^2}{4}=13.823\ (\text{tonf})$$

주의 보기에서 압력의 단위는 (t)이 아니라 (tonf)이다.

05 정답 ② **출제** 산00

바닥으로부터 2 (m) 지점의 압력

$$p=\gamma_1 h_1+\gamma_2 h_2+\gamma_3 h_3$$
$$=0.7\times2+0.8\times2+1\times3=6\ (\text{tonf/m}^2)$$

06 정답 ① **출제** 기02

혼동하기 매우 쉬운 문제이다. 물의 단위중량을 $\gamma_w=1$ (gf/cm^3)로 놓으면, 전수압의 크기는 다음과 같다.

$$P_H=\gamma_w h_c A=1\times(2+4)\times\frac{\pi\times6^2}{4}=169.66\ (\text{gf})$$

07 정답 ① **출제** 기19-3

평면의 면적을 A라 할 때, 전수압은

$$F=pA=\gamma h_c A=\gamma V$$

=(단위중량)×(압력프리즘의 체적)이다.

면적이 아니라 체적임에 유의하자.

08 정답 ① **출제** 기02, 기04, 기19-1

전수압 $F=pA=\gamma h_c A$. 전수압은 도심의 정수압 p에 평판면적 A를 곱하여 나타낸다.

09 정답 ③ **출제** 산02

$$F=\gamma h_c A=1\times\left(1.5+\frac{2.5}{2}\right)\times(2\times2.5)$$
$$=13.75\ (\text{tonf})$$

10 정답 ③ **출제** 기03

$F=\gamma h_c A$에서

$$100=1\times\frac{a}{2}\times(8\times a),\ a=5\ (\text{m})$$

주의 여기서 구형 판이란 직사각형 판을 의미한다.

11 정답 ① **출제** 기06

$F=\gamma h_c A$에서

$$700=1\times\left(5+\frac{10}{2}\right)\times(b\times10),\ b=7\ (\text{m})$$

주의 보기에서 압력의 단위는 (t)이 아니라 (tonf)이다.

12 정답 ④ **출제** 기05, 산07

$$F=\gamma h_c A=1\times\frac{0.5}{2}\times(2\times0.5)=0.25\ (\text{tonf})$$

13 정답 ② **출제** 산02

전수압의 작용점은 $h_p=h_c+\dfrac{I_x}{h_c A}$이므로, 물체의 도심($h_c$)보다 $\dfrac{I_x}{h_c A}$ 만큼 아래에 위치한다.

14 정답 ④ **출제** 산06

$h_c=\frac{h}{2}=\frac{6}{2}=3$ (m)이므로,

$h_p=h_c+\frac{I_x}{h_cA}=3+\frac{(3\times6^3)/12}{3\times(3\times6)}=4$ (m)

| 다른 풀이 |

직사각형 판에 작용하는 압력프리즘은 삼각형이다. 이 압력프리즘의 도심은 수면에서 $\frac{2}{3}h$인 지점에 있으므로, 높이 6 (m)인 경우 수심 4 (m)에 위치한다.

15 정답 ③ **출제** 산04, 산06, 산09

$h_c=\frac{h}{2}=\frac{6}{2}=3$ (m)이므로,

$h_p=h_c+\frac{I_x}{h_cA}=3+\frac{(1\times6^3)/12}{3\times(1\times6)}=4$ (m)

| 다른 풀이 |

직사각형 판에 작용하는 압력프리즘은 삼각형이다. 이 압력프리즘의 도심은 수면에서 $\frac{2}{3}h$인 지점에 있으므로, 높이 6 (m)인 경우 수심 4 (m)에 위치한다.

16 정답 ② **출제** 기13-1

$h_p=h_c+\frac{I_x}{h_cA}$에서 h_c가 클수록 $\frac{I_x}{h_cA}$는 0에 접근하므로 $h_p\fallingdotseq h_c$이고, 즉 $h_p-h_c\fallingdotseq 0$이다.

17 정답 ③ **출제** 기01-2

$F=\gamma h_cA=1\times\left(3+\frac{5}{2}\right)\times(2\times5)=55$ (tonf)

18 정답 ④ **출제** 산08

문제에서 준 기호에 맞추어 도심까지 깊이 h_c를 H_G로 표기한다.

$$h_p=h_c+\frac{I_x}{h_cA}$$

$$=H_G+\frac{ab^3/12}{H_G\,ab}=H_G+\frac{b^2}{12H_G}$$

19 정답 ③ **출제** 기20-2

삼각형의 도심은 $h_c=1.0$ (m)에 있다. 따라서 작용점은

$$h_p=h_c+\frac{I_x}{h_cA}$$

$$=1.0+\frac{\frac{2\times3^3}{36}}{1.0\times\left(\frac{1}{2}\times2\times3\right)}=1.5\ \text{(m)}$$

20 정답 ② **출제** 산05

문제의 기호와 혼동되는 것을 피하기 위해, 도심의 수심을 h_g, 작용점의 수심을 h_p로 표기한다.

$P=\gamma h_gA=1\times\frac{5}{2}\times(2.5\times5)=31.25$ (tonf)

$$h_p=h_g+\frac{I_c}{h_gA}=\frac{5}{2}+\frac{\frac{5\times2.5^3}{12}}{\frac{5}{2}\times(5\times2.5)}=3.33\ \text{(m)}$$

| 다른 풀이 |

직사각형 수문인 경우 작용점은 $\frac{2}{3}h=\frac{2}{3}\times5=3.33$ (m)에 위치한다.

21 정답 ① **출제** 기02

$F=\gamma h_cA=1\times\left(1+\frac{4}{2}\right)\times\frac{\pi\times4^2}{4}=37.68$ (tonf)

$h_p=h_c+\frac{I_x}{h_cA}=3+\frac{\pi\times4^4/64}{3\times(\pi\times4^2/4)}=3.33$ (m)

22 정답 ② **출제** 산00

도심의 수심을 h_c, 작용점의 수심을 h_p로 표기하자.

도심 $h_c=2+1\times\frac{2}{3}=2.667$ (m)

수평력 $F=\gamma h_cA=1\times2.667\times\left(\frac{2\times1}{2}\right)$

$=2.667$ (tonf)

작용점 $h_p=h_c+\frac{I_x}{h_cA}$

$$=2.667+\frac{2\times1^3/36}{2.667\times\left(\frac{2\times1}{2}\right)}=2.688\ \text{(m)}$$

23 정답 ② **출제** 산00, 산04, 산11

상류 $F_1=1\times\frac{6}{2}\times(3\times6)=54$ (tonf),

하류 $F_2=1\times\frac{3}{2}\times(3\times3)=13.5$ (tonf)

바닥면을 기준으로 작용점 위치(y)를 구하면,

$y_{c1}=\frac{1}{3}\times6=2$ (m), $y_{c2}=\frac{1}{3}\times3=1$ (m)

판 가운데의 아래 끝을 기준으로 모멘트를 취하면

$54\times2-13.5\times1=(54-13.5)y$에서,

$y=2.33$ (m)

24 정답 ② 출제 기10-2

삼각형이므로 도심까지 수심 $h_c=1.0$ (m)

작용점 $h_p=h_c+\frac{I_x}{h_cA}$

$$=1.0+\frac{3\times3^3/36}{1.0\times\left(\frac{1}{2}\times3\times3\right)}=1.5 \text{ (m)}$$

25 정답 ① 출제 기14-4

수평방향으로 투영하면 직사각형과 같으므로,

$$h_p=h_c+\frac{I_x}{h_cA}=\frac{2}{3}h=\frac{2}{3}\times3=2 \text{ (m)}$$

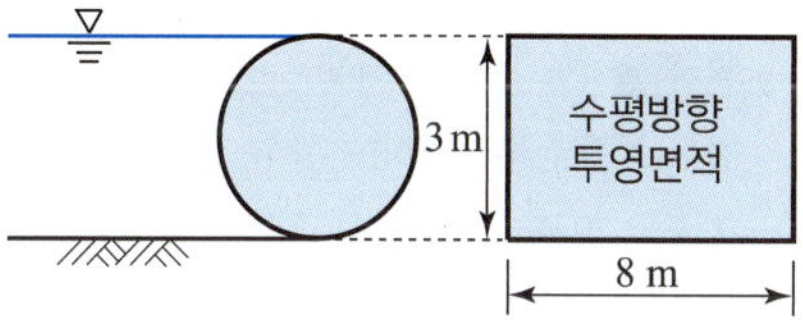

26 정답 ① 출제 산06, 산09, 산11

도심까지 깊이를 h_c, 작용점의 위치를 h_p로 표기한다.

직사각형 판의 도심까지 깊이

$h_c=\frac{3}{2}=1.5$ (m)

전수압 $P=\gamma h_cA=1\times1.5\times(3\times2)=9$ (tonf)

작용점 $h_p=h_c+\frac{I_x}{h_cA}$

$$=1.5+\frac{2\times3^3/12}{1.5\times(2\times3)}=2 \text{ (m)}$$

| 다른 풀이 |

직사각형 판이므로 압력프리즘은 삼각형이다.

압력프리즘의 도심까지 깊이가 바로 작용점이므로,

$h_p=\frac{2}{3}h=\frac{2}{3}\times3=2$ (m)로 쉽게 구할 수 있다.

27 정답 ② 출제 기16-2, 기19-2

보기에 맞추어 물의 단위중량을

$\gamma_w=9.8$ (kN/m^3)라 하자.

수평력은 $F_H=\gamma_w h_cA=9.8\times(2+1.5)\times(2\times3)$

$=205.8$ (kN)

마찰력은 $F_f=0.25\times F_H=51.45$ (kN)

들어올리는 데 필요한 힘

=수문의 수중중량+마찰력

$F=W'+F_f=1.96+51.45=53.41$ (kN)

28 정답 ④ 출제 기09-2

보기에 맞추어 물의 단위중량

$\gamma_w=1.0$ (tonf/m^3)라 하자.

우측의 전수압

$F_1=\gamma h_cA=1\times7\times(4\times2)=56$ (tonf)

작용점 $h_p=h_c+\frac{I_x}{h_cA}$

$$=7+\frac{2\times4^3/12}{7\times(4\times2)}=7.19 \text{ (m)}$$

힌지를 중심으로 하는 모멘트 평형식은

$3\times F=56\times(7.19-5)$

따라서, $F=40.88$ (tonf)

29 정답 ④ 출제 기07-4

수문의 도심 $h_c=d-\left(\frac{3}{2}+1.2\right)$

작용점 위치 h_p는 수면에서 수문축까지의 수심보다 커야 한다. 즉,

$$h_p=h_c+\frac{I_x}{h_cA}\geq d-(1.35+1.2)$$

$$(d-2.7)+\frac{\frac{2\times3^3}{12}}{(d-2.7)\times(2\times3)}\geq(d-2.55)$$

이 식을 풀면, $d\leq7.7$ (m)

30 정답 ③ 출제 기08-4

작용점 $h_p=h_c+\frac{I_x}{h_cA}$이고,

$h_p=(d-4.5-0.5)+\frac{3\times6^3/12}{(d-5)\times(3\times6)}\geq d-4.5$에서,

$d\geq11$ (m)

31 정답 ② 출제 기11-4, 기18-1

보기에 맞추어 물의 단위중량

$\gamma_w=9.8$ (kN/m^3)로 놓으면, 수문에 작용하는 압력힘은

$$P=\gamma_w h_gA=9.8\times\frac{2.7}{2}\times(4.8\times2.7)=171.5 \text{ (kN)}$$

작용점 $h_p = h_c + \frac{I_x}{h_c A}$

$$= \frac{2.7}{2} + \frac{\frac{4.8 \times 2.7^3}{23}}{\frac{2.7}{2} \times (4.8 \times 2.7)} = 1.8 \text{ (m)}$$

체인에 작용하는 힘을 F라 하고, 힌지에 대한 모멘트를 구하면,

$\Sigma M = 171.5 \times (2.7 - 1.8) - F \times 2.7 = 0$

$\therefore F = \frac{171.5 \times (2.7 - 1.8)}{2.7} = 57.17 \text{ (kN)}$

| 다른 풀이 |

직사각형 판이므로, 작용점을 높이의 $\frac{2}{3}$,

즉 $\frac{2}{3} \times 2.7 = 1.8$ (m)로 쉽게 계산해도 된다.

32 정답 ② 출제 기00

$F = p_c A = \gamma h_c A$

33 정답 ④ 출제 산00

수면에 연직인 평면이나 경사진 평면에 작용하는 힘의 작용점은 물체의 중심(h_c)보다 $\frac{I_x}{h_c A}$만큼 아래에 있다.

34 정답 ③ 출제 기17-4

문제에서 주어진 표기에 맞추어 도심을 h_G로 쓰면 전수압은 $P = \gamma h_G A$

| 다른 풀이 |

수평력 $P_h = \gamma h_G A \sin\theta$

연직력 $P_v = \gamma h_G A \cos\theta$

전수압 $P = \sqrt{P_h^2 + P_v^2} = \gamma h_G A$

35 정답 ③ 출제 산06

V=(평판 위의 물의 체적)

$F_v = \gamma V = 1 \times \left(1 \times 2 + \frac{1}{2} \times 1 \times 1\right) \times 5 = 12.5 \text{ (tonf)}$

36 정답 ④ 출제 산09

$F = \gamma h_c A = 1 \times (4+1) \sin 45° \times \frac{\pi \times 2^2}{4} = 11.11 \text{ (ton)}$

37 정답 ① 출제 산03

$F = \gamma h_c A = 1 \times \left(2 + \frac{4}{2} \sin 30°\right) \times (3 \times 4) = 36 \text{ (tonf)}$

주의 문제에서 '구형'이란 '직사각형'을 의미한다.

38 정답 ③ 출제 산08

$F = \gamma (S_c \sin\theta) A$

$= 1 \times \left(2 + \frac{2}{2}\right) \sin 30° \times (1 \times 2) = 3.0 \text{ (tonf)}$

$S_c = 3 + \frac{1 \times 2^3 / 12}{3 \times (1 \times 2)} = 3.11 \text{ (m)}$

39 정답 ① 출제 기14-1

곡면에 작용하는 정수압

- 수평분력: 연직투영면에 작용하는 정수압과 같다.
- 연직분력: 곡면을 밑면으로 하는 수면까지의 물기둥의 무게와 같다.

40 정답 ③ 출제 산00

A_v =(연직 투영면적)

$F_h = \gamma h_c A_v$

$= 1 \times \frac{5 \times \sin 45°}{2} \times (1.2 \times 5 \sin 45°) = 7.5 \text{ (tonf)}$

41 정답 ④ 출제 기03, 기05, 기07-1, 기11

수평분력 $F_h = \gamma h_c A_v = 1 \times \frac{2}{2} \times (1 \times 2) = 2 \text{ (tonf)}$

연직분력 $F_v = \gamma V = 1 \times \left(\frac{1}{2} \frac{\pi \times 2^2}{4}\right) \times 1 = 1.57 \text{ (tonf)}$

전수압 $F = \sqrt{F_h^2 + F_h^2} = \sqrt{2^2 + 1.57^2} = 2.54 \text{ (tonf)}$

42 정답 ④ 출제 기11-4

수평수압 $F_h = \gamma h_c A_v = 1 \times \frac{8}{2} \times (5 \times 8) = 160 \text{ (tonf)}$

연직수압 $F_v = \gamma V = 1 \times \left(\frac{1}{2} \times \frac{\pi \times 8^2}{4} \times 5\right)$

$= 126 \text{ (tonf)}$

전수압 $F = \sqrt{F_h^2 + F_v^2} = \sqrt{160^2 + 126^2} = 204 \text{ (tonf)}$

43 정답 ② **출제** 기11-1, 기20-2

수평수압 $F_h = \gamma h_c A_v = 1 \times \frac{3}{2} \times (8 \times 3) = 36$ (tonf)

연직수압 $F_v = \gamma V = 1 \times \left(\frac{1}{2} \times \frac{\pi \times 3^2}{4}\right) \times 8$

$= 28.3$ (tonf)

$\tan\theta = \frac{F_v}{F_h}$ 이므로, $\theta = \tan^{-1}\left(\frac{28.3}{36}\right) = 38.2°$

모든 수압성분은 경계면에 직각이므로, 원의 중심방향으로 작용한다. 따라서, 전수압의 작용방향은 원점을 지나며, 작용점의 위치는 그림과 같이

$h_p = \frac{3}{2} + \frac{3}{2}\sin 38.2° = 2.43$ (m)

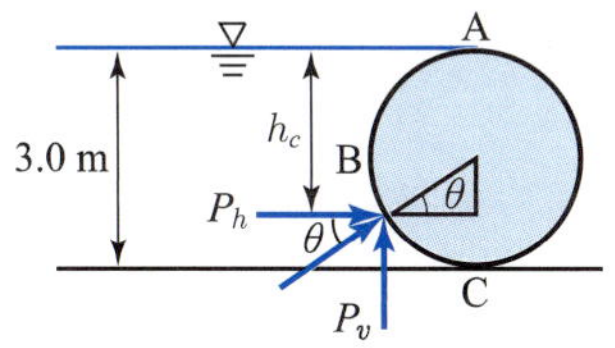

44 정답 ④ **출제** 기01, 기03, 기11

수평 $F_h = \gamma h_c A_v$

$= 1{,}000 \times 1 \times (2 \times 2) = 4{,}000$ (kgf)

연직 $F_v = \gamma V$

$= 1{,}000 \times \left(\frac{1}{2} \times \frac{\pi \times 2^2}{4} \times 2\right) = 3{,}140$ (kgf)

주의 보기에서 전수압(압력힘)의 단위는 (kg)이 아니라 (kgf)이다.

45 정답 ② **출제** 산00, 산11

(bc면이 받는 전수압) − (ab면이 받는 전수압)

주의 이론의 '5 빈공간이 있는 물체에 작용하는 힘' 참조

46 정답 ③ **출제** 기12-4, 기16-4

단위폭 1 (m)당으로 계산하면,

수평력 $F_h = \gamma h_c A_v$

$= 9.8 \times 3 \times (6 \times 1) = 176.4$ (kN)

(PQS 면적)을 A라 하면

$A = \pi R^2 \left(\frac{2\theta}{360}\right) - R^2 \sin\theta\cos\theta$

$= \pi \times 6^2 \times \frac{1}{6} - 6^2 \times \frac{1}{2} \times \frac{\sqrt{3}}{2} = 3.26$ (m^2)

연직력 $F_v = \gamma V = 9.8 \times (3.261 \times 1) = 32.0$ (kN)

전압력 $F = \sqrt{F_h^2 + F_v^2} = \sqrt{176.4^2 + 32.0^2}$

$= 179.3$ (kN/m)

2.4 관벽의 두께

1 원관에 작용하는 수압

• 관내 압력 p, 직경 D, 관의 허용인장응력 σ_a, 관의 두께 t, 관의 길이를 l이라고 하고, 개요도에서 힘의 평형식을 수립하면 아래와 같다.

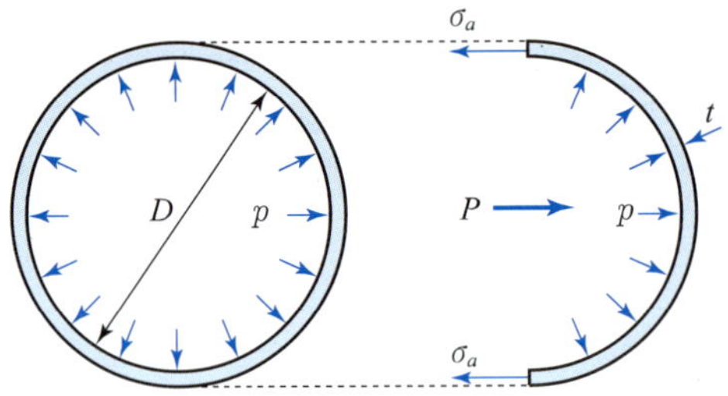

$$2\sigma_a(t\times l)=p(D\times l)$$

따라서 관의 두께는

$$t=\frac{pD}{2\sigma_a}$$

꼭 기억하기!

• 이와 관련된 문제를 풀 때는 식에서 사용하는 단위를 일정하게 통일하는 것이 좋다. 압력과 허용인장응력에서 힘의 단위를 일치시키고, 대부분의 문제에서 길이의 단위는 (cm)로 맞추어 풀면 된다.

2.4 관벽의 두께 기출문제

1 원관에 작용하는 수압

★☆☆

01 관경 D, 관 내 압력 p, 관의 두께 t, 관 내 압력으로 인한 인장응력을 σ라 할 때 다음 상관식 중 옳은 것은?

① $\sigma = \dfrac{pD}{2t}$ ② $p = \dfrac{tD}{\sigma}$

③ $t = \dfrac{\sigma D}{p}$ ④ $t = \dfrac{\sigma}{pD}$

★☆☆

02 반지름 1.5 (m)의 강관에 압력수두 100 (m)의 물이 흐른다. 강재의 허용응력이 1,500 (kg/cm^2)일 때 강관의 최소 두께는 얼마인가?

① 1.0 (cm) ② 0.5 (cm)

③ 0.98 (cm) ④ 10 (cm)

★☆☆

03 안지름 50 (cm)의 강관에 최고 $p=15$ (kg/cm^2)의 수압이 작용한다고 할 때, 적당한 강관의 두께는? (단, 강관의 허용인장응력 $\sigma_{ta}=1{,}400$ (kg/cm^2))

① 2.7 (mm) ② 9.3 (mm)

③ 11.7 (mm) ④ 19.0 (mm)

★☆☆

04 안지름 3,000 (mm)의 철관에 압력수두 420 (m)의 물이 흐른다. 철의 인장응력을 1,300 (kg/cm^2)로 하면 철관의 필요한 최소 두께는?

① 3.8 (cm) ② 4.8 (cm)

③ 5.8 (cm) ④ 6.8 (cm)

★★☆

05 내경 1.8 (m)의 강관에 압력수두 100 (m)의 물이 흐르게 하려면 강관의 필요 최소 두께는? (단, 강재의 허용인장응력은 1,100 (kg/cm^2))

① 0.62 (cm) ② 0.72 (cm)

③ 0.82 (cm) ④ 0.92 (cm)

★☆☆

06 내부 반지름(r)이 100 (cm)인 원형 강철관 속에 작용하고 있는 수압(p)이 10 (kg/cm^2)이다. 강철관의 허용인장응력(σ_{ta})이 1,000 (kg/cm^2)이라 할 때 관의 소요두께는?

① 0.1 (cm) ② 1.0 (cm)

③ 10.0 (cm) ④ 100.0 (cm)

★★☆

07 안지름 0.5 (m), 두께 20 (mm)의 수압관이 15 (kg/cm^2)의 압력을 받고 있다. 관벽에 작용하는 인장응력은?

① 46.8 (kg/cm^2) ② 93.7 (kg/cm^2)

③ 140.6 (kg/cm^2) ④ 187.5 (kg/cm^2)

★☆☆

08 직경 500 (mm), 압력수두 60 (m)일 때 철판의 두께 1 (cm)에 작용하는 허용인장응력은?

① 200 (kg/cm^2) ② 150 (kg/cm^2)

③ 100 (kg/cm^2) ④ 50 (kg/cm^2)

★☆☆

09 허용인장응력이 15 (kg/cm^2)인 두께 10 (mm)의 철판으로 만들어진 지름 1.2 (m)의 관을 통과하는 물의 수압강도는 얼마까지 가능한가?

① 0.1 (kg/cm^2) ② 0.2 (kg/cm^2)

③ 0.25 (kg/cm^2) ④ 0.4 (kg/cm^2)

2.4 관벽의 두께 정답과 풀이

01 정답 ① 출제 산01

$t=\dfrac{pD}{2\sigma_a}$ 이므로 $\sigma_a=\dfrac{pD}{2t}$

02 정답 ② 출제 산03

$\sigma_a=1,500\ (\text{kgf/cm}^2)=15,000\ (\text{tonf/m}^2)$

$$t=\frac{pD}{2\sigma_a}=\frac{\gamma h D}{2\sigma}=\frac{1\times100\times1.5}{2\times15,000}=0.005\ (\text{m})$$
$$=0.5\ (\text{cm})$$

주의 문제에서 허용응력의 단위는 (kg/cm^2)가 아니라 (kgf/cm^2)이다.

03 정답 ① 출제 산00, 산05

$$t=\frac{pD}{2\sigma_a}=\frac{15\times50}{2\times1,400}=0.27\ (\text{cm})$$

주의 문제에서 압력과 허용인장응력의 단위는 (kg/cm^2)가 아니라 (kgf/cm^2)이다.

04 정답 ② 출제 기02, 기06, 산00, 산01, 산02, 산07

허용인장압력 $\sigma_a=1,300\ (\text{kgf/cm}^2)$

물의 단위중량 $\gamma=1,000\ (\text{kgf/m}^3)=0.001\ (\text{kgf/cm}^3)$,

$h=42,000\ (\text{cm})$, $D=300\ (\text{cm})$이므로,

압력 $p=\gamma h=0.001\times42,000=42\ (\text{kgf/cm}^2)$

$$t=\frac{pD}{2\sigma_a}=\frac{42\times300}{2\times1,300}=4.85\ (\text{cm})$$

주의 문제에서 압력과 허용인장응력의 단위는 (kg/cm^2)가 아니라 (kgf/cm^2)이다.

05 정답 ③ 출제 기07-4

허용인장압력 $\sigma_a=1,100\ (\text{kgf/cm}^2)$

물의 단위중량 $\gamma=1,000\ (\text{kgf/m}^3)=0.001\ (\text{kgf/cm}^3)$,

$h=10,000\ (\text{cm})$, $D=180\ (\text{cm})$이므로,

압력수두를 압력으로 바꾸면,

$p=\gamma_w h=0.001\times10,000=10\ (\text{kgf/cm}^2)$

$$t=\frac{pD}{2\sigma_a}=\frac{10\times180}{2\times1,100}=0.82\ (\text{cm})$$

06 정답 ② 출제 기09-1

허용인장압력 $\sigma_a=1,000\ (\text{kgf/cm}^2)$

물의 단위중량 $\gamma=1,000\ (\text{kgf/m}^3)=0.001\ (\text{kgf/cm}^3)$,

$p=10\ (\text{kgf/cm}^2)$, $D=200\ (\text{cm})$이므로,

$$t=\frac{pD}{2\sigma_{ta}}=\frac{10\times200}{2\times100}=1\ (\text{cm})$$

07 정답 ④ 출제 산03

$D=50\ (\text{cm})$, $t=2\ (\text{cm})$, $p=15\ (\text{kgf/cm}^2)$이므로,

$t=\dfrac{pD}{2\sigma_a}$ 에서

$$\sigma_a=\frac{pD}{2t}=\frac{15\times50}{2\times2}=187.5\ (\text{kgf/cm}^2)$$

주의 문제에서 압력과 허용인장응력의 단위는 (kg/cm^2)가 아니라 (kgf/cm^2)이다.

08 정답 ② 출제 산08

$D=50\ (\text{cm})$, $t=1\ (\text{cm})$

물의 단위중량 $\gamma=1,000\ (\text{kgf/m}^3)=0.001\ (\text{kgf/cm}^3)$

압력수두 $h=6,000\ (\text{cm})$이므로,

압력 $p=\gamma h=0.001\times6,000=6\ (\text{kgf/cm}^2)$

$t=\dfrac{pD}{2\sigma_a}$ 에서

$$\sigma_a=\frac{pD}{2t}=\frac{6\times50}{2\times1}=150\ (\text{kgf/cm}^2)$$

주의 문제에서 허용응력의 단위는 (kg/cm^2)가 아니라 (kgf/cm^2)이다.

09 정답 ③ 출제 기02

$\sigma_a=15\ (\text{kgf/mm}^2)=1,500\ (\text{kgf/cm}^2)$

$t=10\ (\text{mm})=1\ (\text{cm})$

$D=1.2\ (\text{m})=120\ (\text{cm})$

$t=\dfrac{pD}{2\sigma_a}$ 에서

$$p=\frac{2\sigma_a t}{D}=\frac{2\times1,500\times1}{120}=25\ (\text{kgf/cm}^2)$$
$$=0.25\ (\text{kgf/mm}^2)$$

주의 문제에서 압력과 허용인장응력의 단위는 (kg/cm^2)가 아니라 (kgf/cm^2)이다.

2.5 부력과 부체의 안정

1 부력

• 부력=(물체가 배제한 유체의 중량)
=(유체의 단위중량)×(물체가 배제한 유체의 체적)

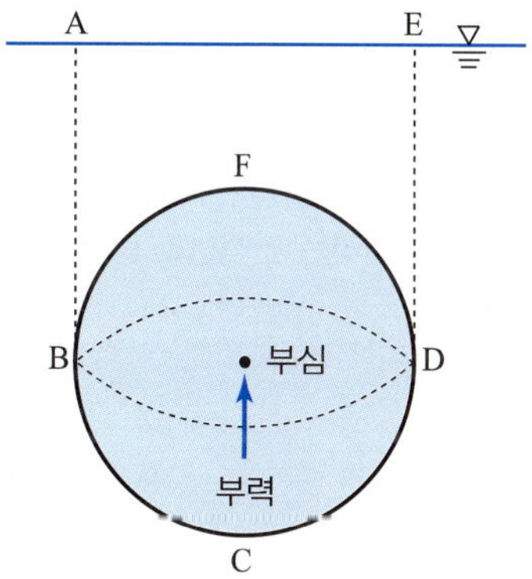

2 수면에 떠 있는 물체

• 물체에 중량은 부력과 같다. 물체의 단위중량 γ, 물체 체적 V, 물체 무게 W, 유체 단위중량 γ_w, 물에 잠긴 체적이 V_s이면, $W=F_b$이므로 다음의 관계를 갖는다.

$$\gamma V = \gamma_w V_s$$

• 이를 이용하면, 수평방향 단면적이 A, 높이 h, 단위중량 γ인 기둥(또는 기둥 형태의 물체)을 단위중량 γ_w인 유체 속에 세웠을 때, 흘수가 d이면,

$$\gamma Ah = \gamma_w Ad$$

따라서,

$$\frac{d}{h} = \frac{\gamma}{\gamma_w} = s$$

즉, 물체의 비중을 알 수 있다. 이것이 비중계의 원리이다.

• **부양면** 물 표면에 떠 있는 부체가 수면에 의해 절단되는 면
• **흘수(draft)** 부양면에서 물체의 최하단까지의 깊이

3 수중 물체

- (물체의 수중중량)=(물체의 무게)−(부력). 즉, $W_s = W - F_b$이므로 다음의 관계를 갖는다.

$$W_s = (\gamma - \gamma_w)\,\mathrm{V}$$

- 만일 물체의 중량 W와 비중 s를 알고 있다면, 다음의 관계를 갖는다.

$$W_s = (\gamma - \gamma_w)\,\mathrm{V} = \left(\gamma - \frac{\gamma}{s}\right)\mathrm{V} = \left(1 - \frac{1}{s}\right)\gamma\mathrm{V} = \left(1 - \frac{1}{s}\right)W$$

4 부체의 안정조건

- **부심(center of buoyancy, B)** 배수용적의 중심. 부력의 작용선은 부심을 통과한다.
- **경심(metacenter, M)** 기울어진 후의 부심을 통과하는 연직선과 평형상태의 중심과 부심을 연결하는 선이 만나는 점
- **경심고** 중심에서 경심까지의 거리($\overline{\mathrm{MG}}$)
- $\mathrm{M-G-B}$의 순서로 있으면 부체는 안정하다.

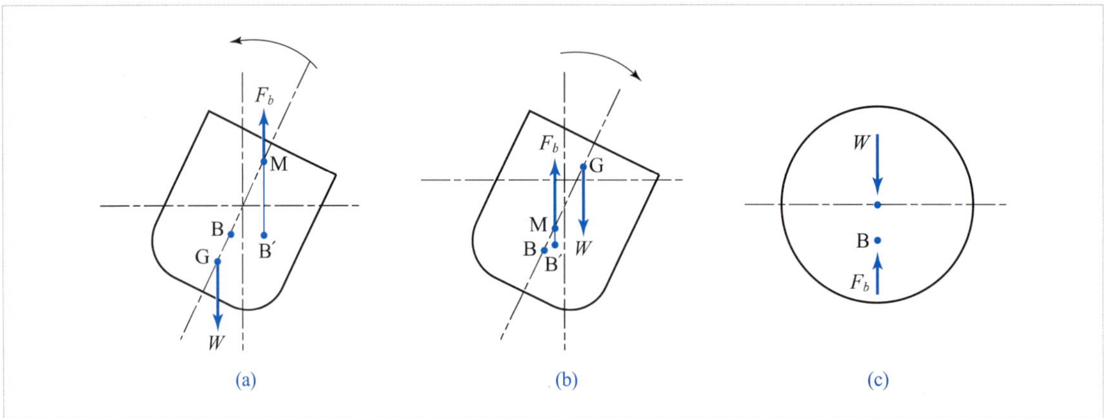

- $\overline{\mathrm{MG}} > \dfrac{I_x}{\mathrm{V}} - \overline{\mathrm{GB}}$이면 안정하나.

2.5 부력과 부체의 안정 기출문제

1 부력

★☆☆

01 부력의 설명으로 틀린 것은?

① 부력은 고체의 수중부분 부피와 같은 부피의 물 무게와 같다.
② 부체가 배제할 물의 무게와 같은 부력을 받는다.
③ 떠 있는 물체는 그 자신의 무게와 같은 만큼 그것이 떠 있는 유체를 배제한다.
④ 부력은 수심에 비례하는 압력을 받는다.

2 수면에 떠 있는 물체

★★☆

02 지름 25 (cm), 길이 1 (m)의 원주가 연직으로 물에 떠 있을 때, 물속에 가라앉은 부분의 길이가 70 (cm)라면 원주의 무게는? (단, 무게 1 (kg) =10 (N))

① 252.5 N (25.25 (kg))
② 343.6 N (34.36 (kg))
③ 423.5 N (42.35 (kg))
④ 503.0 N (50.30 (kg))

★★☆

03 20 (m) × 10 (m)의 구형 선박의 중앙에 코끼리를 태웠더니 1 (cm)만큼 가라앉았다. 코끼리의 무게는? (단, 해수의 비중은 1.025)

① 1.85 (ton) ② 2.00 (ton)
③ 2.05 (ton) ④ 2.25 (ton)

☆☆☆

04 20 (m) × 20 (m)의 직사각형 선박의 중앙에 트럭을 실었을 때 1.0 (cm)만큼 가라앉았다. 이 트럭의 무게는? (단, 해수의 비중은 1.025)

① 4.1 (ton) ② 5.1 (ton)
③ 6.1 (ton) ④ 7.1 (ton)

★☆☆

05 비중 γ_1의 물체가 비중 γ_2 ($\gamma_2 > \gamma_1$)의 액체에 떠 있다. 액면 위의 부피(V_1)와 액면 아래의 부피(V_2)의 비$\left(\frac{V_1}{V_2}\right)$는?

① $\frac{V_1}{V_2}=\frac{\gamma_2}{\gamma_1}+1$ ② $\frac{V_1}{V_2}=\frac{\gamma_2}{\gamma_1}-1$
③ $\frac{V_1}{V_2}=\frac{\gamma_1}{\gamma_2}$ ④ $\frac{V_1}{V_2}=\frac{\gamma_2}{\gamma_1}$

★★☆

06 비중이 0.9인 목재가 물에 떠 있다. 수면 위에 노출된 체적이 1.0 (m^3)라면 목재 전체의 체적은? (단, 물의 비중은 1.0)

① 1.9 (m^3) ② 2.0 (m^3)
③ 9.0 (m^3) ④ 10.0 (m^3)

★★☆

07 빙산(氷山)의 부피가 V, 비중이 0.92이고 바닷물의 비중은 1.025라 할 때 빙산의 바닷물 속에 잠겨 있는 부분의 부피는?

① 0.92 V ② 0.9 V
③ 0.82 V ④ 0.8 V

★★☆

08 빙산의 비중이 0.92이고, 바닷물의 비중은 1.025일 때 빙산이 바닷물 속에 잠겨 있는 부분의 부피는 수면 위에 나와 있는 부분의 약 몇 배인가?

① 10.8배 ② 8.8배
③ 4.8배 ④ 0.8배

★★☆
09 **비중** 0.92**의 빙산이 비중** 1.02**의 해수면에 떠 있다. 수면에서 위로 나온 빙산 용적이** 150 (m^3) **이면 빙산의 전체 용적은 얼마인가?**

① 1,530 (m^3) ② 1,380 (m^3)
③ 153 (m^3) ④ 138 (m^3)

★★☆
10 **비중** 0.92**의 빙산이 해수면에 떠 있다. 수면 위로 나온 빙산의 부피가** 100 (m^3)**이면, 빙산의 전체 부피는?** (**단, 해수의 비중은** 1.025**이다.**)

① 976 (m^3) ② 1,025 (m^3)
③ 1,114 (m^3) ④ 1,125 (m^3)

★★☆
11 **해수면상의 체적이** 1,205 (m^3)**인 빙산 위에 무게가** 300 (kg)**인 곰** 10**마리가 올라가 있을 경우, 수면 아래 빙산의 체적은?** (**단, 빙산의 비중은** 0.92, **해수의 비중은** 1.025**이다.**)

① 10,558 (m^3) ② 1,112 (m^3)
③ 10,587 (m^3) ④ 5,422 (m^3)

★☆☆
12 **다음 그림과 같은 직사각형 단면 물체의 단위중량** w_0, **물의 단위중량** w_1**일 때 흘수를 구하는 관계식으로 옳은 것은?**

① $x = \frac{w_0}{w_1}H$

② $x = \frac{w_1}{w_0}Hb$

③ $x = \frac{w_1}{w_0}H$

④ $x = \frac{w_0}{w_1}Hb$

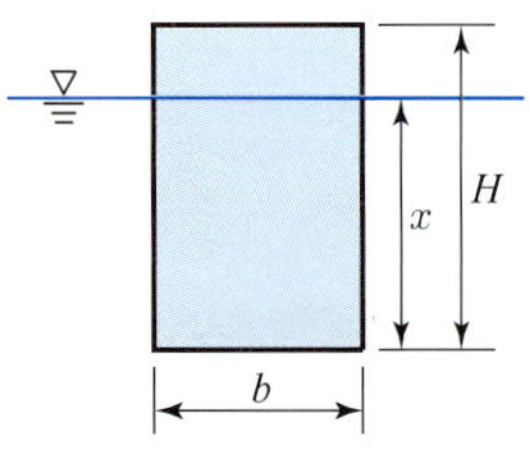

★☆☆
13 **부체의 최심부까지의 수심을 나타낸 것을 무엇이라 하는가?**

① 부력 ② 부심
③ 부양면 ④ 흘수

★☆☆
14 **길이** 13 (m), **높이** 2 (m), **폭** 3 (m), **무게** 20 (ton)**인 바지선의 흘수는?**

① 0.51 (m) ② 0.56 (m)
③ 0.58 (m) ④ 0.46 (m)

★★☆
15 **다음 그림과 같은 배의 무게가** 90 (ton)**일 때 이 배가 운항하는 데 필요한 최소 수심은?**

① 1.2 (m)
② 1.5 (m)
③ 1.8 (m)
④ 2.0 (m)

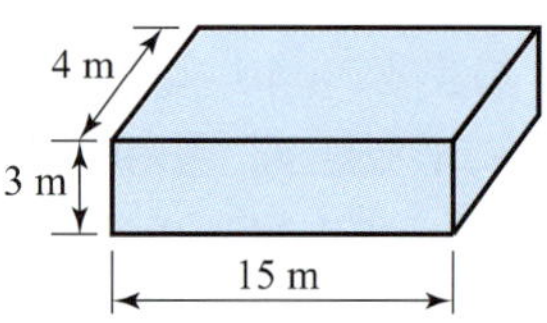

★★★
16 **그림과 같은 콘크리트 케이슨이 바닷물에 떠 있을 때 흘수는?** (**단, 콘크리트의 비중은** 2.4**이며, 바닷물의 비중은** 1.025**이다.**)

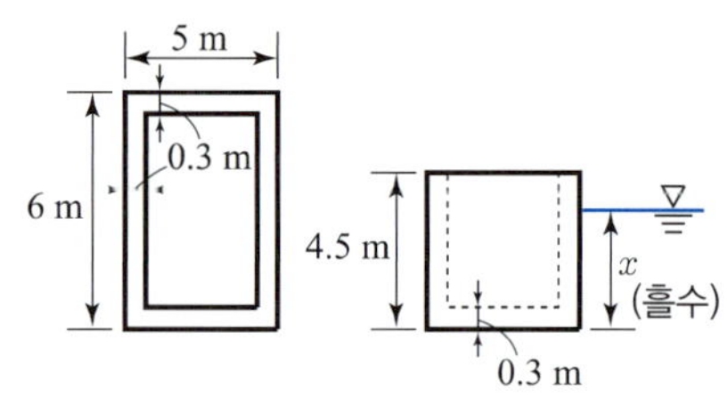

① x =2.45 (m) ② x =2.55 (m)
③ x =2.65 (m) ④ x =2.75 (m)

★★☆

17 **폭** 4 (m), **길이** 5 (m), **무게** 40 (ton)**의 물체가 해수 중에 떠 있을 경우 흘수는?** (**단, 해수의 비중은** 1.025**이다.**)

① 1.731 (m) ② 1.824 (m)
③ 1.951 (m) ④ 2.004 (m)

★★★

18 **그림과 같은 철근 콘크리트 케이슨을 해수에 띄웠을 때, 그 흘수선까지의 높이** X**는?** (**단, 해수의 비중**=1.025, **철근 콘크리트의 단위 중량**=2.41 (ton/m^3))

① X=2.85 (m)
② X=3.44 (m)
③ X=3.85 (m)
④ X=4.0 (m)

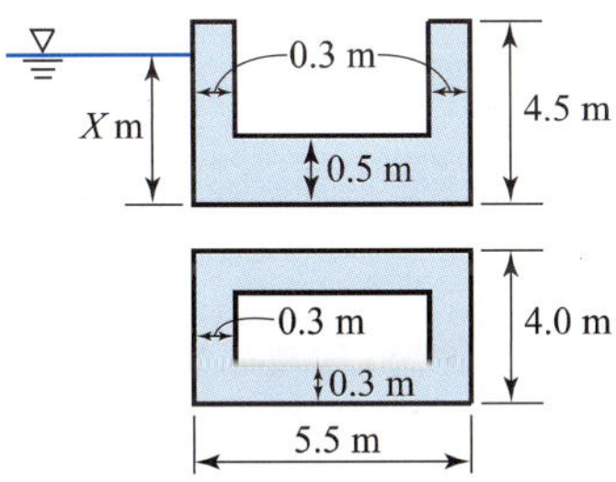

★★☆

19 **해수에 떠 있는 폭** 8 (m), **길이** 20 (m)**의 물체를 담수에 넣었더니, 흘수가** 6 (cm) **증가했다. 이 물체의 중량은?** (**단, 해수의 단위중량은** 1,025 (kg/m^3)**이다.**)

① 309.6 (t) ② 399.6 (t)
③ 393.6 (t) ④ 398.6 (t)

★★★

20 **바다에서 배수 용량이** 15,000 (t), **흘수가** 8 (m)**인 배가 운하의 담수에 들어갔을 때 흘수는?** (**단, 부유면 부근의 선체 단면적은** 3,000 (m^3)**이며, 바다에서 해수의 단위중량은** 1.025 (t/m^3)**이다.**)

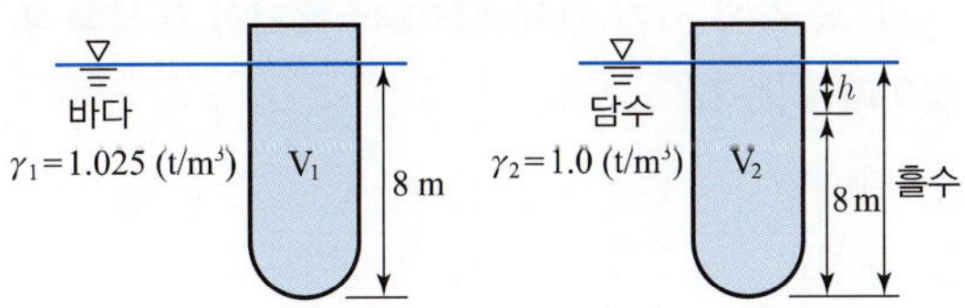

① 8.122 (m) ② 7.878 (m)
③ 9.025 (m) ④ 6.908 (m)

★★☆

21 **단위무게** 5.88 (kN/m^3), **단면** 40 (cm)× 40 (cm), **길이** 4 (m)**인 물체를 물속에 완전히 가라앉히려 할 때 필요한 최소 힘은?**

① 2.51 (kN) ② 3.76 (kN)
③ 5.88 (kN) ④ 6.27 (kN)

★★☆

22 **단면** 40×40 (cm), **길이** 4 (m), **단위중량** 0.6 (t/m^3)**의 물체를 물속에 완전히 가라앉히려 할 때 가해야 할 힘은 얼마 이상이어야 하는가?**

① 0.128 (t) ② 0.256 (t)
③ 0.384 (t) ④ 0.64 (t)

3 수중 물체

★★☆

23 **단면적** 2.5 (cm^2), **길이** 2 (m)**인 원형 강철봉이 대기 중에서** 2.75 (kg)**이었다면, 단위중량이** 1 (t/m^3)**인 수중에서의 무게는 얼마인가?**

① 2.25 (kg) ② 0.5 (kg)
③ 2.8 (kg) ④ 2.7 (kg)

★★☆

24 **물체의 공기 중 무게가** 750 (N)(75 (kg))**이고 물속에서의 무게는** 150 (N)(15 (kg))**일 때 이 물체의 체적은?** (**단, 무게** 1 (kg)**중**=10 (N))

① 0.05 (m^3) ② 0.06 (m^3)
③ 0.50 (m^3) ④ 0.60 (m^3)

★★☆
25 **물체의 공기 중 무게가 750 (N)이고 물속에서의 무게는 250 (N)일 때 이 물체의 체적은? (단, 무게 1 (kg중)=10 (N))**

① 0.05 (m^3) ② 0.06 (m^3)
③ 0.50 (m^3) ④ 0.60 (m^3)

★★☆
26 **강철봉의 반경이 1 (cm), 길이가 1 (m), 비중이 7.9이다. 이것을 물속에 넣었을 때, 물속에서의 강철봉의 무게는 얼마인가?**

① 2.167 (kg) ② 541.65 (kg)
③ 2.167 (g) ④ 541.65 (g)

★★☆
27 **30 (t)의 철근콘크리트가 물속에 있을 때의 무게는? (단, 철근콘크리트의 비중은 2.4이다.)**

① 12.5 (t) ② 15.7 (t)
③ 17.5 (t) ④ 19.7 (t)

★★☆
28 **어떤 물체가 공기 중에서 27 (kg)이고 물속에서는 18 (kg)일 때 이 물체의 비중은 얼마인가?**

① 2.95 ② 3.0
③ 3.17 ④ 2.0

★★☆
29 **체적이 10 (m^3)인 물체가 물속에 잠겨 있다. 물속에서 물체의 무게가 13 (t)이었을 때 그 물체의 비중은?**

① 2.3 ② 1.3
③ 1.6 ④ 2.6

★★☆
30 **어떤 물체의 무게가 공기 중에서 20 (kg), 수중에서는 15 (kg)이라면 이 물체의 비중과 체적은?**

① $S=1.3$, $V=0.015$ (m^3)
② $S=4.0$, $V=0.005$ (m^3)
③ $S=1.0$, $V=0.020$ (m^3)
④ $S=0.6$, $V=0.035$ (m^3)

★★☆
31 **중량이 600 (N), 비중이 3.0인 물체를 물(담수) 속에 넣었을 때 물속에서의 중량은?**

① 100 (N) ② 200 (N)
③ 300 (N) ④ 400 (N)

★☆☆
32 **물체의 무게가 800 (kg), 부피가 0.3 (m^3)인 경우, 물(담수) 속에 넣었을 때 물속에서의 무게는?**

① 500 (kg) ② 350 (kg)
③ 250 (kg) ④ 150 (kg)

4 부체의 안정조건

★☆☆
33 **부체의 안정성을 조사할 때 다음 용어 중 관계없는 것은?**

① 경심(傾心) ② 수심
③ 부심 ④ 중심(重心)

★☆☆
34 **수중에 잠긴 물체에서 배수용적의 중심을 무엇이라 하는가?**

① 무게중심 ② 부심
③ 경심 ④ 부양면

★☆☆

35 다음 그림에 표시된 위치에서 부체가 안정 상태인 것은? (단, M: 경심, C: 부심, G: 무게중심이고 기호표시는 위로부터의 순서를 말한다.)

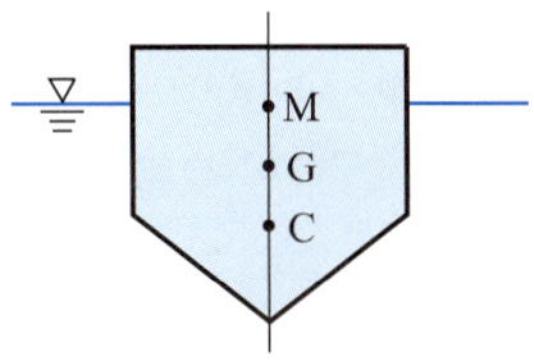

① G – M – C　　② M – G – C

③ C – M – G　　④ G – C – M

★☆☆

36 부체의 경심 M, 부심 C, 중심 G일 때 부체가 안정되기 위한 조건은?

① $\overline{CM} > \overline{CG}$　　② $\overline{CM} < \overline{CG}$

③ $\overline{CM} = \overline{CG}$　　④ $CM < \frac{1}{2}CG$

★☆☆

37 부체의 성질 중 옳지 않은 것은?

① 부양면의 단면2차모멘트가 가장 작은 축 위로 기울어지기 쉽다.

② 경심고가 클수록 복원력이 크다.

③ 경심고가 클수록 부체는 불안정하다.

④ 우력이 영(零)일 때를 중립(neutral)이라 한다.

★☆☆

38 부체는 일반적으로 어떤 경우에 기울어지기 쉬운가?

① 부양면에 대한 단면1차모멘트가 작을수록

② 부양면에 대한 단면1차모멘트가 클수록

③ 부양면에 대한 단면2차모멘트가 작을수록

④ 부양면에 대한 단면2차모멘트가 클수록

★☆☆

39 다음의 부체에 관한 설명 중 틀린 것은?

① 경심(M)이 무게중심(G)보다 낮을 경우 안정하다.

② 무게중심(G)이 부심(B)보다 아래쪽에 있으면 안정하다.

③ 부심(B)과 무게중심(G)이 동일 연직선 상에 위치할 때 안정을 유지한다.

④ 경심(M)이 무게중심(G)보다 높을 경우 복원모멘트가 작용한다.

★☆☆

40 부체의 배수용량(排水容量) $\overline{V}$, 중심 G와 부심 C와의 거리 $\overline{CG} = a$, 그리고 부양면에서의 최소 단면2차모멘트를 I라고 할 때, 이 부체의 안정조건식은?

① $\frac{I}{\overline{V}} = a$　　② $\frac{I}{\overline{V}} < a$

③ $\frac{I}{\overline{V}} > a$　　④ $\frac{I}{\overline{V}} = a = 0$

★★☆

41 다음 그림과 같이 길이 5 (m)인 원기둥(비중 0.6)을 수중에 수직으로 띄웠을 때, 원기둥이 전도되지 않도록 하는 데 필요한 지름은?

① 2 (m) 이상

② 4 (m) 이상

③ 7 (m) 이상

④ 9 (m) 이상

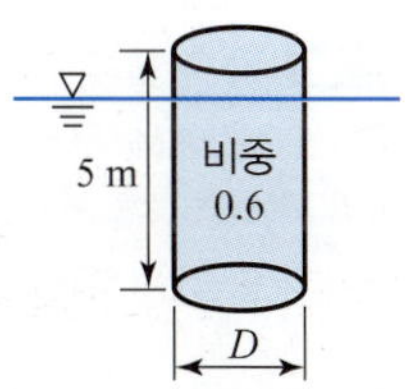

★★★

42 선박의 갑판에 있는 100 (t)의 화물을 선박의 종축에 직각방향으로 10 (m) 이동했을 때 선박이 1/20 정도 기울어졌다. 이 선박의 배수 용량은? (단, 경심고는 2.5 (m))

① 200 (t)　　② 8,000 (t)

③ 7,500 (t)　　④ 2,400 (t)

★★★

43 **한 변의 길이가 4 (m)인 정사각형 단면의 각주가 물에 떠 있다. 각주의 비중은 0.92이고 길이는 6 (m)이다. 계산된 흘수가 3.68 (m)이고, 물에 잠긴 체적 V가 88.32 (m^3)라면 이 부체는?**

① 불안정하다. ② 중립이다.
③ 안정이다. ④ 판별할 수 없다.

★★★

44 **어떤 선박의 배수용량이 3,000 (ton)이며, 갑판에서 15 (ton)의 하중을 선박의 대칭축 방향에 직각이 되는 방향으로 30 (m) 이동시켰을 때 1/30의 각도만큼 기울어졌다. 이때의 경심고는?**

① 5.0 (m) ② 4.5 (m)
③ 4.0 (m) ④ 3.5 (m)

2.5 부력과 부체의 안정 정답과 풀이

01 **정답** ④ **출제** 산03, 산07

부력은 물체의 수중 부분 체적만큼의 물의 무게이다.

02 **정답** ② **출제** 기12-2

주어진 조건에서, 무게 1 (kgf)=10 (N), $g=10$ (m/s^3)

물의 단위중량 $\gamma_w = 10{,}000$ (N/m^3)

(물체의 중량)=(부력)이므로

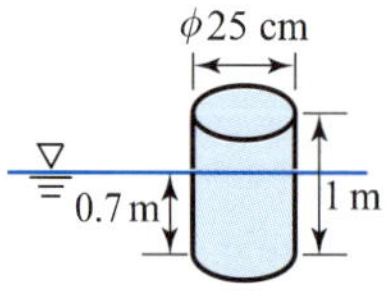

$$W = F_b = \gamma_w V_s$$
$$= 10{,}000 \times \left(\frac{\pi}{4} \times 0.25^2 \times 0.7\right) = 343.6 \text{ (N)}$$

주의 힘의 단위는 (kgf)이므로, 문제와 보기에서 제시된 (kg)은 모두 (kgf)으로 표기해야 한다.

03 **정답** ③ **출제** 기08

해수의 단위중량 $\gamma_s = 1.025$ ($tonf/m^3$)

코끼리의 무게는 더 가라앉은 1 (cm)의 부력과 같으므로,

$$W = F_b = \gamma_s V_s$$
$$= 1.025 \times (20 \times 10 \times 0.01) = 2.05 \text{ (tonf)}$$

주의 여기서 '구형'이라는 말은 '직사각형'을 의미한다.

04 **정답** ① **출제** 기08-2

문제에서 트럭의 무게는 더 가라앉은 1 (cm)의 부력과 같으므로,

$$W = F_b = \gamma_s V_s$$
$$= 1.025 \times (20 \times 20 \times 0.01) = 4.1 \text{ (tonf)}$$

05 **정답** ② **출제** 기17-2

(물체의 중량)=(부력)이므로, $\gamma_1(V_1 + V_2) = \gamma_2 V_2$의 관계가 있다.

이를 정리하면, $\dfrac{V_1}{V_2} = \dfrac{\gamma_2}{\gamma_1} - 1$

06 **정답** ④ **출제** 기15-1

물의 단위중량 $\gamma_w = 9{,}800$ (N/m^3)

물체의 단위중량 $\gamma = 0.9 \times 9{,}800$ (N/m^3)

(물체 무게)=(부력)이므로,

$(0.9 \times 9{,}800) \times V = 9{,}800 \times (V - 1.0)$

따라서 체적 $V = 10.0$ (m^3)

07 **정답** ② **출제** 기13-1, 기18-3

빙산의 단위중량 $\gamma_i = 0.92$ ($tonf/m^3$)

해수의 단위중량 $\gamma_s = 1.025$ ($tonf/m^3$)

(빙산의 무게)=(빙산이 배제한 물의 무게)

빙산의 체적을 V라 하면

$\gamma_i V = \gamma_s V_s$

$0.92V = 1.025V_s$, $V_s = \dfrac{0.92}{1.025}V = 0.9V$

08 **정답** ② **출제** 기15-2

빙산의 단위중량 $\gamma_i = 0.92$ ($tonf/m^3$)

해수의 단위중량 $\gamma_s = 1.025$ ($tonf/m^3$)

수면위 부피 V_o, 수면하 부피 V_s라 하면,

(빙산의 중량)=(부력)이므로

$\gamma_i(V_o+V_s)=\gamma_s V_s$

따라서 $\dfrac{V_s}{V_o}=\dfrac{\gamma_i}{\gamma_s-\gamma_i}=\dfrac{0.92}{1.025-0.92}=8.76$

09 정답 ① 출제 기04, 산04, 산06, 산08

빙산의 단위중량 $\gamma_i=0.92$ (tonf/m^3)

해수의 단위중량 $\gamma_s=1.02$ (tonf/m^3)

수면위 부피 $V_o=150$ (m^3)

빙산의 체적 V_i라 하면,

$W=F_b$에서 $\gamma_i V_i=\gamma_s(V_i-V_o)$

$0.92\times V_i=1.02(V_i-150)$

따라서 $V_i=1{,}530$ (m^3)

10 정답 ① 출제 기14-1

빙산의 단위중량 $\gamma_i=0.92$ (tonf/m^3)

해수의 단위중량 $\gamma_s=1.025$ (tonf/m^3)

수면위 부피 $V_o=100$ (m^3)

빙산의 체적 V_i라 하면,

$W=F_b$에서 $\gamma_i V_i=\gamma_s(V_i-V_o)$

$0.92\times V_i=1.025(V_i-100)$

따라서 $V_i=976$ (m^3)

11 정답 ③ 출제 기02

빙산의 체적을 V_i

수면 아래 체적을 V_s라 하면,

$W=F_b$에서,

$0.3\times10+0.92\times(V_s+1{,}205)=1.025\times V_s$

따라서 $V_s=10{,}587$ (m^3)

12 정답 ① 출제 산01

l을 부체의 폭이라 하면,

$W=F_b$에서 $w_0\times(blH)=w_1\times(blx)$

따라서, $x=\dfrac{w_0}{w_1}H$

| 다른 풀이 |

흡수비와 단위중량의 비 $\dfrac{x}{H}=\dfrac{w_0}{w_1}$에서 $x=\dfrac{w_0}{w_1}H$

13 정답 ④ 출제 산06

흘수(draft)는 부양면(수면)에서 부체의 최심부까지의 수심이다.

14 정답 ① 출제 기19-2

물의 단위중량 $\gamma_w=1$ (tonf/m^3)

(무게)=(부력)이므로,

$W=\gamma_w(Ad)$ (여기서 d는 흘수)

$20=1\times(13\times3\times d)$

따라서 $d=\dfrac{20}{1\times(13\times3)}=0.513$ (m)

15 정답 ② 출제 산00, 산07

$W=F_b=\gamma V$, $90=1\times(15\times4\times d)$

따라서 $d=1.5$ (m)

16 정답 ④ 출제 기09, 산03

$W=F_b$에서

$2.4\times(5\times6\times4.5-4.4\times5.4\times4.2)$

$=1.025(5\times6\times x)$

$x=2.75$ (m)

17 정답 ③ 출제 기06, 산07, 산10

$W=F_b=\gamma_w V_s$에서,

$40=1.025\times(4\times5\times d)$

따라서 흘수 $d=1.951$ (m)

18 정답 ② 출제 기09-1

$W=F_b$에서

$2.4\times(5.5\times4.0\times4.5-4.9\times3.4\times4.0)$

$=1.025\times(5.5\times4.0\times X)$

$X=3.44$ (m)

19 정답 ③ 출제 산09

(물체의 중량)=(해수일 때의 부력)

=(담수일 때의 부력)이므로

$1.025\times(8\times20\times d)=1\times\{8\times20\times(d+0.06)\}$

흘수 $d=2.4$ (m)

중량 $W=1.025\times(8\times20\times2.4)=393.6$ (ton)

주의 문제에서 단위중량은 (kg/m^3)가 아니라 (kgf/m^3)이다.

20 정답 ① 출제 산00

$W=F_b=\gamma_1 V_1=\gamma_2 V_2$에서

해수에서 $V_1=\frac{W}{\gamma_1}=\frac{15,000}{1.025}=14,634\ (m^3)$

담수에서 체적

$V_2=\frac{W}{\gamma_2}=\frac{15,000}{1.0}=15,000\ (m^3)$

$V_2=V_1+3,000\times h$이므로 $h=8.122\ (m)$

21 정답 ① 출제 기16-2

물 위에 떠 있는 물체에 힘 F를 가하여 가라앉히려면, (무게$+F$)=(부력)의 관계를 갖는다.

주어진 자료에서 물의 단위중량 $\gamma_w=9.8\ (kN/m^3)$

물체의 단위중량 $\gamma=5.88\ (kN/m^3)$

체적 $V=0.4\times0.4\times4.0=0.64\ (m^3)$

$W+F=F_b,\ \gamma V+F=\gamma_w V$

$F=(\gamma_w-\gamma)V=(9.8-5.88)\times0.64=2.51\ (kN)$

22 정답 ② 출제 산04, 산07

물의 단위중량 $\gamma_w=1.0\ (tonf/m^3)$

물체의 단위중량 $\gamma=0.6\ (tonf/m^3)$

가해야 할 힘을 F라고 하면 $F+W=F_b$

$F=F_b-W=(\gamma_w-\gamma)V$

$=(1-0.6)\times(0.4\times0.4\times6)=0.256\ (tonf)$

23 정답 ① 출제 산07

(수중중량)=(물체의 중량)−(부력)이고,

$\gamma_w=1.0\ (gf/cm^3)$.

$W_s=W-F_b$

$=2,750-1\times(2.5\times200)=2,250\ (gf)$

$=2.25\ (kgf)$

주의 문제에서 무게의 단위는 (kg)이 아니라 (kgf)이다.

24 정답 ② 출제 기12-1

(수중중량)=(물체의 중량)−(부력)이므로

$W_s=W-\gamma_w V$

$150=750-9,800\times V$

$\therefore\ V=0.061\ (m^3)$

25 정답 ① 출제 기19-1

물의 단위중량 $\gamma_w=10,000\ (N/m^3)$

부력 $F_b=W-W_s=\gamma_w V$이므로,

$V=\frac{W-W_s}{\gamma_w}=\frac{750-250}{10,000}=0.05\ (m^3)$

26 정답 ① 출제 산01

(수중중량)=(물체의 중량)−(부력)이므로

$W_s=W-F_b=\gamma V-\gamma_w V$

$=(7,900-1,000)\times\frac{\pi\times0.02^2}{4}\times1$

$=2.167(kgf)$

주의 문제에서 무게 단위는 (kg)이 아니라 (kgf)이다.

27 정답 ③ 출제 산11

(수중중량)=(물체의 중량)−(부력)이므로

$W_s=W-F_b=30-1\times\frac{30}{2.4}=17.5\ (tonf)$

28 정답 ② 출제 산00

$W_s=W-F_b$에서 $18=27-1000\times V$

따라서 물체의 체적 $V=0.009\ (m^3)$

물체의 중량은 $W=27\ (kgf)$

단위중량은 $\gamma=\frac{W}{V}=\frac{27}{0.009}=3,000\ (kgf/m^3)$

비중 $s=\frac{\gamma}{\gamma_w}=\frac{3,000}{1,000}=3.0$

29 정답 ① 출제 산00

$W_s=W-F_b$에서 $13=W-1\times10$

따라서 물체의 중량은 $W=23\ (tonf)$

단위중량은 $\gamma=\frac{W}{V}=\frac{23,000}{10}=2,300\ (kgf/m^3)$

30 정답 ② 출제 산02

$W_s=W-F_b$에서 $15=20-1,000\times V$

따라서 물체의 체적

$V=\frac{20-15}{1,000}=0.005\ (m^3)$

따라서 단위중량

$\gamma=\frac{W}{V}=\frac{20}{0.005}=4,000\ (kgf/m^3)$

따라서, 비중은 4.0

31 정답 ④ **출제** 기09-4, 기17-1

먼저 물체의 체적을 구하자.

$$V = \frac{W}{\gamma} = \frac{W}{s\gamma_w} = \frac{600}{3.0 \times 9,800} = 0.0204 \ (m^3)$$

(수중중량)=(물체의 중량)−(부력)

$$W_s = W - F_b = \gamma V - \gamma_w V = (s-1)\gamma_w V$$
$$= (3-1) \times 9,800 \times 0.0204 = 399.84 \ (N)$$

| 다른 풀이 |

$$W_s = \left(1 - \frac{1}{s}\right) W = \left(1 - \frac{1}{3.0}\right) \times 600 = 400 \ (N)$$

주의 문제에서 무게의 단위는 (kg)이 아니라 (kgf)이다.

32 정답 ① **출제** 산09

수중중량 $W_s = W - F_b$

$$= 800 - 1,000 \times 0.3 = 500 \ (kgf)$$

주의 문제에서 무게의 단위는 (kg)이 아니라 (kgf)이다.

33 정답 ② **출제** 산02, 산05, 산08, 산09, 산10

부체의 안정성 조사 시 물체의 중심(G)과 부체의 부심(B)이 있다. 경심(M)은 부체의 중심선과 부력의 작용선과의 교점이며, 수심은 부체의 안정성과 관계가 없다.

34 정답 ② **출제** 산00, 산06

부심은 수중에 잠긴 체적의 무게중심을 통과하는 부분의 중심, 즉 부력의 중심이다.

35 정답 ② **출제** 산03

부체의 중심선과 부력의 작용선과의 교점인 경심(M)이 중심(G)보다 위에 있을 때 부체는 안정하다.

36 정답 ① **출제** 산04, 산06, 산07

부체가 안정이 되기 위한 조건은

$h = \overline{MG} = \overline{CM} - \overline{CG} > 0$에서 $\overline{CM} > \overline{CG}$이다.

37 정답 ③ **출제** 산01

경심고($\overline{MC}$)가 클수록 부체는 안정하다.

38 정답 ③ **출제** 산02, 산08

$\overline{MG} = \overline{CM} - \overline{CG} = \frac{I}{V} - \overline{CG}$가 큰 경우에 안정하므로, 부양면에 대한 단면2차모멘트(I)가 작으면, 불안정해진다.

39 **출제** 기04, 기18-2, 산02, 산05

정답 ①

풀이 부체의 중심선과 부력의 작용선의 교점인 경심(M)이 중심(G)보다 아래에 있을 때 부체는 불안정하다.

40 정답 ③ **출제** 기05

경심고

$h = \overline{MG} = \overline{CM} - \overline{CG} = \frac{I}{V} - \overline{CG} > 0$일 때 안정하다.

따라서 $\overline{CM} > \overline{CG} \rightarrow \frac{I}{V} > \overline{CG}$

41 정답 ③ **출제** 기08-1, 산08

$W = F_b$에서 $\gamma_s A h = \gamma A d$이므로,

$$d = \frac{0.6}{1.0} \times 5 = 3 \ (m)$$

$$\overline{MG} = \frac{I_y}{V} - \overline{GC}$$

$$= \frac{\frac{\pi D^4}{64}}{\frac{\pi D^2}{4} \times 3} - \frac{1}{2}(5-3) = \frac{D^2}{48} - 1 > 0$$

$$D > \sqrt{48} = 6.93 \ (m)$$

42 정답 ② **출제** 기00

경심고 $h = \frac{PL}{W\theta}$에서 $2.5 = \frac{100 \times 10}{W \times 1/20}$

$W = 8,000$ (ton)

43 정답 ③ **출제** 산00

$$\overline{MG} = \frac{I_x}{V} - \overline{GB}$$

$$= \frac{6 \times 4^3/12}{88.32} - \left(2 - \frac{3.68}{2}\right) = 0.202 \ (m) > 0$$

따라서 안정하다.

44 정답 ② **출제** 기02

$$\overline{MG} = \frac{FL}{W\tan\theta} = \frac{15 \times 30}{3,000 \times 1/30} = 4.5 \ (m)$$

2.6 상대적 평형

1 상대적 평형

• 유체가 움직이고 있지만 유체입자 사이의 상대적인 움직임이 없는 등가속운동을 할 때 적용한다.

• 등가속운동을 할 때,

– 정수압은 면에 직각(수직)으로 작용하며,

– 정수압 법칙($p=\gamma h$)이 적용되고,

– 유체입자 사이의 상대적인 움직임이 없어 속도경사가 $\frac{du}{dy}=0$이므로 마찰력 $\tau=\mu\frac{du}{dy}=0$이 된다.

2 연직가속운동

• 관성력은 운동방향과 반대로 작용한다. 따라서 연직상향 운동일 때는 가속도가 증가, 연직하향 운동일 때는 감소한다.

• (아래 그림과 같이 연직상향 운동일 때) 수압은 다음과 같다.

$$p=\gamma\left(1+\frac{a}{g}\right)h$$

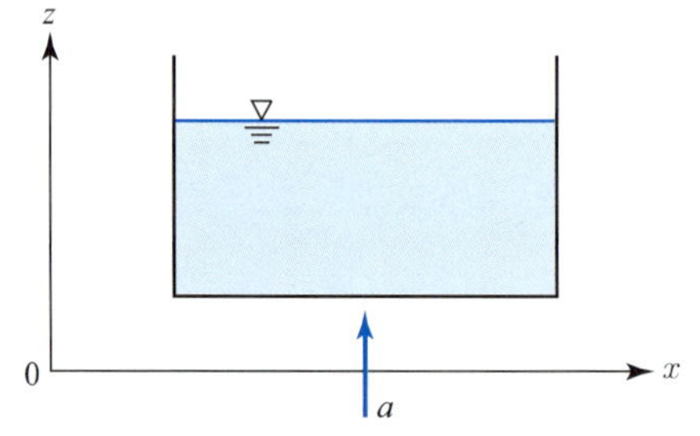

3 수평가속운동

• 관성력은 운동방향과 반대로 작용하며, 수면은 등압면이 된다.

• 관성력과 중력이 이루는 각도는 아래 식과 같이 계산한다.

$$\tan\theta=-\frac{a}{g}$$

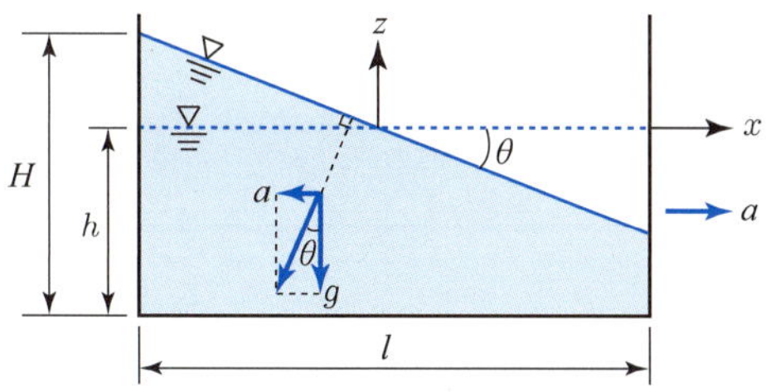

4 회전등가속운동

• 수면은 등압면이며, 포물선을 이루며, 원수면 위와 아랫부분의 체적은 같아진다.

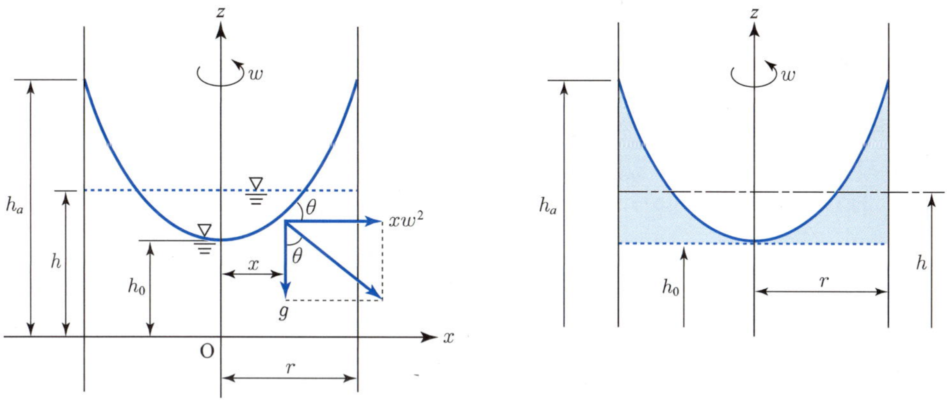

• 외벽 수심을 z, 각속도를 ω라 할 때, 수면형은 다음과 같다.

$$h = \frac{\omega^2 r^2}{2g} + h_0$$

2.6 상대적 평형 기출문제

1 상대적 평형

★☆☆

01 정수압에 대한 설명 중 옳은 것은?

① 유체가 전혀 움직이지 않을 때에 한하여 적용된다.
② 유체가 움직여도 좋으나 유체 입자 상호 간의 상대적인 움직임이 없을 때 적용된다.
③ 유체의 흐름 상태에는 관계없이 적용될 수 있다.
④ 층류(laminar flow)에 한하여 적용할 수 있다.

2 연직가속운동

★☆☆

02 물이 들어 있고, 뚜껑이 없는 수조가 14.7 (m/sec^2)로 수직 상향으로 가속되고 있을 때, 수조 속 깊이 2 (m)에서의 압력은 얼마인가?

① 1 (ton/m^2) ② 3 (ton/m^2)
③ 5 (ton/m^2) ④ 7.5 (ton/m^2)

★☆☆

03 용기에 물을 넣고 연직 하향 방향으로 가속도 α를 중력가속도 9.8 (m/sec^2)만큼 작용했을 때 용기 내 깊이 1 (m)에서의 물에 작용하는 압력 p는?

① 0 (ton/m^2) ② 1 (ton/m^2)
③ 2 (ton/m^2) ④ 3 (ton/m^2)

3 수평가속운동

★☆☆

04 길이 a, 높이 b인 용기에 물이 h의 높이로 채워져 있다. 이 용기가 수평방향으로 α의 가속도로 운동하기 때문에 그림과 같이 수면이 경사져 물이 넘치려고 한다면, 이때의 가속도 α는?

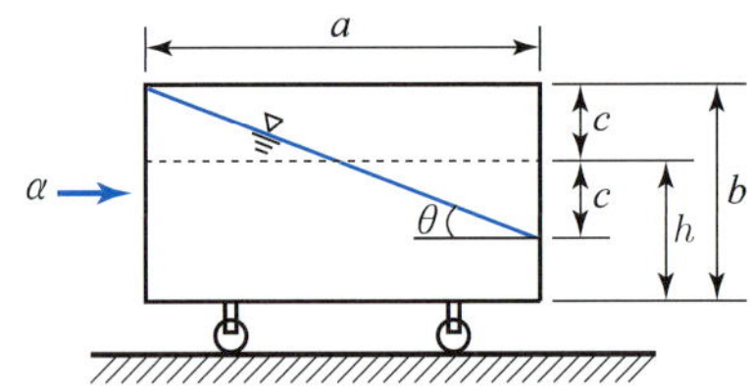

① $\dfrac{2g(b-h)}{a}$ ② $\dfrac{2a(b-h)}{g}$
③ $\dfrac{g(b-h)}{a}$ ④ $\dfrac{a(b-h)}{g}$

★★☆

05 물이 담겨 있는 그릇을 정지 상태에서 가속도 a로 수평으로 잡아당겼을 때 발생되는 수면이 수평면과 이루는 각이 30°였다면 가속도 a는? (단, 중력가속도=9.8 (m/s^2))

① 약 4.9 (m/s^2) ② 약 5.7 (m/s^2)
③ 약 8.5 (m/s^2) ④ 약 17.0 (m/s^2)

★★☆

06 그림과 같이 길이 2 (m), 높이 1.2 (m)의 물통에 0.9 (m) 깊이로 물을 넣고 수평방향으로 당길 때 물이 쏟아지지 않을 최대 가속도는?

① 2.94 (m/sec^2)
② 3.15 (m/sec^2)
③ 3.56 (m/sec^2)
④ 4.05 (m/sec^2)

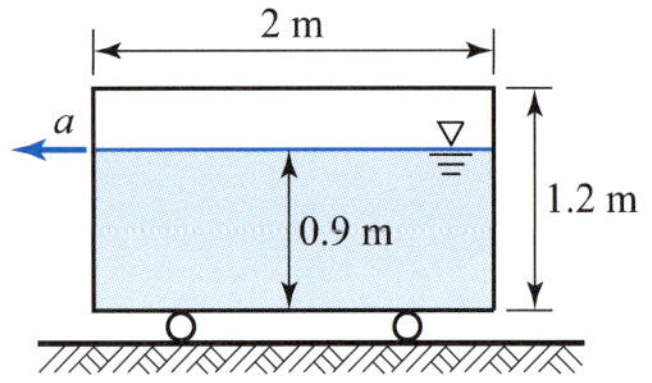

★★☆

07 5.65 (m/sec^2)의 일정한 가속도로 일직선으로 달리고 있는 열차 속에 물그릇을 놓았을 때 이 물이 수평에 대하여 기울어지는 각도는?

① 60° ② 45°
③ 30° ④ 15°

★★☆
08 **다음 그림과 같이 높이 2 (m)인 물통에 물이 1.5 (m)만큼 담겨 있다. 물통이 수평으로 4.9 (m/sec²)의 일정한 가속도를 받고 있을 때 물통의 물이 넘쳐 흐르지 않게 하기 위한 물통의 최소 길이는?**

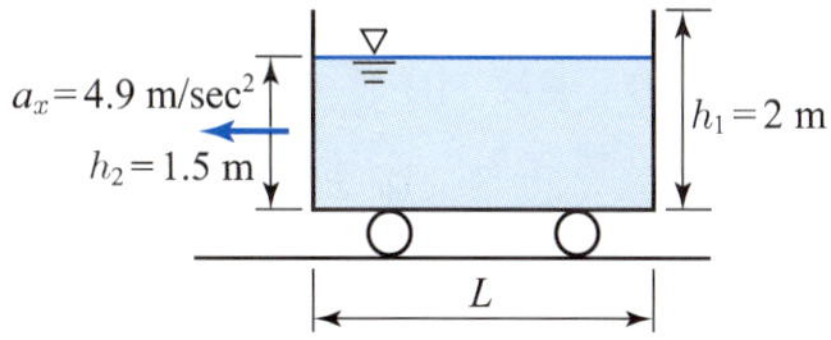

① 2.0 (m) ② 2.4 (m)
③ 2.8 (m) ④ 3.0 (m)

4 회전등가속운동

★☆☆
09 **물이 들어 있는 원통을 밑면 원의 중심을 축으로 일정한 각속도로 회전시킬 때에 대한 설명으로 옳지 <u>않은</u> 것은? (단, 물의 양은 변화가 없는 경우)**

① 회전할 때의 원통 측면에 작용하는 정수압은 정지 시보다 크다.
② 원통 측면에 작용하는 압력은 원통의 반지름이 커지면 그 크기는 증가한다.
③ 정지 시나 회전 시의 전 밑면이 받는 수압은 일정하다.
④ 회전 시 원통 밑면의 외측 수압강도는 정지 시와 크기가 같다.

★☆☆
10 **그림과 같이 뚜껑이 없는 원통 속에 물을 가득 넣고 중심축 주위로 회전시켰을 때 흘러넘친 양이 전체의 20%였다. 이때 원통 바닥면이 받는 전수압은?**

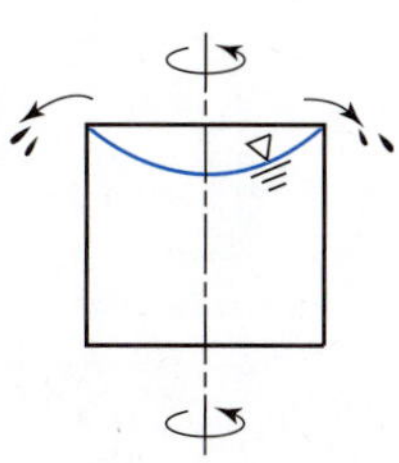

① 정지상태에 비해 20%만큼 증가한다.
② 정지상태에 비해 20%만큼 감소한다.
③ 정지상태에 비해 변함이 없다.
④ 정지상태와 비교할 수 없다.

★★☆
11 **그림과 같이 w의 각속도로 회전할 때 h_a까지 물이 올라왔다가 정지한 후 높이는 h가 되었다. h_a, h, h_0의 관계식으로 옳은 것은?**

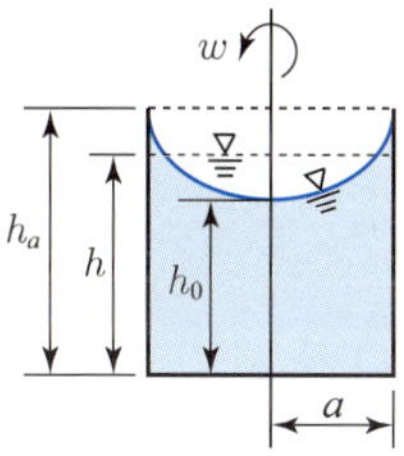

① $h = \frac{1}{2}\sqrt{h_a h_0}$ ② $h = \frac{1}{3}(2h_a + h_0)$
③ $h = \frac{1}{2}(h_a + h_0)$ ④ $h = \frac{1}{3}(h_a + 2h_0)$

★★★
12 **다음 그림과 같이 안지름이 2 (m), 높이가 3 (m)인 원통형 수조에 깊이 2.5 (m)까지 물을 넣고 각속도 w로 회전시킬 때 물이 수조상단에 도달하는 각속도는 약 얼마인가?**

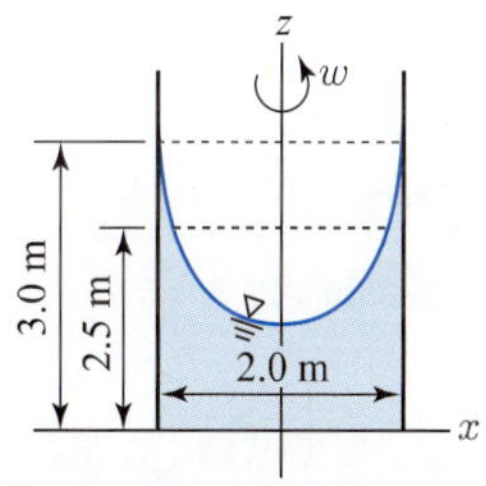

① 1.4 (rad/s) ② 2.4 (rad/s)
③ 3.4 (rad/s) ④ 4.4 (rad/s)

2.6 상대적 평형 정답과 풀이

01 정답 ② **출제** 기09-4, 산04

정수압은 면에 직각(수직)으로 작용하며, 마찰력이 0이므로, 뉴턴의 점성법칙 $\tau=\mu\frac{du}{dy}$에서 속도경사가 0이다. 따라서 유체입자 상호 간의 상대적인 움직임이 없다면 정수압 이론을 적용한다.

02 정답 ③ **출제** 기04, 기05, 산04, 산06, 산09

수직으로 상향이동 시 연직상향 운동이므로 $a=14.7\ (\mathrm{m/s^2})$를 대입한다.

$$p=\gamma h\left(1+\frac{a}{g}\right)=1\times2\times\left(1+\frac{14.7}{9.8}\right)=5\ (\mathrm{tonf/m^2})$$

03 정답 ① **출제** 산05

수직으로 하향이동 시 중력과 같은 방향이므로 $a=-9.8\ (\mathrm{m/s^2})$를 대입한다.

$$p=\gamma h\left(1+\frac{a}{g}\right)=1\times1\times\left(1-\frac{9.8}{9.8}\right)=0\ (\mathrm{tonf/m^2})$$

이처럼 자유낙하를 하면 무중력 상태가 된다.

04 정답 ① **출제** 기11-2

수면의 식 $\tan\theta=-\frac{\alpha}{g}=\frac{b-h}{a/2}$

따라서, $\alpha=-\frac{2g(b-h)}{a}$

05 정답 ② **출제** 기14-2

$\tan\theta=-\frac{a}{g}$에서 $\tan30^o=-\frac{a}{9.8}$

따라서 $a=5.7\ (\mathrm{m/s^2})$

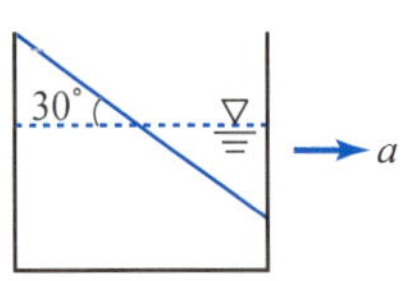

06 정답 ① **출제** 산06

$H=1.2\ (\mathrm{m}),\ b=2\ (\mathrm{m}),\ h=0.9\ (\mathrm{m})$이다.

$\frac{a}{g}=\frac{H-h}{b/2}$에서 $\frac{a}{9.8}=\frac{1.2-0.9}{2/2}$

$a=2.94\ (\mathrm{m/s^2})$

07 정답 ③ **출제** 산00

$$\tan\theta=\frac{a}{g}=\frac{5.65}{9.8}=0.577$$

따라서, $\theta=\tan^{-1}(0.577)=29.88°$

08 정답 ① **출제** 기11-1, 기18-3, 산02

$\tan\theta=\frac{a}{g}=\frac{h_1-h_2}{L/2}$에서 $\frac{4.9}{9.8}=\frac{2-1.5}{L/2}$

따라서 $L=2\ (\mathrm{m})$

09 정답 ④ **출제** 산09

회전 시 포물선형 수면이 나타나며, 바깥쪽 수심이 커지므로, 바깥쪽 수압이 증가한다.

10 정답 ② **출제** 기00, 기19-3

유체 내에서 운동변화가 일어나지 않는 문제이므로, 물이 20% 넘치면 물통 바닥면이 받는 전수압도 20% 감소한다.

11 정답 ③ **출제** 기04, 기09-1

$h_a,\ h,\ h_0$의 관계식은 $h=\frac{1}{2}(h_a+h_0)$이며, h_0를 기준으로 위아래의 체적이 같다.

12 정답 ④ **출제** 산07

$h_1=2.5\ (\mathrm{m}),\ h_a=3.0\ (\mathrm{m})$

$h_0=h_1-(h_a-h_1)=2.5-(3.0-2.5)=2.0\ (\mathrm{m})$

$h=\frac{w^2}{2g}x^2+h_0$에서

$$3=\frac{w^2}{2\times9.8}\times1^2+[2.5-(3-2.5)]$$

$w=4.43\ (\mathrm{rad/sec})$

MEMO

CHAPTER

03

동수역학

3.1 흐름의 분류
3.2 층류와 난류
3.3 유선과 유관
3.4 연속방정식
3.5 베르누이식
3.6 베르누이식의 응용
3.7 운동량방정식
3.8 보정계수
3.9 항력

CIVIL ENGINEERING

HYDRAULICS AND HYDROLOGY

CHAPTER

03 동수역학

3.1 흐름의 분류

1 정류와 부정류

• **정상류(steady flow)** 한 단면에서 흐름 특성(유량, 속도, 단면적, 압력, 밀도 등)이 시간에 따라 변하지 않는 흐름

– 미분으로 표시하면, $\frac{\partial \phi}{\partial t}=0$

여기서, ϕ는 흐름 특성값, t는 시간

– 유선과 유적선, 유맥선이 일치한다.

• **비정상류(부정류, unsteady flow)** 한 단면에서 흐름 특성이 시간에 따라 변하는 흐름

– 미분으로 표시하면, $\frac{\partial \phi}{\partial t}\neq 0$

2 등류와 부등류

• **등류(uniform flow)** 흐름 방향을 따라 흐름 특성이 변하지 않는 흐름

– 미분으로 표시하면, $\frac{\partial \phi}{\partial l}=0$

여기서, ϕ는 흐름 특성, l은 흐름 방향

• **부등류(nonuniform flow)** 흐름 방향을 따라 흐름 특성이 변하는 흐름

– 미분으로 표시하면, $\frac{\partial \phi}{\partial l}\neq 0$

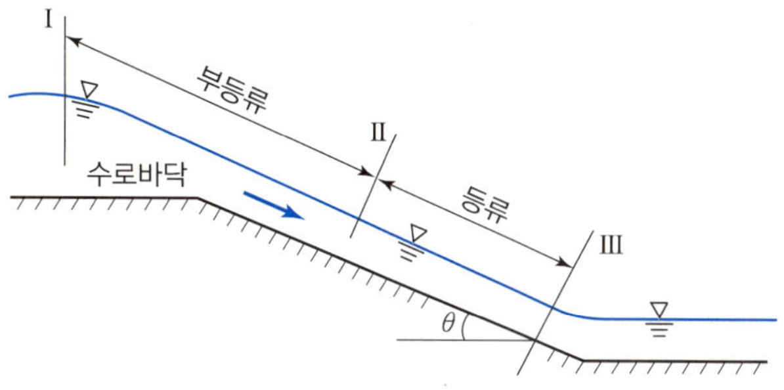

3 흐름의 종류

- 정상류－부정류 개념과 등류－부등류 개념은 독립적이다. 따라서, 실제로는 다음과 같은 네 종류의 흐름이 있다.
  - 정상 등류(steady uniform flow): 정류라고 부르기도 하나 정확한 표현은 아니다.
  - 정상 부등류(steady nonuniform flow): 현실에서 가장 많이 존재하는 흐름이다.
  - 비정상 등류(unsteady uniform flow): 실제로는 존재하지 않는다.
  - 비정상 부등류(unsteady nonuniform flow): 홍수 발생 시 생기는 흐름이다.

3.1 흐름의 분류 기출문제

1 정류와 부정류

★☆☆

01 다음 정상류의 흐름에 대한 설명 중 옳은 것은?

① 모든 점에서 유동 특성이 시간에 따라 변하지 않는다.
② 어느 순간에 서로 이웃하는 입자들의 상태가 같다.
③ 모든 점에서 유체의 상태가 시간에 따라 일정한 비율로 변한다.
④ 유체의 입자들이 모두 열을 지어 질서 있게 흐른다.

★☆☆

02 정상류(steady flow)의 정의로 가장 적합한 것은?

① 한 점에서 수리학적 특성이 시간에 따라 변화하지 않는 흐름
② 어떤 순간에 가까운 점들의 수리학적 특성이 흐름의 상태와 같아지는 흐름
③ 수리학적 특성이 시간에 따라 점차적으로 흐름의 상태와 같이 변화하는 흐름
④ 어떤 구간에서만 수리학적 특성과 흐름의 상태가 변화하는 흐름

★☆☆

03 정류에 대한 설명 중 옳지 않은 것은?

① 흐름의 상태가 시간에 관계없이 일정하다.
② 어느 단면에서나 유속이 균일해야 한다.
③ 유선과 유적선이 일치한다.
④ 유선에 따라 유속이 일정하게 변한다.

★☆☆

04 유체의 흐름에 대한 설명으로 옳지 않은 것은?

① 이상유체에서 점성은 무시된다.
② 점성이 있는 유체가 계속해서 흐르기 위해서는 가속도가 필요하다.
③ 정상류의 흐름 상태는 위치 변화에 따라 변화하지 않는 흐름을 의미한다.
④ 유관(stream tube)은 유선으로 구성된 가상적인 관이다.

★☆☆

05 정상류(steady flow)의 정의로 가장 적합한 것은?

① 수리학적 특성이 시간에 따라 변하지 않는 흐름
② 수리학적 특성이 공간에 따라 변하지 않는 흐름
③ 수리학적 특성이 시간에 따라 변하는 흐름
④ 수리학적 특성이 공간에 따라 변하는 흐름

2 등류와 부등류

★☆☆

06 개수로 흐름에서 등류의 흐름일 경우에 대한 다음 사항 중 맞는 것은?

① 유속은 점점 빨라진다.
② 유속은 점점 느려진다.
③ 유속은 0이다.
④ 유속은 일정하게 유지된다.

★☆☆

07 부등류에 대한 표현으로 가장 적합한 것은? (단, t: 시간, l: 거리, v: 유속)

① $\frac{dv}{dl}=0$　② $\frac{dv}{dl}\neq 0$
③ $\frac{dv}{dt}=0$　④ $\frac{dv}{dt}\neq 0$

★☆☆

08 시간을 t, 유속 V, 두 단면 간의 거리를 l이라 할 때, 다음 조건 중 부등류인 것은?

① $\frac{\partial V}{\partial t} \neq 0$

② $\frac{\partial V}{\partial t} = 0$

③ $\frac{\partial V}{\partial t} = 0$, $\frac{\partial V}{\partial l} \neq 0$

④ $\frac{\partial V}{\partial t} = 0$, $\frac{\partial V}{\partial l} = 0$

3 흐름의 종류

★☆☆

09 유속 V, 시간 t, 위치로 표시하는 요소를 l이라고 할 때 다음 중 옳지 않은 것은?

① $\frac{\partial V}{\partial t} \neq 0$, $\frac{\partial V}{\partial l} = 0$ (부등류)

② $\frac{\partial V}{\partial t} \neq 0$ (부정류)

③ $\frac{\partial V}{\partial t} = 0$, $\frac{\partial V}{\partial l} = 0$ (등류)

④ $\frac{\partial V}{\partial t} = 0$ (정류)

★☆☆

10 다음 관계식 중 부정부등류를 표시한 것으로 옳은 것은? (단, t =시간, l =거리, v =유속)

① $\frac{\partial v}{\partial t} = 0$, $\frac{\partial v}{\partial l} \neq 0$

② $\frac{\partial v}{\partial t} \neq 0$, $\frac{\partial v}{\partial l} = 0$

③ $\frac{\partial v}{\partial t} \neq 0$, $\frac{\partial v}{\partial l} \neq 0$

④ $\frac{\partial v}{\partial t} = 0$, $\frac{\partial v}{\partial l} \neq 0$

★☆☆

11 유체의 흐름에서 유속을 v, 시간을 t, 거리를 l, 압력을 p라 할 때 다음 중 틀린 것은?

① 정류: $\frac{\partial v}{\partial t} = 0$, $\frac{\partial p}{\partial t} = 0$

② 부정류: $\frac{\partial v}{\partial t} \neq 0$, $\frac{\partial p}{\partial t} \neq 0$

③ 등류: $\frac{\partial v}{\partial t} = 0$, $\frac{\partial p}{\partial l} = 0$

④ 부등류: $\frac{\partial v}{\partial t} \neq 0$, $\frac{\partial p}{\partial l} \neq 0$

3.1 흐름의 분류 정답과 풀이

01 정답 ① 출제 산09

정상류(정류)는 흐름의 상태가 시간에 따라 변하지 않는 흐름이다.

02 정답 ① 출제 기08-2

정상류(정류)는 흐름의 상태가 시간에 따라 변하지 않는 흐름이다.

03 정답 ④ 출제 기02, 산01

모든 점 또는 한 점에서 흐름 특성(속도, 압력, 밀도, 유량 등)이 시간에 따라 변하지 않는 흐름을 정류라 하며, 변하는 흐름을 부정류라 한다.

04 정답 ③ 출제 기13-4, 기20-2

위치에 따라 흐름 특성이 변하지 않는 흐름은 등류이다.

05 정답 ① 출제 기17-1, 기17-4

정상류(정류)는 흐름의 상태가 시간에 따라 변하지 않는 흐름이다

06 정답 ④ 출제 기02

개수로 흐름에서 등류일 때는 수리량이 일정하게 유지된다.

07

정답 ② **출제** 기15-1

① 등류, ② 부등류, ③ 정상류, ④ 부정류

주의 v는 시간과 공간의 함수이므로 상미분 기호인 $\dfrac{d}{dl}$ 또는 $\dfrac{d}{dt}$는 잘못된 표기이며, $\dfrac{\partial}{\partial l}$ 또는 $\dfrac{\partial}{\partial t}$로 써야 한다.

08

정답 ③ **출제** 기03, 기20-2

부등류는 $\dfrac{\partial V}{\partial l} \neq 0$인 흐름이다.

주의 ③에서는 $\dfrac{\partial V}{\partial t} = 0$이 없어야 정답이다.

정확히 표현하자면 ③은 정상부등류이다.

09

정답 ① **출제** 기06

흐름 특성(속도, 압력, 밀도 등)을 ϕ라 할 때, 정상류 $\dfrac{\partial \phi}{\partial t} = 0$, 부정류 $\dfrac{\partial \phi}{\partial t} \neq 0$, 등류 $\dfrac{\partial \phi}{\partial l} = 0$, 부등류 $\dfrac{\partial \phi}{\partial l} \neq 0$이다.

10

정답 ③ **출제** 산08, 산13-1

① 정상등류 ② 비정상등류

③ 비정상부등류 ④ 정상부등류

11

정답 ④ **출제** 기06, 기07-2

부등류는 공간(거리)에 따라 변하는 흐름이므로,

$\dfrac{\partial v}{\partial l} \neq 0$이어야 한다.

주의 정확히 표현하자면,

① 정상등류 ② 비정상류

③ 정상등류 ④ 비정상등류

3.2 층류와 난류

1 레이놀즈수

• 레이놀즈수(Reynolds number)는 아래와 같이 정의된다.

$$Re = \frac{\rho VD}{\mu} = \frac{VD}{\nu}$$

여기서, ρ는 유체의 밀도, V는 단면평균유속, D는 원관의 직경, μ는 점성계수, ν는 동점성계수

• 원관이 아닌 경우 직경 D 대신 수리반경(hydraulic radius) R_h를 이용한다. 이때 둘의 관계는 다음과 같다.

$$R_h \equiv \frac{A}{P} = \frac{D}{4}$$

여기서, P는 윤변(wetted perimeter)의 길이

• 힘의 관점에서 보면, $(\text{레이놀즈수}) = \frac{(\text{관성력})}{(\text{점성력})}$의 관계이다.

2 층류와 난류

• 레이놀즈(Reynolds)가 1883년에 실험을 통해 흐름이 층류와 난류로 구분됨을 발견하였다.

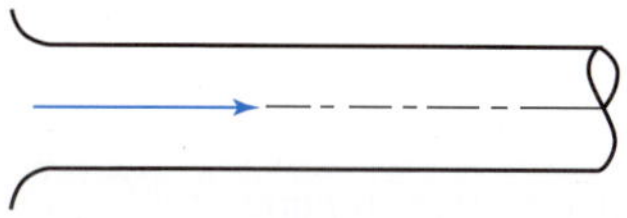

(a) 층류

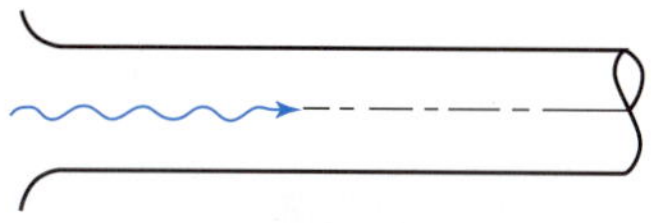

(b) 난류

• **층류(laminar flow)** 유체 입자가 층을 이루며 흐르는 흐름(흐름의 직각방향 유속성분이 0인 흐름)

$$Re \leq 2{,}100 \text{(또는 2,000을 사용하기도 함)}$$

• **천이류(transient flow)** 층류와 난류가 공존

$$2{,}100 < Re < 4{,}000$$

• **난류(trubulent flow)** 유체입자가 상하좌우로 불규칙하게 뒤섞여 흐르는 흐름

$$Re > 4{,}000$$

• 층류와 난류의 경계가 되는 값을 한계레이놀즈수(critical Reynolds number)라 하며, Re_c로 표기한다.

3.2 층류와 난류 기출문제

1 레이놀즈수

★☆☆

01 레이놀즈(Reynolds)수에 대한 설명으로 틀린 것은?

① 레이놀즈수에 의해 흐름상태는 층류, 천이영역, 난류로 분류할 수 있다.
② 2,000보다 작으면 층류가 된다.
③ 중력에 대한 관성력의 비를 나타낸다.
④ 무차원의 수로 흐름 상태를 구분하는 지표가 된다.

★☆☆

02 흐름을 지배하는 가장 큰 요인이 점성일 때 흐름의 상태를 구분하는 방법으로 쓰이는 무차원수는?

① Froude 수　　② Reynolds 수
③ Weber 수　　④ Cauchy 수

★☆☆

03 레이놀즈(Reynolds)수에 대한 설명으로 옳은 것은?

① 중력에 대한 점성력의 상대적인 크기
② 관성력에 대한 점성력의 상대적인 크기
③ 관성력에 대한 중력의 상대적인 크기
④ 압력에 대한 탄성력의 상대적인 크기

★☆☆

04 안지름(內徑) 2 (m)인 관 내를 20℃의 물이 흐를 때 동점성계수가 0.0101 (cm^2/s)이고 속도가 50 (cm/s)라면 이때의 레이놀즈수(Reynolds number)는?

① 960,000　　② 970,000
③ 980,000　　④ 990,000

★☆☆

05 지름 10 (cm)의 관 내를 유량 Q가 100 (cm^3/sec)로 흐를 경우 레이놀즈(Reynolds)수를 구한 값은? (단, 점성계수 $\mu=0.0123$ (g/cm · sec), 밀도 $\rho=1$ (g/cm^3)이다.)

① 940　　② 1,030
③ 2,080　　④ 2,250

2 층류와 난류

★☆☆

06 레이놀즈의 실험 장치에 의해서 구별할 수 있는 것은?

① 층류와 난류　　② 정류와 부정류
③ 상류와 사류　　④ 등류와 등류

★☆☆

07 관수로에 물이 흐를 때 어떠한 조건하에서도 층류가 되는 경우는? (단, Re는 레이놀즈수를 의미한다.)

① $Re > 4,000$
② $4,000 > Re > 2,000$
③ $3,000 > Re > 2,000$
④ $Re < 2,000$

★☆☆

08 관수로 흐름에서 레이놀즈수가 500보다 작은 경우 흐름상태는?

① 상류　　② 난류
③ 사류　　④ 층류

★☆☆
09 다음 중 난류확산의 정의로 옳은 것은?

① 흐름 속의 물질이 흐름에 직각 방향의 속도 성분을 가지고 흐트러지면서 흐르는 현상이다.
② 흐름 속의 물질이 흐름에 전후 방향의 속도 성분을 가지고 흐트러지면서 흐르는 현상이다.
③ 흐름 속의 물질이 흐름 방향을 중심으로 회전하면서 흐르는 현상이다.
④ 흐름 속의 물질이 흐름 표면에 좌우로 깔려서 흐르는 현상이다.

★☆☆
10 유체의 흐름이 일정한 방향이 아니고 상하좌우 방향으로 이동하면서 흐르는 흐름은?

① 층류 ② 난류
③ 정상류 ④ 충격류

★☆☆
11 층류와 난류(亂流)에 관한 설명으로 옳지 않은 것은?

① 층류란 유수(流水) 중에서 유선이 평행한 층을 이루는 흐름이다.
② 층류와 난류를 레이놀즈수에 의하여 구별할 수 있다.
③ 원관 내 흐름의 한계 레이놀즈수는 약 2,000 정도이다.
④ 층류에서 난류로 변할 때의 유속과 난류에서 층류로 변할 때의 유속은 같다.

★☆☆
12 "층류상태에서는 ( )이 ( )보다 크게 되어 난류 성분은 유체의 ( )에 의해서 모두 소멸된다." ( ) 인에 들어갈 적절한 말이 순서대로 바르게 짝지어진 것은?

① 관성력, 점성력, 관성
② 점성력, 관성력, 점성
③ 점성력, 중력, 점성
④ 중력, 점성력, 중력

★☆☆
13 다음 그림은 손실수두와 관속의 유속의 관계를 나타낸 것이다. 유속 V_a에 대한 설명으로 옳은 것은?

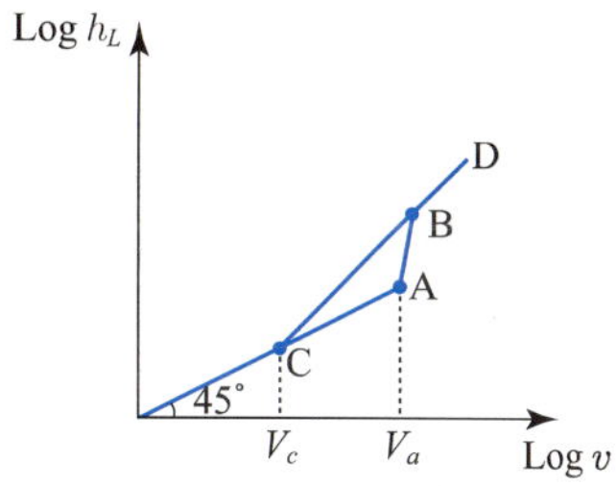

① 층류 → 난류로 변화하는 유속
② 난류 → 층류로 변화하는 유속
③ 등류 → 부등류로 변화하는 유속
④ 부등류 → 등류로 변화하는 유속

★☆☆
14 한계 레이놀즈수보다 작은 경우의 흐름 상태는?

① 상류 ② 난류
③ 사류 ④ 층류

★☆☆
15 지름 100 (mm)인 관에 20℃의 물이 흐를 경우 한계유속은 얼마인가? (단, 물의 온도 20℃에서의 동점성계수는 1×10^{-2} (stokes)이고, 한계 레이놀즈수는 2,300이다.)

① 1.65 (cm/sec) ② 2.3 (cm/sec)
③ 23 (cm/sec) ④ 230 (cm/sec)

★☆☆

16 **유량** 3 (l/sec)**의 물이 원형 관 내에서 층류 상태로 흐르고 있다. 이때 만족되어야 할 관경**(D)**의 조건으로서 옳은 것은? (단, 층류의 한계 레이놀즈 수** Re=2,000, **물의 동점성계수** ν=1.15×10^{-2} (cm^2/sec)**이다.)**

① $D \geq 83.3$ (cm)
② $D < 80.3$ (cm)
③ $D \geq 166.1$ (cm)
④ $D < 160.1$ (cm)

★☆☆

17 **유체가** 75 (mm) **직경인 관로를 흘러서** 150 (mm) **직경인 큰 관으로 연결되어 유출된다.** 75 (mm) **관로에서의** Reynolds **수가** 20,000**일 때** 150 (mm) **관로의** Reynolds **수는?**

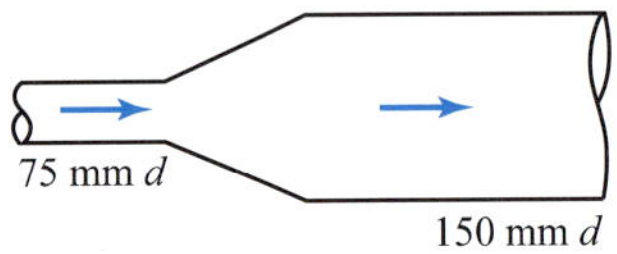

① 40,000
② 20,000
③ 10,000
④ 5,000

★☆☆

18 **안지름이** 1 (cm)**인 관로에 충만되어 물이 흐를 때 다음 중 층류 흐름이 유지되는 최대 유속은? (단, 동점성계수** ν=0.01 (cm^2/s))

① 5 (cm/s)
② 10 (cm/s)
③ 20 (cm/s)
④ 40 (cm/s)

★☆☆

19 **내경이** 2 (cm)**인 관 내를 수온** 20℃**의 물이** 25 (cm/sec)**의 유속으로 흐를 때, 이 흐름의 상태는? (단,** 20℃**일 때의 물의 동점성계수** ν=0.01 (cm^2/sec)**이다.)**

① 상류
② 층류
③ 난류
④ 불완전 층류

★☆☆

20 **직경이** 10 (cm)**인 원관 속에 비중이** 0.85**인 기름이** 0.01 (m^3/sec)**로 흐르고 있다. 이 기름의 동점성계수가** 1×10^{-4} (m^2/sec)**일 때 이 흐름의 상태는?**

① 층류
② 난류
③ 천이영역의 흐름
④ 부정류

3.2 층류와 난류 정답과 풀이

01 정답 ③ **출제** 기09-4

$$(\text{레이놀즈수}) = \frac{(\text{관성력})}{(\text{점성력})},$$

$$(\text{프루드수}) = \frac{(\text{관성력})}{(\text{중력})} \text{이다.}$$

02 정답 ② **출제** 기10-2

- Reynolds 수: 점성력
- Froude 수: 중력
- Weber 수: 표면장력
- Cauchy 수: 탄성력

03 정답 ② **출제** 기18-1

②는 레이놀즈수, ③는 프루드수

주의 엄밀하게 말하자면, ②가 아니라 반대로 '점성력에 대한 관성력의 상대적인 크기'가 레이놀즈수이다.

04 정답 ④**출제** 기03, 기16-1

$$Re = \frac{VD}{\nu} = \frac{50 \times 200}{0.0101} = 990,099$$

| 다른 풀이 |

ν=0.01 (cm^2/s)로 두면 간단히 암산으로 개략적인 값을 계산할 수 있다.

05 정답 ② **출제** 산04

$$V = \frac{Q}{A} = \frac{100}{\pi \times 10^2/4} = 1.27 \text{ (cm/s)}$$

$$Re = \frac{\rho VD}{\mu} = \frac{1 \times 1.27 \times 10}{0.0123} = 1,033$$

06 정답 ① 출제 산01

층류와 난류는 레이놀즈수 $Re = \frac{VD}{\nu}$에 의해 구분한다.

층류는 $Re < 2,000$, 난류는 $Re > 4,000$

07 정답 ④ 출제 기01, 기05, 기10-2, 기19-3, 산05

층류와 난류는 레이놀즈수 $Re = \frac{VD}{\nu}$에 의해 구분한다.

층류는 $Re < 2,000$, 난류는 $Re > 4,000$

08 정답 ④ 출제 기18-2

관로 흐름에서 $Re \leq 2,100$이면 층류이다.

09 정답 ① 출제 기00

난류는 물분자가 흐름에 직각방향의 속도성분을 가지고 이동하면서 흐르는 흐름이다.

10 정답 ② 출제 산00

난류는 물분자가 흐름에 상하좌우로 직각방향의 속도성분을 가지고 이동하면서 흐르는 흐름이다.

11 정답 ④ 출제 기13-2, 기19-1

층류에서 난류로 변화할 때의 유속을 상한계유속이라 하고. 난류에서 층류로 변화할 때의 유속을 하한계유속이라 하며, 이는 서로 다른 값을 갖는다.

12 정답 ② 출제 기08-4

층류상태에서는 (점성력)이 (관성력)보다 크게 되어 난류 성분은 유체의 (점성)에 의해서 모두 소멸된다.

13 정답 ① 출제 기08-4, 기10-2

C－A－B는 층류에서 난류로 변할 때, D－B－C는 난류에서 층류로 변할 때를 의미한다. 따라서 V_a는 층류에서 난류로 변하는 유속

14 정답 ④ 출제 기09-2

한계레이놀즈수 $Re_a = 2,100$에 의해 층류와 난류로 구분된다.

한계류의 프루드수 $Fr_c = 1$을 기준으로 상류와 사류로 구분된다.

15 정답 ② 출제 기10-1

$D = 10$ (cm), $\nu = 0.01$ (cm^2/s)

한계레이놀즈수 $Re_c = \frac{V_c D}{\nu}$에서

$$V_c = \frac{Re_c \nu}{D} = \frac{2,300 \times 10}{0.01} = 2.3 \text{ (cm/s)}$$

16 정답 ③ 출제 기07-4

$$Re = \frac{VD}{\nu} = \frac{D}{1.15 \times 10^{-2}} \frac{3,000}{\pi D^2/4} \leq 2,000$$

$D \geq 166.1$ (cm)

17 정답 ③ 출제 기04, 기08-2

연속방정식($A_1 V_1 = A_2 V_2$)에서 직경이 2배로 늘어나므로 유속은 1/4로 된다. $Re = \frac{VD}{\nu}$에서 유속이 1/4로 줄고, 직경은 2배가 되므로 Re는 1/2이 된다.

18 정답 ③ 출제 기15-2

$D = 1$ (cm), $\nu = 0.01$ (cm^2/s)이고, 한계레이놀즈수 $Re_c = 2,000$이라 보면,

$Re_c = \frac{V_c D}{\nu}$에서,

$$V_c = \frac{Re_c \nu}{D} = \frac{2,000 \times 0.01}{1} = 20 \text{ (cm/s)}$$

19 정답 ③ 출제 산07

$D = 2$ (cm), $V = 25$ (cm/s), $\nu = 0.01$ (cm2/s)이므로,

$$Re = \frac{VD}{\nu} = \frac{25 \times 2}{0.01} = 5,000 > 4,000$$

∴ 난류

20 정답 ① 출제 기06

$D = 0.1$ (m)

$$V = \frac{Q}{A} = \frac{0.01}{\pi \times 0.1^2/4} = 1.27 \text{ (m/s)}$$

$\nu = 1 \times 10^{-4}$ (m^2/s)이므로,

$$Re = \frac{VD}{\nu} = \frac{1.27 \times 0.1}{1 \times 10^{-4}} = 1,270 < 2,100$$

∴ 층류

3.3 유선과 유관

1 유선, 유적선, 유맥선, 유관

- **유선(streamline)**
  - 특정 시각에 유체 입자의 속도벡터가 접선이 되는 가상적인 곡선
  - 한 유선은 다른 유선과 교차하지 않는다.
  - 정상류일 때 (유선)=(유적선)=(유맥선)

- **유적선(pathline)**
  - 시간의 변화에 따라 운동하는 유체입자의 이동경로
  - 유리 위의 물방울이 유리면을 타고 흘러내리는 선

- **유맥선(steakline)**
  - 특정 지점을 통과하는 유체 입자들의 특정 시각의 위치를 표현하는 곡선
  - 떨어지는 물줄기의 모습, 굴뚝에서 나오는 연기의 모습

- **유관(streamtube)**
  - 유체 내부의 어떤 폐곡선을 통과하는 유선의 집합(가상적인 관)
  - 정상류일 때 유체 입자는 유관벽을 뚫고 지나가지 못한다.

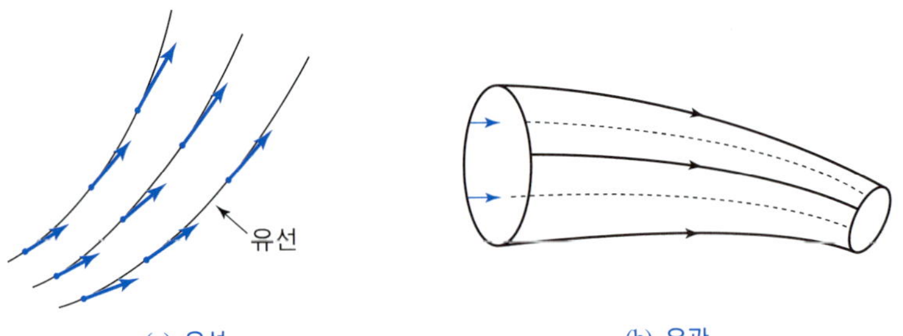

(a) 유선 (b) 유관

2 유선의 계산

- 유선의 방정식을 이용하여 계산한다.

$$유선의\ 방정식:\ \frac{dx}{u}=\frac{dy}{v}=\frac{dz}{w}$$

  - 유선의 방정식에 u와 v를 대입하고, 변수를 정리한 뒤 양변을 적분하여 계산한다.

- 다음 두 경우 외에는 거의 출제되지 않는다.
  - 원: $u=ky,\ v=-kx$인 경우
  - 쌍곡선: $u=kx,\ v=-ky$인 경우

3 등압면

- 등압면은 다음의 식으로 나타낼 수 있다.

$$Xdx+Ydy+Zdz=0$$

  - $X,\ Y,\ Z$는 중력장에서 단위유체질량에 작용하는 외력 F의 $x,\ y,\ z$ 방향 성분
  - 대표적인 등압면은 수면이다.

3.3 유선과 유관 기출문제

1 유선, 유적선, 유맥선, 유관

★☆☆

01 유선(streamline)에 대한 설명으로 가장 옳은 것은?

① 유체 입자가 움직인 경로를 말한다.
② 등류일 때만 정의될 수 있다.
③ 속도벡터의 수직선을 연결한 선이다.
④ 각 유체입자의 속도벡터가 접선이 되는 가상적인 1개의 곡선이다.

★☆☆

02 유선에 대한 다음 설명 중 옳지 <u>않은</u> 것은?

① 정상류에는 유적선과 일치한다.
② 비정상류에는 시간에 따라 유선이 달라진다.
③ 유선이란 유체 입자가 움직인 경로를 말한다.
④ 하나의 유선은 다른 유선과 교차하지 않는다.

★☆☆

03 유선(streamline)에 대한 설명으로 옳지 <u>않은</u> 것은?

① 유선에 수직한 방향으로 속도 성분이 존재한다.
② 유선은 어느 순간의 속도벡터에 접하는 곡선이다.
③ 흐름이 정상류일 때는 유선과 유적선이 일치한다.
④ 유선의 방정식은 $\frac{dx}{u}=\frac{dy}{v}=\frac{dz}{w}$이다.

★☆☆

04 다음 설명 중 옳지 <u>않은</u> 것은?

① 흐름이 층류일 때는 뉴턴의 점성 법칙을 적용할 수 있다.
② 정상류란 모든 점에서의 흐름과 특성이 시간에 따라 변하지 않는 흐름이다.
③ 유관이란 개방된 곡선을 통과하는 유선으로 이루어진 평면을 말한다.
④ 유선이란 각 점에서 속도벡터가 접선이 되는 곡선이다.

★☆☆

05 흐름에 대한 설명 중 <u>틀린</u> 것은?

① 흐름이 층류일 때는 뉴턴의 점성 법칙을 적용할 수 있다.
② 등류란 모든 점에서의 흐름의 특성이 공간에 따라 변하지 않는 흐름이다.
③ 유관이란 개개의 유체입자가 흐르는 경로를 말한다.
④ 유선이란 각 점에서 속도벡터에 접하는 곡선을 연결한 선이다.

2 유선의 계산

★☆☆

06 평면상 x와 y방향의 속도 성분이 각각 $u=-ky$와 $v=kx$인 흐름에서 유선의 형태는?

① 쌍곡선 ② 원
③ 타원 ④ 포물선

★☆☆

07 속도 성분이 각각 $u=kx$와 $v=-ky$인 2차원 흐름에서 유선은 다음 중 어느 경우인가?

① 직선 ② 포물선
③ 쌍곡선 ④ 3차 곡선

★☆☆

08 **평면상 x, y 방향의 속도 성분이 각각 $u=ky$, $v=kx$인 유선의 형태는?**

① 원 ② 타원

③ 쌍곡선 ④ 포물선

3 등압면

★★☆

09 **중력장에서 단위유체질량에 작용하는 외력 F의 x, y, z축에 대한 성분을 각각 X, Y, Z라 하고, 각 축방향의 증분을 dx, dy, dz라고 할 때 등압면의 방정식은?**

① $\frac{dx}{X}+\frac{dy}{Y}+\frac{dz}{Z}=0$

② $\frac{X}{dx}+\frac{Y}{dy}+\frac{Z}{dz}=0$

③ $Xdx+Ydy+Zdz=0$

④ $Xdx+Ydy+Zdz=dF$

★★☆

10 **xy평면이 수면에 나란하고, 질량력의 x, y, z축 성분을 X, Y, Z라 할 때 정지평형 상태에 있는 액체 내부 미소육면체의 부피를 dx, dy, dz라 하면 등압면(等壓面)의 방정식은?**

① $Xdx+Ydy+Zdz=0$

② $\frac{X}{dx}+\frac{Y}{dy}+\frac{Z}{dz}=0$

③ $\frac{dx}{X}+\frac{dy}{Y}+\frac{dz}{Z}=0$

④ $\frac{X}{x}dx+\frac{Y}{y}dy+\frac{Z}{z}dz=0$

3.3 유선과 유관 정답과 풀이

01 정답 ④ **출제** 기00, 기16-2

유체가 운동할 때 어느 한 순간에서, 각 유체입자의 속도벡터가 접선이 되는 가상적인 하나의 곡선을 유선이라 한다. 한 유선은 다른 유선과 교차하지 않는다. 정상상태(steady state)일 때 유선은 유적선(pathline) 및 유맥선(streakline)과 일치한다.

02 정답 ③ **출제** 기02, 기16-2

유체 입자가 움직인 경로는 유적선이다.

03 정답 ① **출제** 기10-4

각 유체 입자의 속도가 접선 벡터가 되는 선이 유선이므로 유선에 수직한 방향으로 속도 성분은 없다.

04 정답 ③ **출제** 기07-4

유관은 폐곡선을 통과하는 유선들에 의하여 둘러싸인 가상적인 관이다.

05 정답 ③ **출제** 기17-1

유관은 폐곡선을 통과하는 유선으로 둘러싸인 가상의 관 형태를 말한다.

06 정답 ② **출제** 기00, 기06, 기19-3

2차원 흐름의 유선 방정식 $\frac{dx}{u}=\frac{dy}{v}$에 $u=-ky$와 $v=kx$를 대입하면,

$\frac{dx}{-ky}=\frac{dy}{kx}$, $xdx+ydy=0$

양변 적분하면 $\frac{1}{2}x^2+\frac{1}{2}y^2=C$

(원의 방정식)이므로 유선은 원의 형태이다.

07 정답 ③ **출제** 산00

유선 방정식 $\frac{dx}{u}=\frac{dy}{v}$에 $u=kx$와 $v=-ky$를 대입하면, $\frac{1}{kx}dx=-\frac{1}{ky}dy$

$\frac{dx}{x}=-\frac{dy}{y}$

양변을 적분하면 $\ln x=-\ln y+C$, $xy=C$이므로 유선은 쌍곡선의 형태이다.

08 정답 ③ **출제** 기15-1, 기20-2

유선의 방정식 $\frac{dx}{u} = \frac{dy}{v}$에 대입하면, $\frac{dx}{ky} = \frac{dy}{kx}$,

$x\,dx = y\,dy$

양변을 적분하면, $x^2 - y^2 = C$이므로 이 식은 쌍곡선의 식이다.

09 정답 ③ **출제** 기10-2, 기13-1

등압면의 방정식 $Xdx + Ydy + Zdz = 0$

10 정답 ① **출제** 기16-4

등압면의 방정식 $Xdx + Ydy + Zdz = 0$

3.4 연속방정식

1 3차원 연속방정식

• 연속방정식은 질량보존의 법칙을 유체에 적용한 것
 – 가장 일반적인 형태(실제유체, 즉 압축성 유체)

$$\frac{\partial \rho}{\partial t}+\frac{\partial(\rho u)}{\partial x}+\frac{\partial(\rho v)}{\partial y}+\frac{\partial(\rho w)}{\partial z}=0$$

 – 정상류$\left(\frac{\partial \phi}{\partial t}=0\text{, 여기서 } \phi\text{는 물리량}\right)$

$$\frac{\partial(\rho u)}{\partial x}+\frac{\partial(\rho v)}{\partial y}+\frac{\partial(\rho w)}{\partial z}=0$$

 – 비압축성 유체(ρ =(일정))

$$\frac{\partial u}{\partial x}+\frac{\partial v}{\partial y}+\frac{\partial w}{\partial z}=0$$

2 1차원 연속방정식

• 1차원 비압축성 유체의 정상류 연속방정식은

$$Q=AV=(\text{일정}) \text{ 또는 } Q_1=Q_2$$

여기서, Q는 유량(flowrate 또는 discharge, 차원 $[L^3T^{-1}]$, 단위 (m^3/s)), A는 단면적 (m^2), V는 유속 (m/s)이다. 이 식을 아래 두 지점에 적용하면 다음과 같다.

$$Q=A_1V_1=A_2V_2$$

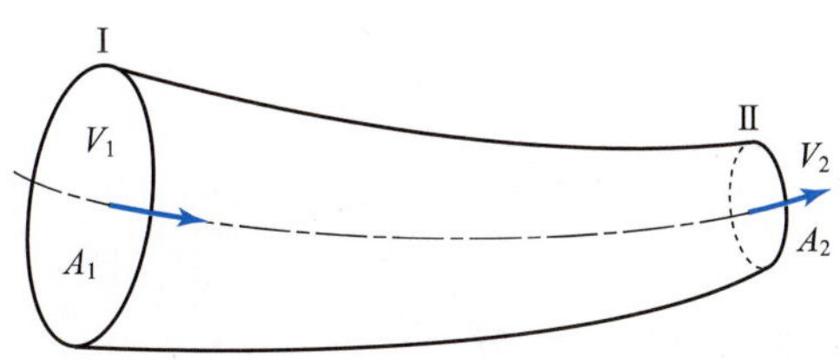

• 1차원 압축성 유체의 정상류 연속방정식은 다음과 같다.

$$\dot{m}=\rho AV=(\text{일정}) \text{ 또는 } \dot{m}_1=\dot{m}_2$$

여기서, $\dot{m}$은 질량유량(mass flowrate, $[MT^{-1}]$, (kg/s))이다.

* 이 책에서는 V는 유속, V는 체적을 표현한다. 혼동하지 않도록 유의한다.

3.4 연속방정식 기출문제

1 3차원 연속방정식

★☆☆

01 질량 보존의 법칙과 가장 관계가 깊은 것은?

① 운동방정식 ② 에너지방정식
③ 연속방정식 ④ 운동량방정식

★☆☆

02 수류의 연속방정식은 다음 중 어느 것에 대한 식인가?

① 수류의 마찰 ② 수류의 운동량
③ 수류의 에너지 ④ 수류의 질량

★★☆

03 가장 일반적인 경우의 유체 운동에 관한 연속 방정식은? (단, 유체의 밀도 ρ, 시간 t, x, y, z방향의 속도 성분은 u, v, w이다.)

① $\frac{\partial \rho}{\partial t}+\frac{\partial u}{\partial x}+\frac{\partial v}{\partial y}+\frac{\partial w}{\partial z}=0$

② $\frac{\partial \rho}{\partial t}+\frac{\partial \rho u}{\partial x}+\frac{\partial \rho v}{\partial y}+\frac{\partial \rho w}{\partial z}=0$

③ $\frac{\partial \rho}{\partial t}+\frac{\partial u}{\rho \partial x}+\frac{\partial v}{\rho \partial y}+\frac{\partial w}{\rho \partial z}=0$

④ $\frac{\partial u}{\partial x}+\frac{\partial v}{\partial y}+\frac{\partial w}{\partial z}=0$

★☆☆

04 3차원 흐름의 연속방정식을 아래와 같은 형태로 나타낼 때 이에 알맞은 흐름의 상태는?

$$\frac{\partial u}{\partial x}+\frac{\partial v}{\partial y}+\frac{\partial w}{\partial z}=0$$

① 비압축성 정상류 ② 비압축성 부정류
③ 압축성 정상류 ④ 압축성 부정류

★☆☆

05 2차원 비압축성 정류의 유속 성분 u, v가 다음과 같을 때 연속방정식을 만족하는 것은?

① $u=4x,\ v=4y$ ② $u=4x,\ v=-4y$
③ $u=4x,\ v=6y$ ④ $u=4x,\ v=-6y$

★★☆

06 정상류 비압축성 유체에 대한 다음의 속도 성분 중에서 연속방정식을 만족시키는 식은?

① $\begin{cases} u=3x^2-y \\ v=2y^2-yz \\ w=y^2-2y \end{cases}$ ② $\begin{cases} u=2x^2-xy \\ v=y^2-4xy \\ w=y^2-yz \end{cases}$

③ $\begin{cases} u=x^2-y \\ v=y^2-xy \\ w=x^2-yz \end{cases}$ ④ $\begin{cases} u=2x^2-yz \\ v=2y^2-3xy \\ w=z^2-2y \end{cases}$

2 1차원 연속방정식

★☆☆

07 비압축성 유체의 연속방정식을 표현한 것으로 가장 올바른 것은?

① $Q=\rho A V$
② $\rho_1 A_1$
③ $Q_1 A_1 V_1=Q_2 A_2 V_2$
④ $A_1 V_1=A_2 V_2$

★☆☆

08 유속 3 (m/sec)로 매초 100 (l)의 물이 흐르게 하는 데 필요한 원관의 내경을 구한 것 중 옳은 것은?

① 205 (mm) ② 312 (mm)
③ 153 (mm) ④ 265 (mm)

★☆☆

09 그림과 같이 직경이 1 (m)에서 0.5 (m)로 축소되는 관에서 직경 1 (m) 관의 평균유속이 1 (m/sec)라면 0.5 (m) 관속의 평균유속은 얼마인가?

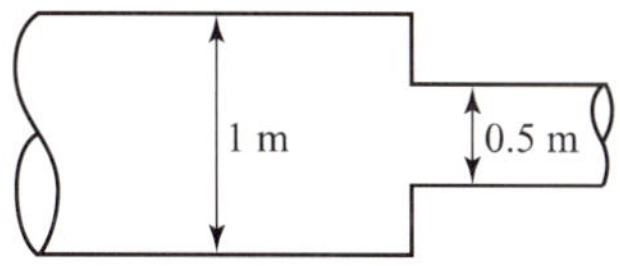

① 0.5 (m/sec)
② 1.0 (m/sec)
③ 2.0 (m/sec)
④ 4.0 (m/sec)

★☆☆

10 그림과 같은 유관(流管)에 물이 흐르고 있다. 단면 I에서의 유속이 1.5 (m/sec)일 경우, 단면 II에서의 유속은? (단, 단면 I의 관지름 3.0 (m), 단면 II의 관지름 1.5 (m)이다.)

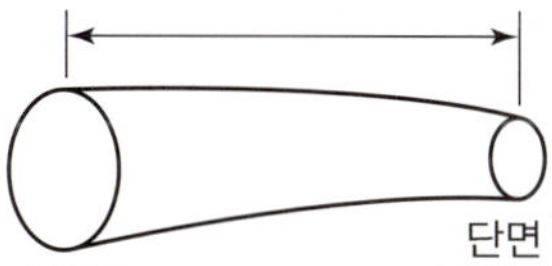

① 3.5 (m/sec)
② 6.0 (m/sec)
③ 3.0 (m/sec)
④ 5.5 (m/sec)

★★☆

11 지름이 20 (cm)인 A관이 지름이 10 (cm)인 B관으로 축소되었다가 다시 지름이 15 (cm)인 C관으로 단면이 변화되어 있다. B관 속의 평균유속이 3 (m/s)일 때 A관과 C관의 유속은? (단, 유체는 비압축성이다.)

① A관 1.50 (m/s), C관 2.00 (m/s)
② A관 1.00 (m/s), C관 1.40 (m/s)
③ A관 0.75 (m/s), C관 1.33 (m/s)
④ A관 1.50 (m/s), C관 0.75 (m/s)

★☆☆

12 관경이 d_1에서 d_2로 변할 때 유속비 V_1/V_2는?

① $\dfrac{d_2}{d_1}$ ② $\dfrac{d_1}{d_2}$
③ $\left(\dfrac{d_2}{d_1}\right)^2$ ④ $\left(\dfrac{d_1}{d_2}\right)^2$

★☆☆

13 A지역의 급수용 배수본관의 직경은 1 (m)이다. 장차 아파트 건설 등으로 급수 인구가 4배로 증가하여 총 급수량도 4배로 증가할 때 급수용 배수본관의 직경은? (단, 유속은 변경하지 않는다고 생각한다.)

① 0.5 (m) ② 1.0 (m)
③ 2.0 (m) ④ 3.0 (m)

★☆☆

14 관로에서 직경이 0.8 (m)인 곳의 유속이 10 (m/sec)이고 직경 D인 곳의 유속이 5 (m/sec)일 때 D는?

① 0.57 (m) ② 0.98 (m)
③ 1.24 (m) ④ 1.13 (m)

★★☆

15 상부 수면적이 2 (m^2)이고 오리피스로부터의 배수량이 450 (cc/sec)라 할 때 수조 내의 물이 오리피스로 모이는 접근유속을 구한 값은?

① 0.225 (cm/sec) ② 0.0225 (cm/sec)
③ 0.35 (cm/sec) ④ 0.035 (cm/sec)

★☆☆

16 직경 1 (m)의 원통 수조에서 직경 2 (cm)의 관으로 물이 유출되고 있다. 관 내 유속이 2.0 (m/s)일 때 수조의 수면이 저하되는 속도는?

① 0.4 (cm/s) ② 0.3 (cm/s)
③ 0.08 (cm/s) ④ 0.06 (cm/s)

★★☆

17 2 (m)×2 (m)×2 (m)인 고가수조에 관로를 통해 유입되는 물의 유입량이 0.15 (l/sec)일 때 만수가 되기까지 걸리는 시간은 얼마인가? (단, 현재 고가수조의 수심은 0.5 (m)이다.)

① 5 (hr) 20 (min) ② 8 (hr) 22 (min)
③ 10 (hr) 5 (min) ④ 11 (hr) 7 (min)

★★☆

18 그림과 같이 $d_1 = 1$ (m)인 원통형 수조의 측벽에 내경 $d_2 = 10$ (cm)의 관으로 송수할 때의 평균유속(V_2)이 2 (m/s)이었다면 이때의 유량 Q와 수조의 수면이 강하하는 유속 V_1은?

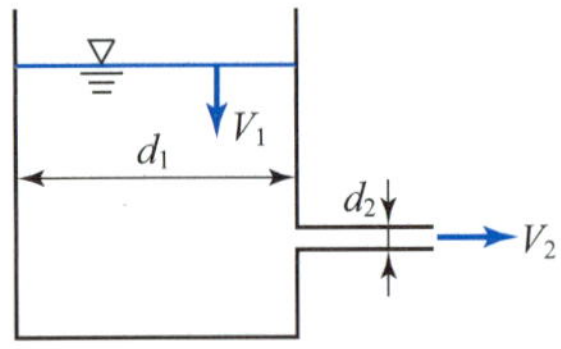

① $Q = 1.57$ (l/s), $V_1 = 2$ (cm/s)
② $Q = 1.57$ (l/s), $V_1 = 3$ (cm/s)
③ $Q = 15.7$ (l/s), $V_1 = 2$ (cm/s)
④ $Q = 15.7$ (l/s), $V_1 = 3$ (cm/s)

3.4 연속방정식 정답과 풀이

01 정답 ③ 출제 기00

연속방정식은 질량 보존, 운동량방정식은 운동량 보존, 베르누이식은 에너지 보존과 관계가 있다.

02 정답 ④ 출제 산02

연속방정식은 질량 보존과 관계가 있다.

03 정답 ② 출제 기04, 기15-2

압축성 유체는 밀도가 일정하지 않고, 시간의 항을 고려해야 하므로 연속방정식

$\frac{\partial \rho}{\partial t} + \frac{\partial \rho u}{\partial x} + \frac{\partial \rho v}{\partial y} + \frac{\partial \rho w}{\partial z} = 0$을 만족해야 한다.

만일 ρ=(일정), 즉 비압축성인 경우

$\frac{\partial u}{\partial x} + \frac{\partial v}{\partial y} + \frac{\partial w}{\partial z} = 0$이다.

04 정답 ① 출제 기18-1

밀도에 대한 항이 없으므로 ρ=(일정) 비압축성, 시간에 대한 항이 없으므로$\left(\frac{\partial \rho}{\partial t} = 0\right)$ 정상류

05 정답 ② 출제 기12-2

비압축성 정상류의 2차원 연속방정식은 $\frac{\partial u}{\partial x} + \frac{\partial v}{\partial y} = 0$을 만족시켜야 한다.

②의 $u = 4x$, $v = -4y$를 대입하면,

$\frac{\partial u}{\partial x} + \frac{\partial v}{\partial y} = 4 - 4 = 0$

06 정답 ② 출제 기06

3차원 흐름의 연속방정식은

$\frac{\partial u}{\partial x} + \frac{\partial v}{\partial y} + \frac{\partial w}{\partial z} = 0$이다.

②의 경우 $\frac{\partial u}{\partial x} + \frac{\partial v}{\partial y} + \frac{\partial w}{\partial z}$

$= (4x - y) + (2y - 4) + (-y) = 0$

이므로 연속방정식을 만족한다.

07 정답 ④ 출제 기19-2

1차원 연속방정식 $Q = A_1 V_1 = A_2 V_2$

08 정답 ① 출제 기03

$V = 3$ (m/s), $Q = 0.1$ (m^3/s)

$Q = AV = \frac{\pi D^2}{4} V$에서

$D = \sqrt{\frac{4Q}{\pi V}} = \sqrt{\frac{4 \times 0.3}{\pi \times 3}} = 0.206$ (m)

09 정답 ④ 출제 기07-4

연속방정식 $Q = A_1 V_1 = A_2 V_2$에서,

$V_2 = \frac{A_1}{A_2} V_1 = \left(\frac{D_1}{D_2}\right)^2 V_1 = \left(\frac{1.0}{0.5}\right)^2 \times 1 = 4$ (m/s)

| 다른 풀이 |

$\frac{V_2}{V_1} = \frac{A_1}{A_2} = \left(\frac{D_1}{D_2}\right)^2$의 관계에 의해 관의 직경이 1/2로 되면 유속은 4배가 된다.

10 정답 ② 출제 산03

연속방정식 $Q = A_1 V_1 = A_2 V_2$에서

$\frac{\pi \times 3^2}{4} \times 1.5 = \frac{\pi \times 1.5^2}{4} \times V_2$

$V_2 = 6.0$ (m/s)

| 다른 풀이 |

지름이 3.0 (m)인 관에서 유속이 1.5 (m/s)일 때, 지름이 1.5 (m)인 관은 지름이 3.0 (m)인 관보다 1/2배이므로 유속은 4배가 되어 $1.5\times4=6.0$ (m/s)이다.

11 **정답** ③ **출제** 기08-2, 산10

연속방정식 $Q=A_AV_A=V_BV_B=A_CV_C$에서

$$\frac{\pi\times0.2^2}{4}\times V_A=\frac{\pi\times0.1^2}{4}\times3$$

$V_A=0.75$ (cm/s)

$$\frac{\pi\times0.15^2}{4}\times V_C=\frac{\pi\times0.1^2}{4}\times3$$

$V_C=1.33$ (cm/s)

12 **정답** ③ **출제** 산07, 산10

연속방정식 $Q=A_1V_1=A_2V_2$에서,

$$\frac{V_1}{V_2}=\frac{A_2}{A_1}=\frac{\pi d_2^2/4}{\pi d_1^2/4}=\left(\frac{d_2}{d_1}\right)^2$$

13 **정답** ③ **출제** 기02

유속 V가 일정하므로

$$V=\frac{Q}{A_1}=\frac{4Q}{A_2}$$

따라서 $\frac{A_2}{A_1}=\left(\frac{D_2}{D_1}\right)^2=4$

$D_2=2D_1=2\times1=2$ (m)

| 다른 풀이 |

$Q=AV=\frac{\pi D^2}{4}V$에서 지름이 2배 늘면, 유량이 4배 늘어난다.

14 **정답** ④ **출제** 산00

연속방정식 $A_1V_1=A_2V_2$에서,

$$\frac{\pi\times0.8^2}{4}\times10=\frac{\pi\times D^2}{4}\times5.$$

따라서 $D=1.13$ (m)

15 **정답** ② **출제** 산01

$$V=\frac{Q}{A}=\frac{450}{2\times10^4}=0.0225\ \text{(cm/sec)}$$

16 **정답** ③ **출제** 기08-4, 기13-1

연속방정식 $Q=A_1V_1=A_2V_2$에서,

$$V_1=V_2\left(\frac{D_2}{D_1}\right)^2=2\times\left(\frac{0.02}{1.0}\right)^2$$
$$=0.0008\ \text{(m/s)}=0.08\ \text{(cm/s)}$$

| 다른 풀이 |

지름 2 (cm)인 관에서 유속이 2.0 (m/s)일 때, 지름 100 (cm)인 수조는 지름이 50배이므로 유속은 $\left(\frac{1}{50}\right)^2$배가 되어 $2\times\left(\frac{1}{50}\right)^2=0.0008$ (m/s)이다.

17 **정답** ④ **출제** 산02

체적 $V=2\times2\times(2-0.5)=6$ (m^3),

유량 $Q=0.15$ (l/s)$=1.5\times10^{-4}$ (m^3/s)

$(\text{유량})=\frac{(\text{유체 체적})}{(\text{시간})}$이므로, $Q=\frac{V}{t}$

$$t=\frac{V}{Q}=\frac{6}{1.5\times10^{-4}}=40{,}000\ \text{(s)}$$

=11시간 6분 40초

18 **정답** ③ **출제** 기15-4

연속방정식 $Q=A_1V_1=A_2V_2$에서

$$Q=A_2V_2=\frac{\pi\times0.1^2}{4}\times2=0.0157\ (\text{m}^3/\text{s})$$

$$V_1=\frac{Q}{A_1}=\frac{0.157}{\pi\times1^2/4}=0.02\ \text{(m/s)}$$

3.5 베르누이식

1 베르누이식

• 베르누이식은 에너지 보존법칙을 1차원으로 나타낸 것이다.

$$H = z + \frac{p}{\gamma} + \frac{V^2}{2g} \quad \text{또는} \quad z_1 + \frac{p_1}{\gamma} + \frac{V_1^2}{2g} = z_2 + \frac{p_2}{\gamma} + \frac{V_2^2}{2g} = (\text{일정})$$

• **베르누이식의 가정**

– 비점성, 비압축성 유체의 정상류 흐름이다.

– 비회전류인 경우, 유선을 따라 적용하지 않아도 된다.

– 회전류인 경우 적용하는 두 점은 동일한 유선 상에 있어야 한다.

2 수두와 에너지경사선, 동수경사선

• **수두(hydraulic head)** 물의 에너지를 물기둥의 높이로 나타낸 것. 따라서 수두의 차원은 $[L]$, 단위는 (m)가 대표적이다.

– 총 수두(total head)$= H$

– 위치수두(potential head)$= z$

– 압력수두(pressure head)$= p/\gamma$

– 속도수두(velocity head)$= V^2/2g$

• **에너지경사선(energy gradient line, EGL 또는 에너지선, energy line, EL)** 총 수두(H)를 그린 선

• **동수경사선(hydraulic gradient line, HGL)** 위치수두(z)와 압력수두(p/γ)의 합인 위압수두 $z+p/\gamma$를 그린 선(또는 $H - V^2/2g$를 그린 선)

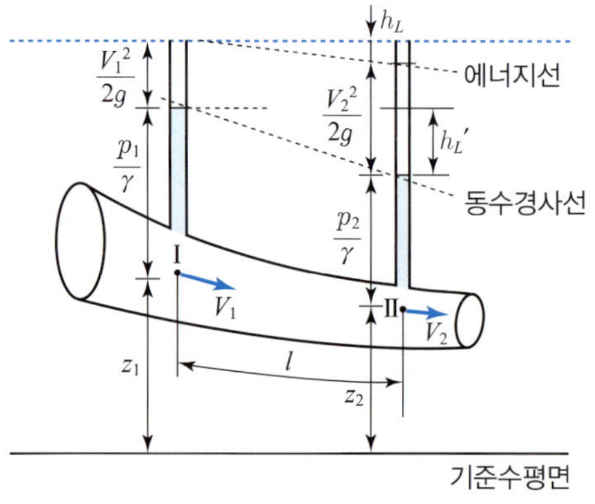

3 베르누이식의 적용

• 베르누이식은 한 유선 상의 두 점에 적용한다.

$$H = z_1 + \frac{p_1}{\gamma} + \frac{V_1^2}{2g} = z_2 + \frac{p_2}{\gamma} + \frac{V_2^2}{2g}$$

• 펌프와 터빈이 있을 경우, 펌프는 흐름에 E_P만큼의 에너지를 공급해 주고, 터빈은 흐름에서 E_T만큼 에너지를 공급받는다. 따라서, 물이 ①에서 ②로 흐를 경우 다음 관계가 성립한다.

$$z_1 + \frac{p_1}{\gamma} + \frac{V_1^2}{2g} + E_P = z_2 + \frac{p_2}{\gamma} + \frac{V_2^2}{2g} + E_T$$

• 주의할 것은, 만일 물이 ②에서 ①로 흐르면 E_P와 E_T의 위치도 바뀌어야 한다.

• 자유수면이 있을 경우, 자유수면에는 대기압이 작용하므로, 그 단면에서 $p=0$임을 기억하자.

4 수두손실을 고려한 베르누이식

• 수두손실(h_L)을 고려한 베르누이식은 다음과 같다. 이때 물은 ①에서 ②로 흐른다.

$$z_1 + \frac{p_1}{\gamma} + \frac{V_1^2}{2g} = z_2 + \frac{p_2}{\gamma} + \frac{V_2^2}{2g} + h_L$$

여기서, h_L =수두손실(headloss)이다. 단, 수두손실은 절대로 음이 될 수 없다($h_L \geq 0$).

• 에너지 경사

$$S_e = \frac{h_L}{l}$$

여기서, l은 관의 길이

3.5 베르누이식 기출문제

1 베르누이식

★☆☆

01 베르누이(Bernoulli) 정리에 관한 설명 중 옳지 않은 것은?

① 부정류(不定流)라고 가정하여 얻은 결과이다.
② 하나의 유선(流線)에 대하여 성립된다.
③ 하나의 유선에 대하여 총 에너지는 일정하다.
④ 두 단면 사이에 있어서 외부와 에너지 교환이 없다고 가정한 것이다.

★☆☆

02 베르누이(Bernoulli) 정리의 적용조건이 아닌 것은?

① 임의의 두 점은 같은 유선 위에 있다.
② 정상 상태의 흐름이다.
③ 점성 유체이다.
④ 비압축성 유체이다.

★☆☆

03 Bernoulli의 정리로서 가장 옳은 것은?

① 동일한 유선 상에서 유체입자가 가지는 energy는 같다.
② 동일한 단면에서의 energy의 합이 항상 같다.
③ 동일한 시각에는 energy의 양이 불변한다.
④ 동일한 질량이 가지는 energy는 같다.

★☆☆

04 베르누이 정리에 대한 설명 중 틀린 것은?

① Euler의 운동방정식으로부터 적분하여 유도할 수 있다.
② 베르누이의 정리를 이용하여 Torricelli의 정리를 유도할 수 있다.
③ 이상유체 유동에 대하여 기계적 일-에너지 방정식과 같은 것이다.
④ 회전류의 경우는 모든 영역에서 성립한다.

★☆☆

05 베르누이 정리가 성립하기 위한 조건으로 틀린 것은?

① 압축성 유체에 성립한다.
② 유체의 흐름은 정상류이다.
③ 개수로 및 관수로 모두에 적용된다.
④ 하나의 유선에 대하여 성립한다.

★☆☆

06 베르누이 방정식이 $\frac{V^2}{2g}+\frac{p}{w}+z=H$(일정)로 표시될 때, 흐름의 가정 조건이 아닌 것은?

① 정상류　　② 비압축성 유체
③ 비회전류　　④ 등류

2 수두와 에너지경사선, 동수경사선

★☆☆

07 1초에 5 (m)의 속도로 흐르는 물의 속도수두는?

① 1.72 (m)　　② 11.72 (m)
③ 1.28 (m)　　④ 12.80 (m)

★☆☆

08 관 속에 흐르는 물의 속도수두를 10 (m)로 유지하기 위한 평균유속은?

① 4.9 (m/s)　　② 9.8 (m/s)
③ 12.6 (m/s)　　④ 14.0 (m/s)

★☆☆
09 **유속이** 5 (m/sec)**이고, 압력** $p=5$ (t/m^2)**일 때 총 수두는?**

① 5.0 (m) ② 6.28 (m)
③ 7.36 (m) ④ 8.20 (m)

★★☆
10 **기준면에서** 5 (m)**인 곳에 유속** 5 (m/s)**인 물이 흐르고 있다. 이때 압력을 측정해 보니** 0.5 (kg/cm^2)**일 때 전수두는?**

① 10.00 (m) ② 6.28 (m)
③ 8.0 (m) ④ 11.28 (m)

★☆☆
11 **정상적인 흐름 내의 한 개의 유선에서 동수경사선은 다음 중 어느 값을 연결한 선의 기울기인가?**

① $\frac{V^2}{2g}+\frac{p}{w_o}$ ② $\frac{V^2}{2g}+z$
③ $\frac{V^2}{2g}+\frac{p}{w_o}+z$ ④ $\frac{p}{w_o}+z$

★☆☆
12 **동수경사선**(hydraulic grade line)**에 대한 설명으로 옳은 것은?**

① 위치수두를 연결한 선이다.
② 속도수두와 위치수두를 합해 연결한 선이다.
③ 압력수두와 위치수두를 합해 연결한 선이다.
④ 전수두를 연결한 선이다.

★☆☆
13 **단면이 일정한 긴 관에서 마찰손실만이 발생하는 경우 에너지선과 동수경사선은?**

① 서로 나란하다. ② 일치하다.
③ 일정하지 않다. ④ 교차한다.

★☆☆
14 **관수로에서 동수경사선에 대한 설명으로 옳은 것은?**

① 수평기준선에서 손실수두와 속도수두를 더한 수두선이다.
② 관로중심선에서 압력수두와 속도수두를 더한 수두선이다.
③ 전수두에서 손실수두를 제외한 수두선이다.
④ 에너지선에서 속도수두를 제외한 수두선이다.

★☆☆
15 **정상적인 흐름에서 1개 유선 상의 유체 입자에 대하여 그 속도수두를** $V^2/2g$, **위치수두를** z, **압력수두를** p/w**라 할 때 동수경사는?**

① $\frac{V^2}{2g}+z$를 연결한 값이다.
② $\frac{V^2}{2g}+\frac{p}{w}+z$를 연결한 값이다.
③ $\frac{p}{w}+z$를 연결한 값이다.
④ $\frac{V^2}{2g}+\frac{p}{w}$를 연결한 값이다.

★☆☆
16 **다음 중 동수경사선에 관한 설명으로 옳은 것은?**

① 항상 에너지선 위에 있다.
② 항상 파이프의 위에 있다.
③ 항상 흐름방향에 따라 아래로 기울어진다.
④ 에너지선에서 속도수두만큼 아래에 있다.

★☆☆
17 **에너지선에 대한 설명으로 옳은 것은?**

① 언제나 수평선이 된다.
② 동수경사선보다 아래에 있다.
③ 동수경사선보다 속도수두만큼 위에 위치하게 된다.
④ 속도수두와 위치수두의 합을 의미한다.

★☆☆

18 **기준면을 수로 바닥에 잡은 경우 동수경사 (hydraulic gradient)를 옳게 기술한 것은? (단, 전수심 p/w_0이다.)**

① $I=-\frac{\partial}{\partial S}\left(\frac{p}{w_0}+z\right)$ ② $I=-\frac{\partial}{\partial S}\left(\frac{p}{w_0}-z\right)$

③ $I=-\frac{\partial}{\partial S}\left(\frac{p}{w_0}\right)$ ④ $I=-\frac{\partial z}{\partial S}$

★☆☆

19 **다음 설명 중 옳은 것은?**

① 모든 단면에 있어 유적과 유속이 시간에 따라 변하는 것을 정류(定流)라 한다.

② 물의 분자가 흩어지지 않고 질서 정연히 흐르는 흐름을 난류라 한다.

③ 수심은 깊으나 유속이 느린 흐름을 사류라 한다.

④ 에너지선과 동수경사선의 높이의 차는 일반적으로 $\frac{V^2}{2g}$이다.

★☆☆

20 **에너지선은 동수경사에 무엇을 더한 점을 연결한 선으로 정의되는가?**

① 전수두(H) ② 위치수두(z)

③ 속도수두$\left(\frac{V^2}{2g}\right)$ ④ 압력수두$\left(\frac{p}{w}\right)$

★☆☆

21 **한 유선 상에서의 속도수두를 $\frac{V^2}{2g}$, 압력수두를 $\frac{p}{w}$, 위치수두를 z라 할 때, 동수경사선(E)을 표시하는 식은? (단, V는 유속, p는 압력, w는 단위중량, g는 중력가속도, z는 기준면으로부터의 높이이다.)**

① $\frac{V^2}{2g}+\frac{p}{w}+z=E$ ② $\frac{V^2}{2g}+\frac{p}{w}=E$

③ $\frac{V^2}{2g}+z=E$ ④ $\frac{p}{w}+z=E$

3 베르누이식의 적용

★☆☆

22 **그림과 같은 수조에서 깊이 h인 점에 작은 구멍을 뚫어 물을 유출시킬 때 에너지 손실을 무시한다면 유출속도는?**

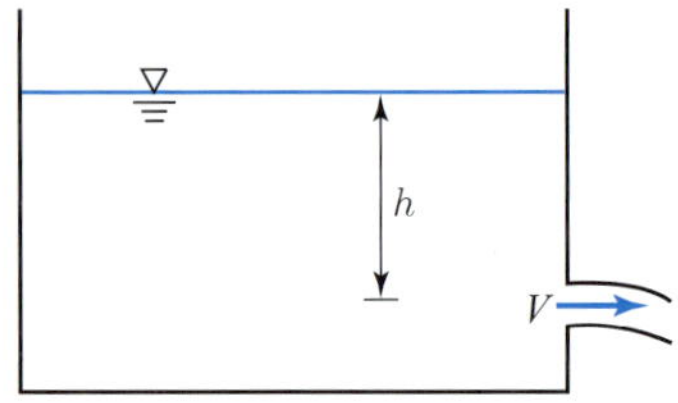

① $\sqrt{2gh}$ ② $\sqrt{gh}$

③ $2gh$ ④ gh

★★☆

23 **평행하게 놓여 있는 관로에서 A점의 유속이 1 (m/sec), 압력이 5 (kg/cm²)이고, B점의 유속이 2 (m/sec)이라면 B점의 압력은?**

① 4.85 (t/m²) ② 4.98 (t/m²)

③ 48.50 (t/m²) ④ 49.85 (t/m²)

★☆☆

24 **그림의 단면 1, 2에서의 단면적, 평균유속, 압력 강도를 각각 a_1, V_1, p_1과 a_2, V_2, p_2라 하고, 물의 단위중량을 w이라 할 때, 다음 중 옳지 않은 것은? (단, $z_1=z_2$이다.)**

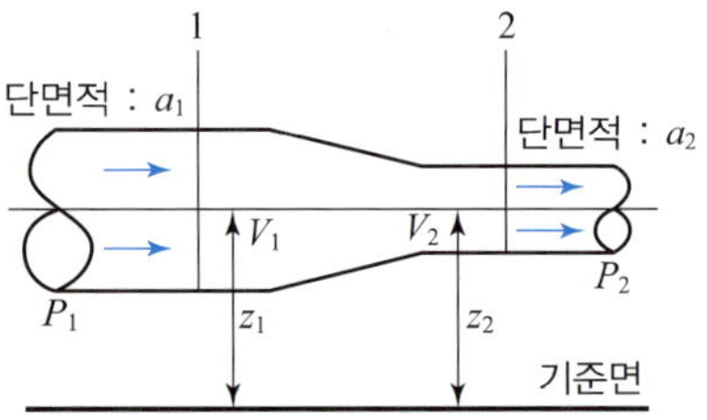

① $a_1V_1=a_2V_2$ ② $V_1<V_2$

③ $p_1>p_2$ ④ $\frac{V_1^2}{2g}+\frac{p_1}{w}<\frac{V_2^2}{2g}+\frac{p_2}{w}$

★★☆

25 그림과 같이 수평으로 놓인 관의 내경이 A에서 50 (cm)이고 B에서 25 (cm)로 축소되고 다시 C점에서 50 (cm)로 되었다. 유량이 340 (l/sec)일 때 B점과 A점의 압력차 $p_A - p_B$를 구한 값은?

① 2.3 (kg/cm^2)
② 0.23 (kg/cm^2)
③ 0.02 (kg/cm^2)
④ 23 (kg/cm^2)

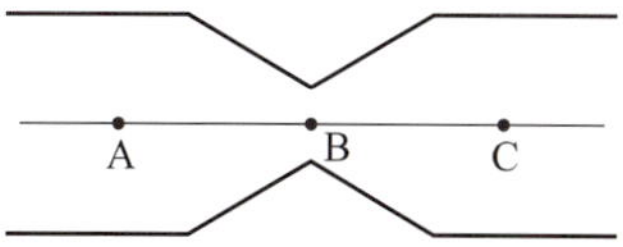

★★☆

26 수평으로 관 A와 관 B가 연결되어 있다. 관 A에서 유속은 2 (m/s), 관 B에서 유속은 3 (m/s)이며, 관 B에서의 유체압력이 9.8 (kN/m^2)라 하면, 관 A에서 유체압력은? (단, 에너지 손실은 무시한다.)

① 2.5 (kN/m^2) ② 12.3 (kN/m^2)
③ 22.6 (kN/m^2) ④ 37.6 (kN/m^2)

★★☆

27 그림에서 수조 내의 높이 h가 일정하게 물을 공급할 때 C점의 유속이 V_c=10 (m/sec)가 되도록 유지하기 위한 h는? (단, 수조 내의 유속 V_A는 무시한다.)

① 2.0 (m)
② 1.7 (m)
③ 1.4 (m)
④ 1.1 (m)

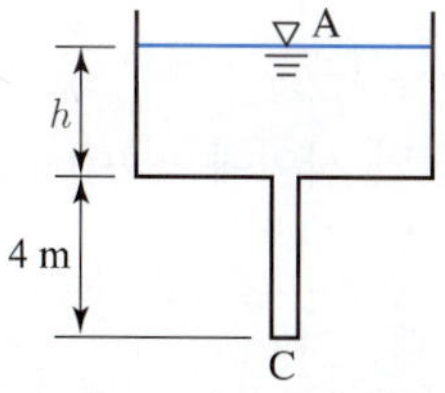

★★☆

28 어떤 관수로에서 물이 정지상태에 있을 경우의 압력을 측정하였더니 5 (kg/cm^2)이었고, 물을 흐르게 했을 경우에는 압력이 3 (kg/cm^2)이었다. 이때의 유속은 얼마인가? (단, 각종 손실은 무시한다.)

① 0.198 (m/sec) ② 1.98 (m/sec)
③ 19.80 (m/sec) ④ 198.0 (m/sec)

★★☆

29 유량 Q=0.1 (m^3/sec)의 물이 그림과 같은 관로를 흐를 때 D=0.2 (m)이다. 관에서의 압력은? (단, 관 중심선에서 에너지선까지의 높이는 1.2 (m)이다.)

① 0.68 (t/m^2)
② 0.80 (t/m^2)
③ 0.98 (t/m^2)
④ 1.10 (t/m^2)

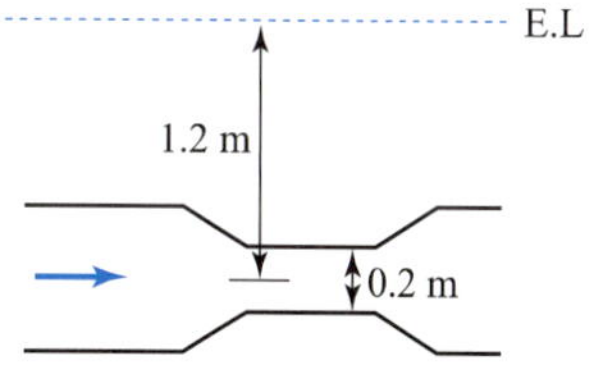

★☆☆

30 그림과 같이 수조에서 관을 통하여 물을 분출시킬 때 관에 의한 수두손실이 2 (m)라면 물의 분출속도는? (단, 유속계수는 무시함)

① 11.7 (m/sec)
② 13.3 (m/sec)
③ 15.2 (m/sec)
④ 17.1 (m/sec)

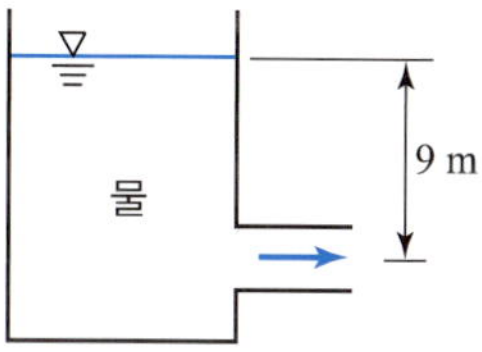

★☆☆

31 다음 그림과 같은 원형 관에 물이 흐를 경우 1, 2, 3 단면에 대한 설명으로 옳은 것은? (단, D_1=30 (cm), D_2=10 (cm), D_3=20 (cm))

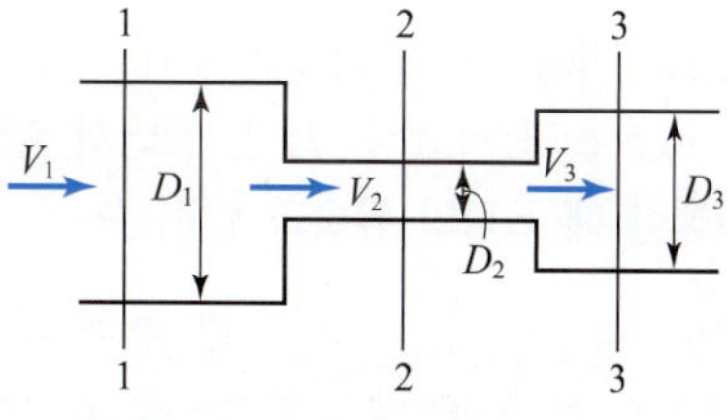

① 유속은 $V_2 > V_3 > V_1$이 되며, 압력은 1단면 > 3단면 > 2단면이다.
② 유속은 $V_1 > V_3 > V_2$이 되며, 압력은 2단면 > 3단면 > 1단면이다.
③ 유속은 $V_2 > V_3 > V_1$이 되며, 압력은 3단면 > 1단면 > 2단면이다.
④ 1, 2, 3단면의 유속과 압력은 같다.

★★☆

32 **다음 그림과 같은 수평관이 있다. 단면 (1)과 (2)에서 직경, 평균유속, 수압이 각각 d_1, d_2, V_1, V_2, p_1, p_2라고 한다. 여기서 $d_1=40$ (cm), $d_2=80$ (cm), $V_1=4$ (m/sec), $p_1=1$ (kg/cm^2)의 경우 p_2는?**

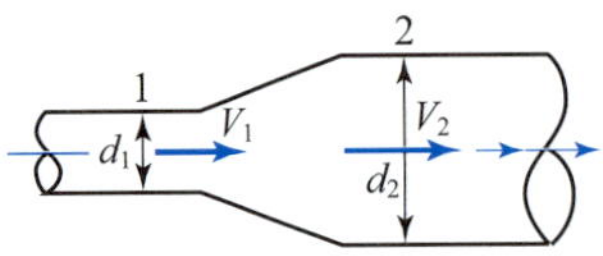

① 923.5 (kg/cm^2) ② 0.9235 (kg/cm^2)
③ 10.765 (kg/cm^2) ④ 1.0765 (kg/cm^2)

★☆☆

33 **그림과 같은 모양의 분수(噴水)를 만들었을 때 분수의 높이(H_V)는? (단, 유속계수 C_V는 0.96으로 한다.)**

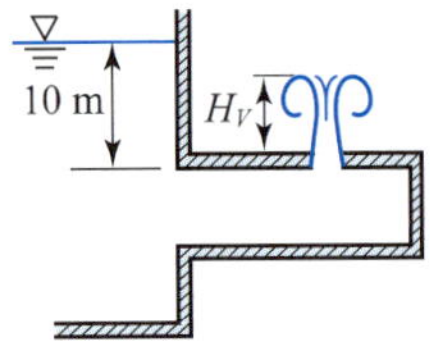

① 10 (m)
② 9.6 (m)
③ 9.22 (m)
④ 9 (m)

★★★

34 **관의 직경이 A점에서 1.0 (m)로부터 B점에서 관경 0.3 (m)로 변화하는 관수로가 그림과 같이 설치되었다. 이때 A점의 압력을 8 (kg/cm^2), 유속을 0.4 (m/sec)라 하고 두 점 간 에너지 손실은 없다고 가정할 때 B점의 유속과 압력은?**

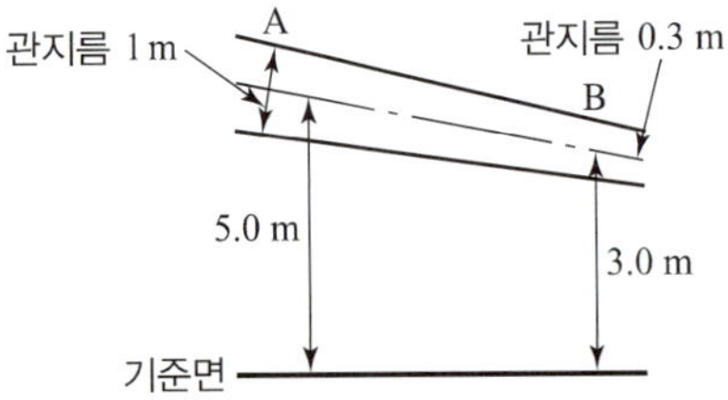

① $V_B=4.4$ (m/sec), $P_B=8.1$ (kg/cm^2)
② $V_B=5.6$ (m/sec), $P_B=10.0$ (kg/cm^2)
③ $V_B=4.2$ (m/sec), $P_B=5.4$ (kg/cm^2)
④ $V_B=5.6$ (m/sec), $P_B=8.1$ (kg/cm^2)

★★☆

35 **그림과 같은 수로에서 단면 1의 수심 $h_1=1$ (m), 단면 2의 수심 $h_2=0.4$ (m)라면 단면 2에서의 유속 V_2는? (단, 단면 1과 2의 수로 폭은 같으며, 마찰손실은 무시한다.)**

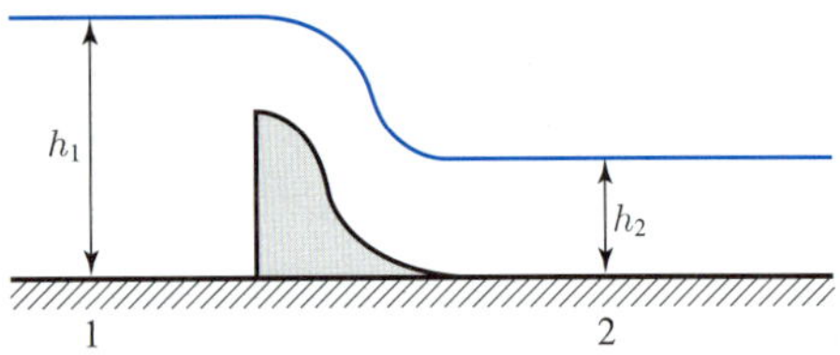

① 3.74 (m/s) ② 4.05 (m/s)
③ 5.56 (m/s) ④ 2.47 (m/s)

★☆☆

36 **베르누이 정리(Bernoulli's theorem)에 관한 표현식 중 틀린 것은? (단, z: 위치수두, $\frac{p}{w}$: 압력수두, $\frac{V^2}{2g}$: 속도수두, H_e: 수차에 의한 유효낙차, H_p: 펌프의 총 양정, h: 손실수두, 유체는 점 1에서 점 2로 흐른다.)**

① 실제유체에서 손실수두를 고려할 경우

$$z_1+\frac{p_1}{w}+\frac{V_1^2}{2g}=z_2+\frac{p_2}{w}+\frac{V_2^2}{2g}+h$$

② 두 단면 사이에 수차(turbine)를 설치할 경우

$$z_1+\frac{p_1}{w}+\frac{V_1^2}{2g}=z_2+\frac{p_2}{w}+\frac{V_2^2}{2g}+(H_e+h)$$

③ 두 단면 사이에 펌프(pump)를 설치할 경우

$$z_1+\frac{p_1}{w}+\frac{V_1^2}{2g}=z_2+\frac{p_2}{w}+\frac{V_2^2}{2g}+(H_p+h)$$

④ 베르누이 정리를 압력항으로 표현할 경우

$$\rho g z_1+p_1+\frac{\rho V_1^2}{2}=\rho g z_2+p_2+\frac{\rho V_2^2}{2}$$

★☆☆

37 **기계적 에너지와 마찰손실을 고려하는 베르누이 정리에 관한 표현식은?** (단, E_P 및 E_T는 각각 펌프 및 터빈에 의한 수두를 의미하며, 유체는 점 1에서 점 2로 흐른다.)

① $\frac{v_1^2}{2g}+\frac{p_1}{\gamma}+z_1=\frac{v_2^2}{2g}+\frac{p_2}{\gamma}+z_2+E_P+E_T+h_L$

② $\frac{v_1^2}{2g}+\frac{p_1}{\gamma}+z_1=\frac{v_2^2}{2g}+\frac{p_2}{\gamma}+z_2-E_P-E_T-h_L$

③ $\frac{v_1^2}{2g}+\frac{p_1}{\gamma}+z_1=\frac{v_2^2}{2g}+\frac{p_2}{\gamma}+z_2-E_P+E_T+h_L$

④ $\frac{v_1^2}{2g}+\frac{p_1}{\gamma}+z_1=\frac{v_2^2}{2g}+\frac{p_2}{\gamma}+z_2+E_P-E_T+h_L$

★☆☆

38 **어느 유선 상에 두 점 1, 2가 있다. 점 2로부터 점 1로 물이 흐를 때 수두손실(h_L)과 펌프에 의한 에너지 공급(h_p)이 있었다. 이 흐름을 해석하기 위한 베르누이 방정식으로 옳은 것은?** (단, γ는 물의 단위중량을 나타낸다.)

① $\frac{p_1}{\gamma}+\frac{V_1^2}{2g}+z_1+h_p-h_L=\frac{p_2}{\gamma}+\frac{V_2^2}{2g}+z_2$

② $\frac{p_1}{\gamma}+\frac{V_1^2}{2g}+z_1=\frac{p_2}{\gamma}+\frac{V_2^2}{2g}+z_2+\gamma(h_p-h_L)$

③ $\frac{p_1}{\gamma}+\frac{V_1^2}{2g}+z_1=\frac{p_2}{\gamma}+\frac{V_2^2}{2g}+z_2+h_L+h_p$

④ $\frac{p_1}{\gamma}+\frac{V_1^2}{2g}+z_1+h_L=\frac{p_2}{\gamma}+\frac{V_2^2}{2g}+z_2+h_p$

4 수두손실을 고려한 베르누이식

★☆☆

39 **그림과 같이 경사진 내경 2 (m)의 원관 내에 유량 20 (m³/sec)의 물을 흐르게 할 경우, 단면 1과 단면 2 사이의 손실수두는?** (단, 단면 1의 압력 $=3.0$ (kg/cm²), 단면 2의 압력$=3.1$ (kg/cm²))

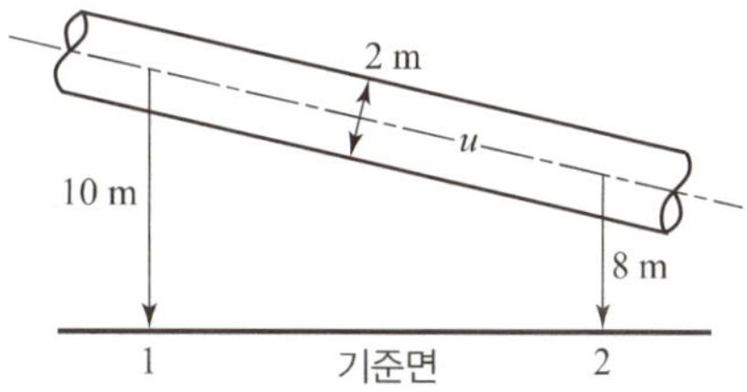

① 1.0 (m) ② 2.0 (m)
③ 3.0 (m) ④ 4.0 (m)

★★☆

40 **물이 3.18 (m/sec)의 속도로 그림과 같은 관을 흐를 때 관의 압력은?** (단, 관중심에서 에너지선까지의 높이는 1.2 (m)이다.)

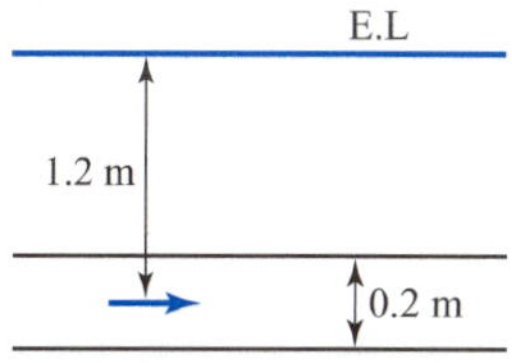

① 0.54 (t/m²)
② 0.68 (t/m²)
③ 0.72 (t/m²)
④ 0.83 (t/m²)

★★☆

41 **그림에서 손실수두가 $\frac{3V^2}{2g}$일 때 지름 0.1 (m)의 관을 통과하는 유량은?** (단, 수면은 일정하게 유지된다.)

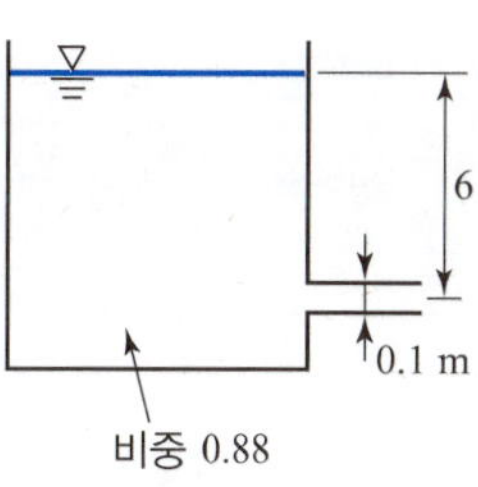

① 0.085 (m³/sec)
② 0.0426 (m³/sec)
③ 0.0399 (m³/sec)
④ 0.0798 (m³/sec)

3.5 베르누이식 정답과 풀이

01 정답 ① **출제** 기08-1

베르누이(Bernoulli) 정리의 기본조건 및 가정

- 하나의 유선에 대하여 성립한다.
- 하나의 유선에 대해 총 에너지가 일정하다.
- 정상류의 가정하에 얻은 결과이다.
- 에너지 불변의 법칙을 표시한다.
- 유체는 비압축성 유체이다.
- 흐름은 비회전류이다.

02 정답 ③ **출제** 기09-4

베르누이 정리의 기본조건 및 가정

- 하나의 유선에 대하여 성립한다.
- 하나의 유선에 대해 총 에너지가 일정하다.
- 정상류의 가정하에 얻은 결과이다.
- 에너지 불변의 법칙을 표시한다.
- 유체는 비압축성 유체이다.
- 흐름은 비회전류이다. 유선과 상관없이 적용된다.

03 정답 ① **출제** 기15-4

베르누이 정리의 기본가정은, 동일 유선 상에서 유체입자가 가진 에너지는 같다는 것이다.

04 정답 ④ **출제** 기05

회전류의 경우 동일한 유선을 따라서만 성립한다.

05 정답 ① **출제** 기09-1, 기15-1

베르누이 정리가 성립하기 위한 조건은 비압축성, 정상류, 하나의 유선이다.

06 정답 ④ **출제** 기04

베르누이 정리의 가정은 비압축성, 정상류, 하나의 유선이다.

07 정답 ③ **출제** 산00, 산01, 산08, 산11

속도수두 $\frac{V^2}{2g}=\frac{5^2}{2\times 9.8}=1.28\ \text{(m)}$

08 정답 ④ **출제** 기19-1

$\frac{V^2}{2g}=10$이므로,

$V=\sqrt{2g\times 10}=\sqrt{2\times 9.8\times 10}=14.0\ \text{(m/s)}$

09 정답 ② **출제** 산03

$\gamma=1{,}000\ (\text{kgf/m}^3)$, $p=5{,}000\ (\text{kgf/m}^2)$이므로, 베르누이 정리에서 총 수두

$$H=z+\frac{p}{\gamma}+\frac{V^2}{2g}=0+\frac{5{,}000}{1{,}000}+\frac{5^2}{2\times 9.8}=6.28\ \text{(m)}$$

10 정답 ④ **출제** 기11-2, 산09

압력 $p=0.5\ (\text{kgf/cm}^2)=5{,}000\ (\text{kgf/m}^2)$,

$\gamma=1{,}000\ (\text{kgf/m}^3)$이므로, 총 수두

$$H=z+\frac{p}{\gamma}+\frac{V^2}{2g}=5+\frac{5{,}000}{1{,}000}+\frac{5^2}{2\times 9.8}=11.28\ \text{(m)}$$

11 정답 ④ **출제** 산00, 산06

동수경사선은 위치수두(z)와 압력수두$\left(\frac{p}{\gamma}\right)$의 합을 연결한 선으로, 에너지선에서 속도수두$\left(\frac{V^2}{2g}\right)$만큼 아래에 위치하며, 개수로 흐름의 동수경사선은 수면과 일치한다.

12 정답 ③ **출제** 산08

동수경사선

- 기준 수평면에서 $z+\frac{p}{\gamma}$인 점들을 연결한 선이다.
- 동수경사선은 에너지선보다 속도수두만큼 아래에 위치한다.

13 정답 ① **출제** 산04, 산10

단면이 일정한 경우에 속도수두 $\frac{V^2}{2g}$은 일정하다. 동수경사선은 에너지경사선에 대해 속도수두만큼 아래에 위치하며 나란하다.

14 정답 ④ **출제** 기09-4

동수경사선은 위치수두(z)와 압력수두(p/γ)의 합을 연결한 선으로 위압수두선이며, 에너지선에서 속도수두($V^2/2g$)만큼 아래에 위치한다.

15 정답 ③ 출제 기11-1

동수경사선은 위치수두와 압력수두의 합, 즉 위압수두를 연결한 선이다.

16 정답 ④ 출제 기03, 기07-4

동수경사선

- 기준 수평면에서 $z+\frac{p}{\gamma}$인 점들을 연결한 선이다.
- 동수경사선은 에너지선보다 속도수두만큼 아래에 위치한다.

17 정답 ③ 출제 기14-1, 기18-3

에너지선

- 기준 수평면에서 $z+\frac{p}{\gamma}+\frac{V^2}{2g}$의 점들을 연결한 선이다.
- 에너지선은 동수경사선보다 유속수두만큼 위에 위치한다.

18 정답 ③ 출제 기02

동수경사선의 경사가 동수경사이다.

주의 기준면이 수로 바닥이므로 $z=0$이 되어 답을 ③으로 하였으나, ①와 ②도 답이 될 수 있으므로, 적절하지 못한 문제이다.

19 정답 ④ 출제 기01

① 비정상부등류, ② 층류, ③ 상류

20 정답 ③ 출제 산08

(에너지선)=(위치수두)+(압력수두)+(속도수두)
=(위압수두)+(속도수두)
=(동수경사선 높이)+(속도수두)

21 정답 ④ 출제 기15-1

① 에너지선, ② 비에너지, ④ 동수경사선(위압수두)이다.

22 정답 ① 출제 기11-2

기준면을 오리피스로 잡자. 탱크 내 수면과 유출부에 대해 베르누이의 정리를 적용한다.

$$z_1+\frac{p_1}{\gamma}+\frac{V_1^2}{2g}=z_2+\frac{p_2}{\gamma}+\frac{V_2^2}{2g},$$

$A_1 \gg A_2$이므로 $V_2 \gg V_1 \approx 0$이고, 대기압이 작용하므로 $p_1=P_2=0$이다. 따라서

$$h+0+0=0+0+\frac{V^2}{2g}$$

즉, $V=\sqrt{2gh}$ (토리첼리 정리)

23 정답 ④ 출제 산03

$\gamma=1,000$ (kgf/m^3), $V_A=1$ (m/s),

$p_A=50,000$ (kgf/m^2), $V_B=2$ (m/s)

베르누이 정리에서

$$z_A+\frac{p_A}{\gamma}+\frac{V_A^2}{2g}=z_B+\frac{p_B}{\gamma}+\frac{V_B^2}{2g}$$

$$0+\frac{50,000}{1,000}+\frac{1^2}{2\times9.8}=0+\frac{p_B}{1,000}+\frac{2^2}{2\times9.8}$$

$p_B=49,848$ (kgf/m^2)=49.848 (tonf/m^2)

24 정답 ④ 출제 산06

$$z_1+\frac{p_1}{w}+\frac{V_1^2}{2g}=z_2+\frac{p_2}{w}+\frac{V_2^2}{2g}=H\text{에서}$$

z_1-z_2이므로 $\frac{p_1}{w}+\frac{V_1^2}{2g}-\frac{p_2}{w}+\frac{V_2^2}{2g}$

25 정답 ② 출제 산03

$$V_A=\frac{Q}{A_A}=\frac{340\times10^{-3}}{\pi\times0.5^2/4}=1.73 \text{ (m/s)}$$

$$V_B=\frac{Q}{A_B}=\frac{340\times10^{-3}}{\pi\times0.25^2/4}=6.92 \text{ (m/s)}$$

$\gamma=1,000$ (kgf/m^3)이므로,

베르누이 정리에서

$$0+\frac{p_A}{1,000}+\frac{1.73^2}{2\times9.8}=0+\frac{p_B}{1,000}+\frac{6.92^2}{2\times9.8}$$

$p_A-p_B=2,290$ (kgf/m^2)=0.229 (kgf/cm^2)

26 정답 ② 출제 기16-1

$\gamma=9.8$ (kN/m^3), $p_B=9.8$ (kN/m^2)이므로, 베르누이 정리를 A와 B에 적용하면,

$$z_A+\frac{p_A}{\gamma}+\frac{V_A^2}{2g}=z_B+\frac{p_B}{\gamma}+\frac{V_B^2}{2g}$$

$$0+\frac{p_A}{9.8}+\frac{2^2}{2\times9.8}=0+\frac{9.8}{9.8}+\frac{3^2}{2\times9.8}$$

∴ $p_A=12.3$ (kN/m^2)

27 정답 ④ 출제 기06

A와 C의 압력은 대기압이므로 모두 0이며, $A_1 \gg A_2$이므로, $V_2 \gg V_1(x_0)$이다.

베르누이 정리에서

$$z_A + \frac{p_A}{\gamma} + \frac{V_A^2}{2g} = z_B + \frac{p_B}{\gamma} + \frac{V_B^2}{2g}$$

$$(h+4)+0+0=0+0+\frac{10^2}{2\times9.8}$$

$h=1.1$ (m)

28 정답 ③ 출제 기06

$\gamma=1,000$ (kgf/m^3), $p_1=50,000$ (kgf/m^2),

$p_2=30,000$ (kgf/m^2),

베르누이 정리에서

$$z_1 + \frac{p_1}{\gamma} + \frac{V_1^2}{2g} = z_2 + \frac{p_2}{\gamma} + \frac{V_2^2}{2g}$$

$$0+\frac{50,000}{1,000}+0=0+\frac{30,000}{1,000}+\frac{V_2^2}{2\times9.8}$$

$V_2=19.8$ (m/sec)

29 정답 ① 출제 기05

$\gamma=1.0$ (tonf/m^3)로 놓으면, 베르누이 정리에서 총 수두 $H=z+\frac{p}{\gamma}+\frac{V^2}{2g}$

$$1.2=0+\frac{p}{1.0}+\frac{3.183^2}{2\times9.8}$$

$p=0.68$ (tonf/m^2)

30 정답 ① 출제 산00, 산06, 산10

$p_1=p_2=0$ (kgf/m^2), $V_1=0$ (m/s)이므로,

베르누이 정리에서

$$z_1 + \frac{p_1}{\gamma} + \frac{V_1^2}{2g} = z_2 + \frac{p_2}{\gamma} + \frac{V_2^2}{2g} + h_L$$

$$9+0+0=0+0+\frac{V_2^2}{2\times9.8}+2$$

$V_2=11.71$ (m/s)

31 정답 ① 출제 산06

위치수두 z와 전수두 $H=z+\frac{p}{w}+\frac{V^2}{2g}$는 일정하므로 속도가 크면 압력은 작다.

32 정답 ④ 출제 기07-1

주어진 자료

$p_1=1$ (kgf/cm^2)=10,000 (kgf/m^2)

$$V_2=\frac{A_1}{A_2}V_1=\left(\frac{40}{80}\right)^2\times4=1 \text{ (m/s)}$$

베르누이 정리 $z_1 + \frac{p_1}{\gamma} + \frac{V_1^2}{2g} = z_2 + \frac{p_2}{\gamma} + \frac{V_2^2}{2g}$에서

$$0+\frac{10,000}{1,000}+\frac{4^2}{2\times9.8}=0+\frac{p_2}{1,000}+\frac{1^2}{2\times9.8}$$

따라서 $p_2=10,758$ (kgf/m^2)=1.076 (kgf/cm^2)

33 정답 ③ 출제 기10-1

유속 $V=C_v\sqrt{2gH}$

분수의 높이

$$H_V=\frac{V^2}{2g}=C_V^2 H=0.96^2\times10=9.22 \text{ (m)}$$

주의 유속수두가 위치수두로 변환되며, 유속계수에는 에너지손실이 반영되어 있다.

34 정답 ① 출제 기05

연속방정식 $A_A V_A = A_B V_B$에서

$$V_B=\frac{A_A}{A_B}V_A=\left(\frac{D_A}{D_B}\right)^2 V_A$$

$$=\left(\frac{1.0}{0.3}\right)^2\times0.4=4.44 \text{ (m/s)}$$

주어진 자료에 따르면,

$p_A=8$ (kgf/cm^2)=80,000 (kgf/m^2),

$\gamma=1,000$ (kgf/m^3)

베르누이 정리를 이용하면,

$$z_A + \frac{p_A}{\gamma} + \frac{V_A^2}{2g} = z_B + \frac{p_B}{\gamma} + \frac{V_B^2}{2g}$$

$$5+\frac{80,000}{1,000}+\frac{0.4^2}{2\times9.8}=3+\frac{p_B}{1,000}+\frac{4.44^2}{2\times9.8}$$

따라서 $p_B=81,000$ (kgf/m^2)=8.1 (kgf/cm^2)

35 정답 ① 출제 기15-2

단위폭에 대한 연속방정식에서 $h_1V_1=h_2V_2$,

$1\times V_1=0.4\times V_2$ … (a)

손실이 없으므로 베르누이 식에서

$$z_1+h_1+\frac{V_1^2}{2g}=z_2+h_2+\frac{V_2^2}{2g},$$

$$0+1.0+\frac{V_1^2}{2\times9.8}=0+0.4+\frac{V_2^2}{2\times9.8} \quad \cdots \text{(b)}$$

식 (a)와 식 (b)를 연립해서 풀면,
$V_2 = 3.74 \ (\text{m/s})$

36 정답 ③ 출제 기14-2

두 단면 사이에 펌프를 설치할 경우

$$z_1 + \frac{p_1}{w} + \frac{V_1^2}{2g} + H_p = z_2 + \frac{p_2}{w} + \frac{V_2^2}{2g} + h_L$$

주의 일반적으로 손실수두는 h가 아닌 h_L로 표기한다.

37 정답 ③ 출제 기17-2

펌프와 터빈이 있을 경우 베르누이 방정식의 기본형은

$$\frac{V_1^2}{2g} + \frac{p_1}{\gamma} + z_1 + E_P = \frac{V_2^2}{2g} + \frac{p_2}{\gamma} + z_2 + E_T + h_L$$

주의 일반적으로 단면 평균유속은 대문자 V로 표기한다.

38 정답 ④ 출제 기13 1

2에서 1로 물이 흐를 때, 펌프에 의해 유체흐름에 에너지가 가해진 경우의 베르누이 정리

$$\frac{p_2}{\gamma} + \frac{V_2^2}{2g} + z_2 + h_p = \frac{p_1}{\gamma} + \frac{V_1^2}{2g} + z_1 + h_L$$

주의 통상적인 경우 1에서 2로 흐르도록 하는 데 반해, 본 문제에서는 반대임에 주의할 것

39 정답 ① 출제 산04, 산07

$p_1 = 30{,}000 \ (\text{kgf/m}^2)$,
$p_2 = 31{,}000 \ (\text{kgf/m}^2)$,
$\gamma = 1{,}000 \ (\text{kgf/m}^3)$
연속방정식에서 유속이 같으므로, 베르누이식에서 속도수두는 고려하지 않아도 된다.

$$z_1 + h_1 = z_2 + h_2 + h_L,$$

$$10 + \frac{30{,}000}{1{,}000} = 8 + \frac{31{,}000}{1{,}000} + h_L$$

따라서 $h_L = 1.0 \ (\text{m})$

40 정답 ② 출제 산09

$\gamma = 1{,}000 \ (\text{kgf/m}^3)$로 두면, 총 수두

$$H = \frac{p}{\gamma} + \frac{V^2}{2g} \text{에서 } 1.2 = \frac{p}{1{,}000} + \frac{3.18^2}{2 \times 9.8}$$

$\therefore \ p = 680 \ (\text{kgf/m}^2) = 0.68 \ (\text{tonf/m}^2)$

41 정답 ② 출제 기12-4

수면과 관 끝에 대해 베르누이 정리를 적용하면,

$$z_1 + \frac{p_1}{\gamma} + \frac{V_1^2}{2g} = z_2 + \frac{p_2}{\gamma} + \frac{V_2^2}{2g} + h_L$$

$$6 + 0 + 0 = 0 + 0 + \frac{V_2^2}{2g} + \frac{3V_2^2}{2g}$$

$V_2 = 5.42 \ (\text{m/s})$

$$Q = A_2 V_2 = \frac{\pi \times 0.1^2}{4} \times 5.42 = 0.0426 \ (\text{m}^3/\text{s})$$

3.6 베르누이식의 응용

1 동압력

• 베르누이식에 단위중량을 곱하면 압력에 대한 표현으로 바꿀 수 있다.

$$\gamma z_1 + p_1 + \frac{\rho V_1^2}{2} = \gamma z_2 + p_2 + \frac{\rho V_2^2}{2} = (\text{일정})$$

• 총 압력(total pressure, 정체압, stagnation pressure, p_s)=(정압력)+(동압력)

$$p_s = \gamma h + \frac{1}{2}\rho V^2$$

• **정압력** 위의 동압력에 대한 식에서 p_1과 p_2

– 정압력은 피에조미터(piezometer)를 이용하여 측정한다.

• **동압력** 유체의 움직임(속도수두)에 의해 발생하는 압력

$$p_d = \frac{1}{2}\rho V^2$$

– 동압력은 피토관(pitot tube)과 피에조미터(piezometer)의 수두차를 이용하여 측정한다.

2 토리첼리 정리(Torricelli's theorem)

• 오리피스(orifice)를 통한 물의 유출속도($V = \sqrt{2gh}$)는 베르누이식을 ①과 ② 단면에 적용하여 구할 수 있다.

$$z_1 + \frac{p_1}{\gamma} + \frac{V_1^2}{2g} = z_2 + \frac{p_2}{\gamma} + \frac{V_2^2}{2g}$$

• 수면과 오리피스 출구의 압력은 대기압, 즉 $p_1 = p_2 = 0$이고, $A_1 \gg A_2$이므로 $V_2 \gg V_1(\approx 0)$이다.

$$h + \frac{0}{\rho g} + \frac{0}{2g} = 0 + \frac{0}{\rho g} + \frac{V_2^2}{2g}$$

$$\Rightarrow \ V_2 = \sqrt{2gh}$$

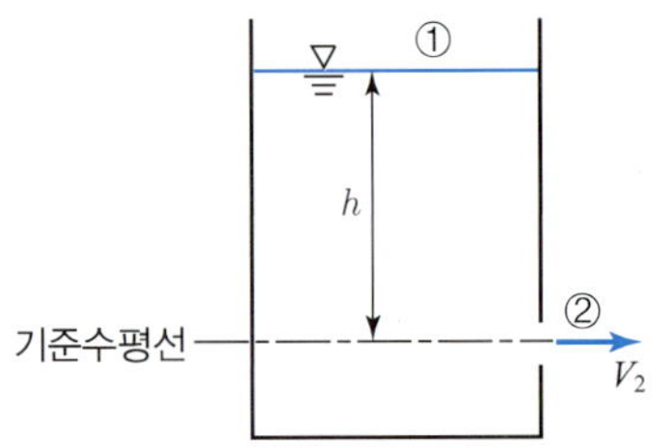

3 피토관(Pitot tube)

- 정압력과 동압력을 이용하여 평균유속을 측정하는 장치로, 일반적으로 피토관과 피에조미터를 일체형으로 제작한다.
- 아래 그림의 ① (피에조미터) 점과 ② (피토관) 점이 동일한 높이라면 측정값 h는 동압력을 나타낸다.

$$p_d = \frac{1}{2}\rho V^2 = \gamma h$$

- 따라서, 측정점(그림에서는 중심선)에서의 유속 V는 다음과 같다.

$$V = \sqrt{2gh}$$

- 토리첼리 정리와 같은 형태지만, 토리첼리 정리는 오리피스의 단면평균유속 V를 구하는 공식이며, 피토관의 유속 V는 측정점의 유속이라는 차이가 있다.

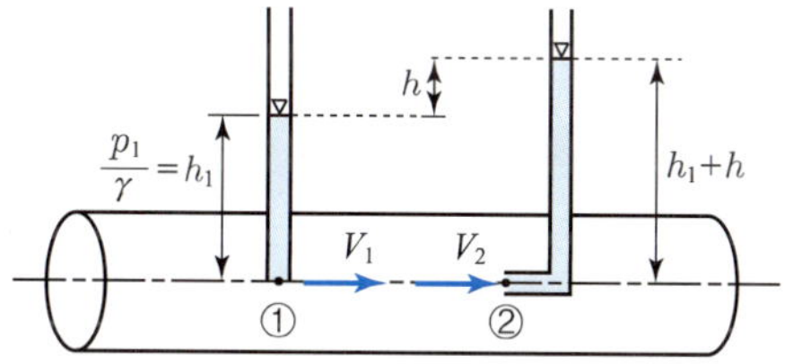

4 벤투리미터(Venturimeter)

- 관로의 유속과 유량을 측정하는 장치이다.
- 베르누이식을 단면 ①과 ②에 적용하자.

$$z_1 + \frac{p_1}{\gamma} + \frac{V_1^2}{2g} = z_2 + \frac{p_2}{\gamma} + \frac{V_2^2}{2g} \quad \Rightarrow \quad H = h_1 - h_2 = \frac{V_2^2 - V_1^2}{2g}$$

- 연속방정식 $A_1 V_1 = A_2 V_2$ 와 연립하여 풀면 벤투리미터의 유량은 다음과 같다.

$$Q = \frac{A_1 A_2}{\sqrt{A_2^2 - A_1^2}} \sqrt{2gH}$$

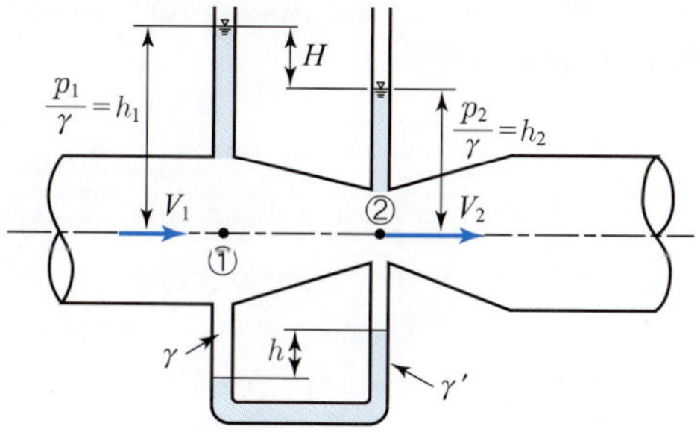

3.6 베르누이식의 응용 기출문제

1 동압력

★☆☆
01 다음은 베르누이 정리를 압력의 항으로 표시한 것이다. 이 중 동압력(動壓力) 항에 해당하는 것은?

① P ② $\rho g z$
③ $\frac{1}{2}\rho V^2$ ④ $\frac{V^2}{2g}$

★☆☆
02 유속이 V, 단위중량이 w, 물의 밀도를 ρ라 할 때 동수압(動水壓)을 바르게 표시한 것은?

① $\frac{V^2}{2g}$ ② $\frac{wV^2}{2g}$
③ $\frac{wV}{2g}$ ④ $\frac{\rho V^2}{2g}$

★☆☆
03 물의 밀도를 ρ, 유속을 V라고 할 때 $\frac{\rho V^2}{2}$의 단위는 무엇인가?

① 시간 ② 길이
③ 질량 ④ 압력

★☆☆
04 베르누이 정리를 $\frac{\rho}{2}V^2+wZ+P=H$로 표현할 때 이 식에서 정체압(stagnation pressure)은?

① $\frac{\rho}{2}V^2+wZ$로 표시한다.
② $\frac{\rho}{2}V^2+P$로 표시한다.
③ $wZ+P$로 표시한다.
④ P로 표시한다.

★☆☆
05 압력수두를 P, 속도수두를 V, 위치수두를 Z라고 할 때, 정체압력수두 Ps는?

① $Ps=P-V-Z$ ② $Ps=P+V+Z$
③ $Ps=P-V$ ④ $Ps=P+V$

★★☆
06 유속이 3 (m/s)인 유수 중에 유선형 물체가 흐름방향으로 향하여 $h=3$ (m) 깊이에 놓여 있을 때 정체압력(stagnaton pressure)은?

① 0.46 (kN/m^2) ② 12.21 (kN/m^2)
③ 33.90 (kN/m^2) ④ 102.35 (kN/m^2)

2 토리첼리 정리

★☆☆
07 토리첼리(Torricelli)의 정리는 다음 어느 것을 이용하여 유도할 수 있는가?

① 파스칼 원리
② 알키메데스 원리
③ 레이놀즈 원리
④ 베르누이 정리

★☆☆
08 오리피스(orifice)의 이론 유속 $V=\sqrt{2gh}$는 다음 중 어느 이론으로부터 유도되는 특수한 경우인가?

① 베르누이(Bernoulli)의 정리
② 레이놀즈(Reynolds)의 정리
③ 벤투리(Venturi)의 이론식
④ 운동량방정식 이론

3 피토관

★☆☆

09 피토관(Pitot tube)의 용도는?

① 점성계수를 측정하는 데 사용된다.
② 유속을 측정하는 데 사용된다.
③ 유량을 측정하는 데 사용된다.
④ 수심을 측정하는 데 사용된다.

★☆☆

10 다음 피토관에서 A점의 유속을 구하는 식은?

① $V=\sqrt{2gh_1}$
② $V=\sqrt{2gh_2}$
③ $V=\sqrt{2gh_3}$
④ $V=\sqrt{2g(h_1+h_2)}$

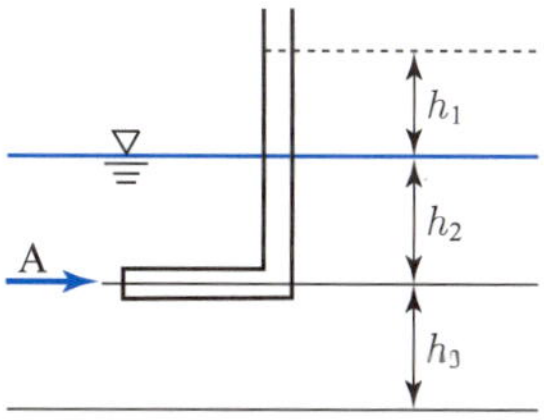

4 벤투리미터

★☆☆

11 벤투리미터(Venturimeter)는 무엇을 측정하는 데 사용하는 기구인가?

① 관 내의 유량과 압력
② 관 내의 수면차
③ 관 내의 유량과 평균유속
④ 관 내의 점성

★★☆

12 수평으로 관 A와 B가 연결되어 있다. 관 A에서의 유속은 2 (m/s), 관 B에서의 유속은 3 (m/s)이며, 관 B에서 유체압력이 1 (t/m^2)라 하면 관 A에서의 유체 압력은? (단, 에너지 손실은 무시한다.)

① 0.255 (t/m^2) ② 1.255 (t/m^2)
③ 2.255 (t/m^2) ④ 3.255 (t/m^2)

★☆☆

13 베르누이의 정리를 응용하지 않은 것은?

① 토리첼리의 정리 ② 피토관
③ 벤투리미터 ④ Pascal의 원리

★☆☆

14 다음 중 옳지 않은 것은?

① 피토관은 Pascal의 원리를 응용하여 압력을 측정하는 기구이다.
② Venturimeter는 관 내의 유량 또는 평균유속을 측정할 때 사용된다.
③ $V=\sqrt{2gh}$ 를 Torricelli의 정리라고 한다.
④ 수조의 수면에서 h인 곳에 단면적 a인 작은 구멍으로부터 물이 유출될 경우 Bernoulli의 정리를 적용한다.

★★★

15 그림과 같이 원관의 중심축이 수평하게 놓여 있고, 계기압력이 각각 1.8 (kg/cm^2), 2.0 (kg/cm^2)일 때, 유량을 구한 값은?

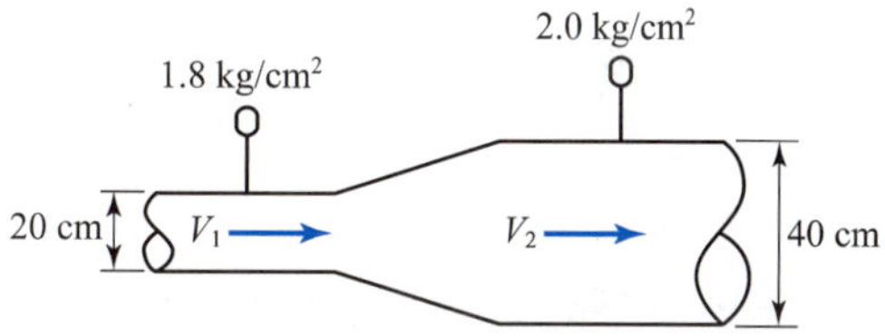

① 약 203 (l/sec) ② 약 223 (l/sec)
③ 약 243 (l/sec) ④ 약 263 (l/sec)

3.6 베르누이식의 응용 정답과 풀이

01 정답 ③ 출제 산02

① 총압력, ② 정압력, ③ 동압력, ④ 속도수두

02 정답 ② 출제 기01

동수압 $p_d=\dfrac{\rho V^2}{2}=\dfrac{wV^2}{2g}$

03 정답 ④ **출제** 산11

$$\frac{\rho V^2}{2} = (\mathrm{kg/m^3})\ (\mathrm{m^2/s^2}) = (\mathrm{kg/m \cdot s^2})$$
$$= (\mathrm{kg \cdot m/s^2/m^2}) = (\mathrm{N/m^2})$$

| 다른 풀이 |

동압력$\left(\frac{\rho V^2}{2}\right)$과 정압력($\gamma h$) 모두 압력의 차원이다.

04 정답 ② **출제** 기16-1

베르누이 정리를 압력 단위로 나타낸 것이다. $\frac{\rho}{2}V^2$은 동수압, p는 정수압이다. 정체압은 운동 중인 유체가 정지된 물체에 부딪혀 생기는 압력이므로, $\frac{\rho}{2}V^2 + p$이다.

05 정답 ④ **출제** 기18-2

정체압력은 정수압과 동수압(속도수두가 압력수두로 바뀐 것)의 합이다.

06 정답 ③ **출제** 기18-3

정체압력은 정압력과 동압력을 합한 것이다.

$\gamma = 9{,}800\ (\mathrm{N/m^3})$, $\rho = 1{,}000\ (\mathrm{kg/m^3})$,

$V = 3\ (\mathrm{m/s})$, $h = 3\ (\mathrm{m})$를 적용

따라서 $p = \gamma h + \frac{\rho V^2}{2} = 9{,}800 \times 3 + \frac{1{,}000 \times 3^2}{2}$

$= 33{,}900\ (\mathrm{N/m^2}) = 33.9\ (\mathrm{kN/m^2})$

07 정답 ④ **출제** 기20-2

토리첼리의 정리는 베르누이 정리를 오리피스에 적용한 것이다.

08 정답 ① **출제** 기06

오리피스의 이론유속 $V = \sqrt{2gh}$는 베르누이 정리에서 유도한 식이다.

09 정답 ② **출제** 기00

피토관은 정압관(piezometer)과의 수면차(동압력수두)를 측정하여 유속을 측정하는 데 사용하는 장치이며, 단순 피토관(Pitot tube)은 동압력만 측정한다.

10 정답 ① **출제** 산03, 산10

개수로에서는 수면과 동수경사선이 일치하므로, 수면 위 h_1이 속도수두이다.

속도수두 $h_1 = \frac{V^2}{2g}$에서 $V = \sqrt{2gh_1}$

11 정답 ③ **출제** 산08

벤투리미터는 관수로에서 관 중간의 단면을 축소시켜서 속도는 증가하고, 압력은 감소시켜 이 압력차를 이용하여 유속을 구하고, 관의 단면적을 곱하여 유량을 측정하는 장치이다.

12 정답 ② **출제** 기03

$p_B = 1.0\ (\mathrm{tonf/m^2})$, $\gamma = 1.0\ (\mathrm{tonf/m^3})$로 놓으면, 베르누이 정리에서

$$0 + \frac{p_A}{1.0} + \frac{2^2}{2 \times 9.8} = 0 + \frac{1.0}{1.0} + \frac{3^2}{2 \times 9.8}$$

따라서 $p_A = 1.255\ (\mathrm{tonf/m^2})$

13 정답 ④ **출제** 기12-2, 산03, 산13-1

베르누이 정리를 응용한 것은 토리첼리의 정리, 피토관, 벤투리미터 등이 있다.

14 정답 ① **출제** 기06

피토관은 베르누이 정리를 이용하여 유속을 측정하는 장치이다.

15 정답 ① **출제** 산05

$$A_1 = \frac{\pi D_1^2}{4} = \frac{\pi \times 0.2^2}{4} = 0.0314\ (\mathrm{m^2})$$

$$A_2 = \frac{\pi D_2^2}{4} = \frac{\pi \times 0.4^2}{4} = 0.1257\ (\mathrm{m^2})$$

$p_1 = 18{,}000\ (\mathrm{kgf/m^2})$, $p_2 = 20{,}000\ (\mathrm{kgf/m^2})$,

$\gamma = 1{,}000\ (\mathrm{kgf/m^3})$로 놓으면,

$\frac{p_1}{\gamma} + \frac{V_1^2}{2g} = \frac{p_2}{\gamma} + \frac{V_2^2}{2g}$이고, 여기에 Q를 대입하면

$$\frac{p_1}{\gamma} + \frac{Q^2}{2gA_1^2} = \frac{p_2}{\gamma} + \frac{Q^2}{2gA_2^2}$$

$$Q = \frac{A_1 A_2}{\sqrt{A_2^2 - A_1^2}} \sqrt{\frac{2g(p_2 - p_1)}{\gamma}}$$

$$= \frac{0.0314 \times 0.1257}{\sqrt{0.1257^2 - 0.0314^2}} \sqrt{\frac{2 \times 9.8 \times (20{,}000 - 18{,}000)}{1{,}000}}$$

$= 0.203\ (\mathrm{m^3/s})$

3.7 운동량방정식

1 운동량방정식

• **운동량방정식(impulse-momentum equation)** 뉴턴 제2법칙의 변형된 형태로, 검사체적(control volume, CV)에 적용된다.

$$\Sigma F = \rho Q \Delta V = \rho Q(V_2 - V_1)$$

여기서, ΣF는 검사체적에 작용하는 외력(충격량)의 합, $\rho Q \Delta V$는 운동량,
V_2는 유출단면(+)의 유속, V_1은 유입단면(−)의 유속이다.

• 운동량과 힘은 벡터이므로, 방향에 따라 나누어 생각해야 한다.
• 검사체적에 작용하는 외력은 ① 유출입 경계단면에 작용하는 압력(F_p), ② 검사체적의 경계면에 작용하는 마찰력(F_f, 이상유체의 경우는 $F_f = 0$), ③ 검사체적 내부의 유체 중량(중력, W), ④ 반력(R) 등이 있다.
• 유출입 경계단면이 3개 이상일 경우,

$$\Sigma F = \Sigma[(\text{부호})\rho Q_i \Delta V_i]$$

여기서, (부호) 부분에는 유출단면은 +, 유입단면은 −를 사용한다.

2 고정평면에 작용하는 힘

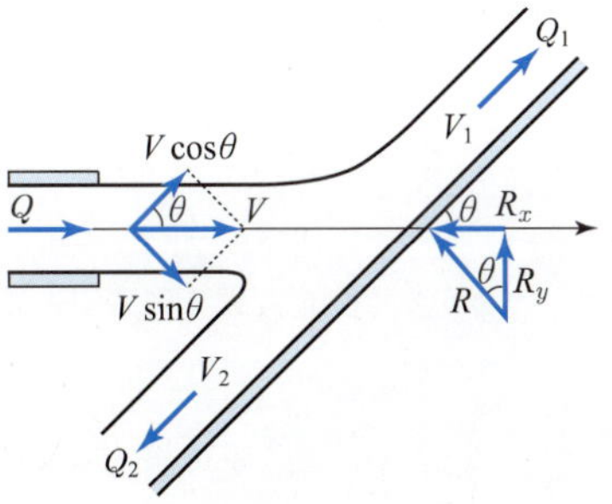

– 수평면(xy 평면) 상에 위치한다. $W=0$
– 이상유체: 마찰력 $F_f = 0$
– 관(노즐)의 출구 이후는 대기압이 작용하므로 0, 1, 2단면의 압력힘은 0이다.

• (충격량의 합)=(0단면의 압력)+(1단면의 압력)+(2단면의 압력)+(마찰력)+(중력)+(반력)
$$=0+0+0+0+0+R$$
• (운동량의 합)= −(0단면의 운동량)+(1단면의 운동량)+(2단면의 운동량)
• **x방향 운동량방정식** $-R_x = -\rho Q V + \rho Q_1(V_1\cos\theta) + \rho Q_2(-V_2\cos\theta)$
• **y방향 운동량방정식** $R_y = -\rho Q(0) + \rho Q_1(V_1\sin\theta) + \rho Q_2(-V_2\sin\theta)$
• **반력의 크기** $|R| = \sqrt{R_x^2 + R_y^2}$

3 고정곡면에 작용하는 힘

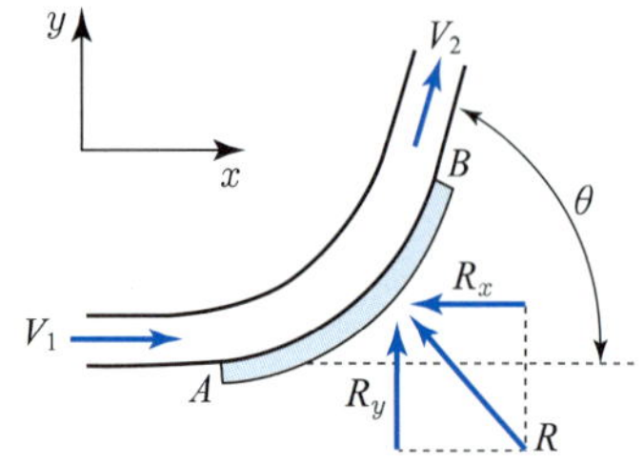

- 수평면(xy 평면) 상에 위치한다. $W=0$
- 이상유체: $F_f=0$
- 물 제트에는 대기압이 작용하므로, 1, 2단면의 압력힘은 0이다.

- **x방향 운동량방정식** $-R_x = -\rho Q V_1 + \rho Q(V_2 \cos\theta)$
- **y방향 운동량방정식** $R_y = -0 + \rho Q(V_2 \sin\theta)$
- **반력의 크기** $|R| = \sqrt{R_x^2 + R_y^2}$

4 이동 평면에 작용하는 힘

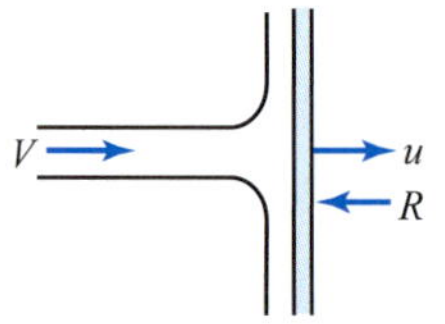

- V 대신 상대속도 $V-u$를 대입
- $R=\rho Q(V-u)$

5 추력

- **로켓의 원리** 분사하면서 용기가 앞으로 이동한다.

$$F=\rho Q \Delta V = \dot{m} V$$

여기서, $\dot{m}$은 로켓이 분사하는 질량유량, V는 로켓의 분사속도

6 개수로 수중 구조물에 가해지는 힘

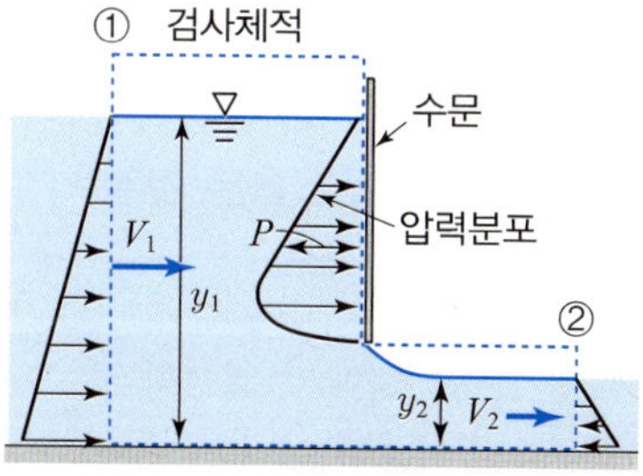

- 폭이 b인 수문
- x방향에 대해 운동량방정식을 적용

$$-R+\gamma\frac{y_1}{2}(y_1b)-\gamma\frac{y_2}{2}(y_2b)=\rho(y_1bV_1)(V_2-V_1)$$

여기서, R은 수문에 작용하는 반력

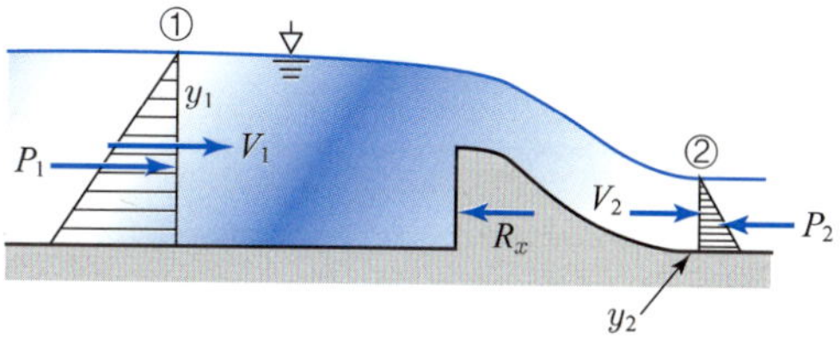

- 폭이 b인 댐체에 가해지는 힘

$$-R+\gamma\frac{y_1}{2}(y_1b)-\gamma\frac{y_2}{2}(y_2b)=\rho(y_1bV_1)(V_2-V_1)$$

여기서, R은 댐체에 작용하는 반력

3.7 운동량방정식 기출문제

1 운동량방정식

★☆☆

01 극히 짧은 시간 사이에 유체가 어떤 면에 충돌하여 발생하는 반작용의 힘을 구하는 식은?

① 연속방정식 ② 오일러방정식
③ 베르누이 방정식 ④ 운동량방정식

★☆☆

02 질량이 m인 유체가 유속 V_1에서 V_2로 변하는 데 Δt시간이 소요된다면, 이 경우의 운동량방정식을 바르게 표시한 것은?

① $F(t_1 - t_2) = m(V_1 - V_2)$
② $F\Delta t = m(V_1 - V_2)$
③ $F\Delta t = m(V_2 - V_1)$
④ $F\Delta t = m(V_2 - V_1)/m$

★☆☆

03 속도변화를 ΔV, 질량을 m이라 할 때, Δt 시간에 외력 F가 작용할 때의 운동량방정식은?

① $F\Delta V = m\Delta t$ ② $F = m\Delta V\Delta t$
③ $F\Delta t = m\Delta V$ ④ $\dfrac{F}{\Delta t} = m$

★☆☆

04 역적−운동량(impulse−momentum) 방정식인 $\Sigma F_x = \rho Q(V_{x,out} - V_{x,in})$의 유도과정에서 설정된 가정은?

① 흐름은 정상류(steady flow)이다.
② 흐름은 등류(uniform flow)이다.
③ 압축성(compressible) 유체이다.
④ 마찰이 없는 유체(frictionless fluid)이다.

★☆☆

05 보기의 가정 중 방정식 $\Sigma F_x = \rho Q(v_2 - v_1)$에서 성립되는 가정으로 옳은 것은?

보기
가. 유속은 단면 내에서 일정하다.
나. 흐름은 정류(定流)이다.
다. 흐름은 등류(等流)이다.
라. 유체는 압축성이며 비점성 유체이다.

① 가, 나 ② 가, 라
③ 나, 라 ④ 다, 라

2 고정평면에 작용하는 힘

★☆☆

06 지름 5 (cm)의 분류가 유속 50 (m/sec)로 판에 직각으로 충돌하여 방향 전환을 할 때 판이 받는 압력은?

① 0.25 (t) ② 2.0 (t)
③ 0.5 (t) ④ 2.25 (t)

★★☆

07 그림과 같이 직경이 10 (cm)인 단면적에 유속 40 (m/sec)의 분류가 판에 충돌하여 90°로 구부러질 때, 판에 작용하는 힘은 얼마인가?

① 1.28 (t)
② 1.30 (t)
③ 1.32 (t)
④ 1.34 (t)

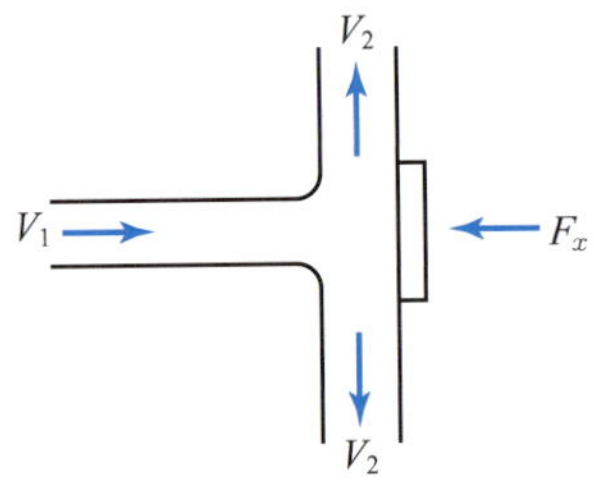

★☆☆

08 그림에서 판에 가해지는 힘(F_x)의 크기는? (단, 제트의 유량과 유속은 각각 $Q=10$ (m^3/sec), $V=10$ (m/sec)이다.)

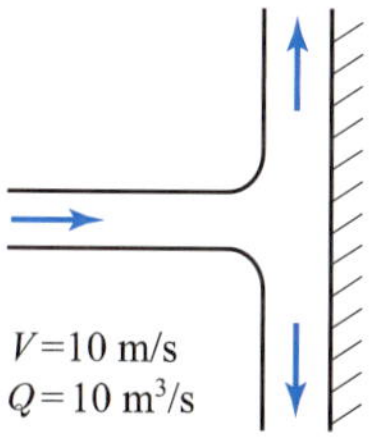

① 9.8 (t)
② 10.2 (t)
③ 10.5 (t)
④ 11.2 (t)

★★☆

09 그림과 같은 유출구에서 약간 떨어져 설치한 원추형 콘을 유지시키는 데 필요한 힘 P는? (단, 콘의 무게는 무시한다.)

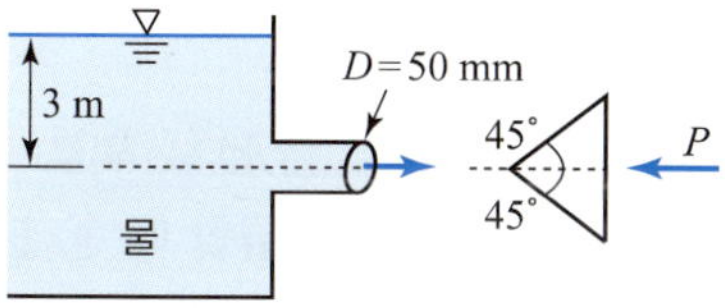

① 6.92 (kg) ② 5.21 (kg)
③ 4.34 (kg) ④ 3.46 (kg)

3 고정곡면에 작용하는 힘

★★☆

10 그림과 같이 유량이 Q, 유속이 V인 유관이 받는 외력 중에서 y축 방향의 힘(F_y)에 대한 계산식으로 맞는 것은? (단, ρ: 단위밀도, θ_1 및 $\theta_2 \leq 90°$, 마찰력은 무시한다.)

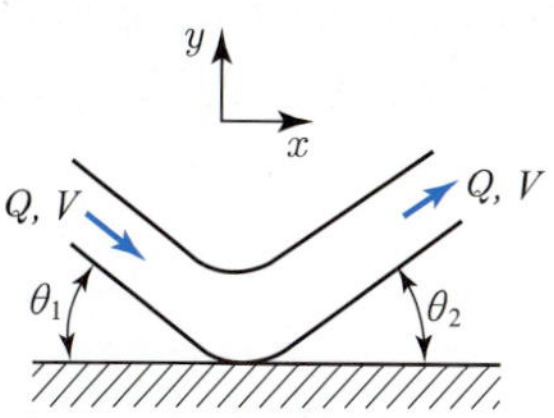

① $F_y=\rho QV(\sin\theta_2-\sin\theta_1)$
② $F_y=-\rho QV(\sin\theta_2-\sin\theta_1)$
③ $F_y=\rho QV(\sin\theta_2+\sin\theta_1)$
④ $F_y=-\rho QV(\sin\theta_2+\sin\theta_1)$

★★☆

11 원형단면의 수맥이 그림과 같이 곡면을 따라 유량 0.018 (m^3/s)가 흐를 때 x방향의 분력은? (단, 관내의 유속은 9.8 (m/s), 마찰은 무시한다.)

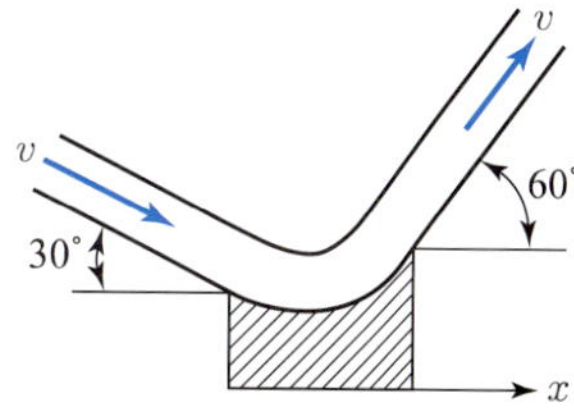

① −18.25 (N)
② 37.83 (N)
③ −64.56 (N)
④ 17.64 (N)

★★☆

12 지름 4 (cm)의 원형 단면 관에서 물의 흐름이 그림과 같이 구부러질 때 곡면을 지지하는 데 필요한 힘 P_x는? (단, 흐름의 속도가 15 (m/sec)이고, 마찰을 무시한다.)

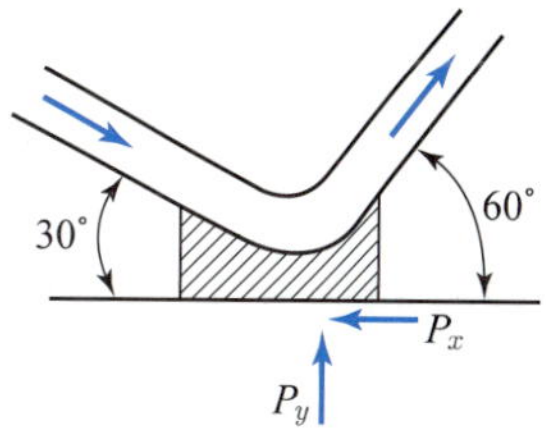

① −0.0106 (t)
② 0.0106 (t)
③ 11.106 (t)
④ −1.1106 (t)

★★★

13 지름 4 (cm)의 원형 단면의 수맥(水脈)이 그림과 같이 구부러질 때, 곡면을 지지하는 데 필요한 힘 P_x와 P_y는? (단, 수맥의 속도는 15 (m/sec)이고, 마찰은 무시한다.)

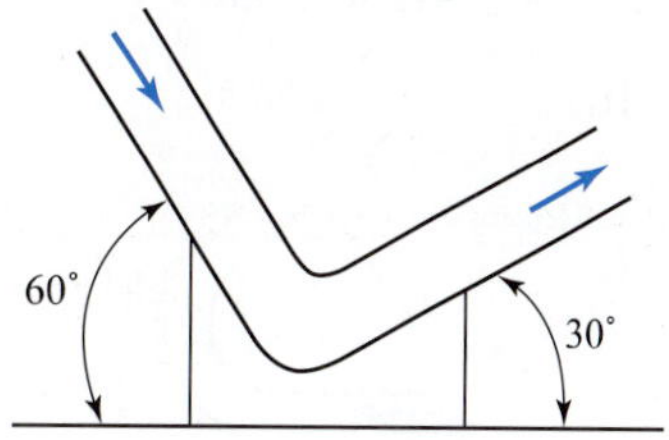

① P_x =0.0106 (t), P_y =0.0394 (t)
② P_x =0.0106 (t), P_y =0.0106 (t)
③ P_x =0.0106 (t), P_y =0.206 (t)
④ P_x =0.106 (t), P_y =0.394 (t)

★★★

14 그림과 같이 직경이 10 (cm)인 단면에 유속 40 (m/sec)의 분류가 판에 충돌하여 90°로 구부러질 때, 판에 작용하는 힘은 얼마인가?

① 1.28 (t)
② 1.30 (t)
③ 1.32 (t)
④ 1.8 (t)

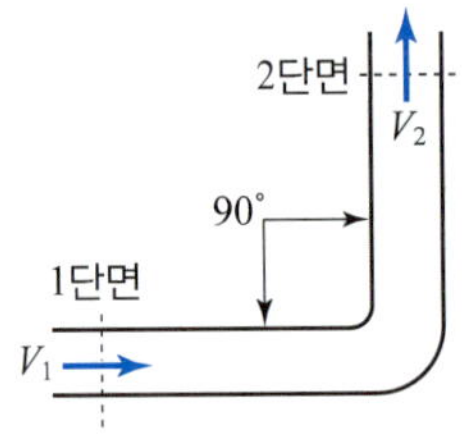

4 이동 평면에 작용하는 힘

★★☆

15 연직판이 4 (m/sec)의 속도로 움직이고 있을 때, 움직임과 반대방향에서 유량 Q=1.5 (m³/sec), 유속 V= 2 (m/sec)로 부딪히는 수맥에 의해 판이 받는 힘은?

① 1224 (kg) ② 918 (kg)
③ 612 (kg) ④ 306 (kg)

★★★

16 다음 그림과 같이 직경 8 (cm)인 분류가 35 (m/sec)의 속도로 관의 벽면에 부딪힌 후 최초 흐름 방향에서 150° 수평방향 변화를 하였다. 관의 벽면이 최초의 흐름방향으로 10 (m/sec)의 속도로 이동할 때 관벽면에 작용하는 힘은?

① −0.35 (t)
② 0.62 (t)
③ −0.18 (t)
④ 0.75 (t)

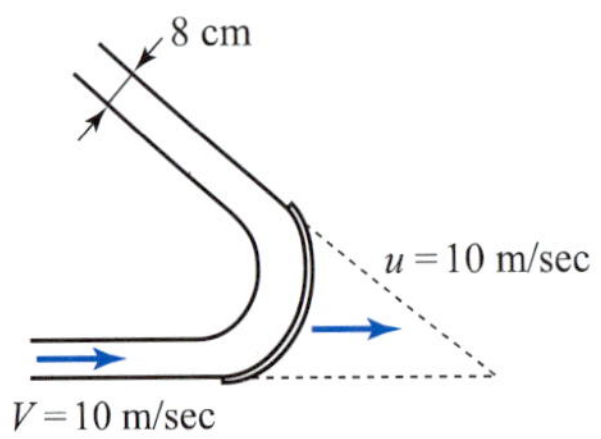

5 추력

★★☆

17 그림에서 배수구의 면적이 5 (cm²)일 때 물통에 작용하는 힘은? (단, 물의 높이는 유지되고 손실은 무시한다.)

① 1 (N)
② 10 (N)
③ 100 (N)
④ 102 (N)

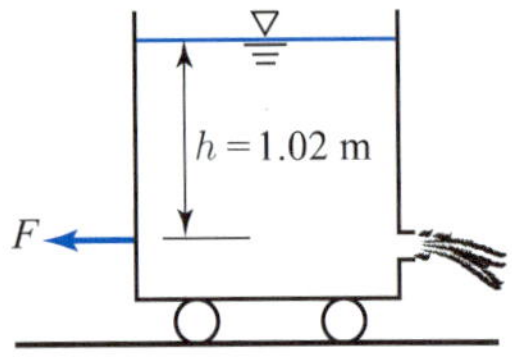

6 개수로 수중 구조물에 가해지는 힘

★★★

18 그림과 같이 여수로(餘水路) 위로 단위폭당 유량 Q=3.27 (m³/sec)가 월류할 때 ⓐ 단면의 유속 V_1 =2.04 (m/sec), ⓑ 단면의 유속 V_2 =4.67 (m/sec)라면, 댐에 가해지는 수평 성분의 힘은? (단, 무게 1 (kg)=10 (N)이고, 이상 유체로 가정한다.)

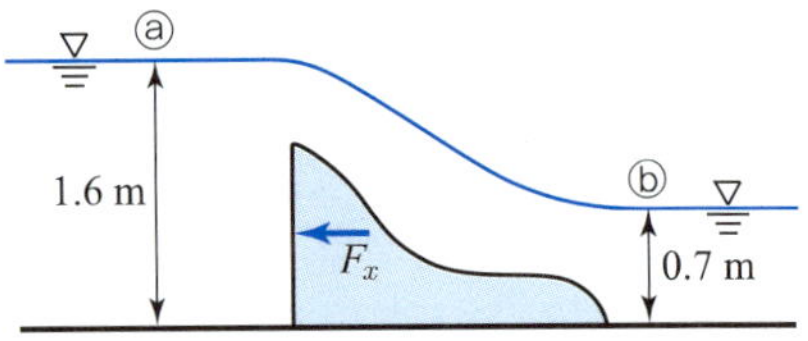

① 1,570 (N/m) (157 (kg/m))
② 2,450 (N/m) (254 (kg/m))
③ 6,470 (N/m) (647 (kg/m))
④ 12,800 (N/m) (1,280 (kg/m))

3.7 운동량방정식 정답과 풀이

01 정답 ④ **출제** 기00, 기03, 기05

운동량방정식은 유체가 어떤 면에 충돌하여 발생하는 반작용의 힘을 구하는 식이다.

02 정답 ③ **출제** 기03, 기09, 산02

$F = ma = m\dfrac{V_2 - V_1}{\Delta t}$ 에서

$F\Delta t = m(V_2 - V_1)$

03 정답 ③ **출제** 기09-1

외력 $F = ma = m\dfrac{\Delta V}{\Delta t}$

$F\Delta t = m\Delta V$

04 정답 ① **출제** 기11-4

흐름이 정상류라는 가정이 가장 중요한 가정이다.

주의 impulse를 역적(力積)이라 하는 것은 일본식 표현이며, 국내 물리학계에서는 충격량이라 표현한다.

05 정답 ①**출제** 기15-2

운동량방정식은 유관을 따른 두 단면 사이에 적용하며, 이때 유속은 단면 내에서 일정하다고 가정한다.

06 정답 ③ **출제** 기00

검사체적에 작용하는 힘

$\Sigma F_x = P_{1x} - P_{2x} - R_x = 0 - 0 - R_x$

운동량 방정식 $\Sigma F_x = \rho Q(V_{2x} - V_{1x})$

$-R_x = 1{,}000 \times \dfrac{\pi \times 0.05^2}{4} \times 50 \times (0 - 50)$

$= -4{,}908$ (N)

따라서 반력 $R_x = 4{,}908$ (N)$=500.89$ (kgf).

07 정답 ① **출제** 산08

유량 $Q = AV = \dfrac{\pi \times 0.1^2}{4} \times 40 = 0.314$ (m^3/s)

$\Sigma F_x = -F_x = \rho Q \Delta V_x = \rho Q(V_2 - V_1)$ 에서,

$-F_x = 1{,}000 \times 0.314 \times (0 - 40)$

$F_x = 12{,}566$ (N)$=1{,}282$ (kgf)

08 정답 ② **출제** 기11-1

$\Sigma F_x = -F_x = \rho Q(V_2 - V_1)$

$= 1{,}000 \times 10 \times (0 - 10)$

따라서 $F_x = 100{,}000$ (N)$=10.2$ (tonf)

09 정답 ④ **출제** 기11-2

$V = \sqrt{2gh} = \sqrt{2 \times 9.8 \times 3} = 7.67$ (m/s)

$\Sigma F_x = -P = \rho Q \Delta V$

$= 1{,}000 \times \left(\dfrac{\pi \times 0.05^2}{4} \times 7.67\right)$

$\times 7.67(\cos 45° - 1)$ (N)

따라서, $P = 33.83$ (N)$=3.45$ (kgf)

주의 예문에서 (kg)은 질량의 단위이며, 힘의 단위는 (kgf)으로 표기해야 한다.

10 정답 ③ **출제** 기04, 기08-2, 기12-1

속도의 y방향 성분만 쓰면

$V_{1y} = -V\sin\theta_1$, $V_{2y} = V\sin\theta_2$

따라서, $\Sigma F_y = F_y = \rho Q(V_{2y} - V_{1y})$에서,

$F_y = \rho Q V(\sin\theta_2 + \sin\theta_1)$

주의 문제에서 '단위밀도'라는 용어는 없으며, ρ는 밀도이다.

11 정답 ③ **출제** 기16-4

곡면에 생기는 반력을 R_x(← 방향)라 하면 x방향의 운동량방정식은

$\Sigma F_x = \rho Q(V_{2x} - V_{1x})$

$-R_x = 1{,}000 \times 0.018 \times \left(9.8 \times \dfrac{1}{2} - 9.8 \times \dfrac{\sqrt{3}}{2}\right)$

$\therefore R_x = 64.56$ (N) (← 방향)

반력의 방향이 왼쪽이므로,

작용력 $F_x = 64.56$ (N) (→ 방향)

주의 문제는 x방향의 분력을 물어본 것이므로, 정확한 의미에서는 ③이 답은 아니다. 다만, 보기 중에 답이 될 수 있는 것이 ③뿐이므로 이것을 선택한다.

12 정답 ② **출제** 기09-4, 기10-1

유량 $Q = AV = \dfrac{\pi \times 0.04^2}{4} \times 15 = 0.0189$ (m^3/s)

$\Sigma F_x = \rho Q(V_{2x} - V_{1x})$

$-P_x = 1{,}000 \times 0.0189 \times (15 \times \cos 60° - 15 \times \cos 30°)$

$\therefore P_x = 103.5$ (N)$= 0.0106$ (tonf)

주의 P_x의 방향이 ← 방향임에 주의

13 정답 ① 출제 기|04, 기|10-2

유량 $Q=AV=\dfrac{\pi\times0.04^2}{4}\times15=0.0189\ (\mathrm{m^3/s})$

$\Sigma F_x=\rho Q(V_{2x}-V_{1x})$

$-P_x=1{,}000\times0.0189\times(15\times\cos30°-15\times\cos60°)$

$\therefore\ P_x=-103.5\ (\mathrm{N})=-0.0106\ (\mathrm{tonf})$

$\Sigma F_y=\rho Q(V_{2y}-V_{1y})$

$P_x=1{,}000\times0.0189\times(15\times\sin30°-15\times\sin60°)$

$\therefore\ P_y=386.2\ (\mathrm{N})=0.394\ (\mathrm{tonf})$

주의 P_x의 방향이 ← 방향임에 주의

14 정답 ④ 출제 산05

유량 $Q=AV=\dfrac{\pi\times0.1^2}{4}\times40=0.314\ (\mathrm{m^3/s})$

$\Sigma F_x=\rho Q\Delta V_x$에서

$-F_x=1{,}000\times0.314\times(0-40)$

$F_x=12{,}566\ (\mathrm{N})$

$\Sigma F_y=\rho Q\Delta V_y$에서

$-F_y=1{,}000\times0.314\times(40-0)$

$F_y=12{,}566\ (\mathrm{N})$

$F=\sqrt{F_x^2+F_y^2}=\sqrt{12{,}566^2+12{,}566^2}$

$=17{,}771.5\ (\mathrm{N})=1.8\ (\mathrm{tonf})$

15 정답 ② 출제 기|08-4

$\Sigma F_x=\rho Q(V_{2x}-V_{1x})$에서

$-F_x=1{,}000\times1.5\times\{0-(2+4)\}$

$F_x=9{,}000\ (\mathrm{N})=918\ (\mathrm{kgf})$

16 정답 ② 출제 기|00, 산03

$\Sigma F_x=\rho Q(V_{2x}-V_{1x})$

$=\rho A(V-u)\{(V-u)\cos150°-(V-u)\}$

$-F_x=1{,}000\times\dfrac{\pi\times0.08^2}{4}\times(35-10)^2$

$\times(\cos150°-1)=-5{,}862\ (\mathrm{N})$

$\Sigma F_y=\rho Q(V_{2y}-V_{1y})$

$=\rho A(V-u)\{(V-u)\sin150°-0\}$

$F_y=1{,}000\times\dfrac{\pi\times0.08^2}{4}\times(35-10)^2$

$(\sin150°-0)=1{,}570\ (\mathrm{N})$

$F=\sqrt{F_x^2+F_y^2}=\sqrt{5{,}862^2+1{,}570^2}$

$=6{,}069\ (\mathrm{N})=0.62\ (\mathrm{tonf})$

17 정답 ② 출제 기|17-4

분출 유속 $V=\sqrt{2gh}\ (\mathrm{m/s})$

운동량방정식에서 x방향으로

$\Sigma F_x=\rho Q(V_{2x}-V_{1x})$

$-F=\rho(AV)(0-V)$

$=-1{,}000\times(5\times10^{-4})\times(\sqrt{2\times9.8\times1.02})^2$

$=-10(\mathrm{N})$ 따라서, $F=10\ (\mathrm{N})$

18 정답 ① 출제 기|12-2

문제에서 무게 1 (kgf)=10 (N)으로 주어졌으므로, 물의 단위중량 $\gamma_w=10{,}000\ (\mathrm{N/m^3})$

좌측 압력힘(ⓐ 단면)

$P_1=\gamma h_{G1}A_1$

$=10{,}000\times\dfrac{1.6}{2}\times(1.6\times1)=12{,}800\ (\mathrm{N})$

우측 압력힘(ⓑ 단면)

$P_2=\gamma h_{G2}A_2$

$=10{,}000\times\dfrac{0.7}{2}\times(0.7\times1)=2{,}450\ (\mathrm{N})$

운동량방정식 $\Sigma F_x=\rho Q(V_{2x}-V_{1x})$

$P_1-P_2-F_x=\rho Q(V_2-V_1)$

$12{,}800-2{,}450-F_x$

$=1{,}000\times3.27\times(4.67-2.04)$

$F_x=1{,}570\ (\mathrm{N})$

주의 문제와 보기에서 제시된 (kg)은 질량의 단위이며, 무게와 힘의 단위는 (kgf)이다. 또한, 단위폭 $B=1$ (m)를 대상으로 풀이하였다.

3.8 보정계수

• **보정계수** 실제유체(점성유체)의 흐름에서 불균일 유속분포로 인한 에너지와 운동량에 대한 보정을 위한 계수

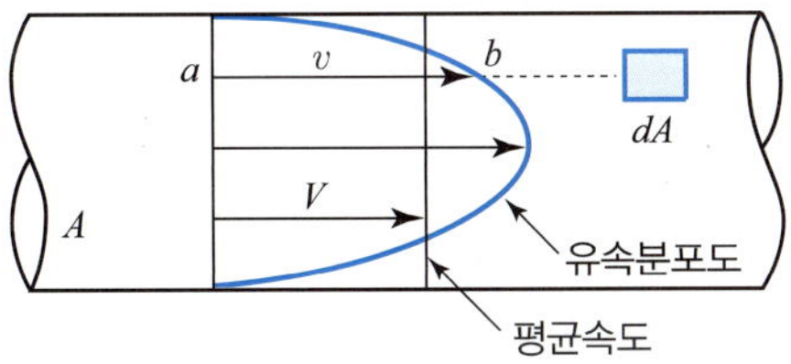

구분	1 에너지 보정계수	2 운동량 보정계수
보정계수 식	$\alpha=\frac{1}{A}\int_A\left(\frac{v}{V}\right)^3 dA$	$\beta=\frac{1}{A}\int_A\left(\frac{v}{V}\right)^2 dA$
범위	$\alpha=1.0\sim2.0$	$\beta=1.0\sim4/3$
최댓값(층류일 때)	$\alpha=2.0$	$\beta=4/3$
완전난류일 때	$\alpha\approx1.0$	$\beta\approx1.0$

3.8 보정계수 기출문제

1 에너지 보정계수

★☆☆

01 운동에너지의 수정계수는 어느 경우에 적용되어야 하는가?

① 모든 유체의 유동에 적용된다.
② 이상유체의 흐름에 적용된다.
③ 실제유체의 흐름에 적용된다.
④ 유동단면이 원형일 때만 적용된다.

★☆☆

02 에너지 보정계수(α)와 운동량 보정계수(β)에 대한 설명으로 옳지 않은 것은?

① α는 속도수두를 보정하기 위한 무차원 상수이다.
② β는 운동량을 보정하기 위한 무차원 상수이다.
③ 실제유체 흐름에서는 $\beta > \alpha > 1$이다.
④ 이상유체에서는 $\alpha = \beta = 1$이다.

★☆☆

03 에너지 보정계수에 대한 설명으로 옳은 것은? (단, A: 흐름 단면적, v: 미소유관의 유속, V: 평균유속, dA: 미소유관의 흐름단면적)

① 연속방정식에 적용된다.
② 속도수두의 단위를 갖고 있다.
③ $\frac{1}{A}\int_A \left(\frac{v}{V}\right)^3 dA$로 표시된다.
④ $\frac{1}{A}\int_A \left(\frac{v}{V}\right)^2 dA$로 표시된다.

★☆☆

04 점성을 가지는 유체가 흐를 때 다음 설명 중 틀린 것은?

① 원형 관 내의 층류 흐름에서 유량은 점성계수에 반비례하고 직경의 4제곱(승)에 비례한다.
② Darcy－Weisbach의 식은 원형 관 내의 마찰손실수두를 계산하기 위하여 사용된다.
③ 층류의 경우 마찰손실계수는 Reynolds 수에 반비례한다.
④ 에너지 보정계수는 이상유체에서의 압력수두를 보정하기 위한 무차원 상수이다.

2 운동량 보정계수

★☆☆

05 원관 내에 층류가 흐르고 있다. 이때 일반적인 에너지 보정계수 α와 운동량 보정계수 η는 다음 중 어느 것인가?

① $\alpha = 2,\ \eta = 4/3$　　② $\alpha = 1,\ \eta = 1.02$
③ $\alpha = 2,\ \eta = 1$　　④ $\alpha = 3,\ \eta = 4/3$

★☆☆

06 다음 중 에너지 보정계수(α)와 운동량 보정계수(η)로 옳은 것은? (단, V_m은 평균유속, V는 실제유속이다.)

① $\alpha = \frac{1}{A}\int_A (V/V_m)\,dA,\ \eta = \frac{1}{A}\int_A (V/V_m)^4 dA$
② $\alpha = \frac{1}{A}\int_A (V/V_m)^2 dA,\ \eta = \frac{1}{A}\int_A (V/V_m)^3 dA$
③ $\alpha = \frac{1}{A}\int_A (V/V_m)^3 dA,\ \eta = \frac{1}{A}\int_A (V/V_m)^2 dA$
④ $\alpha = \frac{1}{A}\int_A (V/V_m)^4 dA,\ \eta = \frac{1}{A}\int_A (V/V_m)\,dA$

★☆☆

07 에너지 보정계수(α)와 운동량 보정계수(β)에 대한 설명 중 틀린 것은?

① 흐름이 이상유체일 때 α와 β는 각각 1.5이다.
② 균일 유속분포일 때는 $\alpha = \beta = 1$이다.
③ 흐름이 실제유체일 때 α와 β는 각각 1보다 크다.
④ α와 β값은 흐름이 난류일 때보다 층류일 때가 크다.

3.8 보정계수 정답과 풀이

01 정답 ③ **출제** 기00

에너지 보정계수(α)와 운동량 보정계수(β)는 실제유속 시와 평균유속 시의 차이를 보정해 주는 계수이므로, 실체 유체 흐름에 적용된다.

02 정답 ③ **출제** 기12-1

③ 최댓값이 층류일 때 $\alpha = 2.0$, $\beta = 4/3$이며, 난류일 경우에는 $1 < \beta < \alpha$이다.

03 정답 ③ **출제** 기12-4

- 에너지 보정계수 $\alpha \equiv \frac{1}{A}\int_A \left(\frac{v}{V}\right)^3 dA$
- 운동량 보정계수 $\beta \equiv \frac{1}{A}\int_A \left(\frac{v}{V}\right)^2 dA$

04 정답 ④ **출제** 기09-2, 기15-2

에너지 보정계수는 실제유체 흐름에서 유속분포가 평균유속과 달라서 생기는 속도수두의 오차를 보정하기 위한 것이다.

05 정답 ① **출제** 산07

원관 내에 층류가 흐를 때의 에너지 보정계수(α)는 2.0이고, 운동량 보정계수(β)는 4/3이다.

주의 운동량 보정계수의 기호는 보통 η가 아닌 β를 사용한다.

06 정답 ③ **출제** 기02, 산09

- 에너지 보정계수 $\alpha = \frac{1}{A}\int_A (V/V_m)^3 dA$
- 운동량 보정계수 $\eta = \frac{1}{A}\int_A (V/V_m)^2 dA$

주의 운동량보정계수의 기호는 보통 η가 아닌 β를 사용한다.

07 정답 ① **출제** 기03, 기10-1, 기12-1

흐름이 이상유체일 때 에너지 보정계수와 운동량 보정계수는 보정할 필요가 없으므로 1.0이다.

3.9 항력

1 유체의 저항

- **항력(drag force)** 유체 속에 있는 물체가 운동할 때 흐름과 반대방향으로 받는 힘

(항력)=(항력계수)×(동압력)×(투영면적)

$$F_D = C_D A \frac{\rho V^2}{2}$$

여기서, C_D는 항력계수, A는 흐름방향 투영면적

- 층류(Stokes 범위, $Re < 4$)일 때, 항력계수 $C_D = \frac{24}{Re}$

2 저항의 종류

- **표면저항(마찰저항)** 마찰에 의해 물체의 표면에 생기는 저항
- **형상저항(압력저항)** 물체 후면의 후류(wake)에 따른 저항

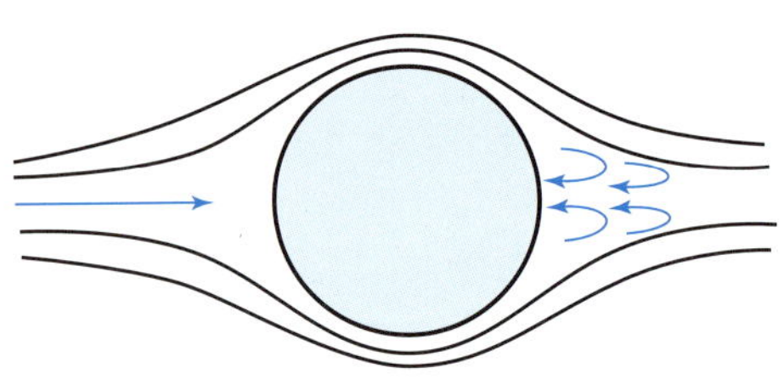

- **조파조항** 물체가 수면에서 이동할 때 생기는 수면 파동에 의한 저항

3.9 항력 기출문제

1 유체의 저항

★☆☆

01 물체가 유체 속에 있을 때, 물체가 유체로부터 받는 힘은?

① 장력 ② 중력
③ 항력 ④ 소류력

★☆☆

02 흐르는 유체 속에 잠겨 있는 물체에 작용하는 항력과 관계가 없는 것은?

① 유체의 밀도 ② 물체의 크기
③ 물체의 형상 ④ 물체의 밀도

★☆☆

03 정지유체에 침강하는 물체가 받는 항력(drag force)의 크기와 관계가 없는 것은?

① 유체의 밀도 ② Froude 수
③ 물체의 형상 ④ Reynolds 수

★☆☆

04 항력 $D = CA\dfrac{\rho V^2}{2}$에서 $\dfrac{\rho V^2}{2}$ 항이 의미하는 것은?

① 속도 ② 길이
③ 질량 ④ 동압력

★☆☆

05 유수 중에 물체가 있는 경우, 흐름방향의 물체의 투영면적 A, 유속 V, 유체의 밀도 ρ, 그리고 항력계수를 C_D라고 하면 항력(抗力) D는?

① $C_DA\dfrac{\rho V^2}{2}$ ② $C_D\dfrac{V^2}{2}$
③ $C_DA\rho V^2$ ④ $C_DA\dfrac{V^2}{2g}$

★☆☆

06 물체의 흐름방향 투영면적을 A, 항력계수를 C_D, 유체의 밀도를 ρ, 단위중량은 γ, 중력가속도를 g라 할 때 유속 V인 유수 중에 놓여 있는 물체가 받는 전 저항력 D는?

① $D = C_DA\dfrac{V^2}{2g}$ ② $D = C_DA\dfrac{\gamma V^2}{2}$
③ $D = C_DA\dfrac{\rho V^2}{2}$ ④ $D = C_DA\dfrac{\rho V^2}{2g}$

★☆☆

07 지름 d의 구(球)가 밀도 ρ의 유체 속을 유속 V로 침강할 때 구(球)의 항력은 얼마인가?

① $D = C_D\pi d^2\dfrac{V^2}{2g}$ ② $D = C_D\dfrac{\pi d^2}{4}\rho V^2$
③ $D = \dfrac{1}{8}C_D\pi d^2\rho V^2$ ④ $D = \dfrac{1}{16}C_D\pi d^2\rho V^2$

★☆☆

08 스토크스(Stokes)의 법칙에 있어서 구형(球形) 물체에 대하여 항력계수 C_D의 값이 옳은 것은? (단, Re는 Reynolds 수를 의미한다.)

① $C_D = \dfrac{64}{Re}$ ② $C_D = \dfrac{32}{Re}$
③ $C_D = \dfrac{24}{Re}$ ④ $C_D = \dfrac{4}{Re}$

★☆☆

09 구형물체(球形物體)에 대하여 Stokes의 법칙이 적용되는 범위에서 항력계수(C_0)는?

① $C_0 = \dfrac{1}{Re}$ ② $C_0 = \dfrac{4}{Re}$
③ $C_0 = \dfrac{24}{Re}$ ④ $C_0 = \dfrac{64}{Re}$

★★☆

10 폭이 2 (m), 높이가 9.8 (m)인 평판이 정지 수중에서 5 (m/sec)의 속도로 움직일 때, 항력계수가 $C_D=0.2$라면 평판에 작용하는 항력(抗力)은? (단, 무게 1 (kg)=10 (N))

① 10 (kN)(1 (t)) ② 25 (kN)(2.5 (t))
③ 30 (kN)(3 (t)) ④ 50 (kN)(5 (t))

★☆☆

11 단위중량 w 또는 밀도 ρ인 유체가 유속 V로서 수평방향으로 흐르고 있다. 직경 d, 길이 l인 원주가 유체의 흐름 방향에 직각으로 중심축을 가지고 놓였을 때 원주에 작용하는 항력(D)은? (단, C: 항력계수, g: 중력가속도)

① $D=C\frac{\pi d^2}{4}\frac{wV^2}{2}$

② $D=Cdl\frac{wV^2}{2}$

③ $D=C\frac{\pi d^2}{4}\frac{\rho V^2}{2}$

④ $D=Cdl\frac{\rho V^2}{2}$

★★☆

12 하천의 임의 단면에 교량을 설치하고 한다. 원통형 교각 상류(전면)에 2 (m/s)의 유속으로 물이 흘러간다면 교각에 가해지는 항력은? (단, 수심은 4 (m), 교각의 직경은 2 (m), 항력계수는 1.5이다.)

① 16 (kN) ② 24 (kN)
③ 43 (kN) ④ 62 (kN)

★★☆

13 원통교각의 직경이 2 (m), 수면에서 바닥까지 깊이가 5 (m), 유속이 3 (m/sec), $C_D=1.0$일 때 교각에 가해지는 항력은?

① 4,485 (kg) ② 4,824 (kg)
③ 4,592 (kg) ④ 4,267 (kg)

2 저항의 종류

★☆☆

14 다음의 항력(drag force)에 관한 설명 중 틀린 것은?

① 마찰항력은 유체가 물체 표면을 흐를 때 점성과 난류에 의해 물체 표면에 발생하는 마찰저항이다.
② 형상항력은 물체의 형상에 의한 후류(wake)로 인해 압력이 저하하여 발생하는 압력저항이다.
③ 조파항력은 물체가 수면에 떠 있거나 물체의 일부분이 수면 위에 있을 때에 발생하는 유체저항이다.
④ 항력 $D=C_DA\frac{V^2}{2g}$으로 표현되며, 항력계수 C_D는 레이놀즈수의 함수이다.

★☆☆

15 흐르는 물속에 물체가 놓여 있을 때, 물체의 형상에 기인하여 후방에 와(渦, vortex) 등의 후류 발생역역이 나타나 작용하게 되는 힘을 일컫는 용어는?

① 양력(전 저항력)
② 마찰항력(표면저항)
③ 압력항력(압력저항)
④ 조파항력(조파저항)

★☆☆

16 다음 중 마찰저항과 가장 관계가 없는 것은?

① 물체의 표면적 ② 물체 표면의 조도
③ 물체의 형태 ④ Reynolds number

★☆☆

17 유체가 흐를 때 Reynolds수가 커지면, 물체의 후면에 후류(wake)라는 소용돌이가 생긴다. 이 때, 압력이 저하되어 물체를 흐름 방향과 반대방향으로 잡아당기는 저항은?

① 마찰저항 ② 형상저항
③ 부유저항 ④ 조파저항

3.9 항력 정답과 풀이

01 정답 ③ **출제** 기11-2, 기16-2

흐르는 유체에 물체가 있는 경우나, 정지된 유체 속에서 물체가 움직일 때, 이 물체가 운동에 반대방향으로 받는 힘을 항력이라 하며, $D = C_D A \frac{\rho V^2}{2}$ 으로 나타낸다. 물체의 크기(A), 물체의 형상(원주, 구 등), 수심(h)과 관계가 있다.

02 정답 ④ **출제** 기17-1

항력의 식을 쓰면 $F_D = C_D A \frac{\rho V^2}{2}$ 이다.

여기서 C_D는 항력계수로 물체의 형상에 관련되며, A는 물체의 단면적, ρ는 유체의 밀도, V는 물체의 속도이다. 따라서 관련이 없는 항목은 물체의 밀도이다.

03 정답 ② **출제** 기18-2

항력에는 유체의 밀도, 물체의 형상, 물체의 속도가 관련되며, 항력계수는 레이놀즈수와 관계가 있다.

04 정답 ④ **출제** 기10-4

$\frac{\rho V^2}{2}$ 는 동압력이다.

$[ML^{-3}][L^2T^{-2}] = [ML^{-1}T^{-2}] = [FL^{-2}]$이므로 압력의 차원이다.

05 정답 ① **출제** 기07-1, 기09, 기13-2

항력=(항력계수)×(투영면적)×(동압력)

$$F_D = C_D A \frac{\rho V^2}{2}$$

06 정답 ③ **출제** 기09-1

(항력)=(항력계수)×(투영면적)×(동압력)

$$F_D = C_D A p = C_D A \frac{\rho V^2}{2}$$

07 정답 ③ **출제** 기10-1, 기18-3

항력 $D = C_D A \frac{\rho V^2}{2}$ 에서 A는 흐름방향의 투영면적이므로 구의 투영면적 $A = \frac{\pi d^2}{4}$ 이다.

따라서, $D = C_D \left(\frac{\pi d^2}{4}\right) \frac{\rho V^2}{2}$

08 정답 ③ **출제** 기04, 기07-2, 기09

$D = C_D A \frac{\rho V^2}{2}$ 과 $D = 3\pi\mu Vd$를 등치시키면,

$C_D = \frac{24\mu}{\rho Vd} = \frac{24}{Re}$ (층류일 때만 성립)

09 정답 ③ **출제** 기12-1

스토크스의 법칙이 적용되는 범위(스토크스 범위)

$Re \le 4$에서 항력계수는 $C_0 = \frac{24}{Re}$ 로 주어진다.

주의 층류일 때 관의 마찰계수가 $f = \frac{64}{Re}$ 인 것과 혼동하지 말 것

10 정답 ④ **출제** 기13-1

$$F_D = C_D A \frac{\rho V^2}{2}$$
$$= 0.2 \times (2 \times 9.8) \times \frac{1,000 \times 5^2}{2}$$
$$= 49,000\ (\text{N}) = 49\ (\text{kN})$$

주의 무게 1 (kgf)=10 (N)이므로 중력가속도 $g = 10\ (\text{m/s}^2)$으로 본 것이다.

11 정답 ④ **출제** 기01, 기12-2, 기15-4, 기17-4, 기19-2

(항력)=(항력계수)×(단면적)×(동압력)

$$D = CA\frac{\rho V^2}{2} = C_d \times (d \times l) \times \frac{\rho V^2}{2}$$

주의 A는 흐름방향의 투영면적이므로 원주(원기둥)의 투영면적 $A = dl$이라는 점에 주의할 것

12 정답 ② **출제** 기16-4

$$F_D = C_D A \frac{\rho V^2}{2}$$
$$= 1.5 \times (4 \times 2) \times \frac{1,000 \times 2^2}{2} = 24,000\ (\text{N})$$

13 정답 ③ **출제** 기00

$$F_D = C_D A \frac{\rho V^2}{2}$$
$$= 1.0 \times (2 \times 5) \times \frac{1,000 \times 3^2}{2} = 45,000\ (\text{N})$$
$$= 4,592\ (\text{kgf})$$

14 정답 ④ **출제** 기02

항력(drag force) $D=C_D A\frac{\rho V^2}{2}$

15 정답 ③ **출제** 기13-4

레이놀즈수가 클 때 물체의 후면에는 후류라 하는 소용돌이가 생긴다. 이 후류 속에서는 압력이 저하되고, 물체를 흐름방향으로 잡아당기게 된다. 이러한 저항을 형상저항(압력저항)이라 한다.

(항력)=(항력계수)×(단면적)×(동압력)

16 정답 ③ **출제** 기02

마찰저항은 유체가 물체의 표면을 따라 흐를 때 점성과 난류에 의해 물체 표면에 발생하는 저항이다.

물체의 형태는 형상저항(압력항력)과 관계가 있다.

17 정답 ② **출제** 기00, 기08-1, 기09

형상저항은 물체 후면에 소용돌이(후류)가 생겨 나타나는 압력 저하에 따른 흐름저항이다.

MEMO

CHAPTER

04

관로 흐름

CIVIL ENGINEERING

HYDRAULICS AND HYDROLOGY

CHAPTER

04 관로 흐름

4.1 관로 흐름 및 수리반경

1 관로 흐름

- 관로 내부에 유체가 꽉 차서 흐르는 흐름
- 자유수면 없이 흐르는 흐름
- 관수로의 흐름을 지배하는 힘은 압력차와 점성력이다.
- 레이놀즈수로 흐름을 파악할 수 있다.
- 관수로 벽면 부근의 층류 흐름을 층류저층(점성저층)이라 부른다.

1 수리반경(hydraulic radius)

- 동수반경이라고도 한다.

  ※ 가끔 '경심'이라고 하는 경우가 있으나, 이것은 부체의 안정에서 제시되는 경심(meta center)과 혼동을 일으키므로 사용하지 않는 것이 좋다.

- (수리반경)$=\dfrac{(\text{단면적})}{(\text{윤변의 길이})}$, $R_h \equiv \dfrac{A}{P}$
- 비원형 관에 적용. 직경 D를 $4R_h$로 대체

  예를 들어, 다시－바이스바흐(Darcy-weisbach)식

$$h_L = f\frac{L}{D}\frac{V^2}{2g} \rightarrow h_L = f\frac{L}{4R_h}\frac{V^2}{2g}$$

4.1 관로 흐름 및 수리반경 기출문제

1 관로 흐름

★☆☆

01 관수로의 흐름에 가장 영향을 많이 끼치는 것은?

① 유체의 밀도　② 관성력
③ 중력　④ 점성력

★☆☆

02 관수로 흐름에 대한 설명으로 옳지 않은 것은?

① 자유수면이 존재하지 않는다.
② 관수로 내의 흐름이 층류인 경우 포물선 유속분포를 이룬다.
③ 관수로 내의 흐름에서는 점성저층(층류저층)이 존재하지 않는다.
④ 관수로의 전단응력은 반지름에 비례한다.

★☆☆

03 관수로 흐름에서 난류에 대한 설명으로 옳은 것은?

① 마찰손실계수는 레이놀즈수만 알면 구할 수 있다.
② 관벽조도가 유속에 주는 영향은 층류일 때보다 작다.
③ 관성력의 점성력에 대한 비율이 층류의 경우보다 크다.
④ 에너지 손실은 주로 난류효과보다 유체의 점성 때문에 발생된다.

2 수리반경

★☆☆

04 직경이 D인 원형 하수관 내를 $D/2$의 깊이로 물이 흐를 때 경심은?

① D
② $D/2$
③ $D/4$
④ $2D$

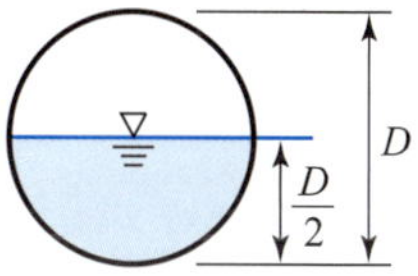

★☆☆

05 지름 100 (cm)의 원형 단면 관수로를 물이 가득 차서 흐를 때 동수반경(動水半徑)은?

① 20 (cm)　② 25 (cm)
③ 50 (cm)　④ 75 (cm)

★☆☆

06 지름 20 (cm)의 원형 단면 수로를 물이 가득 차서 흐를 때의 동수반경(R)은?

① 5 (cm)　② 10 (cm)
③ 15 (cm)　④ 20 (cm)

4.1 관로 흐름 및 수리반경 정답과 풀이

01 정답 ④ **출제** 기05, 산11

관수로의 흐름을 발생시키는 힘은 압력힘과 중력이며, 흐름에 저항하는 힘은 점성력(마찰력)이다.

02 정답 ③ **출제** 기12-4

관수로 벽면 부근의 층류 흐름을 층류저층(점성저층)이라 부른다.

03 정답 ③ **출제** 기14-2, 기17-4

(레이놀즈수)=(관성력) / (점성력)이고, 난류일 때 $Re > 4{,}000$이므로 층류($Re < 2{,}100$)인 경우보다 크다.

04 정답 ③ **출제** 기05, 기10-1, 기13-2, 기16-4, 산02

$$R_h = \frac{A}{P} = \frac{\frac{1}{2}\times\frac{\pi\times D^2}{4}}{\frac{1}{2}\times\pi\times D} = \frac{D}{4}$$

주의 경심이라는 용어는 부체의 안정에서 나오는 metacenter와 혼동되므로, 수리반경 또는 동수반경이라는 용어를 사용하는 것이 바람직하다.

05 정답 ② **출제** 기04, 기08, 기11, 산03, 산05

수리반경 $R_h = \frac{D}{4} = \frac{100}{4} = 25$ (cm)

06 정답 ① **출제** 기08-1, 기11-1

수리반경 $R_h = \frac{D}{4} = \frac{20}{4} = 5$ (cm)

4.2 유속분포

1 유량

- 유량은 단위시간에 흐름 단면적을 통과한 유체의 체적이다.
- 기호는 보통 Q, 단위는 $(\mathrm{m^3/s})$를 사용한다.

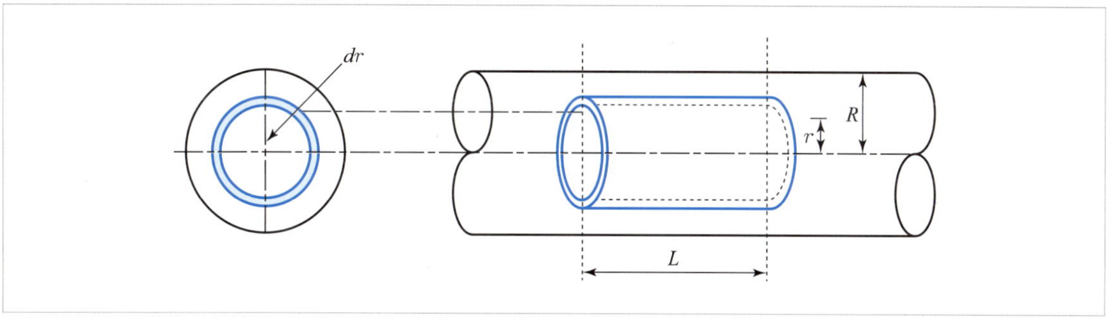

- **하겐–푸아쥬(Hagen–Poiseuille)식(원관 층류의 유량식)**

$$Q = \frac{\pi \Delta p}{8\mu L} R^4 = \frac{\pi \gamma h_L}{8\mu L} R^4$$

- Q는 Δp와 R^4에 비례하고, μ와 L에 반비례한다.

2 유속분포

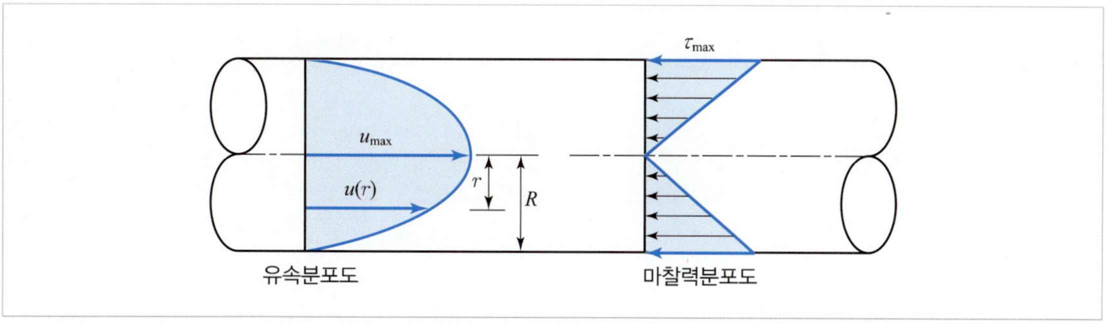

• **원관 층류의 유속분포**

$$u = u_{\max}\left(1 - \frac{r^2}{R^2}\right)$$

u는 r의 제곱에 비례하므로 중심축에서 $u_{\max}$로 최대이며, 관벽에서 $u = 0$이다.

• **평균유속** $V = \dfrac{Q}{A} = \dfrac{\gamma h_L}{8\mu L} R^2$

• **최대유속** $u_{\max} = 2V$

3 전단응력

• **뉴턴의 점성법칙 적용**

$$\tau = \mu\frac{du}{dy} = -\mu\frac{du}{dr} = \frac{\rho g h_L}{2L} r$$

• **전단응력(마찰력) 분포** τ는 r에 비례(중심축에서 $\tau = 0$, 관벽에서 $\tau_{\max}$)

4.2 유속분포 기출문제

1 유량

★☆☆
01 다음 중 유량을 옳게 설명한 것은?

① 단위 시간 내에 유적을 통과한 물의 용량이다.
② 단위 시간 내에 물이 이동한 거리이다.
③ 유적을 통과한 단위시간을 말한다.
④ 유적을 통과하는 수량을 단위시간당 유속으로 표시한다.

★☆☆
02 원관 내의 층류에서 유량에 대한 설명으로 옳은 것은?

① 관의 길이에 비례한다.
② 반경의 제곱에 비례한다.
③ 압력강하에 반비례한다.
④ 점성에 반비례한다.

★☆☆
03 층류일 때 관수로의 유량에 대한 설명 중 틀린 것은?

① 유량의 크기는 관지름의 4제곱(R^4)에 비례한다.
② 유량의 크기는 손실수두의 크기(h_L)에 비례한다.
③ 유량의 크기는 유체의 단위중량 크기(γ)에 반비례한다.
④ 유량의 크기는 점성계수의 크기(μ)에 반비례한다.

2 유속분포

★☆☆
04 내경 600 (mm)의 송수관 내에 유량 2 (m^3/sec)가 흐를 때 평균유속은 얼마인가?

① 6.9 (m/s) ② 7.1 (m/s)
③ 7.4 (m/s) ④ 7.9 (m/s)

★☆☆
05 관수로에서 최대유속이 V_{max}이고, 평균유속이 V_m이라고 하면 V_{max}와 V_m의 관계에 가장 가까운 것은? (단, 층류로 흐를 때)

① 평균유속 V_m은 V_{max}의 1/2배이다.
② 평균유속 V_m은 V_{max}의 1/3배이다.
③ 평균유속 V_m은 V_{max}의 1/4배이다.
④ 평균유속 V_m은 V_{max}의 1/6배이다.

★☆☆
06 다음의 관계 중 <u>틀린</u> 것은? (단, 관의 중심선 상에서의 유속 및 전단응력을 각각 V_0, τ_0, 벽면에서의 전단응력을 τ_s, 관내의 평균유속을 V_m, 관중심선에서 y만큼 떨어져 있는 곳의 유속은 V)

① $V_0 > V$
② $V_0 = 3V_m$
③ $\tau_0 = 0$
④ $\tau_s > \tau_0$

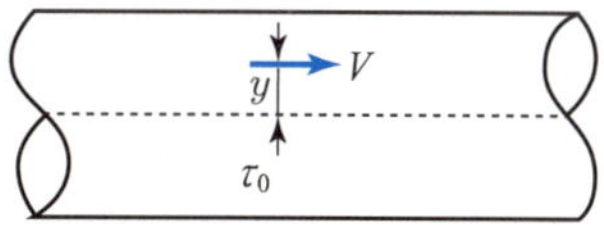

★☆☆
07 그림과 같이 반지름 R의 원통형 관에 층류로 흐를 때 중심부에서의 최대유속을 V_c로 하는 경우 평균유속 V_m은?

① $V_m = \frac{1}{2}V_c$
② $V_m = \frac{1}{3}V_c$
③ $V_m = \frac{1}{4}V_c$
④ $V_m = \frac{1}{5}V_c$

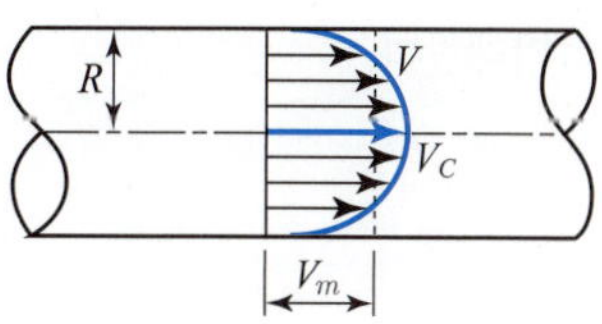

★☆☆
08 그림과 같이 원형 관 중심에서 V의 유속으로 물이 흐르는 경우에 대한 설명으로 틀린 것은? (단, 흐름은 층류로 가정한다.)

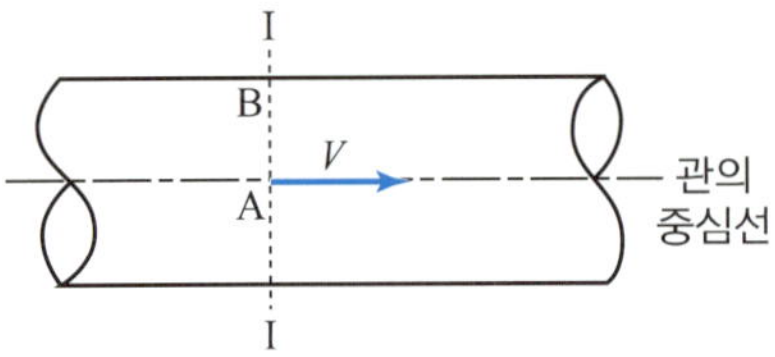

① A점에서의 유속은 단면평균유속의 2배다.
② A점에서의 마찰력은 V^2에 비례한다.
③ A점에서 B점으로 갈수록 마찰력은 커진다.
④ 유속은 A점에서 최대인 포물선 분포를 한다.

★☆☆
09 원관 내 층류의 유속분포 및 유량과 유체 저항 관계에 대한 설명 중 옳지 않은 것은?

① 유량은 관의 반지름의 4승에 비례한다.
② 유량은 단위 길이당 압력 강하량에 반비례한다.
③ 점성계수에 반비례한다.
④ 평균유속은 최대 유속의 1/2배이다.

★☆☆
10 관수로 내의 층류 흐름에 관한 설명 중 옳은 것은?

① 속도분포는 포물선이며, 유량은 지름의 4제곱에 반비례한다.
② 속도분포는 대수분포 곡선이며, 유량은 압력강하량에 반비례한다.
③ 마찰응력 분포는 포물선이며, 유량은 점성계수와 관의 길이에 반비례한다.
④ 속도분포는 포물선이며, 유량은 압력강하량에 비례한다.

3 전단응력

★☆☆
11 뉴턴 유체의 층류에서 속도 분포는 포물선을 그리게 된다. 이때 전단응력의 분포는?

① 포물선 ② 직선
③ 쌍곡선 ④ 원

★☆☆
12 흐르는 물속에 연직으로 세운 두 고정 평행판 사이의 흐름에 대한 설명으로 옳은 것은?

① 전단응력과 유속분포는 전단면에서 일정하다.
② 전단응력과 유속분포는 판의 벽에서 0이고, 판과 판의 중점을 향해서 직선 형태로 분포한다.
③ 전단응력과 유속분포는 전단면에서 포물선 형태로 분포한다.
④ 전단응력은 두 판의 중점에서 0이고, 중점으로부터 거리에 따라 직선 형태로 분포하며, 유속은 중점에서 최대인 포물선 형태로 분포한다.

★☆☆
13 다음에서 관내 흐름이 층류일 때 τ와 τ_0의 관계로 옳은 것은?

① $\tau_0 = \tau(1-r)$
② $\tau_0 = \tau(r-1)$
③ $\tau = \tau_0\left(\frac{r}{r_0}\right)$
④ $\tau = \tau_0\left(\frac{r_0}{r}\right)$

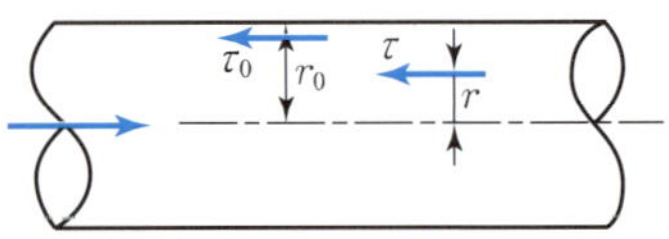

★☆☆
14 지름이 20 (cm), 길이가 1.0 (m)인 관에서 수두손실이 20 (cm)일 때 관벽에 작용하는 마찰력 (τ)은?

① 0.1 (g/cm^2) ② 0.2 (g/cm^2)
③ 1.0 (g/cm^2) ④ 2.0 (g/cm^2)

★☆☆

15 원관 내에 유체가 흐를 때 마찰력에 관한 설명 중 옳지 않은 것은?

① 수두경사에 비례한다.
② 관의 직경에 비례한다.
③ 관의 길이에 비례한다.
④ 점성계수에 비례한다.

★★☆

16 다음 그림과 같이 지름 40 (cm), 길이 1 (km)의 관수로 속을 물이 흐를 때 A점과 B점의 압력이 각각 3.5 (kg/cm²)와 0.2 (kg/cm²)이다. A~B 사이의 관벽에 작용하는 마찰응력은?

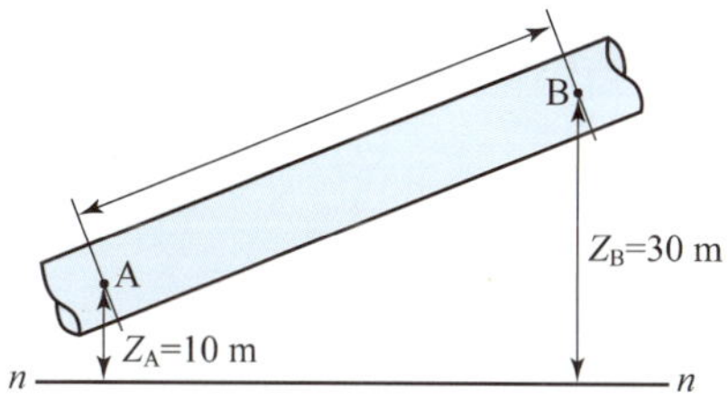

① 2.6×10^{-2} (kg/cm²) ② 1.3×10^{-2} (kg/cm²)
③ 2.6×10^{-4} (kg/cm²) ④ 1.3×10^{-4} (kg/cm²)

4.2 유속분포 정답과 풀이

01 정답 ① **출제** 산05

유량 $Q=AV$이고 단위는 (m^3/s)이다. 즉, 유량은 단위시간당 흐름단면적을 통과한 물의 체적이다.

02 정답 ④ **출제** 기03

Hagen－Poiseuille 식

$$Q=\frac{\pi\Delta p}{128\mu L}D^4=\frac{\pi\Delta p}{8\mu L}R^4$$
$$=\frac{\pi\gamma h_L}{128\mu L}D^4=\frac{\pi\gamma h_L}{8\mu L}R^4 \text{에서}$$

유량은 단위길이당 압력강하량(Δp)에 비례하며, 점성계수(μ)에 반비례한다.

03 정답 ③ **출제** 기14-2, 산08

Hagen－Poiseuille 식

$$Q=\frac{\pi\Delta p}{128\mu L}D^4=\frac{\pi\Delta p}{8\mu L}R^4$$
$$=\frac{\pi\gamma h_L}{8\mu L}R^4 \text{에서}$$

유량은 단위길이당 압력강하량(Δp)에 비례하며, 점성계수(μ)에 반비례한다.

04 정답 ② **출제** 기09-2

$$V=\frac{Q}{A}=\frac{2}{\pi\times0.6^2/4}=7.07 \text{ (m/s)}$$

05 정답 ① **출제** 산01

층류일 때 관 중심에서 최대유속(V_{max})은 평균유속(V_m)의 2배이고, 전단응력은 0이며, 관벽으로 갈수록 유속은 감소하며 전단응력은 증가한다.

06 정답 ② **출제** 산00, 산06

층류일 때 관 중심에서 최대유속(V_{max})은 평균유속(V_m)의 2배이고, 전단응력은 0이며, 관벽으로 갈수록 유속은 감소하며 전단응력은 증가한다.

07 정답 ① **출제** 기04, 기17-1, 산03

평균유속은 최대유속의 1/2배이다.

08 정답 ② **출제** 기11-4, 기17-2

층류인 경우 유속분포는 $u=u_{max}\left(1-\frac{r^2}{R^2}\right)$,

평균유속은 $V=\frac{u_{max}}{2}$, 전단력은 직선분포(벽에서 최대, 중심에서 0)를 한다.

09 정답 ② **출제** 산08

Hagen－Poiseuille 식

$$Q=\frac{\pi\Delta p}{128\mu L}D^4=\frac{\pi\Delta p}{8\mu L}R^4 \text{에서}$$

유량은 단위길이당 압력 강하량(Δp)에 비례하며, 점성계수(μ)에 반비례한다.

10 정답 ④ 출제 기07, 기14-2

관수로에 층류가 흐를 때 유속분포는 포물선 분포이며, 원관 내 층류일 때의 유량을 구하는 공식인 Hagen－Poiseuille 식

$$Q=\frac{\pi\gamma h_L}{8\mu L}R^4=\frac{\pi\Delta p}{128\mu L}D^4$$ 에서

유량은 압력강하량(Δp)에 비례한다.

11 정답 ② 출제 산06

관수로에서 층류의 흐름일 때 유속분포는 포물선이며, 전단응력 분포는 직선이다.

12 정답 ④ 출제 기13-1, 산02, 산04

층류일 때 관의 중앙에서 전단응력은 0이며, 관벽으로 갈수록 유속은 감소하고 전단응력은 증가한다.

주의 유속과 전단응력분포가 위에서 설명한대로 되는 것은 층류인 경우로 한정된다.

13 정답 ③ 출제 산06, 산09

$$\tau=\left(\frac{\gamma h_L}{2L}\right)r=(\text{일정})r$$

즉, $\frac{\tau}{r}=(\text{일정})$이므로

$$\frac{\tau}{\tau_0}=\frac{r}{r_0}$$ 에서 $$\tau=\tau_0\left(\frac{r}{r_0}\right)$$

| 다른 풀이 |

관 중심에서 $\tau(r=0)=0$이므로, $r=0$일 때 $\tau=0$인 보기를 찾는다.

14 정답 ③ 출제 기08-1

모두 [CGS] 단위로 계산하면 단위중량 $\gamma=1.0\ (\text{gf/cm}^3)$이므로,

$$\tau_0=\frac{\gamma h_L}{2L}R=\frac{1\times 20}{2\times 100}\times 10=1.0\ (\text{g/cm}^2)$$

15 정답 ③ 출제 기10-4

원형 관수로에서 마찰력은 $\tau_0=\frac{\gamma h_L}{2L}R$이므로, 수두경사와 관의 직경에 비례하고, 관의 길이에는 반비례한다.

16 정답 ④ 출제 기02

관직경이 같으므로 $V_1=V_2$ 이다.

$\gamma=1,000\ (\text{kgf/m}^3)$, $p_1=35,000\ (\text{kgf/m}^2)$,

$p_2=2,000\ (\text{kgf/m}^2)$를 베르누이 정리에 적용하면,

$$z_1+\frac{p_1}{\gamma}=z_2+\frac{p_2}{\gamma}+h_L$$

(유속수두항은 서로 소거됨)

$$10+\frac{35,000}{1,000}=30+\frac{2,000}{1,000}+h_L$$ 에서

$$h_L=13\ (\text{m})$$

$$\tau_0=\frac{\gamma h_L}{2L}R=\frac{1,000\times 13}{2\times 1,000}\times 0.2=1.3\ (\text{kgf/m}^2)$$

$$=1.3\times 10^{-4}\ (\text{kgf/cm}^2)$$

4.3 관로의 마찰손실

1 마찰손실수두

• **다시–바이스바흐(Darcy–Weisbach) 식**

$$h_L = f\frac{L}{D}\frac{V^2}{2g}$$

꼭 기억하기!

여기서, f는 마찰손실계수, V는 단면평균유속이다.

비원형 관의 경우 $0 = 4R_h$이므로, $h_L = f\dfrac{L}{4R_h}\dfrac{V^2}{2g}$

2 마찰손실계수

• 마찰손실계수는 레이놀즈수에 따라 4가지로 구분하여 계산한다.

• **층류**

– $Re \le 2{,}100$: $f = \dfrac{64}{Re}$(원관): 무디(Moody) 선도에서 영역 ❶

– 층류 영역에서는 단일 곡선 $f = \dfrac{64}{Re}$가 관의 조도에 관계없이 적용된다.

• **난류**

– 매끈한 관: $f = f(Re)$: 무디 선도에서 영역 ❷

완전히 매끄러운 영역(smooth pipe)에서는 f는 Re^n에 반비례하는 관계를 보인다.

– 완전발달난류: $f = f\left(\dfrac{\varepsilon}{D}\right)$: 무디 선도에서 영역 ❸

완전 난류 영역에서 $f - Re$ 곡선은 상대조도$\left(\dfrac{\varepsilon}{D}\right)$만의 함수이다.

레이놀즈수는 관계가 없다.

– 천이구간: $f = f\left(Re, \dfrac{\varepsilon}{D}\right)$: 무디 선도에서 영역 ❹

앞의 ❷와 ❸ 사이의 구간이 천이구간이다.

상대조도$\left(\dfrac{\varepsilon}{D}\right)$와 레이놀즈수($Re$)의 함수이다.

3 무디(Moody) 선도

• 마찰손실계수(f)를 레이놀즈수(Re)와 상대조도$\left(\dfrac{\varepsilon}{D}\right)$의 함수한계로 나타낸 그래프이다.

• 상용관에 대한 니쿠라제(Nikuradse)의 실험자료를 선도(diagram)로 작성한 것

• 전체를 위의 네 영역으로 나눈다.

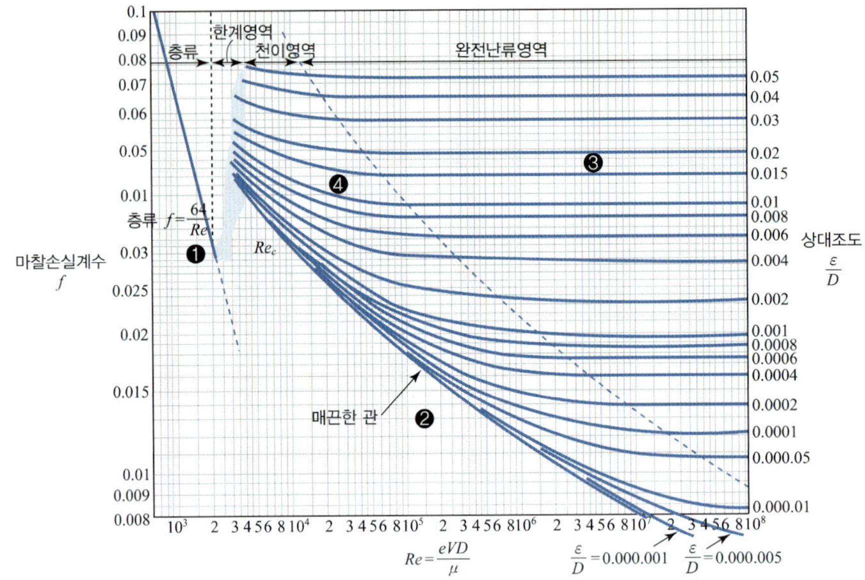

4 마찰속도

- 흐름의 상태와 경계면의 상태에 무관하게 정의한다.

$$u_* = \sqrt{\frac{\tau}{\rho}} = V\sqrt{\frac{f}{8}}$$

여기서, τ는 마찰응력이다.

- 수심에 비해 폭이 큰 개수로에서는 다음과 같다.

$$u_* = \sqrt{g R_h S}$$

여기서, R_h는 수리반경, S는 수로경사이다.

5 수리학적으로 매끈한 관

- **수리학적으로 매끈한 관(hydraulically smooth pipe)** 벽면의 미세한 요철의 높이(k_s)가 층류저층의 두께(δ)보다 작은 관

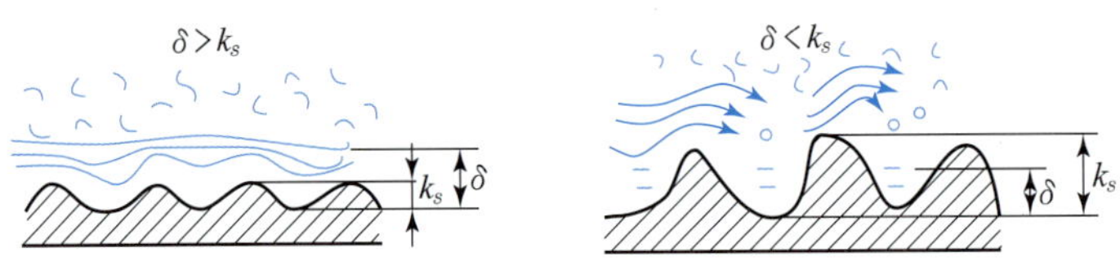

(a) 수리학적으로 매끈한 관 (b) 수리학적으로 거친 관

4.3 관로의 마찰손실 기출문제

1 마찰손실수두

★☆☆
01 관수로 내의 손실수두에 대한 설명 중 옳지 않은 것은?

① 마찰손실수두는 모든 손실수두 가운데 가장 크며, 이것은 마찰손실계수를 유속수두에 곱한 것이다.
② 관수로 내의 모든 손실수두는 유속수두에 비례한다.
③ 관수로 내의 물이 큰 수조로 유입할 때 출구의 손실수두는 유속수두와 같다.
④ 마찰손실 이외의 손실수두를 소손실(minor loss)이라 한다.

★☆☆
02 관수로 내의 흐름에서 가장 큰 손실은?

① 마찰손실수두 ② 유출손실수두
③ 유입손실수두 ④ 급확대손실수두

★☆☆
03 관수로의 마찰손실수두에 대한 다음 설명 중 옳지 않은 것은?

① 관의 지름(D)에 비례한다.
② 관 내의 조도에 비례한다.
③ 관의 길이(L)에 비례한다.
④ 관내 유속(V)의 2승에 비례한다.

★☆☆
04 관수로 내의 흐름에서 마찰손실수두에 관한 사항 중 옳지 않은 것은?

① 관 내면의 조도에 비례한다.
② 관 내의 유속 V의 2승에 비례한다.
③ 관의 길이에 정비례한다.
④ 동점성계수에 반비례한다.

★☆☆
05 Darcy−Weisbach의 마찰손실 공식에 대한 다음 설명 중 틀린 것은?

① 마찰손실수두는 관경에 반비례한다.
② 마찰손실수두는 관의 조도에 반비례한다.
③ 마찰손실수두는 물의 점성에 비례한다.
④ 마찰손실수두는 길이에 비례한다.

★☆☆
06 관수로의 마찰손실수두(h_L)에 대한 다음 설명 중 옳지 않은 것은?

① 관의 지름(D)에 비례한다.
② 레이놀드수(Re)에 반비례한다.
③ 관수로의 길이(L)에 비례한다.
④ 관내 유속(V)의 제곱에 비례한다.

★☆☆
07 관수로에서의 마찰손실수두에 대한 설명 중 옳지 않은 것은?

① 관수로의 길이에 비례한다.
② 관의 내면 조도에 비례한다.
③ 레이놀즈수에 반비례한다.
④ 관 내의 유속의 $1/n$승에 비례한다.

★☆☆
08 관내의 손실수두(h_L)와 유량(Q)의 관계로 옳은 것은? (단, Darcy−Weisbach 공식을 사용)

① $h_L \propto Q$ ② $h_L \propto Q^{1.85}$
③ $h_L \propto Q^2$ ④ $h_L \propto Q^{2.5}$

★★☆

09 **물이 흐르고 있는 관의 단면이 일정할 때 어느 두 단면의 위치수두가 각각** 50 (cm) **및** 20 (cm), **압력이 각각** 1.2 (kg/cm^2) **및** 0.9 (kg/cm^2) **라면 두 단면 사이의 손실수두는?**

① 300 (cm) ② 330 (cm)
③ 345 (cm) ④ 420 (cm)

★☆☆

10 **관수로에서 관의 마찰손실계수가** 0.02, **관의 직경이** 40 (cm)**일 때 관 내의 수류가** 100 (m)**를 흐르는 동안** 2 (m)**의 손실수두가 있었다면 관 내의 유속은?**

① 0.28 (m/sec) ② 1.28 (m/sec)
③ 2.8 (m/sec) ④ 3.8 (m/sec)

★★☆

11 **관경** 500 (mm), **길이** 2 (km)**인 관수로의 유량이** 0.5 (m^3/sec)**일 때 마찰손실수두는? (단, 마찰손실계수** f=0.03**이다.)**

① 3.98 (m) ② 2.55 (m)
③ 25.5 (m) ④ 39.8 (m)

★☆☆

12 **길이** 3,000 (m), **관지름** 600 (mm)**인 주철관의 유속이** 1.75 (m/s)**일 때 마찰손실수두는? (단,** f=0.02)

① 1.56 (m) ② 10.63 (m)
③ 15.63 (m) ④ 156.3 (m)

★☆☆

13 **안지름이** 20 (cm)**인 관로에서 관의 마찰에 의한 손실수두가 속도수두와 같게 되었다면, 이때 관로의 길이는? (단,** f=0.04**이다.)**

① 3 (m) ② 4 (m)
③ 5 (m) ④ 6 (m)

★☆☆

14 **내경** 10 (cm)**의 관수로에 있어서 관벽의 마찰에 의한 손실수두가 속도수두와 같을 때 관의 길이는? (단, 마찰손실계수(**f**)는** 0.03**이다.)**

① 2.21 (m) ② 3.33 (m)
③ 4.99 (m) ④ 5.46 (m)

★★☆

15 **지름** 1 (cm), **길이** 3 (m)**인 원형 관에 유속** 0.2 (m/s)**의 물이 흐를 때 관 길이에 대한 마찰손실수두는? (단,** $\nu=1.12\times10^{-2}$ (cm^2/sec), ρ=1,000 (kg/m^3))

① 8.023 (cm) ② 6.525 (cm)
③ 4.388 (cm) ④ 2.194 (cm)

★★☆

16 **직경** D=2 (cm), L=1,000 (m)**인 원관에서** V=2 (cm/sec)**의 유속으로 흐를 때의 손실수두를 측정해 보았더니** h_L=2.24 (cm)**이었다. 이 관의 마찰손실계수는?**

① 0.042 ② 45.5
③ 0.023 ④ 4.45

★☆☆

17 **지름** 50 (mm), **길이** 10 (m), **관마찰계수** 0.03**인 원관 속을 난류가 흐르고 있다. 관 입구와 출구의 압력차가** 0.1 (kg/cm^2)**일 때 유속은? (단, 물의 단위중량** w_0**는** 1 (t/m^3)**이다.)**

① 1.62 (m/sec) ② 1.71 (m/sec)
③ 1.81 (m/sec) ④ 1.92 (m/sec)

★★☆

18 **각 변의 길이가 2 (cm)×3 (cm)인 직사각형 단면의 매끈한 관에 평균유속 1.0 (m/s)로 물이 흐른다. 관의 길이 100 (m) 구간에서 발생하는 손실수두는? (단, 관의 마찰손실계수 $f=0.03$이다.)**

① 3.2 (m) ② 6.4 (m)
③ 13.8 (m) ④ 25.5 (m)

★☆☆

19 **다음 설명 중 옳지 않은 것은? (단, L=관의 총 길이, D=관의 지름)**

① 관수로의 출구 손실계수는 보통 1로 본다.
② 관수로 내의 손실수두는 유속수두에 비례한다.
③ 관수로에서 마찰 이외의 손실수두를 무시할 수 있는 경우는 $L/D>3{,}000$이다.
④ 마찰손실수두는 모든 손실수두 가운데 가장 큰 것으로, 마찰손실계수에 유속수두를 곱한 것과 같다.

★★☆

20 **기준면상 높이 7 (m)의 위치에 있는 단면 1의 안지름이 50 (cm), 유속이 2 (m/sec), 압력이 3 (kg/cm^2)이고, 높이 2 (m)의 위치에 있는 단면 2의 안지름은 25 (cm), 압력이 2.5 (kg/cm^2)이다. 이 관수로의 단면 1과 2 사이에서 발생하는 손실수두는 얼마인가?**

① 6.94 (m) ② 5.94 (m)
③ 4.94 (m) ④ 3.94 (m)

★☆☆

21 **길이가 400 (m)이고, 지름이 25 (cm)인 관에 평균유속 1.32 (m/s)로 물이 흐르고 있다. 관마찰계수가 0.0422일 때 손실수두는?**

① 6 (m) ② 60 (cm)
③ 4.54 (m) ④ 120 (cm)

2 마찰손실계수

★☆☆

22 **관수로에서 마찰손실계수(f)와 가장 관계가 깊은 것은?**

① Reynolds Number
② Froude Number
③ Critical Depth
④ Mach Number

★☆☆

23 **다음 중 마찰손실계수에 대한 설명으로 틀린 것은?**

① 완전조면 영역에서는 상대조도만의 함수이다.
② 레이놀즈수에 따라 변한다.
③ 마찰손실 계수는 유속과는 상관이 없다.
④ 상대조도에 따라 변한다.

★☆☆

24 **관수로에서 흐름이 층류인 경우 마찰계수 f는?**

① 조도에만 영향을 받는다.
② Reynolds 수에만 영향을 받는다.
③ 조도와 Reynolds 수에 영향을 받는다.
④ 항상 0.2778의 값이다.

★☆☆

25 **관수로를 흐르는 난류 흐름에서 관마찰손실계수 f에 대한 설명으로 옳은 것은?**

① Reynolds 수만의 함수이다.
② Reynolds 수와 상대조도의 함수이다.
③ 상대조도와 Froude 수의 함수이다.
④ 유속과 관지름의 함수이다.

★☆☆
26 **관수로의 마찰손실공식** $h_L = f\frac{L}{D}\frac{V^2}{2g}$**에 있어서 난류에서의 마찰손실계수** f**는?**

① 관벽의 조도의 함수이다.
② 레이놀즈수(Reynolds number)만의 함수이다.
③ 레이놀즈수와 관벽 조도의 함수이다.
④ 레이놀즈수와 상대조도의 함수이다.

★☆☆
27 Darcy－Weisbach**의 마찰손실수두공식** $h = f\frac{L}{D}\frac{V^2}{2g}$**에 있어서** f**는 마찰손실계수이다. 원형 관의 관벽이 완전 조면인 거친 관이고, 흐름이 난류라고 하면** f**는?**

① 프루드수만의 함수로 표현할 수 있다.
② 상대조도만의 함수로 표현할 수 있다.
③ 레이놀즈수만의 함수로 표현할 수 있다.
④ 레이놀즈수와 조도의 함수로 표현할 수 있다.

★☆☆
28 **상대조도(相對粗度)를 바르게 설명한 것은?**

① 차원(次元)이 [L]이다.
② 절대조도를 관경으로 곱한 값이다.
③ 거친 원관 내의 난류 흐름에서 속도분포에 영향을 준다.
④ 원형 관 내의 난류 흐름에서 마찰손실계수와 관계가 없는 값이다.

★☆☆
29 **상대조도에 관한 사항 중 옳은 것은?**

① Chézy의 유속계수와 같다.
② Manning의 조도계수를 나타낸다.
③ 절대조도를 관지름에 곱한 것이다.
④ 절대조도를 관지름으로 나눈 것이다.

★☆☆
30 Darcy－Weisbach**의 마찰손실수두공식** $h_L = f\frac{L}{D}\frac{V^2}{2g}$ **에서 층류인 경우** f**의 값은? (단,** Re**는 레이놀즈수(Reynolds number)이다.)**

① $\frac{Re}{64}$　② $\frac{64}{Re}$
③ $\frac{1}{Re}$　④ $\frac{32}{Re}$

★☆☆
31 **층류영역에서 사용 가능한 마찰손실계수의 산정식은? (단,** Re: Reynolds **수)**

① $\frac{1}{Re}$　② $\frac{4}{Re}$
③ $\frac{24}{Re}$　④ $\frac{64}{Re}$

★☆☆
32 **레이놀즈(Reynolds) 수가 1,000인 관에 대한 마찰손실계수** f**의 값은?**

① 0.016　② 0.022
③ 0.032　④ 0.064

★☆☆
33 **지름 0.2 (cm), 길이 100 (cm)의 유리관 속을 20 (cm/sec)의 속도로 물이 흐를 때 마찰손실수두는? (단,** $Re = 1,000$**이다.)**

① 2.49 (cm)　② 4.99 (cm)
③ 6.53 (cm)　④ 8.05 (cm)

★☆☆
34 **동점성계수가** 1.0×10^{-4} (m^2/sec)**인 지름이 직경 60 (mm)로 유속 2 (m/sec)의 속도로 흐를 때 마찰계수** f**는?**

① 0.021　② 0.034
③ 0.043　④ 0.053

★★★

35 **지름이** 0.2 (cm)**인 유리관 속을** 0.8 (cm^3/sec)**의 물이 흐를 때 관의 길이** 1.0 (m)**의 마찰손실수두는?** (**단, 동점성계수** $\nu=1.12\times10^{-2}$ (cm^2/sec)**이다.**)

① $h_L=18.6$ (cm) ② $h_L=23.3$ (cm)
③ $h_L=29.2$ (cm) ④ $h_L=32.8$ (cm)

★★★

36 **직경** 20 (cm)**인 관수로에** 39.25 (cm^3/sec)**의 유량이 흐를 때에 동점성계수가** $\nu=1.0\times10^{-2}$ (cm^2/sec)**이면 마찰손실계수** f**는?**

① 0.010 ② 0.025
③ 0.256 ④ 0.560

★★☆

37 **내경** 100 (mm), **조도계수** $n=0.014$**의 관으로 물을 보낼 때 마찰손실계수** f**는?** (**단,** Manning **공식 적용**)

① 0.0240 ② 0.0306
③ 0.0386 ④ 0.0526

3 무디 선도

★★☆

38 **마찰손실계수(**f**)와** Reynolds **수(**Re**) 및 상대조고(**ε/d**)의 관계를 나타낸** Moody **도표에 대한 설명으로 옳지 않은 것은?**

① 층류와 난류의 물리적 상이점은 $f-Re$ 관계가 한계 Reynolds 수 부근에서 갑자기 변한다.
② 층류영역에서는 단일 직선이 관의 조도에 관계없이 적용된다.
③ 난류영역에서는 $f-Re$ 곡선은 상대조도(ε/d)에 따라 변하며 Reynolds 수보다는 관의 조도가 더 중요한 변수가 된다.
④ 완전 난류의 완전히 거치른 영역에서 f는 Re^n과 반비례하는 관계를 보인다.

4 마찰속도

★☆☆

39 **유체의 밀도** ρ, **점성계수** μ, **벽면의 마찰력** τ_0, **평균유속을** V**라 할 때 마찰속도** U_***로 옳은 것은?**

① $U_*=\dfrac{\mu V}{\rho}$ ② $U_*=\sqrt{\dfrac{\tau_0}{\rho}}$
③ $U_*=\dfrac{\tau_0}{\mu}$ ④ $U_*=\rho\sqrt{\dfrac{\tau_0}{\mu}}$

★☆☆

40 **지름이** 20 (cm)**인 관수로에 평균유속** 5 m/s**로 물이 흐른다. 관의 길이가** 50 (m)**일 때,** 5 (m)**의 손실수두가 나타났다면, 마찰속도(**u_***)는?**

① $u_*=0.022$ (m/s) ② $u_*=0.22$ (m/s)
③ $u_*=2.21$ (m/s) ④ $u_*=22.1$ (m/s)

★☆☆

41 **매끈한 원관 속으로 완전발달 상태의 물이 흐를 때 단면의 전단응력은?**

① 관의 중심에서 0이고 관벽에서 가장 크다.
② 관벽에서 변화가 없고, 관의 중심에서 가장 큰 직선 변화를 한다.
③ 단면의 어디서나 일정하다.
④ 유속분포와 동일하게 포물선형으로 변화한다.

★★☆

42 **지름이** 30 (cm), **길이가** 1 (m)**인 관의 손실이** 30 (cm)**일 때, 관벽에 작용하는 마찰력** τ**는?**

① 4.5 (g/cm^2) ② 2.25 (g/cm^2)
③ 1.0 (g/cm^2) ④ 0.5 (g/cm^2)

★☆☆

43 지름이 4 (cm)인 원형 관 속에 물이 흐르고 있다. 관로 길이 1.0 (m)구간에서 압력강하가 0.1 (N/m^2)이었다면 관벽의 마찰응력은?

① 0.001 (N/m^2) ② 0.002 (N/m^2)
③ 0.01 (N/m^2) ④ 0.02 (N/m^2)

5 수리학적으로 매끈한 관

★☆☆

44 층류저층(laminar sublayer)을 옳게 기술한 것은?

① 난류 상태로 흐를 때 벽면 부근의 층류 부분을 말한다.
② 층류 상태로 흐를 때 관 바닥면에서의 흐름을 말한다.
③ Reynolds 실험장치에서 관 입구 부분의 흐름을 말한다.
④ 홍수 시 하상(河床) 부분의 흐름을 말한다.

4.3 관로의 마찰손실 정답과 풀이

01 정답 ① **출제** 기00, 기01, 기08, 기14-2, 기18-3

마찰손실수두 $h_L = f\frac{L}{D}\frac{V^2}{2g}$이고, 미소손실수두 $h_L' = K_o\frac{V^2}{2g}$ 이므로, 관수로 내의 모든 손실수두는 유속수두$\left(\frac{V^2}{2g}\right)$에 비례하며, 출구에서의 손실계수 K_o는 1이므로 손실수두는 속도수두와 같다.

02 정답 ① **출제** 기00, 산05

관수로에서 가장 큰 손실은 마찰손실(=주손실)이다.

03 정답 ① **출제** 기02, 산02, 산11

마찰손실수두 $h_L = f\frac{L}{D}\frac{V^2}{2g}$이므로 관의 지름에 반비례한다.

04 정답 ④ **출제** 산04

원관의 층류일 때

$$h_L = f\frac{L}{D}\frac{V^2}{2g}$$
$$= \frac{64}{Re}\frac{L}{D}\frac{V^2}{2g} = \frac{64\nu}{VD}\frac{L}{D}\frac{V^2}{2g}$$

따라서, 마찰손실수두는 동점성계수와 조도, 유속의 제곱에 비례하고, 관지름에는 반비례한다.

주의 문제에서 '층류'라는 조건이 빠져 있다.

05 정답 ② **출제** 산06

$h_L = f\frac{L}{D}\frac{V^2}{2g}$이므로 마찰손실수두는 길이에 비례하고, 관지름에는 반비례한다. 여기서 조도와 점성의 관계는 확실히 알 수 없으나 일반적으로 비례하는 것으로 추정된다.

06 정답 ① **출제** 산03

$h_L = f\frac{L}{D}\frac{V^2}{2g}$ 이므로, 관의 지름에 반비례한다.

07 정답 ④ **출제** 기00

$$h_L = f\frac{L}{D}\frac{V^2}{2g}$$

따라서, 마찰손실수두는 동점성계수와 조도, 유속의 제곱에 비례하고, 관지름에는 반비례한다.

08 정답 ③ **출제** 기17-2

$$h_L = f\frac{L}{D}\frac{V^2}{2g}$$
$$= f\frac{L}{D}\frac{1}{2g}\left(\frac{Q}{A}\right)^2 = f\frac{L}{2gDA^2}Q^2$$

09 정답 ② **출제** 산04, 산07

주어진 자료에서

$\gamma = 1,000$ (kgf/m^3), $p_1 = 12,000$ (kgf/m^2), $p_1 = 9,000$ (kgf/m^2)이므로

베르누이식(속도수두는 서로 소거)에서

$$0.5 + \frac{12,000}{1,000} = 0.2 + \frac{9,000}{1,000} + h_L$$

$\therefore h_L = 3.3$ (m)

10 정답 ③ **출제** 기01, 기18-2, 산07

$$h_L = f\frac{L}{D}\frac{V^2}{2g}$$

$$2 = 0.02\times\frac{100}{0.4}\times\frac{V^2}{2\times9.8}$$

$$\therefore V = 2.8 \text{ (m/s)}$$

11 정답 ④ **출제** 산00

$$V = \frac{Q}{\pi D^2/4} = \frac{0.5}{\pi\times0.5^2/4} = 2.55 \text{ (m/sec)}$$

$$h_L = f\frac{L}{D}\frac{V^2}{2g}$$

$$= 0.03\times\frac{2,000}{0.5}\times\frac{2.55^2}{2\times9.8} = 39.81 \text{ (m)}$$

12 정답 ③ **출제** 기05, 산00, 산03

$$h_L = f\frac{L}{D}\frac{V^2}{2g}$$

$$= 0.02\times\frac{3,000}{0.6}\times\frac{1.75^2}{2\times9.8} = 15.63 \text{ (m)}$$

13 정답 ③ **출제** 산11

$h_L = f\frac{L}{D}\frac{V^2}{2g} = \frac{V^2}{2g}$ 에서, $f\frac{L}{D} = 1$

따라서, $L = \frac{D}{f} = \frac{0.2}{0.04} = 5$ (m)

14 정답 ② **출제** 기14-4

$f\frac{L}{D}\frac{V^2}{2g} = \frac{V^2}{2g}$ 이므로, $f\frac{L}{D} = 1$

따라서, $L = \frac{D}{f} = \frac{0.1}{0.03} = 3.33$ (m)

15 정답 ④ **출제** 기10-2

$$Re = \frac{VD}{\nu} = \frac{20\times1}{1.12\times10^{-2}} = 1,785$$

흐름은 층류. 따라서 $f = \frac{64}{Re}$

$$h_L = f\frac{L}{D}\frac{V^2}{2g} = \left(\frac{64}{Re}\right)\frac{L}{D}\frac{V^2}{2g}$$

$$= \frac{64}{1,785}\times\frac{3}{0.01}\times\frac{0.2^2}{2\times9.8} = 0.0219 \text{ (m)}$$

16 정답 ③ **출제** 산08

$h_L = f\frac{L}{D}\frac{V^2}{2g}$ 에서

$$0.024 = f\times\frac{1,000}{0.02}\times\frac{0.02^2}{2\times9.8}$$

$$\therefore f = 0.023$$

17 정답 ③ **출제** 산06

주어진 자료에서 $\gamma = 1,000$ (kgf/m³),

압력차 $\Delta p = 1,000$ (kgf/m²), $\Delta p = \gamma h_L$ 에서

$h_L = \frac{\Delta p}{\gamma} = \frac{1,000}{1,000} = 1$ (m)이다.

$h_L = f\frac{L}{D}\frac{V^2}{2g}$ 에서

$1 = 0.03\times\frac{10}{0.05}\times\frac{V^2}{2\times9.8}$ 이므로

$$\therefore V = 1.81 \text{ (m/s)}$$

18 정답 ② **출제** 기12-4

$R_h = \frac{A}{P} = \frac{0.02\times0.03}{0.02\times2+0.03\times2} = 0.006$ (m),

원관의 경우 $R_h = \frac{D}{4}$ 이므로,

$$h_L = f\frac{L}{D}\frac{V^2}{2g} = f\frac{L}{4R_h}\frac{V^2}{2g}$$

$$= 0.03\times\frac{100}{4\times0.006}\times\frac{1^2}{2\times9.8} = 6.38 \text{ (m)}$$

19 정답 ④ **출제** 기08-1, 기13-1

$$h_L = f\frac{L}{D}\frac{V^2}{2g}$$

$=$(마찰손실계수)$\times\frac{L}{D}\times$(유속수두)

20 정답 ① **출제** 기09-2

주어진 자료에서

$\gamma = 1,000$ (kgf/m³), $D_1 = 0.5$ (m),

$V_1 = 2$ (m/s), $p_1 = 30,000$ (kgf/m²),

$z_2 = 2$ (m), $D_2 = 0.25$ (m),

$p_2 = 25,000$ (kgf/m²)

연속방정식에서

$$V_2 = \left(\frac{D_1}{D_2}\right)^2 V_1 = \left(\frac{0.5}{0.25}\right)^2\times2 = 8 \text{ (m/s)}$$

베르누이 정리로부터

$$z_1+\frac{p_1}{\gamma}+\frac{V_1^2}{2g}=z_2+\frac{p_2}{\gamma}+\frac{V_2^2}{2g}+h_L$$

$$7+\frac{30,000}{1,000}+\frac{2^2}{2\times 9.8}=2+\frac{25,000}{1,000}+\frac{8^2}{2\times 9.8}+h_L$$

$$\therefore h_L=6.94\ \text{(m)}$$

21 정답 ① **출제** 기05, 기07-2, 산00, 산06

$$h_L=f\frac{L}{D}\frac{V^2}{2g}$$

$$=0.0422\times\frac{400}{0.25}\times\frac{1.32^2}{2\times 9.8}=6\ \text{(m)}$$

22 정답 ① **출제** 기01, 산04

관수로에서 마찰손실계수 f는 층류에서는 레이놀즈수만의 함수이며, 난류에서는 레이놀즈수와 상대조도의 함수이다.

23 정답 ③ **출제** 기03

관수로에서 마찰손실계수 f는 층류에서는 레이놀즈수만의 함수이며, 난류에서는 레이놀즈수와 상대조도의 함수이다. 레이놀즈수는 유속의 함수이다.

24 정답 ② **출제** 기00, 기03, 기17-1

관수로에서 마찰손실계수 f는 층류에서는 레이놀즈수만의 함수이며, 난류에서는 레이놀즈수와 상대조도의 함수이다.

25 정답 ② **출제** 기13-1

난류인 경우의 마찰손실계수는 레이놀즈수(Re)와 상대조도$\left(\frac{e}{D}\right)$의 함수이다.

26 정답 ④ **출제** 기18-3

난류인 경우의 마찰손실계수는 레이놀즈수(Re)와 상대조도$\left(\frac{e}{D}\right)$의 함수이다.

27 정답 ② **출제** 기15-1

층류일 때 $f=f(Re)$, 완전발달 난류일 때 $f=f\left(\frac{\varepsilon}{D}\right)$, 천이영역일 때 $f=f\left(Re,\ \frac{\varepsilon}{D}\right)$

28 정답 ③ **출제** 기15-4

상대조도는 조도를 관직경으로 나눈 값 $\frac{e}{D}$이며, 무차원이고, 완전거친 난류에서 마찰손실계수는 상대조도만의 함수이다.

29 정답 ④ **출제** 기19-2

조도를 ε, 관지름을 D라 하면, 상대조도는 ε/D로 정의된다.

30 정답 ② **출제** 산04

Re가 2,000 이하인 층류인 경우 $f=\frac{64}{Re}$이다.

31 정답 ④ **출제** 기17-2

층류영역에서 마찰손실계수 $f=\frac{64}{Re}$

주의 층류영역의 항력계수 $C_D=\frac{24}{Re}$와 혼동하지 말아야 한다.

32 정답 ④ **출제** 기06, 기10-4, 산00, 산05

Re가 2,000 이하인 층류이므로

$$f=\frac{64}{Re}=\frac{64}{1,000}=0.064$$

33 정답 ③ **출제** 산00

$$h_L=\frac{64}{Re}\frac{L}{D}\frac{V^2}{2g}$$

$$=\frac{64}{1,000}\times\frac{1.0}{0.02}\times\frac{0.2^2}{2\times 9.8}=0.0653\ \text{(m)}$$

$$=6.53\ \text{(cm)}$$

34 정답 ④ **출제** 산01

$$Re=\frac{VD}{\nu}=\frac{2\times 0.06}{1.0\times 10^{-4}}=1,200<2,000$$

따라서 층류

$$\therefore f=\frac{64}{Re}=\frac{64}{1,200}=0.053$$

35 정답 ② **출제** 기00, 기04, 산01, 산10

$$V=\frac{Q}{A}=\frac{0.8}{\pi\times 0.2^2/4}=25.46\ \text{(cm/s)}$$

$$Re=\frac{VD}{\nu}=\frac{25.46\times 0.2}{1.12\times 10^{-2}}=455<2,000$$

이므로 층류이다.

$$f=\frac{64}{Re}=\frac{64}{455}=0.141$$

$$h_L=f\frac{L}{D}\frac{V^2}{2g}$$

$$=0.141\times\frac{100}{0.2}\times\frac{25.5^2}{2\times980}=23.26 \ \text{(cm)}$$

36 정답 ③ **출제** 기11-1

모든 변수에 CGS 단위계를 사용하자. 주어진 자료는 $D=20$ (cm), 유량 $Q=39.25$ (cm^3/s), 동점성계수 $\nu=1.0\times10^{-2}$ (cm^2/s)

$$V=\frac{Q}{A}=\frac{4Q}{\pi D^2}=\frac{39.25}{\pi\times20^2/4}=0.125 \ \text{(cm/s)}$$

$$Re=\frac{VD}{\nu}=\frac{0.125\times20}{1.0\times10^{-2}}=250.$$

층류이므로 $f=\frac{64}{Re}=\frac{64}{250}=0.256$

37 정답 ④ **출제** 기11-4

$h_L=f\frac{L}{D}\frac{V^2}{2g}$에서,

$$V=\sqrt{\frac{2gDh_L}{fL}}=\sqrt{\frac{8g}{f}}R_h^{1/2}\sqrt{S}$$

이 식이 Manning 식 $V=\frac{1}{n}R_h^{2/3}\sqrt{S}$과 같으려면,

$$\sqrt{\frac{8g}{f}}R_h^{1/2}=\frac{1}{n}R_h^{2/3}$$

따라서

$$f=\frac{8gn^2}{R_h^{1/3}}=\frac{8\times9.8\times0.014^2}{(0.1/4)^{1/3}}=0.0526$$

38 정답 ④ **출제** 기08-4, 기11-2

Moody 선도는 크게 네 부분으로 나뉜다.

1. 층류 영역에서는 단일 곡선 $f=\frac{64}{Re}$가 관의 조도에 관계없이 적용된다.
2. 완전히 매끄러운 영역(smooth pipe)에서 f는 Re^n과 반비례 관계를 보인다.
3. 완전 난류영역에서는 $f-Re$ 곡선은 상대조도(ε/d)에 따라서만 변하며 Reynolds 수는 큰 관계가 없다.
4. 앞의 2와 3 사이의 구간이 천이구간이며, 상대조도(ε/d)와 Reynolds 수(Re)의 영향을 모두 받는다.

39 정답 ② **출제** 기02, 기05, 기06, 기09, 기16-1

$$u_*=\sqrt{\frac{\tau_0}{\rho}}=V\sqrt{\frac{f}{8}}=\sqrt{gR_hS}$$

40 정답 ② **출제** 기18-1

$$u_*=\sqrt{\frac{\tau_0}{\rho}}=\sqrt{\frac{\gamma R_hS}{\rho}}$$

$$=\sqrt{g\frac{D}{4}\frac{h_L}{L}}=\sqrt{9.8\times\frac{0.2}{4}\times\frac{5}{50}}$$

$$=0.221 \ \text{(m/s)}$$

41 정답 ① **출제** 기02, 기16-4, 산06

'완전발달 상태'는 난류의 상태이다. 이 경우 관벽에서 전단력이 최대, 관 중심에서 0이지만, 그 사이는 알 수 없다. 반면, 층류는 그 사이가 직선 변화를 한다.

42 정답 ② **출제** 기08, 기10-1, 산07

물의 단위중량 $\gamma=1$ (gf/cm^3)

$$\tau_0=\gamma R_hS=\gamma\frac{D}{4}\frac{h_L}{L}$$

$$=1\times\frac{30}{4}\times\frac{30}{100}=2.25 \ \text{(gf/cm}^2\text{)}$$

43 정답 ① **출제** 기00, 기17-4

(압력강하에 의한 힘)=(전단력의 합)

$\Delta pA=\tau_0A_s$, 여기서 A_s는 관벽의 면적

$$0.1\times\frac{\pi\times0.04^2}{4}=\tau_0\times(\pi\times0.04\times1.0)$$

$$\therefore \tau_0=0.001 \ \text{(N/m}^2\text{)}$$

주의 '기00'에서는 보기의 단위가 (gf/cm^2)이었다.

44 정답 ① **출제** 기01

층류저층(=점성저층)은 난류 상태로 흐를 때 벽면 부근에서 나타나는 층류 부분이다.

4.4 평균유속식

1 다시-바이스바흐(Darcy-Weisbach) 식

• Darcy-Weisbach 식은 원래 마찰손실수두 식이나 평균유속식의 형태로 바꿀 수 있다.

$$h_L = f\frac{L}{D}\frac{V^2}{2g} \Rightarrow V = \sqrt{\frac{8g}{f}}\sqrt{\frac{D}{4}}\sqrt{\frac{h_L}{L}} = \sqrt{\frac{8g}{f}}\sqrt{R_h S}$$

여기서, 수리반경 $R_h = \frac{A}{P}$, 에너지 경사 $S = \frac{h_L}{L}$(관경이 일정할 때는 동수경사로도 사용)

2 하젠-윌리엄스(Hazen-Williams) 식

$$V = 0.849\, C R_h^{0.63} S^{0.54} \text{ (m/s)}$$

• 비교적 큰 관($D > 5$ (cm))에서 유속 $V \leq 3$ (m/s)인 경우
• 상수도 시스템 설계에 많이 사용된다(상용관에 적합).

3 쉐지(Chézy) 식

$$V = C\sqrt{R_h S}$$

여기서, C는 쉐지계수, R_h는 수리반경, S는 에너지 경사이다.

• 원래 개수로의 평균유속식이다.

4 매닝(Manning) 식

$$V = \frac{1}{n} R_h^{2/3} \sqrt{S} \text{ (m/s)}$$

여기서, n은 매닝의 조도계수이다.

• 원래 개수로 등류의 평균유속식이다(현장 제작 관로에 적합).

5 유속식 간의 관계

- **다시-바이스바흐식** $V=\sqrt{\frac{8g}{f}}\sqrt{R_hS}$
- **쉐지식** $V=C\sqrt{R_hS}$
- **매닝식** $V=\frac{1}{n}R_h^{2/3}\sqrt{S}$
- 따라서 세 식의 관계는 다음과 같다.

$$\sqrt{\frac{8g}{f}}=C=\frac{1}{n}R_h^{1/6}$$

4.4 평균유속식 기출문제

1 다시-바이스바흐식

★★☆

01 경심이 5 (m)이고, 동수경사가 1/200인 관로에서 Reynolds 수가 1,000인 흐름의 평균유속은?

① 0.70 (m/s) ② 2.24 (m/s)
③ 5.00 (m/s) ④ 5.53 (m/s)

★★☆

02 유량 6.28 (m^3/sec)를 흐르게 하기 위하여 내경 2 (m)의 주철관 100 (m)를 설치할 경우 관로 경사는? (단, 마찰손실계수는 0.03이다.)

① 1/1,000 ② 2/1,000
③ 3/1,000 ④ 4/1,000

2 하젠-윌리엄스식

• 2000년 이후는 출제된 문제 없음

3 쉐지식

★☆☆

03 동수반경이 10 (m)이고, 동수경사가 1/200인 관로의 마찰손실계수 $f=0.04$일 때 유속은?

① 8.9 (m/sec) ② 9.9 (m/sec)
③ 11.3 (m/sec) ④ 12.3 (m/sec)

4 매닝식

★☆☆

04 관수로에서 평균유속을 구하는 여러 공식이 다음에 열거되어 있다. 이 중 매닝(Manning) 공식은? (단, C=유속계수, V=유속, I=동수구배, R=경심이다.)

① $V=C\sqrt{RI}$

② $V=\dfrac{1}{n}R^{\frac{2}{3}}I^{\frac{1}{2}}$

③ $V=0.84935CR^{0.63}I^{0.54}$

④ $V=\dfrac{1}{n^F}R^{0.7}I^{0.5}$

★★☆

05 Manning의 조도계수 $n=0.012$인 원관을 써서 1 (m^3/sec)의 물을 동수경사 1/100로 송수하려 할 때 적당한 관지름은?

① 70 (cm) ② 80 (cm)
③ 90 (cm) ④ 100 (cm)

★★☆

06 유량 147.6 (l/sec)를 송수하기 위하여 내경 0.4 (m)의 관을 700 (m) 설치하였을 때 적당한 관로 경사는? (단, 조도계수 $n=0.012$이며, Manning 공식을 적용할 것)

① 3/700 ② 2/700
③ 3/500 ④ 2/500

★★☆

07 $n=0.013$인 지름 600 (mm)의 원형 주철관의 동수구배가 1/180일 때 유량은? (단, Manning 공식을 사용할 것)

① 1.620 (m^3/sec) ② 0.147 (m^3/sec)
③ 0.458 (m^3/sec) ④ 4.122 (m^3/sec)

5 유속식 간의 관계

★★☆
08 경심이 8 (m), 동수경사가 1/100, 마찰손실계수 $f=0.04$일 때 Chézy의 유속계수 C를 구한 값은?

① 51.1 ($m^{1/2}$/sec)　② 25.6 ($m^{1/2}$/sec)
③ 36.1 ($m^{1/2}$/sec)　④ 44.3 ($m^{1/2}$/sec)

★★☆
09 경심이 8 (m), 동수경사가 1/100, 마찰손실계수 $f=0.03$일 때 Chézy의 유속계수 C를 구한 값은?

① 51.1 ($m^{1/2}$/s)　② 25.6 ($m^{1/2}$/s)
③ 36.1 ($m^{1/2}$/s)　④ 44.3 ($m^{1/2}$/s)

★★☆
10 직경 20 (cm)의 관 내 유속을 Chézy의 평균유속공식으로 구하려 할 때 유속계수 C는? (단, 마찰손실계수 $f=0.03$)

① 35.5　② 40.9
③ 51,1　④ 60.2

★★★
11 관로 길이 100 (m), 안지름 30 (cm)의 주철관에 0.1 (m^3/s)의 유량을 송수할 때 손실수두는? (단, $v=C\sqrt{RI}$, $C=63$ ($m^{1/2}$/s)이다.)

① 0.54 (m)　② 0.67 (m)
③ 0.74 (m)　④ 0.88 (m)

★★☆
12 관의 길이가 80 (m), 관경 400 (mm)의 주철관으로 0.1 (m^3/sec)의 유량을 송수할 때 손실수두는? (단, Chézy의 평균유속계수 $C=70$이다.)

① 1.656 (m)　② 0.129 (m)
③ 0.103 (m)　④ 0.092 (m)

★★☆
13 쉐지의 평균유속공식의 유속계수와 매닝의 조도계수와의 관계를 옳게 나타낸 것은? (단, V= 평균유속, R=경심(수리 평균수심), C=쉐지의 유속계수, n=매닝의 조도계수이다.)

① $C=\frac{1}{n}R^{\frac{2}{3}}$　② $C=nR^{\frac{1}{4}}$
③ $C=\frac{1}{n}R^{\frac{1}{6}}$　④ $C=n^{\frac{1}{2}}R^{\frac{1}{4}}$

★★☆
14 Chézy의 평균유속공식에서 평균유속계수 C를 Manning의 평균유속공식을 이용하여 표현한 것으로 옳은 것은?

① $\frac{R^{1/2}}{n}$　② $\frac{R^{1/6}}{n}$
③ $\sqrt{\frac{f}{8g}}$　④ $\sqrt{\frac{8g}{f}}$

★★☆
15 Manning 공식의 조도계수 n과 마찰계수 f와의 관계식이 바르게 표시된 것은? (단, 원관의 경우)

① $12.7gn^2D^{1/3}$　② $124.5n^2D^{-1/3}$
③ $12.7gnD^{-1/3}$　④ $124.5nD^{1/3}$

★★☆
16 물이 가득 차서 흐르는 원형 관수로에서 마찰손실계수 f를 Manning의 조도계수 n과 연관시킨 식으로 옳은 것은? (단, d: 관지름, R: 동수반경, g: 중력가속도)

① $f=\frac{124.5n^2}{d^{1/3}}$　② $f=\frac{8gn^2}{d^{1/3}}$
③ $f=\frac{124.5n^2}{R^{1/3}}$　④ $f=\frac{8gn^2}{R^{2/3}}$

★★☆

17 **원형 관수로 흐름에서 Manning 식의 조도계수와 마찰계수의 관계식은? (단, f는 마찰계수, n은 조도계수, d는 관의 직경, 중력가속도는 9.8 (m/s^2)이다.)**

① $f=\dfrac{98.8n^2}{d^{1/3}}$　② $f=\dfrac{124.5n^2}{d^{1/3}}$

③ $f=\sqrt{\dfrac{98.8n^2}{d^{1/3}}}$　④ $f=\sqrt{\dfrac{124.5n^2}{d^{1/3}}}$

★★☆

18 **안지름 100 (mm), 조도계수 $n=0.012$의 주철관으로 물을 보낼 때, 마찰손실계수 f는? (단, Manning 공식을 적용할 것)**

① 0.0240　② 0.0306

③ 0.0386　④ 0.0083

4.4 평균유속식 정답과 풀이

01 정답 ④ 출제 기14-1, 기16-2

층류이므로 $f=\dfrac{64}{Re}=\dfrac{64}{1,000}=0.064$

Darcy – Weisbach 식에서 $h_L=f\dfrac{L}{D}\dfrac{V^2}{2g}$

$$V=\sqrt{\frac{8}{f}}\sqrt{\frac{D}{4}}\sqrt{\frac{h_L}{L}}$$

$$=\sqrt{\frac{8}{0.064}}\sqrt{5}\sqrt{\frac{1}{200}}=5.53\ (m/s)$$

02 정답 ③ 출제 기10-1

$$V=\frac{Q}{\pi D^2/4}=\frac{6.28}{\pi\times 2^2/4}=2\ (m/s)$$

Darcy – Weisbach 식 $h_L=f\dfrac{L}{D}\dfrac{V^2}{2g}$에서

관로경사

$$S=\frac{h_L}{L}=\frac{f}{D}\frac{V^2}{2g}=\frac{0.03}{2}\times\frac{2^2}{2\times 9.8}=0.0031$$

03 정답 ② 출제 기19-3, 산11

$$V=C\sqrt{R_hS}=\sqrt{\frac{8g}{f}}\sqrt{R_hS}$$

$$=\sqrt{\frac{8\times 9.8}{0.04}}\sqrt{10\times\frac{1}{200}}=9.9\ (m/s)$$

04 정답 ② 출제 산06

Manning 식 $V=\dfrac{1}{n}R_h^{\frac{2}{3}}S^{\frac{1}{2}}$

05 정답 ① 출제 기07-4, 기18-2, 산08

$Q=AV=A\dfrac{1}{n}R_h^{\frac{2}{3}}S^{\frac{1}{2}}$에서

$$1=\frac{\pi\times D^2}{4}\times\frac{1}{0.012}\times\left(\frac{D}{4}\right)^{\frac{2}{3}}\times\sqrt{\frac{1}{100}},$$

따라서 $D=0.7$ (m)

06 정답 ① 출제 기19-1, 산08, 산10

$Q=AV=A\dfrac{1}{n}R_h^{\frac{2}{3}}S^{\frac{1}{2}}$에서

$0.1479=\dfrac{\pi\times 0.4^2}{4}\times\dfrac{1}{0.012}\times\left(\dfrac{0.4}{4}\right)^{\frac{2}{3}}\times S^{\frac{1}{2}}$에서

$$\therefore S=0.00428=\frac{3}{700}$$

07 정답 ③ 출제 기15-2

$$Q=AV=A\frac{1}{n}R_h^{2/3}S^{1/2}$$

$$=A\frac{1}{n}R_h^{2/3}\sqrt{S}$$

$$=\left(\frac{\pi\times 0.6^2}{4}\right)\times\frac{1}{0.013}\times\left(\frac{0.6}{4}\right)^{2/3}\times\left(\frac{1}{180}\right)^{1/2}$$

-0.458 (m^3/s)

08 정답 ④ 출제 기00

$$C=\sqrt{\frac{8g}{f}}=\sqrt{\frac{8\times 9.8}{0.04}}=44.27\ (m^{1/2}/s)$$

09 정답 ① 출제 기15-4

주어진 자료는 $R_h=8$ (m),

$S=\dfrac{1}{100}$, $f=0.03$

$$C=\sqrt{\frac{8g}{f}}=\sqrt{\frac{8\times 9.8}{0.03}}=51.12$$

주의 경심이라는 용어는 부체의 안정에서 나오는 metacenter와 혼동되므로, 수리반경 또는 동수반경이라는 용어를 사용하는 것이 바람직하다.

10 정답 ③ **출제** 기13-4

$$C=\sqrt{\frac{8g}{f}}=\sqrt{\frac{8\times 9.8}{0.03}}=51.12\ (\mathrm{m^{1/2}/s})$$

11 정답 ② **출제** 기16-1

$$Q=AV=AC\sqrt{R_h I}=AC\sqrt{\frac{D}{4}\frac{h_L}{L}}$$

손실수두

$$h_L=\frac{Q^2}{A^2C^2}\frac{4}{D}L$$

$$=\frac{0.1^2}{(\pi\times 0.3^3/4)^2\times 63^2}\times\frac{4}{0.3}\times 100=0.67\ (\mathrm{m})$$

12 정답 ③ **출제** 기06

$$C=\sqrt{\frac{8g}{f}}\text{ 에서 } f=\frac{8g}{C^2}=\frac{8\times 9.8}{70^2}=0.016$$

$$V=\frac{Q}{A}=\frac{0.1}{\pi\times 0.4^2/4}=0.796\ (\mathrm{m/s})$$

$$h_L=f\frac{L}{D}\frac{V^2}{2g}=0.016\times\frac{80}{0.4}\times\frac{0.796^2}{2\times 9.8}$$

$$=0.103\ (\mathrm{m})$$

| 다른 풀이 |

$$Q=AV=AC\sqrt{R_h S}=AC\sqrt{\frac{D}{4}\frac{h_L}{L}}$$

손실수두

$$h_L=\frac{4LQ^2}{DA^2C^2}=\frac{4\times 80\times 0.1^2}{0.4\times(\pi\times 0.4^2/4)^2\times 70^2}$$

$$=0.103\ (\mathrm{m})$$

13 정답 ③ **출제** 기10

$$C=\sqrt{\frac{8g}{f}}=\frac{R_h^{1/6}}{n}$$

14 정답 ② **출제** 기13-2

$$C=\sqrt{\frac{8g}{f}}=\frac{R_h^{1/6}}{n}$$

15 정답 ② **출제** 산01, 산06, 산10

$$C=\sqrt{\frac{8g}{f}}=\frac{R_h^{1/6}}{n}\text{ 의 관계에서}$$

마찰손실계수

$$f=\frac{8gn^2}{R^{1/3}}=\frac{8gn^2}{(D/4)^{1/3}}=\frac{124.5n^2}{D^{1/3}}$$

16 정답 ① **출제** 기12-2

$$C=\sqrt{\frac{8g}{f}}=\frac{R_h^{1/6}}{n}\text{ 의 관계에서}$$

마찰손실계수

$$f=\frac{8gn^2}{R^{1/3}}=\frac{8gn^2}{(D/4)^{1/3}}=\frac{124.5n^2}{D^{1/3}}$$

17 정답 ② **출제** 기15-1

$$C=\sqrt{\frac{8g}{f}}=\frac{R_h^{1/6}}{n}\text{ 의 관계에서}$$

마찰손실계수

$$f=\frac{8gn^2}{R^{1/3}}=\frac{8gn^2}{(D/4)^{1/3}}=\frac{124.5n^2}{D^{1/3}}$$

18 정답 ③ **출제** 기11, 산03, 산07

$$C=\sqrt{\frac{8g}{f}}=\frac{R_h^{1/6}}{n}\text{ 의 관계에서,}$$

$$f=\frac{8gn^2}{R_h^{1/3}}=\frac{8\times 9.8\times 0.012^2}{(0.1/4)^{1/3}}=0.0386$$

4.5 미소손실

1 미소손실

- 관수로의 최대손실은 마찰손실이다.
- 마찰손실 외에 관로의 단면 변화, 만곡, 밸브 등에 의한 손실은 모두 미소손실(minor loss)이라 한다.
- 미소손실은 속도수두에 비례한다.

$$h_{Lm} = K\frac{V^2}{2g}$$

여기서, K는 미소손실계수, 관로의 단면적이 변할 경우 V는 큰 유속을 사용한다.

- 긴 관($L/D>$ 3,000)인 경우에는, 마찰 이외의 손실(미소손실)은 무시할 수 있다.

2 유입손실수두

- **유입손실수두 식** $h_{Le} = K_e\dfrac{V^2}{2g}$

여기서, K_e는 유입손실계수

- 입구의 형상에 따라 유입손실계수가 다르다.

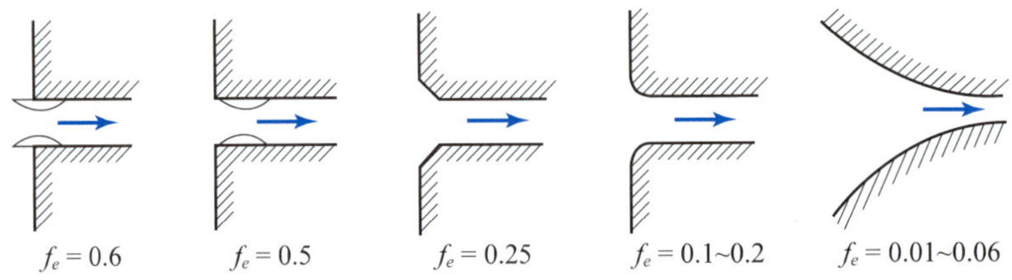

- 기억할 것은 직각 유입에 대한 계수 $K_e = 0.5$

3 유출손실수두

- **유출손실수두 식** $h_{Lo} = K_o\dfrac{V^2}{2g}$

여기서, K_o는 유출손실계수. 관에서 유출되어 큰 수조나 저수지로 유입 시 $K_o = 1.0$이다.

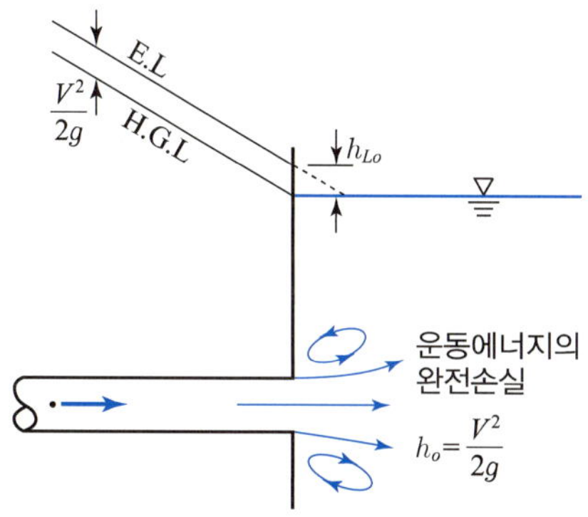

• 저수지에 들어오면 속도수두$\left(\frac{V^2}{2g}\right)$가 모두 없어지므로, $K_o = 1.0$이 된다.

4 급축소손실수두

• **급축소손실수두 식** $h_{Lsc} = K_{sc}\frac{V_2^2}{2g}$

여기서, $K_{sc} = (A_2/A_0 - 1)^2$이며, $A_1 \gg A_2$이면 $K_{sc} \to 0.5$로 되어 유입손실과 같아진다.

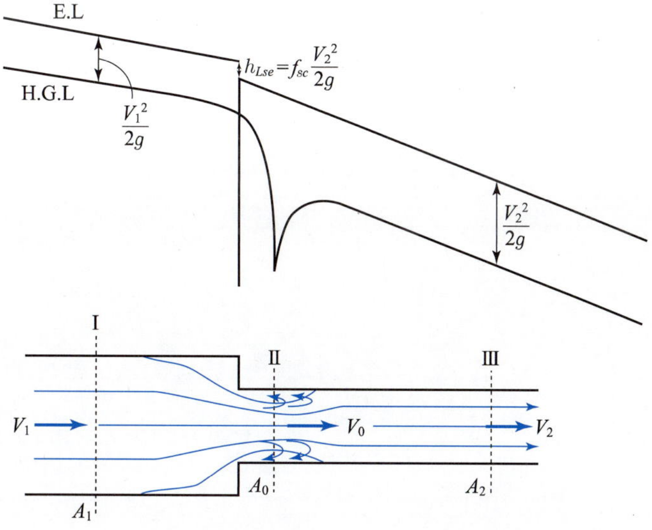

5 급확대손실수두

• **급확대손실수두 식** $h_{Lse} = K_{se}\dfrac{V_1^2}{2g}$

여기서, $K_{se} = (1 - A_1/A_2)^2$이며, $A_1 << A_2$이면 $K_{se} \rightarrow 1.0$으로 되어 유출손실과 같아진다.

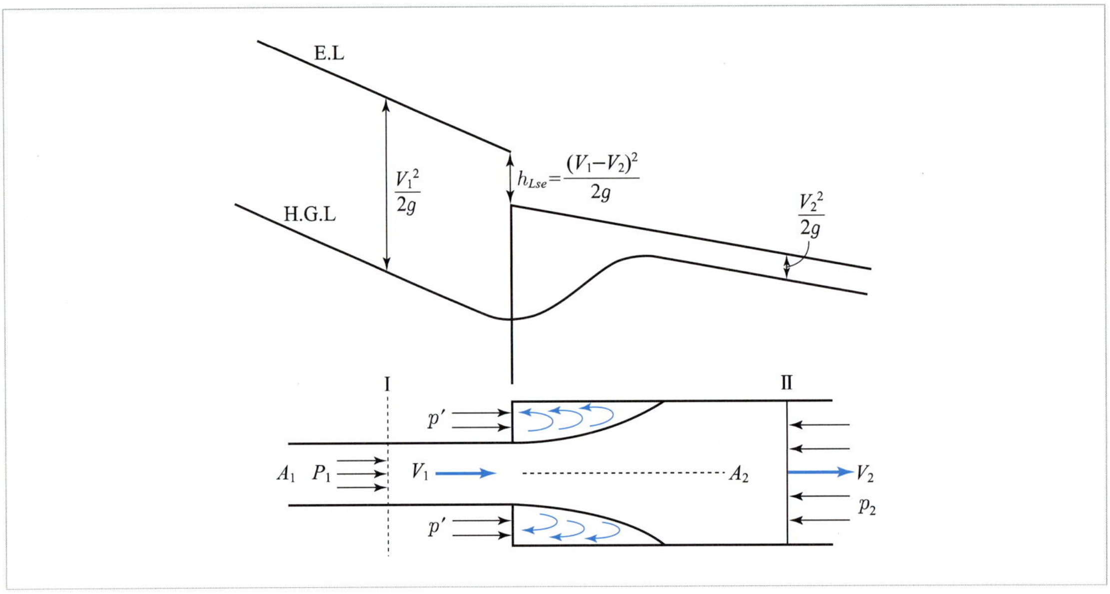

4.5 미소손실 기출문제

1 미소손실

★☆☆

01 관수로에서 미소손실(minor loss)은?

① 위치수두에 비례한다.
② 압력수두에 비례한다.
③ 속도수두에 비례한다.
④ 레이놀즈수의 자승에 비례한다.

★☆☆

02 다음 중 미소손실(minor loss)이 아닌 것은?

① 급확대에 의한 손실
② 급축소에 의한 손실
③ 밸브에 의한 손실
④ 마찰에 의한 손실

★☆☆

03 마찰 이외의 손실을 무시할 수 있는 장관(long pipe)은?

① $\frac{L}{D} > 1{,}000$인 경우이다.
② $\frac{L}{D} > 2{,}000$인 경우이다.
③ $\frac{L}{D} > 3{,}000$인 경우이다.
④ $\frac{L}{D} > 4{,}000$인 경우이다.

★☆☆

04 관수로 계산에서 L/D이 얼마 이상이면 마찰손실 이외의 소손실을 무시할 수 있는가? (단, D: 관의 지름, l: 관의 길이)

① 100　　② 300
③ 1.000　　④ 3,000

★☆☆

05 다음의 손실계수 중 특별한 형상이 아닌 경우, 일반적으로 그 값이 가장 큰 것은?

① 입구 손실계수(f_e)
② 단면 급확대 손실계수(f_{se})
③ 단면 급축소 손실계수(f_{sc})
④ 출구 손실계수(f_o)

★★☆

06 파이프의 배관에 있어서 엘보(elbow)에 의한 손실수두와 직선관의 마찰손실수두가 같아지는 직선관의 길이는 직경의 몇 배에 해당하는가? (단, 관의 마찰계수 f는 0.025이고, 엘보의 미소손실계수 K는 0.9이다.)

① 48배　　② 40배
③ 36배　　④ 20배

2 유입손실수두

★☆☆

07 저수지에 연결된 관수로의 입구에서 동수경사선은 저수지 수면에서 다음에 표시한 양만큼 아래에 위치한다. 이 중 옳게 표시된 것은? (단, 입구 손실계수는 0.5이다.)

① $\frac{V^2}{2g}$　　② $0.5\frac{V^2}{2g}$
③ $1.2\frac{V^2}{2g}$　　④ $1.5\frac{V^2}{2g}$

★☆☆

08 그림에서 유입손실이 가장 큰 것은?

①
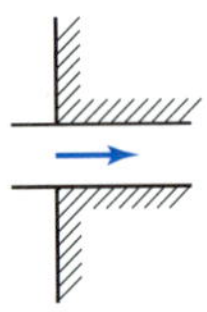

②
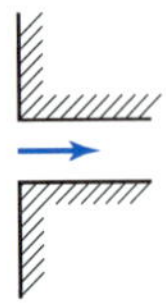

③
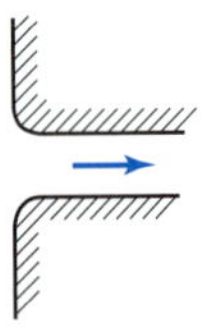

④
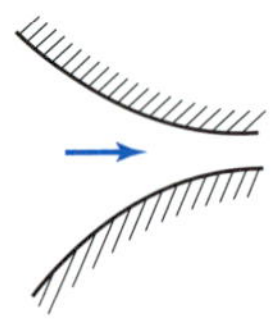

3 유출손실수두

★☆☆

09 관수로 속의 물이 큰 저수지로 유출될 때에 관의 손실계수는?

① 0.5 ② 1.0
③ 1.5 ④ 2.0

4 급축소손실수두

★★☆

10 그림과 같이 원형 관을 통하여 정상 상태로 흐를 때 관의 축소부로 인한 수두손실은? (단, $V_1 =$ 0.5 (m/s), $D_1 =$0.2 (m), $D_2 =$0.1 (m), $f_c =$ 0.36)

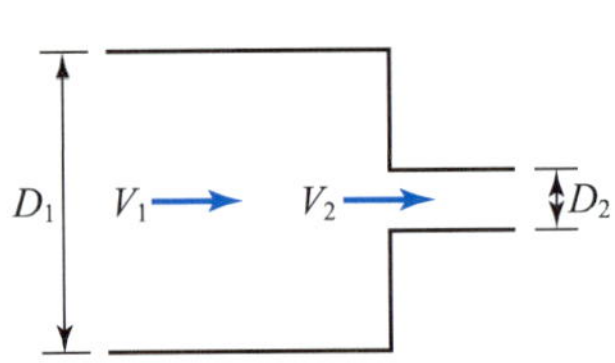

① 0.46 (cm) ② 0.92 (cm)
③ 3.65 (cm) ④ 7.30 (cm)

5 급확대손실수두

• 2000년 이후는 출제된 문제 없음

4.5 미소손실 정답과 풀이

01 정답 ③ **출제** 기02, 기16-4

관수로에서의 미소손실수두 $h_{Lm} = K\frac{V^2}{2g}$ 이므로, 속도수두$\left(\frac{V^2}{2g}\right)$에 비례한다.

02 정답 ④ **출제** 산08

미소손실(minor loss)은 유입손실, 유출손실, 급확손실, 급축손실, 점확손실, 점축손실, 굴절손실, 만곡손실, 분기손실, 밸브손실 등이 있고, 마찰손실은 주손실(major loss)이다.

03 정답 ③ **출제** 산09

긴 관은 $L/D > 3{,}000$인 경우이며 마찰 이외의 손실(미소손실)은 무시할 수 있다.

04 정답 ④ **출제** 기13-4

관수로에서 $L/D \geq 3{,}000$이면 미소손실은 무시해도 좋다.

05 정답 ④ **출제** 기05

입구손실계수는 일반적으로 0.5, 출구손실계수는 1.0이며, 단면급확대계수나 급축소계수는 대개 0.5~1.0 사이이다.

06 정답 ③ **출제** 기11-4

엘보에 의한 손실수두 $h_{Lb} = K_b\frac{V^2}{2g}$ 과 관에 의한 손실수두 $h_L = f\frac{L}{D}\frac{V^2}{2g}$ 이 같다고 하면,

$K_b = f\frac{L}{D}$, $0.9 = 0.025\frac{L}{D}$

따라서, $L = 36D$

07 정답 ② **출제** 기00

입구손실계수 K_e의 값은 0.5이다.

08 정답 ① **출제** 기10-2

입구형상에 따른 유입손실 중 ②는 유입손실계수가 0.5이고, ①은 0.5 이상, ③과 ④는 0.5 이하이다.

09 **정답** ② **출제** 기04, 산10

유출손실계수 K_o의 값은 1.0으로 미소손실 계수 중 가장 크다.

10 **정답** ④ **출제** 기02, 기06, 기09-1

연속식 $Q = A_1 V_1 = A_2 V_2$에서,

$$V_2 = \left(\frac{D_1}{D_2}\right)^2 V_1 = \left(\frac{0.2}{0.1}\right)^2 \times 0.5 = 2 \text{ (m/s)}$$

$$h_{Lsc} = K_{sc} \frac{V^2}{2g} = 0.36 \times \frac{2^2}{19.6} = 0.073 \text{ (m)}$$

4.6 관로시스템

1 두 수조를 연결하는 관로

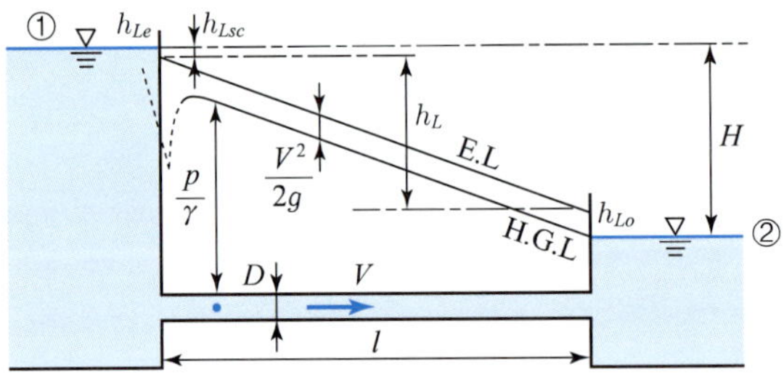

- 베르누이식을 적용하면 손실수두 h_L은 다음과 같이 구할 수 있다.

$$z_1+\frac{p_1}{\gamma}+\frac{V_1^2}{2g}=z_2+\frac{p_2}{\gamma}+\frac{V_2^2}{2g}+h_L \Rightarrow h_L=K_e\frac{V^2}{2g}+f\frac{L}{D}\frac{V^2}{2g}+K_o\frac{V^2}{2g}$$

- 유속 $V=\sqrt{2gH\Big/\left(K_e+f\frac{L}{D}+K_o\right)}$

2 사이펀

- **사이펀(siphon)** 관수로의 높은 지점에서 낮은 지점으로 물을 보낼 때, 관의 일부가 동수경사선보다 높은 경우, 이런 관을 사이펀이라 한다.

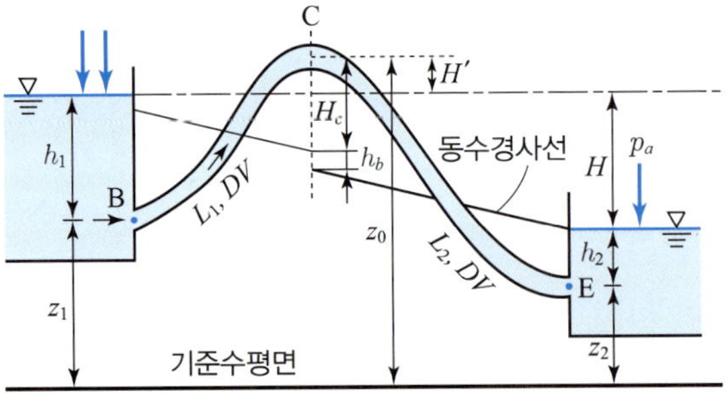

• 사이펀의 최고점 C의 압력이 절대압력 0보다 작으면 물이 흐르지 않는다.

$$H_c = \frac{p_c}{\gamma} = -\frac{p_a}{\gamma} = 10.33 \ \text{(m)}$$

– 마찰손실과 물속의 공기 등 여러 가지 영향으로 보통 8~9 (m)가 최대이다.

3 역사이펀

• **역사이펀(inverted siphon)** 관수로가 계곡 또는 하천을 아래로 횡단할 때 사용한다.

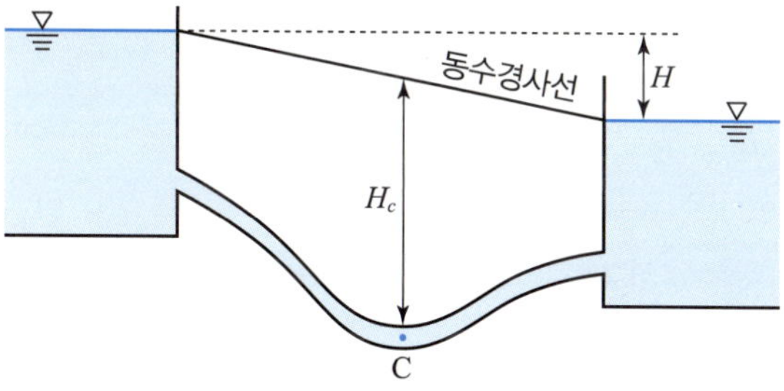

• 역사이펀 설계 시 관의 최저점 C의 압력이 지나치게 크지 않도록 주의해야 한다.

4 다지 관수로

• 연결점 O의 수두에 따라 분기수로나 합류수로가 된다.

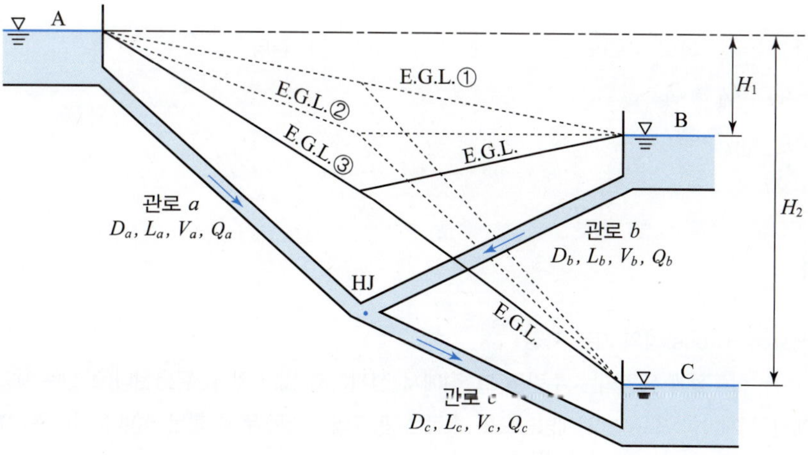

- **에너지선 ①** 분기수로(A수조에서 B수조와 C수조로 분기되어 흐름)
  - 연속방정식 $Q_a = Q_b + Q_c$
  - 손실수두 $H_1 = h_{La} + h_{Lb}$, $H_2 = h_{La} + h_{Lc}$

- **에너지선 ②** A수조에서 C수조로만 흐름 발생(총 수두 H_J와 H_B가 같으므로, 즉 관로 b의 에너지선이 수평이므로, B수조로는 물이 흐르지 않는다.)
  - 연속방정식 $Q_a = Q_c$
  - 손실수두 $H_2 = h_{LA} + h_{LC}$

- **에너지선 ③** 합류수로(A수조와 B수조에서 C수조로 물이 합류하여 흐름)
  - 연속방정식 $Q_a + Q_b = Q_c$
  - 손실수두 $H_2 - H_1 = h_{La} + h_{Lc}$, $H_2 = h_{La} + h_{Lc}$

5 병렬 관수로

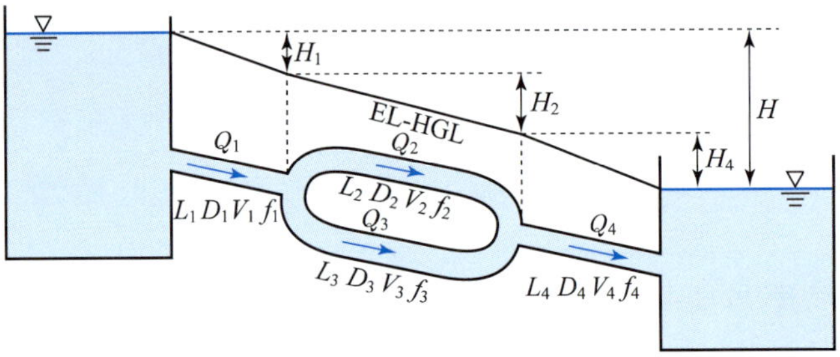

- 병렬 관에서 손실수두는 어느 경로나 같고, 유량은 모두 합한 것과 같다.
  - 유량: $Q_1 = Q_2 + Q_3 = Q_4$
  - 손실수두: $h_{L2} = h_{L3} = H_2$

6 관망 해석

- **하디-크로스(Hardy-Cross)법의 기본 가정**
  - 각 분기점 또는 합류점에 유입되는 수량은 그 점에서 정지하지 않고 전부 유출된다($\Sigma Q = 0$).
  - 각 폐합관에서 시계방향 또는 반시계방향으로 흐르는 관로의 손실수두의 합은 0이다($\Sigma h_L = 0$).
  - 유량은 초기 유량을 가정하며, 손실은 마찰손실만을 고려한다.
  - 보정량(ΔQ)은 (+)와 (−) 값 모두를 가진다.

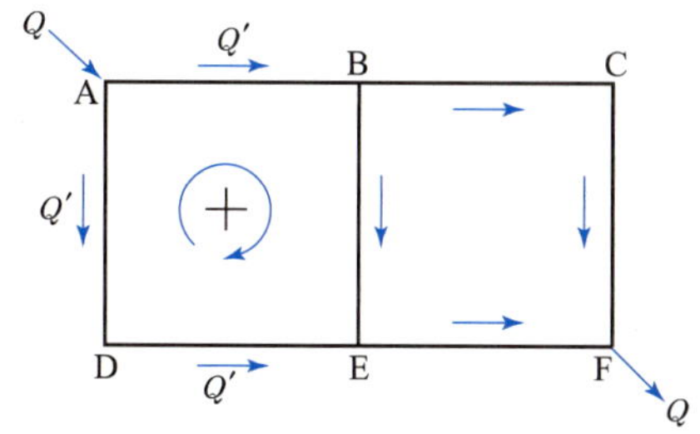

• **초기 유량에 대한 보정유량**

$$\Delta Q = \frac{-\sum kQ^n}{n\sum kQ^{n-1}}$$

여기서, n은 이용하는 마찰손실식에 따라 달라진다.

– 다시-바이스바흐식: $n=2$

– 하젠-윌리엄스식: $n=1.85$

4.6 관로시스템 기출문제

1 두 수조를 연결하는 관로

★★★
01 수위차가 3 (m)인 2개의 저수지를 지름 50 (cm), 길이 80 (m)의 직선 관으로 연결하였을 때 유량은? (단, 입구손실계수=0.5, 관의 마찰손실계수=0.0265, 출구손실계수=1.0, 이외의 손실은 없다고 한다.)

① 0.124 (m^3/s) ② 0.314 (m^3/s)
③ 0.628 (m^3/s) ④ 1.280 (m^3/s)

★★★
02 수면 차가 항상 20 (m)인 수조가 지름 30 (cm), 길이 500 (m)인 관으로 연결되었다면 관 속의 유속은? (단, 관의 마찰손실계수 f=0.03, 입구손실계수 f_i=0.5, 출구손실계수 f_o=1.0이다.)

① 2.76 (m/sec) ② 4.72 (m/sec)
③ 5.76 (m/sec) ④ 6.72 (m/sec)

★★★
03 수두차가 10 (m)인 두 저수지를 길이 300 (m), 직경 30 (cm), 조도계수 0.013인 주철관으로 연결하여 송수할 때, 관을 흐르는 유량(Q)은 얼마인가? (단, 관의 유입 및 유출, 마찰손실만 존재한다.)

① Q=0.19 (m^3/s) ② Q=0.17 (m^3/s)
③ Q=0.08 (m^3/s) ④ Q=0.02 (m^3/s)

★★★
04 수면차 15 (m)인 두 수조를 지름 30 (cm), 길이 1 (km)의 관으로 연결했을 때 관 내의 유량은? (단, 관의 마찰손실계수=0.03, 유입손실계수=0.5, 유출손실계수=1.0이다.)

① 0.12 (m^3/s) ② 0.15 (m^3/s)
③ 1.20 (m^3/s) ④ 1.50 (m^3/s)

★★★
05 그림과 같은 관수로의 말단에서 유출량은? (단, 입구손실수두=0.5, 만곡손실수두=0.2, 출구손실수두=1.0, 마찰손실계수=0.02이다.)

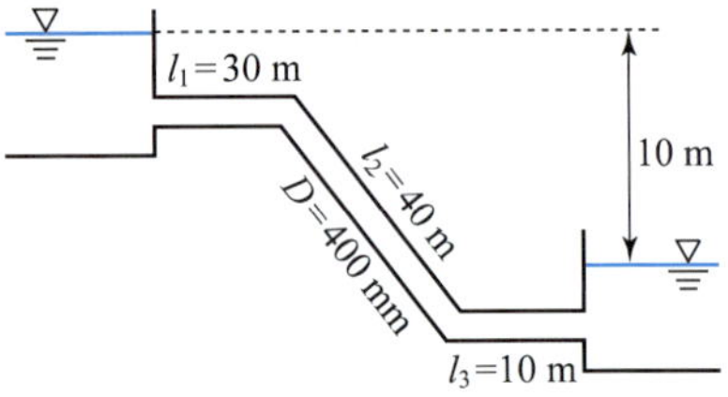

① 724 (l/sec) ② 824 (l/sec)
③ 924 (l/sec) ④ 1,024 (l/sec)

★★★
06 두 수조가 관 길이 L=50 (m), 지름 D=0.8 (m), Manning의 조도계수 n=0.013인 원형 관으로 연결되어 있다. 이 관을 통하여 유량 Q=1.2 (m^3/s)의 난류가 흐를 때 두 수조의 수위차(H)는? (단, 마찰, 단면 급확대 및 급축소 손실만을 고려한다.)

① 0.98 (m) ② 0.85 (m)
③ 0.54 (m) ④ 9.36 (m)

★★☆
07 A저수지에서 200 (m) 떨어진 곳에 내경 20 (cm) 관으로 B저수지에 0.0628 (m^3/s)의 물을 송수하려 한다. A저수지와 B저수지의 수면차(水面差)는? (단, f=0.035, f_i=0.5, f_o=1.0)

① 6.94 (m) ② 7.14 (m)
③ 7.45 (m) ④ 8.27 (m)

★★★
08 **A저수지에서** 100 (m) **떨어진** B**저수지로** 3.6 (m^3/s)**의 유량을 송수하기 위해 지름** 2 (m)**의 주철관을 설치할 때 적정한 관로의 경사(*I*)는? (단, 마찰손실만 고려하고, 마찰손실계수** f=0.03**이다.)**

① 1/1,000 ② 1/500
③ 1/250 ④ 1/100

★★★
09 **그림과 같이 일정한 수위차가 계속 유지되는 두 수조를 서로 연결하는 관 내를 흐르는 유속의 근사값은? (단, 관의 마찰손실계수**=0.03, **관의 지름** D=0.3 (m), **관의 길이** l=300 (m)**이고 관의 유입 및 유출 손실수두는 무시한다.)**

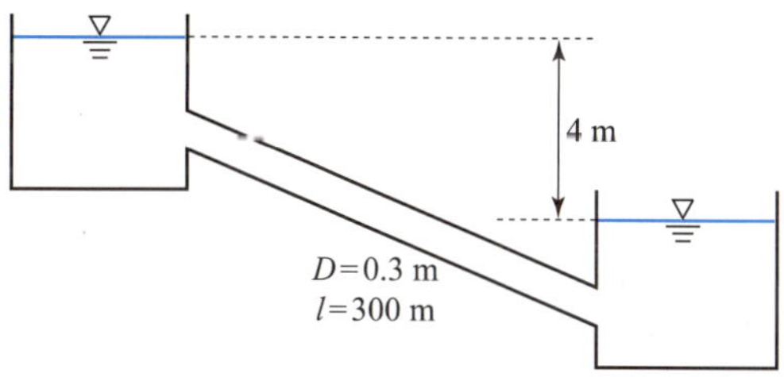

① 1.6 (m/s) ② 2.3 (m/s)
③ 16 (m/s) ④ 23 (m/s)

★★★
10 **물이 저수지에서** 25 (mm) **원관을 통해** 600 (m)**를 흘러 대기 중으로 유출된다. 유출구가 저수지 수면보다** 0.3 (m) **아래에 위치하고 있을 때 관 내의 흐름이 층류이면 유출구에서의 유량은? (단, 마찰손실만 있는 것으로 보고, 물의 동점성계수는** 1.334×10^{-6} (m^2/sec)**이다.)**

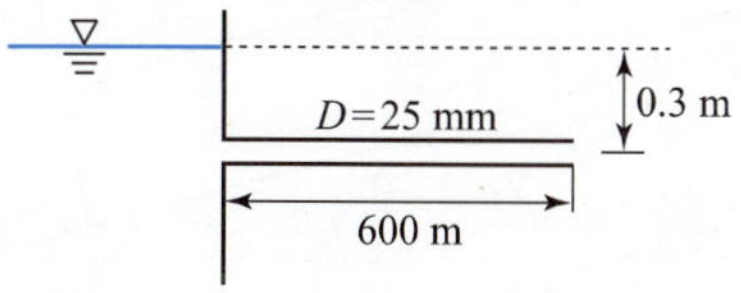

① 35 (cm^3/sec) ② 594 (cm^3/sec)
③ 1,188 (cm^3/sec) ④ 1,464 (cm^3/sec)

2 사이펀

★☆☆
11 **다음 중 사이펀에 대한 설명으로 가장 옳은 것은?**

① 사이펀이란 만곡된 수로이다.
② 역사이펀과 보통 사이펀은 현상은 반대이나 수리학적 이론은 같다.
③ 부압이 생기는 부분이 없는 관로이다.
④ 관의 일부가 동수경사선보다 위에 있는 관로이다.

3 역사이펀

★☆☆
12 **사이펀**(syphon)**에 관한 사항 중 옳지 않은 것은?**

① 관수로의 일부가 동수경사선보다 높은 곳을 통과하는 것을 말한다.
② 사이펀 내에서는 부압(負壓)이 생기는 것이 많다.
③ 수로(水路)가 하천이나 철도를 횡단할 때도 이것을 설치한다.
④ 사이펀의 정점과 동수경사선과의 고저차는 8.0 (m) 이하로 설계하는 것이 보통이다.

★☆☆
13 **역(逆)사이펀에서 특히 주의해야 할 점은?**

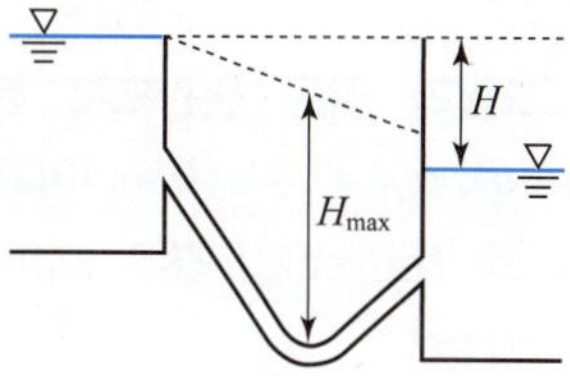

① 부압
② 민곡에 의한 손실수두
③ 마찰손실수두
④ 관 내의 H_{max}에 상당하는 큰 수압

4 다지 관수로

★★☆

14 다음 그림과 같이 원관으로 된 관로에서 $D_2=200$ (mm), $Q_2=150$ (l/sec)**이고** $D_3=150$ (mm), $V_3=2.2$ (m/sec)**인 경우** $D_1=300$ (mm) **에서의 유량** Q_1**은?**

① 188.9 (l/sec)
② 180.0 (l/sec)
③ 170.4 (l/sec)
④ 190.2 (l/sec)

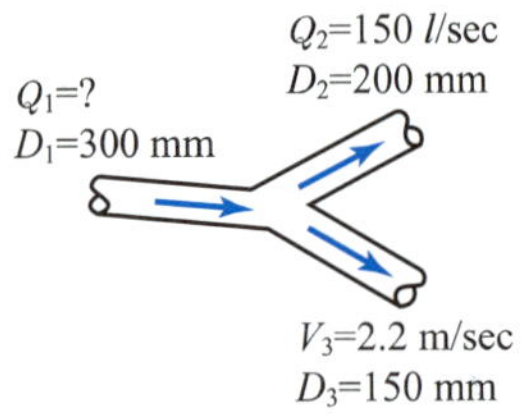

★☆☆

15 그림과 같은 분기 관수로에서 에너지선(E.L)이 그림에 표시된 바와 같다면, 다음 설명 중 옳은 것은?(단, NB 구간의 에너지선은 수평이다.)

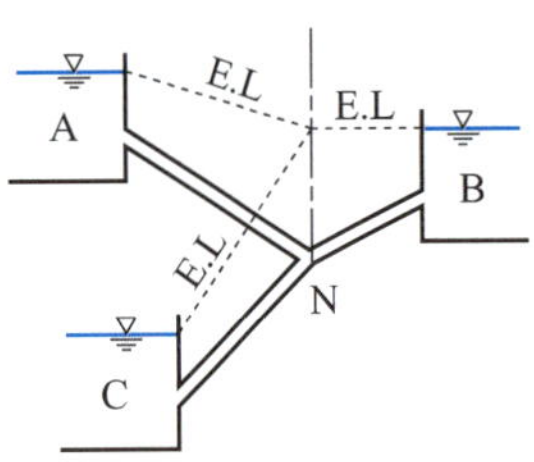

① 물은 A수조로부터 B, C수조로 흐른다.
② 물은 A, B수조로부터 C수조로만 흐른다.
③ 물은 A수조로부터 C수조로만 흐른다.
④ 물은 A, C수조로부터 B수조로만 흐른다.

★★☆

16 다음 그림과 같은 원관으로 된 관로에서 $D_1=300$ (mm), $Q_1=200$ (l/sec)**이고,** $D_2=200$ (mm), $V_2=2.5$ (m/sec)**인 경우** $D_3=150$ (mm) **에서의 유량** Q_3**는?**

① 121.5 (l/sec)
② 100.0 (l/sec)
③ 78.5 (l/sec)
④ 65.0 (l/sec)

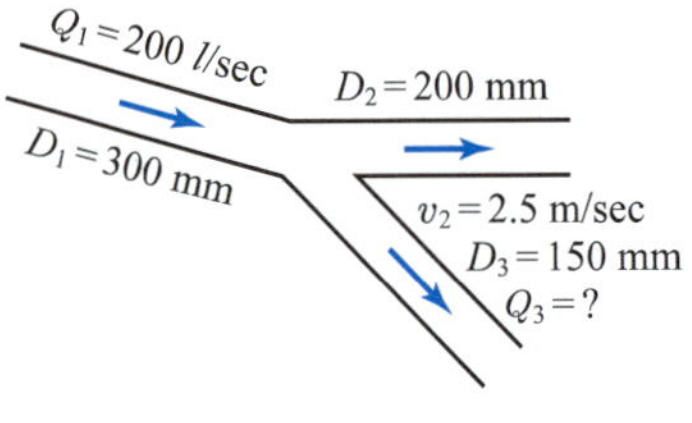

5 병렬 관수로

★☆☆

17 관의 직경과 유속이 다른 두 개의 병렬 관수로(looping pipe line)에 대한 설명 중 옳은 것은?

① 각 관의 수두손실은 전손실을 구하기 위하여 합한다.
② 각 관에서의 유량은 같다고 본다.
③ 각 관에서의 손실수두는 같다고 본다.
④ 전 유량이 주어지면 각 관의 유량은 등분하여 결정한다.

★☆☆

18 그림과 같이 A에서 분기된 관이 B에서 다시 합류하는 경우, 관 I과 관 II의 손실수두를 비교하면?

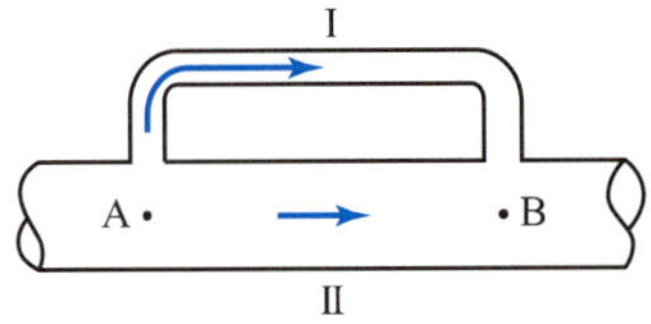

① 관 I의 손실수두가 크다.
② 관 II의 손실수두가 크다.
③ 두 관의 손실수두는 같다.
④ 경우에 따라서 다르다.

★☆☆

19 그림과 같은 관로의 흐름에 대한 설명으로 옳지 않은 것은? (단, h_1, h_2**는 위치 1,2 에서의 수두,** h_{LA}, h_{LB}**는 각각 관로 A 및 B에서의 손실수두이다.**)

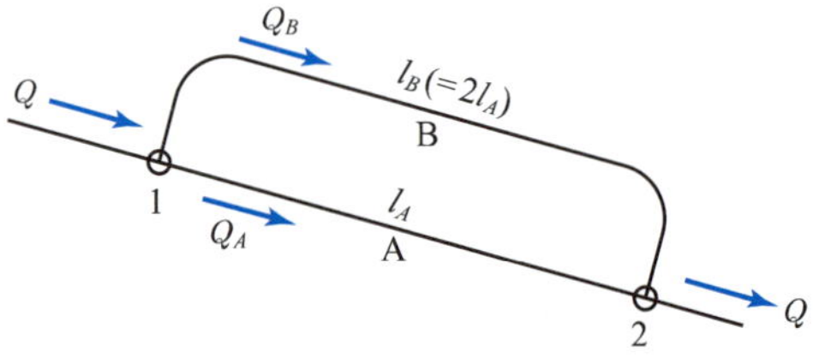

① $h_{LA}=h_{LB}$ ② $Q=Q_A+Q_B$
③ $Q_A=Q_B$ ④ $h_2=h_1-h_{LA}$

★☆☆

20 **그림과 같은 병렬관수로 ㉠, ㉡, ㉢에서 각 관의 지름과 관의 길이를 각각** D_1, D_2, D_3, L_1, L_2, L_3**라 할 때,** $D_1 > D_2 > D_3$**이고,** $L_1 > L_2 > L_3$**이면 A점과 B점 사이의 손실수두는?**

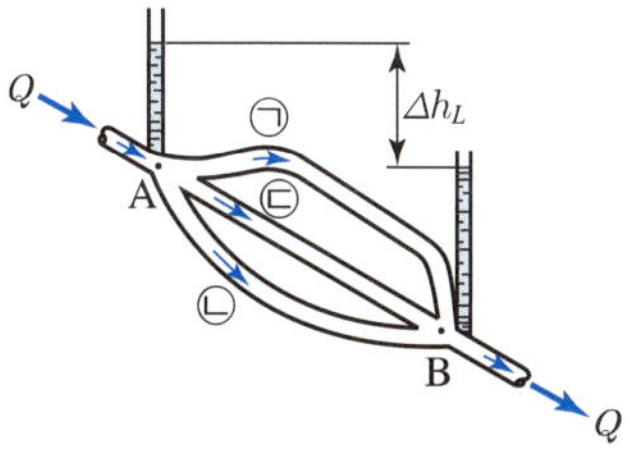

① ㉠의 손실수두가 가장 크다.
② ㉡의 손실수두가 가장 크다.
③ ㉢의 손실수두가 가장 크다.
④ 모든 관의 손실수두가 같다.

6 관망 해석

★☆☆

21 **관수로의 관망 설계에 있어서 각 분기점 또는 합류점에 유입하는 유량은 그 점에서 정지하지 않고 전부 유출하는 것을 가정 조건으로 한 계산방법은?**

① Manning 방법
② Hardy－cross 방법
③ Darcy－Weisbach 방법
④ Ganguillet－Kutter 방법

★☆☆

22 **다음 설명 중 틀린 것은?**

① 관망은 Hardy Cross의 근사계산법으로 풀 수 있다.
② 관망 계산에서 시계방향과 반시계방향으로 흐를 때의 마찰손실수두의 합은 0이라고 가정한다.
③ 관망 계산 시 각 관에서의 유량을 임의로 가정해도 결과는 같아진다.
④ 관망 계산 시는 극히 작은 손실도 무시하면 안 된다.

★☆☆

23 **관망**(pipe network) **계산에 대한 설명으로 옳지 않은 것은?**

① 관 내의 흐름은 연속방정식을 만족한다.
② 가정 유량에 대한 보정을 통한 시산법(trial and error method)으로 계산한다.
③ 관 내에서는 Darcy－Weisbach 공식을 만족한다.
④ 임의의 두 점 간의 압력강하량은 연결하는 경로에 따라 다를 수 있다.

★☆☆

24 Hardy－Cross**의 관망 계산 시 가정 조건에 대한 설명으로 옳은 것은?**

① 합류점에 유입하는 유량은 그 점에서 1/3만 유출된다.
② Hardy－Cross 방법은 관경에 관계없이 관수로의 분할계수에 의해 유량 분배를 하면 된다.
③ 각 분기점에 유입하는 유량은 그 점에서 정지하지 않고 전부 유출된다.
④ 폐합관에서 시계방향 또는 반시계방향으로 흐르는 관로의 손실수두의 합은 0이 될 수 없다.

★☆☆

25 **관망에 대한 설명으로 옳지 않은 것은?**

① 다수의 분기관과 합류관으로 혼합되어 하나의 관계통으로 연결된 관로를 칭한다.
② Hardy－Cross 법은 관망을 가장 정확하게 계산할 수 있는 해석방법이다.
③ 관망 계산은 각 관로의 유량과 손실수두의 관계로부터 해석한다.
④ 각 폐합관에서 관로 손실수두의 합이 0이라고 가정하여 해석하는 것이 효과적이다.

4.6 관로시스템 정답과 풀이

01 정답 ③ **출제** 기15-1

두 저수지 사이의 수위차가 바로 관로의 손실수두과 같다.

따라서

$$\Delta h = \Sigma h_L = K_e \frac{V^2}{2g} + f\frac{L}{D}\frac{V^2}{2g} + K_o\frac{V^2}{2g}$$

$$= \left(K_e + f\frac{L}{D} + K_o\right)\frac{V^2}{2g} \ \text{(m)}$$

$$3 = \left(0.5 + 0.0265 \times \frac{80}{0.5} + 1.0\right)\frac{V^2}{2 \times 9.8}$$

따라서 유속 $V = 3.2$ (m/s)

유량 $Q = AV = \frac{\pi \times 0.5^2}{4} \times 3.2 = 0.628 \ (\text{m}^3/\text{s})$

02 정답 ① **출제** 기17-4, 산04

$$\Sigma h_L = \left(K_e + f\frac{L}{D} + K_o\right)\frac{V^2}{2g} = 20 \ \text{(m)에서}$$

$$V = \sqrt{\frac{2g\Sigma h_L}{K_i + f\frac{L}{D} + K_o}}$$

$$= \sqrt{\frac{2 \times 9.8 \times 20}{0.5 + 0.03 \times \frac{500}{0.3} + 1.0}} = 2.76 \ \text{(m/s)}$$

03 정답 ② **출제** 기07-1

$$C = \sqrt{\frac{8g}{f}} = \frac{1}{n}R_h^{1/6} \text{에서}$$

마찰계수

$$f = \frac{8gn^2}{D^{1/3}} = \frac{8 \times 9.8 \times 0.013^2}{0.3^{1/3}} = 0.0314$$

$$\Sigma h_L = \left(K_e + f\frac{L}{D} + K_o\right)\frac{V^2}{2g} = 10 \ \text{(m)}$$

$$V = \sqrt{\frac{2g\,\Sigma h_L}{\left(K_e + f\frac{L}{D} + K_o\right)}}$$

$$Q = AV = \frac{\pi D^2}{4}\sqrt{\frac{2g\Sigma h_L}{K_e + f\frac{L}{D} + K_o}}$$

$$= \frac{\pi \times 0.3^2}{4} \times \sqrt{\frac{2 \times 9.8 \times 10}{0.5 + 0.0314 \times \frac{300}{0.3} + 1.0}}$$

$$= 0.17 \ (\text{m}^3/\text{s})$$

04 정답 ① **출제** 기01

$$\Sigma h_L = \left(K_e + f\frac{L}{D} + K_o\right)\frac{V^2}{2g} \text{ 이므로,}$$

$$Q = AV = A\sqrt{\frac{2g\Sigma h_L}{K_e + f\frac{L}{D} + K_o}}$$

$$= \frac{\pi \times 0.3^2}{4}\sqrt{\frac{2 \times 9.8 \times 15}{0.5 + 0.03 \times \frac{1{,}000}{0.3} + 1.0}}$$

$$= 0.12 \ (\text{m}^3/\text{s})$$

05 정답 ① **출제** 기06

$$\Sigma h_L = \left(K_e + 2 \times K_b + f\frac{L}{D} + K_o\right)\frac{V^2}{2g} \text{ 이므로, } V = \frac{Q}{A}$$

를 대입하고 정리하면,

$$Q = AV = A\sqrt{\frac{2g\Sigma h_L}{K_e + 2K_b + f\frac{L}{D} + K_o}}$$

$$= \frac{\pi \times 0.4^2}{4}\sqrt{\frac{2 \times 9.8 \times 10}{0.5 + 2 \times 0.2 + 0.02\frac{80}{0.4} + 1.0}}$$

$$= 0.724 \ (\text{m}^3/\text{s})$$

06 정답 ② **출제** 기17-1

$$C = \sqrt{\frac{8g}{f}} = \frac{1}{n}R_h^{1/6} \text{에서,}$$

$$f = \frac{8gn^2}{R^{1/3}} = \frac{8 \times 9.8 \times 0.013^2}{(0.8/4)^{1/3}} = 0.0227$$

$$V = \frac{Q}{A} = \frac{1.2}{\pi \times 0.8^2/4} = 2.387 \ \text{(m/s)}$$

$$\Sigma h_L = \left(K_e + f\frac{L}{D} + K_o\right)\frac{V^2}{2g}$$

$$= \left(0.5 + 0.022 \times \frac{50}{0.8} + 1.0\right)\frac{2.387^2}{2 \times 9.8}$$

$$= 0.848 \ \text{(m)}$$

07 정답 ③ **출제** 기02, 기18-1

$$V = \frac{Q}{A} = \frac{0.0628}{\pi \times 0.2^2/4} = 2.0 \ \text{(m/s)}$$

$$H = \Sigma h_L = \left(K_e + f\frac{L}{D} + K_o\right)\frac{V^2}{2g}$$

$$= \left(0.5 + 0.035\frac{200}{0.2} + 1.0\right)\frac{2.0^2}{2 \times 9.8}$$

$$= 7.448 \ \text{(m)}$$

08 정답 ① **출제** 기14-1

$$V=\frac{Q}{A}=\frac{3.6}{\pi\times 2^2/4}=1.15\ \ (\text{m/s})$$

$h_L=f\dfrac{L}{D}\dfrac{V^2}{2g}$ 에서

$$S=\frac{h_L}{L}=f\frac{1}{D}\frac{V^2}{2g}$$

$$=0.03\times\frac{1}{2}\times\frac{1.15^2}{2\times 9.8}=1.01\times 10^{-3}$$

09 정답 ① **출제** 기14-2

$h_L=f\dfrac{l}{D}\dfrac{V^2}{2g}$ 에서

$$4=0.03\times\frac{300}{0.3}\times\frac{V^2}{2\times 9.8}$$

$\therefore\ V=1.62\ \ (\text{m/sec})$

10 정답 ① **출제** 기13-2

$$Re=\frac{VD}{\nu}=\frac{V\times 0.025}{1.334\times 10^{-6}}=18,740\ V$$

$$f=\frac{64}{Re}=\frac{64}{18,740\,V}=\frac{3.42\times 10^{-3}}{V}$$

베르누이식에서

$$H=0+0+\frac{V^2}{2g}+f\frac{L}{D}\frac{V^2}{2g}$$

$$0.3=\frac{V^2}{2\times 9.8}+\frac{3.42\times 10^{-3}}{V}\frac{600}{0.025}\frac{V^2}{2\times 9.8}$$

$\therefore\ V=0.072\ \ (\text{m/s})=7.2\ \ (\text{cm/s})$

$Re=18,700\,V=18,700\times 0.072$

$\quad =1,370<2,100$(층류 O.K)

$$Q=AV=\frac{\pi\times 2.5^2}{4}\times 7.2=35.34\ \ (\text{cm}^3/\text{s})$$

11 정답 ④ **출제** 기00

관수로의 일부가 동수경사선보다 위에 있는 경우의 관수로를 사이펀(siphon)이라 하며, 이 부분의 압력은 부압이다.

12 정답 ③ **출제** 기03

하천이나 철도를 통과할 때는 역사이펀을 설치한다.

13 정답 ④ **출제** 기02

역사이펀에서는 최저점에 큰 수압이 걸릴 수 있다.

14 정답 ① **출제** 산09

합류관수로

$$Q_1=Q_2+Q_3=0.150+\frac{\pi\times 0.15^2}{4}\times 2.2$$

$$=0.189\ \ (\text{m}^3/\text{s})=189\ \ (l/\text{s})$$

15 정답 ③ **출제** 기08-4

NB 구간의 에너지선은 수평이므로 물이 흐르지 않는다. AN과 NC 구간은 에너지선(E.L)이 아래로 향하고 있으므로 물은 A수조에서 C수조로만 흐른다.

16 정답 ① **출제** 기01, 기03, 기07-1

$$Q_3=Q_1-Q_2=0.2-\frac{\pi\times 0.2^2}{4}\times 2.5$$

$$=0.1215\ \ (\text{m}^3/\text{s})=121.5\ \ (l/\text{s})$$

17 정답 ③ **출제** 산04

병렬 관수로에서의 각 관의 손실수두는 동일하다.

18 정답 ③ **출제** 기00, 기03, 기11-2, 기20-2

병렬관에서는 모든 관의 손실수두가 같다.

19 정답 ③ **출제** 기10-1, 기17-2

병렬관이므로,

$Q=Q_A+Q_B,\ h_{LA}=h_{LB}=h_1-h_2$가 성립한다.

20 정답 ④ **출제** 기19-1

병렬관은 손실수두가 같다.

21 정답 ② **출제** 산01

Hardy-cross 방법은 관망해석방법이며 ①과 ④는 평균유속공식, ③은 관수로에서 마찰손실수두를 나타내는 공식이다.

22 정답 ④ **출제** 기01, 기09-2, 기20-2

Hardy-Cross 법에서 손실은 마찰손실만 고려한다.

23 정답 ④ **출제** 기16-2

임의 두 점 간의 압력강하량은 연결하는 경로에 상관없이 같아야 한다.

24 정답 ③ **출제** 기09-1

Hardy－Cross 관망 계산 시 기본가정

- 각 분기점 또는 합류점에 유입되는 수량은 그 점에서 정지하지 않고 전부 유출된다($\Sigma Q=0$).
- 각 폐합관에서 시계방향 또는 반시계방향으로 흐르는 관로의 손실수두의 합은 0이다($\Sigma h_L=0$).
- 유량은 초기 유량을 가정하며, 손실은 마찰손실만을 고려한다.
- 보정량(ΔQ)은 (＋)와 (－) 값 모두를 가진다.

25 정답 ② **출제** 기10-1

Hardy－Cross 법은 관망을 시산법에 의해 근사치로 계산하는 가장 간단하고 쉬운 해석방법이다.

4.7 동력

1 양수기(펌프)의 동력

• **펌프의 동력**

$$P = \gamma Q H \text{ (W)}$$

여기서, $\gamma = 9{,}800$ (N/m^3)를 생각하면, 동력의 단위는 (N·m/s)=(W)이다.

• 펌프나 터빈의 동력을 계산할 때는 먼저 (W) 단위로 계산하고, 나중에 (kW)나 마력으로 환산한다.

• 손실 h_L과 효율 η를 고려하면,

$$P_p = \frac{\gamma Q (H + h_L)}{\eta} \text{ (W)}$$

꼭 기억하기!

(펌프에서 손실 h_L과 효율 η를 적용하면 동력은 커진다.)

• 동력의 단위 (W)를 (HP, 마력)로 바꾸려면, 735.5 (W)=1 (HP)의 관계를 이용한다.

2 수차(터빈)의 동력

• **수차의 동력**

$$P = \gamma Q H \text{ (W)}$$

여기서, $\gamma = 9{,}800$ (N/m^3)를 생각하면, 동력의 단위는 (N·m/s)=(W)이다.

• 손실 h_L과 효율 η를 고려하면,

$$P_t = \gamma Q (H - h_L) \eta \text{ (W)}$$

꼭 기억하기!

(터빈에서 손실 h_L과 효율 η를 적용하면 동력은 작아진다.)

4.7 동력 기출문제

1 양수기(펌프)의 동력

★☆☆

01 양수기의 동력(kW)을 구하는 공식으로 옳은 것은? (단, Q: 유량 (m^3/sec), η: 양수기의 효율, H: 총 양정 (m))

① $E=9.8\,HQ\eta$　② $E=13.33\,QH\eta$

③ $E=9.8\dfrac{QH}{\eta}$　④ $E=13.33\dfrac{QH}{\eta}$

★★☆

02 관정의 펌프용 전동기 동력이 100 (kW), 펌프의 효율은 93%, 양정고는 150 (m), 손실수두가 10 (m)일 때 펌프에 의한 양수량은?

① 0.02 (m^3/sec)　② 0.06 (m^3/sec)

③ 0.12 (m^3/sec)　④ 0.15 (m^3/sec)

★★★

03 지름 20 (cm), 길이 100 (m)의 주철관으로서 매초 0.1 (m^3)의 물을 40 (m)의 높이까지 양수하려고 한다. 펌프의 효율이 100%라 할 때 필요한 펌프의 동력은? (단, 마찰손실계수는 0.03, 유출 및 유입손실계수는 각각 1.0과 0.5이다.)

① 40 (HP)　② 65 (HP)

③ 75 (HP)　④ 85 (HP)

★★☆

04 양정이 6 (m)일 때 4.2마력의 펌프로 0.03 (m^3/sec)를 양수했다면 이 펌프의 효율은?

① 0.57　② 0.59

③ 0.61　④ 0.63

★★☆

05 양정이 5 (m)일 때 4.9 (kW)의 펌프로 0.03 (m^3/sec)를 양수했다면 이 펌프의 효율은 약 얼마인가?

① 0.3　② 0.4

③ 0.5　④ 0.6

★★☆

06 표고 20 (m)인 저수지에서 물을 표고 50 (m)인 지점까지 1.0 (m^3/sec)의 물을 양수하는 데 소요되는 펌프 동력은? (단, 모든 손실수두의 합은 3.0 (m)이고, 모든 관은 동일한 직경과 수리학적 특성을 지니며, 펌프의 효율은 80%이다.)

① 248 (kW)　② 330 (kW)

③ 404 (kW)　④ 650 (kW)

★★☆

07 0.3 (m^3/sec)의 물을 실양정 45 (m)의 높이로 양수하는 데 필요한 펌프의 동력은? (단, 마찰손실수두는 18.6 (m)이다.)

① 186.98 (kW)　② 196.98 (kW)

③ 214.4 (kW)　④ 224.4 (kW)

★★★

08 수면표고가 18 (m)인 정수장에서 직경 600 (mm)인 강관 900 (m)를 이용하여 수면표고 39 (m)인 배수지로 양수하려고 한다. 유량이 1.0 (m^3/s)이고 관로의 마찰손실계수가 0.03일 때 모터의 소요 동력은? (단, 마찰 손실만 고려하며, 펌프 및 모터의 효율은 각각 80% 및 70%이다.)

① 520 (kW)　② 620 (kW)

③ 780 (kW)　④ 870 (kW)

★★☆
09 **동력** 20,000 (kW), **효율** 88%**인 펌프를 이용하여** 150 (m) **위의 저수지로 물을 양수하려고 한다. 손실수두가** 10 (m)**일 때 양수량은?**

① 15.5 (m^3/s) ② 14.5 (m^3/s)
③ 11.2 (m^3/s) ④ 12.0 (m^3/s)

2 수차(터빈)의 동력

★☆☆
10 **유량** 20 (m^3/sec), **유효낙차** 50 (m)**인 수력 지점의 이론 수력은?**

① 1,000 (kW) ② 4,900 (kW)
③ 9,800 (kW) ④ 10,000 (kW)

4.7 동력 정답과 풀이

01 정답 ③ **출제** 기14-4

펌프 동력 $P_p = \dfrac{\gamma QH}{\eta}$ (W)이다.

여기서, $\gamma = 9,800$ (N/m^3)이다.

02 정답 ② **출제** 산02, 산04

펌프의 동력 $P_p = \dfrac{\gamma Q(H+h_L)}{\eta}$ (W)

$$100\times10^3 = \frac{9,800\times Q\times(150+10)}{0.93}$$

$\therefore\ Q = 0.059$ (m^3/s)

03 정답 ② **출제** 기11-2

$$V = \frac{Q}{A} = \frac{0.1}{\pi\times0.2^2/4} = 3.183\ \text{(m/s)}$$

총 수두손실은

$$\Sigma h_L = \left(K_e + f\frac{L}{D} + K_o\right)\frac{V^2}{2g}$$
$$= \left(0.5+0.03\times\frac{100}{0.2}+1.0\right)\times\frac{3.183^2}{2\times9.8}$$
$$= 7.754\ \text{(m)}$$

$$P_p = \gamma Q(H+h_L)$$
$$= 9,800\times0.1\times(40+7.754)$$
$$= 46,798.9\ \text{(W)} = 64.7\ \text{(HP)}$$

04 정답 ① **출제** 산10

1 (HP)=735.5 (W)이므로,

펌프의 동력 $P_p = 4.2$ (HP)=3,089.1 (W)

펌프의 식 $P_p = \dfrac{\gamma Q(H+h_L)}{\eta}$ 에서,

$$\eta = \frac{\gamma Q(H+h_L)}{P_p} = \frac{9,800\times0.03\times6}{3,089.1} = 0.571$$

05 정답 ① **출제** 기11-4

펌프의 동력 $P_p = \dfrac{\gamma QH}{\eta}$ 에서

$$\eta = \frac{\gamma QH}{P_p} = \frac{9,800\times0.03\times5}{4,900} = 0.3$$

06 정답 ③ **출제** 기19-2

$$P_p = \frac{\gamma Q(H+h_L)}{\eta}$$
$$= \frac{9,800\times1\times\{(50-20)+3\}}{0.80}$$
$$= 4.043\times10^5\ \text{(W)} = 404\ \text{(kW)}$$

07 정답 ① **출제** 기13-2, 기19-3

$$P_p = \gamma QH = 9,800\times0.3\times(45+18.6)$$
$$= 1.87\times10^5\ \text{(W)} = 187\ \text{(kW)}$$

08 정답 ④ **출제** 기14-1

$$V = \frac{Q}{A} = \frac{1}{\pi\times0.6^2/4} = 3.54\ \text{(m/s)}$$

$$h_L = f\frac{l}{D}\frac{V^2}{2g} = 0.03\times\frac{900}{0.6}\times\frac{3.54^2}{2\times9.8} = 28.77\ \text{(m)}$$

펌프와 모터의 효율을 별도로 제시하였으므로, 양수시스템의 전체 효율은 둘의 곱으로 생각한다.

$$P_p = \frac{\gamma Q(H+h_L)}{\eta_1\eta_2}$$
$$= \frac{9,800\times1\times\{(39-18)+28.77\}}{0.8\times0.7}$$
$$= 8.71\times10^5\ \text{(W)} = 871\ \text{(kW)}$$

09 정답 ③ **출제** 기07-2, 기18-1

동력 $P_p = 2.0 \times 10^7$ (W), 효율 $\eta = 0.88$,

양정 $H = 150$ (m), 손실수두 $h_L = 10$ (m)

일 때, $P_p = \dfrac{\gamma Q(H+h_L)}{\eta}$ 에서

$$Q = \frac{P_p \eta}{\gamma(H+h_L)} = \frac{(2.0\times10^7)\times0.88}{9{,}800\times(150+10)}$$

$$= 11.22 \ (\mathrm{m^3/s})$$

10 정답 ③ **출제** 기00, 기12-2, 산00, 산07

$$P_t = \gamma QH = 9{,}800 \times 20 \times 50 = 9.8 \times 10^6 \ (\mathrm{W})$$

$$= 9{,}800 \ (\mathrm{kW})$$

4.8 물의 특수 현상

1 수격작용(water hammer)

- 관로에 물이 흐르고 있을 때 급히 밸브를 닫으면 밸브 지점에서 유속이 0이 되고 수압이 급격히 증가하는 현상
- 압축된 물이 팽창하며, 반대방향으로 충격파 전파
- **대책** 조압밸브, 조압수조, 급한 개폐 방지

2 단파(surging)

- 수압관 속에서 생긴 수격작용으로 수격파가 발생하고, 그 수격파가 조압수조(surge tank) 내로 전파되는 현상

3 공동현상(cavitation)

- 유수 중의 압력이 증기압 이하가 되면 물속에 녹아 있던 공기가 분리되어 기포가 발생한다.
- 공동이 생기면 물체의 항력이 커지고, 물체 표면이 손상되는 현상 발생이 발생한다.

4 피팅(pitting)

- 발생된 공동(기포)이 흐름방향으로 움직이기 시작할 때 순간적으로 압궤되면서 고체면에 강한 충격을 주는 현상
- 수차의 회전자, 수리구조물 등의 표면 손상

4.8 물의 특수 현상 기출문제

1 수격작용

★☆☆

01 **관 내를 유속 V로 물이 흐르고 있을 때 밸브 등의 급격한 폐쇄 등에 의하여 유속이 줄어들면 이에 따라 관 내의 압력변화가 생기는데 이것을 무엇이라 하는가?**

① 정압 ② 수격압
③ 동압력 ④ 정체압력

★★★

02 **직경 1 (m), 길이 600 (m)인 강관 내를 유량 2 (m^3/sec)의 물이 흐르고 있다. 밸브를 1초 걸려 닫았을 때 밸브 단면에서의 상승 압력 수두는? (단, 압력파의 전파속도는 1,000 (m/sec)이다.)**

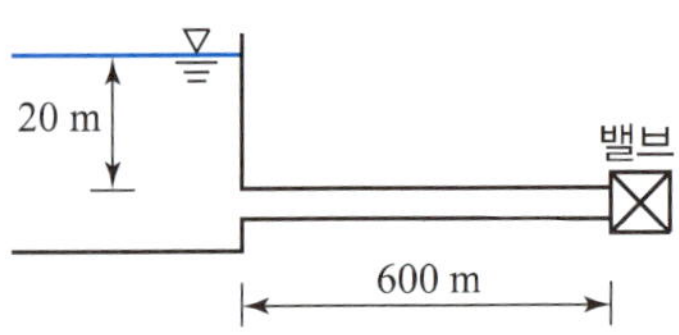

① 220 (m) ② 260 (m)
③ 300 (m) ④ 500 (m)

2 단파

★☆☆

03 **관수로에서 밸브(valve)를 급히 차단시켰을 때 수위가 상승하는 현상은?**

① 도수현상 ② 수격작용
③ 공동현상 ④ 서징

3 공동현상

★☆☆

04 **공동현상이 발생하는 조건은 다음 중 어느 것인가?**

① 고압부 ② 저압부
③ 최저 유속부 ④ 평균유속부

★☆☆

05 **다음 중 공동현상(cavitation)과 관계가 없는 사항은?**

① 유속 증가 ② 압력 저하
③ 기포 발생 ④ 유효낙차

★☆☆

06 **댐 여수로 설계 시 중요한 사항으로 국부적인 저압부가 발생하여 여수로 표면에 심각한 손상을 발생시키는 현상을 무엇이라 하는가?**

① 수격작용 ② 공동현상
③ 서징(surging) ④ 도수현상

4 피팅

- 2000년 이후는 출제된 문제 없음

4.8 물의 특수 현상 정답과 풀이

01 정답 ② **출제** 기15-2, 기15-4

물이 흐를 때 밸브를 갑자기 열거나 닫으면 압력이 갑자기 저하하거나 상승하게 되는데 이와 같은 작용을 수격작용(water hammer)이라 하며, 이때 발생하는 압력을 수격압이라 한다.

02 정답 ② **출제** 기12-2

수격작용에 대한 문제이다.

$$\Delta h = \frac{v}{g}\Delta V = \frac{v}{g}\frac{\Delta Q}{A}$$

$$= \frac{1,000}{9.8} \times \frac{2}{\pi \times 1^2/4} = 259.84 \text{ (m)}$$

여기서, v: 압력파의 전파속도

ΔV: 압력수두 변화량

03 정답 ④ **출제** 산04

수위 상승=서징, 충격=수격작용

04 정답 ② **출제** 기01

공동현상에서 $H = z + \frac{p}{\gamma} + \frac{V^2}{2g}$=(일정)

z가 일정할 때, 유속이 증가하면 압력이 감소한다.

05 정답 ④ **출제** 기01

공동현상에서 $H = z + \frac{p}{\gamma} + \frac{V^2}{2g}$=(일정)

z가 일정할 때, 유속이 증가하면 압력이 감소하며, 증기압 이하가 되면 기포가 발생한다.

06 정답 ② **출제** 기13-4

공동현상에서 $H = z + \frac{p}{\gamma} + \frac{V^2}{2g}$=(일정)

z가 일정할 때, 유속이 증가하면 압력이 감소하며, 증기압 이하가 되면 기포가 발생한다.

CHAPTER

05

개수로 흐름

CIVIL ENGINEERING

HYDRAULICS AND HYDROLOGY

CHAPTER

05 개수로 흐름

5.1 개수로 흐름

1 개수로 흐름

- 자유표면(자유수면, free surface)을 가진 흐름
- 베르누이식을 적용하면, 하상고가 위치수두(z), 수심 y가 압력수두(p/γ)가 되므로, 수면(수위)이 바로 동수경사선 ($z+y$)이 된다.
- 흐름의 동인은 중력이다.
- 하천, 운하, 농업용수로의 흐름이 대표적이다.
- 하수도는 꽉 차서 흐를 때는 관수로, 덜 차서(자유수면 존재) 흐를 때는 개수로 흐름이다.

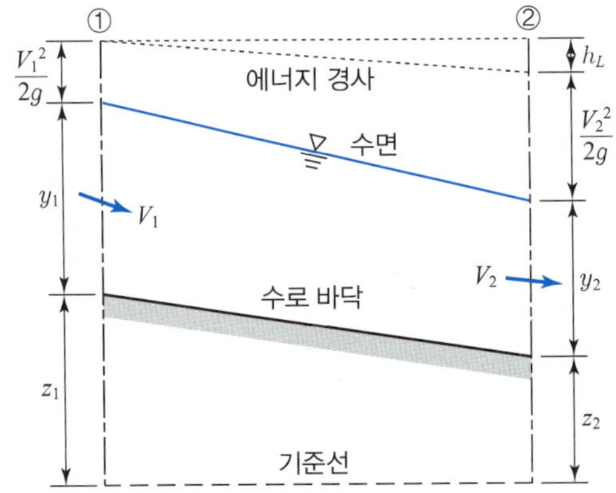

2 윤변과 수리반경

- **윤변(wetted perimeter, P)** 한 횡단면에서 유체와 고체 경계면이 만나는 변의 길이
- **수리반경(hydraulic radius, R_h)** 동수반경 또는 수리평균심, 경심이라고도 한다. 단, '경심'이라는 용어는 쓰지 않는 것이 바람직하다(부체의 안정에서 제시되는 경심(metacenter)과 혼동된다).

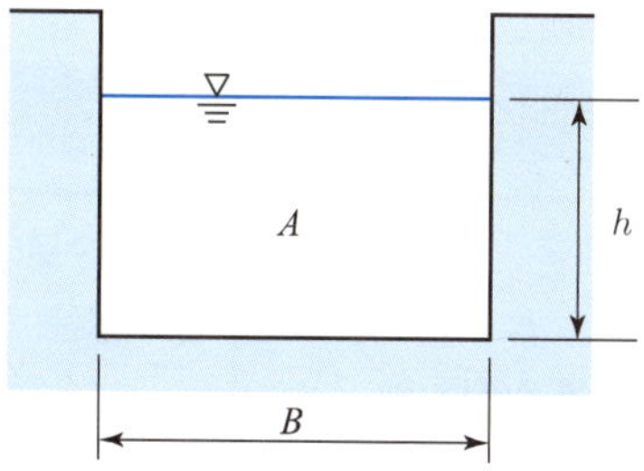

• (수리반경)=(단면적) / (윤변의 길이)

$$R_h \equiv A/P$$

• 수심에 비해 폭이 넓은($y \ll B$) 직사각형 단면

$$R_h = \frac{A}{P} = \frac{By}{B+2y} = \frac{y}{1+2(y/B)} \fallingdotseq y$$

• 사다리꼴 단면의 식을 기억해 두는 것이 좋다.

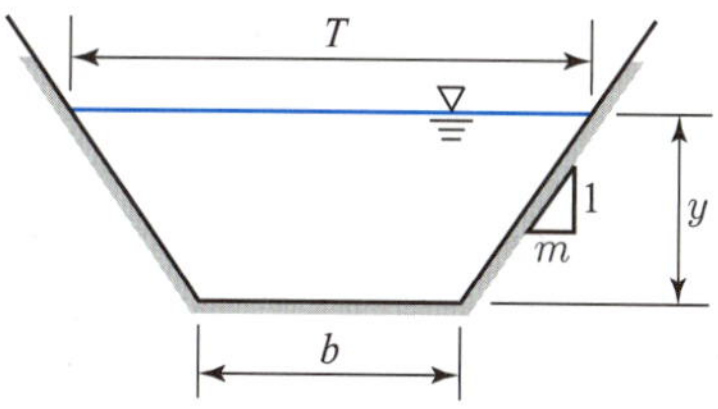

- 수면폭: $T = b + 2my$
- 단면적: $A = (b + my)y$
- 윤변의 길이: $P = b + 2\sqrt{m^2+1}\,y$

3 수리수심, 단면계수, 통수능

• **수리수심(hydraulic depth, D)** 단면적을 수면폭(T)으로 나눈 것

$$D = \frac{A}{T}$$

• **단면계수** 한계류 계산에 사용

$$Z = A\sqrt{D} = A\sqrt{\frac{A}{T}}$$

• **통수능** $Q = A\frac{1}{n}R_h^{2/3}\sqrt{S} = K\sqrt{S}$에서, $K = \frac{1}{n}AR_h^{2/3}$을 통수능이라 한다.

5.1 개수로 흐름 기출문제

1 개수로 흐름

★☆☆
01 관수로와 개수로의 흐름에 대한 설명으로 옳지 않은 것은?

① 관수로는 자유표면이 없고 개수로는 있다.
② 관수로는 두 단면 간의 속도차로 흐르고, 개수로는 두 단면 간의 압력차로 흐른다.
③ 관수로는 점성력의 영향이 크고, 개수로는 중력의 영향이 크다.
④ 개수로는 프루드수(Fr)로 상류와 사류로 구분할 수 있다.

★☆☆
02 다음 중 개수로 흐름에 관한 설명으로 옳은 것은?

① 수면 자체가 동수경사선이 된다.
② 동수경사선은 항상 수면 위쪽에 위치한다.
③ 동수경사선은 항상 수면 아래에 위치한다.
④ 동수경사선의 일부분만이 수면 위쪽에 위치한다.

★☆☆
03 다음 중 개수로 흐름의 경우는?

① 동수경사선은 에너지선과 언제나 평행하게 된다.
② 에너지선은 자유수면과 일치한다.
③ 동수경사선은 자유수면과 일치한다.
④ 에너지선과 동수경사선은 일치한다.

★☆☆
04 개수로의 흐름에 가장 지배적인 영향을 미치는 것은?

① 유체의 밀도 ② 관성력
③ 중력 ④ 점성력

★☆☆
05 개수로와 관수로의 흐름에 모두 적용되는 설명으로 옳은 것은?

① 중력이 흐름의 원동력이다.
② 압력이 흐름의 원동력이다.
③ 자유수면을 갖는다.
④ 마찰로 인한 에너지 손실이 발생한다.

★☆☆
06 다음 물의 흐름에 대한 설명 중 옳은 것은?

① 수심은 깊으나 유속이 느린 흐름을 사류라 한다.
② 물의 분자가 흩어지지 않고 질서정연히 흐르는 흐름을 난류라 한다.
③ 모든 단면에 있어 유적과 유속이 시간에 따라 변하는 것을 정류라 한다.
④ 에너지선과 동수경사선의 높이 차는 일반적으로 $\frac{V^2}{2g}$ 이다.

2 윤변과 수리반경

★☆☆
07 그림과 같은 복단면 수로에 물이 흐를 때 윤변은?

① 18 (m)
② 16 (m)
③ 14 (m)
④ 12 (m)

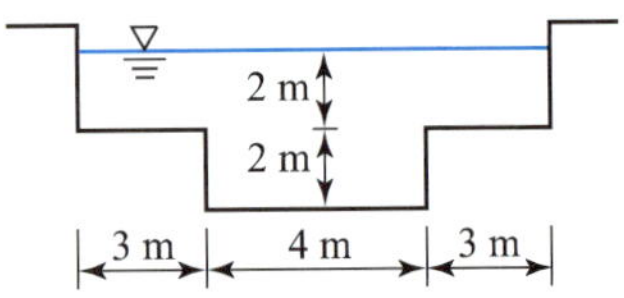

★☆☆

08 그림과 같은 좌우가 대칭인 하천의 경심(R)은?

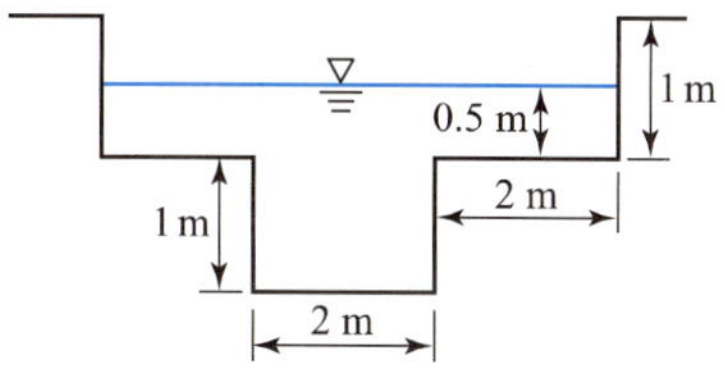

① 0.72 (m)
② 0.63 (m)
③ 0.56 (m)
④ 0.50 (m)

★☆☆

09 폭이 4 (m)이고, 깊이가 2 (m)인 구형 단면(矩形斷面) 수로에 있어서 수리반경(水理半徑)은 얼마인가?

① 1 (m) ② 2 (m)
③ 1.33 (m) ④ 4 (m)

★☆☆

10 너비 4 (m)의 직사각형 수로를 3 (m)의 수심으로 물이 흐른다고 하면 수리평균심(水理平均深)은?

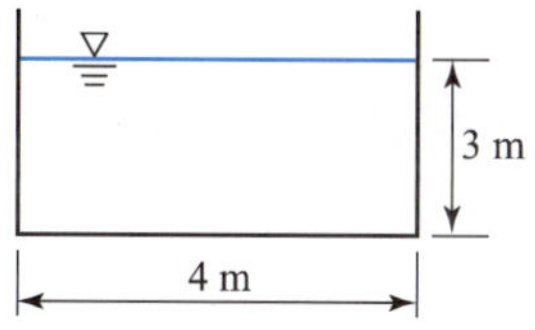

① 3 (m)
② 1.5 (m)
③ 1.2 (m)
④ 1.0 (m)

★★☆

11 그림과 같은 사다리꼴 인공수로의 유적 A와 경심 R은?

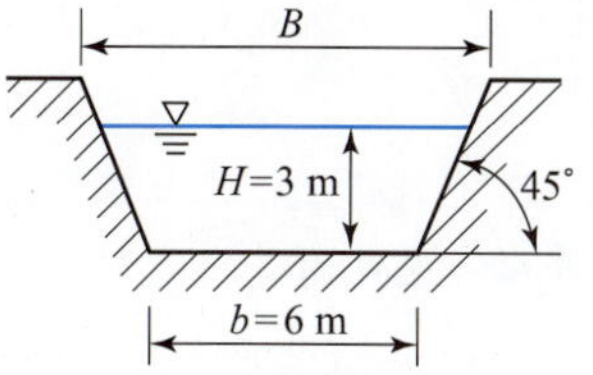

① $A=27$ (m^2), $R \fallingdotseq 0.86$ (m)
② $A=27$ (m^2), $R \fallingdotseq 1.86$ (m)
③ $A=18$ (m^2), $R \fallingdotseq 1.86$ (m)
④ $A=18$ (m^2), $R \fallingdotseq 2.86$ (m)

★☆☆

12 폭이 무한히 넓은 개수로의 수리반경(hydraulic radius, 경심)은?

① 개수로의 폭과 같다.
② 개수로의 수심과 같다.
③ 개수로의 면적과 같다.
④ 계산할 수 없다.

3 수리수심, 단면계수, 통수능

★☆☆

13 다음 중 수리수심(hydraulic depth)을 옳게 나타낸 것은? (단, A는 유수단면적이다.)

① 수심 H일 때 A/H를 뜻한다.
② 윤변 S일 때 A/S를 뜻한다.
③ 수로폭 B일 때 A/B를 뜻한다.
④ 수로길이 L일 때 A/L를 뜻한다.

★☆☆

14 일반적인 수로단면에서 단면계수 Z와 수심 h의 상관식은 $Z^2 = Ch^M$으로 표시할 수 있다. 식 중 M이 의미하는 것은?

① 단면지수 ② 윤변지수
③ 흐름지수 ④ 수리지수

★☆☆

15 Manning의 공식을 사용한 개수로 내 등류의 통수능(通水能)은? (단, A_0: 유수단면적, n: 조도계수, R_0: 수리평균심, I_0: 등류 때의 수면경사이다.)

① $A_0 \frac{1}{n} R_0^{2/3} I_0^{1/2}$ ② $\frac{1}{n} R_0^{2/3}$

③ $\frac{1}{n} A_0 R_0^{2/3}$ ④ $A_0 R_0^{2/3}$

5.1 개수로 흐름 정답과 풀이

01 정답 ② **출제** 산08

관수로는 두 단면 간의 (압력+중력)의 차이로 흐르고, 개수로는 두 단면 간의 (중력)의 차이로 흐른다.

02 정답 ① **출제** 기07-2

개수로 흐름은 수면이 동수경사선(위압수두선)이다.

03 정답 ③ **출제** 기10-1, 기19-2, 산01, 산06, 산08

개수로에서 동수경사선(수두경사선)은 자유수면과 일치한다.

04 정답 ③ **출제** 기06, 기09-4

개수로는 자유수면을 갖는 흐름으로 중력에 의해서 흐름이 발생하고 관성력의 관계에 의해서 흐름 상태가 결정된다. 따라서, 둘 중 우선적인 것을 꼽으라면 중력을 택해야 한다.

05 정답 ④ **출제** 기10-2

흐름의 원동력은 관수로 흐름은 압력, 개수로 흐름은 중력이다. 마찰로 인한 에너지 손실은 둘 다 발생한다.

06 정답 ④ **출제** 기19-2

보기의 ①은 상류, ②는 층류, ③은 부정류에 대한 설명이다.

07 정답 ① **출제** 기02, 기13-2, 기13-4

윤변 $P=2+3+2+4+2+3+2=18$ (m)

08 정답 ③ **출제** 기10-4

$$R_h=\frac{A}{P}=\frac{0.5\times6+1\times2}{2\times(0.5+2+1)+2}=0.56\ \text{(m)}$$

주의 '경심'이란 용어는 부체의 안정문제에서 metacenter를 의미하는 용어로도 사용되므로, 여기서는 수리반경을 사용하는 것이 좋다.

09 정답 ① **출제** 산02, 산06

수리반경 $R_h=\frac{P}{A}=\frac{4\times2}{4+2\times2}=1$ (m)

주의 '구형'은 직사각형을 말한다.

10 정답 ③ **출제** 산02, 산06

$$R_h=\frac{A}{P}=\frac{4\times3}{4+3\times2}=1.2\ \text{(m)}$$

주의 '수리평균심'이란 용어 대신에 '수리반경'을 사용하는 것이 좋다.

11 정답 ② **출제** 산09

측벽경사 $m=1$이므로,

단면적 $A=(B+my)y$
$=(6+1\times3)\times3=27\ (\text{m}^2)$

윤변 $P=B+2\sqrt{m^2+1}\,y$
$=6+2\sqrt{1^2+1}\times3=14.48$ (m)

$$R_h=\frac{A}{P}=\frac{27}{14.48}=1.86\ \text{(m)}$$

12 정답 ② **출제** 기00, 기07-4

폭이 넓은 개수로는

$$R_h=\frac{A}{P}=\frac{By}{B+2y}=\frac{y}{1+2(y/B)}\simeq y$$

주의 '경심'이란 용어는 부체의 안정문제에서 metacenter를 의미하는 용어로도 사용되므로, 여기서는 수리반경을 사용하는 것이 좋다.

13 정답 ③ **출제** 기00, 기08-4

$$(\text{수리수심})=\frac{(\text{유수단면적})}{(\text{수면폭})}$$

주의 정확히 말하자면, 분모는 수로폭 B가 아니라 수면폭 T이므로, 이 문제는 답이 없으나 가장 가까운 것을 답으로 채택한다.

14 정답 ④ **출제** 기01, 기20-2

단면계수 $Z^2=Cy^M$에서 C는 형상계수, M은 수리지수이다.

15 정답 ③ **출제** 기12-2

Manning 식 $Q=A_0\frac{1}{n}R_0^{2/3}S_0^{1/2}$에서 개수로의 단면 특성과 관련된 부분인 $\frac{1}{n}A_0R_0^{2/3}$이 통수능이다.

5.2 평균유속

1 등류

- **등류** 하상선, 수면선, 에너지선이 평행하다.

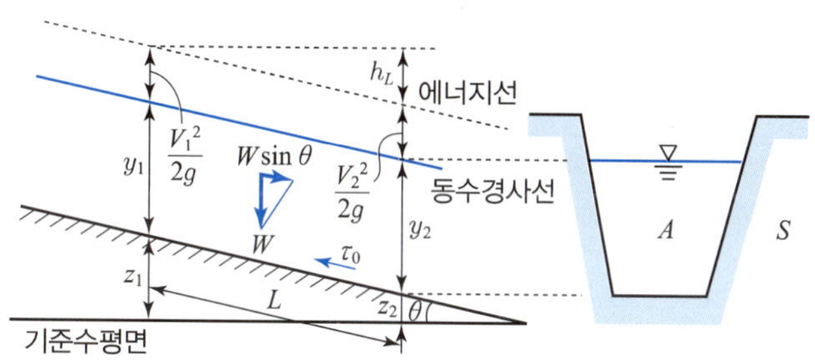

- 개수로 등류에 대해 베르누이식을 적용하면 다음과 같다.

$$z_1 + y_1 + \alpha\frac{V_1^2}{2g} = z_2 + y_2 + \alpha\frac{V_2^2}{2g} + h_L$$

여기서, 손실수두 h_L은 윤변에 작용하는 마찰력 때문에 생긴다.

- (마찰력)=(중력의 흐름방향 성분)이므로,

$$\tau_0 PL = \gamma\sin\theta\, AL \Rightarrow \tau_0 = \gamma\frac{A}{P}\sin\theta = \gamma R_h S$$

2 쉐지식

- **쉐지의 평균유속식** $V = C\sqrt{R_h S}$ (m/s)

여기서, C는 Chézy 계수, R_h는 수리반경($= A/P$, 때때로 R로 표기), S는 에너지경사(때때로 I로 표기)이다.

3 매닝식

- **매닝의 평균유속식** $V = \frac{1}{n}R_h^{2/3}S^{1/2}$ (m/s)

여기서, n는 매닝의 조도계수이다.

- 매닝계수 n의 일반적인 값
  - 콘크리트: $n = 0.011 \sim 0.015$. 보통 0.013
  - 모래하천: $n = 0.025 \sim 0.040$. 보통 0.030

5.2 평균유속 기출문제

1 등류

★★☆

01 그림과 같은 단면에서 측면의 기울기가 양쪽이 같을 경우 수로에 평균유속 3 (m/sec)라 하면 유량은?

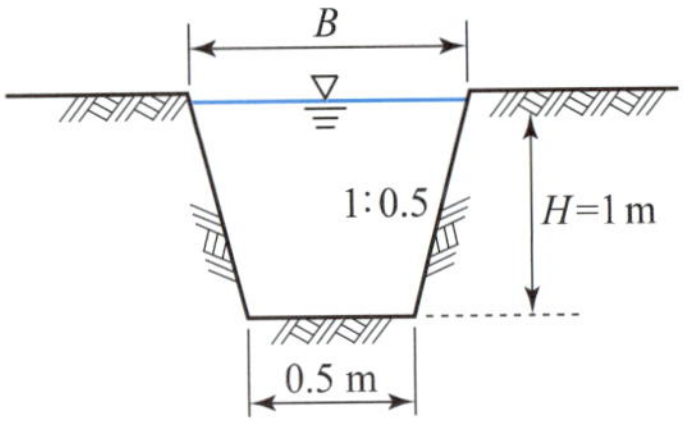

① 0.5 (m^3/sec) ② 1.0 (m^3/sec)
③ 2.0 (m^3/sec) ④ 3.0 (m^3/sec)

2 쉐지식

★☆☆

02 어떤 수로의 평균 경심은 2 (m), 구배는 0.001이며 유속 계수는 50이다. 쉐지(Chézy) 공식으로 계산한 유속은?

① 3.83 (m/sec) ② 2.24 (m/sec)
③ 1.36 (m/sec) ④ 0.68 (m/sec)

★★☆

03 폭 b=3.0 (m), 수심 h=1.5 (m)인 구형 수로에서 수로경사가 0.01일 때 평균유속은? (단, C=65이고, Chézy의 유속공식에 의한다.)

① 3.42 (m/s) ② 4.62 (m/s)
③ 5.63 (m/s) ④ 7.53 (m/s)

★☆☆

04 수심에 비해 수로폭이 대단히 넓은 수로에 유량 Q가 흐르고 있다. 동수경사를 I, 평균유속계수를 C라고 할 때 Chézy 공식에 의한 수심은? (단, h는 수심, B는 수로 폭이다.)

① $h=\frac{3}{2}\left(\frac{Q}{C^2B^2I}\right)^{\frac{1}{3}}$ ② $h=\left(\frac{Q^2}{C^2B^2I}\right)^{\frac{1}{3}}$

③ $h=\left(\frac{Q}{2B^2I}\right)^{\frac{2}{3}}$ ④ $h=\left(\frac{Q^2}{C^2B^2I}\right)^{\frac{3}{10}}$

★★☆

05 폭이 8 (m), 수심 6 (m)인 구형 수로에 등류가 흐르고 있을 때, 조도계수 n=0.014라면 쉐지(Chézy)의 계수 C의 값은?

① 79 ② 83
③ 87 ④ 92

3 매닝식

★☆☆

06 개수로 흐름에 대한 Manning 공식의 조도계수값의 결정 요소로 가장 거리가 먼 것은?

① 동수경사 ② 하상 물질
③ 하도 형상 및 선형 ④ 식생

★☆☆

07 Manning의 평균유속공식에서 Chézy의 평균유속계수 C에 대응되는 것은?

① $\frac{1}{n}R$ ② $\frac{1}{n}R^{1/2}$

③ $\frac{1}{n}R^{1/3}$ ④ $\frac{1}{n}R^{1/6}$

★☆☆
08 Manning의 조도계수 n에 대한 설명으로 옳지 않은 것은?

① 콘크리트관이 유리관보다 일반적으로 값이 작다.
② Kutter의 조도계수보다 이후에 제안되었다.
③ Chézy의 C계수와는 $C=\frac{1}{n}R^{1/6}$의 관계가 있다.
④ n의 값은 대부분 1보다 작다.

★☆☆
09 폭 4 (m), 수심 2 (m)의 구형 수로에서 수면경사 I=4/1,000, n=0.02일 때 유속 V는?

① 0.5 (m/sec)　② 1.00 (m/sec)
③ 2.54 (m/sec)　④ 3.16 (m/sec)

★★☆
10 수로경사 $I=\frac{1}{2,500}$, 조도계수 n=0.013의 수로에 아래 그림과 같이 물이 흐르고 있다. 평균유속은 얼마인가? (단, 매닝(Manning)의 공식에 의해 풀 것)

① 3.16 (m/s)
② 2.65 (m/s)
③ 2.16 (m/s)
④ 1.65 (m/s)

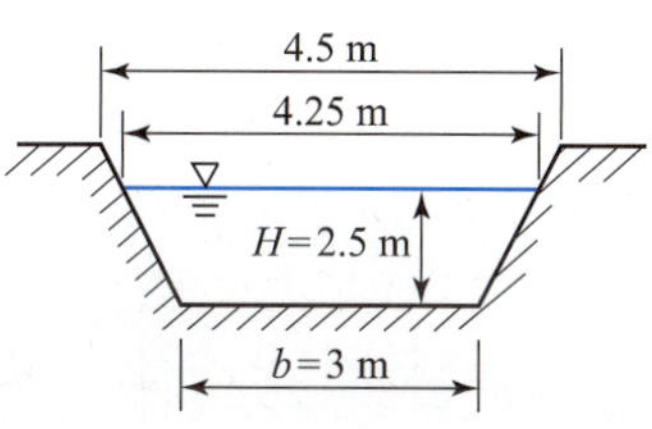

★★☆
11 거리가 50 (m)일 때 손실수두가 1 (m)인 직사각형 개수로의 유량을 Manning의 평균유속공식을 사용하여 구한 값은? (단, 수로폭=10 (m), 수심=2 (m), 수로의 조도계수=0.03)

① 120 (m^3/sec)　② 100 (m^3/sec)
③ 80 (m^3/sec)　④ 60 (m^3/sec)

★★☆
12 수심 2 (m), 폭 4 (m)인 콘크리트 직사각형 수로의 유량은? (단, 조도계수 n=0.012, 경사 I=0.0009이다.)

① 15 (m^3/sec)　② 20 (m^3/sec)
③ 25 (m^3/sec)　④ 30 (m^3/sec)

★★☆
13 직사각형 단면(폭 4 (m)×수심 2 (m))에서 Manning 공식의 조도계수 n=0.017이고 유량 Q=15 (m^3/sec)일 때 수로의 경사는?

① 1.016×10^{-3}　② 31.875×10^{-3}
③ 15.365×10^{-3}　④ 4.548×10^{-3}

★★☆
14 그림과 같은 콘크리트 수로에서 수면경사가 $\frac{1}{1,000}$, 조도계수가 0.015일 때 유량을 계산한 값은? (단, Manning 공식을 쓸 것)

① Q=2.46 (m^3/sec)
② Q=2.92 (m^3/sec)
③ Q=24.60 (m^3/sec)
④ Q=29.24 (m^3/sec)

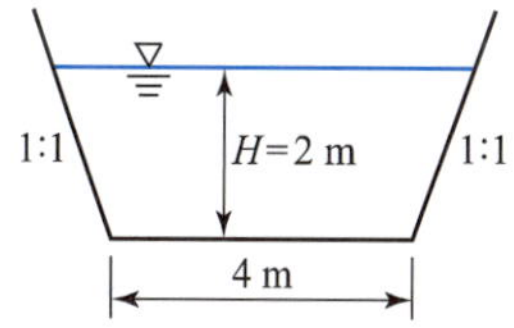

★☆☆
15 Manning의 조도계수에 대한 설명으로 틀린 것은?

① 세굴은 조도계수를 감소시키고 퇴적은 증가시킨다.
② 같은 수로라 하더라도 일반적으로 고수위 및 고수량에서는 조도계수가 작아진다.
③ 계절에 따라 조도계수 값이 달라질 수 있다.
④ 부유물질이 많으면 조도계수가 증가한다.

★★☆

16 **수심** 2 (m), **폭** 4 (m), **경사** 0.0004**인 직사각형 단면수로에서 유량** 14.56 (m^3/sec)**가 흐르고 있다. 이 흐름에서 수로표면 조도계수**(n)**는?** (**단,** Manning **공식 사용**)

① 0.0096　② 0.01099
③ 0.02096　④ 0.03096

★★☆

17 **물이 단면적, 수로의 재료 및 동수경사가 동일한 정사각형 관과 원형 관을 가득 차서 흐를 때 유량비**(Q_s / Q_c)**는?** (**단** Q_s: **정사각형 관의 유량,** Q_c: **원형 관의 유량,** Manning **공식을 적용**)

① 0.645　② 0.923
③ 1.083　④ 1.341

5.2 평균유속 정답과 풀이

01 정답 ④ **출제** 산08

$A=(B+my)y=(0.5+0.5\times1)\times1=1\ (m^2)$

$Q=AV=1\times3=3\ (m^3/s)$

02 정답 ② **출제** 산00

Chézy의 평균유속 공식

$V=C\sqrt{RI}=50\sqrt{2\times0.001}=2.236\ (m/s)$

주의 구배는 경사를 의미하는 일본식 용어이다.

03 정답 ③ **출제** 산02

$$V=C\sqrt{R_h S}$$
$$=65\times\sqrt{\frac{3\times1.5}{3+2\times1.5}\times0.01}=5.63\ (m/s)$$

04 정답 ② **출제** 기14-2

폭이 넓은 수로의 경우에는 $R_h \fallingdotseq y$이므로

$$Q=AV=ByC\sqrt{yS}$$
$$y^{3/2}=\frac{Q}{BCS^{1/2}}\text{에서}$$
$$\therefore y=\left(\frac{Q^2}{C^2B^2S}\right)^{\frac{1}{3}}$$

주의 보기의 기호에서는 S 대신 I 사용

05 정답 ② **출제** 산05

$$C=\frac{1}{n}R_h^{1/6}=\frac{1}{0.014}\times\left(\frac{8\times6}{8+2\times6}\right)^{1/6}=82.65$$

06 정답 ① **출제** 기14-1

조도계수 n은 수로의 벽면 상태에서 결정되는 양이며, 수로의 형상과 곡류 등에 의한 저항도 포함되어 있다.

07 정답 ④ **출제** 기10-4

$$C=\sqrt{\frac{8g}{f}}=\frac{1}{n}R_h^{1/6}$$

08 정답 ① **출제** 기15-4

콘크리트관 $n=0.011\sim0.015$

유리관 $n=0.008\sim0.009$

09 정답 ④ **출제** 산00

$$V=\frac{1}{n}R_h^{2/3}S^{1/2}$$
$$=\frac{1}{0.02}\times\left(\frac{4\times2}{2\times2+4}\right)^{2/3}\times\sqrt{\frac{4}{1,000}}$$
$$=3.16\ (m/s)$$

10 정답 ④ **출제** 기03, 기06

윤변에서 경사면의 길이를 x라고 하면

$$x=\sqrt{2.5^2+\left(\frac{4.25-3.0}{2.0}\right)^2}=2.58\ (m)$$
$$V=\frac{1}{n}R_h^{2/3}S^{1/2}$$
$$=\frac{1}{0.013}\left\{\frac{1/2(3+4.25)\times2.5}{3+2.58\times2}\right\}^{2/3}\left(\frac{1}{2,500}\right)^{1/2}$$
$$=1.65(m/s)$$

11 **정답** ① **출제** 기09-1

$A = 10\times2 = 20\ (\text{m}^2)$

$R_h = \dfrac{10\times2}{10+2\times2} = 1.43\ (\text{m})$

$Q = AV = A\dfrac{1}{n}R_h^{2/3}S^{1/2}$

$= 20\times\dfrac{1}{0.03}\times1.43^{2/3}\sqrt{\dfrac{1}{50}} = 120\ (\text{m}^3/\text{s})$

12 **정답** ② **출제** 기00, 기03, 기04

$Q = AV = A\dfrac{1}{n}R_h^{2/3}S^{1/2}$

$= (4\times2)\times\dfrac{1}{0.012}\times\left(\dfrac{4\times2}{4+2\times2}\right)^{2/3}\times\sqrt{0.0009}$

$= 20\ (\text{m}^3/\text{s})$

13 **정답** ① **출제** 기06, 기16-1

$Q = AV = A\dfrac{1}{n}R_h^{2/3}S^{1/2}$ 에서

$15 = (4\times2)\times\dfrac{1}{0.017}\times\left(\dfrac{4\times2}{4+2\times2}\right)^{2/3}\times S^{1/2}$ 이므로

$S = 1.016\times10^{-3}$

14 **정답** ④ **출제** 산01

$A = (b+my)y = (4+1\times2)\times2 = 12\ (\text{m}^2)$

$Q = AV = A\dfrac{1}{n}R_h^{2/3}S^{1/2}$

$= 12\times\dfrac{1}{0.015}\times\left(\dfrac{12}{4+2\sqrt{2}\times2}\right)^{\frac{2}{3}}\times\sqrt{\dfrac{1}{1,000}}$

$= 29.24\ (\text{m}^3/\text{s})$

15 **정답** ① **출제** 산02

세굴(洗堀, scour)은 유수에 의하여 수로를 구성하고 있는 하상재료(bed material)가 이동 또는 제거됨에 따라 수로단면이 확장되는 현상을 말한다.

16 **정답** ② **출제** 기17-2

주어진 자료에서 $y = 2\ (\text{m})$, $B = 4\ (\text{m})$, $S_0 = 0.0004$, $Q = 14.56\ (\text{m}^3/\text{s})$이다.

$A = By = 4\times2 = 8\ (\text{m}^2)$,

$R_h = \dfrac{By}{B+2y} = \dfrac{4\times2}{4+2\times2} = 1\ (\text{m})$,

$V = \dfrac{Q}{A} = \dfrac{14.56}{8} = 1.82\ (\text{m/s})$

Manning 식에서 $V = \dfrac{1}{n}R_h^{2/3}\sqrt{S_0}$

$\Rightarrow n = \dfrac{R_h^{2/3}\sqrt{S_0}}{V} = \dfrac{1^{2/3}\sqrt{0.0004}}{1.82} = 0.011$

주의 조도계수는 소수점 아래 세 자리 정도까지 표시하는 것이 적절하다. 따라서 0.011이 적합한 표시이다. 그리고 이것은 매우 매끄러운 콘크리트에 해당한다.

17 **정답** ② **출제** 기08-2, 기12-1

원형 관의 지름을 D, 정사각형 관의 한 변을 a라 하면, 단면적이 같으므로 $\dfrac{\pi D^2}{4} = a^2$, 즉 $a = \dfrac{\sqrt{\pi}}{2}D$의 관계를 갖는다.

원관의 수리반경 $R_{hc} = \dfrac{D}{4}$

정사각형 관의 수리반경

$R_{hs} = \dfrac{A}{P} = \dfrac{a^2}{4a} = \dfrac{a}{4} = \dfrac{\sqrt{\pi}}{8}D$

단면적(A), 재료(n), 동수경사(S)가 같으므로 유량의 비는 수리반경의 2/3승의 비이다.

$\dfrac{Q_s}{Q_c} = \left(\dfrac{R_{hs}}{R_{hc}}\right)^{2/3} = \left(\dfrac{D\sqrt{\pi}/8}{D/4}\right)^{2/3}$

$= \left(\dfrac{\sqrt{\pi}}{2}\right)^{2/3} = 0.923$

5.3 최적수리단면

1 최적수리단면

- **최적수리단면(best hydraulic section)** '수리상 유리한 단면'이라고도 한다.
- 주어진 단면적과 수로경사, 조도에 대해 최대유량이 흐르는 단면을 의미한다.
- 단면적이 일정할 때, 동수반경 R_h가 최대가 되거나 윤변 P가 최소가 되어야 한다.

2 직사각형 단면

- $y=\dfrac{B}{2}$일 때 최적수리단면이 된다. 또한, $R_h=\dfrac{A}{P}=\dfrac{2y\times y}{2y+2y}=\dfrac{y}{2}$
- 반원에 외접하는 사각형, 즉 정사각형의 절반

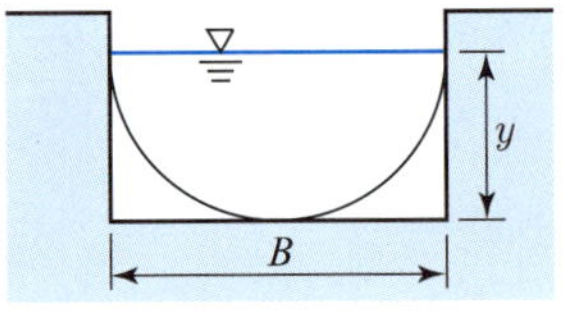

3 기타 단면

- **사다리꼴 단면**
  - $L=b$일 때, $\theta=60^o$

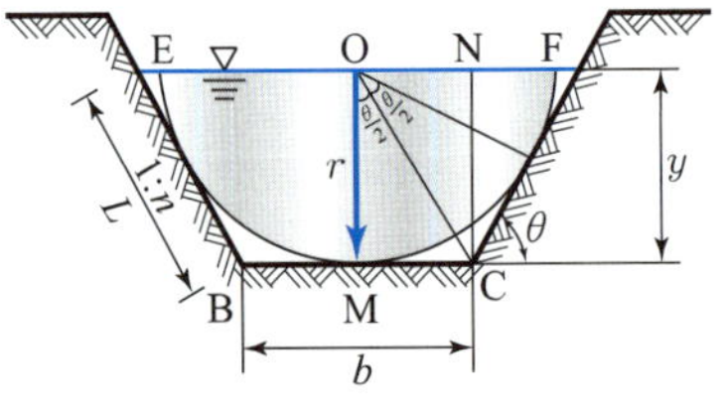

  - 반원에 외접하는 육각형, 즉 정육각형의 절반
- **정다각형 단면**
  - 정다각형의 절반
  - 원에 외접하는 다각형

5.3 최적수리단면 기출문제

1 최적수리단면

★☆☆

01 다음 중 동일한 단면과 수로경사에 대하여 최대유량이 흐르는 조건은?

① 수심이 최소이거나 경심이 최대일 때
② 수심이 최대이거나 수로폭이 최소일 때
③ 윤변이 최소이거나 경심이 최대일 때
④ 윤변이 최대이거나 경심이 최소일 때

★☆☆

02 수리학상 유리한 단면에 관한 설명 중 옳지 <u>않은</u> 것은?

① 주어진 단면에서 윤변이 최소가 되는 단면이다.
② 직사각형 단면일 경우 수심이 폭의 1/2인 단면이다.
③ 최대유량의 소통을 가능하게 하는 가장 경제적인 단면이다.
④ 수심을 반지름으로 하는 반원을 외접원으로 하는 제형 단면이다.

★☆☆

03 개수로에서 단면적이 일정할 때, 수리학적으로 유리한 단면에 해당되지 <u>않는</u> 것은? (단, H: 수심, R_h: 동수반경, l: 측면의 길이, B: 수면폭, P: 윤변, θ: 측면의 경사)

① H를 반지름으로 하는 반원에 외접하는 직사각형 단면
② R_h가 최대 또는 P가 최소인 단면
③ $H=B/2$이고 $R_h=B/2$인 직사각형 단면
④ $l=B/2$, $R_h=H/2$, $\theta=60°$인 사다리꼴 단면

★☆☆

04 수리학적으로 가장 유리한 단면에 대한 설명으로 <u>틀린</u> 것은?

① 수로의 경사, 조도계수, 단면이 일정할 때 최대유량을 통수시키게 하는 가장 경제적인 단면이다.
② 동수반경이 최소일 때 유량이 최대가 된다.
③ 최적 수리단면에서는 직사각형(구형) 수로단면이나 사다리꼴(제형) 수로단면 모두 동수반경이 수심의 절반이 된다.
④ 기하학적으로는 반원 단면이 최적수리단면이나 시공상의 이유로 직사각형(구형) 단면 또는 사다리꼴(제형) 단면이 사용된다.

★☆☆

05 개수로에서 수로 수심이 1.5 (m)인 직사각형 단면일 때 수리적으로 유리한 단면으로 계산한 수로의 경심(동수반경)은?

① 0.75 (m) ② 1.0 (m)
③ 1.25 (m) ④ 1.5 (m)

2 직사각형 단면

★☆☆

06 유수 단면적 A=일정한 구형(Bh) 단면 수로에서 수리상 유리한 단면이 되기 위한 조건식은?

① $B=h$ ② $B=2h$
③ $B=h/2$ ④ $B=4h$

★☆☆

07 단면적이 50 (m^2)인 직사각형 단면수로에 있어서 수리상 유리한 단면은?

① $B=5$ (m), $h=10$ (m)
② $B=10$ (m), $h=5$ (m)
③ $B=1$ (m), $h=50$ (m)
④ $B=50$ (m), $h=1$ (m)

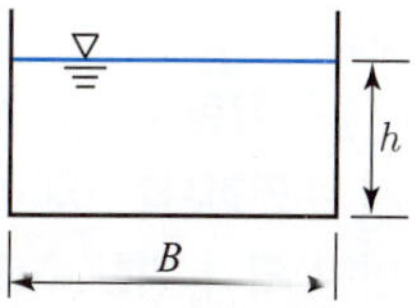

★☆☆

08 **구형 수로에서 수리상 유리한 단면(hydraulic best section)은? (단, 구형 수로의 폭은 b, 수심은 h, 단면적은 A이다.)**

① $h=2b$ ② $h=b$

③ $h=\sqrt{\dfrac{A}{2}}$ ④ $h=b^{1/2}$

★☆☆

09 **수심이 2 (m)인 구형 단면수로가 수리상 유리한 단면일 때 수리평균심은?**

① 1 (m) ② 2 (m)

③ 3 (m) ④ 4 (m)

★★☆

10 **수리상 유리한 콘크리트 사각 단면수로에서 수심이 1 (m)일 때 Chézy의 유속계수 C는? (단, n=0.013이다.)**

① 33.3 ② 29.7

③ 23 ④ 51

★★☆

11 **조도계수 n=0.03, 수면경사 1/10,000인 직사각형 수로에 유량이 100 (m^3/sec)가 되게 하려고 할 때, 수리상 유리한 단면의 폭(B)은? (단, Manning의 평균유속공식을 적용)**

① 8.48 (m) ② 12.97 (m)

③ 10.52 (m) ④ 15.57 (m)

★★☆

12 **유량 45 (m^3/sec)가 흐르는 직사각형 수로에서 수면경사가 0.001인 조건일 때 가장 유리한 단면이 되기 위한 수로 폭의 크기는? (단, Manning의 조도계수 n=0.035이다.)**

① 8.66 (m) ② 8.28 (m)

③ 7.94 (m) ④ 7.48 (m)

3 기타 단면

★☆☆

13 **원형 단면에서 최대유속이 발생하는 수심 h와 관경 D의 관계는?**

① $h=0.53D$ ② $h=0.72D$

③ $h=0.81D$ ④ $h=1.0D$

★☆☆

14 **다음 그림과 같은 사다리꼴 수로에서 수리상 유리한 단면으로 설계된 경우의 조건은?**

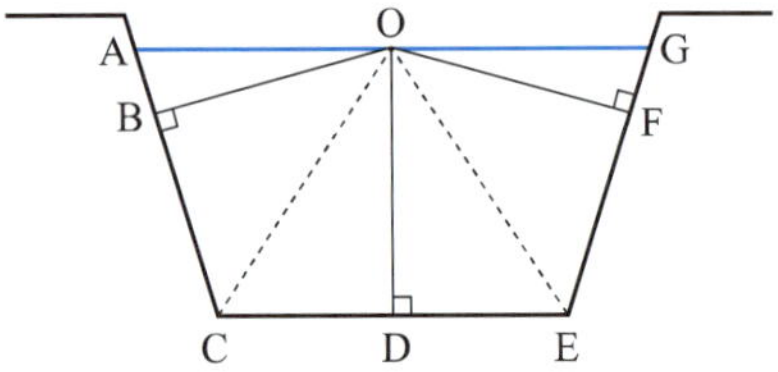

① OB=OD=OF

② OA=OD=OG

③ OC=OG+OA=OE

④ OA=OC=OE=OG

5.3 최적수리단면 정답과 풀이

01 정답 ③ **출제** 기00, 기08, 기10, 기16-2, 기18-2, 기19-3, 산02, 산05, 산09

$Q=AC\sqrt{R_hS}$ 또는 $Q=\dfrac{1}{n}AR_h^{2/3}S^{1/2}$에서 유량이 최대($Q_{\max}$)일 때는 수리반경이 최대($R_{\max}$)이거나 윤변이 최소($P_{\min}$)이어야 한다.

02 정답 ④ **출제** 기19-2

수리학적으로 가장 유리한 단면형은 반원에 외접하는 정다각형 단면이다.

03 정답 ③ 출제 기08-4, 기17-4

최적수리단면

- H를 반지름으로 하는 반원에 외접하는 모든 다각형
- R_h가 최대 또는 P가 최소인 단면
- 직사각형일 때 $B=2y$이므로,

$$R_h=\frac{By}{B+2y}=\frac{2y^2}{4y}=\frac{y}{2}=\frac{B}{4}$$

04 정답 ② 출제 기08-1, 기10-1

$$Q=AC\sqrt{R_hS} \quad \text{또는} \quad Q=\frac{1}{n}AR_h^{2/3}S^{1/2}$$

에서 유량이 최대($Q_{\max}$)일 때는 수리반경이 최대($R_{\max}$)이거나 윤변이 최소($P_{\min}$)이어야 한다.

05 정답 ① 출제 기12-2

직사각형 수로의 최적수리단면은 $B=2y$이므로,

$$R_h=\frac{A}{P}=\frac{By}{B+2y}=\frac{2y^2}{4y}=\frac{y}{2}=\frac{1.5}{2}=0.75 \text{ (m)}$$

주의 경심은 부체의 안정에서 metacenter를 일컫는 말이므로, hydraulic radius는 동수반경 또는 수리반경으로 표현하는 것이 적절하다.

06 정답 ② 출제 기01, 산00

수리상 유리한 단면은 구형(직사각형)일 때 $B=2y$이고, $R_h=\dfrac{y}{2}$이다.

주의 '구형'은 직사각형을 의미한다.

07 정답 ② 출제 산04

직사각형 수로에서 수리상 유리한 단면은 $B=2y$이므로, $A=By=2y^2=50\text{ (m}^2)$에서 $y=5\text{ (m)}$, $B=10\text{ (m)}$이다.

08 정답 ③ 출제 산03, 산07, 산11

직사각형 수로에서 $B=2y$이므로,

$$A=By=2y^2 \Rightarrow y=\sqrt{\frac{A}{2}}$$

주의 구형 수로란 직사각형 수로를 의미한다.

09 정답 ① 출제 기04, 산05, 산09, 산11

최적수리단면이므로 $y=2\text{ (m)}$, $B=4\text{ (m)}$

$$R_h=\frac{A}{P}=\frac{By}{B+2y}=\frac{2y^2}{4y}=\frac{y}{2}=\frac{2}{2}=1 \text{ (m)}$$

주의 구형은 직사각형, 수리평균심은 수리반경을 의미한다.

10 정답 ② 출제 산03, 산05

최적수리단면이므로, $B=2y=2\times1=2\text{ (m)}$

수리반경 $R_h=\dfrac{By}{B+2y}=\dfrac{2\times1}{2+2\times1}=\dfrac{1}{2}\text{ (m)}$

$$C=\frac{1}{n}R_h^{1/6}=\frac{1}{0.013}\times\left(\frac{1}{2}\right)^{1/6}=68.53$$

주의 주어진 보기에 답이 없다. 출제 시 제시된 답은 29.70이었다.

11 정답 ④ 출제 기13-2

직사각형 수로에서 최적수리단면은 $B=2y$

단면적 $A=By=2y^2$

수리반경 $R_h=\dfrac{A}{P}=\dfrac{By}{B+2y}=\dfrac{2y^2}{4y}=\dfrac{y}{2}$

유량은 $Q=AV=2y^2\times\dfrac{1}{n}\left(\dfrac{y}{2}\right)^{2/3}\sqrt{S}$

$$100=2y^2\times\frac{1}{0.013}\left(\frac{y}{2}\right)^{2/3}\sqrt{\frac{1}{10{,}000}}$$

$\therefore\ y=7.79\text{ (m)},\ B=2y=15.58\text{ (m)}$

12 정답 ③ 출제 기11-2

Manning 식 $Q=\dfrac{1}{n}AR_h^{2/3}\sqrt{S}$에서

$$40=\frac{1}{0.035}\times(2y\times y)\left(\frac{y}{2}\right)^{2/3}\sqrt{0.001} \text{ 이므로,}$$

$y=3.97\text{ (m)}$

따라서 $B=2y=7.94\text{ (m)}$

13 정답 ③ 출제 기01

원형 단면 관에서 최대유속이 발생하는 수심 h는 관직경 D의 81.3%이고, 최대유량이 발생하는 수심 h는 관직경 D의 94%일 때이다.

14 정답 ① 출제 기07-1, 기20-2

최적수리단면은 반원에 외접하는 다각형이다. 문제에서는 반지름이 같아야 하므로, OB=OD=OF이다.

5.4 한계류

1 한계류

- 상류에서 사류로 흐름이 변할 때 임계값이다.
- 비에너지와 비력이 최소가 된다.

2 비에너지

- **비에너지(specific energy, E)** 수로 바닥을 기준으로 한 흐름의 단위중량당 에너지(수두)

$$E = y + \alpha \frac{V^2}{2g}$$

여기서, α는 에너지 보정계수이다.

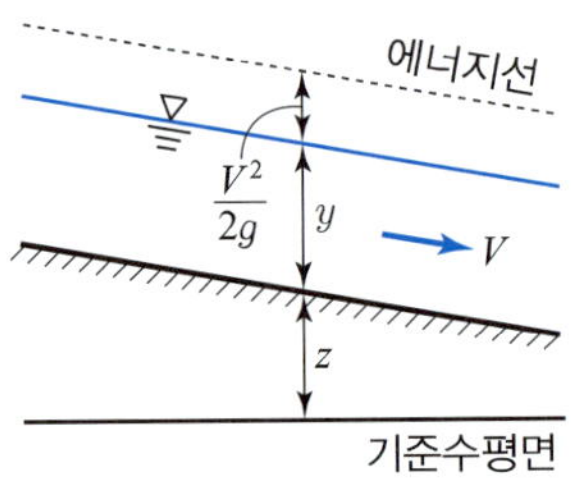

- 직사각형 수로($A = by$)에서의 비에너지는 다음과 같다.

$$E = y + \alpha \frac{Q^2}{2gb^2y^2}$$

- **비에너지 곡선** 수심에 따른 비에너지 변화를 도시한 그림

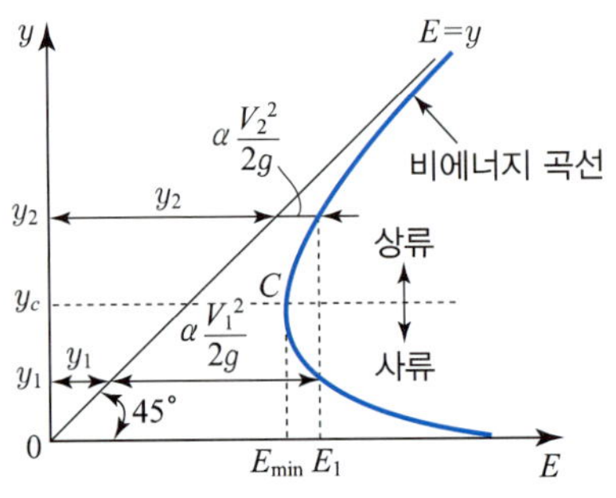

3 한계수심

- **대응수심(alternate depth)** 비에너지 곡선에서 비에너지 E에 대한 2개의 수심 y_1, y_2를 의미한다.
- **한계수심(critical depth)** 비에너지가 최소($E_{\min}$)일 때 1개의 수심 y_c를 한계수심이라 하며, 이때의 유속을 한계유속 (critical velocity, V_c)이라 한다.
- **직사각형 단면**
  - 한계수심: $y_c = \dfrac{2}{3}E_{\min}$, $y_c = \dfrac{V_c^2}{g}$
  - 한계유속: $V_c = \sqrt{g\,y_c}$
  - 한계류 단위폭당 유량: $q = \sqrt{g\,y_c^3}$
  - 한계류 유량: $Q = B\,q = B\sqrt{g\,y_c^3}$
- **한계경사** 한계류일 때의 수로경사

$$S_c = \frac{g}{\alpha C^2}$$

여기서, α는 에너지 보정계수, C는 쉐지계수($C = R_h^{1/6}/n$)이다.

4 상류와 사류

- **프루드수 $Fr = \dfrac{V}{\sqrt{gy}}$에 의한 구분**

구분	상류	한계류	사류
Fr	<1	$=1$	>1
y	$>y_c$	$=y_c$	$<y_c$
V	$<V_c$	$=V_c$	$>V_c$

- **참고** 개수로 레이놀즈수 $Re \equiv \dfrac{VR_h}{\nu}$
  - 한계레이놀즈수 $Re_c = 500$이다.
  - 거의 대부분의 개수로 흐름은 $Re \gg 1{,}000$이며 난류이다.
  - (관수로) 레이놀즈수 $Re = \dfrac{VD}{\nu} = \dfrac{4VR_h}{\nu}$의 $\dfrac{1}{4}$이라 보면 이해하기 쉽다.

5 제어단면

- **제어단면(control section)** 통제단면, 지배단면이라고도 한다.
- 흐름의 상태와 수위를 명확히 알 수 있는 단면, 즉 수위와 유량이 단일 함수관계로 표현될 수 있는 단면
- 한계류 발생 지점, 승강수문의 하부, 보의 월류부, 하류단 수위 등
- 배수 계산의 시작점이 된다.

5.4 한계류 기출문제

1 한계류

★☆☆

01 개수로의 흐름 상태에 대한 설명으로 옳은 것은?

① 상류의 수심은 한계수심보다 작다.
② 수로 바닥을 기준으로 하는 에너지를 비에너지라 한다.
③ 도수 전후의 수면차가 클수록 감세효과는 작아진다.
④ 사류는 Froude 수가 1보다 작다.

★☆☆

02 개수로 흐름에 대한 설명으로 틀린 것은?

① 한계류 상태에서는 수심의 크기가 속도수두의 2배가 된다.
② 유량이 일정할 때 상류에서는 수심이 작아질수록 유속은 커진다.
③ 비에너지는 수평기준면을 기준으로 한 단위무게의 유수가 가진 에너지를 말한다.
④ 흐름이 사류에서 상류로 바뀔 때에는 도수와 함께 큰 에너지 손실을 동반한다.

2 비에너지

★☆☆

03 개수로 내의 한 단면에 있어서 평균유속을 V, 수심을 h라 하면 비에너지를 표시한 식은?

① $H_e = h + \alpha \dfrac{V^2}{2g}$　　② $H_e = \dfrac{h}{b} + \alpha \dfrac{V^2}{2g}$

③ $H_e = \dfrac{V^2}{2g} + \dfrac{Q}{A}$　　④ $H_e = h + \left(\dfrac{Q}{A}\right)^2$

★☆☆

04 개수로에서 수심 h, 면적 A, 유량 Q로 흐르고 있다. 에너지 보정계수를 α라고 할 때 비에너지 H_e를 구하는 식으로 옳은 것은? (단, h =수심, g = 중력가속도)

① $H_e = h + \alpha\left(\dfrac{Q}{A}\right)$

② $H_e = h + \alpha\left(\dfrac{Q}{A}\right)^2$

③ $H_e = h + \alpha\left(\dfrac{Q^2}{2g}\right)$

④ $H_e = h + \alpha\dfrac{1}{2g}\left(\dfrac{Q}{A}\right)^2$

★☆☆

05 비에너지에 대한 설명으로 틀린 것은?

① 수로 바닥을 기준으로 한다.
② 상류일 때는 수심이 작아짐에 따라 비에너지는 커진다.
③ 수류가 등류이면 비에너지는 일정한 값을 갖는다.
④ 단위무게의 물이 가진 흐름의 에너지를 말한다.

★☆☆

06 개수로의 흐름에서 비에너지의 정의로 옳은 것은?

① 단위 중량의 물이 가지고 있는 에너지로 수심과 속도수두의 합
② 수로의 한 단면에서 물이 가지고 있는 에너지를 단면적으로 나눈 값
③ 수로의 두 단면에서 물이 가지고 있는 에너지를 수심으로 나눈 값
④ 압력에너지와 속도에너지의 비

★★☆
07 수심이 3 (m), 유속이 2 (m/sec)인 개수로의 비에너지 값은? (단, 에너지 보정계수는 1.1이다.)

① 1.22 (m) ② 2.22 (m)
③ 3.22 (m) ④ 4.22 (m)

★★☆
08 폭이 8 (m)인 구형 단면수로에 40 (m^3/sec)의 물을 수심 5 (m)로 흐르게 할 때의 비에너지는? (단, 에너지 보정계수 $\alpha \fallingdotseq 10/9$으로 가정한다.)

① 5.06 (m) ② 5.87 (m)
③ 6.19 (m) ④ 6.73 (m)

★★☆
09 폭 9 (m)의 직사각형 수로에 16.2 (m^3/sec)의 유량이 92 (cm)의 수심으로 흐르고 있다. 장파의 전파속도 C와 비에너지 E는?

① C=2.0 (m/sec), E=1.015 (m)
② C=2.0 (m/sec), E=1.115 (m)
③ C=3.0 (m/sec), E=1.015 (m)
④ C=3.0 (m/sec), E=1.115 (m)

★☆☆
10 다음과 같은 수로의 유속이 5 (m/sec)일 때 비에너지 E는? (단, 에너지 보정계수는 1.0으로 한다.)

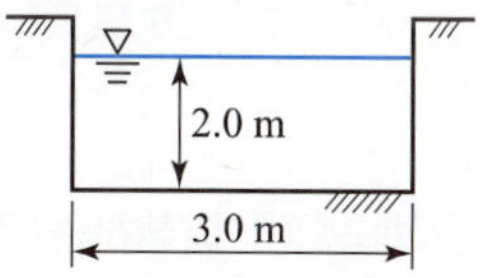

① 3.276 (m)
② 2.276 (m)
③ 1.276 (m)
④ 0.276 (m)

★★☆
11 직사각형 단면의 수로에서 폭 1 (m)당 유량이 0.4 (m^3/sec)이고, 수심이 0.8 (m)일 때 비에너지는? (단, 에너지 보정계수는 1.0으로 한다.)

① 0.817 (m) ② 0.815 (m)
③ 0.813 (m) ④ 0.811 (m)

★☆☆
12 직사각형 수로에서 유량이 2 (m^3/sec)일 때 비에너지를 구한 값은? (단, 에너지 보정계수 α=1)

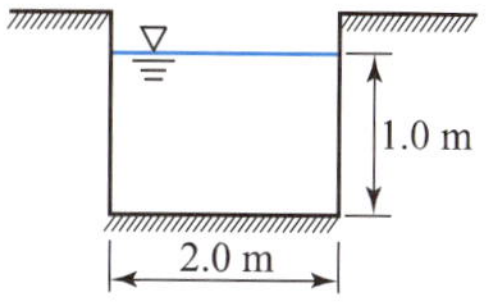

① 1.05 (m)
② 1.51 (m)
③ 2.05 (m)
④ 2.51 (m)

★★☆
13 직사각형 단면 개수로에서 수심이 1 (m), 평균유속이 4.5 (m/s), 에너지 보정계수 α=1.0일 때 비에너지(H_e)는?

① 1.03 (m) ② 2.03 (m)
③ 3.03 (m) ④ 4.03 (m)

★★☆
14 수면폭이 1.2 (m)인 V형 삼각수로에서 2.8 (m^3/sec)의 유량이 0.9 (m)의 수심으로 흐른다면, 이때의 비에너지는? (단, 에너지 보정계수 α=1로 가정한다.)

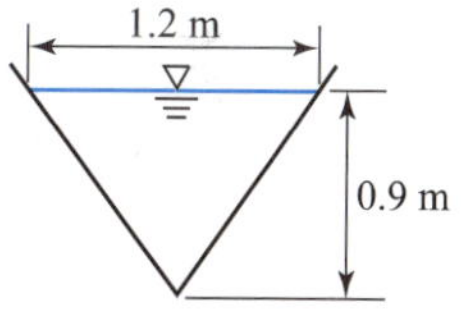

① 0.9 (m)
② 1.14 (m)
③ 1.84 (m)
④ 2.27 (m)

★☆☆
15 물이 하상의 돌출부를 통과할 경우 비에너지와 비력의 변화는?

① 비에너지와 비력이 모두 감소한다.
② 비에너지는 감소하고 비력은 일정하다.
③ 비에너지는 증가하고 비력은 감소한다.
④ 비에너지는 일정하고 비력은 감소한다.

3 한계수심

★☆☆
16 비에너지와 수심의 관계 그래프에서 한계수심보다 수심이 작은 흐름은?

① 사류 ② 상류
③ 한계류 ④ 난류

★☆☆
17 다음 중 한계수심에 대한 설명으로 옳지 않은 것은?

① 한계수심에서 비에너지가 최소가 된다.
② 한계수심보다 수심이 작은 흐름이 상류이고 큰 흐름이 사류이다.
③ 한계수심으로 흐를 때 유량이 최대가 된다.
④ 유량이 일정할 때 한계수심은 비에너지의 2/3이다.

★☆☆
18 개수로에서 한계수심이란?

① 비에너지가 최대일 때의 수심
② 비에너지가 최소일 때의 수심
③ 상류 흐름의 수심
④ 사류 흐름의 수심

★☆☆
19 개수로에서 유량이 일정할 때 한계수심이 되는 조건은?

① 비에너지가 최소가 된다.
② 비에너지가 최대가 된다.
③ 한계수심은 비에너지의 $\frac{2}{3}$이다.
④ 프루드수가 1보다 크다.

★☆☆
20 한계수심에 대한 다음 설명 중 옳지 않은 것은?

① 유량계측의 수단이 된다.
② 유량이 최대이다.
③ 비에너지가 최소이다.
④ Froude 수가 1보다 크다.

★☆☆
21 비에너지와 한계수심에 관한 설명 중 옳지 않은 것은?

① 비에너지는 수로 바닥을 기준으로 하는 흐름의 전 에너지이다.
② 유량이 일정할 때 비에너지가 최소가 되는 수심이 한계수심이다.
③ 비에너지가 일정할 때 한계수심으로 흐르면 유량이 최소가 된다.
④ 유량이 일정할 때 직사각형 단면 수로 내 한계수심은 최소 비에너지의 2/3이다.

★☆☆
22 한계수심에 대한 설명으로 옳지 않은 것은?

① 일정한 유량이 흐를 때 비에너지가 가장 큰 수심이다.
② 일정한 비에너지에서 최대 유량을 흐르게 할 수 있는 수심이다.
③ 유량이 일정할 때 최소 비력(specific force)이 되는 수심이다.
④ 상류에서 사류로 변할 경우에 한계수심이 지배단면이 될 수 있다.

★☆☆
23 한계수심이 발생하는 경우가 아닌 것은?

① 비에너지가 일정할 때 유량이 최대인 흐름
② 유량이 일정할 때 최소 비에너지를 갖는 흐름
③ 한계경사 수로에서 등류가 흐를 때
④ 하나의 비에너지에 대하여 두 개의 수심이 있을 때

★☆☆
24 한계수심에 대한 설명으로 틀린 것은?

① 한계유속으로 흐르고 있는 수로에서의 수심
② 프루드수(Froude number)가 1인 흐름에서의 수심
③ 일정한 유량을 흐르게 할 때 비에너지를 최대로 하는 수심
④ 일정한 비에너지 아래에서 최대유량을 흐르게 할 수 있는 수심

★☆☆
25 한계수심에 대한 설명으로 옳지 않은 것은?

① 유량이 일정할 때 한계수심에서 비에너지가 최소가 된다.
② 한계수심보다 수심이 작은 흐름이 상류이고 큰 흐름이 사류이다.
③ 비에너지가 일정하면 한계수심으로 흐를 때 유량이 최대가 된다.
④ 유량이 일정할 때 한계수심에서 비력이 최소가 된다.

★☆☆
26 개수로 내 흐름에 있어서 한계수심에 대한 설명으로 옳은 것은?

① 상류 쪽의 저항이 하류 쪽의 조건에 따라 변한다.
② 유량이 일정할 때 비력이 최대가 된다.
③ 유량이 일정할 때 비에너지가 최소가 된다.
④ 비에너지가 일정할 때 유량이 최소가 된다.

★☆☆
27 사각형 단면에서 한계수심이 발생하는 조건으로 옳은 것은? (단, h_c =한계수심, h_e =비에너지)

① $h_c = \frac{2}{3}h_e$

② $h_c = \frac{3}{2}h_e$

③ h_c는 h_e가 최대일 때의 수심을 의미한다.
④ 한계수심보다 큰 수심으로 흐를 때 사류라 한다.

★☆☆
28 개수로 내의 흐름에서 비(比)에너지 H_e =일정할 때, 최대유량이 생기는 수심 h의 값이 옳은 것은? (단, 직사각형 단면(b, h)이고, $\alpha=1$로 본다.)

① H_e　　② $\frac{1}{2}H_e$

③ $\frac{2}{3}H_e$　　④ $\frac{3}{4}H_e$

★☆☆
29 사각형 개수로 단면에서 한계수심(h_c)과 비에너지(h_e)의 관계로 옳은 것은?

① $h_c - \frac{2}{3}h_e$　　② $h_c = h_e$

③ $h_c = \frac{3}{2}h_e$　　④ $h_c = 2h_e$

★☆☆
30 최소 비에너지가 8 (m)일 때 한계수심은? (단, 구형 단면이다.)

① 4 (m)　　② 5.33 (m)
③ 2 (m)　　④ 2.67 (m)

★☆☆
31 주어진 유량에 대한 비에너지(specific energy)가 3 (m)이면 한계수심은?

① 1 (m)　　② 1.5 (m)
③ 2 (m)　　④ 2.5 (m)

★☆☆
32 광폭의 직사각형 단면 수로에서 최소 비에너지가 3 (m)일 때 한계수심은 얼마인가?

① 0.3 (m)　　② 1 (m)
③ 2 (m)　　④ 3 (m)

★★☆
33 직사각형 단면의 수로에서 최소 비에너지가 1.5 (m)라면 단위폭당 최대유량은? (단, 에너지 보정계수 $\alpha=1.0$)

① 2.86 ($m^3/s/m$) ② 2.98 ($m^3/s/m$)
③ 3.13 ($m^3/s/m$) ④ 3.32 ($m^3/s/m$)

★★☆
34 수로 폭이 3 (m)인 직사각형 개수로에서 비에너지가 1.5 (m)일 경우의 최대유량은? (단, 에너지 보정계수는 1.0이다.)

① 9.39 (m^3/sec) ② 11.50 (m^3/sec)
③ 14.09 (m^3/sec) ④ 17.25 (m^3/sec)

★★☆
35 최소 비에너지가 1 (m)인 직사각형 수로에서 단위폭당 최대유량은?

① 2.89 (m^3/sec) ② 2.37 (m^3/sec)
③ 1.70 (m^3/sec) ④ 1.28 (m^3/sec)

★★☆
36 1.5 (m)의 비에너지에 대하여 폭이 2.4 (m)인 직사각형 수로에서 일어날 수 있는 최대유량은 얼마인가?

① 7.51 (m^3/sec) ② 6.37 (m^3/sec)
③ 5.24 (m^3/sec) ④ 4.16 (m^3/sec)

★★☆
37 폭이 11 (m)인 직사각형 단면 수로에 0.6 (m)의 수심으로 25 (m^3/sec)의 유량이 흐른다. 조도계수 $n=0.025$, 에너지 보정계수 $\alpha=1$일 때 한계수심은?

① 0.146 (m) ② 0.527 (m)
③ 0.808 (m) ④ 0.625 (m)

★★☆
38 폭 10 (m)의 직사각형 단면수로에 15 (m^3/sec)의 유량이 80 (cm)의 수심으로 흐를 때 한계수심은? (단, 에너지 보정계수 $\alpha=1.1$이다.)

① 0.263 (m) ② 0.352 (m)
③ 0.523 (m) ④ 0.632 (m)

★★☆
39 단위폭당 0.8 (m^3/sec)이 흐르는 수평인 직사각형 수로의 한계수심은? (단, $\alpha=1.05$이다.)

① 약 0.25 (m) ② 약 0.34 (m)
③ 약 0.38 (m) ④ 약 0.41 (m)

★★☆
40 직사각형 단면 수로의 폭이 5 (m)이고, 한계수심이 1 (m)이다. 에너지 보정계수 $\alpha=1.0$이면 유량은?

① $Q=15.65$ (m^3/sec)
② $Q=10.75$ (m^3/sec)
③ $Q=9.80$ (m^3/sec)
④ $Q=3.13$ (m^3/sec)

★★☆
41 그림에서 y가 한계수심이 되었다면 단위 폭에 대한 유량은? (단, $\alpha=1.0$이다.)

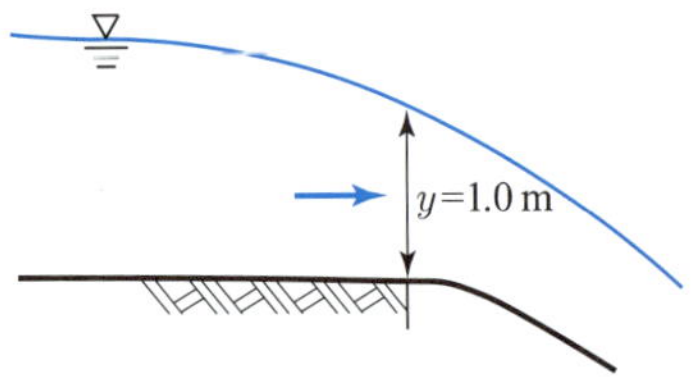

① 9.81 (m^3/sec) ② 3.13 (m^3/sec)
③ 1.02 (m^3/sec) ④ 0.73 (m^3/sec)

★☆☆
42 **구형(矩形) 단면의 개수로에 흐르는 한계유속의 값은? (단, V_c =한계유속, h_c =한계수심, α = 보정계수, g =중력가속도)**

① $V_c = \left(\frac{g h_c}{\alpha}\right)^{1/2}$　② $V_c = \left(\frac{g h_c}{\alpha}\right)^{1/3}$
③ $V_c = \left(\frac{g h_c}{\alpha}\right)^{1/4}$　④ $V_c = \left(\frac{g h_c}{\alpha}\right)^{1/5}$

★★☆
43 **폭이 10 (m)이고 20 (m^3/sec)의 물이 흐르고 있는 직사각형 단면수로의 한계수심은? (단, 에너지 보정계수 α =1.1이다.)**

① 66.57 (cm)　② 76.57 (cm)
③ 86.57 (cm)　④ 96.57 (cm)

★☆☆
44 **최소 비에너지가 1 (m)인 직사각형 수로에서 단위폭당 최대 유량은?**

① 1.70 (m^3/sec)　② 2.26 (m^3/sec)
③ 2.41 (m^3/sec)　④ 2.38 (m^3/sec)

★☆☆
45 **한계수심에 대한 설명으로 틀린 것은?**

① 일정한 유량이 흐를 때 최소의 비에너지를 갖게 하는 수심
② 일정한 비에너지 아래서 최소유량을 흐르게 하는 수심
③ 흐름의 속도가 장파의 전파속도와 같은 흐름의 수심
④ 일정한 유량이 흐를 때 비력을 최소로 하는 수심

★★☆
46 **광폭 직사각형 단면수로의 단위폭당 유량이 16 (m^3/sec)일 때 한계경사는? (단, 수로의 조도계수 n =0.02이다.)**

① 3.27×10^{-3}　② 2.73×10^{-3}
③ 2.81×10^{-3}　④ 2.90×10^{-3}

4 상류와 사류

★☆☆
47 **한계 프루드수(Froude number)를 사용하여 구분할 수 있는 흐름은 어느 것인가?**

① 등류와 부등류　② 정류와 부정류
③ 층류와 난류　④ 상류와 사류

★☆☆
48 **개수로에서 발생되는 흐름 중 상류와 사류를 구분하는 기준이 되는 것은?**

① 프루드(Froude) 수
② 레이놀즈(Reynolds) 수
③ 마하(Mach) 각
④ 매닝(Manning) 수

★☆☆
49 **Froude 수가 갖는 의미로 옳은 것은?**

① 점성력과 관성력의 비
② 관성력과 표면장력의 비
③ 중력과 점성력의 비
④ 관성력과 중력의 비

★☆☆
50 **폭이 5 (m)인 직사각형 수로에 유량 8 (m^3/sec)가 80 (cm)의 수심으로 흐를 때, Froude 수는?**

① 0.26　② 0.71
③ 1.42　④ 2.11

★★☆
51 직사각형 개수로의 단위폭당 유량이 5 (m^3/sec), 수심이 5 (m)이면 프루드 수 및 흐름의 종류는?

① $Fr=1.430$, 상류 ② $Fr=2.143$, 상류
③ $Fr=0.143$, 상류 ④ $Fr=1.430$, 사류

★☆☆
52 개수로 내의 정상류의 수심을 y, 한계수심과 한계 경사를 각각 y_c, S_c, 수로의 경사를 S, 흐름의 Froude 수를 Fr이라 할 때 다음 중 옳지 않은 것은?

① $y>y_c$이면 $Fr<1$, $S<S_c$
② $y<y_c$이면 $Fr>1$, $S>S_c$
③ $y>y_c$이면 $Fr>1$, $S<S_c$
④ $y=y_c$이면 $Fr=1$, $S=S_c$

★☆☆
53 프루드수(Froude number)가 1보다 큰 흐름은?

① 상류(常流) ② 사류(射流)
③ 층류(層流) ④ 난류(亂流)

★☆☆
54 다음 중 상류(subcritical flow)에 관한 설명으로 틀린 것은?

① 하천의 유속이 장파의 전파속도보다 느린 경우이다.
② 관성력이 중력의 영향보다 더 큰 흐름이다.
③ 수심은 한계수심보다 크다.
④ 유속은 한계유속보다 작다.

★☆☆
55 개수로의 흐름에 대한 설명으로 옳지 않은 것은?

① 사류(subcritical flow)에서는 수면 변동이 일어날 때 상류(上流)로 전파될 수 없다.
② 상류(subcritical flow)에서는 Froude 수가 1보다 크다.
③ 수로경사가 한계경사보다 클 때 사류(supercritical flow)가 된다.
④ Reynolds 수가 500보다 커지면 난류(turbulent flow)가 된다.

★☆☆
56 개수로의 상류(subcritical flow)에 대한 설명으로 옳은 것은?

① 유속과 수심이 일정한 흐름
② 수심이 한계수심보다 작은 흐름
③ 유속이 한계유속보다 작은 흐름
④ Froude 수가 1보다 큰 흐름

★☆☆
57 수심이 1 (m)인 구형 수로에서 2 (m/sec)의 유속으로 물이 흐를 때 프루드(Froude) 수와 흐름의 상태는?

① 0.64이며, 상류 ② 0.45이며, 상류
③ 1.24이며, 사류 ④ 1.44이며, 사류

★☆☆
58 폭이 1.5 (m)인 직사각형 수로에 유량 1.8 (m^3/sec)의 물이 항시 수심 1 (m)로 흐르는 경우 이 흐름의 상태는? (단, $\alpha=1.1$)

① 상류 ② 한계류
③ 사류 ④ 부정류

★☆☆
59 다음의 유량 중 수로폭이 3 (m)인 직사각형 수로에 수심이 50 (cm)로 흐를 때 흐름이 상류가 되는 것은?

① 2.5 (m^3/sec) ② 4.5 (m^3/sec)
③ 6.5 (m^3/sec) ④ 8.5 (m^3/sec)

★☆☆

60 **다음의 유량 중 수로폭이 7 (m)인 직사각형 수로에 수심이 0.5 (cm)로 흐를 때 흐름이 사류가 되는 것은?**

① 2.5 (m^3/sec) ② 4.5 (m^3/sec)
③ 6.5 (m^3/sec) ④ 8.5 (m^3/sec)

★☆☆

61 **수로폭 4 (m), 수심 1.5 (m)인 직사각형 수로에서 유량 24 (m^3/sec)가 흐를 때 프루드수 (Froude number)와 흐름의 상태는?**

① 1.04, 상류 ② 1.04, 사류
③ 0.74, 상류 ④ 0.74, 사류

★★☆

62 **수심이 10 (cm)이고 수로폭이 20 (cm)인 직사각형 개수로에서 유량 Q=80 (cm^3/sec)가 흐를 때 동점성계수 $\nu=1.0\times10^{-2}$ (cm^2/s)이면 흐름은?**

① 층류, 사류 ② 층류, 상류
③ 난류, 사류 ④ 난류, 상류

★★☆

63 **수로폭이 4 (m)인 급경사 사각형 수로에 수심이 0.5 (m)로 흐를 때 흐름이 한계류가 되기 위한 유량은?**

① 4.43 (m^3/sec) ② 5.62 (m^3/sec)
③ 6.55 (m^3/sec) ④ 6.85 (m^3/sec)

★★☆

64 **폭이 넓은 직사각형 수로에서 폭 1 (m)당 0.5 (m^3/s)의 유량이 80 (cm)의 수심으로 흐르는 경우 이 흐름은? (단, 동점성계수는 0.012 (cm^2/s), 한계수심은 29.5 (cm)이다.)**

① 층류이며 상류 ② 층류이며 사류
③ 난류이며 상류 ④ 난류이며 사류

★★☆

65 **폭이 넓은 개수로($R \fallingdotseq h_c$)에서 Chézy의 평균유속계수 $C=29$, 수로경사 $I=\dfrac{1}{80}$인 하천의 흐름 상태는? (단, $\alpha=1.11$)**

① $I_c=\dfrac{1}{105}$로 사류 ② $I_c=\dfrac{1}{95}$로 사류
③ $I_c=\dfrac{1}{70}$로 상류 ④ $I_c=\dfrac{1}{50}$로 상류

★☆☆

66 **다음 그림은 개수로에서 동점성계수가 일정하다고 할 때 수심 h와 유속 V에 대한 한계 레이놀즈수(Re)와 프루드수(Fr)를 전대수지에 나타낸 것이다. 그림에서 4개의 영역으로 나눌 때 난류인 상류를 나타내는 영역은?**

① A
② B
③ C
④ D

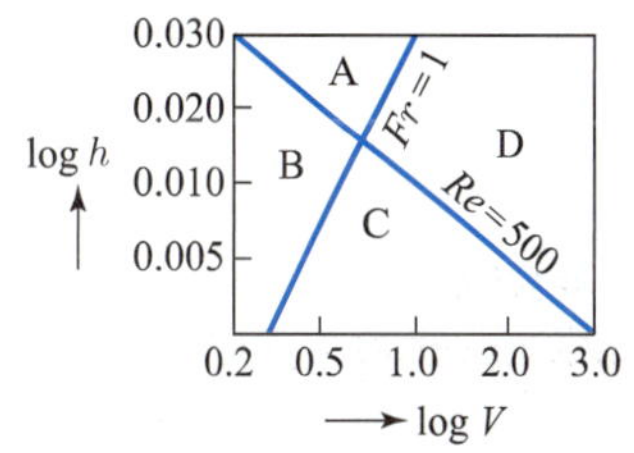

★☆☆

67 **개수로의 흐름을 상류－층류와 상류－난류, 사류－층류와 사류－난류의 네 가지 흐름으로 나누는 기준이 되는 한계 Froude 수(Fr)와 한계 Reynolds 수(Re)는?**

① $Fr=1$, $Re=1$
② $Fr=1$, $Re=500$
③ $Fr=500$, $Re=1$
④ $Fr=500$, $Re=500$

★☆☆

68 **직사각형 단면 개수로의 단위폭당 유량이 3 (m^3/sec), 수심이 2 (m)이면 프루드(Froude) 수 및 흐름의 종류는?**

① 0.34, 사류 ② 1.25, 사류
③ 0.34, 상류 ④ 1.25, 사류

5 제어단면

★☆☆
69 개수로에서 지배단면이란 무엇을 뜻하는가?

① 사류에서 상류로 변하는 지점의 단면
② 비에너지가 최대로 되는 지점의 단면
③ 상류에서 사류로 변하는 지점의 단면
④ 층류에서 난류로 변하는 지점의 단면

★☆☆
70 개수로의 흐름에 대한 설명으로 <u>틀린</u> 것은?

① 개수로에서 사류로부터 상류로 변할 때 불연속적으로 수면이 뛰는 도수가 발생된다.
② 개수로에서 층류와 난류를 구분하는 한계 레이놀즈(Reynolds) 수는 정확히 결정될 수 없으나 약 500 정도를 취한다.
③ 개수로에서 사류로부터 상류로 변하는 단면을 지배단면이라 한다.
④ 배수곡선은 댐과 같은 장애물을 설치하면 발생되는 상류부의 수면 곡선이다.

★☆☆
71 개수로 지배단면의 특성으로 옳은 것은?

① 하천 흐름이 부정류인 경우에 발생한다.
② 완경사의 흐름에서 배수곡선이 나타나면 발생한다.
③ 상류 흐름에서 사류흐름으로 변화할 때 발생한다.
④ 사류인 흐름에서 도수가 발생할 때 나타난다.

★☆☆
72 개수로의 지배단면(control section)에 대한 설명으로 옳은 것은?

① 개수로 내에서 유속이 가장 크게 되는 단면이다.
② 개수로 내에서 압력이 가장 크게 작용하는 단면이다.
③ 개수로 내에서 수로경사가 항상 같은 단면을 말한다.
④ 한계수심이 생기는 단면으로서 상류에서 사류로 변하는 단면을 말한다.

5.4 한계류 정답과 풀이

01 정답 ② **출제** 기05

비에너지는 수로바닥을 기준으로 한 수두로 수심(y)과 속도수두($V^2/2g$)의 합이다.

02 정답 ③ **출제** 기09-2, 기15-1, 기17-4

비에너지는 하상면을 기준으로 한 단위무게의 유수가 가진 단위중량당 에너지를 말한다.

03 정답 ① **출제** 기03, 기17-1, 산04

비에너지는 수로 바닥을 기준으로 한 수두로, 수심(y)과 속도수두($V^2/2g$)의 합이다.

04 정답 ④ **출제** 기10-2

비에너지는 수로 바닥을 기준으로 한 수두로, 수심(압력수두)과 속도수두의 합이다.

05 정답 ② **출제** 산02

비에너지는 수로 바닥을 기준으로 한 수두로 단위무게의 물이 가지고 있는 흐름의 에너지이며, 등류일 때는 일정한 값을 갖는다. 또한 흐름이 상류일 때는 수심이 작아짐에 따라 비에너지 값도 작아지며, 사류일 때는 수심이 작아짐에 따라 비에너지 값이 커진다.

06 정답 ① **출제** 기11-1, 기19-1

①은 비에너지의 정의이며, ②, ③, ④는 별도의 정의가 없다.

07 정답 ③ 출제 산03, 산05, 산06

$$H_e = y + \frac{\alpha V^2}{2g} = 3 + \frac{1.1 \times 2^2}{2 \times 9.8} = 3.22 \ (\text{m})$$

이때 비에너지는 수심보다 항상 커야 하므로, ①과 ②는 절대로 답이 될 수 없다.

08 정답 ① 출제 기10, 기19-2

$$H_e = y + \alpha\frac{V^2}{2g} = y + \alpha\frac{1}{2g}\left(\frac{Q}{A}\right)^2$$

$$= 5 + \frac{10}{9} \times \frac{1}{2 \times 9.8}\left(\frac{40}{5 \times 8}\right)^2 = 5.06 \ (\text{m})$$

09 정답 ④ 출제 기16-4

$$C = \sqrt{gy} = \sqrt{9.8 \times 0.92} = 3.0 \ (\text{m/s})$$

$$H_e = y + \alpha\frac{V^2}{2g} = y + \alpha\frac{1}{2g}\left(\frac{Q}{A}\right)^2$$

$$= 0.92 + 1.0 \times \frac{1}{2 \times 9.8}\left(\frac{16.2}{9 \times 0.92}\right)^2$$

$$= 1.115 \ (\text{m})$$

10 정답 ① 출제 산01

$$E = y + \frac{\alpha V^2}{2g} = 2 + \frac{1 \times 5^2}{2 \times 9.8} = 3.276 \ (\text{m})$$

11 정답 ③ 출제 기00, 기07-1, 기15-4, 산00

$$E = y + \alpha\frac{V^2}{2g}$$

$$= 0.8 + 1.0 \times \frac{1}{2 \times 9.8}\left(\frac{0.4}{1 \times 0.8}\right)^2 = 0.813 \ (\text{m})$$

12 정답 ① 출제 기10-4

$$E = y + \alpha\frac{V^2}{2g}$$

$$= 1 + 1.0 \times \frac{1}{2 \times 9.8}\left(\frac{2}{2 \times 1}\right)^2 = 1.05 \ (\text{m})$$

13 정답 ② 출제 기15-1

$$E = y + \alpha\frac{V^2}{2g} = 1.0 + 1.0 \times \frac{4.5^2}{2 \times 9.8} = 2.03 \ (\text{m})$$

14 정답 ④ 출제 기17-2

$$A = \frac{1}{2} \times 1.2 \times 0.9 = 0.54 \ (\text{m}^2)$$

$$V = \frac{Q}{A} = \frac{2.8}{0.54} = 5.185 \ (\text{m/s})$$

$$E = y + \frac{V^2}{2g} = 0.9 + \frac{5.185^2}{2 \times 9.8} = 2.27 \ (\text{m})$$

이때 비에너지는 항상 수심보다 커야 하므로, ①은 절대로 답이 될 수 없다.

15 정답 ② 출제 기07-2, 기15-4

원하상을 ①, 돌출부를 ②, 돌출부 높이를 Δz라고 하면, $z_2 = z_1 + \Delta z$

또 베르누이 정리(에너지 보존)에서

$y_1 + z_1 + \frac{V_1^2}{2g} = y_2 + z_2 + \frac{V_2^2}{2g}$이 성립하므로, 이를 비에너지식으로 쓰면, $E_1 = E_2 + \Delta z$가 되어, 하상의 돌출부에서는 돌출 높이 Δz만큼 비에너지가 감소한다.

반면, 단위폭당 비력은 $\frac{y_1^2}{2} + \frac{q^2}{gy_1} = \frac{y_2^2}{2} + \frac{q^2}{gy_2}$로 돌출 높이에 무관하므로 비력은 변함이 없다.

16 정답 ① 출제 산04, 산08

비에너지와 수심의 관계 그래프에서 한계수심보다 수심이 큰 흐름은 상류, 한계수심보다 수심이 작은 흐름은 사류라고 한다.

17 정답 ② 출제 기04, 기09

비에너지와 수심과의 관계 그래프에서 한계수심보다 수심이 큰 흐름은 상류, 한계수심보다 수심이 작은 흐름은 사류라고 한다.

18 정답 ② 출제 기02, 기05, 기19-1, 산05

한계수심일 때 비에너지는 최소이고, 유량은 최대가 된다.

19 정답 ① 출제 기01

개수로에서 한계수심(y_c)

- 유량이 일정할 때 비에너지가 최소로 되는 수심 ($E_{\min}$)
- 비에너지가 일정할 때 유량이 최대가 되는 수심 ($Q_{\max}$)
- 한계수심일 때의 Froude 수는 1

20 정답 ④ **출제** 산01

개수로에서 한계수심(h_c)

- 유량이 일정할 때 비에너지가 최소로 되는 수심 ($E_{\min}$)
- 비에너지가 일정할 때 유량이 최대가 되는 수심 ($Q_{\max}$)
- 한계수심일 때의 Froude 수는 1

21 정답 ③ **출제** 기04, 기05, 기13-2, 기13-4, 기18-1, 기18-3

개수로에서 한계수심(h_c)

- 유량이 일정할 때 비에너지가 최소로 되는 수심 ($E_{\min}$)
- 비에너지가 일정할 때 유량이 최대가 되는 수심 ($Q_{\max}$)
- 한계수심일 때의 Froude 수는 1

22 정답 ① **출제** 기05, 산09

개수로에서 한계수심(h_c)

- 유량이 일정할 때 비에너지와 비력이 최소로 되는 수심($E_{\min}$, $M_{\min}$)
- 비에너지가 일정할 때 유량이 최대가 되는 수심 ($Q_{\max}$)
- 한계수심일 때의 Froude 수는 1

23 정답 ④ **출제** 기06

하나의 비에너지에 대하여 두 개의 수심이 있을 때는 대응수심이 발생한다.

24 정답 ③ **출제** 기14-2

한계수심은 일정 유량에서 최소비에너지를 갖는 수심이다.

25 정답 ② **출제** 기09-4

한계수심보다 수심이 크면 상류, 작으면 사류이다.

26 정답 ③ **출제** 기17-1

한계수심의 조건

- 유량이 일정할 때 비에너지와 비력이 최소이다.
- 비에너지가 일정할 때는 유량이 최대가 된다.

27 정답 ① **출제** 기04

직사각형 개수로에서 한계수심은 최소비에너지의 $\frac{2}{3}$이다.

$$y_c = \frac{2}{3}E_{\min}$$

28 정답 ③ **출제** 산04, 산08, 산11

직사각형 개수로에서 한계수심(y_c)은 최소비에너지($E_{\min}$)의 $\frac{2}{3}$이다. 즉, $y_c = \frac{2}{3}E_{\min}$이다.

29 정답 ① **출제** 기16-4

직사각형 개수로에서 한계수심을 y_c, 최소비에너지를 $E_{\min}$이라 하면, $y_c = \frac{2}{3}E_{\min}$이다.

주의 한계수심은 일정하고 비에너지는 변화하는 값이다. 따라서, 위의 보기는 부적절하며, 최소비에너지($E_{\min}$)이라고 특정해서 표현해야 정확한 의미가 된다.

30 정답 ② **출제** 기09, 산10

직사각형 개수로에서

$$y_c = \frac{2}{3}E = \frac{2}{3}\times 8 = 5.33 \text{ (m)}$$

31 정답 ③ **출제** 기20-2

$$y_c = \frac{2}{3}E_{\min} = \frac{2}{3}\times 3 = 2 \text{ (m)}$$

주의 주어진 유량에 대한 비에너지가 최소일 때 이 관계가 성립한다. 이 문제에서는 '최소'라는 말과 직사각형 단면이라는 조건이 누락되었다.

32 정답 ③ **출제** 기09-4

$$y_c = \frac{2}{3}E_{\min} = \frac{2}{3}\times 3 = 2 \text{ (m)}$$

33 정답 ③ **출제** 기16-1

비에너지가 최소이므로 한계류 상태

$$y_c = \frac{2}{3}E_{\min} = \frac{2}{3}\times 1.5 = 1.0 \text{ (m)}$$

$y_c = \sqrt[3]{\frac{q^2}{g}}$ 에서

$$q = \sqrt{g{y_c}^3} = \sqrt{9.8\times 1^3} = 3.130 \text{ (m}^3\text{/s/m)}$$

34 정답 ① **출제** 기19-3

한계류 상태에서 최대유량이 되며, 이때의 한계수심은

$y_c = \frac{2}{3}E_{\min} = \frac{2}{3}\times 1.5 = 1.0$ (m)

단위폭당 유량은

$q = \sqrt{gy_c^3} = \sqrt{9.8\times 1.0^3} = 3.13$ (m³/s/m)

유량은 $Q = qB = 3.13\times 3.0 = 9.39$ (m³/s)

35 정답 ③ **출제** 기11-1

최소 비에너지일 때의 수심이 한계수심이므로

$y_c = \frac{2}{3}E_{\min} = \frac{2}{3}\times 1 = 0.667$ (m)

$q = \sqrt{gy_c^3} = \sqrt{9.8\times 0.667^3} = 1.71$ (m³/sec/m)

36 정답 ① **출제** 기02

최대유량은 한계수심으로 흐를 때이므로

$y_c = \frac{2}{3}E_{\min} = \frac{2}{3}\times 1.5 = 1.0$ (m)

$Q = Bq = B\sqrt{gy_c^3} = 2.4\times\sqrt{9.8\times 1.0^3} = 7.51$ (m³/s)

주의 주어진 유량에 대한 비에너지가 최소일 때 이 관계가 성립한다. 이 문제에서는 '최소'라는 말이 누락되었다.

37 정답 ③ **출제** 기04, 기06

$y_c = \left(\frac{\alpha Q^2}{gB^2}\right)^{1/3} = \left(\frac{1.0\times 25^2}{9.8\times 11^2}\right)^{1/3} = 0.808$ (m)

38 정답 ④ **출제** 기12-4

$y_c = \left(\frac{\alpha Q^2}{gB^2}\right)^{1/3} = \left(\frac{1.1\times 1.5^2}{9.8\times 10^2}\right)^{1/3} = 0.632$ (m)

39 정답 ④ **출제** 산00, 산07, 산10, 산11

$y_c = \left(\frac{\alpha q^2}{g}\right)^{1/3} = \left(\frac{1.05\times 0.8^2}{9.8}\right)^{1/3} = 0.409$ (m)

40 정답 ① **출제** 기18-3, 산05

$y_c = \left(\frac{\alpha Q^2}{gB^2}\right)^{1/3}$ 에서 $1 = \left(\frac{1\times Q^2}{9.8\times 5^2}\right)^{1/3}$

$Q = 15.65$ (m³/sec)

41 정답 ② **출제** 기06

$y_c = \left(\frac{\alpha Q^2}{gB^2}\right)^{1/3}$ 에서 $1 = \left(\frac{1\times Q^2}{9.8\times 1^2}\right)^{1/3}$

$Q = 3.13$ (m³/sec)

주의 주어진 그림에서 좌측(상류)의 수면은 수평에서 점차 저하되는 형태를 이루어야 한다.

42 정답 ① **출제** 산06

직사각형 단면의 한계유속 식은 $V_c = \sqrt{\frac{gy_c}{\alpha}}$

43 정답 ② **출제** 기06

$y_c = \left(\frac{\alpha Q^2}{gB^2}\right)^{1/3} = \left(\frac{1.1\times 20^2}{9.8\times 10^2}\right)^{1/3} = 0.766$ (m)

44 정답 ① **출제** 기02, 기05, 기11, 산05, 산11

최소 비에너지일 때 한계수심이므로,

$y_c = \frac{2}{3}E_{\min} = \frac{2}{3}\times 1 = 0.667$ (m)

$y_c = \sqrt[3]{\frac{q^2}{g}}$ 에서

$q = \sqrt{gy_c^3} = \sqrt{9.8\times 0.667^3} = 1.70$ (m³/s/m)

45 정답 ② **출제** 기03, 기07-4

한계수심은 다음의 성질을 가진다.

- 한계수심으로 흐를 때 최대 유량이 발생한다.
- 일정 유량에서 비에너지와 비력은 최소가 된다.
- 흐름의 속도는 장파의 전파속도와 동일하다.
- 상류 → 사류로 변할 때 발생한다.

46 정답 ② **출제** 기18-2

한계수심 $y_c = \sqrt[3]{\frac{q^2}{g}} = \sqrt[3]{\frac{16^2}{9.8}} = 2.97$ (m)

$C = \frac{1}{n}R_h^{1/6} = \frac{1}{0.02}\times 2.97^{1/6} = 59.95$

한계경사 $S_c = \frac{g}{C^2} = \frac{9.8}{59.95^2} = 2.73\times 10^{-3}$

47 정답 ④ **출제** 산02

상류(常流)와 사류(射流)는 Froude 수에 의해 구분한다.

48 정답 ① **출제** 산02, 산04

상류(常流)와 사류(射流)는 Froude 수에 의해 구분한다.

49 정답 ④ **출제** 산06

프루드수 $Fr = \frac{V}{\sqrt{gy}}$ 이므로 중력과 관성력의 비이다.

50 정답 ② **출제** 기12-1

유속은 $V = \frac{Q}{By} = \frac{8}{5 \times 0.8} = 2$ (m/s)

Froude 수 $Fr = \frac{V}{\sqrt{gy}} = \frac{2}{\sqrt{9.8 \times 0.8}} = 0.71$

주의 단위폭당 유량 q의 단위는 $(m^3/s/m)$

51 정답 ③ **출제** 기05, 기09, 기11-2, 산02, 산11

유속 $V = \frac{q}{y} = \frac{5}{5} = 1.0$ (m/s)

프루드수 $Fr = \frac{V}{\sqrt{gy}} = \frac{1}{\sqrt{9.8 \times 5}} = 0.143 < 1.0$

∴ 상류

52 정답 ③ **출제** 기07-1

- 상류일 경우 $y > y_c$, $Fr < 1$, $S < S_c$
- 사류일 경우 $y < y_c$, $Fr > 1$, $S > S_c$

53 정답 ② **출제** 기05, 기11-1

- 상류 조건

  $y > y_c$, $V < V_c$, $Fr < 1$, $S < S_c = \frac{g}{\alpha C^2}$
- 사류 조건

  $y < y_c$, $V > V_c$, $Fr > 1$, $S > S_c = \frac{g}{\alpha C^2}$

54 정답 ② **출제** 기08-2, 기19-1

상류의 조건은 수심은 한계수심보다 크고($y > y_c$), 유속은 한계유속(장파의 전파속도)보다 작은 흐름($V < V_c = \sqrt{gy_c}$)이며, 관성력이 중력의 영향보다 더 작은($V < \sqrt{gy}$) 흐름이다.

55 정답 ② **출제** 기16-4

상류(常流)에서는 Froude 수가 1보다 작고, 사류(射流)에서는 1보다 크다.

주의 ③ 수로경사가 한계경사보다 클 때, '등류로 흐르는 흐름은' 사류가 된다고 정확하게 한정지어야 한다. 예를 들어, 수로경사가 급경사일지라도 S1 곡선을 그리는 부등류는 상류가 된다.

56 정답 ③ **출제** 기18-3

상류: 유속 < 한계유속, 수심 > 한계수심, $Fr < 1$

57 정답 ① **출제** 산00, 산11

$Fr = \frac{V}{\sqrt{gy}} = \frac{2}{\sqrt{9.8 \times 1}} = 0.64 < 1$

이므로 상류이다.

58 정답 ① **출제** 산04

$V = \frac{Q}{A} = \frac{1.8}{1.5 \times 1} = 1.2$ (m/sec)

$Fr = \frac{V}{\sqrt{gy/\alpha}} = \frac{1.2}{\sqrt{9.8 \times 1/1.1}} = 0.402 < 1$

이므로 상류이다.

59 정답 ① **출제** 기09-1

$Fr = \frac{V}{\sqrt{gy}} = \frac{Q/A}{\sqrt{gy}} < 1$에서

$Q < Fr\,A\sqrt{gy}$

$= 1 \times (3 \times 0.5)\sqrt{9.8 \times 0.5} = 3.32$ (m^3/s)

| 다른 풀이 |

상류가 되려면 유속이 느리고 유량이 작아야 하므로, 계산을 해 보지 않아도 유량이 가장 작은 ①이 답이다.

60 정답 ④ **출제** 기07-2

$Fr = \frac{V}{\sqrt{gy}} = \frac{Q/A}{\sqrt{gy}} > 1$에서

$Q > Fr\,A\sqrt{gy}$

$= 1 \times (7 \times 0.5) \times \sqrt{9.8 \times 0.5} = 7.74$ (m^3/s)

| 다른 풀이 |

사류가 되려면 유속이 빠르고 유량이 커야 하므로, 계산을 해 보지 않아도 유량이 가장 큰 ④가 답이다.

61 정답 ② **출제** 산05

$V = \frac{Q}{A} = \frac{24}{4 \times 1.5} = 4$ (m/s)

$Fr = \frac{V}{\sqrt{gh}} = \frac{4}{\sqrt{9.8 \times 1.5}} = 1.04 > 1$

이므로 사류이다.

62 정답 ② 출제 기05, 기08-2, 기13-1

$$V = \frac{Q}{A} = \frac{80}{10 \times 20} = 0.4\ \text{(cm/s)}$$

$$R_h = \frac{A}{P} = \frac{20 \times 10}{20 + 2 \times 10} = 5\ \text{(cm)}$$

$$Re = \frac{VR_h}{\nu} = \frac{0.4 \times 5}{1 \times 10^{-2}} = 200 < 500 \quad \text{층류}$$

$$Fr = \frac{V}{\sqrt{gy}} = \frac{0.4}{\sqrt{980 \times 10}} = 0.004 < 1 \quad \text{상류}$$

63 정답 ① 출제 산05

한계류의 조건

$$Fr = \frac{V_c}{\sqrt{gy_c}} = \frac{Q_c/A_c}{\sqrt{gy_c}} = \frac{Q_c/(4 \times 0.5)}{\sqrt{9.8 \times 0.5}} = 1\text{에서}$$

$$Q_c = 4.43\ (\text{m}^3/\text{s})$$

64 정답 ③ 출제 기09-4, 기16-2

$$V = \frac{Q}{A} = \frac{0.5}{1 \times 0.8} = 0.625\ \text{(m/s)} = 62.5\ \text{(cm/s)}$$

폭이 넓은 개수로 $R_h \simeq y = 80$ (cm)

$$Re = \frac{VR_h}{\nu} = \frac{62.5 \times 80}{0.012} = 147{,}000 > 500 \quad \text{난류}$$

$$Fr = \frac{V}{\sqrt{gy}} = \frac{62.5}{\sqrt{980 \times 80}} = 0.223 < 1 \quad \text{상류}$$

65 정답 ② 출제 기19-3

한계경사

$$S_c = \frac{g}{\alpha C^2} = \frac{9.8}{1.11 \times 29^2} = \frac{1}{95.3} > \frac{1}{80}$$

따라서, 급경사 수로이며, 여기서 등류 상태로 흐르는 흐름은 사류이다.

66 출제 기04, 기06

정답 ①

개수로에서 한계레이놀즈수 $Re_c = 500$이고, 난류일 때 $Re > 1{,}000$(A와 D영역)이다. 또, 상류일 때 $Fr < 1$이므로 영역 A와 B이다.

67 정답 ② 출제 기12-4

한계류 $Fr = 1$, 한계레이놀즈수 $Re_c = 500$

68 정답 ③ 출제 기09-2

$$V = \frac{Q}{A} = \frac{3}{1 \times 2} = 1.5\ \text{(m/s)}$$

$$Fr = \frac{V}{\sqrt{gh}} = \frac{1.5}{\sqrt{9.8 \times 2}} = 0.34 < 1.0$$

따라서 상류이다.

69 정답 ③ 출제 산05, 산10

지배단면(control section)은 상류에서 사류로 변하는 지점의 단면을 말하며, 한계수심과 한계유속이 생기는 단면이다.

70 정답 ③ 출제 기14-1

개수로에서 상류에서 사류로 변하는 단면(한계수심 발생)을 지배단면이라 한다.

71 정답 ③ 출제 기16-1

상류에서 사류로 변화할 때 중간에 한계류(지배단면)를 거친다.

72 정답 ④ 출제 기06, 기08-1, 기11-2

개수로에서 상류에서 사류로 변하는 단면(한계수심 발생)을 지배단면이라 한다.

5.5 도수

1 비력

- **비력(specific energy, M)** 충력치라고도 하며, 단위중량당 정수압과 운동량의 합이다.

$$M=\frac{By^2}{2}+\beta\frac{Q^2}{gBy^2}=y_gA+\beta\frac{Q}{g}V$$

여기서, y_g는 도심까지의 수심이며, 직사각형 단면의 경우 수심의 절반($y_g=h/2$)이다.

- **비력곡선(M 곡선)** 수심에 따른 비력의 변화를 도시한 그림

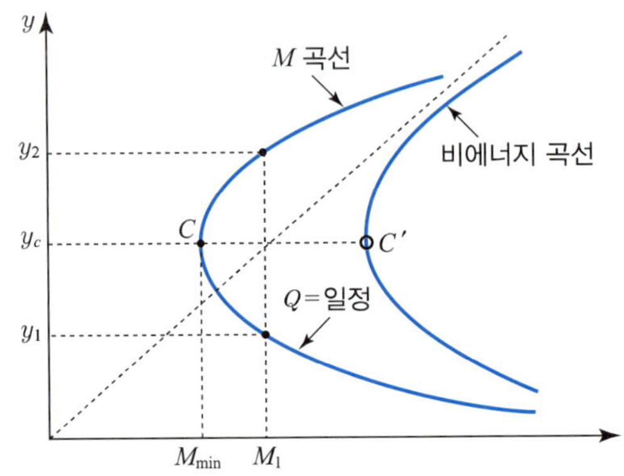

- 한계수심일 때 비력도 최소가 된다.
- 비력(M)곡선에서 비력 M에 대한 수심은 2개(y_1, y_2)이고, y_1과 y_2를 공액수심(conjugate depth)이라 한다.
- 비력이 최소(M_{min})일 때 수심은 1개이고, 이 수심 y_c를 한계수심(critical depth)이라 한다.

2 도수

- **도수(hydraulic jump)** 사류에서 상류로 변할 때 수면이 불연속적으로 뛰어오르는 현상
- **도수 전후의 수심비**

$$\frac{y_2}{y_1}=\frac{1}{2}\left(-1+\sqrt{1+8Fr_1^2}\right)$$

꼭 기억하기!

여기서, $Fr_1=\dfrac{V_1}{\sqrt{gy_1}}$

• **도수에 의한 에너지 손실**

$$\Delta E = \frac{(y_2 - y_1)^3}{4y_1 y_2}$$

꼭 기억하기!

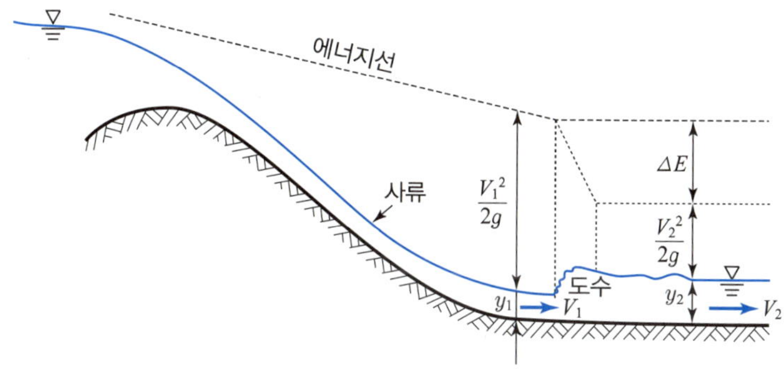

3 도수의 종류

• **불완전도수(파상도수)** $1 < Fr_1 < \sqrt{3}$

• **완전도수** $\sqrt{3} < Fr_1 < 9$

• **강도수** $Fr_1 > 9.0$

5.5 도수 기출문제

1 비력

★☆☆

01 충력치의 정의로 옳은 것은?

① 물의 충격에 의해서 생기는 힘을 말한다.
② 비에너지가 최대가 되는 수심일 때의 에너지를 말한다.
③ 개수로의 한 단면에서의 운동량과 정수압의 합을 물의 단위중량으로 나눈 값을 말한다.
④ 한계수심을 가지고 흐를 때의 한 단면에서의 에너지를 말한다.

★☆☆

02 도수 전후의 충력치(비력)를 각각 M_1, M_2라 할 때 M_1, M_2의 크기와 충력치에 대한 설명으로 옳은 것은?

① 충력치란 물의 충격에 의해서 생기는 힘을 말하며, $M_1 = M_2$
② 충력치란 한계수심에서의 비에너지를 말하며, $M_1 > M_2$
③ 충력치란 개수로 내 한 단면에서 물의 단위 무게당 정수압과 운동량의 합을 말하며, $M_1 = M_2$
④ 충력치란 비에너지가 최대가 되는 수심에서의 역적을 말하며, $M_1 < M_2$

★☆☆

03 사각형 광폭 수로에서 한계류에 대한 설명으로 틀린 것은?

① 주어진 유량에 대해 비에너지가 최소이다.
② 주어진 비에너지에 대해 유량이 최대이다.
③ 한계수심은 비에너지의 2/3이다.
④ 주어진 유량에 대해 비력이 최대이다.

★☆☆

04 다음 비력(M)곡선에서 한계수심을 나타내는 것은?

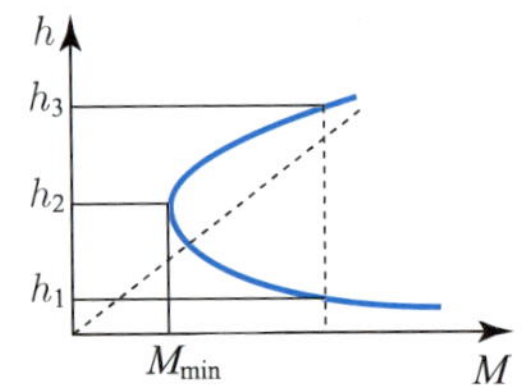

① h_1　② h_2
③ h_3　④ $h_3 - h_1$

★★☆

05 다음 단면 2에서 V_2를 구한 값은? (단, 마찰손실은 무시한다.)

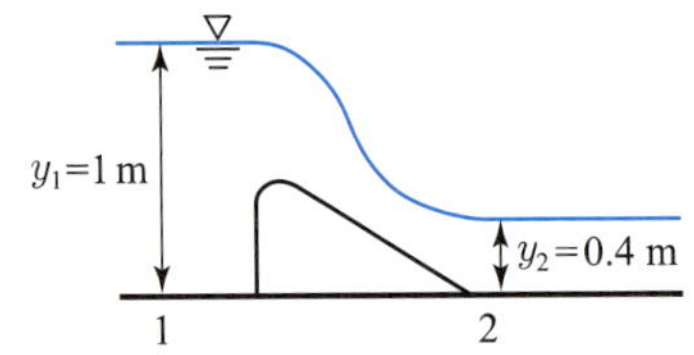

① 3.74 (m/sec)　② 4.05 (m/sec)
③ 3.56 (m/sec)　④ 3.45 (m/sec)

2 도수

★☆☆

06 다음 (　) 안에 들어갈 적절한 말이 순서대로 짝지어진 것은 어느 것인가?

> 흐름이 사류(射流)에서 상류(常流)로 바뀔 때에는 (　)을 거치고, 상류(常流)에서 사류(射流)로 바뀔 때에는 (　)을 거친다.

① 도수현상, 지배단면　② 대응수심, 공액수심
③ 도수현상, 대응수심　④ 지배단면, 공액수심

★☆☆
07 도수(hydraulic jump)에 대하여 옳게 기술한 것은?

① 수로의 곡선부에 있어서 요안(凹岸) 측으로 수면이 상승하는 현상
② 사류에서 상류로 변할 때 수면이 불연속적으로 뛰어오르는 현상
③ 정수면의 외부 충격에 의한 표면파의 전파현상
④ 수로를 갑자기 막았을 때 수면 상승이 상류로 전파되는 현상

★☆☆
08 도수(hydraulic jump)에 대한 설명으로 옳은 것은?

① 수문을 급히 개방할 경우 하류로 전파되는 흐름
② 유속이 파의 전파속도보다 작은 흐름
③ 상류에서 사류로 변할 때 발생하는 현상
④ Froude 수가 1보다 큰 흐름에서 1보다 작아질 때 발생하는 현상

★☆☆
09 개수로의 흐름에서 사류(射流)에서 상류(常流)로 변할 때 가지고 있는 에너지의 일부를 와류와 난류를 통해 소모하는 현상은?

① 한계수심(限界水深)
② 등류(等流)
③ 도수(跳水)
④ 저하곡선수면(低下曲線水面)

★☆☆
10 댐의 여수로에서 도수를 발생시키는 목적 중 가장 중요한 것은?

① 유수의 에너지 감세
② 취수를 위한 수위 상승
③ 댐 하류부에서의 유속 증가
④ 댐 하류부에서의 유량 증가

★☆☆
11 도수(hydraulic jump)에서 상하류 수심의 관계식은?

① 베르누이 공식으로부터 유도할 수 있다.
② 위어 법칙으로부터 유도할 수 있다.
③ 운동량방정식으로부터 유도할 수 있다.
④ 상사법칙에 의하여 유도할 수 있다.

★☆☆
12 다음 중 도수(hydraulic jump)의 길이 산정에 관한 공식이 아닌 것은?

① Safranez 공식
② Smetana 공식
③ Bakhmeteff－Matzke 공식
④ Chézy 공식

★☆☆
13 도수(hydraulic jump) 전후의 수심 h_1, h_2의 관계를 도수 전 프루드수 Fr_1의 함수로 표시한 것으로 옳은 것은?

① $\frac{h_1}{h_2}=\frac{1}{2}\left(\sqrt{8Fr_1^2+1}-1\right)$

② $\frac{h_1}{h_2}=\frac{1}{2}\left(\sqrt{8Fr_1^2+1}+1\right)$

③ $\frac{h_2}{h_1}=\frac{1}{2}\left(\sqrt{8Fr_1^2+1}-1\right)$

④ $\frac{h_2}{h_1}=\frac{1}{2}\left(\sqrt{8Fr_1^2+1}+1\right)$

★★☆
14 폭이 50 (m)인 구형 수로의 도수 전 수위 $h=$ 3 (m), 유량이 2,000 (m^3/sec)일 때 공액수심은?

① 1.6 (m)
② 6.1 (m)
③ 9.0 (m)
④ 도수가 발생하지 않는다.

★★☆
15 개수로에서 도수가 발생할 때 도수 전의 수심이 0.5 (m), 유속이 7 (m/sec)이면 도수 후의 수심은 얼마가 되겠는가?

① 2.5 (m) ② 2.0 (m)
③ 1.8 (m) ④ 1.5 (m)

★★☆
16 댐 여수로 내 물받이(apron)에서 시점 수위가 3.0 (m)이고, 폭이 50 (m), 방류량이 2,000 (m^3/s)인 경우, 하류 수심은?

① 2.5 (m) ② 8.0 (m)
③ 9.0 (m) ④ 13.3 (m)

★★☆
17 도수 전후의 수심이 각각 1.8 (m)와 4.5 (m)이다. 도수로 인한 에너지 손실은?

① 0.5 (m) ② 0.6 (m)
③ 0.7 (m) ④ 0.8 (m)

★★☆
18 사류(射流)의 수심이 0.8 (m)이고 단위폭당 유량이 10 (m^3/sec)인 직사각형 수로에서 도수가 발생할 때 에너지 손실은?

① 2.54 (m) ② 2.96 (m)
③ 3.54 (m) ④ 3.88 (m)

★☆☆
19 도수 전후의 수심이 각각 1 (m), 3 (m)일 때 에너지 손실은?

① $\frac{1}{3}$ (m) ② $\frac{1}{2}$ (m)
③ $\frac{2}{3}$ (m) ④ $\frac{4}{5}$ (m)

★☆☆
20 도수 전후의 수심이 각각 2 (m)와 4 (m)이다. 도수로 인한 에너지 손실(수두)은 얼마인가?

① 0.1 (m) ② 0.2 (m)
③ 0.25 (m) ④ 0.5 (m)

★★☆
21 도수가 일어나기 전후의 수로 깊이가 각각 1.5 (m), 9.24 (m)일 때 도수로 인한 손실수두는 얼마인가?

① 8.36 (m) ② 8.86 (m)
③ 9.36 (m) ④ 9.86 (m)

★★★
22 도수가 15 (m) 폭의 수문 하류 측에서 발생되었다. 도수가 일어나기 전의 깊이가 1.5 (m)이고 그때의 유속은 18 (m/s)였다. 도수로 인한 에너지 손실수두는? (단, 에너지 보정계수 $\alpha=1$이다.)

① 3.24 (m) ② 5.40 (m)
③ 7.62 (m) ④ 8.34 (m)

3 도수의 종류

★☆☆
23 사류의 Froude 수 $Fr_1 = \frac{V_1}{\sqrt{g h_1}}$의 값으로 파상도수와 완전도수를 구별할 수 있다. 다음 중 완전도수를 발생시키는 값은?

① $1.7 < Fr_1$ ② $0.5 < Fr_1 < 1$
③ $0 < Fr_1 < 0.5$ ④ $1.5 < Fr_1 < 2.5$

5.5 도수 정답과 풀이

01 정답 ③ **출제** 기09, 기14-2, 기18-1

비력은 영어로는 specific force이지만, 실제는 단위중량당 운동량(momentum)이다.

02 정답 ③ **출제** 기09-1

충력치(비력)란 개수로 내 한 단면에서의 물의 단위무게당 정수압($y_g A$)과 운동량$\left(\beta \dfrac{Q}{g} V\right)$의 합으로, $M = y_g A + \beta \dfrac{Q}{g} V$=(일정)으로 나타낸다.

03 정답 ④ **출제** 기05, 산09

충력치(비력)가 최소로 되는 수심은 한계수심(한계류)이다.

04 정답 ② **출제** 산08

비력(M)곡선에서 y_1과 y_3는 공액수심(conjugate depth)이며, y_2는 비력이 최소인 한계수심이다.

05 정답 ① **출제** 기00, 기05

연속방정식 $Q = A_1 V_1 = A_2 V_2$에서,

$y_1 B V_1 = y_2 B V_2$

$$V_1 = \left(\frac{y_2}{y_1}\right) V_2 = \left(\frac{0.4}{1.0}\right) V_2 = 0.4 V_2 \quad \cdots \text{(a)}$$

Bernoulli 정리에서

$$\frac{p_1}{\gamma} + z_1 + \frac{V_1^2}{2g} = \frac{p_2}{\gamma} + z_2 + \frac{V_2^2}{2g}$$

$$0 + 1 + \frac{V_1^2}{19.6} = 0 + 0.4 + \frac{V_2^2}{19.6} \quad \cdots \text{(b)}$$

식 (a)와 식 (b)를 연립하여 풀면,

$V_2 = 3.74$ (m/s)

06 정답 ① **출제** 산08

흐름이 사류에서 상류로 바뀔 때에는 (도수현상)이 발생하고, 상류에서 사류로 바뀔 때에는 (지배단면)을 거친다.

07 정답 ② **출제** 산11

도수는 사류에서 상류로 변할 때 수면이 불연속적으로 뛰어오르는 현상을 말한다.

08 정답 ④ **출제** 기17-2

상류($Fr < 1$) → 제어단면(한계류, $Fr = 1$) → 사류($Fr > 1$) → 도수현상 → 상류($Fr < 1$)의 순환 고리를 참조

09 정답 ③ **출제** 기05

도수를 발생시키면 큰 에너지 손실이 생긴다. 즉, 도수에서 소모되는 양만큼 유수의 에너지를 감세시킬 수 있다.

10 정답 ① **출제** 기17-1

도수를 발생시키면 큰 에너지 손실이 생긴다. 즉, 도수에서 소모되는 양만큼 유수의 에너지를 감세시킬 수 있다.

11 정답 ③ **출제** 산03

충력치가 최소가 되는 수심과 비에너지가 최소로 되는 수심은 한계수심과 같으며, 도수 전후의 수심관계는 운동량방정식으로부터 구할 수 있다.

12 정답 ④ **출제** 기12-4

Chézy 식은 개수로의 등류 유속을 구하는 공식이다.

13 정답 ③ **출제** 기07-4, 기12-4, 기14-4, 기16-1

도수 전후의 수위 관계식 $\dfrac{y_2}{y_1} = \dfrac{1}{2}\left(\sqrt{8Fr_1^2 + 1} - 1\right)$은 반드시 기억해야 할 주요 식이다.

14 정답 ③ **출제** 기01, 기06

$$Fr_1 = \frac{V_1}{\sqrt{gy_1}} = \frac{Q/A_1}{\sqrt{gy_1}} = \frac{2{,}000/(50\times3)}{\sqrt{9.8\times3}} = 2.46$$

$$y_2 = \frac{y_1}{2}\left(-1 + \sqrt{1 + 8Fr_1^2}\right)$$

$$= \frac{3}{2}\left(-1 + \sqrt{1 + 8\times2.46^2}\right) = 9.04 \text{ (m)}$$

주의 구형이란 '직사각형'을 의미한다.

15 정답 ② **출제** 기01, 기12-1

$$Fr_1 = \frac{V_1}{\sqrt{gy_1}} = \frac{7}{\sqrt{9.8\times0.5}} = 3.16$$

$$y_2 = \frac{y_1}{2}\left(-1+\sqrt{1+8Fr_1^2}\right)$$

$$= \frac{0.5}{2}\left(-1+\sqrt{1+8\times3.16^2}\right) = 2.0 \text{ (m)}$$

16 정답 ③ **출제** 기15-2

$$V_1 = \frac{Q}{A_1} = \frac{2,000}{3.0\times50} = 13.33 \text{ (m/s)}$$

$$Fr_1 = \frac{V_1}{\sqrt{gy_1}} = \frac{13.33}{\sqrt{9.8\times3.0}} = 2.46$$

하류에서는 도수가 일어난다. 도수 후 수심은

$$y_2 = \frac{y_1}{2}\left(-1+\sqrt{1+8Fr_1^2}\right)$$

$$= \frac{3.0}{2}\times\left(-1+\sqrt{1+8\times2.46^2}\right) = 9.04 \text{ (m)}$$

17 정답 ② **출제** 기00, 기02, 기09

도수에 의한 에너지 손실량

$$\Delta E = \frac{(y_2-y_1)^3}{4y_1y_2} = \frac{(4.5-1.8)^3}{4\times1.8\times4.5} = 0.6 \text{ (m)}$$

18 정답 ④ **출제** 산03, 산11

$$Fr_1 = \frac{V}{\sqrt{gy_1}} = \frac{Q/A_1}{\sqrt{gy_1}} = \frac{10/(1\times0.8)}{\sqrt{9.8\times0.8}} = 4.46$$

$$y_2 = \frac{y_1}{2}\left(-1+\sqrt{1+8Fr_1^2}\right)$$

$$= \frac{0.8}{2}\left(-1+\sqrt{1+8\times4.46^2}\right) = 4.67\text{(m)}$$

$$\Delta E = \frac{(y_2-y_1)^3}{4y_1y_2} = \frac{(4.67-0.8)^3}{4\times4.67\times0.8} = 3.88 \text{ (m)}$$

19 정답 ③ **출제** 기14-2

도수의 에너지 손실

$$\Delta E = \frac{(y_2-y_1)^3}{4y_1y_2} = \frac{(3-1)^3}{4\times1\times3} = \frac{2}{3} \text{ (m)}$$

20 정답 ③ **출제** 기09-2, 기19-2

$$\Delta E = \frac{(y_2-y_1)^3}{4y_1y_2} = \frac{(4-2)^3}{4\times2\times4} = 0.25 \text{ (m)}$$

21 정답 ① **출제** 기00, 기02, 기09, 기13-1

$$\Delta E = \frac{(y_2-y_1)^3}{4y_1y_2} = \frac{(9.24-1.5)^3}{4\times1.5\times9.24} = 8.36 \text{ (m)}$$

22 정답 ④ **출제** 기19-3

도수 전 수심 $y_1 = 1.5$ (m)

유속 $V_1 = 18$ (m/s)이므로,

프루드수 $Fr_1 = \frac{V_1}{\sqrt{gy_1}} = \frac{18}{\sqrt{9.8\times1.5}} = 4.69$

도수 후 수심

$$y_2 = \frac{y_1}{2}\left(-1+\sqrt{1+8Fr_1^2}\right)$$

$$= \frac{1.5}{2}\left(-1+\sqrt{1+8\times4.69^2}\right) = 9.24 \text{ (m)}$$

손실수두

$$\Delta E = \frac{(y_2-y_1)^3}{4y_1y_2} = \frac{(9.24-1.5)^3}{4\times1.5\times9.24} = 8.36 \text{ (m)}$$

23 정답 ① **출제** 산09

- $1 < Fr_1 < \sqrt{3}$: 불완전도수
- $Fr_1 > 1.7$: 완전도수

5.6 부등류 수면곡선

1 수면형

• **수면형 식** $\dfrac{dy}{dx} = \dfrac{S^3 - S_f^3}{1 - Fr^2}$

• **완경사**

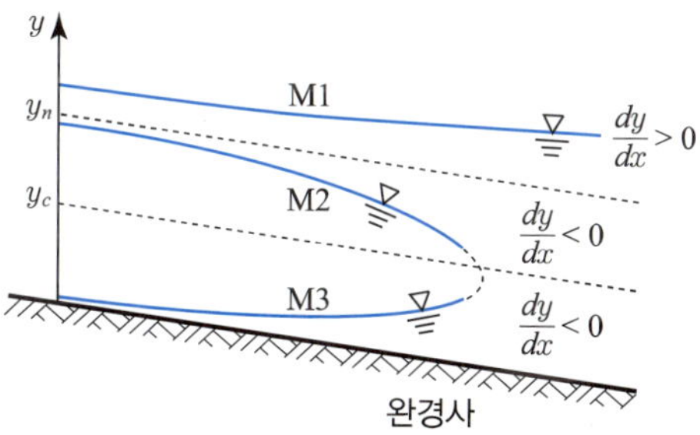

- y_n: 등류수심, y_c: 한계수심, S_0: 하상경사, S_f: 마찰경사
- M1: 배수곡선, $y_c < y_n < y$, $S_0 > S_f$, $Fr < 1$
- M2: 저하곡선, $y_c < y < y_n$
- M3: $y < y_c < y_n$

※ M1 곡선에서 하류의 수위는 상류의 수심보다 항상 낮아야 한다. 종종 틀린 그림이 있다.

• **급경사**

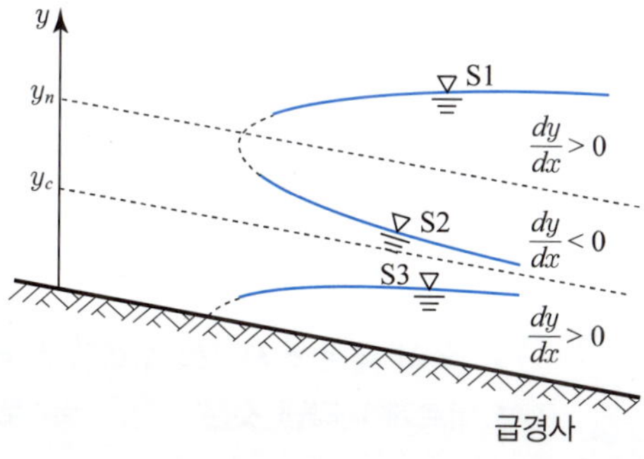

- S1: $y_n < y_c < y$
- S2: $y_n < y < y_c$
- S3: $y < y_n < y_c$

2 수면형 계산법

• **직접축차법** 구하고자 하는 수위인 지점까지의 거리를 계산

• **표준축차법** 수위를 계산하고자 하는 지점을 지정하고, 그 지점의 수위를 시산법으로 계산

• 상류(常流)는 하류단(제어단면)에서 상류(上流) 쪽으로 계산 진행

• 사류(射流)는 상류단(제어단면)에서 하류(河流) 쪽으로 계산 진행

5.6 부등류 수면곡선 기출문제

1 수면형

★☆☆
01 개수로에 댐(dam)을 만들 때, 수심은 상류로 갈수록 등류수심에 접근하는 수면곡선은?

① 배수곡선 ② 저하곡선
③ 유량곡선 ④ 수문곡선

★☆☆
02 댐의 상류부에서 발생되는 수면곡선의 흐름 방향으로 수심이 증가함을 뜻하는 곡선은?

① 배수곡선 ② 저하곡선
③ 수리특성곡선 ④ 유사량곡선

★☆☆
03 다음 중 배수곡선(back water curve)에 해당하는 수면곡선은?

① 댐을 월류할 때의 수면곡선
② 홍수 시 하천의 수면곡선
③ 하천 단락부(段落部) 상류의 수면곡선
④ 상류 상태로 흐르는 하천에 댐을 구축했을 때 저수지의 수면곡선

★☆☆
04 배수(back water)에 대한 설명 중 옳은 것은?

① 개수로의 어느 곳에 댐 업(dam up)이 발생함으로써 수위가 상승되는 영향이 상류(常流) 쪽으로 미치는 현상을 말한다.
② 수자원 개발을 위하여 저수지에 물을 가두어 두었다가 용수 부족 시에 사용하는 물을 말한다.
③ 홍수 시에 제내지(堤內地)에 만든 유수지(遊水地)의 수면이 상승되는 현상을 말한다.
④ 관수로 내의 물을 급격히 차단할 경우 관 내의 상승압력으로 인하여 습파(襲波)가 생겨서 상류 쪽으로 습파가 전달되는 현상을 말한다.

★☆☆
05 다음은 개수로 흐름에 대한 성질을 표시한 것이다. 틀린 것은 어느 것인가?

① 도수 중에는 반드시 에너지 손실이 일어난다.
② 홍수 시 저수지의 배수곡선(背水曲線)은 월류댐의 월류 수심과 관계가 없다.
③ Escoffier의 도해법은 부등단면 개수로의 수면형을 구하는 방법이다.
④ 개수로에서 단파(段波)현상은 수류의 운동량과 관계가 있다.

★☆☆
06 개수로의 점변류를 설명하는 dy/dx에 대한 설명으로 틀린 것은? (단, y는 수심, x는 수평 좌표를 나타낸다.)

① $dy/dx=0$이면 등류이다.
② $dy/dx>0$이면 수심은 증가한다.
③ 경사가 수평인 수로에서는 항상 $dy/dx=0$이다.
④ 흐름 방향 x에 대한 수심 y의 변화를 나타낸다.

★☆☆
07 폭이 넓은 직사각형 수로에서 배수곡선의 조건을 바르게 나타낸 것은? (단, i=수로경사, I_e=에너지경사, Fr=Froude 수)

① $i>I_e$, $Fr<1$ ② $i<I_e$, $Fr<1$
③ $i<I_e$, $Fr>1$ ④ $i>I_e$, $Fr>1$

★☆☆
08 수로 경사가 급한 폭포와 같이, 수심이 흐름 방향으로 감소하는 형태의 수면곡선은?

① 유속곡선 ② 저하곡선
③ 완화곡선 ④ 유량곡선

★☆☆

09 그림과 같은 부등류 흐름에서 y는 실제 수심, y_c는 한계수심, y_n은 등류수심을 표시한다. 그림의 수면곡선 명칭과 수로경사에 관한 설명으로 옳은 것은?

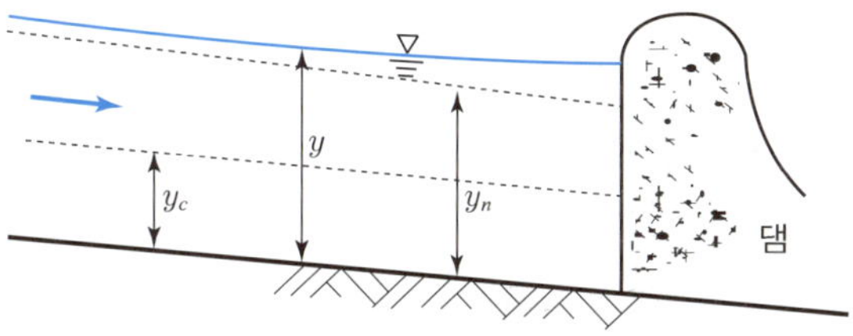

① 완경사 수로에서의 배수곡선이며 M1곡선
② 급경사 수로에서의 배수곡선이며 S1곡선
③ 완경사 수로에서의 배수곡선이며 M2곡선
④ 급경사 수로에서의 저하곡선이며 S2곡선

★☆☆

10 완경사 수로에서 배수곡선(M1)이 발생할 경우 각 수심 간의 관계로 옳은 것은? (단, 흐름은 완경사의 상류 흐름 조건이고, y: 측정수심, y_n: 등류수심, y_c: 한계수심)

① $y > y_n > y_c$　　② $y < y_n < y_c$
③ $y > y_c > y_n$　　④ $y_n > y > y_c$

★☆☆

11 다음에서 배수곡선(背水曲線)이 생기는 영역(領域)은? (단, h는 측정수심, h_0는 등류수심, h_c는 한계수심이다.)

① $h > h_0 > h_c$　　② $h < h_0 < h_c$
③ $h_0 > h_c > h$　　④ $h_c < h < h_0$

★☆☆

12 완경사인 경우에 $h_a > H > h_c$인 조건하에 생기는 수면형은?

① 배수곡선　　② 저하곡선
③ 유량곡선　　④ 수리특성곡선

★☆☆

13 다음은 개수로 흐름에 관한 설명이다. <u>잘못된</u> 것은?

① 사류에서 상류로 변하는 것에 도수현상이 생긴다.
② 상류에서 사류로 변하는 곳을 지배단면이라 한다.
③ 비에너지는 수로 바닥을 기준으로 한 에너지이다.
④ 배수곡선은 수로가 단락(段落)이 되는 곳에 생기는 수면곡선이다.

2 수면형 계산법

★☆☆

14 다음 그림과 같이 수로가 완경사로부터 급경사로 변화하였다. 이때 급경사 부분의 수심을 계산하고자 할 때 계산해야 할 구간은?

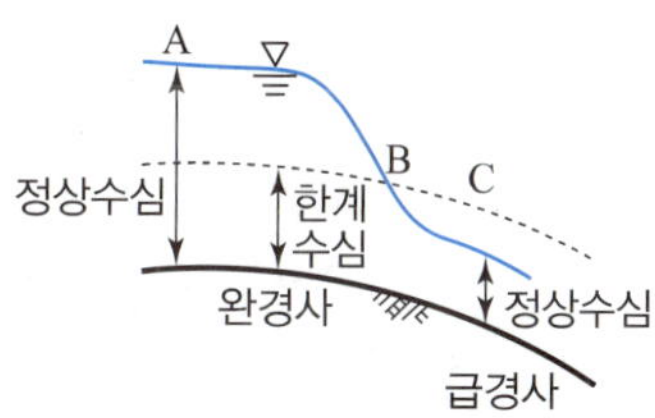

① A부터 시작하여 C까지 계산한다.
② B부터 시작하여 C까지 계산한다.
③ C부터 역으로 B를 거쳐 A까지 계산한다.
④ B부터 시작하여 완경사 부분의 수심을 A까지 계산한 후에 다시 C부터 시작하여 B까지 계산하고 B에서의 수심과 일치하는가를 확인한다.

★☆☆

15 개수로 내에 댐을 축조하여 월류(越流)시킬 때 수면곡선이 변화된다. 배수곡선(背水曲線)의 부등류(不等流) 계산을 진행하는 방향(方向)이 옳은 것은?

① 지배단면에서 상류(上流) 측으로
② 지배단면에서 하류(下流) 측으로
③ 등류수심 지점에서 댐 지점으로
④ 등류수심 지점에서 지배단면으로

5.6 부등류 수면곡선 정답과 풀이

01 정답 ① **출제** 기13-2, 산01, 산10

개수로에 댐과 같은 구조물을 만드는 경우, 수위는 수리 구조물에 접근하면서 점점 상승한다. 이러한 수위 상승이 상류(上流) 쪽으로 영향을 미쳐 등류수심에 가까워지는 현상을 배수라 하며, 그 곡선을 배수곡선(back water curve)이라 한다.

02 정답 ① **출제** 기10-2, 기19-1

완경사 하도의 수면형은 댐에 의해 생기는 배수곡선(M1), 낙하에 의해 생기는 저하곡선(M2), 수문 아래에서 생기는 M3 곡선이 있다.

03 정답 ④ **출제** 기08-2, 기18-1

상류 상태로 흐르는 개수로인 하천에 댐과 같은 구조물을 만드는 경우, 수위는 수리 구조물에 접근하면서 점점 상승한다. 이러한 수위 상승이 상류(上流) 쪽으로 영향을 미쳐 등류수심에 가까워지는 현상을 배수라 하며, 그 곡선을 배수곡선(back water curve)이라 한다.

04 정답 ① **출제** 기03, 기14-4

개수로에 댐과 같은 구조물을 만드는 경우, 수위는 수리 구조물에 접근하면서 점점 상승한다. 이러한 수위 상승이 상류(上流) 쪽으로 영향을 미쳐 등류수심에 가까워지는 현상을 배수라 하며, 그 곡선을 배수곡선(back water curve)이라 한다.

05 정답 ② **출제** 기03

배수곡선은 완경사일 때 원류수심이 등류수심보다 큰 상태에서 발생하기 때문에, 홍수 시 월류댐의 상류부에서 일어난다.

06 정답 ③ **출제** 기11-4

개수로에서 점변류를 설명하는 dy/dx는 흐름방향 x에 대한 수심 y의 변화를 나타내며 $dy/dx>0$이면 흐름에 따라 수심은 증가하고, $dy/dx=0$이면 수심이 일정한 등류가 발생하며, 경사가 수평일지라도 dy/dx는 양 또는 음의 값을 가질 수 있다.

07 정답 ① **출제** 기08-4

폭이 넓은 직사각형 수로에서 배수곡선의 조건은 $y_c<y_n<y$, $S>S_f$, $Fr<1$이고 $\dfrac{dy}{dx}>0$이어야 한다. (단, y는 배수곡선의 수심, y_n는 등류수심, y_c는 한계수심, S_f는 마찰경사이다.)

주의 문제에서 제시된 기호와 일반적으로 사용하는 기호가 다르다. 주의해서 살펴보기 바란다.

08 정답 ② **출제** 산05

수로의 경사가 갑자기 커질 때나 폭포와 같이 수심이 흐름 방향으로 감소하는 수면곡선은 저하곡선이다.

09 정답 ① **출제** 기02, 기15-1

그림의 수면곡선은 댐의 상류부에서 발생하는 완경사(mild slope)일 때의 배수곡선(M1)이며 수면 기울기 $\dfrac{dh}{dx}>0$이다.

주의 문제에 주어진 그림은 잘못 그려진 것이다. 실제 상황에서 곡선 상류(좌측)의 수면고(수위)는 하류(우측)보다 약간 높아야 한다.

10 정답 ① **출제** 기12-1

완경사 수로에서는 등류로 흐를 때 상류가 발생하므로 $y_c<y_n$이며, M1 곡선일 경우 측정수심이 등류수심보다 깊으므로 $y_n<y$이다.

11 정답 ① **출제** 기05, 기08-1, 기13-2, 기13-4

- $y_c<y_n<y$: 배수곡선
- $y_c<y<y_n$: 저하곡선

주의 문제에서 제시된 기호와 일반적으로 사용하는 기호가 다르다. 주의해서 살펴보기 바란다.

12 정답 ② **출제** 산00

- $y_c<y_n<y$: 배수곡선
- $y_c<y<y_n$: 저하곡선

주의 문제에서 제시된 기호와 일반적으로 사용하는 기호가 다르다. 주의해서 살펴보기 바란다.

13 정답 ④ **출제** 기01, 기03, 기18-2

수로가 단락(段落)이 되는 곳에 생기는 수면곡선은 저하곡선이다.

14 정답 ② **출제** 기02

- 부등류의 수면형 계산 방향은 상류(常流) 또는 배수곡선인 경우 지배단면에서 상류(上流)로 계산하고, 사류(射流)인 경우 지배단면에서 하류로 계산한다.
- 사류 부분의 수면형 계산 방향은 지배단면에서 하류측(B → C)으로 계산한다.

15 정답 ① **출제** 기05

부등류의 수면형 계산 방향은 상류(常流) 또는 배수곡선인 경우 지배단면에서 상류(上流)로 계산하고, 사류(射流)인 경우는 지배단면에서 하류로 계산한다.

5.7 기타 개수로의 수리

1 단파

• **단파(surge)** 흐름이 계단 형태로 전파되는 현상. 상류나 하류의 수문을 갑자기 닫거나 열 때 발생한다.

2 굴절수로의 흐름

• 사류인 경우 유속은 장파의 전파속도보다 커서 하류의 수면 변동이 상류로 전파될 수 없다.

• 사류수로에서 굴절에 의한 수면 변동은 상류로 전파되지 못하며, 정지된 경사도수를 이룬다. 이 정지파선을 충격파라 하고, 굴절 전 유선과의 각도 β를 마하각이라 한다.

$$\sin\beta = \frac{1}{Fr_1}$$

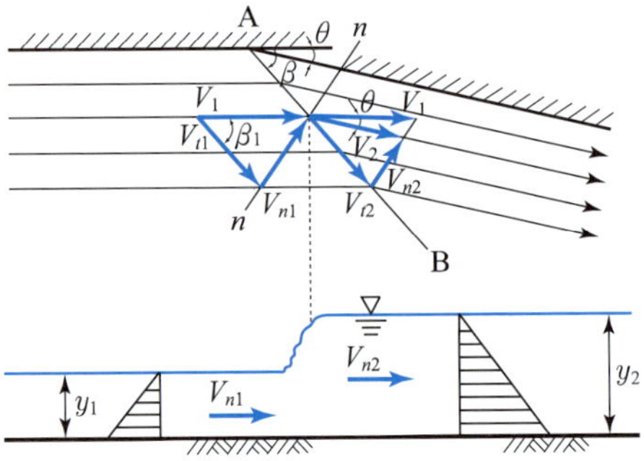

3 개수로의 운동량방정식

• 홍수파의 동역학적 모의에 이용

$$\underset{(\mathrm{I})}{\frac{\partial V}{\partial t}} + \underset{(\mathrm{II})}{V\frac{\partial V}{\partial x}} + \underset{(\mathrm{III})}{g\frac{\partial y}{\partial x}} - \underset{(\mathrm{IV})}{gS_0} + \underset{(\mathrm{V})}{gS_f} = 0$$

여기서, I항: 국소가속도(local acceleration)항

II항: 대류가속도(convective acceleration)항

III항: 수심 변화에 따른 압력 변화

I항 및 II항: 흐름의 관성항

IV항: 흐름에 대한 하상경사(중력)의 영향

V항: 흐름에 대한 마찰경사의 영향

4 경계층

- 경계층 중 하나인 점성저층(laminar sublayer) 내의 흐름은 저층의 흐름이고 레이놀즈(Reynolds) 응력과 층류가 존재하며, 이상유체일 경우에는 존재하지 않는다.
- 경계면에서 유체입자의 속도는 0이 되고, 경계면으로부터 거리가 멀어질수록 유속은 증가한다. 그러나 경계면으로부터의 거리가 일정한 거리만큼 떨어진 다음부터는 유속이 일정하게 된다. 이러한 영역을 유체의 경계층이라 한다.
- 경계층 내의 흐름은 층류일 수도 있고, 난류일 수도 있다.
- 층류 및 난류 경계층을 구분하는 일반적인 기준은 특성 레이놀즈수(Re_x)이다.

$$Re_x = \frac{V_0 x}{\nu}$$

여기서, V_0는 흐름의 평균유속, x는 평판선단으로부터의 거리이며, 한계 레이놀즈수는 약 5.0×10^5이다.

5.7 기타 개수로의 수리 기출문제

1 단파

★☆☆

01 개수로 흐름에서 수면이 갑자기 높아지거나 또는 수면이 급히 저하된 현상을 무엇이라고 하는가?

① 단파(hydraulic bore)
② 도수(hydraulic jump)
③ 수면 강하
④ 수면 상승

★☆☆

02 단파(hydraulic bore)에 대한 설명으로 옳은 것은?

① 수문을 급히 개방할 경우 하류로 전파되는 흐름
② 유속이 파의 전파속도보다 작은 흐름
③ 댐을 건설하여 상류 측 수로에 생기는 수면파
④ 계단식 여수로에 형성되는 흐름의 형상

★☆☆

03 수문을 갑자기 닫아서 물의 흐름을 막으면 상류(上流) 쪽의 수면이 갑자기 상승하여 단상(段狀)이 되고, 이것이 상류로 향하여 전파되는 현상을 무엇이라 하는가?

① 장파(長波) ② 단파(段波)
③ 홍수파(洪水波) ④ 파상도수(波狀跳水)

2 굴절수로의 흐름

★★☆

04 수면 상의 곡선 수로의 상류(常流)에서 비회전 흐름의 경우 유속 V와 곡률 반경 R의 관계가 옳게 표시된 것은?

① $V=CR$ ② $VR=C$
③ $R+V^2/2g=C$ ④ $V^2/2g+CR=0$

3 개수로의 운동량방정식

★★★

05 다음은 개수로 흐름의 운동량방정식을 나타낸 것이다. 각 항들의 물리적 의미가 올바르지 못한 것은?

$$\underset{(\text{I})}{\frac{\partial V}{\partial t}}+\underset{(\text{II})}{V\frac{\partial V}{\partial x}}+\underset{(\text{III})}{g\frac{\partial y}{\partial x}}\underset{(\text{IV})}{-gS_0}+\underset{(\text{V})}{gS_t}=0$$

① I항: 대류가속(convective acceleration)항
② III항: 수심 변화에 따른 압력 변화
③ I항 및 II항: 흐름의 관성항
④ IV항: 흐름에 대한 중력의 영향

4 경계층

★☆☆

06 경계층에 관한 사항 중 틀린 것은?

① 전단저항은 경계층 내에서 발생한다.
② 경계층 내에서는 층류가 존재할 수 없다.
③ 이상유체일 경우 경계층은 존재하지 않는다.
④ 경계층에서는 레이놀즈(Reynolds) 응력이 존재한다.

★☆☆

07 경계층에 관한 설명으로 옳은 것은?

① 경계층 내의 흐름은 난류이다.
② 경계층에서는 점성의 영향이 현저하게 나타나고 속도경사도 크며 마찰응력도 크게 나타난다.
③ 경계층 내의 흐름은 층류이다.
④ 경계층에서는 점성의 영향이 매우 적으며 마찰응력도 적게 나타난다.

5.7 기타 개수로의 수리 정답과 풀이

01 정답 ① 출제 기06

단파란 수로에서 상류에 있는 수문을 갑자기 열거나 닫으면 수면이 갑자기 상승하거나 저하되어 계단 모양으로 흐름이 전파되는 현상이다.

02 정답 ① 출제 기11-4

단파란 수로에서 상류에 있는 수문을 급히 열거나 닫으면 수면이 갑자기 상승하거나 저하되어 계단 모양을 이루며, 하류로 흐름이 전파되는 현상이다.

03 정답 ② 출제 기15-2

계단상으로 이루어진 파를 단파(surge)라 한다.

04 정답 ② 출제 기06, 기11-1, 기14-1

곡선 수로에 상류의 흐름이 발생하는 경우 $VR=C$가 성립한다.

주의 이 문제에서 C에 대한 정의가 없어, 해석에 어려움이 있다. 문제의 의도는 C=상수로 생각한 것이다.

05 정답 ① 출제 기03

I항은 국소가속도항(local acceleration)이고, II항은 대류가속도항(convective acceleration)이며, I항과 II항을 관성항이라 한다.

06 정답 ② 출제 기04, 기12-4

- 경계층(laminar sublayer) 내의 흐름은 저층의 흐름이고 레이놀즈(Reynolds) 응력과 층류가 존재하며, 이상유체일 경우에는 존재하지 않는다.
- 경계면에서 유체입자의 속도는 0이 되고, 경계면으로부터 거리가 멀어질수록 유속은 증가한다. 그러나 경계면으로부터의 거리가 일정한 거리만큼 떨어진 다음부터는 유속이 일정하게 된다. 이러한 영역을 유체의 경계층이라 한다.
- 경계층 내의 흐름은 층류일 수도 있고, 난류일 수도 있다.
- 층류 및 난류 경계층을 구분하는 일반적인 기준은 특성 레이놀즈수$\left(Re_x = \dfrac{V_0 x}{\nu}\right)$이다. 여기서, x는 평판 선단으로부터의 거리이다. 한계 레이놀즈수는 약 5×10^5이다.

07 정답 ③ 출제 기06

경계층 내의 흐름은 저층(laminar sublayer)의 흐름이고 레이놀즈(Reynolds) 응력과 층류가 존재하며, 이상유체일 경우에는 존재하지 않는다.

CHAPTER

06

수리구조물과 기타 수리문제

CIVIL ENGINEERING

HYDRAULICS AND HYDROLOGY

CHAPTER

06 수리구조물과 기타 수리문제

6.1 수류의 계측

1 유속 측정

• **피토관(Pitot tube)** 관의 한쪽 끝을 굽히고, 구부러진 앞 끝을 흐름 방향으로 향하게 한 관이며, 수면의 상승높이 h를 측정하여 유속을 산정하는 장치

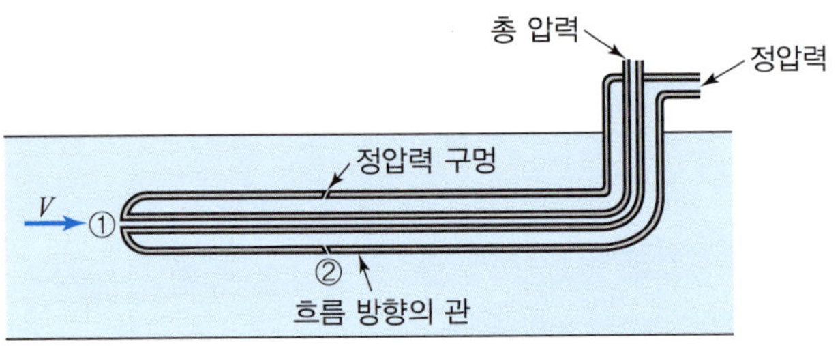

• **유속계(current meter)** 프로펠러나 컵 등의 회전자를 흐름 속에서 회전시키고, 그 회전수로 개수로의 유속을 측정하는 장치

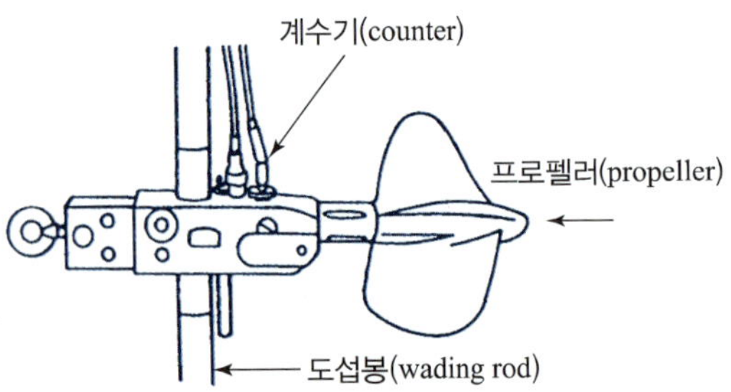

(a) 프로펠러 유속계

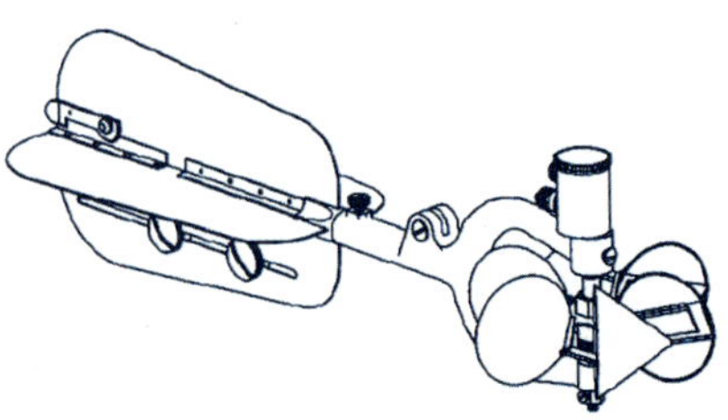

(b) 컵형 유속계

2 관로의 유속 측정

• **벤투리미터** 관로의 중간에 그림과 같은 단면축소부(vena contracta)와 U자형 액주계를 설치하고, 압력차에서 유량을 측정하는 장치

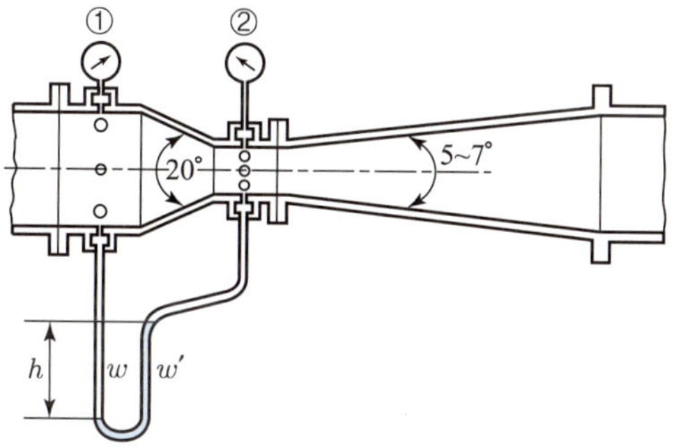

• **관오리피스(pipe orifice)** 관 안에 구멍이 뚫린 얇은 판을 넣어서 유량을 측정하는 장치

• **엘보미터(elbow meter)** 90° 만곡관의 내외측에 시차액주계를 설치하고, 그 압력차에 의해 유량을 측정하는 장치

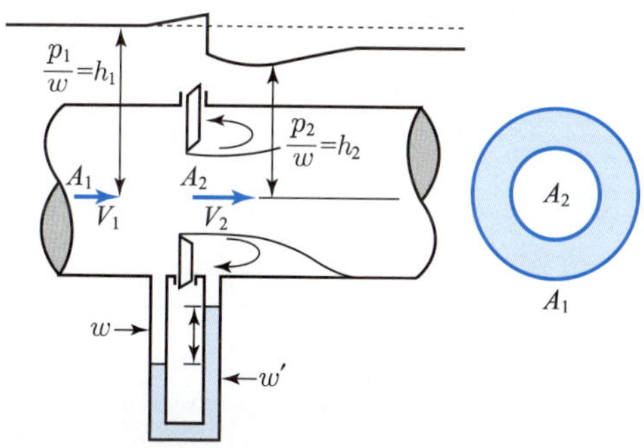

(a) 관오리피스

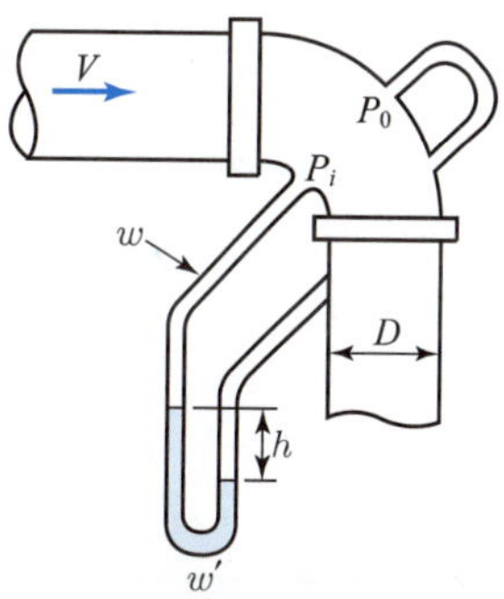

(b) 엘보미터

3 개수로의 유속 측정

• **직접측정**

- 작은 규모의 실험수로에서는 체적 측정, 중량 측정 등으로 유량을 측정한다.
- 유속계로 유속을 측정하고, 동시에 수심을 측정한 뒤, 유속면적법으로 유량을 산정한다.
- 최근에는 유속 분포와 유량을 동시에 측정하는 ADCP(Acoustic Doppler current profiler)라는 장비가 개발되었다.

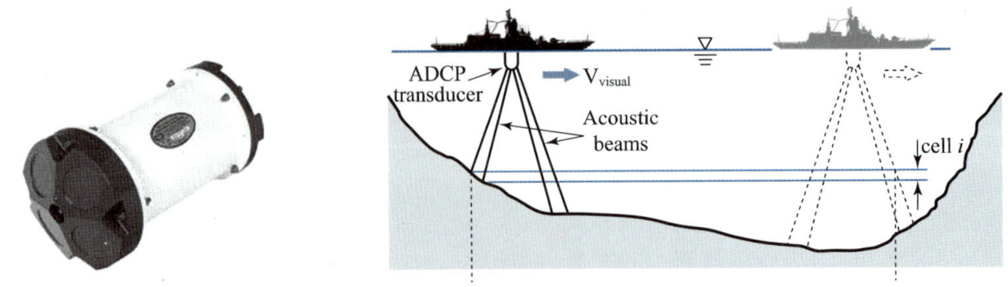

(a) ADCP (b) ADCP 측정원리

• **간접측정**

– 위어(예연위어, 광정위어 등)와 계측수로(parshall flume)를 이용하여 유량을 측정한다.

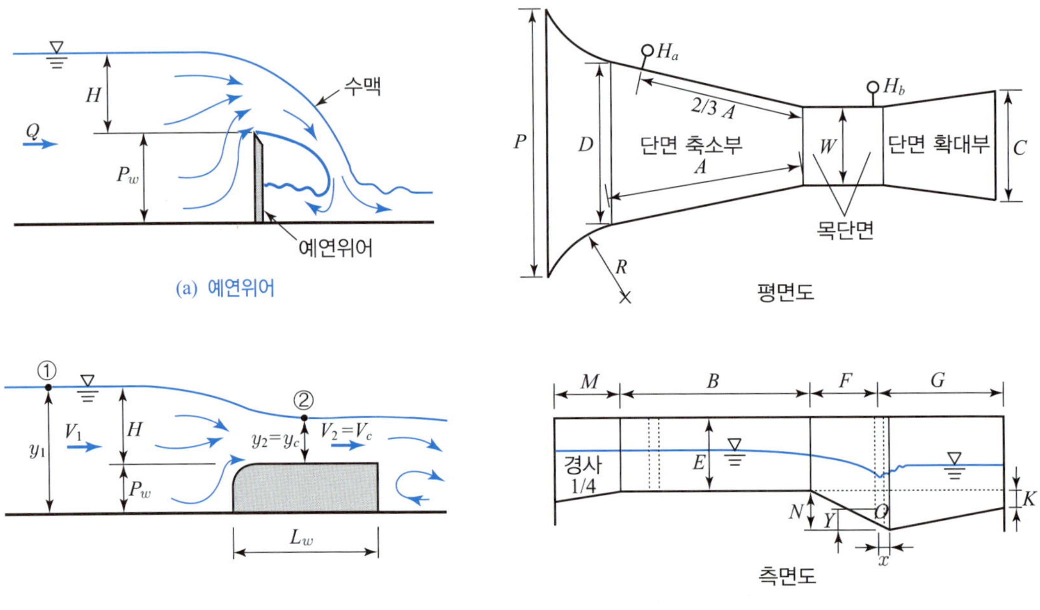

(a) 예연위어

(b) 광정위어 (c) 파샬 플룸

6.1 수류의 계측 기출문제

1 유속 측정

★☆☆

01 다음 중 유량측정장치가 아닌 것은?

① 마노미터 ② 벤투리미터
③ 오리피스 ④ 파샬플룸

2 관로의 유속 측정

★★☆

02 원형 관의 중앙에 피토관(Pitot tube)을 넣고 관벽의 정수압을 측정하기 위하여 정압관과의 수면차를 측정하였더니 10.7 (m)였다. 이때의 유속은? (단, 피토관 상수 $C=1$이다.)

① 8.4 (m/s) ② 11.7 (m/s)
③ 13.1 (m/s) ④ 14.5 (m/s)

3 개수로의 유속 측정

★☆☆

03 다음 중 하천 유량 측정방법이 아닌 것은?

① 위어(weir)에 의한 방법
② 벤투리미터(Venturimeter)에 의한 방법
③ 유속계에 의한 방법
④ 부자에 의한 방법

★☆☆

04 개수로에서 유량을 측정할 수 있는 장치가 아닌 것은?

① 위어 ② 벤투리미터
③ 파샬 플룸 ④ 수문

6.1 수류의 계측 정답과 풀이

01 정답 ① **출제** 산11

액주계(manometer)는 압력 측정기구이다.

02 정답 ④ **출제** 기16-2

동수압이 수면차로 나타난 것$\left(\frac{\rho V^2}{2}=\gamma h\right)$이다.

따라서 $V=\sqrt{2gh}=\sqrt{2\times 9.8\times 10.7}=14.48$ (m/s)

03 정답 ② **출제** 산06, 산09

관수로의 유량 측정방법: 벤투리미터, 관오리피스, 관노즐, 엘보미터 등

04 정답 ② **출제** 기11-1

개수로의 유량 측정법

- 직접측정: 체적 측정, 중량 측정
- 간접측정: 예연위어, 광정위어, 계측 수로

6.2 오리피스(잠공)

1 유량

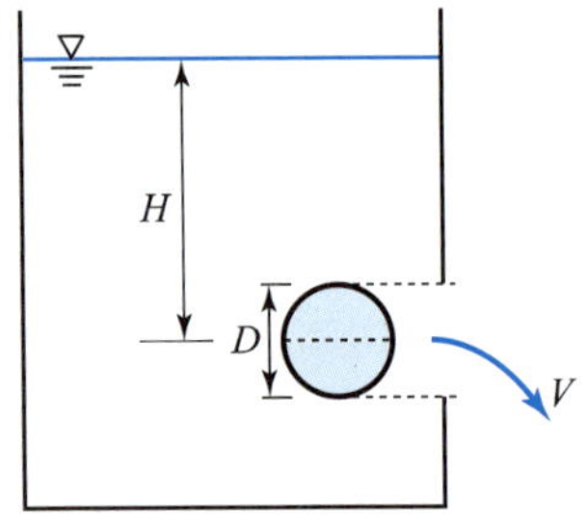

- 토리첼리의 정리: 이론유속 $V=\sqrt{2gH}$
- 실제 유량: $Q=C_aC_vA\sqrt{2gH}=CA\sqrt{2gH}$

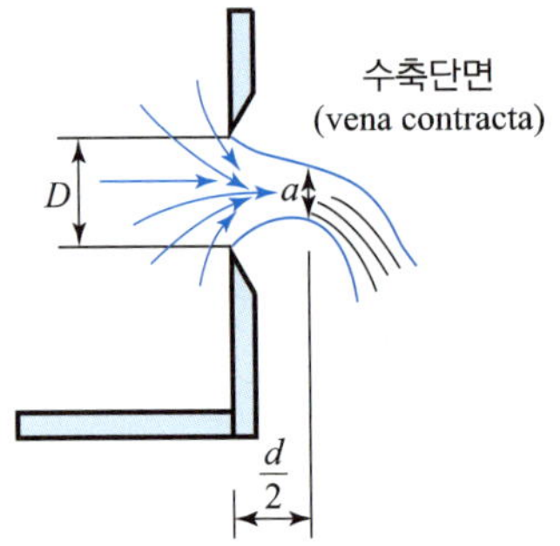

- (유속계수) C_v
- (수축계수) $C_a=\dfrac{a}{A}$
- (유량계수)=(유속계수)×(수축계수) $C=C_aC_v$

2 작은 오리피스와 큰 오리피스

- **수두 H와 오리피스의 지름 D의 관계**
  - 작은 오리피스: $D<H/5$

  ※ 토리첼리의 정리($V=\sqrt{2gH}$)는 작은 오리피스에만 성립

  - 큰 오리피스: $D>H/5$인 오리피스

- **직사각형 큰 오리피스 유량**

$$Q=\frac{2}{3}Cb\sqrt{2g}\left(h_1^{3/2}-h_2^{3/2}\right)$$

여기서, C는 유량계수, b는 오리피스 폭, h_1은 오리피스 상단 수심, h_2은 오리피스 하단 수심이다.

3 수중 오리피스

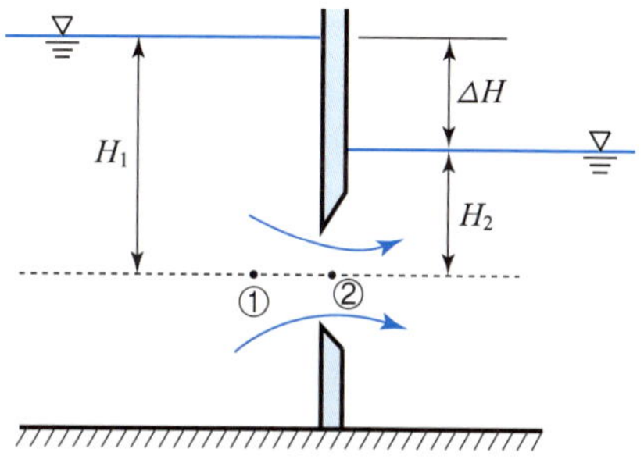

수중 오리피스 유량

$$Q = CA\sqrt{2g(H_1 - H_2)} = CA\sqrt{2g\Delta H}$$

- 접근유속을 무시하고 상하 수두차($\Delta H = H_1 - H_2$)만 고려한다.

4 오리피스의 배수시간

• **오리피스의 배수시간 계산식**

$$T = \frac{2A}{Ca\sqrt{2g}}\left(h_1^{1/2} - h_2^{1/2}\right)$$

여기서, A는 수조의 면적, C는 유량계수, a는 오리피스의 단면적,
h_1는 오리피스의 초기 수심, h_2는 오리피스의 종기 수심이다.

※ 이 식을 기억할 필요는 없다. 다만, 기본형태(시간이 수심의 1/2승에 비례한다는 정도)만 기억하기 바란다.

5 승강수문(sluice gate)

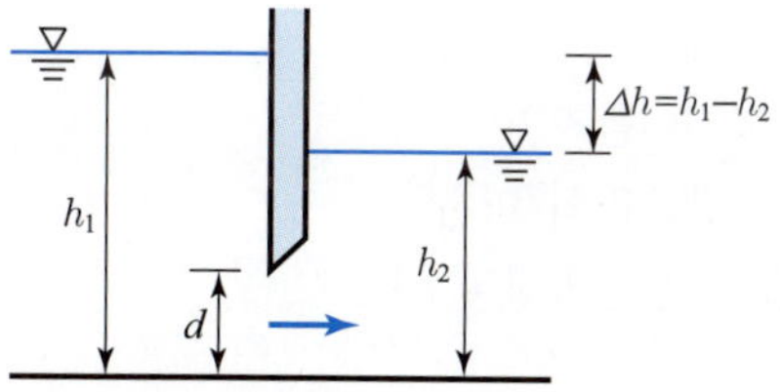

- 승강수문은 오리피스로 보고 계산할 수 있다.

$$V = \sqrt{2g\Delta h} = \sqrt{2g(h_1 - h_2)}$$

6.2 오리피스(잠공) 기출문제

1 유량

★☆☆
01 다음의 오리피스(orifice)에 관한 설명 중 옳지 않은 것은?

① 상류단의 날카로운 오리피스를 예연오리피스라 한다.
② 사출수맥이 대기 중으로 분출되는 오리피스는 자유유량을 갖는다고 한다.
③ 오리피스에 작용하는 수두에 관계없이 직경이 큰 오리피스를 큰 오리피스라 한다.
④ 오리피스의 수맥에는 반드시 수축단면이 존재한다.

★☆☆
02 오리피스에서 유출되는 실제 유량은 $Q=C_aC_vAV$로 표현한다. 이때 수축계수 C_a는? (단, A_0는 수맥의 최소 단면적, A는 오리피스의 단면적, V는 실제 유속, V_0는 이론 유속)

① $C_a=\dfrac{A_0}{A}$ ② $C_a=\dfrac{V_0}{V}$
③ $C_a=\dfrac{A}{A_0}$ ④ $C_a=\dfrac{V}{V_0}$

★☆☆
03 베나 콘트랙터(vena contracta)에 관한 설명 중 옳지 않은 것은?

① 오리피스를 통과하는 유선에서 설명되는 현상
② 수맥이 가장 많이 수축되고 작아지는 현상
③ 베나 콘트랙터의 단면적은 오리피스의 단면적보다 크다.
④ 베르누이의 정리를 사용하여 해석할 수 있다.

★☆☆
04 수축단면에 대한 설명 중 옳은 것은?

① 상류에서 사류로 변화할 때 발생한다.
② 수축단면에서의 유속을 오리피스의 평균유속이라 한다.
③ 사류에서 상류로 변화할 때 발생한다.
④ 오리피스의 유출수맥에서 발생한다.

★☆☆
05 다음 중 오리피스(orifice)의 이론과 가장 관계가 먼 것은?

① 토리첼리(Torricelli) 정리
② 베르누이(Bernoulli) 정리
③ 베나 콘트랙터(vena contracta) 정리
④ 모세관 현상의 원리

★☆☆
06 오리피스(orifice)의 이론유속 $V=\sqrt{2gh}$은 다음 중 어느 이론으로부터 유도되는 특수한 경우인가? (단, V: 유속, g: 중력가속도, h: 수두차)

① 베르누이의 정리
② 레이놀즈의 정리
③ 벤투리의 이론식
④ 운동량방정식 이론

★☆☆
07 작은 오리피스에서 단면 수축계수 C_a, 유속계수 C_v, 유량계수 C와의 관계가 옳게 표시된 것은?

① $C=\dfrac{C_v}{C_a}$ ② $C=\dfrac{C_a}{C_v}$
③ $C=C_a+C_v$ ④ $C=C_vC_a$

★☆☆

08 오리피스에서 C_c를 수축계수, C_v를 유속계수라 할 때 실제유량과 이론유량과의 비(C)는?

① $C=C_c$ ② $C=C_v$

③ $C=C_c/C_v$ ④ $C=C_cC_v$

★☆☆

09 오리피스에서 수축계수의 정의와 그 크기로 옳은 것은? (단, a_0: 수축단면적, a: 오리피스 단면적, V_0: 수축단면의 유속, V: 이론유속)

① $C_a=\frac{a_0}{a}$, 1.0~1.1 ② $C_a=\frac{V_0}{V}$, 1.0~1.1

③ $C_a=\frac{a_0}{a}$, 0.6~0.7 ④ $C_a=\frac{V_0}{V}$, 0.6~0.7

★☆☆

10 오리피스(orifice)에서 수축계수를 0.65, 유속계수를 0.97이라고 할 때 유량계수는?

① 0.63 ② 0.65

③ 0.67 ④ 0.69

★☆☆

11 연직오리피스에서 일반적인 유량계수 C의 값은?

① 대략 1.00 전후이다.

② 대략 0.80 전후이다.

③ 대략 0.60 전후이다.

④ 대략 0.40 전후이다.

★★☆

12 수면에서 깊이 2.5 (m)에 정사각형 단면의 오리피스를 설치하여 0.042 (m^3/sec)의 물을 유출시킬 때 정사각형 단면에서 한 변의 길이는? (단, 유량계수는 0.6이다.)

① 10.0 (cm) ② 14.0 (cm)

③ 18.0 (cm) ④ 22.0 (cm)

★★☆

13 지름이 2 (m)인 원형 수조의 측벽 하단부에 지름 50 (mm)의 오리피스가 설치되어 있다. 오리피스 중심으로부터 수위를 50 (cm)로 유지하기 위하여 수조에 공급해야 할 유량은? (단, 유출구의 유량계수는 0.75이다.)

① 7.61 (l/sec) ② 6.61 (l/sec)

③ 5.61 (l/sec) ④ 4.61 (l/sec)

★★☆

14 수심이 5 (m)인 곳에 직경 4 (cm)의 원형 오리피스가 있다. 이 오리피스의 유량은? (단, $C=0.60$)

① 5.5 (l/sec) ② 6.5 (l/sec)

③ 7.5 (l/sec) ④ 8.5 (l/sec)

★★☆

15 단면적 20 (cm^2)인 원형 오리피스(orifice)가 수면에서 3 (m)의 깊이에 있을 때, 유출수의 유량은? (단, 유량계수는 0.6이라 한다.)

① 0.0014 (m^3/s) ② 0.0092 (m^3/s)

③ 0.0119 (m^3/s) ④ 0.1524 (m^3/s)

★★☆

16 오리피스의 직경이 5 (cm), 수두가 5 (m)이고, 유량이 5,000 (cm^3/s)이라면, 이 오리피스의 유량계수는?

① 0.231 ② 0.597

③ 0.257 ④ 0.612

★★★

17 다음 중 오리피스(orifice)에서 물이 분출할 때 일어나는 손실수두(Δh)의 계산식이 아닌 것?

① $\Delta h=H-\frac{V_a^2}{2g}$ ② $\Delta h=H(1-C_v^2)$

③ $\Delta h=\frac{V_a^2}{2g}\left(\frac{1}{C_v^2}-1\right)$ ④ $\Delta h=h(C_v^2+1)$

2 작은 오리피스와 큰 오리피스

★☆☆
18 작은 오리피스의 정의 중 가장 옳은 것은 어느 것인가?

① 직경이 작은 오리피스
② 수심이 작은 오리피스
③ 유량이 작은 오리피스
④ 수심에 비해 직경이 작은 오리피스

★☆☆
19 작은 오리피스(orifice)의 단면적을 a, 수축계수 C_a, 유속계수 C_v, 오리피스 중심에서 수면까지의 높이를 h, 중력가속도를 g라 할 때 유량 공식은?

① $Q = aC_v C_a \sqrt{2gh}$
② $Q = a(C_v / C_a)\sqrt{2gh}$
③ $Q = a(C_v - C_a)\sqrt{2gh}$
④ $Q = a(C_v + C_a)\sqrt{2gh}$

★★☆
20 다음 그림과 같은 오리피스에서 유출하는 유량은? (단, 이론유량을 계산한다.)

① 0.12 (m^3/sec)
② 0.22 (m^3/sec)
③ 0.32 (m^3/sec)
④ 0.42 (m^3/sec)

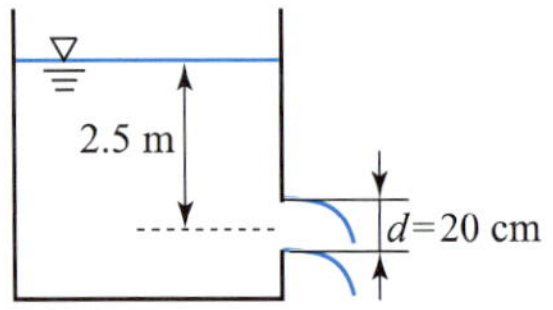

★★☆
21 그림에서 손실수두가 $\frac{3V^2}{2g}$일 때 지름 0.1 (m)의 관을 통과하는 유량은? (단, 수면은 일정하게 유지된다.)

① 0.0399 (m^3/sec)
② 0.0426 (m^3/sec)
③ 0.0798 (m^3/sec)
④ 0.085 (m^3/sec)

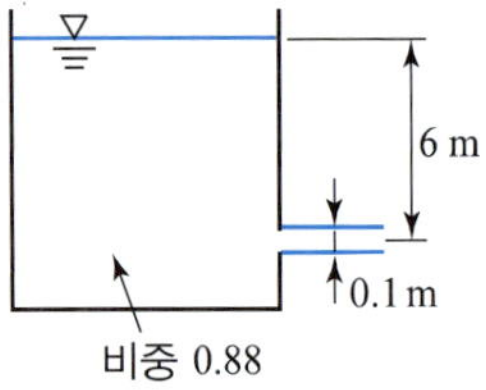

★★☆
22 수면에서 4 (m)의 깊이에 중심을 지나는 지름 20 (mm)의 작은 오리피스(orifice)에서 나오는 실제 유량은? (단, 오리피스의 유량계수 C=0.62)

① 1.72 (l/sec) ② 1.83 (l/sec)
③ 19.4 (l/sec) ④ 86.23 (l/sec)

★★☆
23 수조의 수면에서 2 (m) 아래 지점에 지름 10 (cm)의 오리피스를 통하여 유출되는 유량은? (단, 유량계수 C=0.6)

① 0.0152 (m^3/sec) ② 0.0068 (m^3/sec)
③ 0.0295 (m^3/sec) ④ 0.0094 (m^3/sec)

★★☆
24 저수지의 측벽에 폭 20 (cm), 높이 5 (cm)의 직사각형 오리피스를 설치하여 유량 200 (l/s)를 유출시키려고 할 때 수면으로부터의 오리피스 설치 위치는? (단, 유량계수 C=0.62)

① 33 (m) ② 43 (m)
③ 53 (m) ④ 63 (m)

★★☆
25 수조로부터 3 (m) 깊이에 있는 작은 오리피스(orifice)의 이론유속을 구한 값은?

① 7.38 (m/sec) ② 7.67 (m/sec)
③ 7.79 (m/sec) ④ 8.34 (m/sec)

★★☆
26 수두 3 (m) 되는 곳에 직경 4 (cm) 오리피스를 만들어 물을 분출시킬 경우 유속계수가 0.95, 수축계수를 0.70이라 하면 실제 유량은?

① 약 6 (l/sec) ② 약 12 (l/sec)
③ 약 3 (l/sec) ④ 약 24 (l/sec)

★★☆

27 **그림과 같은 예연원형 오리피스에서 구멍의 중심에서 수면까지의 수두를** 4 (m), **오리피스 직경을** 5 (cm)**라 한다. 오리피스를 통하여 분출되는 유량은?** (**단,** $C_v = 0.98$**이고,** $C_a = 0.62$**이다.**)

① 42.234 (l/sec)
② 10.56 (l/sec)
③ 10.77 (l/sec)
④ 17.03 (l/sec)

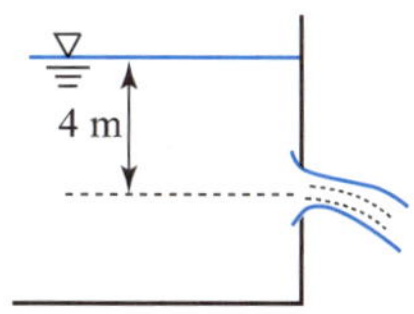

★★☆

28 **수두가** 2 (m)**인 작은 오리피스로부터 유출하는 유량은?** (**단, 오리피스의 직경은** 10 (cm), **유속계수** 0.95, **수축계수** 0.8**이다.**)

① 0.053 (m^3/sec) ② 0.012 (m^3/sec)
③ 0.132 (m^3/sec) ④ 0.037 (m^3/sec)

★★☆

29 **저수조 측벽의 정사각형의 오리피스에서** 0.08 (m^3/sec)**의 유량을 얻자면 적당한 정사각형의 변의 길이는?** (**단, 유량계수는** 0.61**이고, 수면과 정사각형 오리피스 중심까지의 고저차는** 1.8 (m))

① 9 (cm) ② 11 (cm)
③ 13 (cm) ④ 15 (cm)

★★☆

30 **그림과 같은 수조에서 수심이** 5 (m)**인 A점에 작은 오리피스가 설치되어 있고, B에서 압축공기를 유입시켜 수면 위의 공기 압력을** 2 (t/m^2)**로 유지시킬 때, 오리피스 A에서의 유속은?** (**단, 유속계수는** 0.6**으로 할 것**)

① 4.03 (m/s)
② 5.03 (m/s)
③ 6.03 (m/s)
④ 7.03 (m/s)

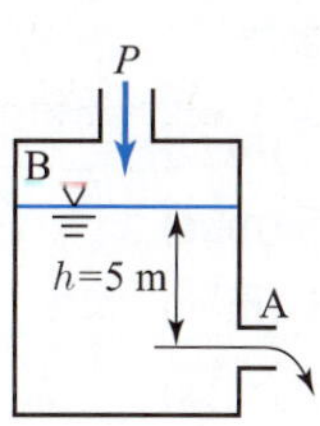

★★☆

31 **수심이** 4 (m)**인 곳에 두 개의 원형 오리피스를 만들어** 10 (l/sec)**의 물을 흐르게 하려면 직경을 얼마로 해야 되는가?** (**단,** $C=0.62$**이고 작은 오리피스이다.**)

① 1.76 (cm) ② 2.96 (cm)
③ 3.41 (cm) ④ 4.82 (cm)

★★☆

32 **단면적** 20 (cm^2)**인 원형 오리피스**(orifice)**가 수면에서** 3 (m)**의 깊이에 있을 때, 유출수의 유량은?** (**단, 물통의 수면은 일정하고 유량계수는** 0.6**이라 한다.**)

① 0.0014 (m^3/sec) ② 0.0092 (m^3/sec)
③ 14.4400 (m^3/sec) ④ 15.2400 (m^3/sec)

★★★

33 **그림과 같은 구형의 큰 오리피스의 유량은 얼마인가?** (**단,** $C=0.62$**이고, 접근유속은 무시한다.**)

① 1.621 (m^3/sec)
② 1.019 (m^3/sec)
③ 0.601 (m^3/sec)
④ 0.588 (m^3/sec)

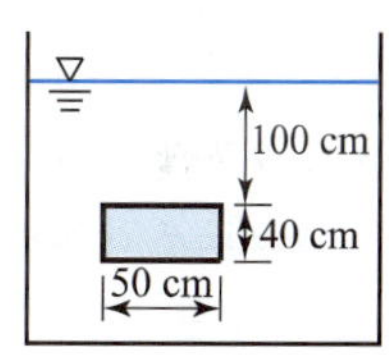

3 수중 오리피스

★★☆

34 **다음 그림에서 A수조의 유속을 무시할 경우 유량** Q**는?** (**단, 오리피스의 면적** $a=0.1$ (m^2), **유량계수** $C=0.6$**이다.**)

① 0.27 (m^3/sec)
② 0.24 (m^3/sec)
③ 0.31 (m^3/sec)
④ 0.21 (m^3/sec)

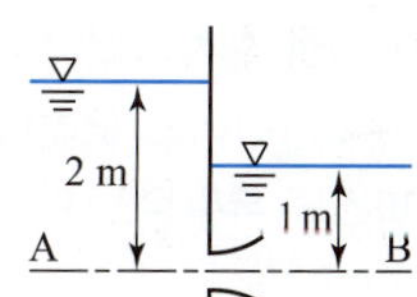

★☆☆
35 그림과 같은 수중 오리피스에서 유량 Q를 구하는 데 사용되는 수심은?

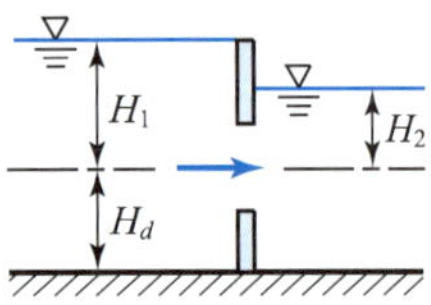

① $H_1 + H_d$
② $H_1 + H_d - H_2$
③ $H_1 - H_2$
④ $H_d + H_2$

★☆☆
36 양쪽의 수위가 다른 저수지를 벽으로 차단하고 있는 상태에서 벽의 오리피스를 통하여 ⓐ에서 ⓑ로 물이 흐르고 있을 때 유속은?

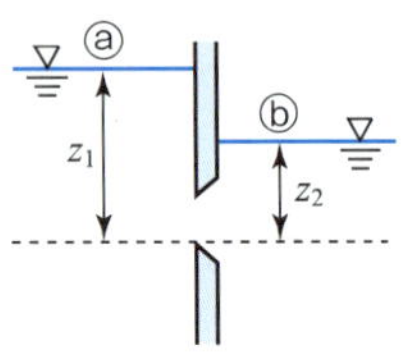

① $\sqrt{2gz}$
② $\sqrt{2gz_2}$
③ $\sqrt{2g(z_1+z_2)}$
④ $\sqrt{2g(z_1-z_2)}$

★☆☆
37 수조 1과 수조 2를 단면적(A)의 완전한 수중 오리피스 2개로 연결하였다. 수조 1로부터 상시 유량의 물을 수조 2로 송수할 때 양수조의 수면차(H)는? (단, 오리피스의 유량계수는 C이고, 접근유속수두(h_a)는 무시한다.)

① $H=\left(\dfrac{Q}{A\sqrt{2g}}\right)^2$　② $H=\left(\dfrac{Q}{2A\sqrt{2g}}\right)^2$
③ $H=\left(\dfrac{Q}{2CA\sqrt{2g}}\right)^2$　④ $H=\left(\dfrac{Q}{CA\sqrt{2g}}\right)^2$

★★☆
38 물이 흐르는 수평 원관 속에 관 오리피스(orifice)를 설치하였다. 오리피스 양쪽의 수두차가 최대 4.9 (m)이고 오리피스의 유량계수는 0.5일 때 오리피스의 유량은? (단, 오리피스의 단면적은 0.01 (m^2)이다.)

① 0.025 (m^3/sec)　② 0.049 (m^3/sec)
③ 0.098 (m^3/sec)　④ 0.196 (m^3/sec)

★★☆
39 그림과 같은 수중오리피스에서 단면적이 50 (cm^2)일 때 유출량은? (단, 유량계수 C=0.62이다.)

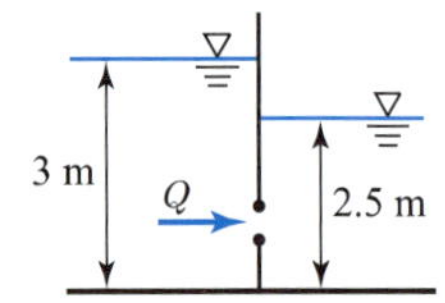

① 8.47 (l/s)
② 9.70 (l/s)
③ 13.73 (l/s)
④ 15.48 (l/s)

★★☆
40 그림과 같이 일정한 수위가 유지되는 충분히 넓은 두 수조의 수중 오리피스에서 오리피스의 직경 d=20 (cm)일 때 유출량 Q는? (단, 유량계수 C=1이다.)

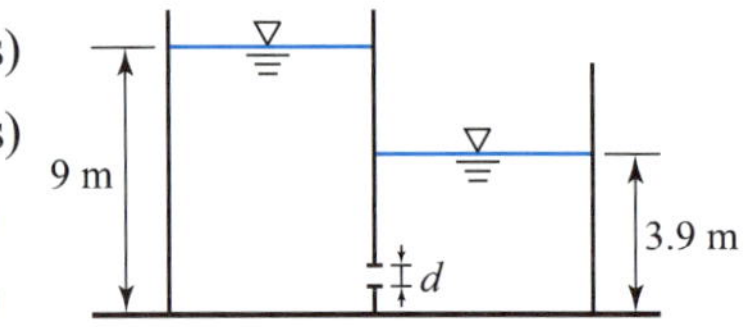

① 0.314 (m^3/s)
② 0.628 (m^3/s)
③ 3.14 (m^3/s)
④ 6.28 (m^3/s)

★★☆
41 수중에 설치된 오리피스의 수두차가 최대 4.9 (m)이고, 오리피스의 유량계수가 0.5일 때 오리피스 유량의 근사값은? (단, 오리피스의 단면적은 0.01 (m^2)이고, 접근유속은 무시한다.)

① 0.025 (m^3/s)　② 0.049 (m^3/s)
③ 0.098 (m^3/s)　④ 0.196 (m^3/s)

★★☆
42 그림과 같이 폭이 4 (m)인 수문이 d=2 (m)만큼 열려 있을 때, 상류 수심 h_1=4 (m), 하류 수심 h_2=3 (m), 유량계수 C=0.6이면, 수문을 통과하는 유량은?

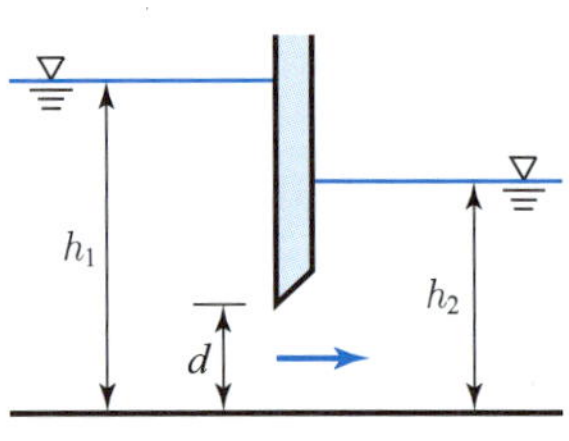

① 21.25 (m^3/s)
② 31.25 (m^3/s)
③ 41.25 (m^3/s)
④ 11.25 (m^3/s)

4 오리피스의 배수시간

★★☆

43 그림과 같은 두 개의 수조를 한 변의 길이가 10 (cm)인 정사각형 단면의 오리피스로 연결하여 물을 유출시킬 때 두 수조의 수면이 같아지려면 얼마의 시간이 걸리는가? (단, $C=0.65$)

① 130초
② 120초
③ 115초
④ 110초

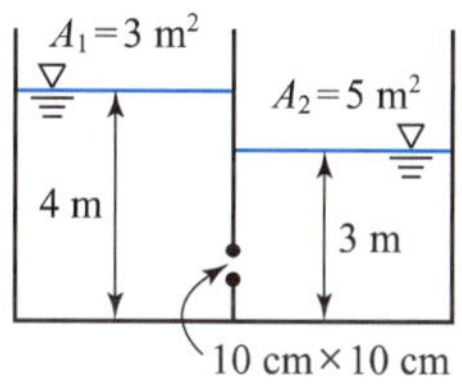

★★☆

44 길이 5 (m), 폭 2 (m)인 사각형 단면 수조의 중간에 수직판을 설치하여 수조의 길이를 1 : 4로 나누어 막았다. 이때 수직판의 아래쪽에 단면적 70 (cm^2)인 오리피스를 설치하여 물을 유출시킨다. 작은 수조의 수면이 큰 수조의 수면보다 3.5 (m) 높을 때부터 2개 수조의 수면차가 70 (cm)가 될 때까지 소요되는 시간은? (단, 오리피스의 유량계수는 0.61로 한다.)

① 175 (sec) ② 192 (sec)
③ 252 (sec) ④ 271 (sec)

5 승강수문

★★☆

45 그림과 같은 수로의 단위폭당 유량은? (단, 유출계수 $C=1$이며, 이외 손실은 무시한다.)

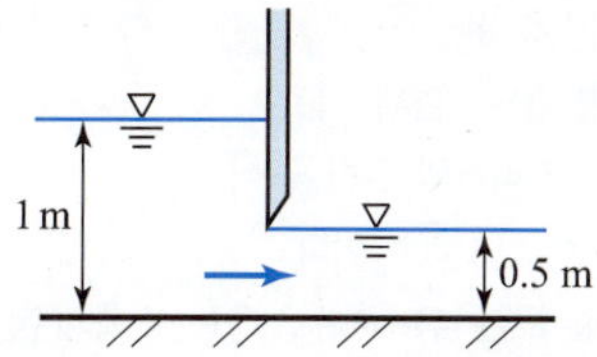

① 2.53 ($m^3/s \cdot m$) ② 1.6 ($m^3/s \cdot m$)
③ 2.0 ($m^3/s \cdot m$) ④ 1.2 ($m^3/s \cdot m$)

★★☆

46 폭이 5 (m)인 수문을 높이 d만큼 열었을 때 유량이 12 (m^3/sec)가 흘렀다. 이때 수문 상하류의 수심이 각각 6 (m)와 2 (m)였다면 유량 $C=0.6$이라 할 때 수문 개방도 d는? (단, $w_0=1{,}000$ (kg/m^3))

① 0.35 (m) ② 0.45 (m)
③ 0.57 (m) ④ 0.67 (m)

6.2 오리피스(잠공) 정답과 풀이

01 정답 ③ **출제** 산01

작은 오리피스는 $d < H/5$인 경우이고, 큰 오리피스는 $d > H/5$인 경우이다.

02 정답 ① **출제** 기08, 산03, 산05

작은 오리피스에서 수축계수 $C_a = \dfrac{A_0}{A}$ 이다.

03 정답 ③ **출제** 기02

베나 콘트랙터(vena contracta)는 수축단면을 나타내므로 베나 콘트랙터의 단면적(a)은 오리피스의 단면적(A)보다 작다.

04 정답 ④ **출제** 산08

수축단면(vena contracta)은 원형 단면 오리피스에서 오리피스 내측면으로부터 $d/2$가 되는 위치에 수류가 최소단면적이 되는 부분으로 오리피스 유출수맥에서 발생한다.

05 정답 ④ **출제** 기04, 기07-4, 기15-2

토리첼리(Torricelli)의 정리는 베르누이(Bernoulli) 정리에서 오리피스에 대한 특수한 경우로

$h+0+0 = 0+0+\dfrac{V^2}{2g}$이므로 $V=\sqrt{2gh}$ 이다.

이 식은 오리피스의 이론유속이며, 오리피스는 유출 시 수축단면(vena contracta)이 발생한다.

06 정답 ① **출제** 기13-2, 기18-1

베르누이 정리를 이용하여 토리첼리의 정리를 유도할 수 있다. 수조 ⓐ의 수두를 h라 하고 오리피스 ⓑ의 유속을 V라 하면, 지점 ⓐ와 ⓑ에 베르누이 정리를 적용하여

$$\frac{p_1}{\gamma}+z_1+\frac{V_1^2}{2g}=\frac{p_2}{\gamma}+z_2+\frac{V_2^2}{2g},$$

$$0+h+0=0+0+\frac{V^2}{2g}$$

$$\therefore V=\sqrt{2gh}$$

07 정답 ④ **출제** 기03, 기08, 기14-1, 산07

(유량계수)=(수축계수)×(유속계수)이므로

$C=C_v\,C_a$로 나타낸다.

08 정답 ④ **출제** 기08-2, 기16-4

(유량계수)=(수축계수)×(유속계수)

09 정답 ③ **출제** 기08-1, 기14-2, 기19-3

수축계수 $C_a=\dfrac{a_0}{a}$이고 평균 0.64이다.

10 정답 ① **출제** 산04, 산09

(유량계수)=(수축계수)×(유속계수)

$C=C_a\times C_v=0.65\times0.97=0.63$

11 정답 ③ **출제** 기16-1

대략 0.60 전후이다.

12 정답 ① **출제** 기03, 기11-1, 산06

$Q=CA\sqrt{2gH}$ 에서

$0.042=0.6\times d^2\times\sqrt{19.6\times2.5}$

$\therefore d=0.1\ \text{(m)}$

13 정답 ④ **출제** 기12-1

(유입량)=(유출량)이므로

$$Q=CAV=C\frac{\pi d^2}{4}\sqrt{2gH}$$

$$=0.75\times\frac{\pi\times0.05^2}{4}\times\sqrt{2\times9.8\times0.5}$$

$$=0.00461\ (\text{m}^3/\text{s})$$

14 정답 ③ **출제** 기00, 기10, 산02, 산05, 산11

$D<H/5$이므로 작은 오리피스이다.

$$Q=CA\sqrt{2gH}$$

$$=0.6\times\frac{\pi\times0.04^2}{4}\times\sqrt{2\times9.8\times5}$$

$$=0.00764\ (\text{m}^3/\text{s})=7.64\ (l/\text{s})$$

15 정답 ② **출제** 기17-2

유속 $V=\sqrt{2gH}=\sqrt{2\times9.8\times3}=7.67\ (\text{m/s})$

$Q=CAV=0.6\times0.002\times7.67=0.0092\ (\text{m}^3/\text{s})$

16 정답 ③ **출제** 기02, 기06, 기10-4

$Q=CA\sqrt{2gH}$ 에서

$$C=\frac{Q}{A\sqrt{2gH}}$$

$$=\frac{5{,}000}{(\pi\times5^2/4)\times\sqrt{2\times980\times500}}=0.257$$

17 정답 ④ **출제** 기08-4, 기17-4

이론유속은 $V=\sqrt{2gH}$

실제유속은 $V=C_v\sqrt{2gH}$ 이므로

$$H=\frac{V^2}{2g}=\frac{V_a^2}{2g\,C_v^2}\quad\text{또는}\quad\frac{V_a^2}{2g}=C_v^2H$$

손실수두

$$\Delta h=H-\frac{V^2}{2g}=\frac{1}{C_v^2}\frac{V^2}{2g}-\frac{V^2}{2g}$$

$$=\left(\frac{1}{C_v^2}-1\right)\frac{V^2}{2g}=\left(\frac{1}{C_v^2}-1\right)\frac{C_v^2\times2gH}{2g}$$

$$=(1-C_v^2)H$$

18 정답 ④ **출제** 기01

작은 오리피스는 수심에 비해 직경이 작은($D<H/5$) 오리피스이다.

19 정답 ① **출제** 기01

작은 오리피스의 유량 공식

$Q=aC_v\,C_a\sqrt{2gh}$ 이다.

여기서, C_v는 유속계수, C_a는 수축계수,

A는 오리피스의 단면적이다.

20 정답 ② **출제** 산02

$D<H/5$이므로 작은 오리피스이다. 오리피스의 이론 유량($C=1$일 때)

$$Q=A\sqrt{2gH}=\frac{\pi\times0.2^2}{4}\times\sqrt{19.6\times2.5}=0.22\ (m^3/s)$$

21 정답 ② **출제** 기19-3

수조의 수두 $H_1=z_1=6\ (m)$

분출수 수두 $H_2=\frac{V^2}{2g}$이다.

손실수두가 $h_L=\frac{3V^2}{2g}$이므로, 베르누이식을 적용하면,

$$z_1+\frac{p_1}{\gamma}+\frac{V_1^2}{2g}=z_2+\frac{p_2}{\gamma}+\frac{V_2^2}{2g}+h_L$$

$$0+0+6=0+0+\frac{V^2}{2g}+\frac{3V^2}{2g}$$

따라서 $V=\sqrt{3g}=5.42\ (m/s)$

유량은 $Q=AV=\frac{\pi\times0.1^2}{4}\times5.42=0.0426\ (m^3/s)$

22 정답 ① **출제** 기10-2

$$Q=CA\sqrt{2gH}=0.62\times\frac{\pi\times2^2}{4}\times\sqrt{2\times980\times400}=1{,}724.6\ (cm^3/s)=1.72\ (l/s)$$

23 정답 ③ **출제** 기19-1

오리피스의 유량

$$Q=CA\sqrt{2gH}=0.6\times\frac{\pi\times0.1^2}{4}\times\sqrt{2\times9.8\times2}=0.0295\ (m^3/s)$$

24 정답 ③ **출제** 기00, 기05, 기17

오리피스의 유량 $Q=CA\sqrt{2gH}$

$$H=\frac{Q^2}{2gC^2A^2}=\frac{0.2^2}{2\times9.8\times0.62^2\times(0.2\times0.05)^2}=53.09\ (m)$$

25 정답 ② **출제** 산07, 산05

$V=\sqrt{2gH}=\sqrt{2\times9.8\times3}=7.67\ (m/s)$

26 정답 ① **출제** 기00

$D<H/5$이므로 작은 오리피스

$$Q=C_aC_vA\sqrt{2gH}=0.7\times0.95\times\frac{\pi\times0.04^2}{4}\times\sqrt{2\times9.8\times3}=0.0064\ (m^3/sec)=6.4\ (l/s)$$

27 정답 ② **출제** 기00

$D<H/5$이므로 작은 오리피스

$$Q=C_aC_vA\sqrt{2gH}=0.62\times0.98\times\frac{\pi\times0.055^2}{4}\times\sqrt{2\times9.8\times4}=0.01056\ (m^3/s)=10.56\ (l/s)$$

28 정답 ④ **출제** 기01, 산03

$D<H/5$이므로 작은 오리피스

$$Q=C_aC_vA\sqrt{2gH}=0.8\times0.95\times\frac{\pi\times1^2}{4}\times\sqrt{2\times9.8\times2}=0.0374\ (m^3/s)$$

29 정답 ④ **출제** 기09-2, 산00

$Q=CA\sqrt{2gH}$ 에서

$$A=\frac{Q}{C\sqrt{2gH}}=\frac{0.08}{0.61\times\sqrt{19.6\times1.8}}=0.022\ (m^2)$$

$x=\sqrt{A}=\sqrt{0.022}=0.148\ (m)=14.8\ (cm)$

30 정답 ④ **출제** 기04

$\gamma=1{,}000\ (kgf/m^3)$, $p_1=2{,}000\ (kgf/m^2)$로 놓고, B와 A점에 베르누이 정리를 적용하면,

$$z_1+\frac{p_1}{\gamma}+\frac{V_1^2}{2g}=z_2+\frac{p_2}{\gamma}+\frac{V_2^2}{2g}$$

$$5+\frac{2{,}000}{1{,}000}+0=0+0+\frac{V^2}{2g}$$

$V=0.6\times\sqrt{2\times9.8\times(5+2)}=7.03\ (m/s)$

| 다른 풀이 |

압력수두 $H=\frac{p_1}{\gamma}=\frac{2{,}000}{1{,}000}=2\ (m)$

$$V=C_v\sqrt{2gH}=0.6\times\sqrt{2\times9.8\times(5+2)}=7.03\ (m/s)$$

31 정답 ③ **출제** 산02

작은 오리피스이므로 $Q = CA\sqrt{2gH}$ 에서

$$A = \frac{Q}{C\sqrt{2gH}} = \frac{0.010}{0.62\times\sqrt{19.6\times4}} = 0.00182 \ (\text{m}^2)$$

오리피스가 2개이므로

$2\times\frac{\pi d^2}{4} = 0.00182$에서 $d = 0.0341 \ (\text{m})$

32 정답 ② **출제** 기12-2

$$Q = CA\sqrt{2gH} = 0.6\times(20\times10^{-4})\times\sqrt{2\times9.8\times3} = 0.0092 \ (\text{m}^3/\text{sec})$$

33 정답 ③ **출제** 산01

큰 직사각형 오리피스이므로

$$Q = \frac{2}{3}CB\sqrt{2g}\left(h_2^{3/2} - h_1^{3/2}\right) = \frac{2}{3}\times0.62\times0.5\times\sqrt{2\times9.8}\times\left(1.4^{3/2} - 1^{3/2}\right) = 0.601 \ (\text{m}^3/\text{s})$$

34 정답 ① **출제** 기00, 기03

수중 오리피스의 유량

$$Q = CA\sqrt{2g(h_1 - h_2)} = 0.6\times0.1\times\sqrt{2\times9.8\times(2-1)} = 0.27 \ (\text{m}^3/\text{sec})$$

35 정답 ③ **출제** 산03, 산06

$$Q = CA\sqrt{2g(H_1 - H_2)}$$

36 정답 ④ **출제** 산00, 산05, 산11

수중 오리피스의 유속

$$V = \sqrt{2g(z_1 - z_2)}$$

37 정답 ③ **출제** 산03

$Q = C(2A)\sqrt{2gH}$ 에서 $H = \left(\frac{Q}{2CA\sqrt{2g}}\right)^2$

38 정답 ② **출제** 기09-4

$$Q = CA\sqrt{2g\Delta H} = 0.5\times0.01\times\sqrt{2\times9.8\times4.9} = 0.049 \ (\text{m}^3/\text{s})$$

39 정답 ② **출제** 기00, 산05, 산09

$$Q = CA\sqrt{2g(h_1 - h_2)} = 0.62\times0.005\times\sqrt{2\times9.8\times(3-2.5)} = 0.00971 \ (\text{m}^3/\text{s})$$

40 정답 ① **출제** 기15-1

유량 $Q = CA\sqrt{2g(h_1 - h_2)}$

$$= 1.0\times\left(\frac{\pi\times0.2^2}{4}\right)\times\sqrt{2\times9.8\times(9-3.9)} = 0.314 \ (\text{m}^3/\text{s})$$

41 정답 ② **출제** 기14-4

$$Q = Ca\sqrt{2g\Delta h} = 0.5\times0.01\times\sqrt{2\times9.8\times4.9} = 0.049 \ (\text{m}^3/\text{s})$$

42 정답 ① **출제** 기03

$$Q = CA\sqrt{2g(h_1 - h_2)} = 0.6\times(4\times2)\times\sqrt{2\times9.8\times(4-3)} = 21.25 \ (\text{m}^3/\text{s})$$

43 정답 ① **출제** 산03, 산09

$$T = \frac{2A_1A_2/(A_1+A_2)}{Ca\sqrt{2g}}\left(h_1^{1/2} - h_2^{1/2}\right) = \frac{(2\times3\times5)/(3+5)}{0.65\times0.1^2\times\sqrt{2\times9.8}}\times\left(\sqrt{1} - \sqrt{0}\right) = 130.3 \ (\text{s})$$

44 정답 ① **출제** 기13-4

$A_1 = 2\times1 = 2 \ (\text{m}^2)$, $A_2 = 2\times4 = 8 \ (\text{m}^2)$

$$t = \frac{2A_1A_2/(A_1+A_2)}{Ca\sqrt{2g}}\left(\sqrt{h_1} - \sqrt{h_2}\right) = \frac{(2\times2\times8)/(2+8)}{0.61\times(70\times10^{-4})\sqrt{2\times9.8}}\left(\sqrt{3.5} - \sqrt{0.7}\right) = 175.06 \ (\text{s})$$

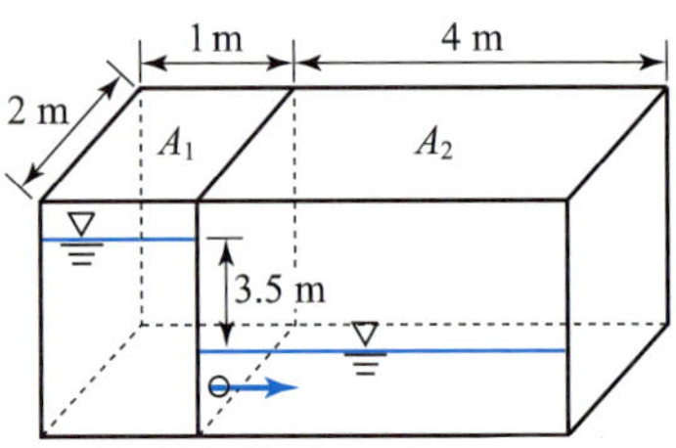

45 정답 ② **출제** 기16-2

$$q = Ch\sqrt{2g(y_1 - y_2)}$$
$$= 1 \times 0.5 \times \sqrt{2 \times 9.8 \times (1.0 - 0.5)} = 1.6 \ (\mathrm{m^3/s/m})$$

46 정답 ④ **출제** 기07-1, 기11-4

$Q = CA\sqrt{2gh} = C(Bd)\sqrt{2g(y_1 - y_2)}$ 에서

$$d = \frac{Q}{CB\sqrt{2g(y_1 - y_2)}}$$
$$= \frac{18}{0.6 \times 5 \times \sqrt{2 \times 9.8 \times (6 - 2)}} = 0.68 \ (\mathrm{m})$$

6.3 단관과 노즐

1 표준단관

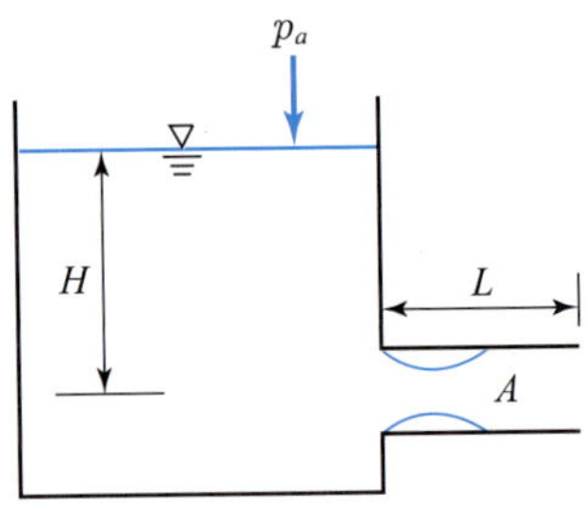

- 유량계수 $C = 0.78 \sim 0.83$
- 수축계수 $C_a = 1.0$

2 노즐

- 분사류의 유속을 V, 수평과의 각도를 θ라 하고, 연직높이는 연직방향의 속도수두가 위치수두로 바뀐 것에서 구한다.

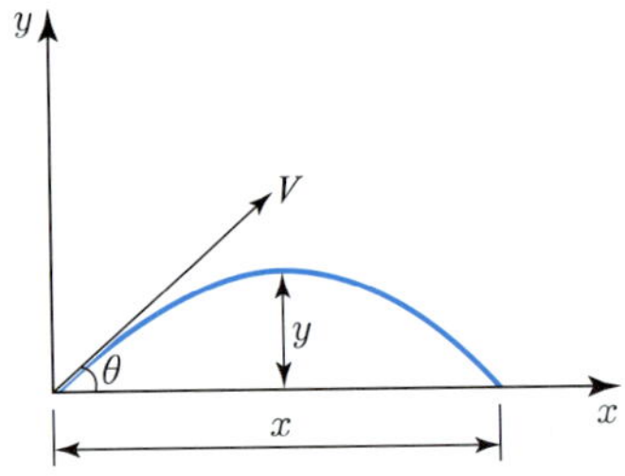

- 연직높이 $y = \dfrac{(V\sin\theta)^2}{2g}$
- 최대연직높이는 $\theta = 90^o$일 때, $y_{\max} = \dfrac{V^2}{2g}$
- 수평거리 $x = \dfrac{V^2}{g}\sin 2\theta$
- 최대수평거리는 $\theta = 45^o$일 때, $x_{\max} = \dfrac{V^2}{g}$

3 벤투리미터

- 벤투리미터는 관로의 유량 측정에 사용한다.

$$Q = C\frac{A_1 A_2}{\sqrt{A_1^2 - A_2^2}}\sqrt{2gH}$$

6.3 단관과 노즐 기출문제

1 표준단관

★☆☆
01 표준 단관에서 유속계수가 0.78이었다면 유량계수는?

① 0.66　② 0.70
③ 0.74　④ 0.78

★★☆
02 유속계수가 0.82인 직경 2 (cm)의 표준단관의 수두가 2.1 (m)일 때 1분간의 유출량은 얼마인가?

① 1.650 (l)　② 32.5 (l)
③ 99.2 (l)　④ 75.2 (l)

2 노즐

★★★
03 그림과 같은 노즐에서 유량을 구하기 위하여 옳게 표시된 공식은? (단, C는 유량계수이다.)

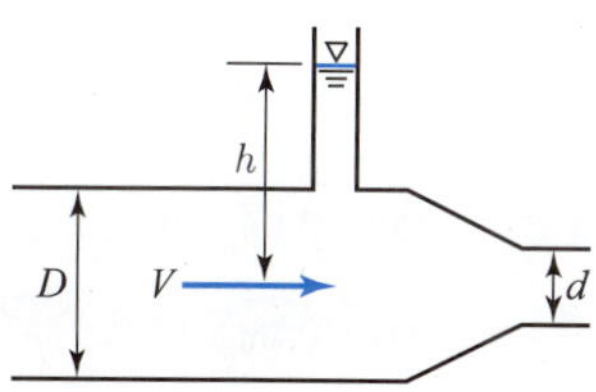

① $C\dfrac{\pi d^2}{4}\sqrt{\dfrac{2gh}{1-C^2(d/D)^2}}$

② $C\dfrac{\pi d^2}{4}\sqrt{\dfrac{2gh}{1-C^2(d/D)^4}}$

③ $C\dfrac{\pi d^2}{4}\sqrt{2gh}$

④ $\dfrac{\pi d^2}{4}\sqrt{\dfrac{2gh}{1-C^2(d/D)^2}}$

★★☆
04 그림과 같이 내경 60 (mm), 수압 3.0 (kg/cm^2)의 호스에 직경 20 (mm)의 노즐을 붙였다. 이때 유속계수 C_v =0.98이라 하면 노즐로부터 분류하는 실제 유속은?

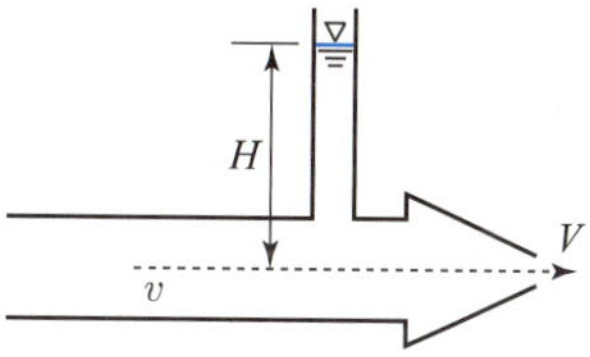

① 24.90 (m/sec)　② 23.90 (m/sec)
③ 25.90 (m/sec)　④ 22.90 (m/sec)

★★☆
05 수평과의 각 60°를 이루고, 초속 20 (m/sec)로 사출되는 분수의 최대 연직 도달 높이는? (단, 공기 및 기타 저항은 무시한다.)

① 15.3 (m)　② 17.2 (m)
③ 19.6 (m)　④ 21.4 (m)

★★☆
06 그림과 같은 모양의 분수를 만들었을 때 분수의 높이(H_v)는? (단, 유속계수 C_v는 0.96으로 한다.)

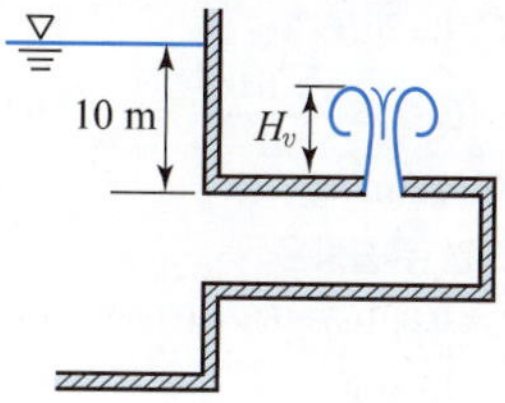

① 10 (m)　② 9.6 (m)
③ 9.22 (m)　④ 9 (m)

3 벤투리미터

★☆☆

07 벤투리미터(Venturi meter)의 일반적인 용도로 옳은 것은?

① 수심 측정 ② 압력 측정
③ 유속 측정 ④ 단면 측정

★★☆

08 지름이 200 (mm)인 관로에 축소부 지름이 120 (mm)인 벤투리미터(venturimeter)가 부착되어 있다. 두 단면의 수두차가 1.0 (m), C=0.98일 때의 유량은?

① 0.00525 (m^3/sec) ② 0.0525 (m^3/sec)
③ 0.525 (m^3/sec) ④ 5.250 (m^3/sec)

6.3 단관과 노즐 정답과 풀이

01 정답 ④ **출제** 기12-4

표준단관의 수축계수 $C_a = 1$이므로,

$C = C_a C_v = 1 \times 0.78 = 0.78$

02 정답 ③ **출제** 기01, 기03

$$Q = C_a C_v A\sqrt{2gH}$$
$$= 1.0 \times 0.82 \times \frac{\pi \times 0.02^2}{4} \times \sqrt{2 \times 9.8 \times 2.1}$$
$$= 0.00165 \ (m^3/s)$$

1분(60초)간 유출량은

$V = Qt = 0.00165 \times 60 = 0.0992 \ (m^3/min)$
$= 99.2 \ (l/min)$

03 정답 ② **출제** 기12-1, 기18-2

$$Q = Ca\sqrt{\frac{2gh}{1-\left(\frac{Ca}{A}\right)^2}} = C\frac{\pi d^2}{4}\sqrt{\frac{2gh}{1-C^2(d/D)^4}}$$

04 정답 ② **출제** 산02

압력수두 $h = \frac{p}{\gamma} = \frac{30{,}000}{1{,}000} = 30 \ (m)$

노즐에서의 유속

$$V = C_v\sqrt{\frac{2gh}{1-\left(\frac{d}{D}\right)^4}} = 0.98\sqrt{\frac{19.6 \times 30}{1-\left(\frac{2}{6}\right)^4}}$$
$$= 23.91 \ (m/s)$$

05 정답 ① **출제** 산00, 산12

분수는 속도수두가 위치수두로 바뀌는 것이다.

$$y = \frac{(V\sin\theta)^2}{2g} = \frac{(20 \times \sin 60°)^2}{2 \times 9.8} = 15.31 \ (m)$$

06 정답 ③ **출제** 기10

$V = C_v\sqrt{2gH}$에서

$$H_v = \frac{V^2}{2g} = \frac{{C_v}^2 2gH}{2g} = {C_v}^2 H$$
$$= 0.96^2 \times 10 = 9.22 \ (m)$$

| 다른 풀이 |

$$H_v = \frac{(V\sin\theta)^2}{2g} = \frac{(C_v\sqrt{2gh}\sin\theta)^2}{2g} = {C_v}^2 h$$
$$= 0.96^2 \times 10 = 9.22 \ (m)$$

07 정답 ③ **출제** 기17-2

벤투리미터는 압력차를 이용하여 유속과 유량을 측정한다.

08 정답 ② **출제** 기13-4, 기19-1

$$A_1 = \frac{\pi \times 0.2^2}{4} = 0.031 \ (m^2)$$
$$A_2 = \frac{\pi \times 0.12^2}{4} = 0.011 \ (m^2)$$
$$Q = C\frac{A_1 A_2}{\sqrt{A_1^2 - A_2^2}}\sqrt{2gH}$$
$$= 0.98\frac{0.031 \times 0.011}{\sqrt{0.031^2 - 0.011^2}}\sqrt{2 \times 9.8 \times 1}$$
$$= 0.051 \ (m^3/s)$$

주의 벤투리미터의 유량공식을 기억하기는 어렵다. 따라서 이런 문제는 개략적으로 산정해야 한다.
관 내 유속은 $V = \sqrt{2g\Delta h} = \sqrt{2 \times 9.8 \times 1}$로 구하고, $Q = CAV$를 적용한다. 계산값은 0.049 (m^3/s)이다.

6.4 위어

1 위어의 사용 목적

- **기본적인 목적은 수위 상승**
  - 취수, 분수
  - 개수로의 유량 측정

2 수맥의 수축

- **정수축** 마루 위에서 일어나는 수축
- **면수축** 위어의 상류 $2H$ 정도까지 수면강하. 광정위어의 마루부에서도 발생
- **단수축** 월류폭 수축

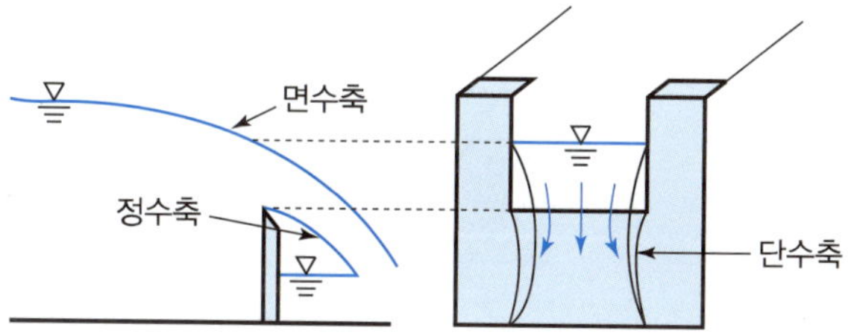

3 직사각형 예연위어

- **직사각형 예연위어의 유량** $Q=\dfrac{2}{3}Cb\sqrt{2g}\,H^{3/2}$

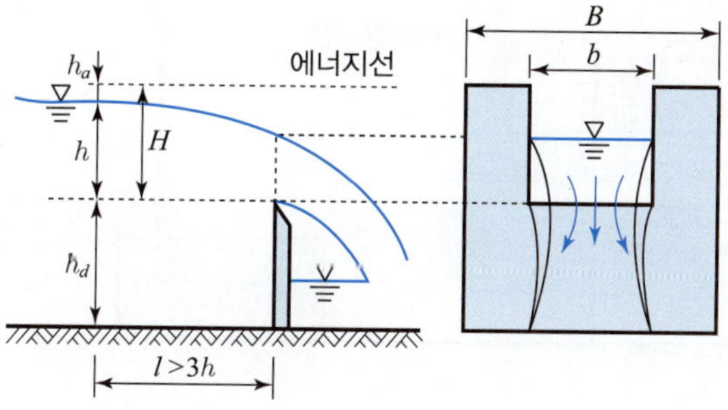

- **프랜시스(Francis) 식** $Q = 1.84 B_e h^{3/2}$

  여기서, B_e: 유효폭($= b - 0.1nh$)

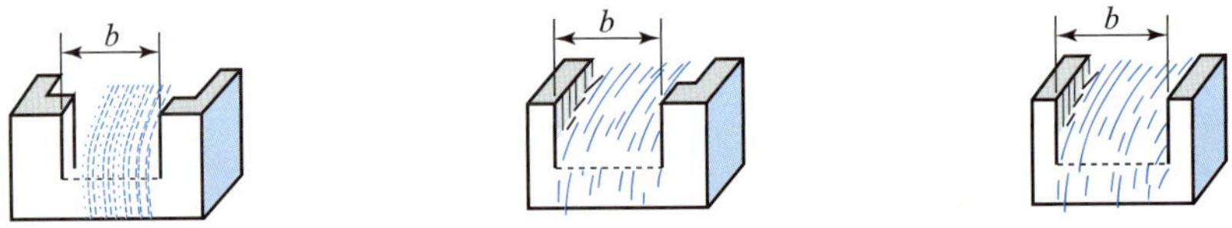

(a) 양쪽이 수축되는 경우 $n = 2$ (b) 한쪽만 수축되는 경우 $n = 1$ (c) 양쪽에 수축이 없는 경우 $n = 0$

4 삼각위어

- **정의** 유출부의 홈이 V자형으로 되어 있어, V－노치(V-notch)라고도 한다.
- **삼각위어의 유량** $Q = \frac{4}{15} C \tan\theta \sqrt{2g}\, H^{5/2}$

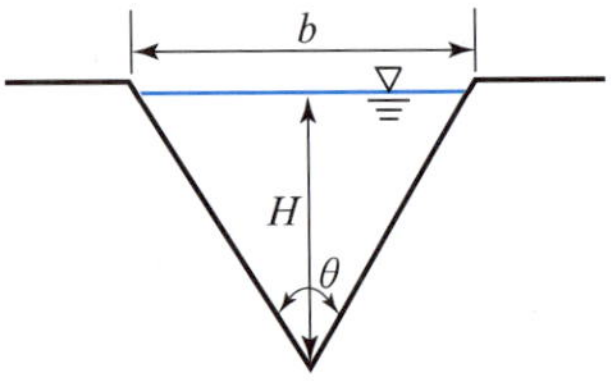

5 광정위어

- **정의** 월류부 폭이 넓은 보
- **완전월류** $h_3 < \frac{2}{3}H$일 때, 마루에 사류 발생

$$Q = 1.7\, C B H^{3/2}$$

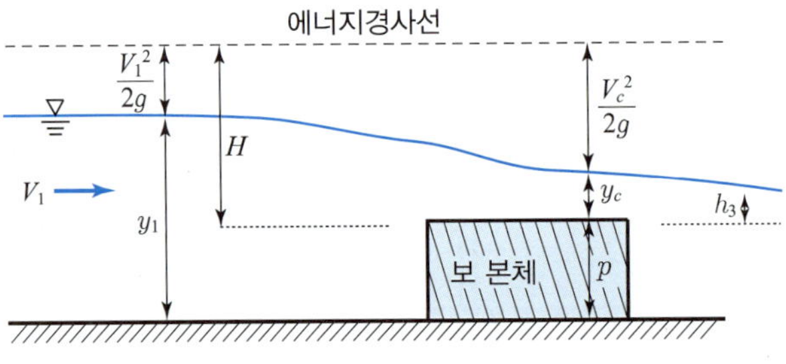

6 기타

• 보 하류의 수심(h)이 한계수심$\left(\dfrac{2}{3}H\right)$보다 높은 경우의 보를 수중보라고 한다.

• 사다리꼴보 중 치폴레티(Cippoletti) 위어란 $\tan\dfrac{\theta}{2}=\dfrac{1}{4}$인 경우를 말한다.

• **수중나팔형 위어의 유량** $Q=Ca\sqrt{H+h_1}$

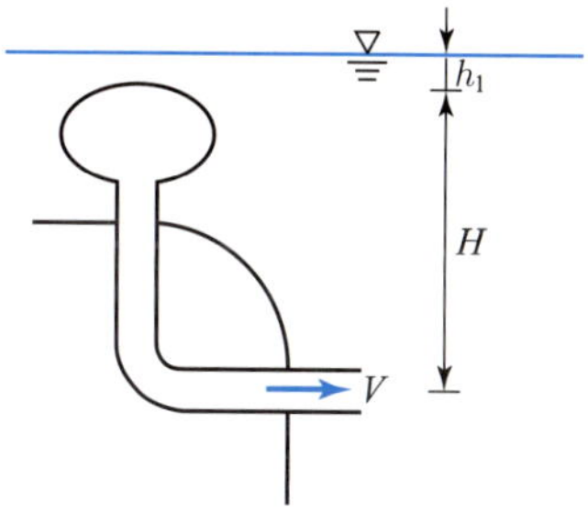

6.4 위어 기출문제

1 위어의 사용 목적

★☆☆

01 위어의 보편적인 사용 목적이 아닌 것은?

① 유량 측정　　② 취수를 위한 수위 증가

③ 분수(分水)　　④ 수질오염 방지

★☆☆

02 위어(wier)에 관한 설명으로 옳지 않은 것은?

① 위어를 월류하는 흐름은 일반적으로 상류에서 사류로 변한다.

② 위어를 월류하는 흐름이 사류일 경우(완전월류) 유량은 하류 수위의 영향을 받는다.

③ 위어는 개수로의 유량 측정, 취수를 위한 수위 증가 등의 목적으로 설치된다.

④ 작은 유량을 측정할 경우 삼각위어가 효과적이다.

2 수맥의 수축

★☆☆

03 수평한 위어의 마루부에서 일어나는 수축은?

① 면수축　　② 정수축

③ 연직수축　　④ 단수축

★☆☆

04 예연위어의 마루부에서 일어나는 수축은?

① 면수축　　② 정수축

③ 연직수축　　④ 단수축

★★☆

05 수면의 높이가 일정한 저수지의 일부에 길이 30 (m)의 월류위어를 만들어 여기에 40 (m^3/sec)의 물을 취수하려면 적당한 위어 마루부로부터의 상류 측 수심(H)은? (단, $C=1.0$으로 보며, 접근유속은 무시한다.)

① 0.80 (m)　　② 0.85 (m)

③ 0.90 (m)　　④ 0.95 (m)

3 직사각형 예연위어

★☆☆

06 위어의 월류유량 공식의 일반형은? (단, L: 월류 폭, H: 상류수심, h_a: 접근유속수두, C: 월류계수이다.)

① $CL(H+h_a)^{2/3}$　　② $CL(H+h_a)^{4/3}$

③ $CL(H+h_a)^{3/4}$　　④ $CL(H+h_a)^{3/2}$

★☆☆

07 k가 엄격히 말하면 월류수심 h 등에 관한 함수이지만, 근사적으로 상수라 가정하면 직사각형 위어(Weir)의 유량 Q과 h의 일반적인 관계로 옳은 것은?

① $Q=kh$　　② $Q=kh^{3/2}$

③ $Q=kh^{1/2}$　　④ $Q=kh^{2/3}$

★☆☆

08 다음 설명 중 옳지 않은 것은?

① 토리첼리 정리는 위치수두를 속도수두로 바꾸는 경우이다.

② 직사각형 위어에서 유량은 월류수심(H)의 $H^{2/3}$에 비례한다.

③ 베르누이 방정식이란 일종의 에너지 보존 법칙이다.

④ 연속방정식이란 일종의 질량 보존의 법칙이다.

★★☆

09 그림과 같은 직사각형 위어(weir)에서 유량계수를 고려하지 않을 경우 유량은? (단, g =중력가속도)

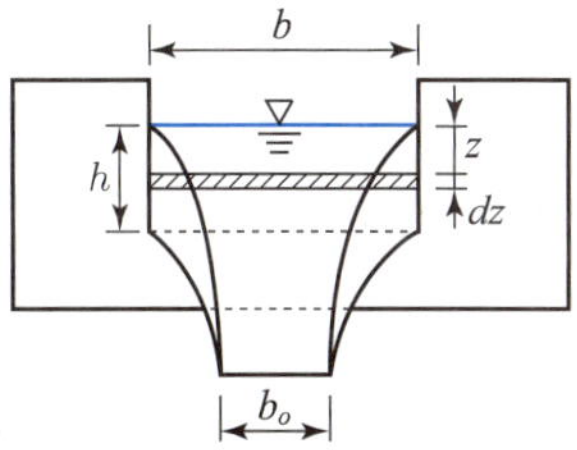

① $\frac{2}{5}b\sqrt{2g}\,h^{5/2}$ ② $\frac{2}{3}b\sqrt{2g}\,h^{3/2}$

③ $\frac{2}{5}b_o\sqrt{2g}\,h^{5/2}$ ④ $\frac{2}{3}b_o\sqrt{2g}\,h^{3/2}$

★★★

10 구형 단면위어에서의 위어 폭 4 (m), 위어 높이 0.5 (m), 월류 수심이 0.8 (m)일 때 월류량은? (단, C=0.62이다.)

① 4.4 (m^3/sec) ② 4.8 (m^3/sec)

③ 5.2 (m^3/sec) ④ 5.8 (m^3/sec)

★☆☆

11 폭이 b인 직사각형 위어에서 양단수축이 생길 경우 b_0는? (단, Francis 공식 적용)

① $b_0=b-h/10$ ② $b_0=b-h/5$

③ $b_0=2b-h/10$ ④ $b_0=2b-h/5$

★☆☆

12 사각위어에서 유량 산출에 쓰이는 Francis 공식에 대하여 양단수축이 있는 경우의 유량으로 옳은 것은? (단, B: 위어 폭, h: 월류수심)

① $Q=1.84(B-0.4h)h^{3/2}$

② $Q=1.84(B-0.3h)h^{3/2}$

③ $Q=1.84(B-0.2h)h^{3/2}$

④ $Q=1.84(B-0.1h)h^{3/2}$

★★★

13 폭 3.5 (m), 수심 0.4 (m)인 사각형 수로의 유량은 Francis 공식에 의하면 얼마인가? (단, 접근유속은 무시하며, 양단수축이다.)

① 1.59 (m^3/sec) ② 3.42 (m^3/sec)

③ 4.66 (m^3/sec) ④ 5.43 (m^3/sec)

★★★

14 폭 1.0 (m), 수심 0.4 (m)인 사각형 수로의 유량을 Francis 공식으로 구하면? (단, α=1, 접근유속은 1.0 (m/sec)이며 양단수축이다.)

① 0.493 (m^3/sec) ② 0.513 (m^3/sec)

③ 0.536 (m^3/sec) ④ 0.557 (m^3/sec)

★★☆

15 폭 2.5 (m), 월류수심 0.4 (m)인 사각위어(weir)의 유량은? (단, Francis 공식, $Q=1.84B_0h^{3/2}$에 의하며, B_0: 유효폭, h: 월류수심, 접근유속은 무시하며 양단수축이다.)

① 1.117 (m^3/sec) ② 1.126 (m^3/sec)

③ 1.145 (m^3/sec) ④ 1.164 (m^3/sec)

★★★

16 완전수축을 한 폭 2 (m), 월류수심 40 (cm) 구형 보의 유출량을 Francis 공식에 의해서 구한 값은?

① 0.428 (m^3/sec) ② 9.931 (m^3/sec)

③ 0.912 (m^3/sec) ④ 0.894 (m^3/sec)

★★★

17 저수지에서 홍수량을 방류하기 위한 직사각형 여수로 단면(spillway)을 결정하고자 한다. 계획홍수량이 100 (m^3/sec)이고 월류수심을 1 (m)로 제한하였을 때, 적당한 여수로의 월류폭은?

① 100 (m) ② 55 (m)

③ 10 (m) ④ 5 (m)

4 삼각위어

★☆☆

18 삼각위어의 유량공식을 올바르게 나타낸 것은?

① $Q = \frac{8}{15} C \tan\frac{\theta}{2} \sqrt{2g}\, H^{\frac{5}{2}}$

② $Q = \frac{1}{15} C \tan\frac{\theta}{2} (2gH)^{\frac{1}{5}}$

③ $Q = \frac{4}{15} C \tan\frac{\theta}{2} \sqrt{2gH}$

④ $Q = \frac{2}{3} C \tan\frac{\theta}{2} \sqrt{2gH}$

★★☆

19 삼각위어(weir)에서 $\theta = 60°$일 때 월류수심은?

① $\left(\frac{Q}{1.36C}\right)^{\frac{5}{2}}$ ② $\left(\frac{Q}{1.36C}\right)^{\frac{2}{5}}$

③ $1.36CH^{\frac{5}{2}}$ ④ $1.36CH^{\frac{2}{5}}$

★☆☆

20 삼각위어로 유량을 측정할 때 유량과 위어의 수심(h)의 관계로 옳은 것은?

① 유량은 $h^{1/2}$에 비례한다.

② 유량은 $h^{3/2}$에 비례한다.

③ 유량은 $h^{5/2}$에 비례한다.

④ 유량은 $h^{2/3}$에 비례한다.

★☆☆

21 삼각위어의 월류수심을 H라 할 때 위어를 통해 흐르는 유량 Q의 크기와 비례하는 것은?

① $H^{-1/2}$ ② $H^{1/2}$

③ $H^{3/2}$ ④ $H^{5/2}$

★★★

22 직각삼각형 예연위어에서의 월류수심 $h = 30$ (cm)이다. 이 위어를 통과하여 1시간 동안 방출된 물의 양은 얼마인가? (단, $C = 0.6$이다.)

① 0.07 (m^3) ② 0.09 (m^3)

③ 251.3 (m^3) ④ 354.1 (m^3)

★★★

23 중심각이 90°인 삼각형 위어상의 수두가 30 (cm)일 때 유량을 계산한 값은? (단, 위어의 유량계수는 0.6으로 가정하시오.)

① 69.8 (l/sec)

② 15.8 (l/sec)

③ 16.9 (l/sec)

④ 13.8 (l/sec)

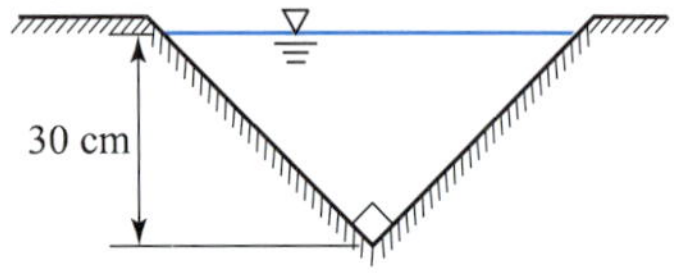

★★★

24 삼각위어에서 $\frac{\theta}{2} = 30°$, 월류수심 0.2 (m), 유량계수 0.65일 때 유량은?

① 0.0158 (m^3/sec) ② 0.158 (m^3/sec)

③ 0.125 (m^3/sec) ④ 1.326 (m^3/sec)

★☆☆

25 삼각위어의 유량(Q)과 수심(h)의 관계에 대한 설명으로 옳은 것은?

① 유량은 수심에 비례한다.

② 유량은 수심의 제곱에 비례한다.

③ 유량은 수심의 1.5승에 비례한다.

④ 유량은 수심의 2.5승에 비례한다.

★★☆

26 직각삼각형 예연위어의 월류량이 18.6 (l/sec)일 때 월류수심이 18.6 (cm)였다. 이때의 유량계수는?

① 1.056 ② 0.962

③ 0.947 ④ 0.528

★★★
27 직각삼각형 위어에 있어서 월류수심이 0.25 (m)일 때 일반식에 의한 유량은? (단, 유량계수(C)는 0.6이고, 접근속도는 무시한다.)

① 0.0143 (m^3/s) ② 0.0243 (m^3/s)
③ 0.0343 (m^3/s) ④ 0.0443 (m^3/s)

5 광정위어

★★★
28 폭이 3 (m)인 직사각형 수로에 광정(廣頂) 위어를 설치하려 한다. 위어 설치 전의 평균유속은 1.5 (m/s), 수심은 0.3 (m)이고, 설치 후의 평균유속이 0.3 (m/s), 위어 상류의 수심이 1.5 (m)가 되었다면 위어의 높이 h는? (단, 에너지 보정계수 $a=1$이다.)

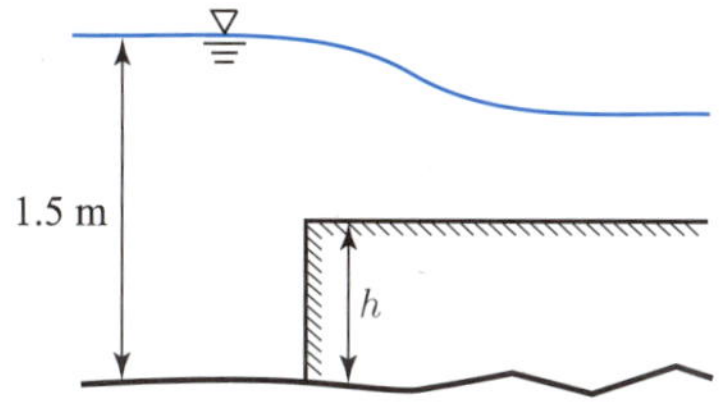

① 1.30 (m) ② 1.10 (m)
③ 0.90 (m) ④ 0.70 (m)

★☆☆
29 광정위어(weir)의 유량공식 $Q=1.704CbH^{3/2}$에 사용하는 수두(H)는?

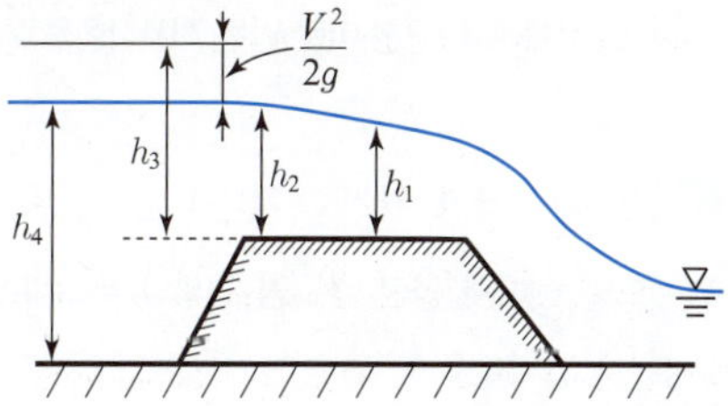

① h_1 ② h_2
③ h_3 ④ h_4

★★★
30 다음 그림과 같은 광정위어(weir)의 최대 월류량은? (단, 수로폭은 3 (m), 접근유속은 무시하며, 유량계수는 0.96이다.)

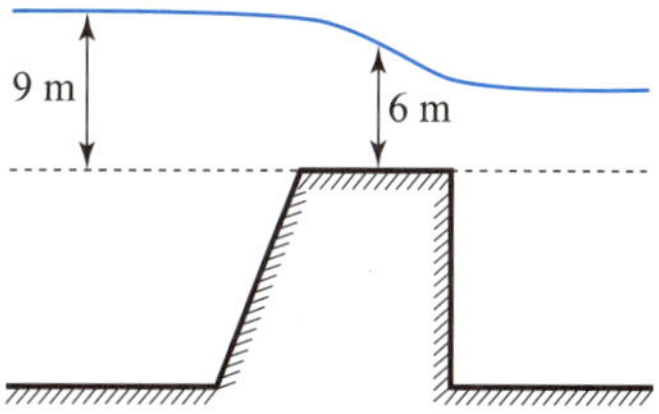

① 71.96 (m^3/sec) ② 103.72 (m^3/sec)
③ 132.19 (m^3/sec) ④ 157.32 (m^3/sec)

★★★
31 사각형 단면의 광정위어에서 월류수심 $h=1$ (m), 수로폭 $b=2$ (m), 접근유속 $V_a=2$ (m/s) 일 때 위어의 월류량은? (단, 유량계수 $C=0.65$이고, 에너지 보정계수=1.0이다.)

① 1.76 (m^3/sec) ② 2.21 (m^3/sec)
③ 2.66 (m^3/sec) ④ 2.92 (m^3/sec)

★★☆
32 직사각형 위어에서 위어 폭 4.0 (m), 위어 높이 0.5 (m), 월류 수심이 0.8 (m)일 때 월류량은? (단, $C=0.66$이다.)

① 4.6 (m^3/sec) ② 5.6 (m^3/sec)
③ 6.6 (m^3/sec) ④ 7.6 (m^3/sec)

6 기타

★☆☆
33 위어의 수심 H, 위어 하류부에서 수심과 한계수심을 h와 h_c, 그리고 위어판의 높이와의 사이에서 수중위어가 될 경우는?

① $H>h$ ② $H>h_c$
③ $H>H_d$ ④ $h>h_c$

★★★

34 **다음 그림에서 치폴레티 위어(Cippoletti weir)란 어떤 경우를 말하는가?**

① $\tan\frac{\theta}{2} = 4$인 경우

② $\tan\frac{\theta}{2} = \frac{1}{\sqrt{2}}$인 경우

③ $\tan\frac{\theta}{2} = \frac{1}{\sqrt{3}}$인 경우

④ $\tan\frac{\theta}{2} = \frac{1}{4}$인 경우

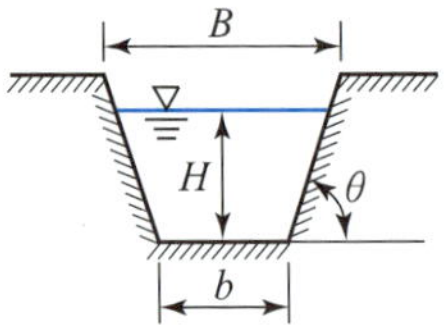

★★★

35 **여수로의 배출구 단면적 a는 0.5 (m^2)이고, 저수지 수면과 위어까지의 높이가 그림과 같을 때 유량은? (단, 유량계수 C=1.8)**

① 0.64 (m^3/sec)

② 0.92 (m^3/sec)

③ 1.27 (m^3/sec)

④ 1.48 (m^3/sec)

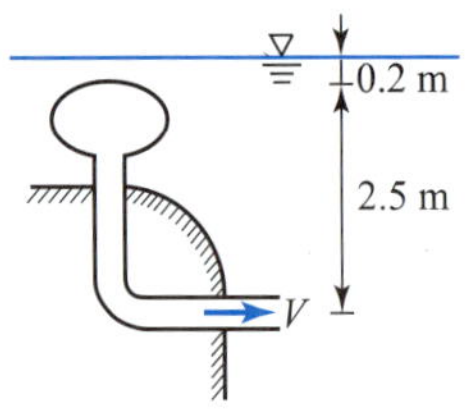

6.4 위어 정답과 풀이

01 정답 ④ **출제** 기06, 산04, 산06, 산07

위어를 사용하는 기본적인 목적은 수위 증가이며, 수위를 증가시켜서 어떤 용도에 사용할 것인가에 따라 취수, 유량 측정, 분수, 홍수가 도로를 범람시키는 것의 방지 등을 들 수 있다.

02 정답 ② **출제** 기07-4, 기16-2

보의 월류 흐름이 상류인 경우는 하류 수위의 영향을 받으나, 사류인 경우는 영향을 받지 않는다.

03 정답 ① **출제** 산00

면수축은 수류가 수평한 광정위어의 마루부를 월류하면서 수면이 저하될 때 일어난다.

04 정답 ② **출제** 산08

정수축은 노치(notch)의 끝이 예리해서 발생하는 수축으로 예연(銳緣) 위어의 마루부에서 일어난다.

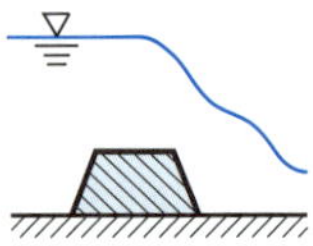

(a) 광정위어

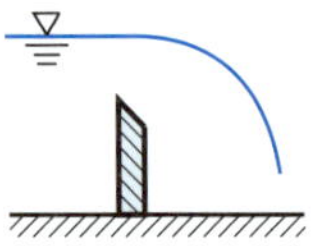

(b) 예언위어

05 정답 ② **출제** 산07

$Q = 1.7CB(h+h_a)^{3/2}$에서, $40 = 1.7\times1\times30\times h^{3/2}$

따라서 $h = 0.85$ (m)

06 정답 ④ **출제** 기02

위어의 월류량은 수두의 3/2승에 비례한다.

07 정답 ② **출제** 기05, 기07-2, 기13-4, 산04, 산05

사각위어에서의 유량은 월류수심의 3/2제곱에 비례한다.

08 정답 ② **출제** 기14-4

$Q = \frac{2}{3}CB\sqrt{2g}\,h^{3/2}$

09 정답 ② **출제** 기15-2

직사각형 위어의 유량 $Q = \frac{2}{3}Cb\sqrt{2g}\,h^{3/2}$

10 정답 ③ **출제** 기10

$Q = \frac{2}{3}\,Cb\,\sqrt{2g}\,h^{3/2}$

$= \frac{2}{3}\times0.62\times4\,\sqrt{2\times9.8}\,\times0.8^{3/2} = 5.24$ (m^3/s)

주의 문제에서 '구형'이란 말은 직사각형을 의미한다.

11 정답 ② **출제** 기09-2, 기18-1

$b_0 = b - \frac{nh}{10}$에서 양단 수축일 경우 $n = 2$이므로

$b_0 = b - \frac{h}{5}$이다.

12 정답 ③ **출제** 기18-3

Francis 식($Q=1.84B_e h^{3/2}$)에서 유효폭(B_e)을 어떻게 계산하는가에 대한 문제이다.

단수축이 있을 때의 유효폭은 다음과 같다.

$B_e = B-0.1nh = B-0.1\times2\times h = B-0.2h$

13 정답 ① **출제** 기01, 기04, 기17-4

Francis 공식에서 양단수축이므로 $n=2$

$Q= 1.84(b-0.1nh)h^{3/2}$

$= 1.84(3.5-0.1\times2\times0.4)0.4^{3/2}=1.59 \ (m^3/s)$

14 정답 ② **출제** 기02

$Q= 1.84(b-0.1nh)(h+h_a)^{3/2}$

$= 1.84(1-0.1\times2\times0.4)\left(0.4+\dfrac{1^2}{2\times9.8}\right)^{3/2}$

$= 0.513 \ (m^3/sec)$

15 정답 ② **출제** 기10-2, 기18-2

양단수축이므로, $n=2$

유효폭 $B_0 = B-\dfrac{nh}{10}=2.5-\dfrac{2\times0.4}{10}=2.42 \ (m)$

유량 $Q=1.84B_0 h^{3/2}=1.84\times2.42\times0.4^{3/2}$

$=1.126 \ (m^3/s)$

16 정답 ④ **출제** 기04, 기10, 산00, 산11

유효폭

$B_e = B-0.1nh=2-0.1\times2\times0.4=1.92 \ (m)$

$Q=1.84B_e H^{3/2}=1.84\times1.92\times0.4^{3/2}=0.894 \ (m^3/s)$

17 정답 ② **출제** 기09-1

Francis 식 $Q=1.84B_e H^{3/2}$에서 $100=1.84B_e\times1^{3/2}$

따라서 $B_e=54.35 \ (m)$

18 정답 ① **출제** 산01

삼각위어의 유량 공식에서 반드시 기억해야 할 것은 $Q\propto H^{5/2}$이라는 점에서 답을 선택할 수 있다. 두 번째는 앞의 계수가 $\dfrac{8}{15}$라는 것도 중요한 사항이다.

19 정답 ② **출제** 산10

$Q= \dfrac{8}{15}C\tan\dfrac{\theta}{2}\sqrt{2g}H^{\frac{5}{2}}$

$= \dfrac{8}{15}C\tan\dfrac{60°}{2}\sqrt{19.6}H^{\frac{5}{2}} = 1.36CH^{\frac{5}{2}}$

$H=\left(\dfrac{Q}{1.36C}\right)^{\frac{2}{5}}$

주의 삼각위어의 유량공식에서 $Q\propto H^{5/2}$라는 점을 상기하면, 답은 ②와 ④ 중 하나로 압축할 수 있다.

20 정답 ③ **출제** 기11-1

- 오리피스: $Q\sim H^{1/2}$
- 사각형 위어: $Q\sim H^{3/2}$
- 삼각형 위어: $Q\sim H^{5/2}$

21 정답 ④ **출제** 기13-2, 기17-2, 산09

- 오리피스: $Q\sim H^{1/2}$
- 사각형 위어: $Q\sim H^{3/2}$
- 삼각형 위어: $Q\sim H^{5/2}$

22 정답 ③ **출제** 기00, 기01, 기14-2

$Q= \dfrac{8}{15}C\tan\dfrac{\theta}{2}\sqrt{2g}H^{\frac{5}{2}}$

$=\dfrac{8}{15}\times0.6\times\tan\dfrac{90°}{2}\sqrt{19.6}\times0.3^{\frac{5}{2}}$

$=0.0698 \ (m^3/s)$

$V= Q\Delta t=0.0698\times(60\times60)=251.3 \ (m^3)$

23 정답 ① **출제** 기05, 기14-4

$Q= \dfrac{8}{15}C\tan\dfrac{\theta}{2}\sqrt{2g}H^{\frac{5}{2}}$

$=\dfrac{8}{15}\times0.6\times\tan\dfrac{90°}{2}\sqrt{19.6}\times0.3^{\frac{5}{2}}$

$=0.0698 \ (m^3/s)=69.8 \ (l/s)$

24 정답 ① **출제** 산00

$Q= \dfrac{8}{15}C\tan\dfrac{\theta}{2}\sqrt{2g}H^{\frac{5}{2}}$

$=\dfrac{8}{15}\times0.65\times\tan30°\sqrt{19.6}\times0.2^{\frac{5}{2}}$

$= 0.0158 \ (m^3/sec)$

25 정답 ④ **출제** 기11-1, 산03

- 오리피스: $Q \sim H^{1/2}$
- 사각형 위어: $Q \sim H^{3/2}$
- 삼각형 위어: $Q \sim H^{5/2}$

26 정답 ④ **출제** 산00

$Q = \frac{8}{15} C \tan\frac{\theta}{2} \sqrt{2g}\, h^{5/2}$ 에서

$18.6 \times 10^3 = \frac{8}{15} C \tan\frac{90°}{2} \sqrt{2 \times 9.8} \times 18.6^{5/2}$

따라서 $C = 0.528$

| 다른 풀이 |

유량계수는 대개 0.6 정도이다.

27 정답 ④ **출제** 기15-1

$Q = \frac{8}{15} C \tan\frac{\theta}{2} \sqrt{2g}\, h^{5/2}$

$= \frac{8}{15} \times 0.6 \times \tan\frac{90°}{2} \sqrt{2g} \times 0.25^{5/2}$

$= 0.0443 \ (\mathrm{m^3/s})$

28 정답 ② **출제** 기05, 기13-1

$Q = AV = 1.7Cb(h + h_a)^{3/2}$ 에서

사각형 보의 설치 전과 설치 후의 유량은

$(3 \times 0.3) \times 1.5 = 1.7 \times 1 \times 3 \times \left(h_w + \frac{0.3^2}{2 \times 9.8}\right)^{3/2}$

$h_w = 0.41 \ (\mathrm{m})$

$h = H - h_w = 1.5 - 0.41 = 1.09 \ (\mathrm{m})$

$\left(\text{접근속도수두 } h_a = \alpha\frac{V^2}{2g}\right)$

29 정답 ③ **출제** 기06, 기08-1, 기20-2

H는 월류수심과 접근유속수두의 합이므로 h_3이다.

즉, $H = h + \frac{V^2}{2g} = h_3$

30 정답 ③ **출제** 산10

$Q = 1.7CB(h + h_a)^{3/2}$

$= 1.7 \times 0.96 \times 3 \times (9 + 0)^{3/2} = 132.19 \ (\mathrm{m^3/s})$

31 정답 ④ **출제** 기14-2

접근유속수두는

$h_a = \alpha\frac{V^2}{2g} = 1.0 \times \frac{2^2}{2 \times 9.8} = 0.2 \ (\mathrm{m})$

$Q = 1.7Cb\,(h + h_a)^{3/2}$

$= 1.7 \times 0.65 \times 2 \times (1 + 0.2)^{3/2} = 2.91 \ (\mathrm{m^3/s})$

32 정답 ② **출제** 기10-4

별 다른 설명이 없으니 예연위어로 생각하고 푸는 것이 좋다.

$Q = \frac{2}{3} Cb \sqrt{2g}\, H^{3/2}$

$= \frac{2}{3} \times 0.66 \times 4.0 \times \sqrt{19.6} \times 0.8^{3/2} = 5.58 \ (\mathrm{m^3/s})$

33 정답 ④ **출제** 기14-1

보 하류의 수심(h)이 한계수심$\left(\frac{2}{3}H\right)$보다 높은 경우의 보를 수중보라고 한다.

34 정답 ④ **출제** 산02

사다리꼴보 중 Cippoletti 위어란 $\tan\frac{\theta}{2} = \frac{1}{4}$ 인 경우를 말한다.

35 정답 ④ **출제** 산02

수중나팔형 위어의 유량공식

$Q = Ca\sqrt{H + h_1}$

$= 1.8 \times 0.5 \times \sqrt{2.5 + 0.2} = 1.48 \ (\mathrm{m^3/sec})$

6.5 측정과 오차

- 유량 Q와 수두 H의 관계를 만들고, 이를 H로 미분한 뒤 $\frac{dQ}{Q}$와 $\frac{dH}{H}$의 관계식으로 정리하면 그 계수가 바로 오차의 증폭계수가 된다.

종류	1 오리피스	2 직사각위어	3 삼각위어
유량관계식	$Q=KH^{1/2}$	$Q=KH^{3/2}$	$Q=KH^{5/2}$
유량오차식	$\frac{dQ}{Q}=\left(\frac{1}{2}\right)\frac{dH}{H}$	$\frac{dQ}{Q}=\left(\frac{3}{2}\right)\frac{dH}{H}$	$\frac{dQ}{Q}=\left(\frac{5}{2}\right)\frac{dH}{H}$
길이 측정오차	$x\%\left(\frac{dH}{H}\right.$ 또는 $\left.\frac{dB}{B}\right)$		
유량 산정오차	$\frac{1}{2}x\%$	$\frac{3}{2}x\%$	$\frac{5}{2}x\%$

6.5 측정과 오차 기출문제

1 오리피스

★☆☆
01 오리피스의 유량 측정에서 수두(H) 측정에 3%의 오차가 생길 경우 유량(Q)에 미치는 오차는?

① 1.0% ② 1.5%
③ 2.0% ④ 2.5%

★☆☆
02 오리피스(orifice)에서의 유량 Q를 계산할 때 수두 H의 측정에 1%의 오차가 있으면 유량 계산의 결과에는 얼마의 오차가 생기는가?

① 0.3% ② 0.4%
③ 0.5% ④ 0.65%

2 직사각위어

★☆☆
03 직사각형 위어로 유량을 측정할 경우 수두 H를 측정할 때 1%의 측정오차가 있었다면 유량 Q에서 예상되는 오차는?

① 0.5% ② 1.0%
③ 1.5% ④ 2.5%

★☆☆
04 직사각형 위어의 월류수심 25 (cm)에 대하여 측정오차 5 (mm)가 발생하였다. 이때 유량에 미치는 오차는?

① 4% ② 3%
③ 2% ④ 1%

★☆☆
05 직사각형 위어에서 위어의 월류수두 h에 2%의 측정오차가 생기면 유량에는 몇 %의 오차가 생기겠는가?

① 1% ② 2%
③ 3% ④ 4%

★☆☆
06 프랜시스(Francis) 공식으로 전폭위어(weir)의 월류량을 구할 때 위어 폭 측정의 2%의 오차가 있다면 유량에는 얼마의 오차가 있게 되는가?

① 1% ② 5%
③ 2% ④ 3%

★☆☆
07 직사각형 위어의 월류수심 30 (cm)에 대하여 측정오차 8 (mm)가 발생하였다. 이때 유량에 미치는 오차는?

① 4% ② 3%
③ 2% ④ 1%

★★★
08 폭 35 (cm)인 직사각형 위어(weir)의 유량을 측정하였더니 0.03 (m^3/s)였다. 월류수심의 측정에 1 (mm)의 오차가 생겼다면, 유량에 발생하는 오차(%)는? (단, 유량 계산은 프랜시스(Francis) 공식을 사용하되 월류 시 단면수축은 없는 것으로 가정한다.)

① 1.84% ② 1.67%
③ 1.50% ④ 1.16%

3 삼각위어

★☆☆

09 삼각위어에 있어서 유량계수가 일정하다고 할 때 월류수심의 측정오차에 의한 유량오차가 1% 이하가 되기 위한 월류수심의 측정오차는 어느 정도로 해야 하는가?

① $\frac{1}{2}$% 이하 ② $\frac{2}{3}$% 이하

③ $\frac{2}{5}$% 이하 ④ $\frac{3}{5}$% 이하

★☆☆

10 다음 중 수두 측정 오차가 유량에 미치는 영향이 가장 큰 위어는?

① 3각형 위어 ② 사다리꼴 위어

③ 4각형 위어 ④ 광정위어

★☆☆

11 수심에 대한 측정오차(%)가 같을 때 사각형 위어 : 삼각형 위어 : 오리피스의 유량오차(%) 비는?

① 2 : 1 : 3 ② 1 : 3 : 5

③ 2 : 3 : 5 ④ 3 : 5 : 1

★☆☆

12 삼각위어(weir)에서 월류수심을 측정할 때 2%의 오차가 있었다면 유량에는 얼마의 오차가 생길 것인가?

① 2% ② 3%

③ 4% ④ 5%

★☆☆

13 직각 삼각형 위어에서 월류수심의 측정에 1%의 오차가 있다고 하면 유량에 발생하는 오차는?

① 0.4% ② 0.8%

③ 1.5% ④ 2.5%

6.5 측정과 오차 정답과 풀이

01 정답 ② **출제** 기02, 산00, 산09, 산10, 산11

$Q = KH^{1/2}$이므로,

$\frac{dQ}{Q} = \frac{1}{2}\frac{dH}{H} = \frac{1}{2}\times 3 = 1.5\%$

02 정답 ③ **출제** 기07-2, 기09-4, 기11-2, 기19-2, 기20-2

$Q = KH^{1/2}$이므로,

$\frac{dQ}{Q} = \frac{1}{2}\frac{dH}{H} = \frac{1}{2}\times 1 = 0.5\%$

03 정답 ③ **출제** 기19-3

$Q = KH^{3/2}$이므로,

측정오차 $\frac{dQ}{Q} = \frac{3}{2}\frac{dH}{H} = \frac{3}{2}\times 1 = 1.5\%$

04 정답 ② **출제** 기08-2

$Q = KH^{3/2}$이므로,

측정오차 $\frac{dQ}{Q} = \frac{3}{2}\frac{dH}{H} = \frac{3}{2}\times\frac{0.5}{25} = 0.03 = 3\%$

05 정답 ③ **출제** 기00, 기01, 기03, 기05, 기07-1, 기19-1, 산08

$Q = KH^{3/2}$이므로,

측정오차 $\frac{dQ}{Q} = \frac{3}{2}\frac{dH}{H} = \frac{3}{2}\times 2 = 3\%$

06 정답 ③ **출제** 기05, 기10-2

$Q = 1.84B_eH^{3/2}$에서 유량오차

$\frac{dQ}{Q} = \frac{dB_e}{B_e}$이므로 유량오차는 위어폭에 의한 오차와 같다.

07 정답 ① **출제** 기11-4

$Q = KH^{3/2}$이므로, 유량 측정오차

$\frac{dQ}{Q} = \frac{3}{2}\frac{dH}{H} = \frac{3}{2}\times\frac{0.8}{30} = 0.04 = 4\%$

08 정답 ④ 출제 기16-4, 기19-2

먼저 수심을 알아야 한다.

프란시스 공식 $Q=1.84B_0H^{3/2}$에서

$$H=\left(\frac{Q}{1.84b_0}\right)^{2/3}=\left(\frac{0.03}{1.84\times0.35}\right)^{2/3}=0.129\ \text{(m)}$$

따라서 측정오차 $\Delta h=1$ (mm)는

$\dfrac{\Delta H}{H}=\dfrac{0.001}{0.129}\times100=0.77\%$ 오차에 해당한다.

직사각형 보에서 유량 측정오차는

$$\frac{\Delta Q}{Q}\propto\frac{3}{2}\frac{\Delta h}{h}=\frac{3}{2}\times0.77=1.16\%$$

주의 프란시스 공식을 암기해야 하고, 여기서 측정 수위를 환산해야 하는 상당히 까다로운 문제이다.

09 정답 ③ 출제 기17-1

$Q=KH^{5/2}$이므로, 측정오차 $\dfrac{dQ}{Q}=\dfrac{5}{2}\dfrac{dH}{H}$에서

$1\%\geq\dfrac{5}{2}\dfrac{dH}{H}$, 따라서 $\dfrac{dH}{H}\leq\dfrac{2}{5}\%$

10 정답 ① 출제 산08

유량오차와 수두 측정오차의 관계

- 직사각형 위어 : $\dfrac{dQ}{Q}=\dfrac{3}{2}\dfrac{dH}{H}$
- 삼각형 위어 : $\dfrac{dQ}{Q}=\dfrac{5}{2}\dfrac{dH}{H}$

즉, 삼각형 위어인 경우 수두 측정오차가 유량에 미치는 영향이 가장 큰 위어가 된다.

11 정답 ④ 출제 산05, 산13-1

유량오차와 수두 측정오차의 관계

- 오리피스 : $\dfrac{dQ}{Q}=\dfrac{1}{2}\dfrac{dH}{H}$
- 사각형 위어: $\dfrac{dQ}{Q}=\dfrac{3}{2}\dfrac{dH}{H}$
- 삼각형 위어: $\dfrac{dQ}{Q}=\dfrac{5}{2}\dfrac{dH}{H}$
- 사각형 위어 : 삼각형 위어 : 오리피스의 유량오차(%) 비는 1.5 : 2.5 : 0.5=3 : 5 : 1이다.

12 정답 ④ 출제 기12-4, 기15-4, 산02, 산04, 산07, 산08

$Q=KH^{5/2}$이므로,

측정오차 $\dfrac{dQ}{Q}=\dfrac{5}{2}\dfrac{dH}{H}=\dfrac{5}{2}\times2=5\%$

13 정답 ④ 출제 기12-1, 기16-2

$Q=KH^{5/2}$이므로,

측정오차 $\dfrac{dQ}{Q}=\dfrac{5}{2}\dfrac{dH}{H}=\dfrac{5}{2}\times1=2.5\%$

6.6 수리학적 상사

1 수리학적 상사

- 수리모형실험을 할 때 원형과 모형의 특성이 일정한 관계를 갖도록 해야 한다.
  - 기하학적 상사: 원형과 모형의 길이의 비가 일정
  - 운동학적 상사: 원형과 모형의 속도의 비가 일정
  - 동역학적 상사: 원형과 모형의 힘의 비가 일정

2 수리모형법칙(특수상사법칙)

- 모든 힘에 대한 동역학적 상사를 맞추는 것은 불가능하므로 핵심이 되는 힘만 고려
  - 레이놀즈(Reynolds) 상사: 점성력이 지배적인 흐름. 관수로 실험
  - 프루드(Froude) 상사: 중력이 지배적인 흐름. 개수로 실험
  - 웨버(Weber) 상사: 표면장력이 지배적인 흐름. 표면장력 실험
  - 코시(Cauchy) 상사: 탄성력이 지배적인 흐름. 진동 실험

3 프루드 상사

- 개수로 실험. 원형(아랫첨자 p)과 모형(아랫첨자 m)의 프루드수가 같도록 모형을 구성

$$Fr_p = Fr_m,\ \text{즉}\ \frac{V_p}{\sqrt{g y_p}} = \frac{V_m}{\sqrt{g y_m}}$$

- **길이비** $L_r = \dfrac{L_m}{L_p}$ 모형의 축척
- **면적비** $A_r = \dfrac{A_m}{A_p} = \dfrac{L_m^2}{L_p^2} = L_r^2$
- **시간비** $T_r = \dfrac{T_m}{T_p} = \sqrt{\dfrac{L_r}{g_r}} = L_r^{1/2}$
- **속도비** $V_r = \dfrac{V_m}{V_p} = \dfrac{L_m/T_m}{L_p/T_p} = \dfrac{L_r}{T_r} = L_r^{1/2}$
- **유량비** $Q_r = \dfrac{L_m^3/T_m}{L_p^3/T_p} = \dfrac{L_r^3}{T_r} = L_r^{5/2}$

※ 문제를 풀 때는 시간비와 속도비는 축척의 (1/2)승, 유량비는 축척의 (5/2)승임을 기억해 두면 된다.

6.6 수리학적 상사 기출문제

1 수리학적 상사

★☆☆

01 수리학적 완전상사를 이루기 위한 조건이 아닌 것은?

① 기하학적 상사(geometric similarity)
② 운동학적 상사(kinematic similarity)
③ 동역학적 상사(dynamic similarity)
④ 정역학적 상사(static similarity)

2 수리모형법칙(특수상사법칙)

★☆☆

02 흐름을 지배하는 가장 큰 요인이 점성력일 때 흐름의 상태를 구분하는 방법으로 쓰이는 무차원수는?

① Cauchy 수 ② Weber 수
③ Reynolds 수 ④ Froude 수

★☆☆

03 흐름을 지배하는 가장 큰 요인이 점성일 때 흐름의 상태를 구분하는 방법으로 쓰이는 무차원수는?

① Froude 수 ② Reynolds 수
③ Weber 수 ④ Cauchy 수

★☆☆

04 하천모형 실험과 가장 관계가 큰 것은?

① Froude 상사법칙
② Reynolds 상사법칙
③ Weber 상사법칙
④ Cauchy 상사법칙

★☆☆

05 흐름을 지배하는 가장 큰 요소가 중력일 때 이에 따라 흐름을 구분하는 방법으로 쓰이는 수는?

① Froude 수 ② Reynolds 수
③ Weber 수 ④ Cauchy 수

★☆☆

06 개수로 내의 흐름에 가장 많이 적용되는 수류 상사법칙은?

① Reynolds 상사법칙
② Froude 상사법칙
③ Weber 상사법칙
④ Cauchy 상사법칙

★☆☆

07 개수로 내 흐름, 댐 여수토의 흐름에 적용되는 수류의 상사법칙은?

① Reynolds의 상사법칙
② Froude의 상사법칙
③ Mach의 상사법칙
④ Weber의 상사법칙

★☆☆

08 개수로의 설계와 수공구조물의 설계에 주로 이용되는 수리학적 상사법칙은?

① Reynolds의 상사법칙
② Froude의 상사법칙
③ Weber의 상사법칙
④ Mach의 상사법칙

★☆☆
09 다음은 수리모형 법칙을 서술한 것이다. 모형 법칙과 지배인자가 잘못 연결된 것은?

① Cauchy 법칙: 탄성력
② Reynolds 법칙: 점성력
③ Froude 법칙: 중력
④ Weber 법칙: 압력

3 프루드 상사

★★☆
10 축척이 1/50인 하천수리모형에서 원형 유량 10,000 (m³/sec)에 대한 모형 유량은?

① 0.566 (m³/sec) ② 4.000 (m³/sec)
③ 14.142 (m³/sec) ④ 28.28 (m³/sec)

★★☆
11 그림과 같이 기하학적으로 유사한 대소(大小) 원형 오리피스의 비가 $n=\dfrac{D}{d}=\dfrac{H}{h}$인 경우에, 두 오리피스의 유속, 축류단면, 유량의 비로 옳은 것은? (단, 유속계수 C_v, 수축계수 C_a는 대소 오리피스가 같다.)

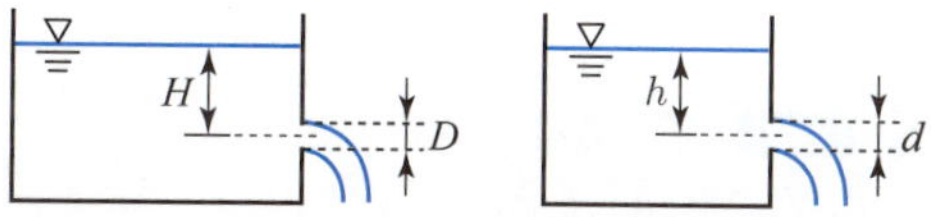

① 유속의 비 $=n^2$, 축류단면의 비 $=n^{1/2}$, 유량의 비 $=n^{2/3}$
② 유속의 비 $=n^{1/2}$, 축류단면의 비 $=n^2$, 유량의 비 $=n^{5/2}$
③ 유속의 비 $=n^{1/2}$, 축류단면의 비 $=n^{1/2}$, 유량의 비 $=n^{5/2}$
④ 유속의 비 $=n^2$, 축류단면의 비 $=n^{1/2}$, 유량의 비 $=n^{5/2}$

★★★
12 원형 댐의 월류량이 400 (m³/sec)이고 수문을 여는 데 필요한 시간이 40초라 할 때 1/50의 모형에서의 유량과 개방시간은? (단, g_r은 1로 본다.)

① $Q_m=0.0226$ (m³/sec), $T_m=5.656$ (sec)
② $Q_m=1.6$ (m³/sec), $T_m=5.656$ (sec)
③ $Q_m=115$ (m³/sec), $T_m=0.8$ (sec)
④ $Q_m=56.56$ (m³/sec), $T_m=5.656$ (sec)

★★★
13 원형 댐의 월류량(Q_p)이 1,000 (m³/s)이고, 수문을 개방하는 데 필요한 시간(T_p)이 40초라 할 때 1/50 모형(模型)에서의 유량(Q_m)과 개방시간(T_m)은? (단, 중력가속도비(g_r)는 1로 가정한다.)

① $Q_m=0.057$ (m³/sec), $T_m=5.657$ (s)
② $Q_m=1.623$ (m³/sec), $T_m=0.825$ (s)
③ $Q_m=56.56$ (m³/sec), $T_m=0.825$ (s)
④ $Q_m=115.00$ (m³/sec), $T_m=5.657$ (s)

★★☆
14 저수지의 물을 방류하는 데 1 : 225로 축소된 모형에서 4분이 소요되었다면, 원형에서는 얼마나 소요되겠는가?

① 60분 ② 120분
③ 900분 ④ 3,375분

★★★
15 왜곡모형에서 Froude의 상사법칙을 이용하여 물리량을 표시한 것으로 틀린 것은? (단, X_r은 수평축척, Y_r은 연직축척비이다.)

① 유속비: $V_r=\sqrt{Y_r}$
② 시간비: $T_r=\dfrac{X_r}{Y_r^{1/2}}$
③ 경사비: $S_r=\dfrac{Y_r}{X_r}$
④ 유량비: $Q_r=X_r Y_r^{5/2}$

6.6 수리학적 상사 정답과 풀이

01 정답 ④ **출제** 기05, 기14-1

- 기하학적 상사: 모형과 원형의 크기 비율 상사
- 운동학적 상사: 시간과 유속의 크기 비율 상사
- 동역학적 상사: 힘의 크기 비율 상사

02 정답 ③ **출제** 기06, 기18-3

Reynolds 상사법칙은 관수로와 같이 압력과 점성력(마찰력)이 흐름을 지배하는 경우의 상사법칙이다.

03 정답 ② **출제** 기10, 기18-3

점성력은 Reynolds 수와 관련이 있다.

04 정답 ① **출제** 기04, 기14-4, 기14-4, 기18-1

Froude 상사법칙은 하천모형 실험, 댐의 여수로, 수공구조물의 설계 등 개수로와 같이 중력이 흐름을 지배하는 경우의 상사법칙이다.

05 정답 ① **출제** 기10-4

Froude 상사법칙은 개수로와 같이 중력이 흐름을 지배하는 경우의 상사법칙이다. Reynolds 수는 점성력, Weber 수는 표면장력, Cauchy 수는 탄성력인 경우이다.

06 정답 ② **출제** 기09-1

Froude 상사법칙은 하천모형 실험, 댐의 여수로, 수공구조물의 설계 등 개수로와 같이 중력이 흐름을 지배하는 경우의 상사법칙이다.

07 정답 ② **출제** 기09, 산06

Froude 상사는 중력이 지배적인 흐름이며, 개수로 실험과 관련이 있다.

08 정답 ② **출제** 산07, 산10, 산12

Froude 상사는 중력이 지배적인 흐름이며, 개수로 실험과 관련이 있다.

09 정답 ④ **출제** 기07-1

Weber 법칙: 표면장력

10 정답 ① **출제** 기07-2, 기13-2

축척 $L_r = \dfrac{1}{50}$

Froude 상사에서 $Q_r = \dfrac{Q_m}{Q_p} = L_r^{5/2}$이므로,

$$Q_m = Q_r\,Q_p = (L_r)^{5/2} Q_p = \left(\frac{1}{50}\right)^{5/2} \times 10{,}000 = 0.566 \ (\text{m}^3/\text{s})$$

11 정답 ② **출제** 기15-4

Froude 상사에서 길이비 $L_r = n$, 시간비 $t_r = \sqrt{n}$ 이므로 이것을 이용하면,

축류단면의 비 $A_r = n^2$

유속비 $V_r = \dfrac{L_r}{t_r} = \dfrac{n}{\sqrt{n}} = \sqrt{n}$

유량의 비 $Q_r = \dfrac{L_r^3}{t_r} = \dfrac{n^3}{\sqrt{n}} = n^{5/2}$

12 정답 ① **출제** 기00, 기12-1, 기15-2

축척 $L_r = \dfrac{1}{50}$일 때,

시간비 $T_r = \dfrac{T_m}{T_p} = \sqrt{\dfrac{L_r}{g_r}} = \sqrt{L_r}$

$$T_m = \sqrt{L_r}\,T_p = \sqrt{\frac{1}{50}} \times 40 = 5.66 \ (\text{s})$$

유량비 $Q_r = \dfrac{Q_m}{Q_p} = L_r^{5/2}$에서

$$Q_m = (L_r)^{5/2} Q_p = \left(\frac{1}{50}\right)^{5/2} \times 400 = 0.0226 \ (\text{m}^3/\text{s})$$

13 정답 ① **출제** 기15-2

축척 $L_r = \dfrac{1}{50}$일 때,

시간비 $T_r = \dfrac{T_m}{T_p} = \sqrt{\dfrac{L_r}{g_r}} = \sqrt{L_r}$.

$$T_m = \sqrt{L_r}\,T_p = \sqrt{\frac{1}{50}} \times 40 = 5.66 \ (\text{s})$$

유량비 $Q_r = \dfrac{Q_m}{Q_p} = L_r^{5/2}$에서

$$Q_m = (L_r)^{5/2} Q_p = \left(\frac{1}{50}\right)^{5/2} \times 1{,}000 = 0.057 \ (\text{m}^3/\text{s})$$

14 정답 ① **출제** 기10-4, 기16-1

Froude 상사에서 시간비

$$t_r = \sqrt{L_r} = \sqrt{\frac{1}{225}} = \frac{1}{15}$$

따라서, 원형에서의 소요시간

$$t_p = \frac{t_m}{\sqrt{L_r}} = \frac{4}{\sqrt{1/225}} = 60 \text{ (분)}$$

15 정답 ④ **출제** 기09-2

Froude 상사의 비왜곡모형과 비교하여 차수가 달라진 것을 찾아야 한다. 비왜곡모형의 유량비는 $Q_r = L_r^{5/2}$ 인데, 예에서 제시된 것은 $Q_r = X_r Y_r^{5/2}$로 차수가 다르다. 정확한 왜곡모형의 유량비는 $Q_r = X_r Y_r^{3/2}$이다.

6.7 유사 이론

1 소류력

- **소류력(tractive force)** 유수가 수로의 윤변에 작용하는 마찰력을 의미한다.

$$\tau_0 = \gamma R_h S_o$$

여기서, γ는 단위중량, R_h는 수리반경, S_o는 하상경사이다.

- 소류력이 수로 바닥의 저항력보다 크면 유사입자는 움직인다. 이 움직이기 시작할 때의 소류력을 한계소류력이라 한다.

2 토사의 침강속도

- 토사의 침강속도에 미치는 영향이 가장 큰 것은 토사 입자의 크기, 즉 직경이다.
- **침강속도의 계산**
  - 층류일 경우: Stokes 식 $w_s = \dfrac{(\rho_s - \rho_w)gD^2}{18\mu} = \dfrac{(s-1)gD^2}{18\nu}$으로 계산
  - 난류일 경우: Rubey 식 $w_s = \sqrt{\dfrac{36\nu^2}{D^2} + \dfrac{2(s-1)\,gD}{3}} - \dfrac{6\nu}{D}$로 계산

  여기서, ν는 물의 동점성계수, D는 토사입자의 직경, s는 토사의 비중이다.

3 마찰속도

- 마찰속도 $u_* \equiv \sqrt{\dfrac{\tau_0}{\rho}} = \sqrt{gR_hS}$이다.

6.7 유사 이론 기출문제

1 소류력

★★☆

01 **물의 단위중량을 w, 수면경사를 I, 수리평균심을 R이라 할 때 등류 내에서의 유수의 소류력 τ를 구하는 식으로 옳은 것은?**

① wRI ② $\frac{RI}{w}$

③ $\frac{I}{Rw}$ ④ $\frac{Rw}{I}$

★★☆

02 **그림과 같은 직사각형 수로에서 수로경사가 1/1,000인 경우 수로 바닥과 양 벽면에 작용하는 평균마찰응력은?**

① 1.20 (kg/m^2)
② 1.05 (kg/m^2)
③ 0.67 (kg/m^2)
④ 0.82 (kg/m^2)

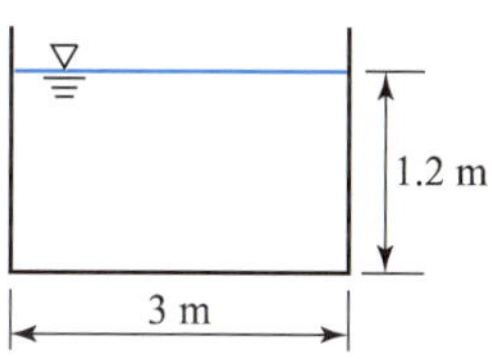

★★☆

03 **폭이 넓은 하천에서 수심이 2 (m)이고, 경사가 1/200인 흐름의 소류력(tractive force)은?**

① 98 (N/m^2) ② 49 (N/m^2)

③ 196 (N/m^2) ④ 294 (N/m^2)

2 토사의 침강속도

★☆☆

04 **토사가 물속에서 침강할 때 침강속도에 미치는 영향이 가장 큰 것은?**

① 물의 온도
② 유속
③ 토사 입자의 크기
④ 토사 입자들 사이의 부착력

3 마찰속도

★☆☆

05 **수심 h, 수면경사 I, 물의 단위중량 W, 마찰속도를 U라 할 때 이들의 관계식으로 옳은 것은?**

① $U=ghI$ ② $U=(phI)^{1/2}$

③ $U=phI$ ④ $U=(ghI)^{1/2}$

★☆☆

06 **수심에 비하여 폭이 넓은 단면의 수로에서 물의 단위중량 $w=\rho g$, 수심 h, 수면경사를 I라고 할 때, 유수의 소류력(掃流力) τ_0은?**

① ρhI ② ghI

③ $\sqrt{hI/\rho}$ ④ whI

★☆☆

07 **유체의 밀도(ρ), 점성계수(μ), 벽면의 마찰력(τ_0), 평균유속(V)과 마찰속도(u_*)의 관계식으로 옳은 것은?**

① $u_* = \mu\frac{V}{\rho}$ ② $u_* = \sqrt{\frac{\tau_0}{\rho}}$

③ $u_* = \frac{\tau_0}{\rho}$ ④ $u_* = \rho\sqrt{\frac{\tau_0}{\mu}}$

6.7 유사 이론 정답과 풀이

01 정답 ① **출제** 기11-4

유수가 수로의 윤변에 작용하는 마찰력인 소류력(tractive force) 공식은 $\tau = \gamma R_h S_o$로 나타낸다.

주의 hydraulic radius는 수리반경 또는 동수반경이라 표현하는 것이 바람직하다.

02 정답 ③ **출제** 기00, 기03, 기06

$$\tau_0 = \gamma R_h S_o = 1{,}000 \times \frac{3 \times 1.2}{3 + 2 \times 1.2} \times \frac{1}{1{,}000}$$
$$= 0.67 \ (\text{kgf/m}^2)$$

03 정답 ① **출제** 기17-4

소류력 $\tau_0 = \gamma R_h S_o$

$$= 9{,}800 \times 2 \times (1/200) = 98 \ (\text{N/m}^2)$$

04 정답 ③ **출제** 기00

침강속도 $w_s = \dfrac{(\rho_s - \rho)g}{18\mu} D^2$

여기서, D는 토사 입자의 크기이므로, 침강속도는 토사 입자 크기의 제곱에 비례한다.

05 정답 ④ **출제** 기00, 산08

마찰속도 $u_* \equiv \sqrt{\dfrac{\tau_0}{\rho}} = \sqrt{g R_h I}$

폭이 넓을 때 $R_h \simeq y$이므로, $u_* = \sqrt{g y I}$

주의 여기서는 하상경사의 기호로 S_o 대신 I를 이용하였다.

06 정답 ④ **출제** 기02, 기03, 기06, 기11

유수가 수로의 윤변에 작용시키는 마찰력인 소류력(tractive force)의 공식은 $\tau_0 = \gamma R_h S_o$이다.

폭이 넓을 때 $R_h \simeq y$이므로, $u_0 = r y S_o$

07 정답 ② **출제** 기09-4

마찰속도 $u_* \equiv \sqrt{\dfrac{\tau_0}{\rho}} = \sqrt{g R_h S_o}$

6.8 해안 수리

※ 비교적 최근에 출제되었으며, 특별한 경향은 아직 나타나 있지 않다.

1 파랑

- **파장(wave length, L)** 파봉에서 다음 파봉까지의 거리
- **파고(wave height, H)** 파봉에서 파곡까지의 연직 높이 차
- **주기(wave period, T)** 파랑이 한 파장만큼의 거리를 진행하는 데 소요되는 시간
- **파속(wave celerity, C)** 파랑이 진행하는 속도, $C=\dfrac{L}{T}$
- **파형경사(wave steepness)** $\dfrac{H}{L}$

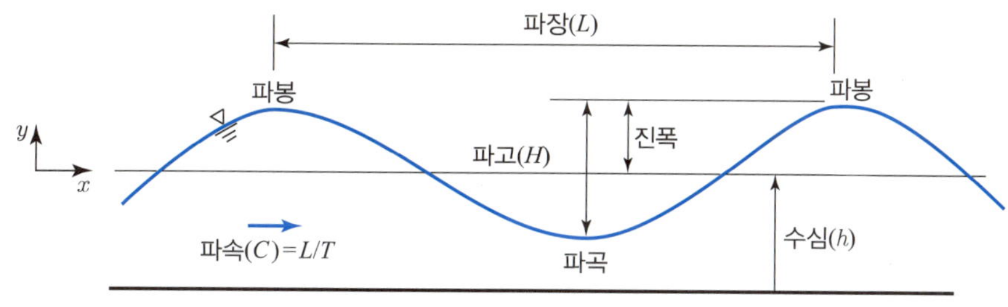

2 천해파와 심해파

- **심해파** $\dfrac{h}{L}>0.5$일 때, 해저의 영향을 받지 않는다.

  여기서, h는 수심
- **천해파** $\dfrac{h}{L}<\dfrac{1}{20}$일 때, 해저의 영향을 받는다.

$$L=CT=\frac{gT^2}{2\pi}\tanh\frac{2\pi h}{L}$$

- **장주기파(장파)** 주기 30초 이상. 파장이 수심에 비해 매우 크다.
  - 파형경사가 작은 너울, 폭풍에 의한 고조, 지진에 의한 지진해일(쓰나미) 등
  - 장주기파의 파속 $C=\sqrt{gh}$

– 장주기파의 파장 $L = CT = \sqrt{gh}\,T$

※ 파장 관련 문제에서는 많은 경우 장주기파로 가정하면 쉽게 계산할 수 있다.

3 미소진폭파

• **미소진폭파(small amplitude wave)** 진폭이 파장에 비해서 극히 작다고 가정한 파동

• **미소진폭파의 가정**

– 파고는 파장과 수심에 비해 매우 작다.

– 물은 비압축성이고 밀도는 일정하다.

– 해저는 수평한 고정상이고 불투수층이다.

– 수면의 압력은 일정하다.

4 규칙파의 변형

• **천수변형** 심해파가 천해역을 진행할 때 수심의 영향에 따른 변형

$$\frac{L}{L_0} = \frac{C}{C_0} = \tanh\left(\frac{2\pi h}{L}\right)$$

여기서, L_0는 심해파의 파장, C_0는 심해파의 파속, L은 수심 h인 지점의 파장, C_0는 수심 h인 지점의 파속

• **굴절** 스넬(Snell)의 법칙에 따라 파랑이 굴절

$$\frac{\sin\beta_1}{\sin\beta_2} = \frac{C_1}{C_2} = \frac{L_1}{L_2}$$

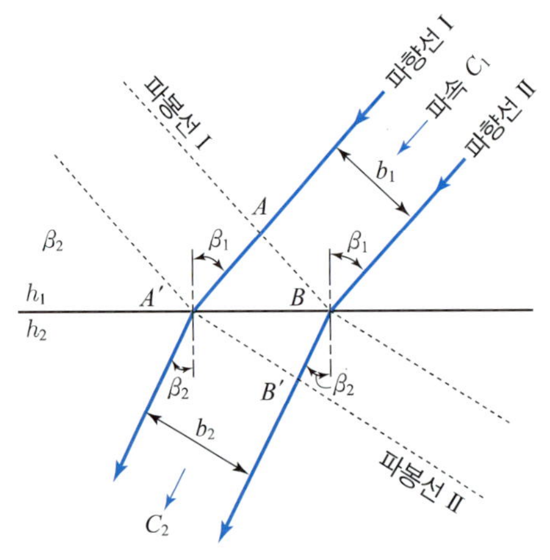

• **반사**

$$(\text{반사율})=\frac{(\text{반사파고})}{(\text{입사파고})}$$

5 불규칙파와 대표파

• **최대파, $H_{\max}$** 기록된 파랑중 파고가 최대인 파의 파고이며, 중요한 항만시설이나 해양구조물의 설계파로 이용

• **$\frac{1}{10}$ 최대파, $H_{1/10}$** 기록된 파랑 중 파고가 큰 쪽부터 세어서 $\frac{1}{10}$ 이내에 드는 파고의 산술평균

• **$\frac{1}{3}$ 최대파, $H_{1/3}$** 기록된 파랑 중 파고가 큰 쪽부터 세어서 $\frac{1}{3}$ 이내에 드는 파고의 산술평균. 유의파고라고도 하며, 실제 파랑에서 파고라고 하는 것은 이 $\frac{1}{3}$ 최대파를 의미한다.

• **평균파, $\overline{H}$** 기록된 파랑의 파고 전체를 평균한 파고

6 방파제 설계

• 작용하는 모든 힘들의 평형을 계산한다.

– 방파제 하중: $W=\gamma \mathrm{V}$

여기서, γ는 방파제 단위중량, V는 방파제 체적

– 파력: 파랑이 구조물에 가하는 압력이며, 보통 문제에서 주어진다.

– 부력: $F_b=\gamma_w \mathrm{V}_s$

여기서, γ_w는 해수의 단위중량, V_s는 수중에 잠긴 방파제 체적

– 마찰력: $F_r=\mu F_v$

여기서, μ는 마찰계수, F_v는 연직방향 하중

– 안전율: $S_f=\frac{(\text{지지력})}{(\text{외력})}$

6.8 해안 수리 기출문제

1 파랑

• 2000년 이후는 출제된 문제 없음

2 천해파와 심해파

★★☆

01 동해의 일본 측으로부터 300 (km) 파장의 지진 해일이 발생하여 수심 3,000 (m)의 동해를 가로질러 2,000 (km) 떨어진 우리나라 동해안에 도달한다고 할 때, 소요되는 시간은? (단, 파속 $C=\sqrt{gh}$, 중력가속도는 9.8 (m/s^2)이고, 수심은 일정한 것으로 가정)

① 약 150분 ② 약 194분
③ 약 274분 ④ 약 332분

3 미소진폭파

★☆☆

02 다음 중 미소진폭파(small-amplitude wave) 이론에 포함된 가정이 아닌 것은?

① 파장이 수심에 비해 매우 크다.
② 유체는 비압축성이다.
③ 바닥은 평평한 불투수층이다.
④ 파고는 수심에 비해 매우 작다.

★☆☆

03 미소진폭파(small-amplitude wave) 이론을 가정할 때 일정수심 h의 해역을 전파하는 파장 L, 파고 H, 주기 T의 파랑에 대한 설명 중 틀린 것은?

① h/L이 0.05보다 작을 때, 천해파로 정의한다.
② h/L이 1.0보다 클 때, 심해파로 정의한다.
③ 분산관계식은 L, h 및 T 사이의 관계를 나타낸다.
④ 파랑의 에너지는 H^2에 비례한다.

4 규칙파의 변형

★★☆

04 수심 10.0 (m)에서 파속(C_1)이 50.0 (m/s)인 파랑이 입사각(β_1) 30°로 들어올 때, 수심 8.0 (m/s)에서 굴절된 파랑의 입사각(β_2)은? (단, 수심 8.0 (m)에서 파랑의 파속(C_2)=40.0 (m/s))

① 20.58°
② 23.58°
③ 38.68°
④ 46.15°

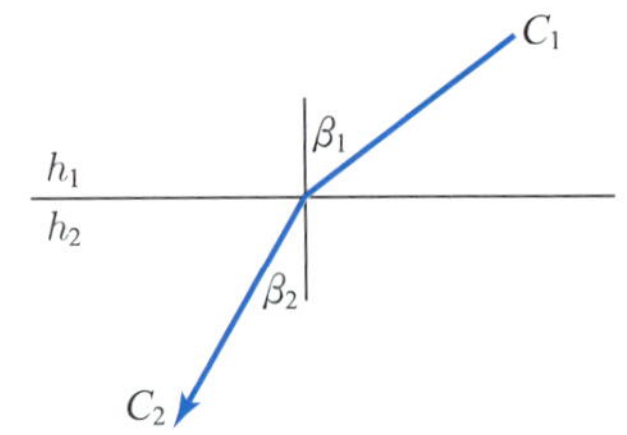

★★☆

05 컨테이너 부두 안벽에 입사하는 파랑의 입사파고가 0.8 (m)이고, 안벽에서 반사된 파랑의 반사파고가 0.3 (m)일 때 반사율은?

① 0.325 ② 0.375
③ 0.425 ④ 0.475

5 불규칙파와 대표파

★★☆

06 항만을 설계하기 위해 관측한 불규칙 파랑의 주기 및 파고가 다음 표와 같을 때, 유의파고($H_{1/3}$)는?

연번	파고 (m)	주기 (s)	연번	파고 (m)	주기 (s)
1	9.5	9.8	6	5.8	6.5
2	8.9	9.0	7	4.2	6.2
3	7.4	8.0	8	3.3	4.3
4	7.3	7.4	9	3.2	5.6
5	6.5	7.5			

① 9.0 (m) ② 8.6 (m)
③ 8.2 (m) ④ 7.4 (m)

6 방파제 설계

★★★

07 그림과 같이 단위폭당 자중이 3.5×10^6 (N/m)**인 직립식 방파제에** 1.5×10^6 (N/m)**의 수평 파력이 작용할 때, 방파제의 활동 안전율은?** (단, **중력가속도**=10.0 (m/s²), **방파제와 바닥의 마찰계수**=0.7, **해수의 비중**=1.0**으로 가정하며, 파랑에 의한 양압력은 무시하고, 부력은 고려한다.**)

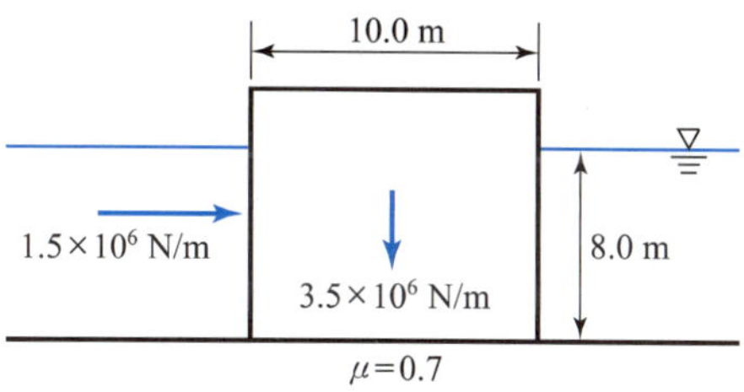

① 1.20　　② 1.22
③ 1.24　　④ 1.26

6.8 해안 수리 정답과 풀이

01 정답 ② **출제** 기16-4

파속 $C=\sqrt{gh}=\sqrt{9.8\times3000}=171.46$ (m/s)

시간 $t=\dfrac{L}{C}=\dfrac{2\times10^6}{171.46}=11,664$ (sec)$=194$ (min)

주의 처음으로 출제된 해안 수리 문제이다. 실제 계산은 매우 간단하다.

02 정답 ① **출제** 기18-3

파고와 파장이 수심에 비해 매우 작은 것이 미소진폭파이다.

03 정답 ② **출제** 기17-4

- 심해파: 해저의 영향을 받지 않는 파. 수심이 파장의 절반 이상$\left(h\geq\dfrac{L}{2}\right)$인 파
- 천해파: 해저의 영향을 받는 파. 수심과 파장이 $\dfrac{L}{20}\sim\dfrac{L}{25}<h<\dfrac{L}{2}$인 파

04 정답 ② **출제** 기17-2

Snell의 법칙에서 $\dfrac{v_2}{v_1}=\dfrac{\sin\theta_2}{\sin\theta_1}$ 이므로, 주어진 값을 대입하면, $\dfrac{40}{50}=\dfrac{\sin\beta_2}{\sin30^o}$

따라서 $\beta_2=\sin^{-1}\left(\dfrac{2}{5}\right)=23.58°$

05 정답 ② **출제** 기17-1

$$(\text{반사율})=\frac{(\text{반사파고})}{(\text{입사파고})}=\frac{0.3}{0.8}=0.375$$

06 정답 ② **출제** 기18-1

임의 관측 시간 동안 관측된 파고 중에서 파고가 높은 순서로 전체 1/3에 해당하는 파고들의 평균

$$H_{1/3}=\frac{1}{3}(9.5+8.9+7.4)=8.6\ \text{(m)}$$

07 정답 ④ **출제** 기18-2

파력 $F_w=1.5\times10^6$

중량 $W=3.5\times10^6$ (N)

부력 $F_B=\gamma V=10^4\times(10\times8\times1)=8.0\times10^5$ (N)

수중중량 $W_s=W-F_b=2.7\times10^6$ (N)

마찰력 $F_r=\mu W_s=0.7\times(2.7\times10^6)$
$=1.89\times10^6$ (N)

안전율 $S_f=\dfrac{F_r}{F_w}=\dfrac{1.89\times10^6}{1.5\times10^6}=1.26$

CHAPTER

07

지하수

7.1 지하수 개론
7.2 지하수 유속
7.3 우물의 수리

CIVIL ENGINEERING

HYDRAULICS AND HYDROLOGY

CHAPTER

07 지하수

7.1 지하수 개론

- **지하수** 지상에 떨어진 강수가 지표면을 통해 침투한 후 짧은 시간 안에 하천으로 유출되지 않고 지하에 머무르며 흐르는 물

1 지층 연직분포

- 지하수 관점에서 토층은, 크게는 통기대(비포화대)와 포화대로 구분하며, 세분하면 네 개의 층(토양수대, 중간수대, 모관수대, 지하수대)으로 나눈다.

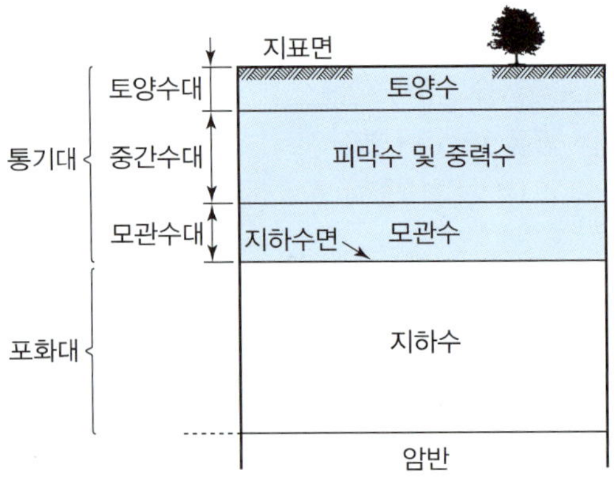

2 대수층의 종류

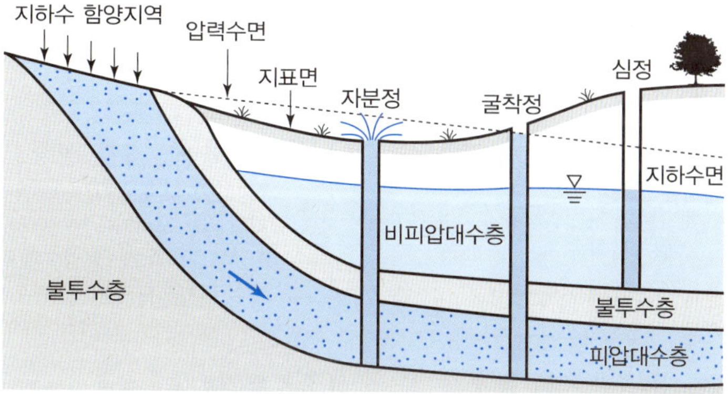

- **비피압대수층** 지하수면에 대기압이 작용하는 대수층
  - 작용하는 힘: 중력
  - 심정(깊은 우물): 비피압대수층의 바닥까지 판 우물
  - 천정(얕은 우물): 비피압대수층의 바닥에 이르지 못한 우물

- **피압대수층** 불투수성 지반 사이에 낀 대수층
  - 작용하는 힘: 압력+중력
  - 굴착정: 피압대수층의 우물

7.1 지하수 개론 기출문제

1 지층 연직분포

★☆☆

01 토양수대와 모관수대를 연결하는 중간수대가 있다. 중간수대에 존재하는 물은?

① 토양수 ② 지하수
③ 모관수 ④ 중력수

★☆☆

02 지하수의 연직분포를 크게 나누면 통기대와 포화대로 나눌 수 있다. 다음 중 통기대에 속하지 않는 것은 어느 것인가?

① 토양수대 ② 중간수대
③ 모관수대 ④ 지하수대

2 대수층의 종류

★☆☆

03 지하수의 흐름을 지배하는 힘은?

① 관성력 ② 점성력
③ 중력 ④ 표면장력

★☆☆

04 피압 지하수를 설명한 것으로 옳은 것은?

① 하상 밑의 지하수
② 어떤 수원에서 다른 지역으로 보내지는 지하수
③ 지하수와 공기가 접해 있는 지하수면을 가지는 지하수
④ 두 개의 불투수층 사이에 끼어 있어 대기압보다 큰 압력을 받고 있는 대수층의 지하수

7.1 지하수 개론 정답과 풀이

01 정답 ④ 출제 기01

지하수는 물과 공기가 존재하는 통기대와 공기가 존재하지 않는 포화대로 나누어지며, 포화대의 물을 지하수라 하고, 통기대는 토양수대(토양수 존재), 중간수대(중력수 존재), 모관수대(모관수 존재)로 나눌 수 있다.

02 정답 ④ 출제 기14-4

지하수는 물과 공기가 존재하는 통기대와 공기가 존재하지 않는 포화대로 나누어지며, 포화대의 물을 지하수라 하고, 통기대는 토양수대(토양수 존재), 중간수대(중력수 존재), 모관수대(모관수 존재)로 나눌 수 있다.

03 정답 ③ 출제 산09, 산12

지하수에서 모세관 현상을 고려하지 않으면, 지하수면에는 대기압이 작용하고, 비피압지하수에서는 중력만이, 피압지하수에서는 중력과 압력이 주요 지배 힘이 된다.

04 정답 ④ 출제 기08-1, 기09-2, 기14-4

대기압이 작용하는 지하수면(자유수면)을 가지는 지하수를 비피압지하수(자유지하수)라고 하며 불투수층 사이에 낀 투수층 내에 포함되어 있는 지하수면을 갖지 않는 지하수를 피압지하수라 한다.

7.2 지하수 유속

1 다시(Darcy)식

- **다시 평균유속 공식** $V = -K\frac{\Delta h}{\Delta l} = -KI$

  여기서, V는 다시 유속(m/s), K는 투수계수 (m/s), $\Delta h / \Delta l$는 수두경사
- 지하수 관련 문제에서 '유속'이라고 하면 항상 '다시 유속'을 말한다. 다시 유속은 통수단면적이 (공극+토립자)의 면적으로 사용된다. 관수로나 개수로 문제에서 다루는 유속은 지하수 문제에서는 '(공극 사이를 흐르는) 실제유속'이라고 말한다.
- 지하수 흐름의 방향은 경사가 감소하는 방향이므로 식에 (−)가 들어가야 하나, 계산의 편의를 위해 (−) 기호를 생략하는 경우가 많다. 이 책에서도 (−)를 붙이기도 하고 붙이지 않기도 할 것이다.

2 다시식의 가정

- 다공층 물질의 특성이 균일하고 농실이나.
- 대수층 내에 모관수대가 존재하지 않는다.
- 흐름이 정류이다.

3 다시식의 적용범위

- $Re < 4$ 정도의 매우 느린 흐름에서 성립한다.

4 실제유속

- 실제유속 $V_s = \frac{V}{n}$ (m/s)

  여기서, V는 다시 유속, n은 공극률

5 투수계수 결정

- $Q = AV = AK\frac{dh}{dl}$에서 $K = \frac{Q}{A(dh/dl)}$를 적용하여 결정한다.

6 지하수량과 여과

- $Q = AV = AK\frac{dh}{dl}$를 적용하여 계산한다.

7.2 지하수 유속 기출문제

1 다시식

★☆☆

01 다음 중 Darcy 법칙에 관한 사항으로 옳은 표현은?

① $V=\frac{1}{k}\frac{dh}{ds}$ ② $V=-k\frac{dh}{ds}$

③ $V=h\frac{dh}{ds}$ ④ $V=\frac{1}{h}\frac{dh}{ds}$

★☆☆

02 지하수에서 다시(Darcy)의 법칙과 관계없는 것은?

① $Q=AK\frac{\Delta h}{\Delta l}=AKi$의 유량 공식이 성립한다.

② 지하수의 유속은 동수경사에 반비례한다.

③ 투수계수 K의 차원은 속도의 차원 $[LT^{-1}]$과 같다.

④ 흐름을 층류로 취급했으며, 레이놀즈수는 $Re<4$에서 성립한다.

★☆☆

03 지하수의 유수 이동에 적용되는 Darcy의 법칙을 나타낸 식은? (단, V: 유속, K: 투수계수, I: 동수경사, h: 수두, R: 동수반경, C: 유속계수)

① $V=Kh$ ② $V=C\sqrt{RI}$

③ $V=KCI$ ④ $V=KI$

★☆☆

04 지하수의 흐름에 대한 Darcy의 법칙은? (단, V는 지하수의 유속, K는 투수계수, Δh는 길이 Δl에 대한 손실수두이다.)

① $V=K(\Delta h/\Delta l)^2$ ② $V=K(\Delta h/\Delta l)$

③ $V=K(\Delta h/\Delta l)^{-1}$ ④ $V=K(\Delta h/\Delta l)^{-2}$

★☆☆

05 Darcy의 법칙은 지하수의 유속을 논한 것이다. 지하수의 유속은?

① 수온에 비례한다.

② 수심에 비례한다.

③ 영향권의 반지름에 비례한다.

④ 동수경사에 비례한다.

★☆☆

06 Darcy의 법칙에 관한 설명 중 틀린 것은?

① 흐름을 층류로 해석한다.

② 투수계수가 크면 공극률도 크다.

③ 지하수 흐름의 속도는 동수경사에 비례한다.

④ 투수계수는 무차원량이다.

★☆☆

07 Darcy의 법칙 $V=K\frac{dh}{dl}$에 대한 설명으로 틀린 것은?

① $\frac{dh}{dl}$는 토사의 공극률에 의해 결정된다.

② $\frac{dh}{dl}$는 동수경사를 의미한다.

③ K는 투수계수를 의미한다.

④ K의 차원은 $[LT^{-1}]$이다.

★☆☆

08 Darcy의 법칙을 옳게 기술한 것은?

① 점성계수를 구하는 법칙이다.

② 지하수의 유속은 동수경사에 비례한다는 법칙이다.

③ 관수로의 흐름에 대한 수류 상사의 법칙이다.

④ 개수로의 흐름에 대한 수류 상사의 법칙이다.

★☆☆
09 다음 설명 중 옳지 않은 것은?

① 침윤선의 형상은 일반적으로 포물선이다.
② 우물의 영향원 반지름은 보통 500~1,000 (m) 사이의 값을 취하여 계산하는 경우가 많다.
③ Darcy 법칙에서 지하수의 유속은 동수경사에 반비례한다.
④ 자유지하수는 대기압이 작용하는 지하수면을 갖는 지하수이다.

★☆☆
10 Darcy의 법칙에 관한 설명으로 옳지 않은 것은?

① Darcy의 법칙은 물의 흐름이 층류일 경우에만 적용 가능하고, 흐름 방향과는 무관하다.
② 대수층의 입자가 균일하고 등방향성이면 유속은 동수경사에 비례한다.
③ 유속 V는 입자 사이를 흐르는 실제유속을 의미한다.
④ 투수계수 k는 속도와 같은 차원이며, 흙 입자 크기, 공극률, 물의 점성계수 등에 관계된다.

★☆☆
11 Darcy의 법칙($V=KI$)에 대한 설명으로 옳은 것은?

① 정상류의 흐름에서는 층류와 난류에 상관없이 식을 적용할 수 있다.
② V는 동수경사와 관계없이 흙의 특성에 좌우된다.
③ K의 차원은 [LT]이며 단위는 (darcy)로도 표시한다.
④ K는 투수계수이며 흙 입자의 모양 및 크기, 유체의 점성 등에 의해 변화한다.

★☆☆
12 Darcy의 법칙에 대한 설명으로 옳은 것은?

① 지하수 흐름이 층류일 경우 적용된다.
② 투수계수는 무차원의 계수이다.
③ 유속이 클 때에만 적용된다.
④ 유속이 동수경사에 반비례하는 경우에만 적용된다.

★☆☆
13 Darcy의 법칙에 대한 설명으로 옳지 않은 것은?

① Darcy의 법칙은 지하수의 층류 흐름에 대한 마찰저항공식이다.
② 투수계수는 물의 점성계수에 따라서도 변화한다.
③ Reynolds 수가 클수록 안심하고 적용할 수 있다.
④ 평균유속이 동수경사와 비례 관계를 가지고 있는 흐름에 적용될 수 있다.

★☆☆
14 지하수 흐름에서 Darcy 법칙에 관한 설명 중 옳은 것은?

① 정상 상태이면 난류영역에서도 적용된다.
② 투수계수(수리전도계수)는 지하수의 특성과 관계가 있다.
③ Darcy 공식에 의한 유속은 공극 내 실제 유속의 평균치를 나타낸다.
④ 대수층의 모세관 작용은 이 공식에 간접적으로 반영되었다.

★☆☆
15 지하수에서 Darcy 법칙의 유속에 대한 설명으로 옳은 것은?

① 영향권의 반지름에 비례한다.
② 동수경사에 비례한다.
③ 동수반지름(hydraulic radius)에 비례한다.
④ 수심에 비례한다.

★☆☆
16 투수계수가 0.1 (cm/sec)이고 지하수위의 동수경사가 1/10인 지하수 흐름의 속도는?

① 0.005 (cm/sec) ② 0.01 (cm/sec)
③ 0.05 (cm/sec) ④ 0.1 (cm/sec)

★☆☆
17 두 개의 수조를 연결하는 길이 1 (m)의 수평관 속에 모래가 가득 차 있다. 양수조의 수위차는 50 (cm)이고 투수계수가 0.01 (cm/sec)이면 모래를 통과할 때의 평균유속은?

① 0.0500 (cm/sec)
② 0.0025 (cm/sec)
③ 0.0050 (cm/sec)
④ 0.0075 (cm/sec)

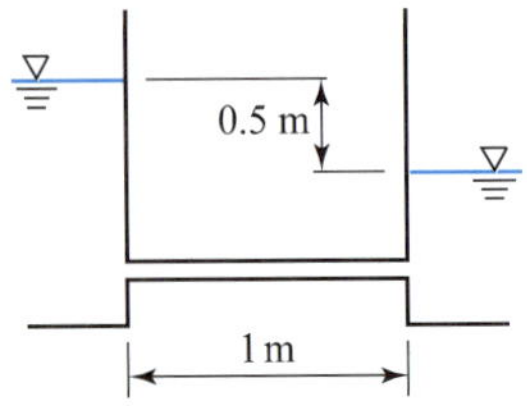

★☆☆
18 지하수의 유속에 대한 설명으로 옳은 것은?

① 수온이 높으면 크다.
② 수온이 낮으면 크다.
③ 4℃에서 가장 크다.
④ 수온에는 관계없이 일정하다.

★☆☆
19 대수층에서 지하수가 2.4 (m)의 투과거리를 통과하면서 0.4 (m)의 수두손실이 발생할 때 지하수의 유속은? (단, 투수계수=0.3 (m/s))

① 0.01 (m/s) ② 0.05 (m/s)
③ 0.1 (m/s) ④ 0.5 (m/s)

★☆☆
20 지하의 사질 여과층에서 수두차가 0.4 (m)이고 투과 거리가 3.0 (m)일 때에 이곳을 통과하는 지하수의 유속은? (단, 투수계수는 0.2 (cm/sec)이다.)

① 0.0135 (cm/sec) ② 0.0267 (cm/sec)
③ 0.0324 (cm/sec) ④ 0.0417 (cm/sec)

2 다시식의 가정

★☆☆
21 지하수 흐름에서 Darcy 법칙을 사용할 때의 가정 조건 중 틀린 것은?

① 다공층의 매질은 균일하며 동질이다.
② 흐름은 정상류이다.
③ 유속은 입자사이를 흐르는 평균이론유속이다.
④ 흐름이 층류보다 난류인 경우에 더욱 정확하다.

★☆☆
22 지하수의 흐름에서 Darcy의 법칙을 사용할 때 가정 조건으로 옳지 않은 것은?

① 흐름은 정상류이다.
② 다공질의 매질은 균일하며 동질이다.
③ 유속은 입자 사이를 흐르는 평균 이론유속이다.
④ 흐름이 층류보다 난류인 경우에 더욱 정확하다.

3 다시식의 적용범위

★☆☆
23 지하수 수리의 문제에서 Darcy의 법칙이 성립하는 Re 수의 범위는?

① $Re < 4$ ② $Re < 45$
③ $Re < 500$ ④ $Re < 2,000$

★☆☆
24 지하수의 흐름에서 Darcy 법칙을 적용하는 레이놀즈수(Re)의 일반적인 범위는?

① $Re < 0.1$ ② $Re < 1 \sim 10$
③ $Re < 500$ ④ $Re < 2,000$

★☆☆
25 다음 중 Darcy의 법칙에 대한 설명은?

① 지하수 흐름에서 층류에만 적용된다.
② 모든 흐름에 적용된다.
③ 유속이 클 때만 적용된다.
④ 유속이 동수경사에 곡선 비례하는 경우에만 적용된다.

★☆☆
26 Darcy 법칙을 지하수에 적용시킬 때 가장 잘 일치되는 경우는?

① 층류인 경우
② 난류인 경우
③ 층류, 난류 어느 경우도 잘 적용된다.
④ 층류, 난류 어느 경우도 잘 적용이 안 된다.

4 실제유속

★☆☆
27 Darcy의 법칙($V=KI$)에 관한 설명으로 틀린 것은? (단, K는 투수계수, I는 동수경사)

① Darcy의 법칙은 물의 흐름이 층류일 경우에만 적용 가능하고, 흐름 방향과는 무관하다.
② 대수층의 유속은 동수경사에 비례한다.
③ 유속 V는 입자 사이를 흐르는 실제 유속을 의미한다.
④ 투수계수 K는 흙 입자 크기, 공극률, 물의 점성계수 등에 관계된다.

5 투수계수 결정

★☆☆
28 지하수의 다시(Darcy) 법칙에서 투수계수 K의 차원은?

① $[MLT^{-2}]$ ② $[L^3T^{-1}]$
③ $[LT^{-1}]$ ④ 무차원 [-]

★☆☆
29 다음 중 무차원이 아닌 것은?

① 프루드수
② 투수계수
③ 운동량 보정계수
④ 비중

★☆☆
30 Darcy 공식에서 투수계수 K의 차원은?

① 단면적과 같은 양이다.
② 속도의 차원을 가지고 있다.
③ 길이의 차원을 가지고 있다.
④ 무차원량이다.

★☆☆
31 지하수의 투수계수에 관한 설명으로 틀린 것은?

① 같은 종류의 토사라 할지라도 그 간극률에 따라 변한다.
② 흙 입자의 구성, 지하수의 점성계수에 따라 변한다.
③ 지하수의 유량을 결정하는 데 사용된다.
④ 지역에 따른 무차원 상수이다.

★☆☆
32 면적이 400 (m^2)인 여과지의 동수경사가 0.05이고 여과량이 1 (m^3/sec)이면 이 여과지의 투수계수는?

① 1 (cm/sec) ② 3 (cm/sec)
③ 5 (cm/sec) ④ 7 (cm/sec)

★☆☆
33 지하수의 유속공식 $V=KI$에서 K의 변화와 관계가 없는 것은?

① 물의 점성계수 ② 토사의 입경
③ 토사의 공극률 ④ 지하수위

★☆☆

34 지하수의 투수계수와 관계가 없는 것은?

① 지하수의 온도 ② 물의 단위중량
③ 토사의 입도 ④ 토사의 단위중량

★☆☆

35 지하수의 투수계수에 영향을 주는 인자로 거리가 먼 것은?

① 토양의 평균입경
② 지하수의 단위중량
③ 지하수의 점성계수
④ 토양의 단위중량

★☆☆

36 지하수의 투수계수와 관계가 없는 것은?

① 토사의 형상 ② 토사의 입도
③ 물의 단위중량 ④ 토사의 단위중량

★★☆

37 직경이 10 (cm)인 연직관 속에 높이 1 (m)만큼 모래가 들어 있다. 모래면 위의 수위를 10 (cm)로 일정하게 유지시켰더니 투수량 $Q=4$ (l/hr)이었다. 이때 모래의 투수계수 k는?

① 0.4 (m/hr) ② 0.5 (m/hr)
③ 3.8 (m/hr) ④ 5.1 (m/hr)

★★☆

38 내경 10 (cm)의 연직관 속에 높이 1 (m)만큼 모래가 들어 있다. 사면(砂面) 위의 수위를 30 (cm)로 일정하게 유지하여 투수량을 측정하였더니 3 (l/hr)였다. 이 모래의 투수계수는 얼마인가?

① 0.0082 (cm/sec) ② 0.082 (cm/sec)
③ 0.82 (cm/sec) ④ 8.2 (cm/sec)

★★☆

39 직경이 10 (cm)인 연직관 속에 높이 2 (m)만큼 모래가 들어 있다. 모래면 위의 수위를 20 (cm)로 일정하게 유지시켰더니 투수량 $Q=3$ (l/hr)이었다. 이때 모래의 투수계수 k는?

① 0.382 (m/hr) ② 0.687 (m/hr)
③ 3.82 (m/hr) ④ 6.87 (m/hr)

★★☆

40 그림은 정수위투수계에 의한 투수계수의 측정 모습이다. $h=100$ (cm), $L=20$ (cm), $Q=45$ (cm^3/sec)이고 시료의 단면적 $A=300$ (cm^2)일 때 투수계수는?

① 0.004 (cm/sec)
② 0.03 (cm/sec)
③ 0.2 (cm/sec)
④ 1.0 (cm/sec)

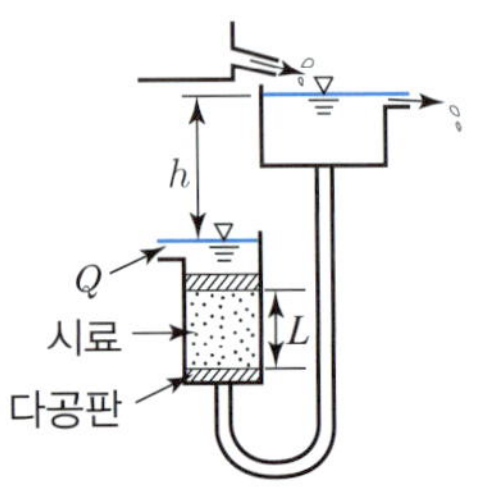

★★☆

41 지하의 사질 여과층에서 수두차가 0.5 (m)이며, 투과거리가 2.5 (m)일 때, 이곳을 통과하는 지하수의 유속은? (단, 투수계수는 0.3 (cm/s)이다.)

① 0.03 (cm/s) ② 0.04 (cm/s)
③ 0.05 (cm/s) ④ 0.06 (cm/s)

6 지하수량과 여과

★★☆

42 면적이 100 (m^2)인 여과지에서 투수계수 $K=0.15$ (cm/sec)로 여과될 때, 여과수량을 계산한 값은?

① 0.225 (m^3/sec)
② 22.5 (m^3/sec)
③ 0.075 (m^3/sec)
④ 7.5 (m^3/sec)

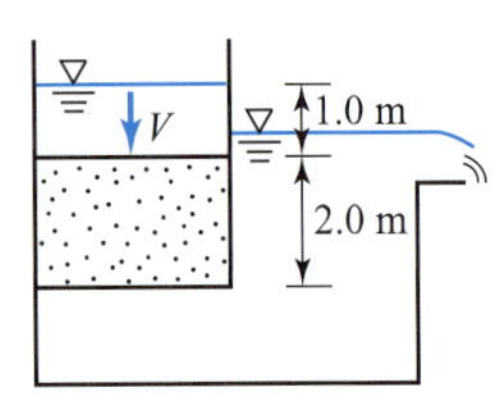

★★☆

43 **모래여과지에서 사층 두께 2.4 (m), 투수계수를 0.04 (cm/sec)로 하고 여과수두를 50 (cm)로 할 때, 10,000 (m^3/day)의 물을 여과시키는 경우 여과지 면적은?**

① 1,289 (m^2) ② 1,389 (m^2)
③ 1,489 (m^2) ④ 1,589 (m^2)

★★☆

44 **지하수의 상하류 수두차 2.5 (m)에 대한 수평거리가 300 (m)이고, 대수층의 두께 2.5 (m), 폭 1.0 (m)일 때 지하수 유량을 구한 값은? (단, K=175 (m/day)이다.)**

① 0.126 (m^3/hr) ② 0.137 (m^3/hr)
③ 0.152 (m^3/hr) ④ 0.164 (m^3/hr)

★★☆

45 **지하수의 흐름에서 상하류 두 지점의 수두차가 1.6 (m)이고, 두 지점의 수평거리가 480 (m)인 경우, 대수층의 두께 3.5 (m), 폭 1.2 (m)일 때 지하수 유량은? (단, 투수계수 K=208 (m/day)이다.)**

① 3.82 (m^3/day) ② 2.91 (m^3/day)
③ 2.12 (m^3/day) ④ 2.08 (m^3/day)

★★☆

46 **여과량이 2 (m^3/s)이고 동수경사가 0.2, 투수계수가 1 (cm/s)일 때 필요한 여과지 면적은?**

① 2,500 (m^2) ② 2,000 (m^2)
③ 1,500 (m^2) ④ 1,000 (m^2)

7.2 지하수 유속 정답과 풀이

01 **정답** ② **출제** 기08, 기09-2, 산06, 산09

Darcy의 법칙에서 $V=-K\frac{dh}{ds}=-KI$이다.

여기서, K: 투수계수, ds: 침투길이,
dh: ds 구간의 수두차이다.

02 **정답** ② **출제** 산03

지하수의 유속 $V=-KI$이므로 동수경사 I에 비례한다.

03 **정답** ④ **출제** 산01

Darcy의 법칙에서 지하수 유속 $V=K\frac{dh}{dl}=KI$이다.

04 **정답** ② **출제** 기08-4, 기19-3, 산03

Darcy 식으로 지하수 유속은 $V=K\frac{dh}{dl}=KI$이다.

05 **정답** ④ **출제** 기08-1, 기14-2

Darcy 식 $V=KI$이므로, 유속 V는 동수경사 I에 비례한다.

06 **정답** ④ **출제** 기05, 기07-1

$V=-K\frac{dh}{dl}$이고, 투수계수의 차원은 속도의 차원 $[LT^{-1}]$과 같다.

07 **정답** ① **출제** 산05, 산12

토사의 공극률에 의존하는 것은 투수계수 K이다.

08 **정답** ② **출제** 기11-4, 산11

지하수의 유속 $V=-KI$이므로 동수경사 I에 비례한다.

09 **정답** ③ **출제** 산04, 산08

지하수의 유속 $V=-KI$이므로 동수경사 I에 비례한다.

10 **정답** ③ **출제** 기10-2

Darcy 식으로 계산되는 유속은 실제 유속이 아닌 Darcy 유속이며 실제 유속은 Darcy 유속을 공극률로 나눈 값이다.

11 정답 ④ **출제** 기12-1

지하수의 흐름은 층류($Re<4$), V는 투수계수와 동수경사에 비례. K의 차원은 $[LT^{-1}]$이다.

12 정답 ① **출제** 기09-1, 기16-2

② 투수계수는 속도의 차원을 갖는다.
③ 유속이 매우 작을 경우에만 적용된다.
④ Darcy 법칙에 따르면 유속은 동수경사에 비례한다.

13 정답 ③ **출제** 기10-4, 기13-2, 기18-1

Darcy 식은 $Re \le 1 \sim 10$(특히 $Re<4$)인 층류에 적용한다.

14 정답 ② **출제** 기13-4, 기20-2

- Darcy 식은 $Re<4$ 정도의 층류영역에서만 적용된다.
- 투수계수(수리전도계수)는 지하수의 특성과 관계가 있다.
- Darcy 식 $V=-KI$에서 V는 Darcy 유속이며, 이를 공극률로 나누면 실제유속이다.

15 정답 ② **출제** 기19-1

$V=-K\dfrac{dh}{dl}$이다.

16 정답 ② **출제** 산13-1

$$V=-KI=-0.1\times\frac{1}{10}=-0.01\ \text{(cm/s)}$$

음의 부호는 흐름의 방향을 나타낸다.

17 정답 ③ **출제** 산00

$$V=-KI=-0.01\times\left(\frac{-50}{100}\right)=0.005\ \text{(cm/s)}$$

18 정답 ① **출제** 기15-4

수온이 높아지면 점성계수가 작아지므로, 유속이 빨라진다.

19 정답 ② **출제** 기17-1

$$V=KI=K\frac{h_L}{L}=0.3\times\frac{0.4}{2.6}=0.05\ \text{(m/s)}$$

20 정답 ② **출제** 기09-4

$$V=KI=K\frac{dh}{dl}=0.2\times\frac{40}{300}=0.0267\ \text{(cm/s)}$$

21 정답 ④ **출제** 기04, 기12

Darcy 식은 $Re \le 1 \sim 10$(특히 $Re<4$)인 층류에 적용한다.

22 정답 ④ **출제** 기12-2

Darcy 식은 $Re \le 1 \sim 10$(특히 $Re<4$)인 층류에 적용한다.

23 정답 ① **출제** 기07-4, 산12

Darcy 식은 $Re \le 1 \sim 10$(특히 $Re<4$)인 층류에 적용한다.

24 정답 ② **출제** 기11-1

Darcy 식은 $Re \le 1 \sim 10$(특히 $Re<4$)인 층류에 적용한다.

25 정답 ① **출제** 기10

Darcy 식은 $Re \le 1 \sim 10$(특히 $Re<4$)인 층류에 적용한다.

26 정답 ① **출제** 산06, 산09, 산11

Darcy 식은 $Re \le 1 \sim 10$(특히 $Re<4$)인 층류에 적용한다.

27 정답 ③ **출제** 기14-4

Darcy 식으로 계산되는 유속은 Darcy 유속이라고도 하며, 공극과 흙 입자를 모두 포함한 단면의 평균유속을 나타낸다. 입자 사이를 흐르는 실제 유속은 $V_a=\dfrac{V}{\lambda}$ (λ: 공극률)이다.

28 정답 ③ **출제** 기01

$V=KI$에서, V는 $[LT^{-1}]$, I는 무차원이므로, K는 속도의 차원 $[LT^{-1}]$이다.

29 정답 ② **출제** 기14-4

$V=KI$에서, V는 $[LT^{-1}]$, I는 무차원이므로, K는 속도의 차원 $[LT^{-1}]$이다.

30 **정답** ② **출제** 기11-2, 산08

$V = KI$에서, V는 $[LT^{-1}]$, I는 무차원이므로, K는 속도의 차원 $[LT^{-1}]$이다.

31 **정답** ④ **출제** 기14-1, 기18-2

$V = KI$에서, V는 $[LT^{-1}]$, I는 무차원이므로, K는 속도의 차원 $[LT^{-1}]$이다.

32 **정답** ③ **출제** 기04, 기08-2

$Q = AV = A(KI)$에서,

$$K = \frac{Q}{AI} = \frac{Ql}{A\Delta h} = \frac{1}{400 \times 0.05} = 0.05 \ \text{(m/s)}$$

33 **정답** ④ **출제** 산00

투수계수 K의 영향인자는 토사의 형상 및 크기, 토사의 공극률, 포화도, 토사의 구조, 유체의 점성, 유체의 단위중량, 지하수의 온도 등이다.

34 **정답** ④ **출제** 기15-4, 산00

투수계수 K의 영향인자는 토사의 형상 및 크기, 토사의 공극률, 포화도, 토사의 구조, 유체의 점성, 유체의 단위중량, 지하수의 온도 등이다.

35 **정답** ④ **출제** 기17-4

투수계수 K의 영향인자는 토사의 형상 및 크기, 토사의 공극률, 포화도, 토사의 구조, 유체의 점성, 유체의 단위중량, 지하수의 온도 등이다.

36 **정답** ④ **출제** 기19-3

지하수의 투수계수와 관련된 양은 토사형상, 토사입도, 공극률, 물의 단위중량 등이다.

37 **정답** ④ **출제** 기12-2, 기16-4

주어진 조건을 정리하면,

$$Q = 0.004 \ (\text{m}^3/\text{hr}), \ I = \frac{\Delta h}{L} = \frac{0.1}{1} = 0.1$$

$Q = KIA$에서

$$K = \frac{Q}{IA} = \frac{0.004}{0.1 \times (\pi \times 0.1^2/4)} = 5.09 \ \text{(m/hr)}$$

38 **정답** ① **출제** 기03

$Q = AK\dfrac{dh}{dl}$ 에서

$$\frac{3 \times 10^3}{3{,}600} = \frac{\pi \times 10^2}{4} \times K \times \frac{130}{100}$$

따라서 $K = 0.00816$ (cm/s)

39 **정답** ③ **출제** 기09-4

$Q = AKI$

$$K = \frac{Q}{AI} = \frac{0.003}{(\pi \times 0.1^2/4) \times (0.2/2)} = 3.82 \ \text{(m/hr)}$$

40 **정답** ② **출제** 기07-4, 기13-4

$Q = KIA$

$$K = \frac{Q}{IA} = \frac{4.5}{(100/20) \times 300} = 0.03 \ \text{(cm/s)}$$

41 **정답** ④ **출제** 기20-2

Darcy 유속

$$V = KI = 0.3 \times \frac{0.5}{2.5} = 0.06 \ \text{(cm/s)}$$

42 **정답** ③ **출제** 기05

$$Q = AK\frac{\Delta h}{\Delta l} = 100 \times (0.15 \times 10^{-2}) \times \frac{1.0}{2.0}$$

$$= 0.075 \ (\text{m}^3/\text{s})$$

43 **정답** ② **출제** 기10-2, 기13-1

$Q = 10{,}000 \ (\text{m}^3/\text{day}) = 0.1157 \ (\text{m}^3/\text{s})$

$K = 0.04 \ (\text{cm/s}) = 4.0 \times 10^{-4} \ (\text{m/s})$

$Q = KIA$에서

$$A = \frac{Q}{KI} = \frac{0.1157}{(4.0 \times 10^{-4}) \times (0.5/2.4)} = 1{,}388.9 \ (\text{m}^2)$$

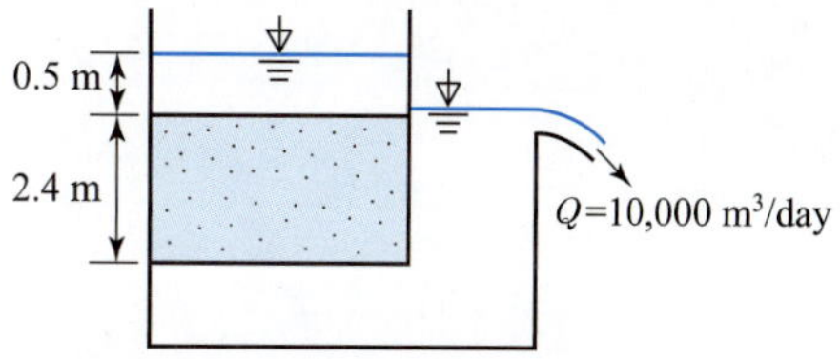

44 정답 ③ **출제** 산00, 산01

$$Q = AK\frac{dh}{dl} = (1.0 \times 2.5) \times \frac{175}{24} \times \frac{2.5}{300}$$

$$= 0.152 \ (\mathrm{m^3/hr})$$

45 정답 ② **출제** 기11-1, 기15-2

$$Q = AK\frac{\Delta h}{\Delta l} = (3.5 \times 1.2) \times 208 \times \frac{1.6}{480}$$

$$= 2.91 \ (\mathrm{m^3/day})$$

46 정답 ④ **출제** 기16-1, 기19-2

$Q = AV$에서

$$A = \frac{Q}{V} = \frac{Q}{KI} = \frac{2}{0.01 \times 0.2} = 1{,}000 \ (\mathrm{m^2})$$

7.3 우물의 수리

1 영향원

• **영향원** 양수에 따른 지하수위 저하가 일어나는 반경. 보통 500~1,000 (m) 정도

2 굴착정

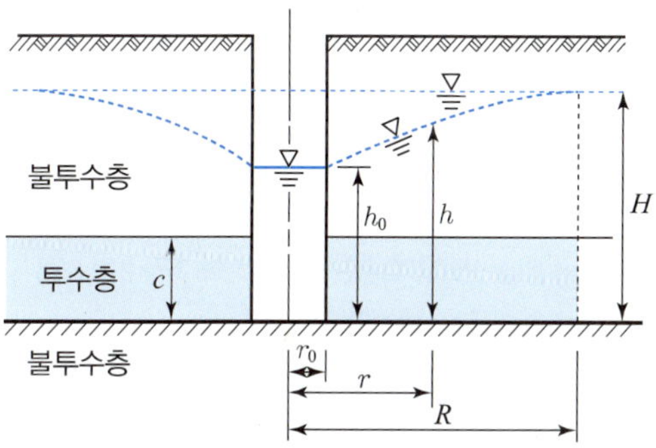

• **피압대수층까지 판 우물**

$$Q=\frac{2\pi DK(H-h_0)}{\ln(R/r_0)}$$ 꼭 기억하기!

여기서, D는 투수층 두께, R은 영향원 반지름, r_0은 우물의 반지름

3 깊은 우물과 얕은 우물

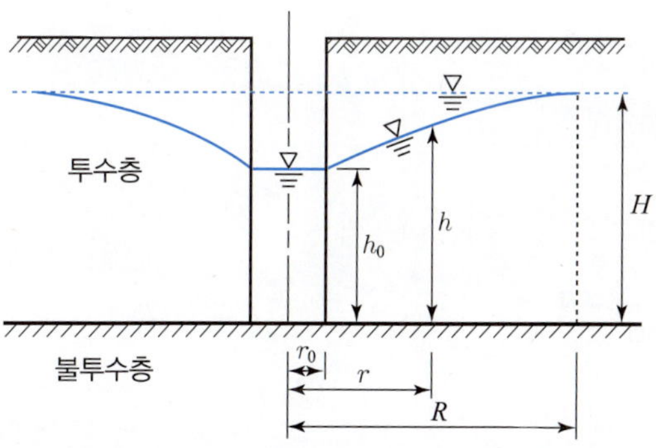

• **깊은 우물(심정)** 비피압대수층에서 불투수층까지 도달한 우물

$$Q=\frac{\pi K(H^2-h_0^2)}{\ln(R/r_0)}$$ 꼭 기억하기!

※ 피압우물 식에서 D 대신 $\frac{(H+h_0)}{2}$를 넣었다고 생각하면 기억하기 쉽다.

• **얕은 우물(천정)** 비피압대수층에서 불투수층까지 도달하지 못한 우물

– 양수량: $Q=4Kr_0(H-h_0)$

4 제방의 침투

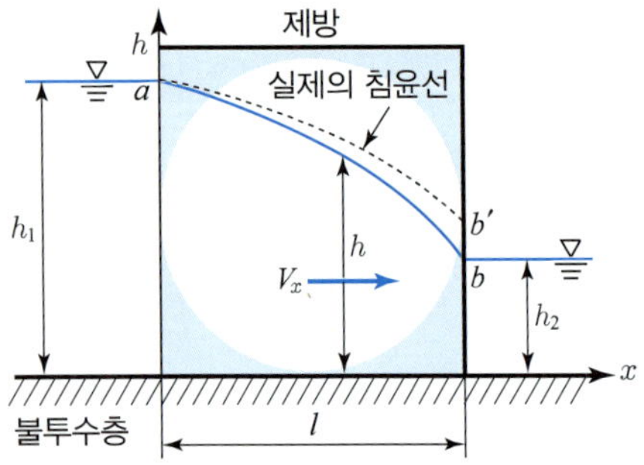

- 두퓌(Dupuit) 침윤선식을 이용하여 제방이나 집수암거의 침투량을 계산
- 단위폭당 유량: $q=\frac{K}{2l}\left(h_1^2-h_2^2\right)$

  여기서, l은 제방의 두께(폭)

5 집수암거

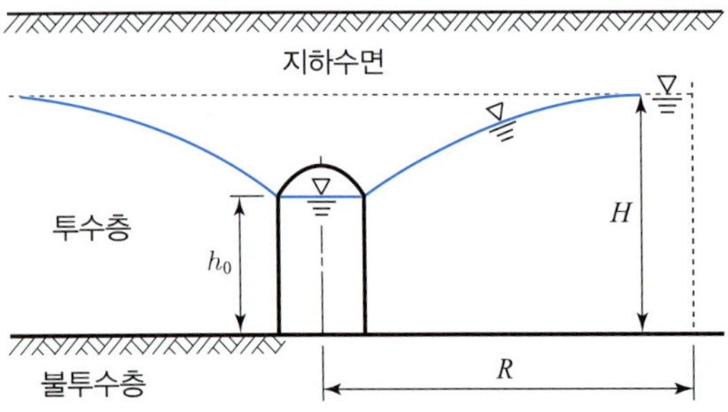

- 투수층에 암거나 유공관을 매설하여 지하수를 모아서 배수시키는(또는 취수하는) 구조물
- 단위폭당 유량: $q=\frac{K}{R}\left(H^2-h_0^2\right)$
- 유량 $Q=\frac{KL}{R}\left(H^2-h_0^2\right)$

  여기서, L은 암거의 길이
- 한쪽 벽에서만 유입
  - 두퓌 침윤선식과 같음
  - 한쪽 벽에서 유입되면 당연히 유량이 1/2

6 기타

- **2차원 지하수 흐름방정식 라플라스(Laplace) 방정식**

$$\frac{\partial^2 h}{\partial x^2}+\frac{\partial^2 h}{\partial y^2}=0$$

- **지하수 해석법**
  - 정상류 해석방법: 티엠(Thiem)의 평형방정식 방법
  - 부정류 해석방법: 타이스(Theis)법, 차우(Chow)법, 야콥(Jacob)법 등

7.3 우물의 수리 기출문제

1 영향원

★☆☆

01 우물에서 장기간 양수를 한 후에도 수면강하가 일어나지 않는 지점까지의 우물로부터의 거리(범위)를 무엇이라 하는가?

① 용수효율권 ② 수류영역권
③ 대수층권 ④ 영향권

2 굴착정

★☆☆

02 피압 지하수를 설명한 것으로 옳은 것은?

① 지하수와 공기가 접해 있는 지하수면을 가지는 지하수
② 두 개의 불투수층 사이에 끼어 있는 지하수면이 없는 지하수
③ 하상 밑의 지하수
④ 한 수원이나 조직에서 다른 지역으로 보내는 지하수

★☆☆

03 지하수에 대한 설명 중 옳지 않은 것은?

① 불투수층 위의 대수층 내에 자유지하수면을 가지는 자유지하수를 양수하는 우물 중 우물 바닥이 불투수층까지 도달한 것을 심정이라 한다.
② 불투수층 사이에 낀 투수층 내에 포함되어 있는 지하수를 피압면 지하수라 하며, 이를 양수하는 우물을 굴착정이라 한다.
③ 점토층과 같이 불투수층이 낀 투수층 내의 압력을 받고 있는 지하수를 자유면 지하수라 하고 이를 양수하는 우물 중 우물 바닥이 불투수층까지 도달하지 않은 것을 천정이라 한다.
④ Darcy의 법칙에서 지하수 유속은 동수경사에 비례하며 투수계수 K는 토사의 간극률과 입경 등에 따라 다르다.

★☆☆

04 2개의 불투수층 사이에 있는 대수층의 두께 a, 투수계수 k인 곳에 반지름 r_0인 굴착정(artesian well)을 설치하고 일정 양수량 Q를 양수하였더니 양수 전 굴착정 내의 수위 H가 h_0로 강하하여 정상 흐름이 되었다. 굴착정의 영향원 반지름을 R이라 할 때 $(H-h_0)$의 값은?

① $\dfrac{2Q}{\pi ak}\ln\left(\dfrac{R}{r_0}\right)$ ② $\dfrac{Q}{2\pi ak}\ln\left(\dfrac{R}{r_0}\right)$
③ $\dfrac{2Q}{\pi ak}\ln\left(\dfrac{r_0}{R}\right)$ ④ $\dfrac{Q}{2\pi ak}\ln\left(\dfrac{r_0}{R}\right)$

★☆☆

05 그림과 같은 굴착정(artesian well)의 유량을 구하는 공식은? (단, R: 영향원의 반지름, m: 피압대수층의 두께, K: 투수계수)

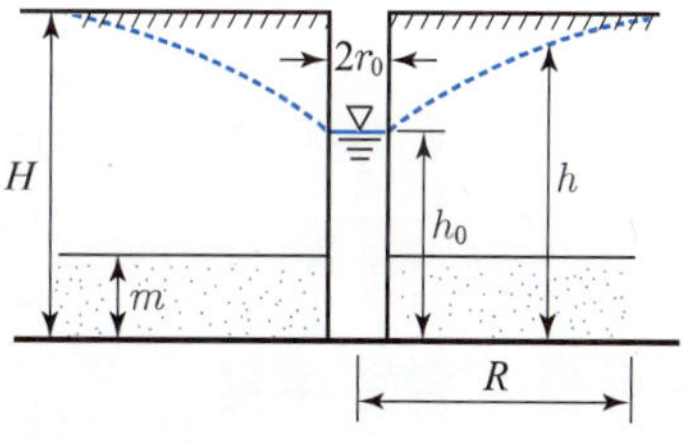

① $Q=\dfrac{2\pi mK(H+h_0)}{\ln(R/r_0)}$

② $Q=\dfrac{2\pi mK(H+h_0)}{\ln(r_0/R)}$

③ $Q-\dfrac{2\pi mK(H-h_0)}{\ln(R/r_0)}$

④ $Q=\dfrac{2\pi mK(H-h_0)}{\ln(r_0/R)}$

★★☆
06 두께 3 (m)인 피압대수층에 반지름 1 (m)인 우물에서 양수한 결과 수면강하 10 (m)일 때 정상상태로 되었다. 투수계수 0.3 (m/hr), 영향권 반지름이 400 (m)라면 이때의 양수율은?

① 2.6×10^{-3} (m^3/s)　② 6.0×10^{-3} (m^3/s)
③ 9.4 (m^3/s)　④ 21.6 (m^3/s)

★★☆
07 두께 20.0 (m)의 피압대수층에서 0.1 (m^3/s)로 양수했을 때 평형상태에 도달하였다. 이 양수정에서 각각 50.0 (m), 200.0 (m) 떨어진 관측정에서 수위가 39.20 (m), 40.66 (m)이었다면 이 대수층의 투수계수(K)는?

① 0.2 (m/day)　② 6.5 (m/day)
③ 20.7 (m/day)　④ 65.3 (m/day)

★★☆
08 두께가 10 (m)인 피압대수층에서 우물을 통해 양수한 결과, 50 (m) 및 100 (m) 떨어진 두 지점에서 수면강하가 각각 20 (m) 및 10 (m)로 관측되었다. 정상상태를 가정할 때 우물의 양수량은? (단, 투수계수는 0.3 (m/hr))

① 7.6×10^{-2} (m^3/s)　② 6.0×10^{-3} (m^3/s)
③ 9.4 (m^3/s)　④ 21.6 (m^3/s)

3 깊은 우물과 얕은 우물

★☆☆
09 다음 중 깊은 우물(심정)을 옳게 설명한 것은?

① 집수 깊이가 100 (m) 이상인 우물
② 집수정 바닥이 불투수층까지 도달한 우물
③ 집수정 바닥이 불투수층을 통과하여 새로운 대수층에 도달한 우물
④ 불투수층에서 50 (m) 이상 도달한 우물

★☆☆
10 다음 중 깊은 우물과 얕은 우물의 설명으로 옳지 <u>않은</u> 것은?

① 깊은 우물은 바닥이 불투수층까지 도달한 우물이다.
② 얕은 우물은 바닥이 불투수층까지 도달하였으나, 그 깊이가 우물 직경에 비해 작은 우물이다.
③ 깊은 우물은 물이 측벽으로만 유입된다.
④ 얕은 우물은 물이 측벽 및 바닥으로 유입된다.

★☆☆
11 다음은 우물의 종류를 설명한 것이다. <u>잘못된</u> 것은?

① 굴착정(掘鑿井)이란 불투수층을 뚫고 내려가서 피압대수층의 물을 양수하는 우물이다.
② 심정(深井)이란 불투수층까지 파내려간 우물이다.
③ 천정(淺井)이란 불투수층까지 파내려가지 못한 우물이다.
④ 집수암거는 얕은 우물보다는 깊은 우물에 가깝다.

★★☆
12 지름이 2 (m)이고 영향권의 반지름이 1,000 (m)이며, 원지하수의 수위 $H=7$ (m), 집수정의 수위 $h_0=5$ (m)인 심정호의 양수량은? (단, $K=$ 0.0038 (m/sec)이다.)

① 0.0415 (m^3/s)　② 0.0461 (m^3/s)
③ 0.0830 (m^3/s)　④ 1.820 (m^3/s)

★☆☆
13 자유수면을 가지고 있는 심정(깊은 우물)의 유량을 구하는 공식은? (단, R: 영향원의 반지름, r_0: 우물 반지름, h_0: 우물 수위, H: 원지하수위)

① $Q=\dfrac{\pi K\left(H^2-h_0^2\right)}{2.3\log_{10}(R/r_0)}$　② $Q=\dfrac{2\pi K\left(H^2-h_0^2\right)}{2.3\log_{10}(R/r_0)}$
③ $Q=\dfrac{\pi K\left(H^2+h_0^2\right)}{2.3\log_{10}(R/r_0)}$　④ $Q=\dfrac{2\pi K\left(H^2+h_0^2\right)}{2.3\log_{10}(R/r_0)}$

★★☆

14 **그림과 같은 심정호에서 양수량은?**

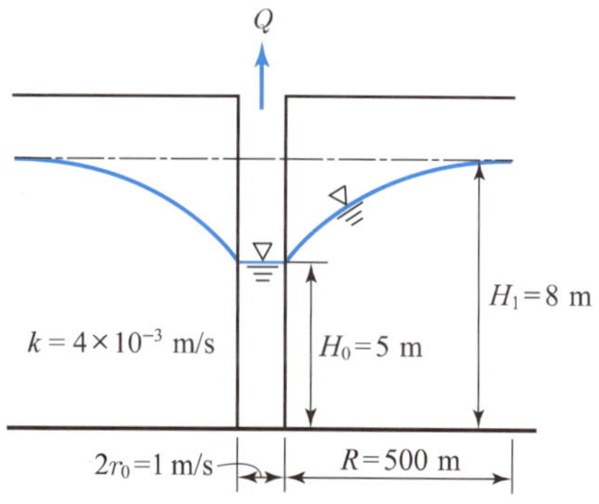

① 0.062 (m^3/sec) ② 0.071 (m^3/sec)
③ 0.054 (m^3/sec) ④ 0.085 (m^3/sec)

★★☆

15 **비피압 대수층의 우물에서** 100 (m) **떨어진 지점의 지하수위가** 50 (m)**이고, 지하수위의 경사가** 0.05, **투수계수가** 20 (m/day)**일 때 우물의 양수량은?**

① 약 28,200 (m^3/day)
② 약 31,400 (m^3/day)
③ 약 36,800 (m^3/day)
④ 약 42,500 (m^3/day)

4 제방의 침투

★☆☆

16 **다음 중 Dupuit의 침윤선 공식은? (단, 직사각형 단면 제방 내부의 투수 경우이며,** q: **단위폭당 유량,** l: **침윤거리이고, 제방의 저면은 불투수층, 상하류의 수위를 각각** h_1**과** h_2**로 했을 경우이다.)**

① $q=\frac{K}{2l}(h_1^2-h_2^2)$ ② $q=\frac{K}{2l}(h_1^2+h_2^2)$
③ $q=\frac{K}{l}(h_1^2-h_2^2)$ ④ $q=\frac{K}{l}(h_1^2+h_2^2)$

★★☆

17 **제외지 수위** 6 (m), **제내지 수위** 6 (m), **투수계수** $K=0.5$ (m/sec), **침투수가 통하는 거리** $l=50$ (m)**일 때, 하천 제방단면** 1 (m)**당 누수량은?**

① 0.16 (m^3/sec) ② 0.32 (m^3/sec)
③ 0.96 (m^3/sec) ④ 1.28 (m^3/sec)

★★☆

18 **그림과 같은 제방에서 단위폭당 유량** q**가** 0.414×10^{-2} (m^3/sec)**라면 투수계수는?**

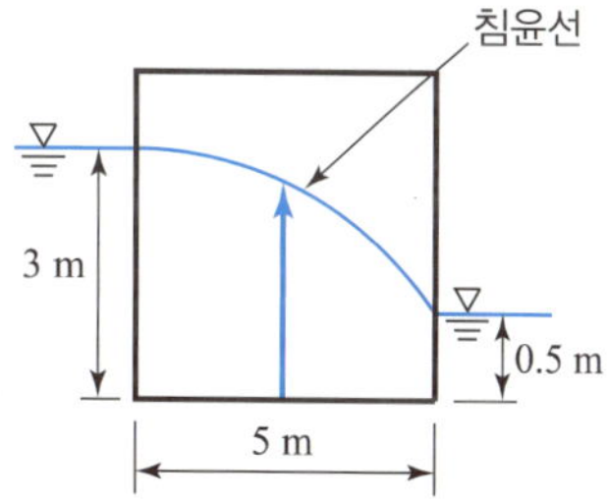

① 0.37 (cm/sec) ② 0.47 (cm/sec)
③ 0.57 (cm/sec) ④ 0.67 (cm/sec)

5 집수암거

★★☆

19 **다음 그림과 같이 불투수층까지 미치는 집수암거에서** $H=3.0$ (m), $h_0=0.45$ (m), $K=0.009$ (m/sec), $l=300$ (m), $R=170$ (m)**이면 용수량** Q**는?**

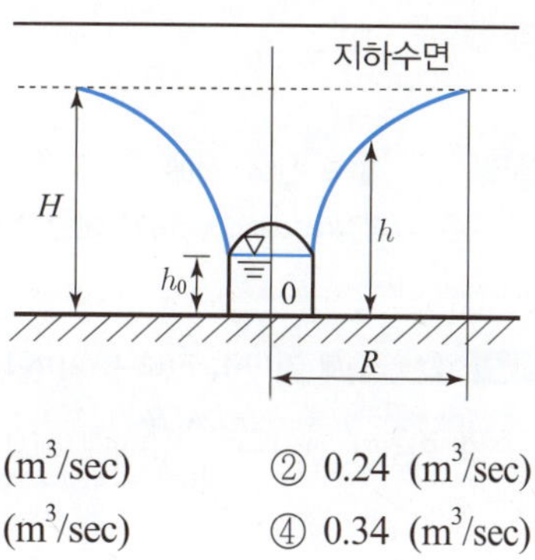

① 0.14 (m^3/sec) ② 0.24 (m^3/sec)
③ 0.32 (m^3/sec) ④ 0.34 (m^3/sec)

6 기타

★☆☆

20 다음 중 피압대수층 내 정상류의 지하수 흐름 해석방법은?

① Thiem의 평형방정식 방법
② Theis의 비평형 방정식 방법
③ Jacob의 수정근사해법
④ Chow 방정식 해법

★☆☆

21 다음 중 부정류 흐름의 지하수를 해석하는 방법은?

① Theis 방법 ② Dupuit 방법
③ Thiem 방법 ④ Laplace 방법

7.3 우물의 수리 정답과 풀이

01 정답 ④ **출제** 기08-2, 기13-2, 기18-3

양수에 따른 지하수위 저하가 일어나는 반경을 영향원이라 하며, 보통 500~1,000 (m) 정도이다.

02 정답 ② **출제** 기05, 기08-1, 기09-2

점토층과 같은 불투수층 사이에 낀 투수층 내에서 압력을 받고 있는 지하수면이 없는 지하수를 피압면 지하수라 하며, 피압 지하수를 양수하는 우물을 굴착정(artesuan well)이라 한다.

03 정답 ③ **출제** 산04, 산08

보기 ③은 굴착정(artesian well)에 대한 설명이다.

04 정답 ② **출제** 기10-1, 기12-4, 기16-1

굴착정의 양수량 $Q=\dfrac{2\pi DK(H-h_0)}{\ln(R/r_0)}$ 에서

$$H-h_0=\frac{Q}{2\pi DK}\ln\left(\frac{R}{r_0}\right)$$

05 정답 ③ **출제** 기12-1, 기15-2, 기19-1

굴착정의 양수량 $Q=\dfrac{2\pi DK(H-h_0)}{\ln(R/r_0)}$

06 정답 ① **출제** 기03, 기13-1

양수량 $Q=\dfrac{2\pi DK(H-h_0)}{\ln(R/r_0)}$

$$=\frac{2\pi\times 3\times(0.3/3{,}600)\times 10}{\ln(400/1)}$$

$$=0.0026\ (\mathrm{m^3/s})$$

07 정답 ④ **출제** 기15-1

피압대수층의 양수량

$Q=\dfrac{2\pi KD(H-h_0)}{\log(R/r_0)}$ 에서

$$K=\frac{Q\log(R/r_0)}{2\pi D(H-h_0)}$$

$$=\frac{0.1\times\log(200/50)}{2\pi\times 20\times(40.66-39.20)}$$

$$=7.56\times 10^{-4}\ (\mathrm{m/s})=65.28\ (\mathrm{m/day})$$

08 정답 ① **출제** 기17-4

$$Q=\frac{2\pi KD(H-h_0)}{\ln(R/r_0)}$$

$$=\frac{2\pi\times(0.3/3{,}600)\times 10\times(20-10)}{\ln(100/50)}$$

$$=0.0755\ (\mathrm{m^3/s})$$

09 정답 ② **출제** 기09-2, 산03, 산10

집수정(또는 우물) 바닥이 불투수층에 도달한 우물을 깊은 우물(심정호)이라고 한다.

10 정답 ② **출제** 기01, 기07-1

얕은 우물은 바닥이 불투수층까지 도달하지 않은 우물이다.

11 정답 ④ **출제** 기00, 기03

집수암거는 지하수위 아래의 물을 집수할 목적으로 설치하는 구조물이다.

12 정답 ① **출제** 기00, 기12-4

$$Q=\frac{\pi K\left(H^2-h_0^2\right)}{\ln\left(R/r_0\right)}$$

$$=\frac{\pi\times0.0038\times\left(7^2-5^2\right)}{\ln(1,000/1)}=0.0415\ \ (\mathrm{m^3/s})$$

13 정답 ① **출제** 기02, 기11-4, 기14-2, 산11

심정의 유량

$$Q=\frac{\pi K\left(H^2-h_0^2\right)}{\ln\left(R/r_0\right)}=\frac{\pi K\left(h^2-h_0^2\right)}{2.3\log_{10}\left(R/r_0\right)}$$

14 정답 ② **출제** 기07-2

심정의 양수량

$$Q=\frac{\pi K\left(H^2-h_0^2\right)}{\ln\left(R/r_0\right)}$$

$$=\frac{\pi\times\left(4\times10^{-3}\right)\times\left(8^2-5^2\right)}{\ln(500/0.5)}=0.071\ \ (\mathrm{m^3/s})$$

15 정답 ② **출제** 기10 1

비피압 우물

$$Q=2\pi KRH\frac{dH}{dr}$$

$$=2\pi\times20\times100\times50\times0.05=31,416\ \ (\mathrm{m^3/day})$$

16 정답 ① **출제** 기08-4, 기10-4, 기17-2, 산07, 산10, 산11

$$q=\frac{Q}{B}=\left(\frac{A}{B}\right)KI$$

$$=\left(\frac{h_1+h_2}{2}\right)\times K\times\frac{h_1-h_2}{l}=\frac{K}{2l}\left(h_1^2-h_2^2\right)\ \ (\mathrm{m^3/s/m})$$

17 정답 ① **출제** 산03

$$q=\frac{K}{2l}\left(h_1^2-h_2^2\right)$$

$$=\frac{0.5}{2\times50}\left(6^2-2^2\right)=0.16\ \ (\mathrm{m^3/s/m})$$

18 정답 ② **출제** 기05

Dupuit의 침윤선 공식 $q=\frac{K}{2l}\left(h_1^2-h_2^2\right)$에서,

$$K=\frac{2lq}{h_1^2-h_2^2}=\frac{2\times5\times\left(0.414\times10^{-2}\right)}{3^2-0.5^2}$$

$$=4.73\times10^{-3}\ \ (\mathrm{m/s})$$

19 정답 ① **출제** 산01

$$Q=\frac{Kl}{R}\left(H^2-h_0^2\right)$$

$$=\frac{0.009\times300}{170}\left(3.0^2-0.45^2\right)=0.14\ \ (\mathrm{m^3/s})$$

20 정답 ① **출제** 기06

정상류의 지하수를 해석하는 방법에는 Thiem의 평형방정식 방법이 있고, 부정류 흐름의 지하수 해석방법에는 Theis 법, Chow 법, Jacob 법 등이 있다.

21 정답 ① **출제** 기00, 기16-2, 기19-2

정상류의 지하수를 해석하는 방법에는 Thiem의 평형방정식 방법이 있고, 부정류 흐름의 지하수 해석방법에는 Theis 법, Chow 법, Jacob 법 등이 있다.

CHAPTER

08

수문학 일반과 강우

CIVIL ENGINEERING

HYDRAULICS AND HYDROLOGY

CHAPTER

08 수문학 일반과 강우

8.1 수문기상

• **수문학(hydrology)** 지구상에 존재하는 물의 생성분터 소멸까지 물의 순환과정을 연구하는 학문

1 물의 순환

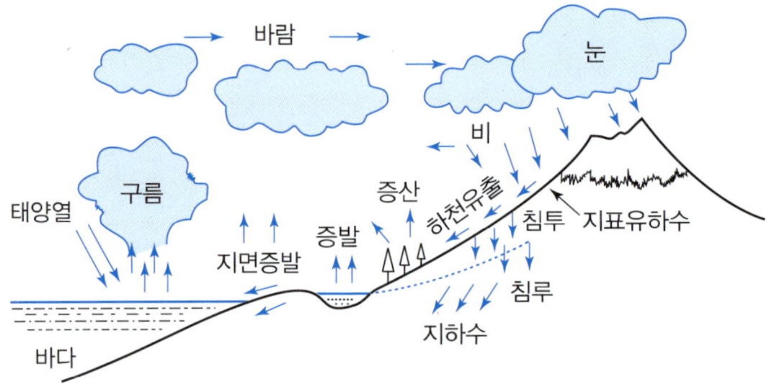

• **물수지 방정식**

$$P \Leftrightarrow R + E + C + S$$

여기서, P는 강수량, R은 (직접)유출량, E는 증발산량, C는 침투량, S는 저류량

2 관련 학문

• **수문기상학** 강우가 지상에 도달하기 전까지의 대기현상을 취급
• **지표수문학(지표수수문학)** 지표면 유출부터 하천 유출까지의 전 과정
• **지하수문학(지하수수문학)** 지표면에서 지하로 유입된 물의 거동

3 기온

- **일평균 기온** 하루 중 최고기온과 최저기온의 평균
- **월평균 기온** 해당 월의 일평균 기온의 최고와 최저의 평균
- **연평균 기온** 월평균 기온의 1년간 평균
- **정상 일평균 기온** 특정 일의 일평균을 30년간 산술평균한 기온
- **정상 월평균 기온** 특정 월의 월평균을 30년간 산술평균한 기온

4 습도

- **이슬점 온도** 공기가 포화되어 수증기가 응결할 때의 온도. 불포화 상태의 공기가 냉각될 때 포화되어 응결이 시작되는 온도이다.

- **상대습도**

$$h = \frac{e}{e_s} \times 100\%$$

여기서, e는 실제증기압, e_s는 포화증기압

5 바람(풍속)

$$\frac{V}{V_0} = \left(\frac{Z}{Z_0}\right)^k$$

여기서, V는 높이 Z에서의 평균풍속, V_0는 기준높이 Z_0에서의 평균풍속,
k는 지수로 0.1~0.6, 대부분 $\frac{1}{6}$ 또는 $\frac{1}{7}$을 사용

8.1 수문기상 기출문제

1 물의 순환

★☆☆
01 다음 중 물의 순환 과정에 대한 순서로 옳은 것은?

① 증발 – 강수 – 증산 – 차단 – 침투 – 침루 – 유출
② 증발 – 강수 – 차단 – 증산 – 침투 – 침루 – 유출
③ 증발 – 강수 – 차단 – 증산 – 침루 – 침투 – 유출
④ 증발 – 강수 – 차단 – 증산 – 침투 – 유출 – 침루

★☆☆
02 물의 순환 과정에 해당되지 않는 사항은?

① 증발, 강수 ② 차단, 증산
③ 습도, 증기압 ④ 침투, 침루

★☆☆
03 물의 순환 과정에 포함되는 용어로 짝지어지지 않은 것은?

① 강수 – 증산 ② 침투 – 침루
③ 침루 – 저류 ④ 풍향 – 상대습도

★☆☆
04 일기 및 기후변화의 직접적인 원인은?

① 에너지 소비
② 태양흑점의 변화
③ 물의 오염
④ 지구의 자전 및 공전

★☆☆
05 다음 중 물의 순환에 관한 설명으로 틀린 것은?

① 지구상에 존재하는 수자원이 대기권을 통해 지표면에 공급되고, 지하로 침투하여 지하수를 형성하는 등 복잡한 반복과정이다.
② 지표면 또는 바다로부터 증발된 물이 강수, 침투 및 침루, 유출 등의 과정을 거치는 물의 이동 현상이다.
③ 물의 순환 과정은 성분 과정 간의 물의 이동이 일정률로 연속된다는 것을 의미한다.
④ 물의 순환 과정 중 강수, 증발 및 증산은 수문기상학 분야이다.

★☆☆
06 물의 순환에 대한 다음 수문 사항 중 성립되지 않는 것은?

① 지하수 일부는 지표면으로 용출해서 다시 지표수가 되어 하천으로 유입된다.
② 지표면에 도달한 우수는 토양 중에 수분을 공급하고 나머지가 아래로 침투해서 지하수가 된다.
③ 땅속에 보류된 물과 지표하수는 토양면에서 증발하고 일부는 식물에 흡수되어 증산한다.
④ 지표에 강하한 우수는 지표면에 도달 전에 그 일부가 식물의 나무와 가지에 의하여 차단된다.

2 관련 학문

★☆☆
07 수문현상의 대기현상 가운데 수문기상학의 분야에 해당되는 것은?

① 강수의 분포현상
② 침투 및 침루현상
③ 지표면 저류현상
④ 지표하 및 지하수 유출현상

★☆☆
08 다음 수문 기상에 대한 설명 중 옳지 않은 것은?

① 우리나라에 편서풍이 불고 열대지방에 무역풍이 부는 것은 대기권 내의 열순환과 관계없다.
② DAD 해석이란 최대우량깊이 - 유역면적 - 지속시간 사이의 관계를 분석하는 작업이다.
③ 증발량은 증발접시에 의해 24시간 증발된 물 깊이로 측정한다.
④ 물의 순환은 지구상에 존재하는 식물의 영향을 크게 받는다.

3 기온

★☆☆
09 기온에 대한 다음 설명 중 옳지 않은 것은?

① 일평균 기온은 오전 10시의 기온이다.
② 정상 일평균 기온은 특정 일의 30년간의 평균기온을 평균한 기온이다.
③ 월평균 기온은 해당 월의 일평균 기온 중 최고치와 최저치를 평균한 기온이다.
④ 연평균 기온은 해당 연의 월평균 기온을 평균한 기온이다.

★☆☆
10 다음 용어에 대한 설명으로 옳지 않은 것은?

① 일평균 기온: 일 최대 및 최저기온을 산술평균한 기온
② 월평균 기온: 해당 월의 일평균 기온 중 최고 및 최저기온을 산술평균한 기온
③ 연평균 기온: 해당 연의 월평균기온 중 최고 및 최저기온을 산술평균한 기온
④ 정상 월평균 기온: 특정 월에 대한 장기간 동안의 월평균 기온을 산술평균한 온도

4 습도

★☆☆
11 임의의 온도에서 실제 증기압이 e이고 포화 증기압이 e_s일 때 상대습도 h는?

① $h=\frac{e}{e_s}\times 100(\%)$　② $h=\frac{e_s}{e}\times 100(\%)$
③ $h=e\,e_s\times 100(\%)$　④ $h=e\,e_s$

★★☆
12 기온 15℃에서의 포화 증기압이 17.38 (mb)이고 상대습도가 30%이면 실제 증기압은?

① 5.21 (mb)　② 38.25 (mb)
③ 172.61 (mb)　④ 57.93 (mb)

★★☆
13 대기의 온도 t_1, 상대습도 75%인 상태에서 증발이 진행되어 온도는 t_2로 상승하고, 대기 중의 증기압은 20% 증가하였다. 온도 t_1 및 t_2에서의 포화 증기압을 각각 10.0 (mmHg)와 18.0 (mmHg)라 할 때 온도 t_2에서의 상대습도는?

① 50%　② 75%
③ 90%　④ 95%

★★☆
14 대기의 온도 t_1, 상대습도 70%인 상태에서 증발이 진행되었다. 온도가 t_2로 상승하고 대기 중의 증기압이 20% 증가하였다면 온도 t_1 및 t_2에서의 포화증기압이 각각 10.0 (mmHg) 및 14.0 (mmHg)라 할 때 온도 t_2에서의 상대습도는 약 얼마인가?

① 50%　② 60%
③ 70%　④ 80%

5 바람(풍속)

- 2000년 이후는 출제된 문제 없음

8.1 수문기상 정답과 풀이

01 정답 ② **출제** 기13-4, 산00

증발 → 구름의 생성 → 강수 → 차단 → 증산 → 침투 → 침루 → 유출

02 정답 ③ **출제** 기10

물의 순환 과정에 포함되는 것은 강수, 차단, 증발, 증산, 침투, 침루, 유출, 저류 등이다.

03 정답 ④ **출제** 기10-4

물의 순환과정은 증발산 → 구름의 생성 → 강수 → 차단 → 침투 → 침루 → 유출의 순서로 이루어진다.

04 정답 ④ **출제** 기11-1

일기 및 기후가 변화하는 직접적인 원인은 지구가 자전과 공전을 하기 때문이다.

05 정답 ③ **출제** 기12-4, 기18-2

물의 순환 과정은 성분 과정 간의 물의 이동이 일정률로 연속된다는 의미는 아니다. 즉, 순환 과정을 통한 물의 이동은 시간 및 공간적 변동성을 가지는 것이 보통이다.

06 정답 ③ **출제** 기15-4

침투를 통해 지하수로 가기도 하고, 중간유출 형태로 지표수로 나오기도 한다.

07 정답 ① **출제** 기00, 산06

수문기상학은 강수가 지상에 도달하기 이전까지의 대기현상, 즉 강수, 기온, 습도, 바람, 증발 등을 연구하는 학문이다.

08 정답 ① **출제** 기00, 기03

무역풍은 위도 29° 내외의 지역에서 적도를 향하여 일년 내내 끊임없이 부는 바람이고, 편서풍은 우리나라와 같이 30°~65° 지역에서 서쪽에서 동쪽으로 부는 바람으로 대기권 내의 열순환에 의해 대기순환을 일으킨다.

09 정답 ① **출제** 기00, 기06

일평균 기온은 일 최고 온도와 일 최저 온도를 산술평균한 값이다.

10 정답 ③ **출제** 기13-1

연평균기온은 해당 연의 월평균 기온의 평균값이다.

11 정답 ① **출제** 기91, 산00

상대습도는 포화증기압에 대한 실제 증기압의 비를 백분율로 나타낸 값이다.

12 정답 ① **출제** 산04, 산06

$h = \dfrac{e}{e_s} \times 100\%$에서,

$e = \dfrac{h e_s}{100} = \dfrac{30 \times 17.38}{100} = 5.22 \text{ (mb)}$

13 정답 ① **출제** 기98, 기02, 기09

$h = \dfrac{e}{e_s} \times 100\%$이므로, t_1일 때 증기압

$e_1 = h_1 e_{s1} = 0.75 \times 10 = 7.5 \text{ (mmHg)}$

증기압 e_2는 e_1보다 20% 높으므로,

$e_2 = 7.5 \times 1.2 = 9.0 \text{ (mmHg)}$

$h_2 = \dfrac{e_2}{e_{s2}} \times 100\% = \dfrac{9.0}{18.0} \times 100\% = 50\%$

14 정답 ② **출제** 기09-2, 기12-1, 기18-3

$h = \dfrac{e}{e_s} \times 100\%$이므로, t_1일 때 증기압

$e_1 = h_1 e_{s1} = 0.70 \times 10 = 7.0 \text{ (mmHg)}$

증기압 e_2는 e_1보다 20% 높으므로,

$e_2 = 7.0 \times 1.2 = 8.4 \text{ (mmHg)}$

t_2일 때 상대습도

$h_2 = \dfrac{e_2}{e_{s2}} \times 100\% = \dfrac{8.4}{14.0} \times 100\% = 60\%$

8.2 우리나라의 수자원

1 우리나라 하천의 특징

- 하상계수가 크다.

$$(하상계수)=(최대유량) / (최소유량)$$

- 여름철(6~9월)에 강우가 집중된다.
- 우리나라의 연평균 강수량은 1,274 (mm)이다.

2 우리나라의 수자원

- 우리나라의 수자원 이용량은 농업용수 54%, 하천 유지용수 20%, 생활용수 17%, 공업용수 9%의 순이다.

8.2 우리나라의 수자원 기출문제

1 우리나라 하천의 특징

★☆☆

01 우리나라의 연평균 강수량에 가장 근사한 값은?

① 820 (mm) ② 1,010 (mm)
③ 1,270 (mm) ④ 1,450 (mm)

★☆☆

02 하상계수(河狀係數)에 대한 설명으로 옳은 것은?

① 대하천 주요 지점에서의 용수량과 저수량의 비
② 대하천 주요 지점에서의 최소유량과 최대유량의 비
③ 대하천 주요 지점에서의 홍수량과 하천유지유량의 비
④ 대하천 주요 지점에서의 최소유량과 갈수량의 비

★☆☆

03 자연하천의 특성을 표현할 때 이용되는 하상계수에 대한 설명으로 옳은 것은?

① 홍수 전과 홍수 후의 하상변화량의 비를 말한다.
② 최심하상고와 평형하상고의 비이다.
③ 개수 전과 개수 후의 수심변화량의 비를 말한다.
④ 최대유량과 최소유량의 비를 나타낸다.

2 우리나라의 수자원

★☆☆

04 우리나라 수자원의 특성이 아닌 것은?

① 6, 7, 8, 9월에 강우가 집중된다.
② 강우의 하천 유출량은 홍수 시에 집중된다.
③ 하천 경사가 급한 곳이 많다.
④ 하상계수가 낮은 편에 속한다.

★☆☆

05 우리나라의 부존 수자원 중 가장 많은 양이 이용되는 분야는?

① 생활용수
② 공업용수
③ 농업용수
④ 발전 및 하천유지용수

8.2 우리나라의 수자원 정답과 풀이

01 정답 ③ **출제** 산02-1

우리나라의 연평균 강수량은 1,274 (mm)이다.

02 정답 ② **출제** 기04, 기09, 기13-2, 기16-1, 산02

$$(\text{하상계수}) = \frac{(\text{최대유량})}{(\text{최소유량})}$$

우리나라의 하천은 다른 나라 하천에 비해 하상계수가 매우 커서 여름철 홍수 시 상당히 불리한 여건을 가지고 있다.

03 정답 ④ **출제** 기09-2, 기15-4

$$(\text{하상계수}) = \frac{(\text{최대유량})}{(\text{최소유량})}$$

04 정답 ④ **출제** 산03

$$(\text{하상계수}) = \frac{(\text{최대유량})}{(\text{최소유량})}$$

우리나라의 하천은 다른 나라에 비해 하상계수가 10배 이상 커서 여름철 홍수 시 상당히 불리한 여건을 가지고 있다.

05 정답 ③ **출제** 산00

농업용수 54%, 하천 유지용수 20%, 생활용수 17%, 공업용수 9%의 순이다.

8.3 강수

1 강수의 형태

• 대류형 강수, 전선형 강수, 산악형 강수로 구분한다.

2 강수량 측정

• **일우량 측정시간** 매일 오전 9시부터 다음 날 오전 9시까지의 우량이다.
• **무강우** 일우량이 0.1 (mm) 이하일 때

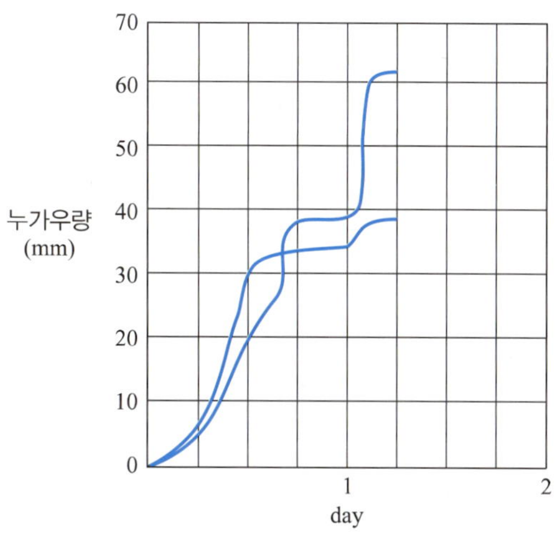

• **누가우량곡선** 누가우량의 시간적 변화를 기록한 것이다.
  - 누가우량곡선의 경사는 강우강도를 나타낸다.
  - 경사가 급할수록 강우강도가 강하다.
  - 수평선은 무강우를 의미한다.

3 강우 자료의 일관성 보완

• **이중 누가우량분석(double mass analysis)** 강우자료의 일관성 조사, 분석, 검증에 활용된다.
• **이중 누가우량분석법이란 강우량 자료의 일관성이 부족한 경우에 교정하는 방법**
  - 우량계의 위치, 노출상태, 우량계의 종류, 관측방법 및 주위 환경에 변화가 발생했을 경우 등 문제가 발생한 관측점에서의 연 혹은 계절 강우량의 누적 총량을 그 부근에 있는 관측점의 누적 총량과 비교하여 자료로서의 일관성에 대해 조사한다.

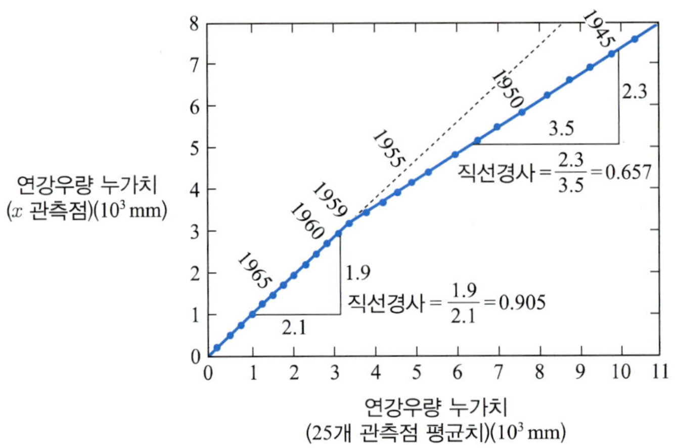

4 강우의 결측 보완

• **산술평균법** 주변 3개 관측소와 결측 관측소의 정상연평균강수량의 차이가 10% 이하일 때 사용한다.

$$P_x = \frac{1}{3}(P_A + P_B + P_C)$$

여기서, P_x는 결측점 강수량

P_A, P_B, P_C는 인근 관측점 A, B, C의 강수량

• **정상연평균강우량 비율법** 인근 3개 관측점 중 하나라도 결측점의 정상연평균강수량과 10% 이상 차이가 날 때 사용한다.

$$P_x = \frac{N_x}{3}\left(\frac{P_A}{N_A} + \frac{P_B}{N_B} + \frac{P_C}{N_C}\right)$$

여기서, N_x는 결측점의 정상연평균강수량

N_A, N_B, N_C는 인근 관측점 A, B, C의 정상연평균강수량

• **단순비례법** 결측 관측소 인근에 다른 관측소가 1개밖에 없을 경우, 정상연평균강수량의 비율 적용

$$P_x = \frac{P_A}{N_A} N_x$$

5 평균강수량 산정

• **산술평균법** 평야지역으로 강우분포가 비교적 균일하거나 관측소가 비교적 등분포, 유역면적 500 (km^2) 미만인 경우에 적용한다.

$$P_m = \frac{1}{n}\sum_{i=1}^{n} P_i$$

여기서, P_m는 평균강수량, P_i는 i관측소 강수량

- **티센(Thiessen)법** 관측소가 불균등하게 분포. 산악의 영향이 적고 유역면적 500~5,000 (km^2)인 경우에 적용한다.

$$P_m = \frac{1}{A}\sum_{i=1}^{n} A_i P_i$$

여기서, A_i는 i관측소 지배면적, $A = \sum_{i=1}^{n} A_i$ 유역면적

- **등우선법** 강우에 대한 산악 영향 고려. 유역면적이 5,000 (km^2) 이상인 경우에 적용한다.

8.3 강수 기출문제

1 강수의 형태

• 2000년 이후는 출제된 문제 없음

2 강수량 측정

★☆☆
01 누가우량곡선(rainfall mass curve)**의 특성 중 맞는 것은?**

① 누가우량곡선의 경사가 클수록 강우강도가 크다.
② 누가우량곡선의 경사는 지역에 관계없이 일정하다.
③ 누가우량곡선은 자기우량기록에 의하여 작성하는 것보다 보통 우량계의 기록에 의하여 작성하는 것이 더 정확하다.
④ 누가우량곡선으로부터 일정기간 내의 강우량을 산출할 수 없다.

★☆☆
02 하나의 호우지속기간은 시간강우 분포와 이산 또는 연속 형태로 표현하는데, 이산형은 강우주상도로 나타내고, 연속시간분포는 무엇으로 나타내는가?

① S－수문곡선(S－hydrograph)
② 강우량누가곡선(rainfall mass curve)
③ 합성단위도(synthetic unit hydrograph)
④ 수요율선(draft line)

3 강우 자료의 일관성 보완

★☆☆
03 강우 자료의 일관성을 분석하기 위해 사용하는 방법은?

① 합리식
② DAD 해석법
③ 누가우량곡선법
④ SCS(Soil Conservation Service) 방법

★☆☆
04 다음 중 장기간에 걸친 강수 자료의 일관성(一貫性)에 관해 검사 및 교정하는 방법은?

① 선행강수 지수법(API)
② 순간단위도법(IUH)
③ 등우선법(isohyetal method)
④ 이중 누가우량분석법(double mass analysis)

★☆☆
05 다음의 강수에 관한 설명 중 <u>틀린</u> 것은?

① 강수는 구름이 응축되어 지상으로 강하하는 모든 형태의 수분을 총칭한다.
② 일우량(24 (hr) 우량)이 0.1 (mm) 이하일 경우에는 무강우로 취급한다.
③ 누가우량곡선은 자기우량계에 의해 측정된 누가강우의 시간적 변화를 기록한 곡선이다.
④ 이중누가우량 분석법은 강수량 자료의 결측치를 보완하는 방법이다.

★☆☆
06 강수량 자료를 분석하는 방법 중 이중누가우량곡선법이 많이 이용되고 있다. 다음 설명 중 맞는 것은?

① 평균강수량을 계산하기 위하여 사용한다.
② 강수의 지속시간을 알기 위하여 사용한다.
③ 결측 자료를 보완하기 위하여 사용한다.
④ 강수량 자료의 일관성을 검증하기 위하여 사용한다.

★☆☆

07 **이중 누가우량분석(double mass curve analysis)에 관한 설명으로 가장 적합한 것은?**

① 유역의 평균강우량을 결정하는 데 쓴다.
② 구역별 적합한 강우강도식의 산정을 위해 쓴다.
③ 일부 결측된 강우기록을 보충하기 위해 쓴다.
④ 자료의 일관성이 있도록 하는 데 교정용으로 쓴다.

★☆☆

08 **이중 누가해석(double mass analysis)에 관한 설명으로 옳은 것은?**

① 유역의 평균강우량 결정에 사용된다.
② 자료의 일관성을 조사하는 데 사용된다.
③ 구역별 적합한 강우강도식의 산정에 사용된다.
④ 일부 결측된 강우기록을 보충하기 위하여 사용된다.

★☆☆

09 **측정된 강우량 자료가 기상학적 원인 이외에 다른 영향을 받았는지의 여부를 판단하는, 즉 일관성(consistency)에 대한 검사방법은?**

① 순간 단위유량도법
② 합성 단위유량도법
③ 이중 누가우량분석법
④ 선행강수지수법

★☆☆

10 **강우 자료의 변화요소가 발생한 과거의 기록치를 보정하기 위하여 전반적인 자료의 일관성을 조사하려고 할 때, 사용할 수 있는 가장 적합한 방법은?**

① 정상연강수량비율법
② DAD 분석
③ Thiessen의 가중법
④ 이중 누가우량분석

4 강우의 결측 보완

★☆☆

11 **다음 중 강우 기록의 결측치를 추정하는 방법에 해당하지 않는 것은?**

① 산술평균법　② 정상연강수량비율법
③ 등우선법　④ 단순 비례법

★☆☆

12 **다음 중 강수결측자료의 보완을 위한 추정방법이 아닌 것은?**

① 단순비례법　② 이중 누가우량분석법
③ 산술평균법　④ 정상연강수량비율법

★☆☆

13 **강우와 강우해석에 대한 설명으로 옳지 않은 것은?**

① 강우강도의 단위는 (mm/hr)이다.
② DAD 해석은 지속기간별, 면적별 최대 강우량을 구하는 방법이다.
③ 정상연강수비율법(normal ratio method)은 면적 평균 강수량을 구하는 방법이다.
④ 대류형 강우는 주위보다 더운 공기의 상승으로 일어난다.

★☆☆

14 **3개의 우량 관측점 각각의 정상연평균강우량과 결측치를 가진 관측점의 정상연평균강우량의 차가 10% 이내였다면, 결측 관측점의 강우 기록 추정값은? (단, N_X, P_X: 결측 관측점의 정상연평균강우량 및 결측치 보완 추정값, N_A, N_B, N_C, P_A, P_B, P_C: 결측 관측점 부근의 A, B, C 3개 관측점의 정상연평균강우량 및 우량 관측값이다.)**

① $P_X = \frac{1}{3}(P_A + P_B + P_C)$

② $P_X = \frac{N_X}{3}\left(\frac{P_A}{N_A} + \frac{P_B}{N_B} + \frac{P_C}{N_C}\right)$

③ $P_X = \frac{P_A}{N_A} N_X$

④ $P_X = \frac{N_X}{3}\left(\frac{N_A}{P_A} + \frac{N_B}{P_B} + \frac{N_C}{P_C}\right)$

★★☆

15 X우량 관측점의 우량계 고장으로 1개월 동안 우량 관측을 할 수 없었다. 이 기간 동안에 집중호우가 발생하여 인접 관측점 A, B, C에 다음과 같은 우량이 측정되었다. 결국 이 기간 동안의 X관측점의 총 강우량을 구한 값은?

관측점	X	A	B	C
강우량(mm)	?	105	88	120
정상연평균강우량(mm)	963	1,103	920	1,180

① 93.9 (mm) ② 78.4 (mm)
③ 83.9 (mm) ④ 68.4 (mm)

★☆☆

16 다음 수문해석에 대한 설명 중 옳지 않은 것은?

① Talbot형의 강우강도식은 $I = \frac{a}{t+b}$ (t: 지속시간(분), a와 b: 계수)이다.
② Rating curve는 수위와 유량의 관계를 나타내는 곡선이다.
③ 어느 관측소의 결측강우량은 어느 경우에나 부근 관측지점들의 강우량을 기준으로 산술평균에 의해서만 구해야 한다.
④ 이중 누가우량분석으로 어느 관측소의 우량계 위치와 관측방법 등의 변화가 있었음을 발견하여 관측우량을 교정할 수 있다.

5 평균강수량 산정

★☆☆

17 유역의 평균우량 산정방법이 아닌 것은?

① 산술평균법 ② 티센 가중법
③ 평균비율법 ④ 등우선법

★☆☆

18 다음 중 평균강우량 산정방법이 아닌 것은?

① 각 관측점의 강우량을 산술평균하여 얻는다.
② 각 관측점의 지배면적을 가중인자로 잡아서 각 강우량에 곱하여 합산한 후 전유역면적으로 나누어 얻는다.
③ 각 강우선 간의 면적을 측정하고, 전유역면적에 대한 강우선 간의 면적을 등우선 간의 평균강우량에 곱하여 이들을 합산하여 얻는다.
④ 각 관측점의 강우량을 크기순으로 나열하여 중앙에 위치한 값을 얻는다.

★☆☆

19 강우계의 관측분포가 일정한 평야지역의 작은 유역에 발생한 강우에 적합한 유역평균 강우량 산정법은?

① Thiessen의 가중법 ② Talbot의 강도법
③ 산술평균법 ④ 등우선법

★☆☆

20 평야지역이며 강우분포가 균일하고 유역면적이 500 (km^2) 정도 되는 비교적 작은 유역에 강우가 발생하였다면 다음 중 가장 적당한 유역 평균 강우량 산정방법은?

① 산술평균법 ② 티센 가중법
③ 등우선법 ④ Talbot의 강도법

★☆☆

21 다음 중 유역의 면적평균 강우량 산정법이 아닌 것은?

① 산술평균법(Arithmetic mean method)
② Thiessen 방법(Thiessen method)
③ 등우선법(Isohyetal method)
④ 매닝공법(Manning method)

★☆☆

22 유역의 평균강우량을 계산하기 위하여 티센 방법을 많이 이용한다. 이 방법의 단점은?

① 지형의 영향을 고려할 수 없다.
② 지형의 영향은 고려되나 강우 형태는 고려되지 않는다.
③ 우량계의 종류에 따라 크게 영향을 받는다.
④ 계산은 간편하나 타 방법에 비하여 가장 부정확하다.

★☆☆

23 면적평균우량계산법에 관한 설명 중 맞는 것은?

① 관측소의 수가 적은 산악지역에는 산술평균법이 적합하다.
② 티센망이나 등우선도 작성에 유역 밖의 관측소는 고려하지 말아야 한다.
③ 등우선도 작성에 지형도가 반드시 필요하다.
④ 티센 가중법은 관측소 간의 우량 변화를 선형으로 단순화한 것이다.

★☆☆

24 티센(Thiessen)의 면적 평균 강수량 산정식으로 옳은 것은? (단, A_i: i관측소의 면적, R_i: i관측소의 강우량)

① $P_m = \dfrac{\sum_{i=1}^{N} A_i P_i}{\sum_{i=1}^{N} A_i}$

② $P_m = \dfrac{\sum_{i=1}^{N} A_i \sum_{i=1}^{N} P_i}{\sum_{i=1}^{N} A_i}$

③ $P_m = \dfrac{\sum_{i=1}^{N} A_i \sum_{i=1}^{N} P_i^2}{\sum_{i=1}^{N} A_i}$

④ $P_m = \dfrac{1}{N}\sum_{i=1}^{N} P_i$

★★☆

25 유역 내 5개의 우량 관측점에 기록된 우량이 다음과 같을 때, Thiessen 법으로 유역 평균 우량을 계산한 값은?

관측점	A	B	C	D	E
면적(km^2)	20	20	10	20	15
우량(mm)	20	30	40	35	40

① 33.0 (mm) ② 33.8 (mm)
③ 32.8 (mm) ④ 31.8 (mm)

★★☆

26 다음 표에서 Thiessen 법으로 유역평균우량을 구한 값은?

관측점	A	B	C	D	E
지배면적(km^2)	15	20	10	15	20
우량(mm)	20	25	30	20	35

① 25.25 (mm) ② 26.25 (mm)
③ 27.25 (mm) ④ 30.20 (mm)

★★☆

27 유역 내 5개 강우량 관측점에서 기록된 강우량과 지배면적이 표와 같을 때 Thiessen 법으로 계산된 유역평균 강우량은 얼마인가?

관측점	A	B	C	D	E
지배면적(km^2)	12	15	20	14	18
우량(mm)	32	27	25	36	40

① 31.81 (mm) ② 32.00 (mm)
③ 32.72 (mm) ④ 33.04 (mm)

★★☆

28 티센 다각형에서 각각의 면적이 25 (km^2), 30 (km^2), 50 (km^2)이고, 이에 대응하는 강우량이 각각 45 (mm), 40 (mm), 35 (mm)일 때, 이 지역의 면적평균 강우량은 얼마인가?

① 42.1 (mm) ② 36.6 (mm)
③ 38.8 (mm) ④ 34.2 (mm)

★★☆

29 Thiessen **다각형에서 각각의 면적이** 20 (km^2), 30 (km^2), 50 (km^2)**이고, 이에 대응하는 강우량이 각각** 40 (mm), 30 (mm), 20 (mm)**일 때, 이 지역의 면적평균 강우량은?**

① 25 (mm) ② 27 (mm)
③ 30 (mm) ④ 32 (mm)

★★☆

30 **그림과 같은 유역**(12 (km)×8 (km))**의 평균강우량을** Thiessen **방법으로 구한 값은? (단,** 1, 2, 3, 4**번 관측점의 강우량은 각** 140, 130, 110, 100 (mm)**이며, 작은 사각형은** 2 (km)×2 (km)**의 정사각형으로서 모두 크기가 동일하다.)**

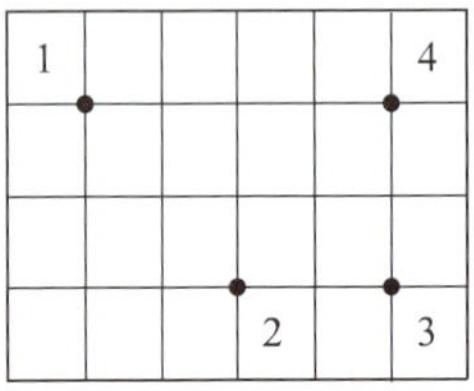

① 120 (mm) ② 123 (mm)
③ 125 (mm) ④ 130 (mm)

★☆☆

31 **강우에 대한 산악효과가 크고 유역면적이** 5,000 (km^2) **이상이며, 우량계의 밀도가 조밀한 경우 가장 정확한 결과를 얻을 수 있는 유역의 평균강우량 산정방법은?**

① 산술평균법 ② 티센의 가중법
③ 등우선법 ④ DAD 법

8.3 강수 정답과 풀이

01 정답 ① **출제** 기02, 기08-2, 기11-2, 기15-4, 기18-1, 산00

누가우량곡선의 특징
- 곡선의 경사가 급할수록 강우강도가 크다.
- 곡선의 경사가 없으면 무강우를 의미한다.

02 정답 ② **출제** 기02

호우지속시간은 이산형과 연속형으로 나타내는데, 이산형은 강우주상도, 연속형은 강우량 누가곡선으로 표시한다.

03 정답 ③ **출제** 기18-2

정확한 명칭은 이중 누가우량곡선법(double mass curve)이다.

04 정답 ④ **출제** 기03, 기10, 산04, 산05, 산08, 산10

이중 누가우량분석법(double mass analysis)이란 강우량 자료의 일관성이 부족한 경우에 교정하는 방법이다.

05 정답 ④ **출제** 기11-2

이중 누가우량분석법(double mass analysis)은 강수량 자료가 일관성이 있는지를 검사, 교정하는 방법이다.

06 정답 ④ **출제** 기02, 기06, 기07-4, 기12-2, 기16-4, 기17-4, 산05

이중 누가우량곡선법은 강우의 일관성 검증 및 분석에 사용한다.

07 정답 ④ **출제** 기07-2

이중 누가우량분석은 일관성 분석에 사용한다.

08 정답 ② **출제** 기15-1

이중 누가분석은 강우 자료의 일관성 분석 및 보정에 이용하는 방법이다.

09 정답 ③ **출제** 기13-2, 기18-1

장기간에 걸친 강수 자료의 일관성을 얻는 방법을 이중 누가우량분석(double mass analysis)이라 한다.

10 정답 ④ **출제** 기10-1, 기14-2, 기17-2

장기간에 걸친 강수 자료의 일관성을 얻는 방법을 이중누가우량분석(double mass analysis)이라 한다.

11 정답 ③ **출제** 기08, 산01

등우선법은 면적평균강우량을 산정하는 방법이다.

12 정답 ② **출제** 기08-4, 기14-1

강우기록의 추정법(결측 보완법): 산술평균법, 정상연강수량비율법, 단순비례법

13 정답 ③ **출제** 기11-1

정상연강수비율법(normal ratio method)은 강수량 결측치 보완방법이다.

14 정답 ① **출제** 산10

강우 자료의 결측치를 보완할 때, 연강수량의 30년간의 평균치와 결측 지점의 값 차이가 10% 이하일 때는 산술평균법을, 10% 이상일 때는 정상연강수량비율법을 이용한다.

15 정답 ① **출제** 기05, 산02

편차가 가장 큰 C관측소와 X관측소의 정상 연평균 강우량을 비교하면,

$$\frac{1,180-963}{963}\times 100 = 22.5\% > 10\%$$

이므로, 정상연평균비율법을 사용한다.

$$P_X = \frac{963}{3}\left(\frac{105}{1,103}+\frac{88}{920}+\frac{120}{1,180}\right) = 93.91 \text{ (mm)}$$

16 정답 ③ **출제** 기04

결측강우량을 보간하는 방법으로 산술평균, 정상연강수량 비율법, 단순비례법 등이 있다.

17 정답 ③ **출제** 기02, 기06, 기08-1, 기09-1, 기10-1, 기11-4

유역의 평균강우량 산정방법에는 산술평균법, 티센가중법, 등우선법 등이 있다.

18 정답 ④ **출제** 기18-2

① 산술평균, ② 티센다각형법, ③ 등우선도법

19 정답 ③ **출제** 기17-1

산술평균: 강우 강도가 균일한 평야지역의 작은 유역에 적합하다.

20 정답 ① **출제** 기13-2, 기13-4

- 산술평균: 강우 강도가 균일한 작은 유역
- 티센가중법: 관측소가 유량 변화를 선형으로 가정. 지형 영향은 고려하지 않는다.
- 등우선법: 지형 고려 가능. 가장 정확하다.

21 정답 ④ **출제** 기15-2

Manning 식은 평균유속식

22 정답 ① **출제** 기13-1

티센가중법은 관측소 간 우량 변화를 선형으로 단순화한 방법으로 유역면적이 500~5,000 (km^2)의 범위일 때 사용하는 평균강우량 산정방법이며, 지형의 영향을 고려할 수 없는 단점이 있다.

23 정답 ④ **출제** 기03, 기15-2

티센가중법은 관측소 간 우량 변화를 선형으로 단순화한 방법

24 정답 ① **출제** 기07-4, 기11-4

티센의 면적평균 강수량 산정식

$$P_m = \frac{\sum_{i=1}^{N} A_i P_i}{\sum_{i=1}^{N} A_i} = \frac{1}{A}\sum_{i=1}^{N} A_i P_i$$

25 정답 ④ **출제** 기01, 기09-4, 기10, 산04, 산06, 산07, 산08, 산09

주어진 표에 행(면적×우량)과 열(합과 평균)을 하나씩 추가해서 계산하면 매우 편리하다.

관측점	A	B	C	D	E	합
면적(km^2), A_i	20	20	10	20	15	85
우량(mm), P_i	20	30	40	35	40	
면적×우량, A_iP_i	400	600	400	700	600	2,700
				평균우량		31.8

26 정답 ② 출제 기09, 산07, 산09

주어진 자료표에 행(면적×우량)과 열(합과 평균)을 하나씩 추가해서 계산하면 매우 편리하다.

관측점	A	B	C	D	E	합
면적(km^2), A_i	15	20	10	15	20	80
우량(mm), P_i	20	25	30	20	35	
면적×우량, A_iP_i	300	500	300	300	700	2,100
				평균우량		26.3

27 정답 ① 출제 기10-4

주어진 자료표에 행(면적×우량)과 열(합과 평균)을 하나씩 추가해서 계산하면 매우 편리하다.

관측점	A	B	C	D	E	합
면적(km^2), A_i	12	15	20	14	18	79
우량(mm), P_i	32	27	25	36	40	
면적×우량, A_iP_i	384	405	500	504	720	2,513
				평균우량		31.8

28 정답 ③ 출제 기00, 기10

주어진 자료표에 행(면적×우량)과 열(합과 평균)을 하나씩 추가해서 계산하면 매우 편리하다.

관측점	A	D	E	합
면적(km^2), A_i	25	30	50	105
우량(mm), P_i	45	40	35	
면적×우량, A_iP_i	1,125	1,200	1,750	4,075
		평균우량		38.8

29 정답 ② 출제 기10-2, 기17-4

주어진 자료표에 행(면적×우량)과 열(합과 평균)을 하나씩 추가해서 계산하면 매우 편리하다.

관측점	A	D	E	합
면적(km^2), A_i	20	30	50	100
우량(mm), P_i	40	30	20	
면적×우량, A_iP_i	800	900	1,000	2,700
		평균우량		27.0

30 정답 ② 출제 기12-1

다음 그림과 같이 티센망을 형성한다.

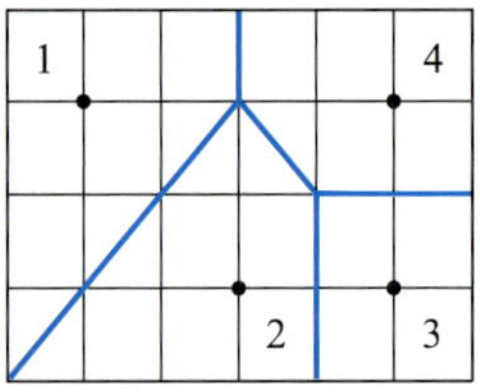

면적과 강우량을 표로 만들어 계산하면 매우 편리하다.

관측점	1	2	3	4	합
면적(km^2), A_i	30	28	16	22	96
우량(mm), P_i	140	130	110	100	
면적×우량, A_iP_i	4,200	3,640	1,760	2,200	11,800
			평균우량		122.9

31 정답 ③ 출제 기01

등우선법은 기형특성(산악 영향)을 고려한 방법으로 5,000 (km^2) 이상에 사용하는 유역의 평균강우량 산정 방법이다.

8.4 강우 자료의 해석

1 강우강도

- **강우강도(rainfall intensity, I)** 단위시간 동안에 내리는 강우량

$$I=\frac{R}{t}\ \text{(mm/h)}$$

- **지속시간(rainfall duration, t)** 강우가 계속되는 시간으로 보통 (min) 또는 (hr)를 사용한다.
- **재현기간(return period, 생기빈도, reccurence frequency, T)** 임의 크기의 강우가 1회 이상 초과하는 데 소요되는 연수. 단위는 (year)를 사용한다.

2 강우강도와 지속시간 관계

명칭	탤벗(Talbot)형	셔먼(Sherman)형	일본(Japanese)형
강우강도식	$I=\frac{a}{t+b}$	$I=\frac{c}{t^n}$	$I=\frac{d}{\sqrt{t}+e}$

3 강우강도–지속시간–생기빈도 관계

- 보통 $I-D-F$ 곡선이라 한다.

$$I=\frac{kT^x}{t^n}$$

4 평균우량깊이 – 유역면적 – 강우지속시간 관계

- 평균우량깊이(depth) – 유역면적(area) – 강우지속시간(duration)의 관계를 만드는 과정을 DAD 분석이라 한다.
- **DAD 곡선 작성순서**
  ① 각 유역의 지속시간별 최대우량을 누가우량곡선에서 결정하고, 전 유역을 등우선에 따라 소유역으로 나눈다.
  ② 각 소유역의 평균누가우량을 산정한다.
  ③ 소유역의 누가면적에 대해 평균누가우량을 산정한다.
  ④ 각 지속시간에 대한 최대평균우량깊이를 소유역의 누가면적별로 구하고 반대수지상에 표시하여 DAD 곡선을 얻는다.

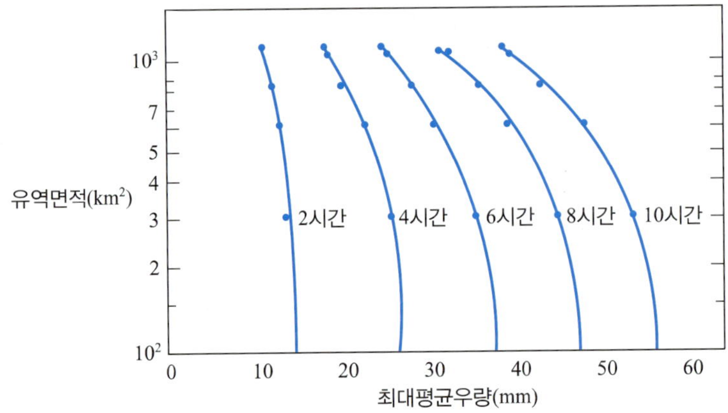

• **DAD 곡선** 최대 평균우량은 지속시간에 비례하여 증가하고 유역면적에 반비례하여 감소한다.

5 가능최대강수량(PMP)

• **가능최대강수량(probable maximum precipitation)** 어떤 유역에 태풍이나 호우 등 최악의 기상조건이 발생한 경우 유역에 내릴 수 있는 가상의 최대강수량 혹은 물리적으로 발생할 수 있는 강수량의 최대한계치를 말한다.

• 대규모 수공구조물의 설계 홍수량의 기준이다.

• 결정방법은 예전에 일어났던 호우정보들로부터 통계적 방법을 통하여 결정한다.

8.4 강우 자료의 해석 기출문제

1 강우강도

★☆☆

01 강수량 자료의 수문학적 해석에 필요 없는 것은?

① 강우강도 ② 재현기간
③ 수질 ④ 지역적 범위

★☆☆

02 다음 강우강도식에 대한 설명 중 옳지 않은 것은?

① 자기우량계의 우량 자료로부터 그 지역의 특성 상수를 결정한다.
② 보통 Talbot, Sherman, Japanese형의 식이 쓰인다.
③ 강우 지속시간을 길게 하면 강우강도는 일반적으로 커진다.
④ 하수관거, 댐 등 수공구조물의 중요도에 따라 설계 재현기간을 다르게 적용한다.

★☆☆

03 다음의 강우강도에 대한 설명 중 틀린 것은?

① 강우깊이(mm)가 일정할 때 강우지속시간이 길면 강우강도는 커진다.
② 강우강도와 지속시간의 관계는 Talbot, Sherman, Japanese형 등의 경험공식에 의해 표현된다.
③ 강우강도식은 지역에 따라 다르며, 자기우량계의 우량자료로부터 그 지역의 특성상수를 결정한다.
④ 강우강도식은 댐, 우수관거 등의 수공구조물의 중요도에 따라 그 설계재현기간이 다르다.

★☆☆

04 강우강도 공식에 대한 설명으로 틀린 것은?

① 강우강도(I)와 강우지속시간(D)의 관계로서 Talbot, Sherman, Japanese형의 경험공식에 의해 표현될 수 있다.
② 강우강도공식은 자기우량계의 우량자료로부터 결정되며, 지역에 무관하게 적용 가능하다.
③ 도시지역의 우수거, 고속도로 암거 등의 설계 시 기본자료로서 널리 이용된다.
④ 강우강도가 커질수록 강우가 계속되는 시간은 일반적으로 작아지는 반비례 관계이다.

★☆☆

05 강우강도에 관한 사항 중 틀린 것은?

① 일반적으로 강우강도가 크면 클수록 강우가 계속되는 시간은 짧다.
② 강우강도란 단위시간에 내린 강우량이다.
③ 강우강도와 지속시간의 관계는 경험공식에 의해 표현된다.
④ Talbot형의 강우강도식은 우리나라 어느 지점에서도 적용이 가능하다.

★☆☆

06 어떤 유역에 20분간 지속된 강우강도가 20 (mm/hr)이었다면 강우량은?

① 1.00 (mm) ② 6.67 (mm)
③ 10.33 (mm) ④ 20.00 (mm)

★☆☆

07 어느 지역에 100분간 200 (mm)의 강우가 발생하였다고 하면, 이때 강우강도는?

① 333 (mm/hr) ② 200 (mm/hr)
③ 120 (mm/hr) ④ 100 (mm/hr)

2 강우강도와 지속시간 관계

★☆☆
08 서울지역의 I-D-F 곡선으로부터 구한 20년 빈도, 지속시간 2시간의 강우강도가 100 (mm/hr)일 때 우량깊이는?

① 50 (mm) ② 100 (mm)
③ 150 (mm) ④ 200 (mm)

★☆☆
09 IDF 곡선의 강우강도와 지속기간의 관계에서 Talbot형으로 표시된 식은? (단, I는 강우강도, t는 지속기간, T는 생기빈도(지속기간)이고 a, b, c, d, e, n, k, x는 지역에 따라 다른 값을 갖는 상수)

① $I=\dfrac{c}{t^n}$ ② $I=\dfrac{kT^x}{t^n}$
③ $I=\dfrac{d}{\sqrt{t}+e}$ ④ $I=\dfrac{a}{t+b}$

★☆☆
10 강우강도와 지속시간 사이의 관계에서 Sherman 형식으로 표시된 식은?

① $I=\dfrac{t}{a+b}$ ② $I=\dfrac{c}{t^n}$
③ $I=\dfrac{d}{\sqrt{t}+e}$ ④ $I=\dfrac{b}{t^n+a}$

★☆☆
11 다음 3종의 강우강도 I_1, I_2, I_3의 대소(大小) 관계가 옳은 것은?

구분	I_1	I_2	I_3
강우량(mm)	200	50	120
지속시간(min)	100	30	80

① $I_1 > I_2 > I_3$ ② $I_1 < I_2 < I_3$
③ $I_1 > I_2 < I_3$ ④ $I_1 < I_2 > I_3$

★☆☆
12 4개 지점의 강우량 관측 자료가 다음과 같을 때 강우강도가 최대인 지점은?

지점	A	B	C	D
지속시간(분)	10	30	45	80
우량(mm)	15	50	72	132

① A지점 ② B지점
③ C지점 ④ D지점

★★☆
13 강우강도 공식형이 $I=\dfrac{5,000}{t+40}$ (mm/hr)로 표시된 어떤 도시에 있어서 20분간의 강우량 R_{20}은? (단, t의 단위는 min이다.)

① $R_{20}=17.8$ (mm) ② $R_{20}=27.8$ (mm)
③ $R_{20}=37.8$ (mm) ④ $R_{20}=47.8$ (mm)

★☆☆
14 다음 표와 같이 40분간 집중호우가 계속되었다면, 지속시간 20분인 최대강우강도는?

시간(분)	강우량(mm)	시간(분)	강우량(mm)
0~5	1	20~25	8
5~10	4	25~30	7
10~15	2	30~35	3
15~20	5	35~40	2

① $I=49$ (mm/hr) ② $I=59$ (mm/hr)
③ $I=69$ (mm/hr) ④ $I=72$ (mm/hr)

★☆☆
15 어느 관측소의 자기우량기록이 다음 표와 같을 때 10분 지속최대강우강도는?

시간(분)	0	5	10	15	20
누가우량(mm)	0	2	8	18	25

① 17 (mm/hr) ② 48 (mm/hr)
③ 102 (mm/hr) ④ 120 (mm/hr)

★☆☆
16 **어떤 도시의 하수도 계획에 있어서 20분간 계속 강우강도가 83.3 (mm/hr)일 때 강우량은?**

① 1666 (mm/hr) ② 555.3 (mm/hr)
③ 55.53 (mm/hr) ④ 27.8 (mm/hr)

★☆☆
17 **어떤 유역에 10분간 계속 강우가 14 (mm) 있었다면 강우강도를 계산한 값은?**

① 96 (mm/hr) ② 72 (mm/hr)
③ 60 (mm/hr) ④ 84 (mm/hr)

★☆☆
18 **다음과 같은 집중호우가 자기기록지에 기록되었다. 지속시간 20분 동안의 최대강우강도를 구한 값은?**

시간(분)	5	10	15	20	25	30	35	40
누가우량(mm)	2	5	10	20	35	40	43	45

① 95 (mm/hr) ② 105 (mm/hr)
③ 115 (mm/hr) ④ 135 (mm/hr)

★☆☆
19 **어떤 유역에 표와 같이 30분간 집중호우가 발생하였다. 지속시간 15분인 최대강우강도는?**

시간(분)	우량(mm)	시간(분)	우량(mm)
0~5	2	15~20	4
5~10	4	20~25	8
10~15	6	25~30	6

① 80 (mm/hr) ② 72 (mm/hr)
③ 64 (mm/hr) ④ 50 (mm/hr)

3 강우강도 – 지속시간 – 생기빈도 관계

★☆☆
20 **I–D–F도를 이용하여 강우강도를 구하기 위해서 필요한 요소로 짝지어진 것은?**

① 강우강도식, 생기빈도
② 유역면적, 최대강우량
③ 강수지속기간, 재현기간
④ 면적강우량비, 빈도계수

★☆☆
21 **강우강도(I), 지속시간(D), 생기빈도(F)의 관계를 표현하는 I–D–F 관계식 $I=\frac{kT^x}{t^n}$에 대한 설명으로 틀린 것은?**

① t: 강우의 지속시간(min)으로서, 강우가 계속 지속될수록 강우강도(I)는 커진다.
② I: 단위시간에 내리는 강우량(mm/hr)인 강우강도이며, 각종 수문학적 해석 및 설계에 필요하다.
③ T: 강우의 생기빈도를 나타내는 연수(年數)로서 재현기간(연)을 말한다.
④ k, x, n: 지역에 따라 다른 값을 가지는 상수이다.
④ B점에서의 압력과 비교할 수 없다.

4 평균우량깊이 – 유역면적 – 강우지속시간 관계

★☆☆
22 **얻어진 강우기록으로부터 우량의 값, 유역면적 및 강우 계속시간 등의 관계를 규명하는 것은?**

① 유출함수법 ② DAD 해석
③ 단위도법 ④ 비우량 해석

★☆☆
23 다음 중 DAD 해석에 관련되는 것으로 옳은 것은?

① 강우깊이 – 유역면적 – 강우기간
② 강우깊이 – 유수단면적 – 최대수심
③ 수심 – 단면적 – 홍수기간
④ 적설량 – 분포면적 – 적설일수

★☆☆
24 홍수 유출에는 유역면적이 작으면 단시간의 강우, 면적이 크면 장시간의 강우가 문제가 되므로, 아래와 같은 수문학적 인자 사이의 관계를 조사하는 DAD 해석을 한다. 다음 중 필요 없는 인자는?

① 강우지속시간 ② 강우량
③ 유역면적 ④ 증발산량

★☆☆
25 DAD 해석 시 필요 없는 자료는?

① 자기우량기록지
② 구적기
③ 최대강우량기록
④ 상대습도

★☆☆
26 DAD(Depth–Area–Duration) 해석에 관한 설명 중 옳은 것은?

① 최대평균우량깊이, 유역면적, 강우강도와의 관계를 수립하는 작업이다.
② 유역면적을 대수축(logarithmic scale)에, 최대평균강우량을 산술축(arithmetic scale)에 표시한다.
③ DAD 해석 시 상대습도 자료가 필요하다.
④ 유역면적과 증발산량의 관계를 알 수 있다.

★☆☆
27 최대평균 우량깊이–유역면적–강우지속시간(DAD) 관계 곡선에 관한 설명 중 틀린 것은?

① DAD 작성 시 대상 유역의 지속시간별 강우량이 필요하다.
② 최대평균우량은 지속시간에 비례하여 증가한다.
③ 최대평균우량은 유역면적에 반비례하여 증가한다.
④ 최대평균우량은 재현기간과 반비례하여 증가한다.

★☆☆
28 강수량 자료를 해석하기 위한 DAD 해석 시 필요한 자료는?

① 강우량, 단면적, 최대수심
② 적설량, 분포면적, 적설일수
③ 강우량, 집수면적, 강우기간
④ 수심, 유속단면적, 홍수기간

★☆☆
29 DAD 곡선을 작성하는 순서로 옳은 것은?

ⓐ 누가우량곡선으로부터 지속시간별 최대우량을 결정한다. ⓑ 누가면적에 대한 평균누가우량을 산정한다. ⓒ 소구역에 대한 평균누가우량을 결정한다. ⓓ 지속기간에 대한 최대우량깊이를 누가면적별로 결정한다.

① ⓐ–ⓒ–ⓑ–ⓓ ② ⓑ–ⓐ–ⓓ–ⓒ
③ ⓒ–ⓑ–ⓐ–ⓓ ④ ⓓ–ⓒ–ⓑ–ⓐ

★☆☆
30 유역 내의 DAD 해석과 관련된 항목으로 옳게 짝지어진 것은?

① 우량, 유역면적, 강우지속시간
② 우량, 유출계수, 유역면적
③ 유량, 유역면적, 강우강도
④ 우량, 수위, 유량

5 가능최대강수량(PMP)

★☆☆

31 대규모 수공구조물의 설계우량을 가장 적합한 것은?

① 평균면적 우량
② 가능최대강수량(PMP)
③ 기록상의 최대우량
④ 재현기간 100년에 해당하는 강우량

★☆☆

32 가능최대강수량에 대한 설명으로 적합한 것은?

① 대규모 수공구조물의 설계홍수량을 결정하는 데 사용한다.
② 강우량의 장기변동성향을 판단하는 데 사용한다.
③ 최대강우강도와 면적 관계를 결정하는 데 사용한다.
④ 홍수량 빈도 해석에 사용한다.

★☆☆

33 최대가능강수량을 설명한 것 중 옳지 않은 것은?

① 수공구조물의 설계홍수량을 결정하는 기준으로 사용된다.
② 물리적으로 발생할 수 있는 강수량의 최대한계치를 말한다.
③ 예전에 일어났던 호우정보로부터 통계적 방법을 이용하여 결정한다.
④ 재현기간 200년을 넘는 확률강수량만이 이에 해당한다.

8.4 강우 자료의 해석 정답과 풀이

01 정답 ③ **출제** 산02, 산04

강수량 자료를 수문학적으로 해석하는 이유는 홍수량을 추정하기 위한 것이다. 따라서 수질에 관한 자료는 필요 없다.

02 정답 ③ **출제** 기06, 기09

강우강도와 강우지속시간은 반비례한다.

03 정답 ① **출제** 기06, 기09-1, 기14-4

강우강도는 시간당의 강우량이므로, 강우 깊이가 일정할 때 강우지속시간이 길면 강우강도는 작아진다.

04 정답 ② **출제** 기16-4, 기20-2

강우강도식은 지역에 따라 다르기 때문에 지역마다 별도로 만들어야 한다.

05 정답 ④ **출제** 기00

강우강도에 관한 경험식들은 지역특성에 따라 형태가 다른 식을 사용한다.

06 정답 ② **출제** 기06, 산04, 산07, 산09

$$R_{20} = It = 20 \times \frac{20}{60} = 6.67 \text{ (mm)}$$

07 정답 ③ **출제** 기05, 기06, 기13-2

$$I = \frac{R}{t} = \frac{200}{100/60} = 120 \text{ (mm/hr)}$$

08 정답 ④ **출제** 기02

$$R_{120} = I \times t = 100 \times \frac{120}{60} = 200 \text{ (mm)}$$

09 정답 ④ **출제** 기07-1, 기10-2

- Talbot형: $I = \frac{a}{t+b}$
- Sherman형: $I = \frac{c}{t^n}$
- Japanese형: $I = \frac{d}{\sqrt{t}+e}$
- IDF 곡선: $I = \frac{kT^x}{t^n}$

10 정답 ② **출제** 기02

- Talbot형: $I=\dfrac{a}{t+b}$
- Sherman형: $I=\dfrac{c}{t^n}$
- Japanese형: $I=\dfrac{d}{\sqrt{t}+e}$

11 정답 ① **출제** 기04, 기13-1

$$I_1=\frac{R_1}{t_1}=\frac{200}{100/60}=120\ \text{(mm/hr)}$$

$$I_2=\frac{R_2}{t_2}=\frac{50}{30/60}=100\ \text{(mm/hr)}$$

$$I_3=\frac{R_3}{t_3}=\frac{120}{80/60}=90\ \text{(mm/hr)}$$

12 정답 ② **출제** 기00, 산07

$$I_A=\frac{R_A}{t_A}=\frac{15}{10/60}=90\ \text{(mm/hr)}$$

$$I_B=\frac{R_B}{t_B}=\frac{50}{30/60}=100\ \text{(mm/hr)}$$

$$I_C=\frac{R_C}{t_C}=\frac{72}{45/60}=96\ \text{(mm/hr)}$$

$$I_D=\frac{R_D}{t_D}=\frac{132}{80/60}=99\ \text{(mm/hr)}$$

13 정답 ② **출제** 기00, 기16-2, 기20-2, 산00

$$I=\frac{5,000}{t+40}=\frac{5,000}{20+40}=83.3\ \text{(mm/hr)}$$

$$R_{20}=It=83.33\times\frac{20}{60}=27.8\ \text{(mm)}$$

14 정답 ③ **출제** 기03, 기09-4, 기14-1, 기19-2

20분간 연속인 최대강우는 15~35분 사이에서
$5+8+7+3=23$ (mm)이다.

강우강도는 $I=\dfrac{R}{t}=\dfrac{23}{20/60}=69$ (mm/hr)

15 정답 ③ **출제** 기03, 기05, 기17-1

5분 강우량을 구하면 다음 표와 같다.

시간(분)	0	5	10	15	20
누가우량(mm)	0	2	8	18	25
5분 강우량(mm)	–	2	6	10	7

10분 지속 최대강우량은 10~20분 사이로,
$R=10+7=17$ (mm)이다.

강우강도는 $I=\dfrac{R}{t}=\dfrac{17}{10/60}=102$ (mm/hr)

16 정답 ④ **출제** 기04, 기06, 기09

$$R_{20}=83.33\times\frac{20}{60}=27.8\ \text{(mm)}$$

17 정답 ④ **출제** 기05, 기06

$$I=\frac{R}{t}=\frac{14}{10/60}=84\ \text{(mm/hr)}$$

18 정답 ② **출제** 기00, 기01, 기18-3, 산06

5분 강우량을 구하면, 다음 표와 같다.

시간(분)	5	10	15	20	25	30	35	40
누가우량(mm)	2	5	10	20	35	40	43	45
5분 강우량(mm)	2	3	5	10	15	5	3	2

20분 지속 최대강우량은 10~30분 사이로,
$R=5+10+15+5=35$ (mm)이다.

강우강도 $I=\dfrac{R}{t}=\dfrac{35}{20/60}=105$ (mm/hr)

19 정답 ② **출제** 기16-1

15분간 최대우량은 10~25분 사이, 또는 15~30분 사이에서 $R=6+4+8=18$ (mm)

따라서 강우강도

$$I=\frac{R}{t}=\frac{18}{15/60}=72\ \text{(mm/hr)}$$

20 정답 ③ **출제** 산05, 산08

강우강도 – 지속시간 – 재현기간(생기빈도)의 관계를 나타낸 것이 I – D – F 해석이고

$I=\dfrac{kT^x}{t^n}$ 의 관계를 갖는다.

21 정답 ① **출제** 기12-2, 기16-1

t는 강우의 지속시간(min)으로서, 강우가 계속 지속될수록 강우강도(I)는 작아진다.

22 정답 ② **출제** 기07-2, 기10-4, 기13-4

DAD(depth – area – duration) 해석은 얻어진 강우기록으로부터 최대평균우량깊이 – 유역면적 – 강우 계속시간의 관계를 나타낸 방법이다.

23 정답 ① **출제** 기05, 기08-2, 기09-2, 기14-4, 기17-2, 기19-3, 산03

최대평균우량깊이 – 유역면적 – 지속기간 관계를 수립하는 작업을 DAD 해석이라 한다.

24 정답 ④ **출제** 기00, 산03

DAD(depth – area – duration) 해석은 최대평균우량깊이 – 유역면적 – 강우지속시간의 관계를 나타내므로 증발산량과는 관계가 적다.

25 정답 ④ **출제** 기03, 기07-1, 기12-4

DAD(depth – area – duration) 해석은 최대평균우량깊이 – 유역면적 – 강우지속시간의 관계를 나타내므로 상대습도와는 관계가 적다.

26 정답 ② **출제** 기05, 기12-1, 기17-1

DAD(depth – area – duration) 해석은 최대평균우량깊이 – 유역면적 – 강우지속시간의 관계를 나타내며, 최대평균우량깊이는 산술축, 유역면적은 대수축에 표시한다.

27 정답 ④ **출제** 기04, 기11-1, 산07

최대평균우량은 유역면적이 커지면 감소하고, 지속시간과 재현기간이 길면 증가(비례)한다.

28 정답 ③ **출제** 기16-2

DAD는 강우깊이(depth) – 집수면적(area) – 강우기간(duration) 간의 관계를 나타내는 것이다.

29 정답 ① **출제** 기08-4, 기14-2

DAD 곡선 작성순서

1. 각 유역의 지속시간별 최대우량을 누가우량곡선에서 결정하고, 전유역을 등우선에 따라 소유역으로 나눈다.
2. 각 소유역의 평균누가우량을 산정한다.
3. 소유역의 누가면적에 대해 평균누가우량을 산정한다.
4. 각 지속시간에 대한 최대평균우량깊이를 소유역의 누가면적별로 구하고 반대수지상에 표시하여 DAD 곡선을 얻는다.

30 정답 ① **출제** 기16-4, 기17-2

DAD는 강우깊이(depth) – 집수면적(area) – 강우기간(duration) 간의 관계를 나타내는 것이다.

31 정답 ② **출제** 기19-1

대규모 수공구조물 ⇒ 가능최대강수량(PMP)으로 연관지어 기억할 것

32 정답 ① **출제** 산05

대규모 수공구조물 ⇒ 가능최대강수량(PMP)으로 연관지어 기억할 것

33 정답 ④ **출제** 기00, 기03

가능최대강수량(probable maximum precipitation)이란 어떤 유역에 태풍이나 호우 등 최악의 기상조건이 발생한 경우 유역에 내릴 수 있는 가상의 최대강수량, 혹은 물리적으로 발생할 수 있는 강수량의 최대한계치를 말하며, 대규모 수공구조물의 설계 홍수량의 기준이다. 결정방법은 예전에 일어났던 호우정보들로부터 통계적 방법을 통하여 결정한다.

CHAPTER

09

증발산과 침투

CIVIL ENGINEERING

HYDRAULICS AND HYDROLOGY

CHAPTER

09 증발산과 침투

9.1 증발산

1 증발산

- **증발(evaporation)** 수표면 또는 토양면의 물이 태양에너지에 의해 기화하는 현상
- **증산(transpiration)** 물이 식물의 잎을 통해 수증기의 형태로 대기 중에 방출되는 현상

$$(\text{증발산, evapotranspiration}) = (\text{증발}) + (\text{증산})$$

2 증발에 영향을 주는 인자

- 온도, 바람, 상대습도, 대기압, 수질, 증발면의 성질과 형상

3 저수지 증발량 산정방법

- **물수지 방법** 일정 기간 동안 저수지 유입량과 유출량에 대한 물수지 계산법

$$\Delta S = P + I - O - E \pm G$$

여기서, ΔS는 저류량 변화(±), P는 (저수지 수면) 강수량(+)

I는 지표유입량(+), O는 지표유출량(+), E는 증발산량(+), G는 지하수 유출입량(±)이다.

- 각 항목에서 (+) 부호는 이 항목이 양의 값만 가지며, (±) 부호는 양음 어느 값이든 가질 수 있다는 의미이다.
- 이 식은 저수지 안으로 들어오는 양은 더하고, 나가는 양은 빼서 구성한다.
- 이 식을 증발산량에 대해 정리해서 계산한다.

- **에너지 수지방법** 펜맨(Penman)법
- **공기역학적 방법** 달톤(Dalton)법
- **증발접시 측정법**

$$(\text{증발접시계수}) = \frac{(\text{저수지 증발량})}{(\text{증발접시 증발량})}$$

9.1 증발산 기출문제

1 증발산

★☆☆

01 물의 순환 과정인 증발에 관한 다음 사항 중 옳지 않은 것은?

① 증발량은 물수지 방정식에 의하여 산정될 수 있다.
② 증발산은 증발, 증산, 차단을 포함한다.
③ 증발접시계수는 저수지 증발량의 증발접시 증발량에 대한 비이다.
④ 증발량은 수면과 수면에서 일정 높이에서의 포화증기압의 차이에 비례한다.

★☆☆

02 다음 증발에 대한 설명 중 옳지 않은 것은?

① 증발면으로부터의 수분의 이동은 바람과 바람에 의한 흐트러짐이 중요한 역할을 한다.
② 증발산량은 엄격한 의미에서 소비수량과 같다.
③ 증발산량은 증발량과 증산량의 합이다.
④ 증발접시계수는 증발접시 증발량에 대한 저수지 증발량의 비이다.

2 증발에 영향을 주는 인자

★☆☆

03 다음 중 증발에 영향을 미치는 인자가 아닌 것은?

① 온도　　② 대기압
③ 통수능　　④ 상대습도

3 저수지 증발량 산정방법

★☆☆

04 증발량 산정방법이 아닌 것은?

① Dalton 법칙　　② Holtan 공식
③ Penman 공식　　④ 물수지법

★☆☆

05 다음 중 증발산량을 산정하는 방법이 아닌 것은?

① Horton에 의한 방법
② Penman에 의한 방법
③ Blaney – Criddle에 의한 방법
④ Thornthwaite에 의한 방법

★☆☆

06 다음 중 증발량 산정방법이 아닌 것은?

① 에너지수지(energy budget) 방법
② 물수지(water budget) 방법
③ IDF 곡선 방법
④ Penman 방법

★★☆

07 어떤 유역 내에 계획상 만수면적 20 (km^2)인 저수지를 건설하고자 한다. 연강수량, 연증발량이 각각 1,000 (mm)와 800 (mm)이고, 유출계수와 증발접시계수가 각각 0.4와 0.7이라 할 때, 댐 건설 후 하류의 하천유량 증가량은?

① 4×10^5 (m^3)　　② 6×10^5 (m^3)
③ 8×10^5 (m^3)　　④ 1×10^5 (m^3)

★☆☆
08 다음 설명 중 옳지 않은 것은?

① Dalton 법칙에서 증발량은 증기압과 풍속의 함수이다.
② 증발산량은 증발량과 증산량의 합이다.
③ 증발산량은 엄격한 의미에서 소비수량과 같다.
④ 증발접시계수는 저수지 증발량의 증발접시 증발량에 대한 비이다.

★☆☆
09 물수지 관계를 표시하는 저류량 방정식은 어느 것인가? (단, E: 증발량, P: 총 강우량, I: 지표 유입량, D: 지하 유출입량, S: 지표 및 지하수 저류량 변화량, O: 지표유출량이다.)

① $E=P-I\pm U-O\pm S$
② $E=P+I-U+O\pm S$
③ $E=P-I+U-O\pm S$
④ $E=P+I\pm U-O\pm S$

★★☆
10 유역면적이 1 (km^2), 강수량이 1,000 (mm), 지표유입량이 400,000 (m^3), 지표유출량이 600,000 (m^3), 지하유입량이 100,000 (m^3), 저류량의 감소량이 200,000 (m^3)라면 증발량은?

① 300,000 (m^3) ② 500,000 (m^3)
③ 700,000 (m^3) ④ 900,000 (m^3)

★★☆
11 수표면적이 10 (km^2) 되는 어떤 저수지 수면으로부터 2 (m) 위에서 측정된 대기의 평균온도가 25℃, 상대습도가 65%이고, 저수지 수면 6 (m) 위에서 측정한 풍속이 4 (m/s), 저수지 수면 경계층의 수온이 20℃로 추정되었을 때 증발률(E_0)이 1.44 (mm/day)이었다면 이 저수지 수면으로부터의 일증발량(E_{day})은?

① 42,300 (m^3/day) ② 32,900 (m^3/day)
③ 27,300 (m^3/day) ④ 14,400 (m^3/day)

★★☆
12 수표면 면적이 200 (ha)인 저수지에서 24시간 동안 측정된 증발량은 2 (cm)이며, 이 기간 동안 평균 2 (m^3/sec)의 유량이 저수지로 유입된다. 24시간 경과 후 저수지의 수위가 초기 수위와 동일할 경우 저수지로부터의 유출량 체적은 얼마인가? (단, 저수지의 수표면 면적은 수심에 따라 변화하지 않는다.)

① 1,328 (ha · cm) ② 1,728 (ha · cm)
③ 2,160 (ha · cm) ④ 2,592 (ha · cm)

★★☆
13 수표면적이 10 (km^2)인 저수지에 24시간 동안 측정된 증발량이 2 (mm) 이며, 이 기간 동안 저수지 수위의 변화가 없었다면, 저수지로 유입된 유량은? (단, 저수지의 수표면적은 수심에 따라 변화하지 않는다.)

① 0.23 (m^3/s) ② 2.32 (m^3/s)
③ 0.46 (m^3/s) ④ 4.63 (m^3/s)

★☆☆
14 어느 지역의 증발접시에 의한 연증발량이 750 (mm)이다. 증발접시 계수가 0.7일 때 저수지의 연증발량을 구한 값은?

① 525 (mm) ② 532 (mm)
③ 534 (mm) ④ 520 (mm)

9.1 증발산 정답과 풀이

01 정답 ② **출제** 기16-2

증발산은 증발과 증산을 말하며, 차단은 포함하지 않는다.

02 정답 ② **출제** 기08-4

- 증발산량은 증발량과 증산량의 합이다.
- 소비수량이란 식생으로 피복된 지면으로부터의 증발량과 증산량만을 말한다.
- 따라서, (증발산량) ≠ (소비수량)

03 정답 ③ **출제** 기19-2

통수능은 개수로 흐름에 관련된 것이므로 증발에 영향을 미치지 않는다.

04 정답 ② **출제** 기10-2

증발량 산정방법에는 증발접시에 의한 방법, Dalton의 경험 공식, Penman 이론, 물수지 원리, 에너지 수지 원리 등이 있다. Holtan 식은 침투능식이다.

05 정답 ① **출제** 기10, 산07

Horton의 방법은 침투능에 대한 것이다.

06 정답 ③ **출제** 기14-2

증발량 산정법으로는 물수지 방법, 에너지수지 방법, 공기동역학적 방법(Dalton 법칙), 에너지수지 및 공기동역학 이론의 혼합적용 방법(Penman 방법), 증발접시 측정에 의한 방법 등이 있다.

I-D-F 곡선법은 강수에 대한 방법이다.

07 정답 ③ **출제** 기05

- 댐 건설 이전의 하천 연유량

=(연강수량)×(만수면적)×(유출계수)

$= 1.0 \times (20 \times 10^6) \times 0.4 = 8 \times 10^6 \ (\text{m}^3)$

- 댐 건설 이후의 하천 연유량

=(연강수량－연간 접시증발량×증발접시계수)×(유역면적)

$= (1.0 - 0.8 \times 0.7) \times (20 \times 10^6)$

$= 8.8 \times 10^6 \ (\text{m}^3)$

- 따라서 하천 유량 증가량은 $8 \times 10^5 \ (\text{m}^3)$이다.

08 정답 ③ **출제** 기08

소비수량이란 식생으로 피복된 지면으로부터의 증발량과 증산량만을 말한다.

따라서 (증발산량)≠(소비수량)

09 정답 ④ **출제** 기11-2

저류량 방정식은 물수지 방정식으로부터 증발량을 산정하는 공식이다.

$\Delta S = P + I - O - E \pm U$에서,

$E = P + I - O \pm U - \Delta S$이다.

음수가 될 수 없는 네 항목, 강우량(P), 유입량(I), 유출량(O), 증발산량(E)의 부호에 유의해야 한다.

10 정답 ③ **출제** 기04

물수지 방정식 $\Delta S = P + I - O - E \pm U$에서,

$E = P + I - O \pm U - \Delta S$

$$E = (1 \times 10^6) \times 1 + (4 \times 10^5) - (6 \times 10^5) + (1 \times 10^5) - (-2 \times 10^4) = 7 \times 10^5 \ (\text{m}^3)$$

11 정답 ④ **출제** 기06, 기14-1, 기17-4

(증발량)=(증발률)×(수표면적)

$=(1.44 \times 10^{-3}) \times (10 \times 10^6) = 14{,}400 \ (\text{m}^3/\text{day})$

12 정답 ① **출제** 기00, 산06

- 24시간 동안의 저수지 유출량

=저수지 유입량－저수지 증발량

- 유입량$=2 \times (24 \times 3{,}600) = 172{,}800 \ (\text{m}^3/\text{day})$

$=1{,}728 \ (\text{ha} \cdot \text{cm/day})$

- 증발량$=200 \times 2 = 400 \ (\text{ha} \cdot \text{cm/day})$
- 유출량$=1{,}728 - 400 = 1{,}328 \ (\text{ha} \cdot \text{cm/day})$

13 정답 ① **출제** 기15-1

(유입유량)×(시간)=(증발고)×(저수지표면적)

$It = EA$,

$$I = \frac{EA}{t} = \frac{(2 \times 10^{-3}) \times (10 \times 10^6)}{24 \times 60 \times 60} = 0.23 \ (\text{m}^3/\text{s})$$

14 정답 ① **출제** 기01, 기02, 산04

$$(\text{증발접시계수}) = \frac{(\text{저수지 증발량})}{(\text{접시증발량})}$$

(연증발량)=(증발접시계수)×(접시증발량)

$= 0.7 \times 750 = 525 \ (\text{mm})$

9.2 침투와 침루

1 침투와 침루

- **침투(infiltration)** 물이 지표면을 통해 흙 속으로 스며드는 현상
- **침루(percolation)** 침투한 물이 중력에 의해 계속 지하로 이동하여 지하수면에 도달하는 현상
- **침투능(infiltration capacity)** 토양면을 통해 물이 침투할 수 있는 최대율로, 단위는 (mm/hr)
- 침투능에 대한 대표적인 방법으로 Horton 식이 있다.

2 침투능의 지배인자

- 토양의 종류(공극의 크기와 분포), 포화층의 두께, 토양의 함유성분, 토양의 다짐 정도, 식생피복

9.2 침투와 침루 기출문제

1 침투와 침루

★☆☆
01 수문에 관련한 용어에 대한 설명 중 옳지 않은 것은?

① 증발이란 액체상태의 물이 기체상태의 증기로 바뀌는 현상이다.
② 증산(transpiration)이란 식물의 엽면(葉面)을 통해 지중(地中)의 물이 수증기의 형태로 대기 중에 방출되는 현상이다.
③ 침투(percolation)란 토양면을 통해 스며든 물이 중력에 의해 계속 지하로 이동하여 불투수층까지 도달하는 것이다.
④ 강수(precipitation)란 구름이 응축되어 지상으로 떨어지는 모든 형태의 수분을 총칭한다.

★☆☆
02 일단 물이 토양면을 통해 스며든 후 중력의 영향으로 계속 지하로 이동하여 지하수면까지 도달하게 되는 현상을 무엇이라 하는가?

① 침투(infiltration)
② 침투능(infiltration capacity)
③ 침투율(infiltration ratio)
④ 침루(percolation)

★☆☆
03 다음 중 옳은 것은?

① 수문학에서 강수란 구름이 응축되어 지상으로 떨어지는 모든 형태의 수분 중 비(rain)만을 말한다.
② 우량의 크기는 일정한 면적에 내린 총 우량에 그 면적을 곱하여 체적으로 표시한다.
③ 증발현상이란 물부자들이 눈 혹은 얼음과 같은 고체상태로부터 액체상태를 거치지 않고 바로 기화하는 것을 말한다.
④ 지상에 내린 물이 토양면을 통해 스며들어 중력의 영향으로 계속 지하로 이동하여 지하수면에 도달하는 현상을 침루(percolation)라 한다.

★☆☆
04 침투능에 관한 다음 설명 중 틀린 것은?

① 어떤 토양면을 통해 물이 침투할 수 있는 최대율을 말한다.
② 단위는 통상 (mm/hr) 또는 (in/hr)로 표시한다.
③ 침투능은 강우강도에 따라 변한다.
④ 침투능은 토양 조건과는 무관하다.

2 침투능의 지배인자

★☆☆
05 침투능에 영향을 주는 인자 중 가장 거리가 먼 것은?

① 토양의 다짐 정도　② 토양의 종류
③ 대기의 온도　④ 습도

9.2 침투와 침루 정답과 풀이

01 정답 ③ **출제** 기08-1, 기19-1

토양면을 통해 스며든 물이 중력에 의해 계속 지하로 이동하여 불투수층까지 도달하는 것을 침루(percolation)라 한다.

02 정답 ④ **출제** 기07-2, 기18-1, 산03, 산05

침루(percolation)란 토양면을 통해 스며든 물이 중력에 의해 계속 지하로 이동하여 불투수층까지 도달하는 현상이다.

03 정답 ④ **출제** 산00, 산04, 산06, 산08

- 강수는 지상으로 떨어지는 모든 형태의 수분을 말한다.
- 우량의 크기는 일정한 면적에 내린 총 우량을 면적으로 나누어 깊이로 표시한다.
- 증발은 액체상태로부터 기체상태로 변화되는 과정이다.

04 정답 ④ **출제** 기01, 기03, 기06

침투능은 어떤 토양에서 물이 침투할 수 있는 최대비율을 말하며, 단위는 (mm/hr) 또는 (in/h)를 사용하고, 강우강도와 토양 조건에 따라 변화한다.

05 정답 ④ **출제** 기01

침투능에 영향을 주는 인자로는 토양의 함유수분, 지질, 토양의 종류, 식생피복, 토양의 다짐 정도, 포화층의 두께, 대기의 온도 등이 있다.

9.3 침투능 결정법

1 침투능 결정법

- ϕ-지수법
- W-지수법
- SCS 초과강우량 산정법
- 토양의 초기함수량

2 ϕ-지수법

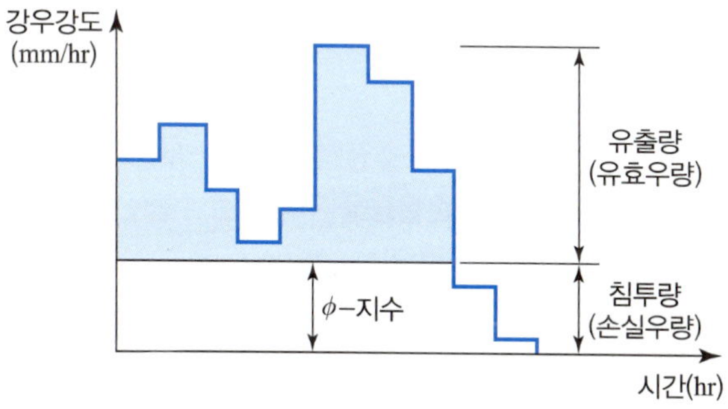

- 평균침투능에 해당된다.
- 시간에 따른 침투능 변화를 고려하지 않는다.
- 계산은 ϕ-지수의 범위를 먼저 가정하고, 유출량을 계산한 뒤 총 유출량과 비교하여 ϕ-지수 값을 결정한다.

2 W-지수법

- ϕ-지수법을 개량하여 차단과 손실을 제외

3 SCS의 초과 강우량 산정법

- 유출량 자료가 없는 경우
- 유역의 토양 특성과 식생피복 상태에 대한 자료에서 초과강우량 산정
- 유출곡선지수(curve number, CN)를 이용. 유출곡선지수는 강수량이 100일 때 그중에서 유출되는 양을 나타낸다.

4 토양의 초기 함수조건에 의한 유출량 산정법

- 선행강수지수(API)
- 시하수 유출량
- 토양함수 미흡량

9.3 침투능 결정법 기출문제

1 침투능 결정법

★☆☆

01 다음 중 토양의 침투능(infiltration capacity) 결정방법에 해당하지 않는 것은?

① 침투계에 의한 실측법
② 경험공식에 의한 계산법
③ 침투지수에 의한 수문곡선법
④ 물수지 원리에 의한 산정법

★☆☆

02 다음 중 침투능을 추정하는 방법은?

① ϕ - index 법 ② Theis 법
③ DAD 해석법 ④ N - day 법

★☆☆

03 다음 중 침투능을 추정하는 방법으로 옳은 것은?

① DAD 해석법 ② N - day 법
③ Thiessen 법 ④ W - index 법

★☆☆

04 다음 중 총 강우량과 손실량을 분리하는 방법은?

① ϕ - 지표법
② 지하수 감수 곡선법
③ 수평직선 분리법
④ 수정 N - day 법

★☆☆

05 침투지수법에 의한 침투능 추정방법에 관한 다음 설명 중 틀린 것은?

① 침투지수란 호우기간의 총 침투량을 호우지속기간으로 나눈 것이다.
② ϕ - 지수는 강우주상도에서 유효우량과 손실우량을 구분하는 수평선에 상응하는 강우강도와 그 크기가 같다.
③ W - 지수는 강우강도가 침투능보다 큰 호우기간 동안의 평균 침투능이다.
④ ϕ - 지수법은 침투능의 시간에 따른 변화를 고려한 방법으로서 가장 많이 이용된다.

2 ϕ - 지수법

★☆☆

06 침투능의 추정법 중에서 우량주상도상에서 총 강우량과 손실량을 구분하는 수평선에 대응하는 강우강도를 의미라는 것은?

① ϕ - 지수법 ② P - 지수법
③ N - day 법 ④ S - 곡선법

★☆☆

07 ϕ - 지수법을 설명한 것으로 옳은 것은?

① 초과강우량을 알기 위하여 침투율을 결정하는 한 가지 방법이다.
② 침투율 곡선을 정확히 추정하기 위한 방법이다.
③ 침투량을 측정하는 방법이다.
④ 강우량에서 침투, 차단, 표면저류된 양을 뺀 값으로 결정한다.

★★☆

08 1시간 간격의 강우량이 10 (mm), 20 (mm), 40 (mm), 10 (mm)이다. 직접 유출이 50%일 때 ϕ - 지표를 구하면?

① 6 (mm/hr) ② 8 (mm/hr)
③ 10 (mm/hr) ④ 12 (mm/hr)

★★☆

09 **어떤 지역에 내린 총강수량** 75 (mm)**의 시간적 분포가 각 시간별로** 5 (mm), 15 (mm), 20 (mm), 20 (mm), 14 (mm), 1 (mm)**이었다. 이 유역의 출구에서 측정한 지표유출량이** 33 (mm)**이었다면** ϕ**－지표는?**

① 6 (mm/hr) ② 7 (mm/hr)
③ 8 (mm/hr) ④ 9 (mm/hr)

★★☆

10 70 (mm)**의 강우량이 각 시간별로** 10 (mm), 40 (mm), 20 (mm), 10 (mm)**의 분포로 내렸을 때 유출량이** 30 (mm)**였다. 이때의** ϕ**－지수는?**

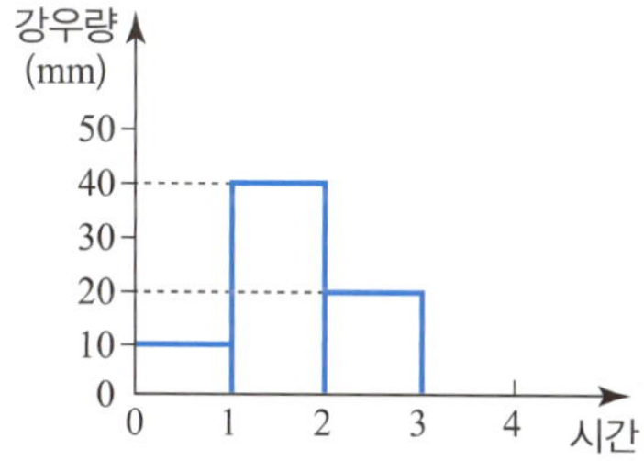

① 15 (mm/hr) ② 10 (mm/hr)
③ 20 (mm/hr) ④ 12.5 (mm/hr)

★☆☆

11 **어떤 유역에 내린 호우사상의 시간적 분포는 다음과 같다. 유역의 출구에서 측정한 지표유출량이** 15 (mm)**일 때** ϕ**－지표는?**

시간(hr)	0－1	1－2	2－3	3－4	4－5	5－6
강우강도(mm/hr)	2	10	6	8	2	1

① 2 (mm/hr) ② 3 (mm/hr)
③ 5 (mm/hr) ④ 7 (mm/hr)

★☆☆

12 **1시간 간격의 강우량이** 15.2 (mm), 25.4 (mm), 20.3 (mm), 7.6 (mm)**이다. 지표유출량이** 47.9 (mm)**일 때** ϕ**－지표는?**

① 5.15 (mm/hr) ② 2.58 (mm/hr)
③ 6.25 (mm/hr) ④ 4.25 (mm/hr)

★☆☆

13 **1시간 간격의 강우량이** 12.6 (mm), 23.3 (mm), 18.3 (mm), 5.7 (mm)**이다. 지표유출량이** 38 (mm)**일 때** ϕ**－지표는?**

① 3.34 (mm/hr) ② 4.72 (mm/hr)
③ 5.47 (mm/hr) ④ 6.91 (mm/hr)

3 SCS의 초과 강우량 산정법

★☆☆

14 SCS**의 초과 강우량 산정방법에 대한 설명 중 옳지 않은 것은?**

① 유역의 토지 이용 형태는 유효우량의 크기에 영향을 미친다.
② 유출곡선지수(runoff curve number)는 총 우량으로부터 유효우량의 잠재력을 표시하는 지수이다.
③ 투수성 지역의 유출곡선지수는 불투수성 지역의 유출곡선지수보다 큰 값을 가진다.
④ 선행토양함수조건(antecedent soil moisture condition)은 1년을 성수기와 비성수기로 나누어 각 경우에 대하여 3가지 조건으로 구분하고 있다.

4 토양의 초기 함수조건에 의한 유출량 산정법

★☆☆

15 **다음 중 선행강수지수와 관계되는 것은?**

① 토양의 초기 함수조건을 양적으로 표시하는 방법
② 강우의 침투 조건을 나타내는 방법
③ 지하수량과 강우량의 상관관계를 표시하는 방법
④ 하천유출량과 강우량의 상관관계를 표시하는 방법

9.3 침투능 결정법 정답과 풀이

01 정답 ④ **출제** 기09-1, 기15-2, 산06, 산08

물수지 원리에 의한 산정법은 침투능 결정방법이 아닌 증발량 산정방법이다.

02 정답 ① **출제** 기01, 기02, 기05, 기07-2, 기11-2

- 침투능 추정방법으로는 ϕ – index 법과 W – index 법이 있다.
- N – day 법은 직접유출과 기저 유출을 분리하는 방법이다.
- DAD 해석법은 강우깊이 – 유역면적 – 지속시간 관계이다.
- Thiessen 법은 유역의 평균 강우량을 분석하는 방법이다.

03 정답 ④ **출제** 산03

- 침투능 추정방법으로는 ϕ – index 법과 W – index 법이 있다.
- N – day 법은 직접유출과 기저 유출을 분리하는 방법이다.
- DAD 해석법은 강우깊이 – 유역면적 – 지속시간 관계이다.
- Thiessen 법은 유역의 평균 강우량을 분석하는 방법이다.

04 정답 ① **출제** 기08-2

ϕ – 지표법은 초과강우량을 알기 위한 평균 침투율을 결정하는 방법으로 총 강우량과 손실량을 구분하는 수평선에 대응하는 강우강

05 정답 ④ **출제** 산05, 산09

ϕ – 지수법은 초과강우량을 알기 위해 평균침투율을 결정하는 방법으로, 총 강우량과 손실량을 구분하는 수평선에 대응하는 강우강도로 나타내며, 침투능의 시간적 변화를 고려하지 않는 단점이 있다.

06 정답 ① **출제** 기08, 산02

ϕ – 지수는 초과강우량을 알기 위하여 평균침투율을 결정하는 방법으로 총 강우량과 손실량을 구분하는 수평선에 대응하는 강우강도로 나타낸다.

07 정답 ① **출제** 기01

ϕ – 지수법은 초과강우량을 알기 위해 평균침투율을 결정하는 방법으로, 총 강우량과 손실량을 구분하는 수평선에 대응하는 강우강도로 나타내며, 침투능의 시간적 변화를 고려하지 않는 단점이 있다.

08 정답 ③ **출제** 기02, 기05

총 강우량 $P = 10 + 20 + 40 + 10 = 80$ (mm)이고, 직접유출이 50%이므로 침투량은 40 (mm)이고, 강우지속시간은 4시간이다.

$0 \le \phi \le 10$ (mm/hr)라고 가정하면,

$(10-\phi)+(20-\phi)+(40-\phi)+(10-\phi)=40$

$4\phi = 80 - 40 = 40$

따라서, $\phi = 10$ (mm/hr) (가정을 만족)

09 정답 ④ **출제** 기00, 산02, 산04

일단 5 (mm/hr) $< \phi <$ 14 (mm/hr)라고 가정하면,

$(15-\phi)+(20-\phi)+(20-\phi)+(14-\phi)=33$

따라서, $\phi = 9$ (mm/hr) (가정을 만족)

10 정답 ① **출제** 기04, 기15-1

10 (mm/hr) $< \phi <$ 20 (mm/hr)라고 가정하면,

$(40-\phi)+(20-\phi)=30$ (mm)

따라서, $\phi = 15$ (mm/hr) (가정을 만족)

11 정답 ② **출제** 기03, 기17-1, 산04

총 강우량은 29 (mm)이고, 이중 15 (mm)가 유출되었다.

2 (mm/hr) $< \phi <$ 6 (mm/hr)로 가정하면,

$(10-\phi)+(6-\phi)+(8-\phi)=15$

따라서 $\phi = 3$ (mm/hr) (가정을 만족)

12 정답 ① **출제** 기04, 기17-2, 산05

총 강우량은 68.5 (mm)

지표유출량은 47.9 (mm)

$\phi < 7.6$ (mm/hr)로 가정하면,

$(15.2-\phi)+(25.4-\phi)+(20.3-\phi)+(7.6-\phi)=47.9$

따라서 $\phi = 5.15$ (mm/hr) (가정을 만족)

13 정답 ③ **출제** 기09-4

$\phi < 5.7$ (mm/hr)라 가정하면,

$(12.6-\phi)+(23.3-\phi)+(18.3-\phi)+(5.7-\phi)=38.9$

따라서, $\phi = 5.48$ (mm/hr) (가정을 만족)

14 **정답** ③ **출제** 기07-4, 기09-4, 기16-4

직접유출은 (강우)−(침투)이므로, 투수성 지역의 유출곡선지수는 불투수성 지역의 유출곡선지수보다 작은 값을 가진다.

15 **정답** ① **출제** 기00, 산10

선행강수지수는 토양의 초기 함수조건을 양적으로 표시하는 방법으로, 초기 함수량이 크면 침투량이 작아진다.

CHAPTER

10

유출과 수문곡선

CIVIL ENGINEERING

HYDRAULICS AND HYDROLOGY

CHAPTER

10 유출과 수문곡선

10.1 유출

1 유출 발생 원천에 따른 분류

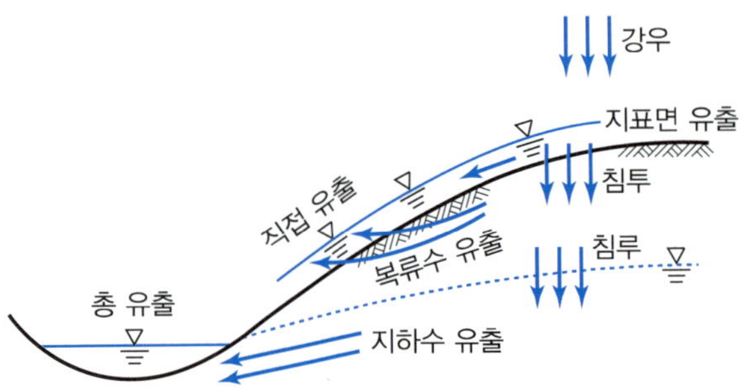

- 지표면 유출
- 지표하 유출(중간유출)
- 지하수 유출
- 유효강우

2 유출 해석을 위한 분류

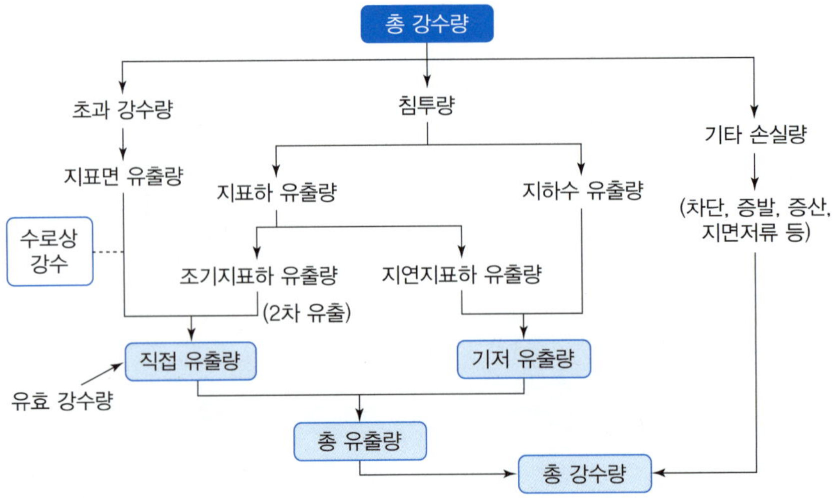

- **직접유출** 강우 중 또는 강우 후 단시간 내에 하천으로 흘러가는 유출
  - 지표면 유출
  - 복류수 유출
  - 수로상 강수

- **기저유출**
  - 강우 전 건조 시 유출
  - 지하수 유출
  - 강우가 지연되어 유출되는 지연지표하 유출

3 유출의 지배인자

- **유출의 지배인자**
  - 지상학적 인자: 유역의 경사, 유역의 면적, 유역의 형상, 유역의 고도
  - 기후학적 인자: 증발, 증산, 강수 등

- **하천밀도**

$$(\text{하천밀도})=\frac{(\text{본류와 지류의 총 길이})}{(\text{유역면적})},\quad D_d=\frac{1}{A}\Sigma L$$

- **유역형상계수**

$$(\text{유역형상계수})=\frac{(\text{유역의 평균폭})}{(\text{유역길이})},\quad F=\frac{B}{L}$$

- **유역평균폭**

$$(\text{유역의 평균폭})=\frac{(\text{유역면적})}{(\text{유역길이})},\quad B=\frac{A}{L}$$

4 유출의 소요시간

- **도달시간(travel time, 집중시간, time of concentration; t_c)** 유역 출구에서 가장 먼 점에 내린 강수가 유역 출구까지 도달하는 데 소요되는 시간
- **유입시간(t_0)** 최원점에 내린 강수가 하도로 유입되기까지 소요되는 시간
- **유하시간(t_f)** 하도시점에서 하도종점까지의 흘러가는 시간
- (도달시간)=(유입시간)+(유하시간)

$$t_c=t_0+t_f$$

10.1 유출 기출문제

1 유출 발생 원천에 따른 분류

★☆☆
01 다음의 물의 순환 중 빈칸에 알맞은 것은?

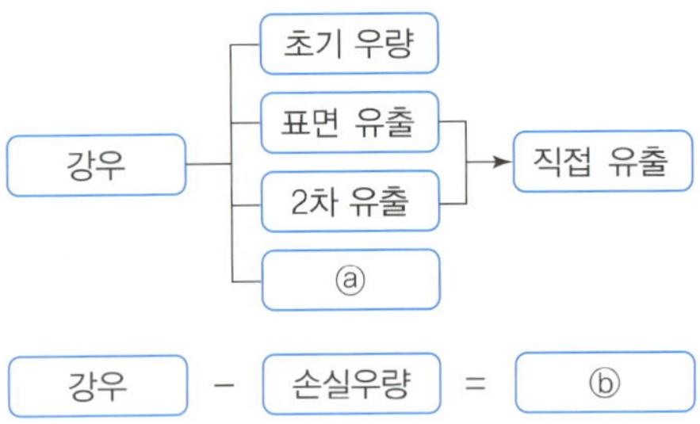

① ⓐ 기저유량, ⓑ 지하수 유출
② ⓐ 기저 유출, ⓑ 유효우량
③ ⓐ 유효우량, ⓑ 기저 유출
④ ⓐ 유효우량, ⓑ 지하수 유출

★☆☆
02 다음 중 직접 유출량에 포함되는 것은?

① 지체지표하 유출량　② 지하수 유출량
③ 기저 유출량　④ 조기지표하 유출량

★☆☆
03 유출을 구분하면 표면 유출(A), 중간 유출(B), 및 지하수 유출(C)로 구분할 수 있다. 또한, 중간 유출은 조기 지표하 유출(B_1)과 지연 지표하 유출(B_2)로 구분한다. 직접 유출을 옳게 나타낸 것은?

① (A)+(B)+(C)　② (A)+(B_1)
③ (A)+(B_2)　④ (A)+(B)

★☆☆
04 다음 중에서 차원이 다른 것은?

① 증발량　② 침투율
③ 강우강도　④ 유출량

★☆☆
05 다음 중 유효강수량(effective rainfall)과 가장 관계가 깊은 것은?

① 직접 유출량　② 기저 유출량
③ 지표면 유출량　④ 지표하 유출량

★☆☆
06 유효강우량(effective rainfall)에 대한 설명으로 옳은 것은?

① 지표면 유출에 해당하는 강우량이다.
② 총 유출에 해당하는 강우량이다.
③ 기저 유출에 해당하는 강우량이다.
④ 직접 유출에 해당하는 강우량이다.

★☆☆
07 유출(流出)에 대한 설명으로 옳지 않은 것은?

① 비가 오기 전의 유출을 기저유출이라 한다.
② 우량은 그 전량이 하천으로 유출된다.
③ 일정기간에 하천으로 유출되는 수량의 합을 유출량(流出量)이라 한다.
④ 유출량과 그 기간의 강수량의 비(比)를 유출계수 또는 유출률(流出率)이라 한다.

★☆☆
08 다음 설명 중 기저유출에 해당하는 것은?

> 유출은 유수의 생기원천에 따라 (A) 지표면 유출, (B) 지표하(중간) 유출, (C) 지하수 유출로 분류되며, 지표하 유출은 (B_1) 조기 지표하 유출(prompt subsuface runoff), (B_2) 지연 지표하 유출(delayed subsurface runoff)로 구성된다.
> 또한 실용적인 유출 해석을 위해 하천수로를 통한 총 유출은 직접 유출과 기저 유출로 분류된다.

① (A)+(B)+(C)　② (B)+(C)
③ (A)+(B_1)　④ (C)+(B_2)

2 유출 해석을 위한 분류

★☆☆
09 다음 중 홍수 피해에 직접적인 영향을 미치는 유출 형태는?

① 기저 유출　② 지하수 유출
③ 지표면 유출　④ 지표하 유출

★☆☆
10 유출에 대한 설명으로 옳지 않은 것은?

① 직접 유출(direct runoff)은 강수 후 비교적 짧은 시간 내에 하천으로 흘러들어가는 부분을 말한다.
② 지표 유출(surface runoff)은 짧은 시간 내에 하천으로 유출되는 지표류 및 하천 또는 호수면에 직접 떨어진 수로상 강수 등으로 구성된다.
③ 기저 유출(base flow)은 비가 온 후의 불어난 유출을 말한다.
④ 하천에 도달하기 전에 지표면 위로 흐르는 유출을 지표류(overland flow)라 한다.

3 유출의 지배인자

★☆☆
11 다음 중 유역에 대한 용어의 정의로 틀린 것은?

① 유역 평균폭 = 유역면적 / 유로연장
② 유역형상계수 = 유역면적 / (유로연장)^2
③ 하천밀도 = 유역면적 / 본류와 지류의 총 길이
④ 하상계수 = 최대유량 / 최소유량

★☆☆
12 다음 중 유출에 영향을 미치는 인자가 아닌 것은?

① 유역의 특성　② 유로의 특성
③ 유역의 기후　④ 하천 수위

★☆☆
13 한 유역에서의 유출 현상은 그 유역의 지상학적 인자와 기후학적 인자의 영향을 받는다. 다음 중 지상학적 인자에 속하는 것은?

① 유역의 고도　② 강수
③ 증발　④ 증산

★☆☆
14 다음 중 유출에 영향을 미치는 인자로 볼 수 없는 것은?

① 유역의 면적　② 유역의 경사
③ 유역의 형상　④ 유역의 위치

★☆☆
15 유역의 평균폭 B, 유역면적 A, 본류의 유로연장 L인 유역의 형상을 양적으로 표시하기 위한 유역형상계수는?

① $\dfrac{A}{L}$　② $\dfrac{A}{L^2}$
③ $\dfrac{B}{L}$　④ $\dfrac{B}{L^2}$

4 유출의 소요시간

★☆☆
16 강우로 인한 유수가 그 유역 내의 가장 먼 지점으로부터 유역출구까지 도달하는 데 소요되는 시간을 의미하는 것은?

① 강우지속시간　② 지체시간
③ 도달시간　④ 기저시간

★☆☆
17 어떤 계속된 호우에 있어서 총유효우량 ΣR_e (mm), 직접유출의 총량 ΣQ_e (m^3), 유역면적 A (km^2) 사이에 성립하는 식은?

① $\Sigma R_e = A \times \Sigma Q_e$
② $\Sigma R_e = \dfrac{10^3 \times A}{\Sigma Q_e}$
③ $\Sigma R_e = 10^3 \times A \times \Sigma Q_e$
④ $\Sigma R_e = \dfrac{\Sigma Q_e}{10^3 \times A}$

10.1 유출 정답과 풀이

01 정답 ② **출제** 산04

- 총 강우량은 유효우량과 손실우량으로 나누어진다.
- 유출은 직접 유출과 기저 유출로 나누어진다.

02 정답 ④ **출제** 기18-3

직접 유출은 지표면 유출과 조기지표하 유출 등 강우가 내린 후 단시간 내에 하천으로 흘러 들어가는 부분이다.

03 정답 ② **출제** 기01, 기08-2

(직접 유출)=(지표면 유출)+(조기지표하 유출)
+(수로상 강우)

(기저 유출)=(지하수 유출)+(지연지표하 유출)

04 정답 ④ **출제** 기17-4

①, ②, ③은 모두 $[LT^{-1}]$, ④는 $[L^3T^{-1}]$

05 정답 ① **출제** 기01, 기02, 기05, 기06, 기08-1, 기14-2, 기16-4, 기18-2

(유효강 수량) → (직접 유출)
=(지표면 유출)+(조기지표하 유출)+(수로상 강우)

06 정답 ④ **출제** 기13-4

(유효강수량) → (직접 유출)
=(지표면 유출)+(조기지표하 유출)+(수로상 강우)

07 정답 ② **출제** 기15-2, 기19-1

(강수량)=(증발산량)+(지표면 유출량)+(침투량)

08 정답 ④ **출제** 기16-2

기저 유출은 현재의 강우에 무관하게 유출되는 것이며,
(기저 유출)=(지하수 유출)+(지연지표하 유출)

09 정답 ③ **출제** 산02

홍수 피해에 직접적인 영향을 주는 유출은 직접 유출 중 지표면 유출이다.

10 정답 ③ **출제** 기04, 기12-1

기저 유출(base flow)은 비가 오기 전 건천후 시의 유출을 말한다.

11 정답 ③ **출제** 기03

(하천밀도)= $\dfrac{(\text{본류와 지류의 총 길이})}{(\text{유역면적})}$

$$D_d = \frac{1}{A}\Sigma L$$

12 정답 ④ **출제** 기03

유출에 영향을 주는 인자

- 기후학적 인자: 증발, 증산, 강수 등
- 지형학적 인자: 유역의 경사, 유역의 면적, 유역의 형상, 유역의 고도 등

주의 유역의 위치 및 하천 수위는 유출에 영향을 미치는 인자에 해당되지 않는다.

13 정답 ① **출제** 기02

유출에 영향을 주는 인자

- 기후학적 인자: 증발, 증산, 강수 등
- 지형학적 인자: 유역의 경사, 유역의 면적, 유역의 형상, 유역의 고도 등

주의 유역의 위치 및 하천 수위는 유출에 영향을 미치는 인자에 해당되지 않는다.

14 정답 ④ **출제** 산02, 산06, 산08

유출에 영향을 주는 인자

- 기후학적 인자: 증발, 증산, 강수 등
- 지형학적 인자: 유역의 경사, 유역의 면적, 유역의 형상, 유역의 고도 등

주의 유역의 위치 및 하천 수위는 유출에 영향을 미치는 인자에 해당되지 않는다.

15 정답 ② **출제** 기17-2

(유역형상계수)= $\dfrac{(\text{유역의 평균폭})}{(\text{유역길이})}$, $F=\dfrac{B}{L}$

(유역의 평균폭)= $\dfrac{(\text{유역면적})}{(\text{유역길이})}$, $B=\dfrac{A}{L}$

주의 답이 두 개. 실제 시험에서는 ②가 답으로 제시되었으나 ③도 분명히 답이 될 수 있으며, Horton의 최초 정의 관점에서 보면 오히려 ③을 선택하는 것이 바람직하다.

16 정답 ③ **출제** 기14-4, 기20-2

도달시간: 하천본류를 따라 유역의 가장 먼 곳(유출시간 관점)에서부터 출구까지 물이 유하하는 데 소요되는 시간을 도달시간이라 하며, 홍수량에 큰 영향을 준다.

17 정답 ④ **출제** 기17-2

(m) 단위로 생각하면,

$$\Sigma Q_e = (\Sigma R_e \times 10^{-3})(A \times 10^6)$$

따라서 $\Sigma R_e = \dfrac{\Sigma Q_e}{10^3 \times A}$

10.2 하천유량

1 하천수위 측정

• **일평균수위** 오전 8시와 오후 8시의 수위 평균

2 유속 측정

• **유속계를 이용한 연직평균유속(V_m) 측정법**

측정방법	계산식	수심 조건
표면법	$V_m = 0.85\,V_s$	–
1점법	$V_m = V_{0.6}$	$h < 0.6$ (m)
2점법	$V_m = (V_{0.2} + V_{0.8})/2$	$0.6 < h < 3.0$ (m)
3점법	$V_m = (V_{0.2} + 2V_{0.6} + V_{0.8})/4$	$h > 3.0$ (m)

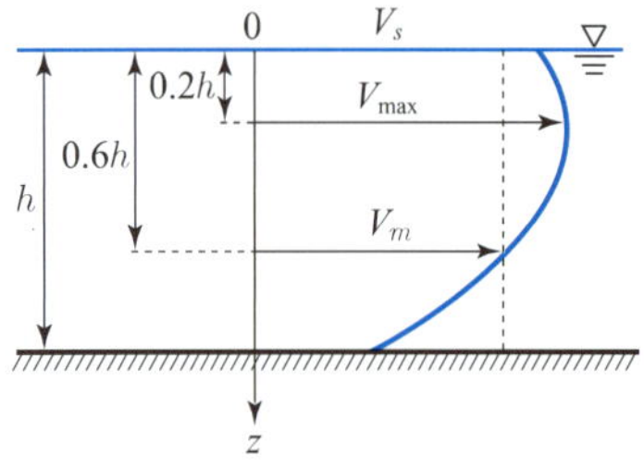

- V_s: 표면유속
- $V_{0.2}$: 수심의 20% 깊이($0.2h$)에서 측정한 유속
- $V_{0.6}$: 수심의 60% 깊이($0.6h$)에서 측정한 유속
- $V_{0.8}$: 수심의 80% 깊이($0.8h$)에서 측정한 유속

3 수위–유량관계곡선(stage-discharge rating curve)

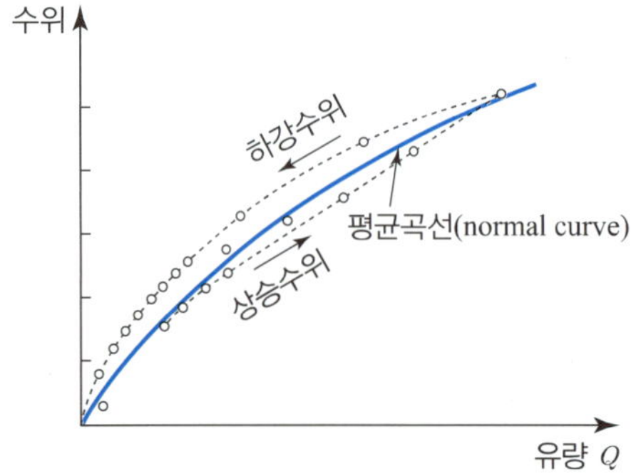

• **수위관측단면에서 하천수위와 유량을 동시 측정하여 수위와 유량의 관계를 나타낸 곡선**

• **고리형 수위–유량곡선의 원인**
- 배수 및 저하 효과
- 홍수 시 수위의 급변화
- 하도의 인공적 변화

- **수위-유량곡선의 연장** 전대수지법, 스티븐스(Stevens) 법, 매닝(Manning) 공식에 의한 방법
- 대하천의 첨두홍수량을 간접적으로 산정하는 방법으로 경사-면적법(slope-area method)을 많이 이용한다.

4 유황곡선

풍수위(풍수량)	1년 중	95일	이상 이보다 적어지지 않는 수위(유량)
평수위(평수량)		185일	
저수위(저수량)		275일	
갈수위(갈수량)		355일	

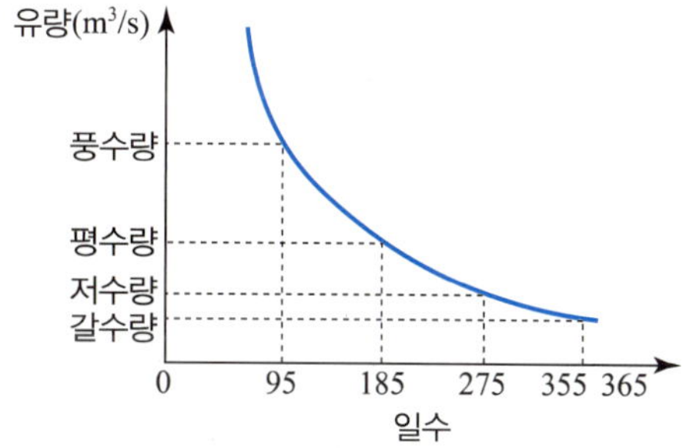

- 풍, 평, 저는 90일의 1배, 2배, 3배수에 5일을 더한 것이고, 갈은 4배수에서 5를 뺀 것으로 일수를 기억하면 된다.

5 유량빈도곡선(유량지속곡선)과 우량누가곡선

- 어느 유량의 값보다 같거나 큰 값이 전체시간의 몇 %에 해당하는지 나타낸 곡선
- 유량빈도곡선의 경사가 급할 때는 홍수가 빈번하고 지하수의 하천방출이 작다.

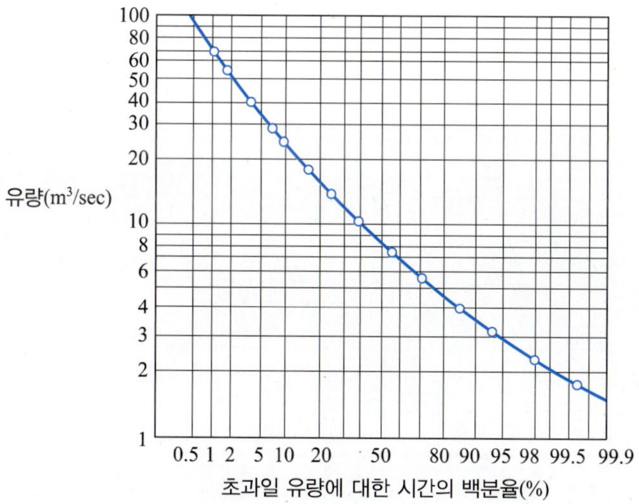

6 비유량과 유출계수

• 비유량(specific discharge)은 유역의 단위면적당 유출량($m^3/sec/km^2$)을 의미한다.

$$(\text{비유량}) = \frac{(\text{유량})}{(\text{유역면적})}$$

• 유출계수란 어떤 하천유역에 내린 강수량에 대한 하천유출의 비율을 의미한다.

$$(\text{유출계수}) = \frac{(\text{유출고})}{(\text{강수량})}$$

– 유출계수의 단위는 무차원이며, 0.0～1.0의 값을 갖는다.
– 강수량의 단위가 (mm)이므로, 유출고도 (mm) 단위를 가져야 한다.
– 유출고는 하천유출량(m^3)을 유역면적(km^2)으로 나눈 뒤, (mm) 단위로 만든다.

10.2 하천유량 기출문제

1 하천수위 측정

• 2000년 이후는 출제된 문제 없음

2 유속 측정

★☆☆

01 **개수로 내의 흐름에서 평균유속을 구하는 방법 중에 2점법은 수면하 어느 위치에서의 유속 측정값을 평균한 값인가?**

① 수면하 전수심으로 50% 위치
② 수면하 10%와 90% 위치
③ 수면하 20%와 80% 위치
④ 수면하 40%와 60% 위치

★☆☆

02 **어느 하천의 수심이 3 (m)이다. 2점법에 의하여 평균유속을 구하려 할 때 유속계의 위치는 바닥에서 어느 위치에 있어야 하는가?**

① 0.6 (m), 2.4 (m) ② 0.6 (m), 1.8 (m)
③ 0.9 (m), 2.4 (m) ④ 0.9 (m), 1.8 (m)

★☆☆

03 **하천의 평균유속 V를 구하는 방법으로 적절하지 <u>못한</u> 것은? (여기서 V_s는 표면유속, $V_{0.2}$, $V_{0.4}$, $V_{0.6}$, $V_{0.8}$은 수면으로부터 수심의 20%, 40%, 60%, 80%에 해당하는 지점의 유속을 말한다.)**

① 표면법: $V=0.85V_s$
② 1점법: $V=V_{0.6}$
③ 2점법: $V=\frac{1}{2}(V_{0.2}+V_{0.8})$
④ 3점법: $V=\frac{1}{4}(V_{0.2}+V_{0.6}+V_{0.8})$

★☆☆

04 **하천의 어느 단면에서의 수심이 5 (m)이다. 이 단면에서 연직 방향의 수심별 유속자료가 다음 표와 같을 때 이점법에 의해서 평균유속을 구하면 얼마인가?**

수심(m)	0.0	0.5	1.0	2.0	3.0	4.0	4.5
유속(m/s)	1.1	1.5	1.3	1.1	0.8	0.5	0.2

① 0.8 (m/s) ② 0.9 (m/s)
③ 1.1 (m/s) ④ 1.3 (m/s)

3 수위－유량관계곡선

★☆☆

05 **자연 하천에서 여러 기지 이유로 인하여 수위－유량 곡선은 고리형을 이루고 있다. 그 이유가 <u>아닌</u> 것은?**

① 배수 및 저하 효과
② 홍수 시 수위의 급변화
③ 하도의 인공적 변화
④ 하천 유량의 계절적 변화

★☆☆

06 **다음 중 수위－유량 관계 곡선의 연장방법이 <u>아닌</u> 것은?**

① 전대수지법
② Stevens 법
③ Manning 공식에 의한 방법
④ 유량빈도곡선법

★☆☆

07 **하천 유출에서 rating curve는 어느 것에 관련된 것인가?**

① 수위－시간 ② 수위－유량
③ 수위－단면적 ④ 수위－유속

★☆☆

08 대규모의 홍수가 발생할 경우 점유속의 측정에 의한 첨두홍수량의 산정은 큰 하천에서는 실질적으로 불가능한 경우가 많아 간접적인 방법으로 추정하여야 한다. 이러한 방법으로 가장 많이 사용되는 것은?

① 경사-면적 방법(slope-area method)
② SCS 방법(Soil Conservation Service)
③ DAD 해석법
④ 누가우량곡선법

4 유황곡선

★☆☆

09 수문학에서 저수위(LWL)란 1년을 통해서 며칠 동안 이보다 저하하지 않는 수위인가?

① 185일 ② 200일
③ 275일 ④ 355일

★☆☆

10 다음 설명 중 옳은 것은?

① 풍수량은 1년을 통하여 85일은 이보다 더 작지 않은 유량이다.
② 평수량은 1년을 통하여 180일은 이보다 더 작지 않은 유량이다.
③ 저수량은 1년을 통하여 275일은 이보다 더 작지 않은 유량이다.
④ 갈수량은 1년을 통하여 350일은 이보다 더 작지 않은 유량이다.

5 유량빈도곡선(유량지속곡선)과 유량누가곡선

★☆☆

11 다음 사항 중 옳지 않은 것은?

① 유량빈도곡선의 경사가 급하면 홍수가 드물고, 지하수의 하천방출이 크다.
② 수위-유량 관계곡선의 연장방법인 Stevens 법은 Chézy의 유속공식을 이용한다.
③ 자연하천에서 대부분 동일 수위에 대한 수위 상승 시와 하강 시의 유량이 다르다.
④ 합리식은 어떤 배수영역에 발생한 호우강도와 첨두유량 간 관계를 말한다.

6 비유량과 유출계수

★☆☆

12 비유량(specific discharge)을 바르게 설명한 것은?

① 유량 측정 단면에서의 유량을 그 유역의 배수면적으로 나눈 것
② 하천의 유량을 단면폭으로 나눈 것
③ 유입량을 유출량으로 나눈 것
④ 유량을 비에너지로 나눈 것

★☆☆

13 유역면적이 180 (km^2)이고, 최대 비유량이 4.0 (m^3/sec/km^2)가 되려면 최대 홍수량은?

① 45 (m^3/sec) ② 720 (m^3/sec)
③ 12 (m^3/sec) ④ 900 (m^3/sec)

10.2 하천유량 정답과 풀이

01 정답 ③ **출제** 기04

2점법에 의한 평균유속공식은
$V_m = (V_{0.2} + V_{0.8})/2$이다.

02 정답 ① **출제** 기01

수심이 3.0 (m)이므로,
$y_{0.2} = 0.6$ (m), $y_{0.8} = 2.4$ (m)

03 정답 ④ **출제** 기02, 산07

3점법은 $V = \frac{1}{4}(V_{0.2} + 2V_{0.6} + V_{0.8})$

04 정답 ② **출제** 산06, 산10

이점법

$y_{0.2} = 0.2 \times 5 = 1.0$ (m)

$y_{0.8} = 0.8 \times 5 = 4.0$ (m)

$$V_m = \frac{V_{0.2} + V_{0.8}}{2} = \frac{1.3 + 0.5}{2} = 0.9 \text{ (m/s)}$$

05 정답 ④ **출제** 기01, 기06, 기08-4, 기15-1

자연하천에서 수위－유량관계곡선(rating curve)은 준설, 세굴, 퇴적 등에 의한 하도의 인공적 변화, 배수 및 저하 효과, 홍수 시 수위의 급상승 및 급강하로 인하여 고리형(loop)을 이루고 있다.

06 정답 ④ **출제** 기00, 기04, 기06, 기09-2, 기15-2, 산06

수위－유량관계곡선의 연장방법은 전대수지법, Stevens법, Manning 공식에 의한 방법 등이 있다.

07 정답 ② **출제** 기10-1

② 하천 유출에서 수위와 유량의 관계를 수위－유량곡선(rating curve)이라 한다.

08 정답 ① **출제** 기11-1

대하천의 첨두 홍수량을 간접적으로 산정하는 방법으로 많이 이용되는 것은 경사－면적 방법(slope－area method)이다.

09 정답 ③ **출제** 기10-1, 산08

- 풍수위: 95일
- 평수위: 185일
- 저수위: 275일
- 갈수위: 355일

10 정답 ③ **출제** 기07-1

- 풍수위: 95일
- 평수위: 185일
- 저수위: 275일
- 갈수위: 355일

11 정답 ① **출제** 기07-1, 기07-4, 기09-4, 기12-2, 기12-4

유량빈도곡선은 측수점에서의 유량이 어떤 값과 같거나 이보다 큰 시간의 백분율을 나타내는 곡선으로 급경사일 때는 홍수가 빈번하고 지하수의 하천 방출이 작으며, 완경사일 때는 홍수가 드물고 지하수의 하천 방출이 크다.

12 정답 ① **출제** 산08, 산10

비유량(specific discharge)은 유역의 단위면적당 유출량(m^3/sec/km^2)을 의미하며,

$$(\text{비유량}) = \frac{(\text{유량})}{(\text{배수면적})}$$ 으로 나타낸다.

13 정답 ② **출제** 기02

$$(\text{비유량}) = \frac{(\text{홍수량})}{(\text{유역면적})}$$ 에서

(홍수량)＝(비유량)×(유역면적)
$= 4 \times 180 = 720$ (m^3/s)

10.3 수문곡선

1 수문곡선의 구성

• **수문곡선(hydrograph)** 하천의 어떤 단면에서 수위 또는 유량의 시간변화를 표시한 곡선
  – 수위수문곡선과 유량수문곡선이 있음
  – 지체시간: 유효우량주상도의 중심에서 첨두유량 발생시간까지의 시간차
  – 기저시간: 수문곡선의 상승기점부터 직접유출이 끝나는 시간까지

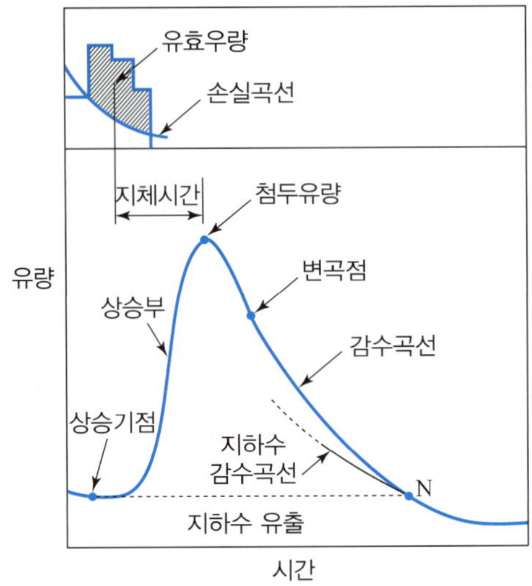

2 수문곡선과 유출

• 유역면적이 A (km^2)인 유역의 수문곡선이 첨두유량 Q_p (m^3/s), 기저시간 t_b (hr)일 때, 다음과 같은 관계가 성립한다.

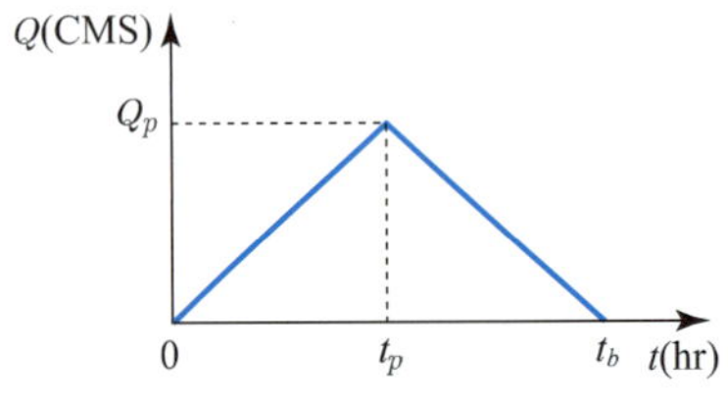

- 총 유출량 $V=\frac{1}{2}Q_p t_b \times 3{,}600$ (m^3)
- 유출깊이 $D=\frac{V}{A}=\frac{1}{2A}Q_p t_b \times \frac{3{,}600}{10^6}=(1.8\times 10^{-3})\times\frac{Q_p t_b}{A}$ (m)
- 여기서, 모든 숫자는 각 변수 사이의 단위를 맞추기 위한 것이다.

3 호우조건과 토양수분 미흡량

- 강우강도(I)와 침투율(f_i), 침투수량(F_i), 토양수분미흡량(M_d)
  - $I < f_i$, $F < M_d$: 유출 발생 없음. 하천유량 조금 증가
  - $I < f_i$, $F > M_d$: 지표면 유출 없음. 중간 유출 발생
  - $I > f_i$, $F < M_d$: 지표면 유출 발생. 중간 유출 없음, 지하수위 상승 없음
  - $I > f_i$, $F > M_d$: 지표면, 중간, 지하수 유출. 하천유량 증가

4 수문곡선 분리

- 직접 유출과 기저 유출을 분리
- 수평직선분리법
- N－day 법
- 지하수 감수곡선법

10.3 수문곡선 기출문제

1 수문곡선의 구성

★☆☆

01 수문곡선 중 기저시간(base time)의 정의로 가장 옳은 것은?

① 수문곡선의 상승시점에서 첨두까지의 시간폭
② 강우 중심에서 첨두까지의 시간폭
③ 유출구에서 유역의 수리학적으로 가장 먼 지점의 물입자가 유출구까지 유하하는 데 소요되는 시간
④ 직접 유출이 시작되는 시간에서 끝나는 시간까지의 시간폭

★☆☆

02 수문곡선에 있어서 지체시간에 대한 설명 중 옳은 것은?

① 직접 유출의 시작점부터 첨두 유출이 생기는 데까지의 시간
② 직접 유출의 시작점부터 직접 유출이 끝나는 데까지의 시간
③ 유효강우주상도의 중심부터 첨두 유출이 생기는 데까지의 시간
④ 유효강우주상도의 중심부터 직접 유출이 끝나는 데까지의 시간

★☆☆

03 수문곡선에 대한 설명으로 옳지 않은 것은?

① 하천유로상의 임의의 한 점에서 수문량의 시간에 대한 관계 곡선이다.
② 초기에는 지하수에 의한 기저 유출만이 하천에 존재한다.
③ 시간이 경과함에 따라 지수분포형의 감수곡선이 된다.
④ 표면 유출은 점차적으로 수문곡선을 하강시키게 된다.

★☆☆

04 시간 매개변수에 대한 정의 중 틀린 것은?

① 첨두시간은 수문곡선의 상승부 변곡점부터 첨두유량이 발생하는 시각까지의 시간차이다.
② 지체시간은 유효우량 주상도의 중심에서 첨두유량이 발생하는 시각까지의 시간차이다.
③ 도달시간은 유효우량이 끝나는 시각에서 수문곡선의 감수부 변곡점까지의 시간차이다.
④ 기저시간은 직접 유출이 시작되는 시각에서 끝나는 시각까지의 시간차이다.

★☆☆

05 어떤 하천단면에서 유출량의 시간적 분포를 나타내는 홍수 수문곡선을 작성하는 일반적인 방법은?

① 시간별 하천유량을 유속계로 직접 측정하여 작성
② 하천 단면적과 평균유속을 측정하여 연속방정식으로 계산하여 작성
③ 수위-유량 관계 곡선을 이용하여 수위를 유량으로 환산하여 작성
④ 하천유량의 시간적 변화를 표시하는 방정식을 유도하여 이로부터 계산하여 작성

★☆☆

06 다음 중 수문곡선(hydrograph)이 아닌 것은?

① 누가유량 곡선　② 수위-유량 곡선
③ 시간-유량 곡선　④ 시간-수위 곡선

★☆☆

07 "일반적으로 우수 도달시간이 길 경우 첨두유량은 시간적으로는 (　　) 나타나고, 그 크기는 (　).” (　) 안에 들어갈 알맞은 말이 순서대로 바르게 짝지어진 것은?

① 일찍, 크다　② 늦게, 크다
③ 일찍, 작다　④ 늦게, 작다

2 수문곡선과 유출

★☆☆

08 **유역면적이 20 (km²)인 지역에서 수공구조물의 축조를 위해 다음 아래의 수문곡선을 얻었을 때 총 유출량은?**

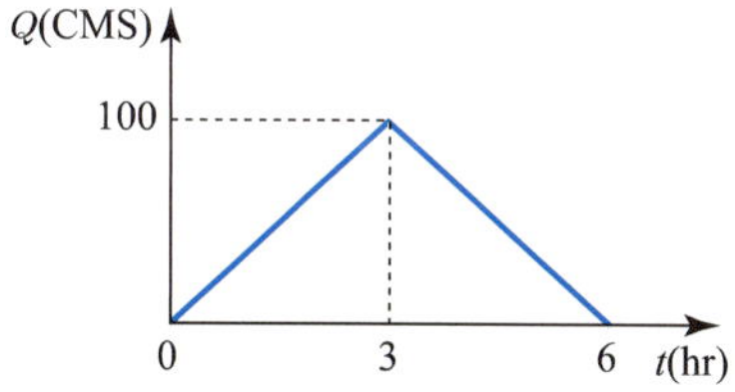

① 108 (m^3)　② 108×10^4 (m^3)
③ 300 (m^3)　④ 300×10^4 (m^3)

3 호우조건과 토양수분 미흡량

★☆☆

09 **어떤 유역에 발생한 강우강도를 I, 총 침투율을 f_i, 총 침투량을 F_i, 토양수분 미흡량을 M이라 할 때, 하천에서의 유출량은 증가하나 지하수위 변화가 없는 경우는?**

① $I > f_i$, $F_i < M$
② $I < f_i$, $F_i < M$
③ $I > f_i$, $F_i > M$
④ $I < f_i$, $F_i > M$

★☆☆

10 **강우강도 I, 침투율 f_i, 침투수량 F_i, 토양의 미흡량 M_d라 할 때, 중간 유출과 지하수 유출이 시작되며, 강수와 함께 수문곡선을 그릴 수 있는 조건은?**

① $I < f_i$, $F_i < M_d$
② $I < f_i$, $F_i > M_d$
③ $I > f_i$, $F_i < M_d$
④ $I > f_i$, $F_i > M_d$

★☆☆

11 **강우강도 I, 침투율 f, 침투수량 F, 토양 수분 미흡량을 D라 할 때, 다음 중 지표 유출은 발생하나 지하수위는 상승하지 않는 경우에 대한 조건식은?**

① $I < f$, $F < D$
② $I < f$, $F > D$
③ $I > f$, $F < D$
④ $I > f$, $F > D$

4 수문곡선 분리

★☆☆

12 **다음 중 직접 유출과 기저 유출의 분리방법이 <u>아닌</u> 것은?**

① 수평직선 분리법
② N - day 법
③ 지하수 감수곡선법
④ Snyder 법

★☆☆

13 **단순 수문곡선의 분리방법이 <u>아닌</u> 것은?**

① N - day 법
② S - curve 법
③ 수평직선 분리법
④ 지하수 감수곡선법

10.3 수문곡선 정답과 풀이

01 정답 ④ **출제** 기03

기저시간: 수문곡선의 상승기점인 직접 유출이 시작되는 시각에서 끝나는 시각까지의 시간폭

02 정답 ③ **출제** 산01

지체시간(lag time)은 유효우량 주상도의 중심시각에서 첨두유량(peak flow)이 발생하는 시각까지의 시간폭

03 정답 ④ **출제** 기12-4

직접 유출(지표면 유출+조기지표하 유출)은 수문곡선의 상승부 곡선을 그리며 계속 증가하여 결국 첨두유량에 이르게 된다. 첨두유량에 도달하고 나면 다음 호우 발생 시까지 유출은 하강부곡선(감수곡선)을 따라 점차 감소하게 된다.

04 정답 ① **출제** 기06, 기09-1, 기15-2, 기15-4

- 첨두유량의 시각을 첨두시간이라 한다.
- 유효우량주상도의 중심시각으로부터 첨두유량이 발생하는 시각까지의 시간차를 지체시간이라 한다.
- 도달시간은 유역의 가장 먼 지점으로부터 출구 또는 수문곡선이 관측된 지점까지 물의 유하시간을 말한다. 도달시간은 강우가 끝난 시간으로부터 수문곡선의 감수부 변곡점까지의 시간으로 정의할 수 있다. 이 변곡점은 지표 유출이 끝나는 점으로서, 지표 유출이 끝난다는 말은 제일 먼 곳으로부터의 유출이 마지막으로 도달한다는 말과 같이 해석할 수 있다.

05 정답 ③ **출제** 기00

하천에서 홍수수문곡선을 작성하는 일반적인 방법은 수위－유량 관계곡선을 이용하여 수위를 유량으로 환산하는 방법이다.

06 정답 ② **출제** 산03

수문곡선은 수위, 유량, 유속 등 수문량의 시간적 변화(시간에 대한 함수)를 말한다.

07 정답 ④ **출제** 기11-1

일반적으로 우수 도달시간(T)이 길 경우, 첨두 유량은 시간적으로 늦게 나타나기 때문에 크기가 작다.

08 정답 ② **출제** 기20-2

총 유출량

$$V=\frac{1}{2}Q_p t_B=\frac{1}{2}\times 100\times(6\times 3,600)$$
$$=1.08\times 10^6\ (\mathrm{m^3})$$

09 정답 ① **출제** 산08

하천에서 유출량이 증가하는 경우는 $I>f_i$이고, 지하수위 변화가 없는 경우는 $F_i<M$이다.

10 정답 ② **출제** 산03, 산06

중간 유출이 발생하는 경우는 $I<f_i$이고, 지하수 유출이 시작되는 경우는 $F_i>M_d$이다.

11 정답 ③ **출제** 기04, 기19-3

지표 유출이 발생하는 경우는 $I>f$이고, 지하수위가 상승하지 않는 경우는 $F<D$이다.

12 정답 ④ **출제** 기05, 산05, 산06, 산10

수문곡선의 분리방법은 수평직선분리법, 주지하수 감수곡선법, N－day 법, 수정 N－day 법이며, Snyder 법은 합성단위도에 대한 방법이다.

13 정답 ② **출제** 기19-3

S－곡선법은 단위도의 기저시간을 변경하는 방법이다.

10.4 단위도

1 D-시간 단위도(단위유량도, UH, unit hydrograph)

- **D-UH** 어느 유역에 지속시간 D-시간 동안 유역 전체에 균일한 강도로 내린 단위유효우량(10 mm)으로 인하여 발생하는 직접유출수문곡선
- **단위도의 기본 전제**
  - 강우의 시간적·공간적 균일성
  - 강우와 유역특성의 시간적 불변성

2 단위도 가정

- **일정기저시간 가정** 동일한 유역에 균일한 강도로 비가 내릴 때 지속기간은 같으나 강도가 다른 각종 강우로 인한 유출량은 그 크기가 다를지라도 기저시간은 동일하다.
- **비례가정** 동일한 유역에 균일한 강도로 비가 내릴 때 일정기간 동안 n배만큼 큰 강도로 비가 오면 이로 인한 수문곡선의 종거도 n배만큼 커진다(강우사상의 산술곱에 해당한다).

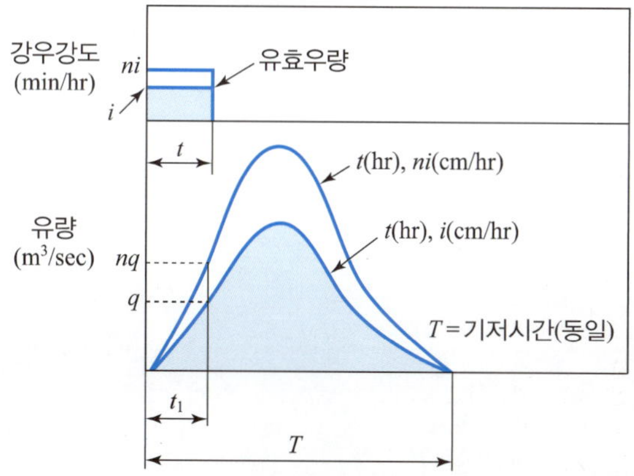

- **중첩가정** 일정기간 동안 균일한 강도의 유효강우량에 의한 총 유출은 각 기간의 유효우량에 의한 총 유출량의 합과 같다(강우사상의 산술합에 해당한다).

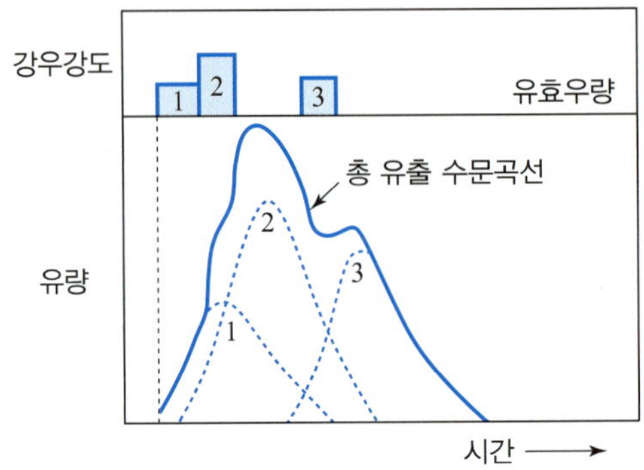

3 단위도의 시간 변경

• 정수배법 또는 S－곡선법 사용

4 단위도를 이용한 유출 계산

• (유출)=(단위도의 종거)×(유효강우깊이)
• 구체적인 계산방법은 해당 문제의 풀이 참조

10.4 단위도 기출문제

1 D−시간 단위도

★☆☆

01 다음 중 단위유량도 작성 시 필요 없는 사항은?

① 직접유출량
② 유효우량의 지속시간
③ 투수계수
④ 유역면적

★☆☆

02 단위도(unit hydrograph)에 관한 설명으로 옳지 않은 것은?

① 어느 유역에 지속시간 t의 유효우량이 1 (cm) 또는 1 (inch) 내렸을 때의 직접 유출 수문곡선이다.
② 단위도 작성 시 필요한 기본가정은 일정기저시간 가정, 비례가정, 중첩가정이다.
③ 장시간 지속시간의 단일 호우사상을 선택하여 대유역 면적에 적용할 때에 정확한 결과를 얻을 수 있다.
④ 단위도 작성에는 직접 유출량, 강우지속시간, 유역면적 등이 필요하다.

★☆☆

03 단위유량도(unit hydrograph)에 대한 설명으로 틀린 것은?

① 동일한 유역에 강도가 다른 강우에 대해서도 지속기간이 같으면 기저시간도 같다.
② 일정기간 동안에 n배 큰 강도의 강우 발생 시 수문곡선 종거는 n배 커진다.
③ 지속기간이 비교적 긴 강우사상을 택하여 해석해야 정확한 결과가 얻어진다.
④ n개의 강우로 인한 총 유출수문 곡선은 이들 n개의 수문곡선 종거를 시간에 따라 합함으로써 얻어진다.

★☆☆

04 단위유량도(unit hydrograph)에서 강우자료를 유효우량으로 쓰게 되는 이유는?

① 기저 유출이 포함되어 있기 때문에
② 손실우량을 산정할 수 없기 때문에
③ 직접 유출의 근원이 되는 우량이기 때문에
④ 대상유역 내 균일하게 분포하는 것으로 볼 수 있기 때문에

2 단위도 가정

★☆☆

05 일정 기간동안 균일한 강도를 가진 일련의 유효 강우량에 의한 총 유출은 각 기간의 유효강우량에 의한 개개의 유출량을 산술적으로 합한 것과 같다는 가정은?

① 중첩 가정
② 일정기저시간 가정
③ 단위 유효우량 가정
④ 비례 가정

★☆☆

06 단위유량도를 작성하고자 할 때 필요한 3가지 기본 가정이 아닌 것은?

① 산술평균 가정 ② 일정기저시간 가정
③ 중첩 가정 ④ 비례 가정

★☆☆

07 단위유량도(unit hydrograph)를 작성함에 있어서 기본 가정에 해당되지 않는 것은?

① 비례 가정
② 중첩 가정
③ 직접 유출의 가정
④ 일정기저시간의 가정

★☆☆
08 단위도(단위유량도)에 대한 사항 중 옳지 않은 것은?

① 단위도의 세 가정은 일정기저시간 가정, 중첩 가정, 비례 가정이다.
② 단위도는 기저 유량과 직접 유출량을 포함하는 수문곡선이다.
③ S-곡선을 이용하여 단위도의 단위시간을 변경할 수 있다.
④ Snyder는 합성단위도법을 연구발표하였다.

★☆☆
09 단위유량도에 대한 설명 중 틀린 것은?

① 일정기저시간 가정, 비례 가정, 중첩 가정은 단위도의 3대 기본가정이다.
② 단위도의 정의에서 특정 단위시간은 1시간을 의미한다.
③ 단위도의 정의에서 단위 유효우량은 유역전면적상의 등가우량 깊이로 측정되는 특정량의 우량을 의미한다.
④ 단위유효우량은 유출량의 형태로 단위도 상에 표시되며, 단위도 아래의 면적은 부피의 차원을 가진다.

★☆☆
10 단위 유량도 이론이 근거를 두고 있는 가정으로 적합하지 않은 것은?

① 강우의 시간적 공간적 균일성
② 유역의 비선형성
③ 강우 특성의 시간적 불변성
④ 유역 특성의 시간적 불변성

★☆☆
11 다음 중 단위유량도 이론에서 사용하고 있는 기본가정이 아닌 것은?

① 일정기저시간 가정 ② 비례 가정
③ 포아송 분포 가정 ④ 중첩 가정

★☆☆
12 단위유량도(unit hydrograph)를 작성함에 있어서 주요 기본과정(또는 원리)만으로 짝지어진 것은?

① 비례 가정, 중첩 가정, 시간불변성(stationary)의 가정
② 직접 유출의 가정, 시간불변성(statinary)의 가정, 중첩가정
③ 시간불변성(stationary)의 가정, 직접 유출의 가정, 비례 가정
④ 비례 가정, 중첩 가정, 직접유출의 가정

★☆☆
13 단위유량도 이론의 가정에 대한 설명으로 옳지 않은 것은?

① 초과강우는 유효지속기간 동안에 일정한 강도를 가진다.
② 초과강우는 전 유역에 걸쳐서 균등하게 분포된다.
③ 주어진 지속기간의 초과강우로부터 발생된 직접 유출 수문곡선의 기저시간은 일정하다.
④ 동일한 기저시간을 가진 모든 직접 유출 수문곡선의 종거들은 각 수문곡선에 의하여 주어진 총 직접 유출 수문곡선에 반비례한다.

3 단위도의 시간 변경

★☆☆
14 단위유량도(unit hydrograph) 작성에 있어 긴 강우기간을 가진 단위도로부터 짧은 강우기간을 가진 단위도로 변환하기 위하여 사용하는 방법으로 맞는 것은?

① S-곡선법
② 지하수 감수곡선법
③ 단위도의 비례 가정법
④ 단위 유량 분포도법

★☆☆

15 단위도의 지속시간을 변경시킬 때 사용하는 방법은?

① N－day 법 ② S－곡선법

③ ϕ－index 법 ④ Stevens 법

★☆☆

16 S－곡선과 가장 관계가 먼 것은?

① 단위도의 지속기간

② 평형 유출량

③ 등우선도

④ 직접 유출 수문곡선

★☆☆

17 다음과 같은 1시간 단위도로부터 3시간 단위도를 유도하였을 경우 3시간 단위도의 최대 종거는 얼마인가?

시간(hr)	0	1	2	3	4	5	6
1시간 단위도 종거(m3/s)	0	2	8	10	6	3	0

① 3.3 (m^3/sec) ② 8.0 (m^3/sec)

③ 10.0 (m^3/sec) ④ 24.0 (m^3/sec)

4 단위도를 이용한 유출 계산

★★★

18 10 (mm) 단위도의 종거가 0, 20, 8, 3, 0 (m^3/sec)이고, 유효 강우량이 20 (mm), 10 (mm)일 경우에 첨두유량(m^3/sec)은?

① 20 ② 34

③ 40 ④ 42

★☆☆

19 지속시간이 2 (hr)인 어느 단위유량도의 기저시간이 10 (hr)이다. 강우강도가 각각 2.0, 3.0 및 5.0 (cm/hr)이고, 강우지속기간은 똑같이 모두 2 (hr)인 3개의 유효강우가 연속해서 내릴 경우, 이로 인한 직접 유출 수문곡선의 기저시간은?

① 2 (hr) ② 10 (hr)

③ 14 (hr) ④ 16 (hr)

10.4 단위도 정답과 풀이

01 정답 ③ 출제 기03, 기07-2, 기12-1, 기17-1

단위유량도(단위도)란 특정 단위시간 동안 균일한 강도로 유역전반에 균등하게 내린 단위 유효우량으로 인하여 발생되는 직접 유출의 수문곡선이며, 단위도 작성 시 투수계수는 필요하지 않다.

02 정답 ③ 출제 기13-2

단위도는 다음과 같은 경우에 대하여 적용하는 것이 정확한 결과를 준다.

- 강우지속기간 동안에 강우강도가 시간 및 공간적으로 일정해야 하고
- 지속기간이 비교적 짧은 호우사상을 택하여 해석해야 하며
- 배수면적이 가능한 한 작은 유역

03 정답 ③ 출제 기14-4

단위도는 지속기간이 비교적 짧은 호우사상을 택해야 하며, 배수면적이 가능한 한 작은 유역에 대하여 적용하는 것이 정확한 결과를 얻을 수 있다.

04 정답 ③ 출제 기15-1

단위유량도는 '어떤 특정 지속시간 동안 유역 전반에 걸쳐 균등하게 내린 단위유효우량에 의해 발생하는 직접 유출 수문곡선'으로 정의한다.

05 정답 ① 출제 기00, 기02

단위도의 세 가지 기본가정은 일정기저시간 가정, 중첩 가정(산술합), 비례 가정(산술곱)이다.

06 정답 ① 출제 기13-4

단위도의 세 가지 기본가정은 일정기저시간 가정, 중첩 가정(산술합), 비례 가정(산술곱)이다.

07 정답 ③ 출제 기19-3

단위도의 세 가지 기본가정은 일정기저시간 가정, 중첩 가정(산술합), 비례 가정(산술곱)이다.

08 정답 ② 출제 기05, 기08-1, 기12-4, 기19-1

단위유량도(단위도)란 특정 단위시간 동안 균일한 강도로 유역 전반에 균등하게 내린 단위 유효우량으로 인하여 발생되는 직접 유출의 수문곡선이다.

09 정답 ② 출제 기16-2

단위도를 말할 때 $D-$시간 단위도라고 하면, 유효강우의 지속시간이 D시간임을 의미한다.

10 정답 ② 출제 기08-2

단위유량도의 기본적인 전제는 강우의 시간적 공간적 균일성, 강우와 유역 특성의 시간적 불변성이다.

11 정답 ③ 출제 기18-1

단위도의 세 가지 기본가정은 일정기저시간 가정, 중첩 가정(산술합), 비례 가정(산술곱)이다.

12 정답 ① 출제 기14-1

단위도의 세 가지 기본가정은 일정기저시간 가정, 중첩 가정(산술합), 비례 가정(산술곱)이다.

13 정답 ④ 출제 기08-4, 기18-3

④에서 '반비례'가 아니라 '비례'한다.

14 정답 ① 출제 기07-1, 기09-2

S-곡선법은 긴 강우지속기간을 가진 단위도로부터 짧은 지속시간을 가진 단위도로 유도하기 위해 사용하는 방법이다.

15 정답 ② 출제 기04

S-곡선법은 긴 강우지속기간을 가진 단위도로부터 짧은 지속시간을 가진 단위도로 유도하기 위해 사용하는 방법이다.

16 정답 ③ 출제 기05, 기10-2, 기12-2

등우선도는 유역의 평균강우량을 구하는 방법이다.

17 정답 ② 출제 기10-4

풀이는 다음 표와 같다. 여기서 $Q_i\,(i=1,2,3)$은 각각 0시간, 1시간, 2시간 지체된 경우의 유출량이다.

시간 (hr)	1hr −UH	1hr −지체	2hr −지체	총 유출	3hr −UH
0	0			0	0.000
1	2	0		2	0.667
2	8	2	0	10	3.333
3	10	8	2	20	6.667
4	6	10	8	24	8.000
5	3	6	10	19	6.333
6	0	3	6	9	3.000
7		0	3	3	1.000
8			0	0	0.000

18 정답 ③ 출제 기13-1

3열의 20 (mm) 강우 유출은 UH에 2.0을 곱한 것이고, 4열의 10 (mm) 강우 유출은 1시간을 지체시키고, UH에 1.0을 곱한 것이다. 총 유출은 (3)열과 (4)열을 더한 것이다.

(1)	(2)	(3)	(4)	(5)
시간 (hr)	UH	20 (mm) 강우 유출	10 (mm) 강우 유출	총 유출
0	0	0		0
1	20	40	0	40
2	8	16	20	36
3	3	6	8	14
4			3	3

19 **정답** ③ **출제** 기11-2, 기16-1

첫 번째 내린 강우(2.0 (cm/hr))는 0 (hr)에서 시작되어 10 (hr)에서 끝나고, 세 번째 내린 강우(5.0 (cm/hr))는 4 (hr)에서 시작되어 10 (hr)만큼의 기저시간을 가지므로 14 (hr)에서 끝난다. 따라서 총 유효유출은 0 (hr)에서 시작되어 14 (hr)에서 끝난다.

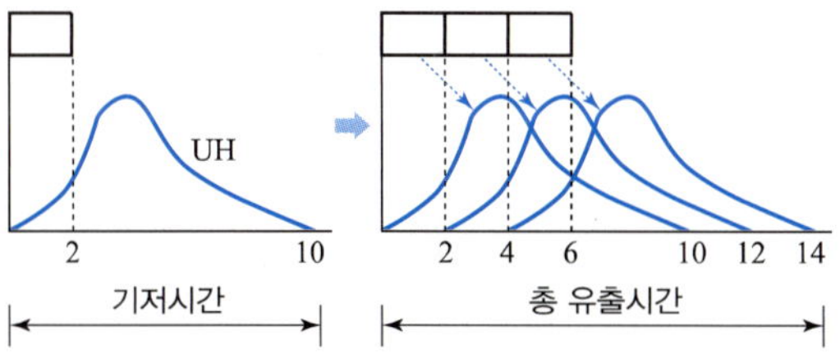

10.5 합성단위도

1 합성단위도

- **정의**
  - 미계측 유역의 단위도를 추정하는 방법이다.
  - 대개 단위도의 기저시간(기저폭), 첨두유량, 유역의 지체시간을 추정하는 데 사용한다.

- **종류**
  - 스나이더(Snyder) 방법: 최초의 합성단위도
  - SCS 방법
  - 클락(Clark) 방법: 보통 클락의 유역추적법이라 부른다.
  - 나카야스(Nakayasu) 방법: 실무에서 자주 사용하는 방법이다.

10.5 합성단위도 기출문제

1 합성단위도

★☆☆
01 강우량과 유출의 자료 등 관측기록이 없는 미계측 유역에서 경험적으로 단위도를 구하는 방법은?

① 합성단위유량도
② 순간단위유량도
③ 유역단위유량도
④ 지하수단위유량도

★☆☆
02 합성단위 유량도(synthetic unit hydrograph) 작성법이 아닌 것은?

① Snyder 방법
② SCS의 무차원 단위유량도 이용법
③ Nakayasu 방법
④ 순간단위유량도법

★☆☆
03 합성단위도의 모양을 결정하는 인자가 아닌 것은?

① 기저시간　② 첨두유량
③ 지체시간　④ 강우강도

★☆☆
04 다음 중 합성단위유량도를 작성할 때 필요한 자료는?

① 우량주상도
② 유역면적
③ 직접 유출량
④ 강우의 공간적 분포

★☆☆
05 다음 중 Snyder 방법에 의한 단위유량도 합성방법의 결정요소(매개변수)와 거리가 먼 것은?

① 지역의 지체시간
② 첨두유량
③ 유효우량의 주상도
④ 단위도의 기저폭

★☆☆
06 유출량 자료가 없는 경우에 유역의 토양 특성과 식생 피복상태 등에 대한 상세한 자료만으로도 총 우량으로부터 초과강우량을 산정할 수 있는 방법은?

① SCS 법　② ϕ - 지표법
③ W - 지표법　④ f 지표법

★☆☆
07 미계측 유역에 대한 단위유량도의 합성방법이 아닌 것은?

① Clark 방법　② Horton 방법
③ Snyder 방법　④ SCS 방법

10.5 합성단위도 정답과 풀이

01 정답 ① 출제 산03

합성단위유량도란 단위도 작성에 필요한 우량 및 유량 자료가 없는 경우(미계측유역)에 다른 지역에서 얻은 경험을 토대로 단위도를 합성하여 근사치로 사용하는 목적으로 만든 단위도이며, SCS 방법이나 Snyder 방법에 의해 구한다.

02 정답 ④ **출제** 기13-1

합성단위도를 구하는 방법은 Snyder 방법, SCS 방법, Clark 방법, Nakayasu 방법의 네 가지가 주된 방법이다.

03 정답 ④ **출제** 기01, 기03, 기16-1

Snyder에 의한 합성단위도는 단위도의 기저시간(기저폭), 첨두유량, 유역의 지체시간 등 3개의 매개변수로 정의한다.

04 정답 ② **출제** 기15-4

합성단위도는 유역면적, 유역의 토양 특성과 식생 피복 상태 등 유역 자료를 이용하여 유효우량에 대한 유출수 문곡선을 작성한다.

05 정답 ③ **출제** 기06, 기08-1

Snyder 방법은 기저시간(기저폭), 지체시간, 첨두유량의 3개의 매개변수로 단위도를 합성하는 방법이다.

06 정답 ① **출제** 기05, 기12-2

SCS의 초과강우량 산정법은 유출량 자료가 없는 경우에 유역의 토양 특성과 식생 피복상태 등에 대한 상세한 자료만으로도 총 우량으로부터 초과강우량을 산정할 수 있는 방법이다.

07 정답 ② **출제** 기04, 기19-2

미계측 유역에 대한 단위유량도의 합성방법에는 Snyder 방법, SCS 방법, Clark 방법 등이 있다.

10.6 수문학적 결정방법

1 수문학적 결정방법

• 결정론적 방법, 확률론적 방법, 추계학적 방법이 있다.

2 합리식

• 강우의 지속시간(t_R)이 유역의 도달시간(t_c)보다 같거나 큰 경우 수문곡선은 이등변삼각형이 되며, 합리식은 아래와 같다.

$$Q_p = 0.2778\,CIA \quad (\text{m}^3/\text{s})$$

여기서, C는 유출계수, I는 강우강도(mm/hr), A는 유역면적(km^2)이며, 주어진 단위를 사용하여야 한다.

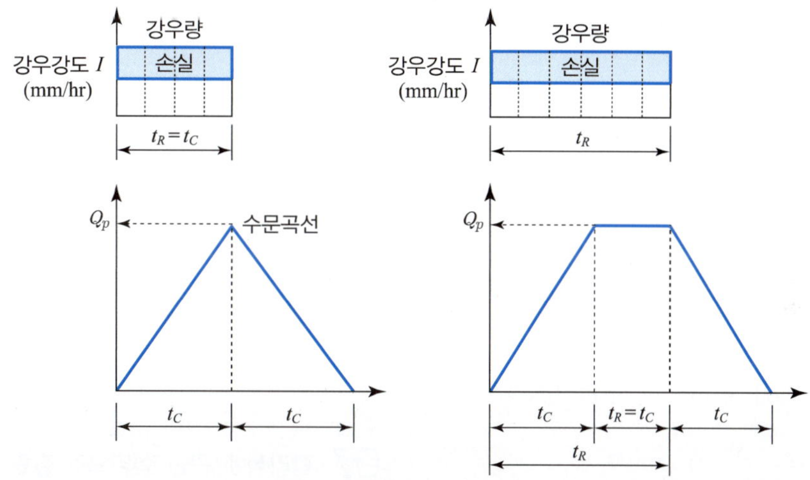

10.6 수문학적 결정방법 기출문제

1 수문학적 결정방법

★☆☆

01 수문분석 기법에 대한 다음 설명 중 옳지 않은 것은?

① 확정론적 기법: 사상의 입출력 관계가 확정적인 법칙을 따른다.
② 확률론적 기법: 관측된 자료집단의 확률통계학적 특성만을 고려한다.
③ 추계학적 기법: 사상의 발생 순서와 크기만을 고려하며 확률은 고려하지 않는다.
④ 빈도해석 기법: 강우, 홍수량, 갈수량 등의 재현기간(=생기빈도)을 확률적으로 예측하는 방법이다.

★☆☆

02 수문자료의 해석에 사용되는 확률분포형의 매개변수를 추정하는 방법이 아닌 것은?

① 모멘트법(method of moments)
② 회선적분법(convolution integral method)
③ 확률가중모멘트법(method of probability weighted moments)
④ 최우도법(method of maximum likelihood)

2 합리식

★★☆

03 유역면적이 10 (km^2), 유출계수 C=0.007, 강우강도 I=80 (mm/hr)일 때 합리식에 의한 첨두유량은?

① 5.6 (m^3/s) ② 1.56 (m^3/s)
③ 56.0 (m^3/s) ④ 15.56 (m^3/s)

★★☆

04 유역면적이 15 (km^2)이고, 1시간에 내린 강우량이 150 (mm)일 때, 하천의 유출량이 350 (m^3/sec)이면 유출계수는?

① 0.56 ② 0.65
③ 0.72 ④ 0.78

★★☆

05 연우량 2,000 (mm), 유출률 0.7일 때 100 (km^2)당 연평균유량은?

① 2.4 (m^3/s) ② 4.4 (m^3/s)
③ 6.2 (m^3/s) ④ 8.6 (m^3/s)

★☆☆

06 합리식에 관한 다음 설명 중 틀린 것은?

① 작은 유역면적에 적용한다.
② 불투수층 지역이라 가정한다.
③ 첨두유량은 도달시간 이후부터는 강우강도에 유역면적을 곱한 값이다.
④ 강우강도를 고려할 필요가 없다.

★☆☆

07 합리식에 관한 설명으로 틀린 것은?

① 첨두유량을 계산할 수 있다.
② 강수강도를 고려할 필요가 없다.
③ 도시와 농촌지역에 적용할 수 있다.
④ 유출계수는 유역의 특성에 따라 다르다.

★☆☆
08 설계 홍수량 계산에 있어서 합리식의 적용에 관한 설명 중 옳지 않은 것은?

① 우수 도달시간은 강우 지속시간보다 길어야 한다.
② 강우강도는 균일하고 전 유역에 고르게 분포되어야 한다.
③ 유량이 점차 증가되어 평형상태일 때의 유출량을 나타낸다.
④ 하수도 설계 등 소유역에만 적용될 수 있다.

★★☆
09 면적 10 (km^2)의 지역에 3시간에 1 (cm)의 강우강도로 무한히 내릴 때 평형 유량을 구하면?

① 9.72 (m^3/sec) ② 9.26 (m^3/sec)
③ 8.94 (m^3/sec) ④ 8.33 (m^3/sec)

★★☆
10 면적 10 (km^2)의 지역에 4시간에 10 (mm)의 강우강도로 무한히 내릴 때 평형유출량(Q)은 약 얼마인가?

① 10.72 (m^3/sec) ② 9.26 (m^3/sec)
③ 8.94 (m^3/sec) ④ 6.94 (m^3/sec)

★★☆
11 신도시에 위치한 택지조성지구의 우수 배제를 위하여 우수거를 설계하고자 한다. 신도시에서 재현기간 10년의 강우강도식이 $I=6,000/(t+40)$이라 하면 합리식에 의한 설계유량은? (단, 유역의 평균 유출계수는 0.5, 유역면적은 1 (km^2), 우수의 도달시간은 20분이다.)

① 4.6 (m^3/sec) ② 13.9 (m^3/sec)
③ 16.7 (m^3/sec) ④ 20.8 (m^3/sec)

★★★
12 그림에서와 같이 130 (m)×250 (m)의 주차장이 있다. 주차장 중앙으로 우수거가 설치되어 있고, 이때 우수거를 통한 도달시간은 5분이며, 지표흐름(overland flow)으로 인하여 우수거에 수직으로 도달하는 도달시간(예로 B에서 C까지)은 15분이라 한다. 만일 50 (mm/h)의 강도를 가진 강우가 5분간만 내렸다고 할 때 A점에서의 첨두유량은? (단, 주차장의 유출계수는 0.85라 한다.)

① 3.837 (m^3/sec)
② 0.3837 (m^3/sec)
③ 0.128 (m^3/sec)
④ 0.0320 (m^3/sec)

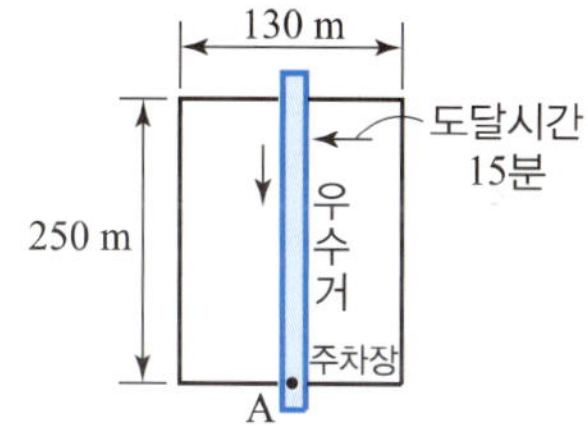

★★☆
13 유역면적이 0.2 (km^2)인 어느 유역에 30분간 지속적으로 강우가 20 (mm) 내렸을 때 유역 출구에서 관측된 첨두유출량이 1 (m^3/sec)였다면 이 유역의 유출계수는? (단, 합리식으로 계산할 것)

① 0.15 ② 0.25
③ 0.35 ④ 0.45

★★☆
14 유역면적이 25 (km^2)이고, 1시간 동안 내린 강우량이 120 (mm)일 때 하천의 최대 유출량이 360 (m^3/sec)이면 이 지역에 대한 합리식의 유출계수는?

① 0.32 ② 0.43
③ 0.56 ④ 0.72

★★☆
15 유역면적이 1.2 (km^2)인 유역에서 강우강도 $I=\dfrac{5,358}{t+37}$ (mm/hr)로 나타나고, 도달시간이 10분이라 할 때, 유역 출구에서 첨두유출량을 측정한 결과 22.80 (m^3/sec)이었다면 유출계수는?

① 0.55 ② 0.60
③ 0.65 ④ 0.70

★★☆
16 **어느 소유역의 면적이** 20 (ha), **유수의 도달 시간이** 5**분이다. 강수 자료의 해석으로부터 얻은 이 지역의 강우강도식이 아래와 같을 때 합리식에 의한 홍수량은?** (**단, 유역의 평균유출계수는** 0.6**이다.**)

> 강우강도식 $I=\dfrac{6,000}{t+35}$ (mm/hr)
>
> 여기서, t: 강우지속시간(분)

① 18.0 (m^3/sec) ② 5.0 (m^3/sec)
③ 1.8 (m^3/sec) ④ 0.5 (m^3/sec)

★★☆
17 **유역면적이** 4 (km^2)**이고, 유출계수가** 0.8**인 산지하천에서 강우강도가** 80 (mm/hr)**이다. 합리식을 사용한 유역 출구에서의 첨두홍수량은?**

① 35.5 (m^3/sec) ② 71.1 (m^3/sec)
③ 128 (m^3/sec) ④ 256 (m^3/sec)

10.6 수문학적 결정방법 정답과 풀이

01 정답 ③ **출제** 기01
추계학적 기법: 사상의 발생 순서를 고려하면서 생기확률을 분석하는 기법

02 정답 ② **출제** 기18−3
회선적분은 적분의 일종이며, 확률분포형의 매개변수 추정방법과는 관련이 없다.

03 정답 ② **출제** 기00, 산05
$Q_p=0.2778\,CIA$
$=0.2778\times0.007\times80\times10=1.56$ (m^3/s)

04 정답 ① **출제** 기00, 기10, 기19-2
$Q_p=0.2778\,CIA$에서
$$C=\frac{Q_P}{0.2778IA}=\frac{350}{0.2778\times150\times15}=0.56$$

05 정답 ② **출제** 기02, 산98
$Q_p=0.2778\,CIA$
$=0.2778\times0.7\times\left(\dfrac{2,000}{365\times24}\right)\times100$
$=4.4$ (m^3/s)

06 정답 ④ **출제** 기05, 기07-2
합리식 $Q_p=0.2778\,CIA$에서 C는 유출계수, I는 강우강도, A는 유역면적이다.

07 정답 ② **출제** 기14-1
합리식 $Q_p=0.2778\,CIA$에서 C는 유출계수, I는 강우강도, A는 유역면적이다.

08 정답 ① **출제** 기01, 기03
합리식은 도달시간에 해당하는 강우가 유역에 내린 것으로 가정하므로, 강우지속시간은 도달시간과 같다고 가정한다.

09 정답 ② **출제** 기07-4, 기09-1, 기11
$Q_p=0.2778\,CIA$
$=0.2778\times1\times\left(\dfrac{10}{3}\right)\times10=9.26$ (m^3/s)

10 정답 ④ **출제** 기11-4
평형유출량은 $Q_p=0.2778\,CIA$에서 $C=1.0$인 경우이다.
$Q_p=0.2778\,CIA$
$=0.2778\times1\times\dfrac{10}{4}\times10=6.94$ (m^3/s)

11 정답 ② **출제** 기01, 기03, 기10-2
강우강도 $I=\dfrac{6,000}{20+40}=100$ (mm/hr)
$Q_p=0.2778\,CIA$
$=0.2778\times0.5\times100\times1=13.89$ (m^3/s)

12 **정답** ③ **출제** 기10-1

유입시간 15분, 유하시간 5분이므로, 5분단위 등유하시간도는 그림과 같다.

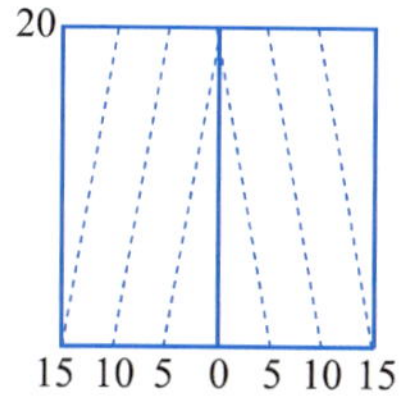

등유하시간

그림에서 5~10분 또는 10~15분에 유출되는 면적을 사용하여 계산한다.

기여면적 $A=(0.130\times0.250)\times\frac{5}{15}=0.0108\ (km^2)$

$Q_p=0.2778\,CIA$

$=0.2778\times0.85\times50\times0.0108=0.128\ (m^3/s)$

13 **정답** ④ **출제** 기13-2

$I=\frac{R}{t}=\frac{20}{30/60}=40\ (mm/hr)$

$Q_p=0.2778\,CIA$에서,

$C=\frac{Q_p}{0.2778IA}=\frac{1}{0.2778\times40\times0.2}=0.45$

14 **정답** ② **출제** 기10-2, 기14-2

$Q_p=0.2778\,CIA$에서

$C=\frac{Q_p}{0.2778IA}=\frac{360}{0.2778\times120\times25}=0.43$

15 **정답** ② **출제** 기11-4

강우강도 $I=\frac{5,358}{10+37}=114\ (mm/hr)$

$Q_p=0.2778\,CIA$에서

$C=\frac{Q_p}{0.2778IA}=\frac{22.80}{0.2778\times114\times1.2}=0.6$

16 **정답** ② **출제** 기18-1

강우강도 $I=\frac{6,000}{t+35}=\frac{6,000}{5+35}=150\ (mm/hr)$

유역면적 $A=20\ (ha)=0.2\ (km^2)$

$Q_p=0.2778\,CIA$

$=0.2778\times0.6\times150\times0.2=5.0\ (m^3/s)$

17 **정답** ② **출제** 기18-2

$Q_p=0.2778\,CIA$

$=0.2778\times0.8\times80\times4=71.1\ (m^3/s)$

SUPPLEMENT

CIVIL ENGINEERING
HYDRAULICS AND HYDROLOGY

부록:
최신 기출문제

다음은 최근의 7회 필기시험 문제를 그대로 수록한 것이다.
다만, 독자들이 시험에 익숙해질 수 있도록 각 문제에 난이도를 추가하였다.
각 시험에서 독자들의 목표는 70점으로, 약 30분 정도(문제당 1분 30초)의 시간 안에 한 시험을 마무리하는 연습을 해 보자.

기출문제 1 2018년도 제3회 기사

시행일: 2018. 8. 19.

★★☆

01 유속이 3 (m/s)인 유수 중에 유선형 물체가 흐름방향으로 향하여 $h=3$ (m) 깊이에 놓여 있을 때 정체압력은(stagnaton pressure)은?

① 0.46 (kN/m^2)　② 12.21 (kN/m^2)
③ 33.90 (kN/m^2)　④ 102.35 (kN/m^2)

★☆☆

02 다음 중 직접유출량에 포함되는 것은?

① 지체지표하 유출량
② 지하수 유출량
③ 기저 유출량
④ 조기지표하 유출량

★★☆

03 직사각형 단면수로의 폭이 5 (m)이고 한계수심이 1 (m)일 때의 유량은? (단, 에너지 보정계수 $\alpha=1.0$)

① 15.65 (m^3/s)　② 10.75 (m^3/s)
③ 9.80 (m^3/s)　④ 3.13 (m^3/s)

★☆☆

04 표와 같은 집중호우가 자기기록지에 기록되었다. 지속시간 20분 동안의 최대강우강도는?

시간(분)	5	10	15	20	25	30	35	40
누가우량(mm)	2	5	10	20	35	40	43	45

① 95 (mm/hr)　② 105 (mm/hr)
③ 115 (mm/hr)　④ 135 (mm/hr)

★☆☆

05 단위유량도 이론의 가정에 대한 설명으로 옳지 않은 것은?

① 초과강우는 유효지속기간 동안에 일정한 강도를 가진다.
② 초과강우는 전 유역에 걸쳐서 균등하게 분포된다.
③ 주어진 지속기간의 초과강우로부터 발생된 직접유출수문곡선의 기저시간은 일정하다.
④ 동일한 기저시간을 가진 모든 직접유출 수문곡선의 종거들은 각 수문곡선에 의하여 주어진 총 직접유출수문곡선에 반비례한다.

★☆☆

06 사각위어에서 유량 산출에 쓰이는 Francis 공식에 대하여 양단수축이 있는 경우에 유량으로 옳은 것은? (단, B: 위어 폭, h: 월류수심)

① $Q=1.84(B-0.4h)h^{3/2}$
② $Q=1.84(B-0.3h)h^{3/2}$
③ $Q=1.84(B-0.2h)h^{3/2}$
④ $Q=1.84(B-0.1h)h^{3/2}$

★☆☆

07 비에너지(specific energy)와 한계수심에 대한 설명으로 옳지 않은 것은?

① 비에너지는 수로의 바닥을 기준으로 한 단위무게의 유수가 가진 에너지이다.
② 유량이 일정할 때 비에너지가 최소가 되는 수심이 한계수심이다.
③ 비에너지가 일정할 때 한계수심으로 흐르면 유량이 최소가 된다.
④ 직사각형 단면에서 한계수심은 비에너지의 2/3가 된다.

★☆☆
08 관수로의 마찰손실공식 중 난류에서의 마찰손실계수 f는?

① 상대조도만의 함수이다.
② 레이놀즈수와 상대조도의 함수이다.
③ 프루드수와 상대조도의 함수이다.
④ 레이놀즈수만의 함수이다.

★☆☆
09 우물에서 장기간 양수를 한 후에도 수면강하가 일어나지 않는 지점까지의 우물로부터의 거리(범위)를 무엇이라 하는가?

① 용수효율권 ② 대수층권
③ 수류영역권 ④ 영향권

★★☆
10 빙산(氷山)의 부피가 V, 비중이 0.92이고, 바닷물의 비중은 1.025라 할 때 바닷물 속에 잠겨 있는 빙산의 부피는?

① 1.1V ② 0.9V
③ 0.8V ④ 0.7V

★☆☆
11 지름 d인 구(球)가 밀도 ρ의 유체속을 유속 V로 침강할 때 구의 항력 D는? (단, 항력계수는 C_D라 한다.)

① $\frac{1}{8}C_D\pi d^2\rho V^2$ ② $\frac{1}{2}C_D\pi d^2\rho V^2$
③ $\frac{1}{4}C_D\pi d^2\rho V^2$ ④ $C_D\pi d^2\rho V^2$

★☆☆
12 수리실험에서 점성력이 지배적인 힘이 될 때 사용할 수 있는 모형법칙은?

① Reynolds 모형법칙 ② Froude 모형법칙
③ Weber 모형법칙 ④ Cauchy 모형법칙

★☆☆
13 개수로의 상류(subcritical flow)에 대한 설명으로 옳은 것은?

① 유속과 수심이 일정한 흐름
② 수심이 한계수심보다 작은 흐름
③ 유속이 한계유속보다 작은 흐름
④ Froude 수가 1보다 큰 흐름

★★☆
14 그림과 같이 높이 2 (m)인 물통에 물이 1.5 (m)만큼 담겨 있다. 물통이 수평으로 4.9 (m/s²)의 일정한 가속도를 받고 있을 때, 물통의 물이 넘쳐흐르지 않기 위한 물통의 길이(L)는?

① 2.0 (m)
② 2.4 (m)
③ 2.8 (m)
④ 3.0 (m)

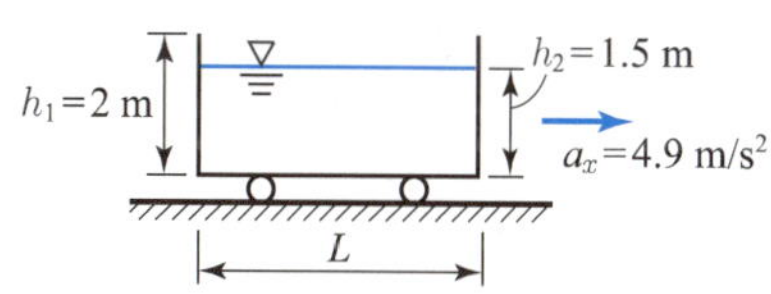

★☆☆
15 미소진폭파(small-amplitude wave) 이론에 포함된 가정이 아닌 것은?

① 파장이 수심에 비해 매우 크다.
② 유체는 비압축성이다.
③ 바닥은 평평한 불투수층이다.
④ 파고는 수심에 비해 매우 작다.

★☆☆
16 관수로에 대한 설명 중 틀린 것은?

① 단면 점확대로 인한 수두손실은 단면 급확대로 인한 수두손실보다 클 수 있다.
② 관수로내의 마찰손실수두는 유속수두에 비례한다.
③ 아주 긴 관수로에서는 마찰 이외의 손실수두를 무시할 수 있다.
④ 마찰손실수두는 모든 손실수두 가운데 가장 큰 것으로 마찰손실계수에 유속수두를 곱한 것과 같다.

★☆☆

17 **수문자료의 해석에 사용되는 확률분포형의 매개변수를 추정하는 방법이 아닌 것은?**

① 모멘트법(method of moments)
② 회선적분법(convolution integral method)
③ 확률가중모멘트법(method of probalility weighted moments)
④ 최우도법(method of maximum likelihood)

★☆☆

18 **에너지선에 대한 설명으로 옳은 것은?**

① 언제나 수평선이 된다.
② 동수경사선보다 아래에 있다.
③ 속도수두와 위치수두의 합을 의미한다.
④ 동수경사선보다 속도수두만큼 위에 위치하게 된다.

★★☆

19 **대기 온도 t_1, 상대습도 70%인 상태에서 증발이 진행되었다. 온도가 t_2로 상승하고 대기 중의 증기압이 20% 증가하였다면, 온도 t_1 및 t_2에서의 포화증기압이 각각 10.0 (mmHg) 및 14.0 (mmHg)라 할 때 온도 t_2에서의 상대습도는?**

① 50% ② 60%
③ 70% ④ 80%

★☆☆

20 **다음 물리량 중에서 차원이 잘못 표시된 것은?**

① 동점성계수: $[FL^2 T]$
② 밀도: $[FL^{-4} T^2]$
③ 전단응력: $[FL^{-2}]$
④ 표면장력: $[FL^{-1}]$

정답과 풀이

01 정답 ③ **출제** 기18-3

(정체압력)=(정압력)+(동압력)
따라서,

$$p=\gamma h+\frac{\rho V^2}{2}=9,800\times3+\frac{1,000\times3^2}{2}=33,900(\mathrm{N/m^2})$$

02 정답 ④ **출제** 기18-3

직접유출은 지표면유출과 조기지표하유출 등 강우가 내린 후 단시간 내에 하천으로 흘러 들어가는 유출이다.

03 정답 ① **출제** 기07, 기18-3, 산05

한계수심이므로 단위폭당 유량은

$$q=\sqrt{gy_c^3}=\sqrt{9.8\times1^3}=3.13\ (\mathrm{m^3/s/m})$$

따라서 유량은

$$Q=Bq=5\times3.13=15.65\ (\mathrm{m^3/s})$$

04 정답 ② **출제** 기00, 기01, 기18-3, 산06

강우를 5분 간격의 강우량으로 계산하면 다음과 같다.

시간(분)	5	10	15	20	25	30	35	40
누가우량(mm)	2	5	10	20	35	40	43	45
강우량(mm)	2	3	5	10	15	5	3	2

따라서 20분간의 최대강우량은 15～30 사이의 강우량 $R=5+10+15+5=35$ (mm)이며, 이를 강우강도로 환산하면, $I=\frac{R}{t}=\frac{35}{20/60}=105$ (mm/hr)

05 정답 ④ **출제** 기18-3

④에서 '반비례'가 아니라 '비례'이다.

06 정답 ③ **출제** 기18-3

단수축이 있을 때 유효폭 $B_e=B-0.1nh$이며, 양단수축이므로 $n=2$이다.

07 정답 ③ **출제** 기04, 기05, 기13-2, 기13-4, 기18-1, 기18-3

유량이 일정할 때 비에너지가 최소가 되는 수심이 한계수심이다. 이를 바꾸어 말하면, 비에너지가 일정할 때 한계수심으로 흐르면 유량이 최대가 된다.

08 정답 ② **출제** 기18-3

난류인 경우의 마찰손실계수

- 매끈한 관일 때: f는 Re만의 함수이다.
- 거친 관일 때: f는 Re에는 관계없고 $\frac{e}{D}$만의 함수이다.

09 정답 ④ **출제** 기13-2, 기18-3

10 정답 ② **출제** 기13-1, 기18-3

바닷물 속의 빙산의 부피를 V_s라 하면,

(빙산의 무게)=(부력)이므로

$0.92\gamma_w V = 1.025\gamma_w V_s$,

$V_s = \frac{0.92}{1.025}V = 0.90V$

11 정답 ① **출제** 기10, 기18-3

(항력)=(항력계수)×(투영면적)×(동압력)이므로,

$$D = C_D A\frac{\rho V^2}{2} = C_D \times \frac{\pi d^2}{4} \times \frac{\rho V^2}{2}$$
$$= \frac{1}{8}C_D \pi d^2 \rho V^2$$

12 정답 ① **출제** 기06, 기18-3

- Reynolds: 점성력
- Froude: 중력
- Weber: 표면장력
- Cauchy: 탄성력

13 정답 ③ **출제** 기18-3

상류(subcritical flow): (유속) < (한계유속),

(수심) > (한계수심), $Fr < 1$

14 정답 ① **출제** 기11, 기18-3, 산02

수면경사와 물통의 기하학적인 형상의 관계에서

$\frac{a_x}{g} = \frac{h_1 - h_z}{L/2}$에서,

$$L = 2(h_1 - h_z)\frac{g}{a_x} = 2 \times (2.0 - 1.5) \times \frac{9.8}{4.9} = 2.0 \text{ (m)}$$

15 정답 ① **출제** 기18-3

진폭이 파장 및 수심에 비해서 극히 작은 것이 미소진폭파이다.

16 정답 ④ **출제** 기00, 기01, 기08, 기14-2, 기18-3

마찰손실수두

$$h_L = f\frac{l}{D}\frac{V^2}{2g}$$
$$= (\text{마찰손실계수}) \times \frac{(\text{관로길이})}{(\text{관의 직경})} \times (\text{속도수두})$$

17 정답 ② **출제** 기18-3

회선적분은 적분의 일종이며, 확률분포형의 매개변수 추정과는 관련이 없다.

18 정답 ④ **출제** 기14-1, 기18-3

(에너지선)=(동수경사선)+(속도수두)

=(위치수두)+(압력수두)+(속도수두)

19 정답 ② **출제** 기12-1, 기18-3

$h = \frac{e}{e_s} \times 100\%$이므로,

t_1일 때 증기압

$e_1 = h_1 e_{s1} = 0.70 \times 10 = 7.0$ (mmHg)

증기압 e_2는 e_1보다 20% 높으므로,

$e_2 = 7.0 \times 1.2 = 8.4$ (mmHg.)

t_2일 때 상대습도

$$h_2 = \frac{e_2}{e_{s2}} \times 100\% = \frac{8.4}{14.0} \times 100\% = 60\%$$

20 정답 ① **출제** 기18-3

동점성계수의 차원은 $[L^2 T^{-1}]$이다. 동점성계수에는 힘(또는 질량)의 차원이 없다.

기출문제 2 2019년도 제1회 기사

시행일: 2019. 3. 3.

★☆☆

01 개수로의 흐름에서 비에너지의 정의로 옳은 것은?

① 단위중량의 물이 가지고 있는 에너지로 수심과 속도수두의 합
② 수로의 한 단면에서 물이 가지고 있는 에너지를 단면적으로 나눈 값
③ 수로의 두 단면에서 물이 가지고 있는 에너지를 수심으로 나눈 값
④ 압력에너지와 속도에너지의 비

★★☆

02 지름 200 (mm)인 관로에 축소부 지름이 120 (mm)인 벤투리미터(venturimeter)가 부착되어 있다. 두 단면의 수두차가 1.0 (m), C=0.98일 때 유량은?

① 0.00525 (m^3/s) ② 0.0525 (m^3/s)
③ 0.525 (m^3/s) ④ 5.250 (m^3/s)

★☆☆

03 대규모 수공구조물의 설계우량으로 가장 적합한 것은?

① 평균면적우량
② 발생가능최대강수량(PMP)
③ 기록상의 최대우량
④ 재현기간 100년에 해당하는 강우량

★☆☆

04 그림과 같은 굴착정(artesian well)의 유량을 구하는 공식은? (단, R: 영향원의 반지름, K: 투수계수, m: 피압층의 두께)

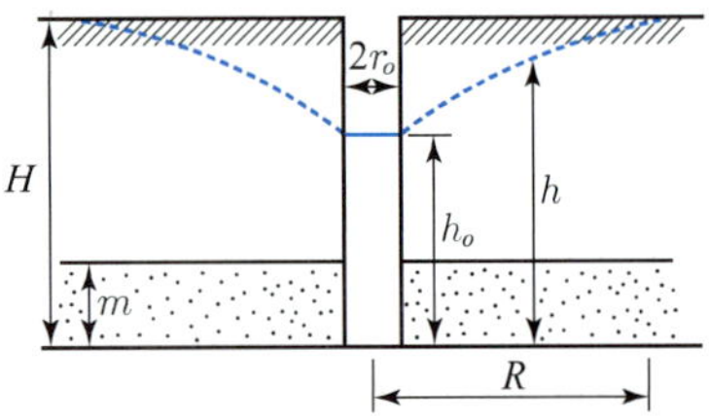

① $Q=\dfrac{2\pi mK(H+h_o)}{\ln(R/r_o)}$ ② $Q=\dfrac{2\pi mK(H+h_o)}{\ln(r_o/R)}$
③ $Q=\dfrac{2\pi mK(H-h_o)}{\ln(R/r_o)}$ ④ $Q=\dfrac{2\pi mK(H-h_o)}{\ln(r_o/R)}$

★☆☆

05 개수로에서 한계수심에 대한 설명으로 옳은 것은?

① 사류 흐름의 수심
② 상류 흐름의 수심
③ 비에너지가 최대일 때의 수심
④ 비에너지가 최소일 때의 수심

★☆☆

06 단위도(단위유량도)에 대한 설명으로 옳지 않은 것은?

① 단위도의 3가지 가정은 일정기저시간 가정, 비례 가정, 중첩 가정이다.
② 단위도는 기저유량과 직접유출량을 포함하는 수문곡선이다.
③ S-curve를 이용하여 단위도의 단위시간을 변경할 수 있다.
④ Snyder는 합성단위도법을 연구 발표하였다.

★☆☆
07 **관 속에 흐르는 물의 속도수두를 10 (m)로 유지하기 위한 평균유속은?**

① 4.9 (m/s) ② 9.8 (m/s)
③ 12.6 (m/s) ④ 14.0 (m/s)

★★☆
08 **물체의 공기 중 무게가 750 (N)이고, 물속에서의 무게는 250 (N)일 때 이 물체의 체적은? (단, 무게 1 (kg) 중=10 (N))**

① 0.05 (m^3) ② 0.06 (m^3)
③ 0.50 (m^3) ④ 0.60 (m^3)

★☆☆
09 **직사각형 단면의 위어에서 수두(h) 측정에 2%의 오차가 발생했을 때, 유량(Q)에 발생되는 오차는?**

① 1% ② 2%
③ 3% ④ 4%

★☆☆
10 **상류(subcritical flow)에 관한 설명으로 틀린 것은?**

① 하천의 유속이 장파의 전파속도보다 느린 경우이다.
② 관성력이 중력의 영향보다 더 큰 흐름이다.
③ 수심은 한계수심보다 크다.
④ 유속은 한계수심보다 작다.

★☆☆
11 **지하수에서 Darcy 법칙의 유속에 대한 설명으로 옳은 것은?**

① 영향권의 반지름에 비례한다.
② 동수경사에 비례한다.
③ 동수반지름(hydraulic radius)에 비례한다.
④ 수심에 비례한다.

★☆☆
12 **그림과 같은 병렬관수로 ㉠, ㉡, ㉢에서 각 관의 지름과 관의 길이를 각각 D_1, D_2, D_3, L_1, L_2, L_3라 할 때, $D_1 > D_2 > D_3$이고, $L_1 > L_2 > L_3$이면 A점과 B점 사이의 손실수두는?**

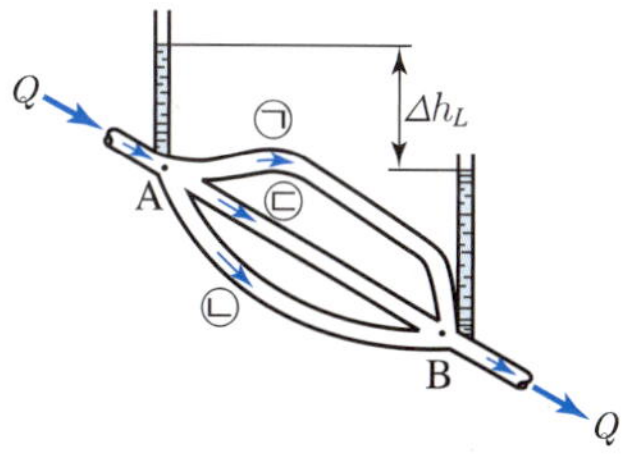

① ㉠의 손실수두가 가장 크다.
② ㉡의 손실수두가 가장 크다.
③ ㉢의 손실수두가 가장 크다.
④ 모든 관의 손실수두가 같다.

★☆☆
13 **흐르지 않는 물에 잠긴 평판에 작용하는 전수압(全水壓)의 계산방법으로 옳은 것은? (단, 여기서 수압이란 단위면적당 압력을 의미)**

① 평판도심의 수압에 평판면적을 곱한다.
② 단면의 상단과 하단 수압의 평균값에 평판면적을 곱한다.
③ 작용하는 수압의 최댓값에 평판면적을 곱한다.
④ 평판의 상단에 작용하는 수압에 평판면적을 곱한다.

★☆☆
14 **물리량의 차원이 옳지 않은 것은?**

① 에너지: $[ML^{-2}T^{-2}]$
② 동점성계수: $[L^2T^{-1}]$
③ 점성계수: $[ML^{-1}T^{-1}]$
④ 밀도: $[FL^{-4}T^2]$

★☆☆

15 유출(runoff)에 대한 설명으로 옳지 않은 것은?

① 비가 오기 전의 유출을 기저 유출이라 한다.
② 우량은 별도의 손실 없이 그 전량이 하천으로 유출된다.
③ 일정기간에 하천으로 유출되는 수량의 합을 유출량이라 한다.
④ 유출량과 그 기간의 강수량과의 비(比)를 유출계수 또는 유출률이라 한다.

★★☆

16 유량 147.6 (l/s)를 송수하기 위해 안지름 0.4 (m)의 관을 700 (m)의 길이로 설치하였을 때 흐름의 에너지 경사는? (단, 조도계수 $n=0.012$, Manning 공식 적용)

① $\frac{1}{700}$ ② $\frac{2}{700}$
③ $\frac{3}{700}$ ④ $\frac{4}{700}$

★☆☆

17 수문에 관련한 용어에 대한 설명 중 옳지 않은 것은?

① 침투란 토양면을 통해 스며든 물이 중력에 의해 계속 지하로 이동하여 불투수층까지 도달하는 것이다.
② 증산(transpiraion)이란 식물의 엽면(葉面)을 통해 물이 수증기의 형태로 대기 중에 방출되는 현상이다.
③ 강수(precipitation)란 구름이 응축되어 지상으로 떨어지는 모든 형태의 수분을 총칭한다.
④ 증발이란 액체상태의 물이 기체상태의 수증기로 바뀌는 현상이다.

★★☆

18 수조의 수면에서 2 (m) 아래 지점에 지름 10 (cm)의 오리피스를 통하여 유출되는 유량은? (단, 유량계수 $C=0.6$)

① 0.0152 (m^3/s) ② 0.0068 (m^3/s)
③ 0.0295 (m^3/s) ④ 0.0094 (m^3/s)

★☆☆

19 층류와 난류(亂流)에 관한 설명으로 옳지 않은 것은?

① 층류란 유수(流水) 중에서 유선이 평행한 층을 이루는 흐름이다.
② 층류와 난류를 레이놀즈수에 의하여 구별할 수 있다.
③ 원관 내 흐름의 한계 레이놀즈수는 약 2,000 정도이다.
④ 층류에서 난류로 변할 때의 유속과 난류에서 층류로 변할 때의 유속은 같다.

★☆☆

20 댐의 상류부에서 발생되는 수면곡선으로 흐름방향으로 수심이 증가함을 뜻하는 곡선은?

① 배수곡선 ② 저하곡선
③ 수리특성곡선 ④ 유사량곡선

정답과 풀이

01 정답 ① **출제** 기19-1

①은 비에너지의 정의이며, ②, ③, ④는 별도의 정의가 없다.

02 정답 ② **출제** 기13-4, 기19-1

벤투리미터의 유량공식을 기억하기는 어렵다. 따라서 이런 문제는 개략적으로 산정해야 한다.

관 내 유속은 $V=\sqrt{2g\Delta h}=\sqrt{2\times9.8\times1}$으로 구하고, $Q=CAV$를 적용한다. 계산값은 0.049 (m^3/s)이다.

| 다른 풀이 |

연속방정식 $V_2=\left(\dfrac{D_1}{D_2}\right)^2V_1=2.778V_1 \cdots$ (a)

베르누이식 $\dfrac{p_1}{\gamma}+\dfrac{V_1^2}{2g}=\dfrac{p_2}{\gamma}+\dfrac{V_2^2}{2g}$

$\dfrac{p_1}{\gamma}-\dfrac{p_2}{\gamma}=\dfrac{V_2^2}{2g}-\dfrac{V_1^2}{2g}=h=1$ (m)

$V_2^2-V_1^2=2gh=2\times9.8\times1=19.6 \cdots$ (b)

(a)와 (b)를 연립해 풀면, $V_1=1.708$ (m/s)

$$Q=CA_1V_1=0.98\times\frac{\pi\times0.2^2}{4}\times1.708=0.0527\ (m^3/s)$$

03 정답 ② **출제** 기19-1

댐과 같은 대형 구조물의 설계에는 발생 가능 최대강수량(PMP)을 이용한다.

04 정답 ③ **출제** 기12-1, 기15-2, 기19-1

굴착정 $Q=\dfrac{2\pi mK(H-h_o)}{\ln(R/r_o)}$

심정 $Q=\dfrac{\pi K(H^2-h_o^2)}{\ln(R/r_o)}$

천정 $Q=4Kr_0(H-h_0)$

05 정답 ④ **출제** 기02, 기05, 기19-1, 산05

한계수심: 유량이 일정할 때, 비에너지가 최소일 때의 수심

06 정답 ② **출제** 기05, 기08, 기12-4, 기19-1

단위도는 직접유출량만을 다룬다.

07 정답 ④ **출제** 기19-1

$\dfrac{V^2}{2g}=10$이므로,

$V=\sqrt{2g\times10}=\sqrt{2\times9.8\times10}=14.0$ (m/s)

08 정답 ① **출제** 기19-1

물의 단위중량 $\gamma_w=10{,}000$ (N/m^3)

(부력)=(물체의 무게)−(수중무게)이므로,

부력 $F_B=W-W'=\gamma_w V$

체적 $V=\dfrac{W-W'}{\gamma_w}=\dfrac{750-500}{10{,}000}=0.05$ (m^3)

09 정답 ③ **출제** 기00, 기01, 기03, 기05, 기07, 기19-1 산08

직사각형 단면위어의 유량 $Q=KH^{3/2}$이므로,

측정오차 $\dfrac{\Delta Q}{Q}=\dfrac{3}{2}\dfrac{\Delta H}{H}=\dfrac{3}{2}\times2=3\%$

10 정답 ② **출제** 기08, 기19-1

$Fr=\dfrac{V}{\sqrt{gy}}=\dfrac{(\text{유속})}{(\text{장파의 파속})}=\dfrac{(\text{관성력})}{(\text{중력})}$의 관계이고,

상류는 $Fr<1$이므로, (관성력) < (중력)

11 정답 ② **출제** 기19-1

$V=K\dfrac{dh}{dl}$이므로, 동수경사에 비례한다.

12 정답 ④ **출제** 기19-1

병렬관은 손실수두가 같다.

13 정답 ① **출제** 기02, 기04, 기19-1, 산94

전수압 $F=p_cA$이므로, 중심에 작용하는 압력(p_c)에 평판면적(A)을 곱한 것이다.

14 정답 ① **출제** 기19-1

에너지의 차원은 [ML^2T^{-2}]이다.

15 정답 ② **출제** 기15-2, 기19-1

유역에 내린 우량 중 일부는 침투나 차단 등에 의해 손실되고 남은 것이 유출되며 이것을 유효우량이라 한다.

16 정답 ③ **출제** 기92, 기19-1, 산08, 산10

동수반경 $R_h = \dfrac{D}{4} = 0.1$ (m)

Manning 식에서 유량 $Q = \dfrac{A}{n} R_h^{2/3} \sqrt{S}$ 에서

$$S = \left(\frac{nQ}{AR_h^{2/3}}\right)^2 = \left\{\frac{0.012 \times 0.1476}{(\pi \times 0.4^2/4) \times 0.1^{2/3}}\right\}^2$$

$$= 0.00428 = \frac{3}{700}$$

17 정답 ① **출제** 기08, 기19-1

토양면을 통해 스며든 물이 중력에 의해 계속 지하로 이동하여 불투수층까지 도달하는 것은 침루(percolation)이다.

18 정답 ③ **출제** 기19-1

오리피스의 유속 $V = \sqrt{2gH}$ 이므로,

유량 $Q = CAV = CA\sqrt{2gH}$

$$= 0.6 \times \frac{\pi \times 0.1^2}{4} \times \sqrt{2 \times 9.8 \times 2}$$

$$= 0.0295 \ (\mathrm{m^3/s})$$

19 정답 ④ **출제** 기13-2, 기19-1

층류에서 난류로 변화할 때의 유속을 상한계유속이라 하고, 난류에서 층류로 변화할 때의 유속을 하한계유속이라 하며, 서로 다른 값을 갖는다.

20 정답 ① **출제** 기19-1

완경사 하도의 수면형은 댐에 의해 생기는 배수곡선(M1), 낙하에 의해 생기는 저하곡선(M2), 수문 아래에서 생기는 M3 곡선이 있다.

기출문제 3 2019년도 제2회 기사

시행일: 2019. 4. 27.

★☆☆

01 다음 중 증발에 영향을 미치는 인자가 아닌 것은?

① 온도 ② 대기압
③ 통수능 ④ 상대습도

★★☆

02 유역면적이 15 (km^2)이고 1시간에 내린 강우량이 150(mm)일 때 하천의 유출량이 350 (m^3/s)이면 유출률은?

① 0.56 ② 0.65
③ 0.72 ④ 0.78

★☆☆

03 비압축성 유체의 연속방정식을 표현한 것으로 가장 올바른 것은?

① $Q=\rho A V$ ② $\rho_1 A_1$
③ $Q_1 A_1 V_1 = Q_2 A_2 V_2$ ④ $A_1 V_1 = A_2 V_2$

★☆☆

04 다음 물의 흐름에 대한 설명 중 옳은 것은?

① 수심은 깊으나 유속이 느린 흐름을 사류라 한다.
② 물의 분자가 흩어지지 않고 질서정연히 흐르는 흐름을 난류라 한다.
③ 모든 단면에 있어 유적과 유속이 시간에 따라 변하는 것을 정류라 한다.
④ 에너지선과 동수경사선의 높이의 차는 일반적으로 $\frac{V^2}{2g}$이다.

★☆☆

05 미계측 유역에 대한 단위유량도의 합성방법이 아닌 것은?

① SCS 방법 ② Clark 방법
③ Horton 방법 ④ Snyder 방법

★★☆

06 표고 20 (m)인 저수지에서 표고 50 (m)인 지점까지 1.0 (m^3/sec)의 물을 양수하는 데 소요되는 펌프동력은? (단, 모든 손실수두의 합은 3.0 (m)이고, 모든 관은 동일한 직경과 수리학적 특성을 지니며, 펌프의 효율은 80%이다.)

① 248 (kW) ② 330 (kW)
③ 404 (kW) ④ 650 (kW)

★★★

07 폭이 35 (cm)인 직사각형 위어(weir)의 유량을 측정하였더니 0.03 (m^3/s)이었다. 월류수심의 측정에 1 (mm)의 오차가 생겼다면, 유량에 발생하는 오차는? (단, 유량계산은 프란시스(Francis) 공식을 사용하되 월류 시 단면수축은 없는 것으로 가정한다.)

① 1.16% ② 1.50%
③ 1.67% ④ 1.84%

★★☆

08 여과량이 2 (m^3/s), 동수경사가 0.2, 투수계수가 1 (cm/s)일 때 필요한 여과지 면적은?

① 1,000 (m^2) ② 1,500 (m^2)
③ 2,000 (m^2) ④ 2,500 (m^2)

★☆☆
09 **다음 표는 어느 지역의 40분간 집중호우를 매 5분마다 관측한 것이다. 지속시간이 20분인 최대강우강도는?**

시간(분)	우량(mm)	시간(분)	우량(mm)
0~5	1	20~25	8
5~10	4	25~30	7
10~15	2	30~35	3
15~20	5	35~40	2

① $I=49$ (mm/hr) ② $I=59$ (mm/hr)
③ $I=69$ (mm/hr) ④ $I=72$ (mm/hr)

★☆☆
10 **길이 13 (m), 높이 2 (m), 폭 3 (m), 무게 20 (ton)인 바지선의 흘수는?**

① 0.51 (m) ② 0.56 (m)
③ 0.58 (m) ④ 0.46 (m)

★☆☆
11 **개수로 내의 흐름에 대한 설명으로 옳은 것은?**

① 에너지선은 자유표면과 일치한다.
② 동수경사선은 자유표면과 일치한다.
③ 에너지선과 동수경사선은 일치한다.
④ 동수경사선은 에너지선과 언제나 평행하다.

★☆☆
12 **상대조도에 관한 사항 중 옳은 것은?**

① Chézy의 유속계수와 같다.
② Manning의 조도계수를 나타낸다.
③ 절대조도를 관지름으로 곱한 것이다.
④ 절대조도를 관지름으로 나눈 것이다.

★★☆
13 **그림과 같이 물 속에 수직으로 설치된 넓이 2 (m)×3 (m)의 수문을 들어올리는 데 필요한 힘은? (단, 수문의 물속 무게는 1,960 (N)이고, 수문과 벽면 사이의 마찰계수는 0.25이다.)**

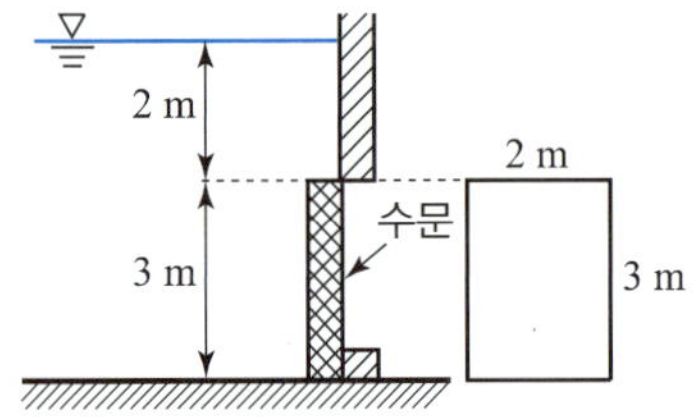

① 5.45 (kN) ② 53.4 (kN)
③ 126.7 (kN) ④ 271.2 (kN)

★☆☆
14 **단위중량 w, 밀도 ρ인 유체가 유속 V로서 수평방향으로 흐르고 있다. 지름 d, 길이 l인 원주가 유체의 흐름방향에 직각으로 중심축을 가지고 놓여 있을 때 원주에 작용하는 항력(D)는? (단, C는 항력계수이다.)**

① $D=C\dfrac{\pi d^2}{4}\dfrac{wV^2}{2}$ ② $D=Cdl\dfrac{\rho V^2}{2}$

③ $D=C\dfrac{\pi d^2}{4}\dfrac{\rho V^2}{2}$ ④ $D=Cdl\dfrac{wV^2}{2}$

★☆☆
15 **도수 전후의 수심이 각각 2 (m)와 4 (m)일 때, 도수로 인한 에너지 손실은?**

① 0.1 (m) ② 0.2 (m)
③ 0.25 (m) ④ 0.5 (m)

★☆☆
16 **다음 중 부정류 흐름의 지하수를 해석하는 방법은?**

① Theis 방법 ② Dupuit 방법
③ Thiem 방법 ④ Laplace 방법

★★☆

17 **부피 50 (m^3)인 해수의 무게(W)와 밀도(ρ)를 구한 값으로 옳은 것은? (단, 해수의 단위중량은 1.025 (t/m^3))**

① $W=5$ (t), $\rho=0.1046$ $(kg \cdot sec^2/m^4)$
② $W=5$ (t), $\rho=104.6$ $(kg \cdot sec^2/m^4)$
③ $W=5.125$ (t), $\rho=104.6$ $(kg \cdot sec^2/m^4)$
④ $W=51.25$ (t), $\rho=104.6$ $(kg \cdot sec^2/m^4)$

★☆☆

18 **수리학상 유리한 단면에 관한 설명 중 옳지 않은 것은?**

① 주어진 단면에서 윤변이 최소가 되는 단면이다.
② 직사각형 단면일 경우 수심이 폭의 1/2인 단면이다.
③ 최대유량의 소통을 가능하게 하는 가장 경제적인 단면이다.
④ 수심을 반지름으로 하는 반원을 외접원으로 하는 제형 단면이다.

★☆☆

19 **오리피스(orifice)에서의 유량 Q를 계산할 때 수두 H의 측정에 1%의 오차가 있으면 유량 계산의 결과에는 얼마의 오차가 생기는가?**

① 0.1% ② 0.5%
③ 1% ④ 2%

★☆☆

20 **폭 8 (m)의 구형단면 수로에 40 (m^3/s)의 물을 수심 5 (m)로 흐르게 할 때, 비에너지는? (단, 에너지 보정계수 $\alpha=1.11$로 가정한다.)**

① 5.06 (m) ② 5.87 (m)
③ 6.19 (m) ④ 6.73 (m)

정답과 풀이

01 정답 ③ **출제** 기19-2

통수능은 개수로 흐름에 관련된 것이므로 증발에 영향을 미치지 않는다.

02 정답 ① **출제** 기19-2

$$I=\frac{R}{t}=\frac{150}{1}=150 \text{ (mm/hr)}$$

합리식 $Q_p=0.2778CIA$을 적용하면,

$$C=\frac{Q_p}{0.2778IA}=\frac{350}{0.2778\times150\times15}=0.56$$

03 정답 ④ **출제** 기19-2

1차원 연속방정식을 말한다.

04 정답 ④ **출제** 기19-2

①은 상류, ②는 층류, ③은 부정류에 대한 설명이다.

05 정답 ③ **출제** 기19-2

Horton의 방법은 침투능을 결정하는 방법이다.

06 정답 ③ **출제** 기19-2

$$P_p=\frac{\gamma Q(H+h_L)}{\eta}=\frac{9,800\times1\times\{(50-20)+3\}}{0.80}=404,250 \text{ (W)}=404.3 \text{ (kW)}$$

07 정답 ① **출제** 기19-2

먼저 수심을 알아야 한다.

프란시스 식 $Q=1.84B_eH^{3/2}$에서

$$H=\left(\frac{Q}{1.84B_e}\right)^{2/3}=\left(\frac{0.03}{1.84\times0.35}\right)^{2/3}=0.129 \text{ (m)}$$

유량 측정오차는

$$\frac{dQ}{Q}=\frac{3}{2}\frac{dH}{H}=\frac{3}{2}\times\frac{0.001}{0.129}=0.0116=1.16\%$$

주의 프란시스 공식을 암기해야 하고, 여기서 측정 수위를 환산해야 하는 상당히 까다로운 문제이다.

08 정답 ① **출제** 기19-2

$Q = AKI$이므로,

$$A = \frac{Q}{KI} = \frac{2}{0.01 \times 0.2} = 1{,}000 \ (\mathrm{m}^2)$$

09 정답 ③ **출제** 기19-2

지속시간이 20분간이므로 연속된 4개의 강우량의 합이 최대인 경우를 찾는다.

$R = 5 + 8 + 7 + 3 = 23 \ (\mathrm{mm})$

$$I = \frac{R}{t} = \frac{23}{20/60} = 69 \ (\mathrm{mm/hr})$$

10 정답 ① **출제** 기19-2

(선박의 무게)=(부력)이므로

$W = \gamma_w (Ad)$ (여기서, d는 흘수)

따라서

$$d = \frac{W}{\gamma_w A} = \frac{20{,}000}{1{,}000 \times (13 \times 3)} = 0.513 \ (\mathrm{m})$$

11 정답 ② **출제** 기19-2

개수로에서 수심은 압력수두와 일치하므로,

(동수경사선)=(위치수두)+(압력수두)

=(하상표고)+(수심)

따라서 수면과 일치한다.

12 정답 ④ **출제** 기19-2

조도를 ε, 관지름을 D라 하면, 상대조도는 ε/D로 정의된다.

13 정답 ② **출제** 기19-2

보기에 맞추어 물의 단위중량

$\gamma_w = 9.8 \ (\mathrm{kN/m^3})$이라 하자.

수평력은 $F_H = \gamma_w h_c A$

$= 9.8 \times (2 + 1.5) \times (2 \times 3) = 205.8 \ (\mathrm{kN})$

마찰력은 $F_f = 0.25 \times F_H = 51.45 \ (\mathrm{kN})$

(들어올리는 데 필요한 힘)=(수문의 수중중량)+(마찰력)

$F = W' + F_f = 1.96 + 51.45 = 53.41 \ (\mathrm{kN})$

14 정답 ② **출제** 기19-2

(항력)=(항력계수)×(투영면적)×(동압력)

$$D = C_D (dl) \frac{\rho V^2}{2}$$

15 정답 ③ **출제** 기19-2

$$\Delta E = \frac{(y_2 - y_1)^3}{4 y_1 y_2} = \frac{(4-2)^3}{4 \times 2 \times 4} = 0.25 \ (\mathrm{m})$$

16 정답 ① **출제** 기19-2

지하수의 정상류를 해석하는 방법은 Thiem의 평형방정식 방법이 있고, 부정류 흐름의 지하수 해석하는 방법에는 Theis 법, Chow 법, Jacob 법 등이 있다.

17 정답 ④ **출제** 기19-2

$\mathrm{V} = 50 \ (\mathrm{m^3})$, $\gamma = 1{,}025 \ (\mathrm{kgf/m^3})$이므로,

$W = \gamma \mathrm{V} = 1{,}025 \times 50 = 51{,}250 \ (\mathrm{kgf}) = 51.250 \ (\mathrm{tonf})$

$$\rho = \frac{\gamma}{g} = \frac{1{,}025}{9.8} = 104.6 \ (\mathrm{kgf \cdot s^2/m^4})$$

주의 문제에서 주어진 (kg)은 (kgf)을 잘못 표기한 것이다. 이 때문에 해석에 혼동을 일으키는 대표적인 문제이다. 문제에서 계산된 $\rho = 104.6 \ (\mathrm{kgf \cdot s^2/m^4}) = 1{,}025 \ (\mathrm{kg/m^3})$의 변환 관계를 잘 이해해야 한다.

18 정답 ④ **출제** 기19-2

수심을 반지름으로 하는 반원을 외접원으로 하는 모든 다각형이 최적수리단면이다.

19 정답 ② **출제** 기19-2

오리피스의 유량 $Q = KH^{1/2}$이므로,

유량측정오차 $\dfrac{dQ}{Q} = \dfrac{1}{2}\dfrac{dH}{H} = \dfrac{1}{2} \times 1 = 0.5\%$

20 정답 ① **출제** 기19-2

$$V = \frac{Q}{A} = \frac{40}{8 \times 5} = 1 \ (\mathrm{m/s})$$

$$E = y + \alpha \frac{V^2}{2g} = 5 + 1.11 \times \frac{1^2}{2 \times 9.8} = 5.06 \ (\mathrm{m})$$

주의 구형은 직사각형을 의미한다.

기출문제 4 2019년도 제3회 기사

시행일: 2019. 8. 4.

★★★

01 도수가 15 (m) 폭의 수문 하류 측에서 발생되었다. 도수가 일어나기 전의 깊이가 1.5 (m)이고 그때의 유속은 18 (m/s)였다. 도수로 인한 에너지 손실수두는? (단, 에너지 보정계수 $\alpha=1$이다.)

① 3.24 (m) ② 5.40 (m)
③ 7.62 (m) ④ 8.34 (m)

★☆☆

02 직사각형의 위어로 유량을 측정할 경우 수두 H를 측정할 때 1%의 측정오차가 있었다면 유량 Q에서 예상되는 오차는?

① 0.5% ② 1.0%
③ 1.5% ④ 2.5%

★☆☆

03 강우강도를 I, 침투능을 f, 총 침투량을 F, 토양수분 미흡량을 D라 할 때, 지표 유출은 발생하나 지하수위는 상승하지 않는 경우에 대한 조건식은?

① $I<f, F<D$ ② $I<f, F>D$
③ $I>f, F<D$ ④ $I>f, F>D$

★★☆

04 그림에서 손실수두가 $\frac{3V^2}{2g}$ 일 때 지름 0.1m의 관을 통과하는 유량은? (단, 수면은 일정하게 유지된다.)

① 0.0399 (m^3/s)
② 0.0426 (m^3/s)
③ 0.0798 (m^3/s)
④ 0.085 (m^3/s)

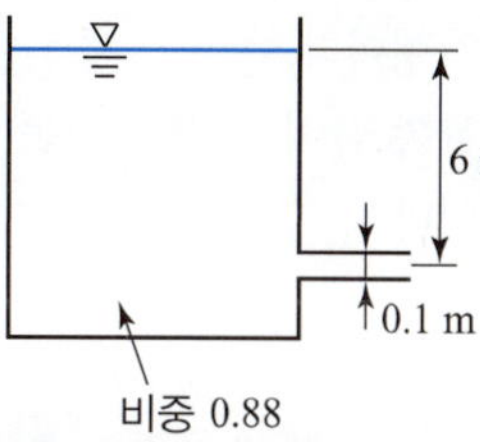

★☆☆

05 그림과 같이 뚜껑이 없는 원통 속에 물을 가득 넣고 중심 축 주위로 회전시켰을 때 흘러넘친 양이 전체의 20%였다. 이때, 원통 바닥면이 받는 전수압(全水壓)은?

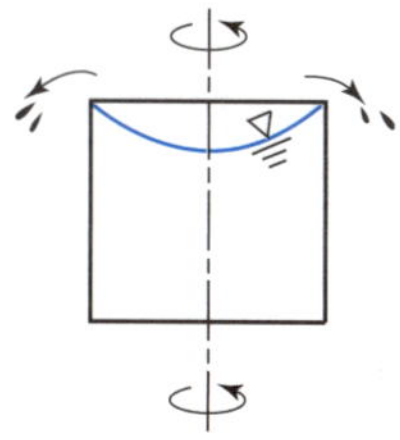

① 정지상태와 비교할 수 없다.
② 정지상태에 비해 변함이 없다.
③ 정지상태에 비해 20%만큼 증가한다.
④ 정지상태에 비해 20%만큼 감소한다.

★☆☆

06 유선 위 한 점의 x, y, z축에 대한 좌표를 (x,y,z), x, y, z축 방향 속도성분을 각각 u, v, w라 할 때 서로의 관계가 $\frac{dx}{u}=\frac{dy}{v}=\frac{dz}{w}$, $u=-ky$, $v=kx$, $w=0$인 흐름에서 유선의 형태는? (단, k는 상수)

① 원 ② 직선
③ 타원 ④ 쌍곡선

★★☆

07 수로 폭이 3 (m)인 직사각형 개수로에서 비에너지가 1.5 (m)일 경우의 최대유량은? (단, 에너지 보정계수는 1.0이다.)

① 9.39 (m^3/s) ② 11.50 (m^3/s)
③ 14.09 (m^3/s) ④ 17.25 (m^3/s)

★★☆
08 **폭이 넓은 개수로**($R \fallingdotseq h_c$)**에서 Chézy의 평균유속계수** $C=29$, **수로경사** $I=\frac{1}{80}$**인 하천의 흐름 상태는? (단,** $\alpha=1.11$)

① $I_c=\frac{1}{105}$로 사류　② $I_c=\frac{1}{95}$로 사류
③ $I_c=\frac{1}{70}$로 상류　④ $I_c=\frac{1}{50}$로 상류

★☆☆
09 **오리피스에서 수축계수의 정의와 그 크기로 옳은 것은? (단,** a_0: **수축단면적,** a: **오리피스 단면적,** V_0: **수축단면의 유속,** V: **이론유속)**

① $C_a=\frac{a_0}{a}$, $1.0 \sim 1.1$
② $C_a=\frac{V_0}{V}$, $1.0 \sim 1.1$
③ $C_a=\frac{a_0}{a}$, $0.6 \sim 0.7$
④ $C_a=\frac{V_0}{V}$, $0.6 \sim 0.7$

★☆☆
10 **DAD 해석에 관련된 것으로 옳은 것은?**

① 수심 – 단면적 홍수기간
② 적설량 – 분포면적 – 적설일수
③ 강우깊이 – 유역면적 – 강우기간
④ 강우깊이 – 유수단면적 – 최대수심

★☆☆
11 **동수반지름**(R)**이 10 (m), 동수경사**(I)**가 1/200, 관로의 마찰손실계수**(f)**가 0.04일 때 유속은?**

① 8.9 (m/s)　② 9.9 (m/s)
③ 11.3 (m/s)　④ 12.3 (m/s)

★☆☆
12 **단위유량도(Unit hydrograph)를 작성함에 있어서 기본 가정에 해당되지 않는 것은?**

① 비례 가정
② 중첩 가정
③ 직접 유출의 가정
④ 일정 기저시간의 가정

★☆☆
13 **밀도가** ρ**인 액체에 지름** d**인 모세관을 연직으로 세웠을 경우 이 모세관 내에 상승한 액체의 높이는? (단,** T: **표면장력,** θ: **접촉각)**

① $h=\frac{4T\cos\theta}{\rho g d^2}$　② $h=\frac{2T\cos\theta}{\rho g d}$
③ $h=\frac{2T\cos\theta}{\rho g d^2}$　④ $h=\frac{4T\cos\theta}{\rho g d}$

★☆☆
14 **관수로에 물이 흐를 때 층류가 되는 레이놀즈수(Re, Reynolds Number)의 범위는?**

① $Re<2{,}000$
② $2{,}000<Re<3{,}000$
③ $3{,}000<Re<4{,}000$
④ $Re>4{,}000$

★☆☆
15 **정수 중의 정면에 작용하는 압력프리즘에 관한 성질 중 틀린 것은?**

① 전수압의 크기는 압력프리즘의 면적과 같다.
② 전수압의 작용선은 압력프리즘의 도심을 통과한다.
③ 수면에 수평한 평면의 경우 압력프리즘은 직사각형이다.
④ 한쪽 끝이 수면에 닿는 평면의 경우에는 삼각형이다.

★☆☆

16 수로의 경사 및 단면의 형상이 주어질 때 최대 유량이 흐르는 조건은?

① 수심이 최소이거나 경심이 최대일 때
② 윤변이 최대이거나 경심이 최소일 때
③ 윤변이 최소이거나 경심이 최대일 때
④ 수로폭이 최소이거나 수심이 최대일 때

★☆☆

17 단순 수문곡선의 분리방법이 아닌 것은?

① N-day 법
② S-curve 법
③ 수평직선 분리법
④ 지하수 감수곡선법

★☆☆

18 지하수의 투수계수와 관계가 없는 것은?

① 토사의 형상 ② 토사의 입도
③ 물의 단위중량 ④ 토사의 단위중량

★★☆

19 0.3 (m^3/s)의 물을 실양정 45 (m)의 높이로 양수하는 데 필요한 펌프의 동력은? (단, 마찰손실수두는 18.6 (m)이다.)

① 186.98 (kW) ② 196.98 (kW)
③ 214.4 (kW) ④ 224.4 (kW)

★☆☆

20 지하수의 흐름에 대한 Darcy의 법칙은? (단, V: 유속, Δh: 길이 ΔL에 대한 손실수두, k: 투수계수)

① $V=k\left(\frac{\Delta h}{\Delta L}\right)^2$ ② $V=k\left(\frac{\Delta h}{\Delta L}\right)$
③ $V=k\left(\frac{\Delta h}{\Delta L}\right)^{-1}$ ④ $V=k\left(\frac{\Delta h}{\Delta L}\right)^{-2}$

정답과 풀이

01 정답 ④ 출제 기19-3

도수 전 수심 $y_1=1.5$ (m)

유속 $V_1=18$ (m/s)이므로,

프루드수 $Fr_1=\frac{V_1}{\sqrt{gy_1}}=\frac{18}{\sqrt{9.8\times1.5}}=4.69$

도수 후 수심

$$y_2=\frac{y_1}{2}\left(-1+\sqrt{1+8Fr_1^2}\right)$$
$$=\frac{1.5}{2}\left(-1+\sqrt{1+8\times4.69^2}\right)=9.24 \text{ (m)}$$

손실수두

$$\Delta E=\frac{(y_2-y_1)^3}{4y_1y_2}=\frac{(9.24-1.5)^3}{4\times1.5\times9.24}=8.36 \text{ (m)}$$

02 정답 ③ 출제 기19-3

직사각 위어에서 $Q=KH^{3/2}$이므로, 유량 측정오차

$$\frac{dQ}{Q}=\frac{3}{2}\frac{dH}{H}=\frac{3}{2}\times1=1.5\%$$

03 정답 ③ 출제 기19-3

- 지표 유출 발생: $I>f$
- 지하수위 상승 안 함: $F<D$

04 정답 ② 출제 기19-3

수면과 관 끝에 대해 베르누이 정리를 적용하면

$$z_1+\frac{p_1}{\gamma}+\frac{V_1^2}{2g}=z_2+\frac{p_2}{\gamma}+\frac{V_2^2}{2g}+h_L$$
$$6+0+0=0+0+\frac{V_2^2}{2g}+\frac{3V_2^2}{2g}$$
$$V_2=5.42 \text{ (m/s)}$$
$$Q=A_2V_2=\frac{\pi\times0.1^2}{4}\times5.42=0.0426 \text{ (m}^3\text{/s)}$$

05 정답 ④ 출제 기00, 기19-3

원통 바닥면이 받는 전수압은 현재 남아 있는 물의 중량과 같다.

06 정답 ① **출제** 기19-3

유선의 방정식 $\frac{dx}{u}=\frac{dy}{v}$에서 $\frac{dx}{-ky}=\frac{dy}{kx}$

변수 분리하면, $x\,dx=-y\,dy$

양변 적분하면, $\frac{1}{2}x^2=-\frac{1}{2}y^2+C$

따라서 유선은 $x^2+y^2=r^2$인 원이 된다.

07 정답 ① **출제** 기19-3

한계류 상태에서 최대유량이 되며, 이때 직사각형 개수로의 한계수심은 $y_c=\frac{2}{3}E_{\min}=\frac{2}{3}\times 1.5=1.0\ \text{(m)}$

단위폭당 유량은

$q=\sqrt{gy_c^3}=\sqrt{9.8\times 1.0^3}=3.13\ (\text{m}^3/\text{s/m})$

유량은 $Q=qb=3.13\times 3.0=9.39\ (\text{m}^3/\text{s})$

08 정답 ② **출제** 기19-3

한계경사

$$I_c=\frac{g}{\alpha C^2}=\frac{9.8}{1.11\times 29^2}=\frac{1}{95.3}<\frac{1}{80}$$

따라서 흐름은 사류이다.

09 정답 ③ **출제** 기19-3

수축계수 $C_a=\frac{a_0}{a}$이고 일반적으로 0.6~0.7의 범위에 있다.

10 정답 ③ **출제** 기19-3

DAD는 Depth-Area-Duration의 약자이다.

11 정답 ② **출제** 기19-3

$h_L=f\frac{L}{D}\frac{V^2}{2g}$에서

$$V=\sqrt{\frac{2gDh_L}{fL}}=\sqrt{\frac{8g}{f}\frac{D}{4}\frac{h_L}{L}}=\sqrt{\frac{8g}{f}R_h I}$$

$$=\sqrt{\frac{8\times 9.8}{0.04}\times 10\times\left(\frac{1}{200}\right)}=9.90\ \text{(m)}$$

12 정답 ③ **출제** 기19-3

단위도의 세 가지 기본가정은 일정기저시간 가정, 중첩 가정, 비례 가정이다.

13 정답 ④ **출제** 기19-3

유리관의 모세관 상승고 $h=\frac{4\sigma\cos\theta}{\rho g d}=\frac{4\sigma\cos\theta}{\gamma d}$이다.

14 정답 ① **출제** 기19-3

층류와 난류는 레이놀즈수 $Re=\frac{VD}{\nu}$에 의해 구분한다.

층류는 $Re<2{,}000$, 난류는 $Re>4{,}000$

단, 이 문제에서 유의할 것은 보통

$Re\le 2{,}100$인 경우를 층류로 보지만,

$Re\le 2{,}000$이라 해도 무방하다.

15 정답 ① **출제** 기19-3

평면의 면적을 A라 할 때, 전수압은

$F=pA=\gamma h(bh)=\gamma bh^2$으로

압력프리즘의 체적이다.

16 정답 ③ **출제** 기19-3

최적수리단면은 주어진 단면형상에서 유량이 최대로 되도록 하는 것이며, 이 경우 윤변이 최소이거나 수리반경이 최대가 되어야 한다.

17 정답 ② **출제** 기19-3

수문곡선분리는 직접유출과 기저유출을 분리하는 것이다. S-곡선법은 단위도의 기저시간을 변경하는 방법이다.

18 정답 ④ **출제** 기19-3

지하수의 투수계수와 관련된 양은 토사형상, 토사입도, 공극률, 물의 단위중량 등이다.

19 정답 ① **출제** 기19-3

$Q=0.3\ (\text{m}^3/\text{s}),\ H=45\ \text{(m)},\ h_L=18.6\ \text{(m)}$

$P_p=\gamma Q(H+h_L)=9{,}800\times 0.3\times(45+18.6)$

$=1.87\times 10^5\ \text{(W)}=187\ \text{(kW)}$

20 정답 ② **출제** 기19-3

Darcy의 법칙은 $V=-KI=-K\frac{\Delta h}{\Delta l}$

(여기서 음의 부호는 흐름방향을 나타냄)

즉, V는 $\frac{\Delta h}{\Delta l}$에 비례한다.

기출문제 5 2020년도 제1·2회 기사

시행일: 2020. 5. 24.

★☆☆

01 다음 그림과 같은 사다리꼴 수로에서 수리상 유리한 단면으로 설계된 경우의 조건은?

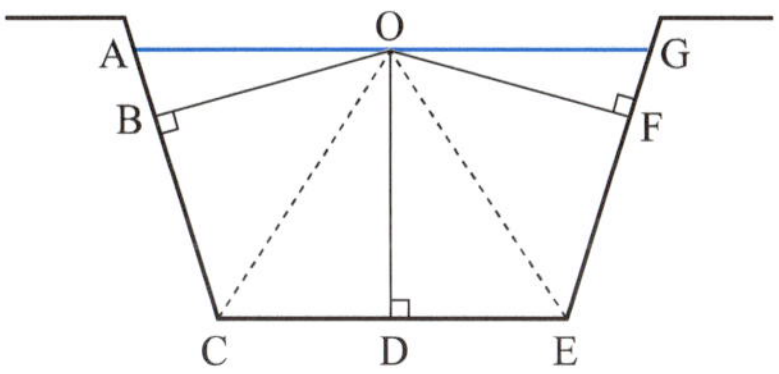

① OB = OD = OF

② OA = OD = OG

③ OC = OG + OA = OE

④ OA = OC = OE = OG

★☆☆

02 토리첼리(Torricelli) 정리는 다음 중 어느 것을 이용하여 유도할 수 있는가?

① 파스칼 원리 ② 아르키메데스 원리

③ 레이놀즈 원리 ④ 베르누이 정리

★☆☆

03 강우강도 공식에 관한 설명으로 틀린 것은?

① 자기우량계의 우량자료로부터 결정되며 지역에 무관하게 적용 가능하다.

② 도시지역의 우수관로, 고속도로 암거 등의 설계 시 기본자료로서 널리 이용된다.

③ 강우강도가 커질수록 강우가 계속되는 시간은 일반적으로 작아지는 반비례 관계이다.

④ 강우강도(I)와 강우지속시간(D)의 관계로서 Talbot, Sherman, Japanese형의 경험공식에 의해 표현될 수 있다.

★☆☆

04 밑변 2 (m), 높이 3 (m)인 삼각형 형상의 판이 밑변을 수면과 맞대고 연직으로 수중에 있다. 이 삼각형 판의 작용점 위치는? (단, 수면을 기준으로 한다.)

① 1 (m) ② 1.33 (m)

③ 1.5 (m) ④ 2 (m)

★★☆

05 지하의 사질 여과층에서 수두차가 0.5 (m)이며, 투과거리가 2.5 (m)일 때, 이곳을 통과하는 지하수의 유속은? (단, 투수계수는 0.3 (cm/s)이다.)

① 0.03 (cm/s) ② 0.04 (cm/s)

③ 0.05 (cm/s) ④ 0.06 (cm/s)

★☆☆

06 평면상 x, y 방향의 속도성분이 각각 $u = ky$, $v = kx$인 유선의 형태는?

① 원 ② 타원

③ 쌍곡선 ④ 포물선

★☆☆

07 유역면적 20 (km^2)인 지역에서 수공구조물의 축조를 위해 다음 아래의 수문곡선을 얻었을 때 총 유출량은?

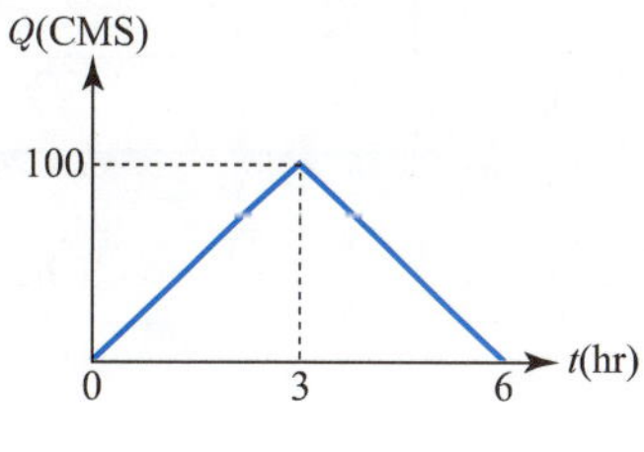

① 108 (m^3)

② 108×10^4 (m^3)

③ 300 (m^3)

④ 300×10^4 (m^3)

★☆☆
08 주어진 유량에 대한 비에너지(specific energy)가 3 (m)일 때, 한계수심은?

① 1 (m) ② 1.5 (m)
③ 2 (m) ④ 2.5 (m)

★★★
09 그림과 같이 지름 3 (m), 길이 8 (m)인 수로의 드럼게이트에 작용하는 전수압이 수문 $\widehat{ABC}$에 작용하는 지점의 수심은?

① 2.00 (m)
② 2.25 (m)
③ 2.43 (m)
④ 2.68 (m)

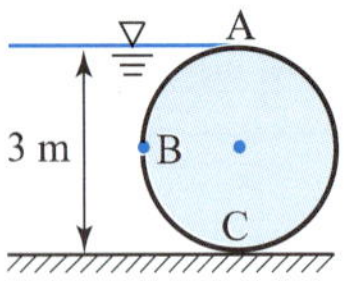

★☆☆
10 유체의 흐름에 대한 설명으로 옳지 않은 것은?

① 이상유체에서 점성은 무시된다.
② 유관(stream tube)은 유선으로 구성된 가상적인 관이다.
③ 점성이 있는 유체가 계속해서 흐르기 위해서는 가속도가 필요하다.
④ 정상류의 흐름상태는 위치 변화에 따라 변화하지 않는 흐름을 의미한다.

★☆☆
11 광정위어(weir)의 유량공식 $Q=1.704\,CbH^{3/2}$에 사용되는 수두(H)는?

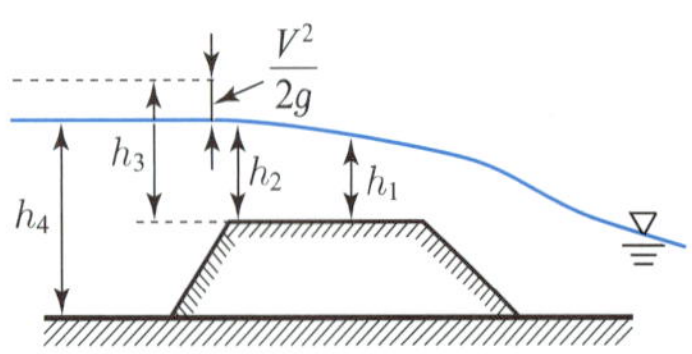

① h_1 ② h_2
③ h_3 ④ h_4

★☆☆
12 오리피스(orifice)로부터의 유량을 측정할 경우 수두 H를 추정함에 1%의 오차가 있었다면 유량 Q에는 몇 %의 오차가 생기는가?

① 1% ② 0.5%
③ 1.5% ④ 2%

★★☆
13 강우강도 $I=\dfrac{5{,}000}{t+40}$ (mm/hr)로 표시되는 어느 도시에 있어서 20분간의 강우량 R_{20}은?

① 17.8 (mm) ② 27.8 (mm)
③ 37.8 (mm) ④ 47.8 (mm)

★☆☆
14 관망 계산에 대한 설명으로 틀린 것은?

① 관망을 Hardy-Cross 방법으로 근사계산할 수 있다.
② 관망 계산 시 각 관에서의 유량을 임의로 가정해도 결과는 같아진다.
③ 관망 계산에서 반시계방향과 시계방향으로 흐를 때의 마찰손실수두의 합은 0이라고 가정한다.
④ 관망 계산 시 극히 작은 손실의 무시로도 결과에 큰 차를 가져올 수 있으므로 무시하여서는 안 된다.

★☆☆
15 지하수 흐름에서 Darcy 법칙에 관한 설명으로 옳은 것은?

① 정상 상태이면 난류영역에서도 적용된다.
② 투수계수(수리전도계수)는 지하수의 특성과 관계가 있다.
③ 대수층의 모세관 작용은 이 공식에 간접적으로 반영되었다.
④ Darcy 공식에 의한 유속은 공극 내 실제유속의 평균치를 나타낸다.

★☆☆

16 **일반적인 수로단면에서 단면계수 Z_c와 수심 h의 상관식은 $Z_c^2 = Ch^M$으로 표시할 수 있는데 이 식에서 M은?**

① 단면지수　② 수리지수
③ 윤변지수　④ 흐름지수

★☆☆

17 **시간을 t, 유속을 v, 두 단면 간의 거리를 l이라 할 때, 다음 조건 중 부등류는?**

① $\frac{\partial v}{\partial t}=0$　② $\frac{\partial v}{\partial t}\neq 0$
③ $\frac{\partial v}{\partial t}=0,\ \frac{\partial v}{\partial l}=0$　④ $\frac{\partial v}{\partial t}=0,\ \frac{\partial v}{\partial l}\neq 0$

★☆☆

18 **그림과 같이 A에서 분기했다가 B에서 다시 합류하는 관수로에 물이 흐를 때, 관 I과 II의 손실수두에 대한 설명으로 옳은 것은? (단, 관 I의 지름 < 관 II의 지름이며, 관의 성질은 같다.)**

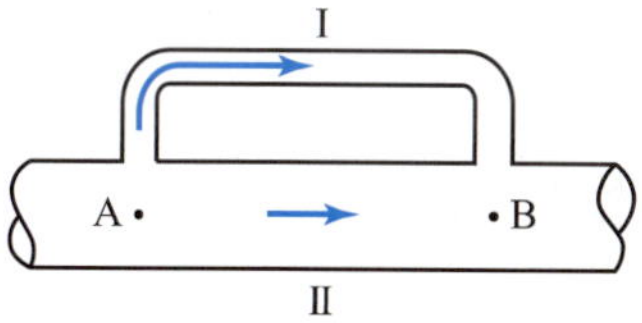

① 관 I의 손실수두가 크다.
② 관 II의 손실수두가 크다.
③ 관 I과 관 II의 손실수두가 같다.
④ 관 I과 관 II의 손실수두의 합은 0이다.

★☆☆

19 **강우로 인한 유수가 그 유역내의 가장 먼 지점으로부터 유역출구까지 도달하는 데 소요되는 시간을 의미하는 것은?**

① 기저시간　② 도달시간
③ 지체시간　④ 강우지속시간

★☆☆

20 **다음 중 밀도를 나타내는 차원은?**

① $[FL^{-4}T^2]$　② $[FL^4T^{-2}]$
③ $[FL^{-2}T^4]$　④ $[FL^{-2}T^{-4}]$

정답과 풀이

01 정답 ① 출제 기20-2
최적수리단면은 반원이 내접하는 다각형이다. 문제에서는 정육면체의 절반을 자른 형태이므로, OB=OD=OF이다.

02 정답 ④ 출제 기20-2
토리첼리의 정리는 베르누이 정리를 오리피스에 적용한 것이다.

03 정답 ① 출제 기20-2
강우강도식은 지역에 따라 다르기 때문에 지역마다 별도로 만들어야 한다.

04 정답 ③ 출제 기20-2
삼각형의 도심은 $h_c = 1.0$ (m)에 있다.
따라서 작용점은

$$h_p = h_c + \frac{I_x}{h_p A}$$
$$= 1.0 + \frac{\frac{2\times 3^3}{36}}{1.0\times\left(\frac{1}{2}\times 2\times 3\right)} = 1.5\ \text{(m)}$$

05 정답 ④ 출제 기20-2
Darcy 유속

$$V = K\frac{\Delta h}{\Delta l} = 0.3\times\frac{0.5}{2.5} = 0.06\ \text{(cm/s)}$$

06 정답 ③ 출제 기20-2

유선의 방정식 $\frac{dx}{u}=\frac{dy}{v}$에 대입하면,

$\frac{dx}{ky}=\frac{dy}{kx}$, $x\,dx=y\,dy$

양변 적분하면, $x^2-y^2=C$

이 식은 쌍곡선의 식이다.

주의 2020년에 실제 출제되었을 때 가답안에서는 ① 원을 정답으로 한 바 있다. 출제자가 정답을 잘못 표기하였다.

07 정답 ② 출제 기20-2

총 유출량

$$V=\frac{1}{2}Q_p t_B=\frac{1}{2}\times 100\times(6\times 3,600)$$

$$=1.08\times 10^6\ (\text{m}^3)$$

08 정답 ③ 출제 기20-2

$$y_c=\frac{2}{3}E_{\min}=\frac{2}{3}\times 3=2\ (\text{m})$$

주의 직사각형 단면에서 주어진 유량에 대한 비에너지가 최소일 때 이 관계가 성립한다. 이 문제에서는 '최소'라는 말이 누락되었다.

09 정답 ③ 출제 기20-2

수평수압

$$F_H=\gamma h_c A=1\times\frac{3}{2}\times(8\times 3)=36\ (\text{ton})$$

연직수압

$$F_V=\gamma V=1\times\left(\frac{1}{2}\times\frac{\pi\times 3^2}{4}\right)\times 8=28.3\ (\text{ton})$$

$\tan\theta=\frac{F_V}{F_H}$이므로, $\theta=\tan^{-1}\left(\frac{28.3}{36}\right)=38.2°$

모든 수압성분은 경계면에 직각이므로, 원의 중심방향으로 작용한다. 따라서, 전수압의 작용방향은 원점을 지나며, 작용점의 위치는 그림과 같이

$$h_p=\frac{3}{2}+\frac{3}{2}\sin 38.2°=2.43\ (\text{m})$$

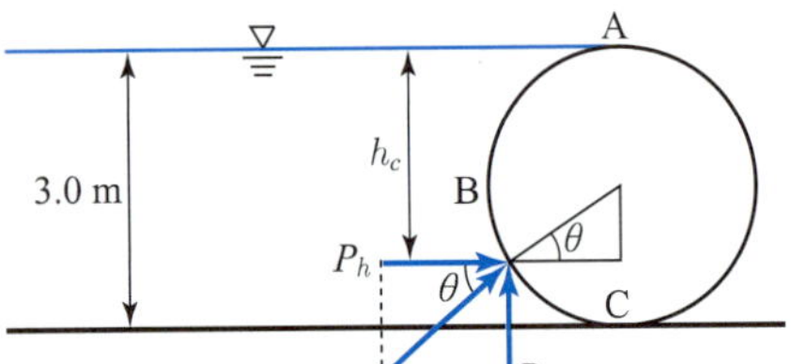

10 정답 ④ 출제 기20-2

정상류는 시간의 변화에 따라 변화하지 않는 흐름을 말한다.

11 정답 ③ 출제 기20-2

H는 월류수심과 접근유속수두의 합이므로 h_3이다.

즉, $H=h+\frac{V^2}{2g}=h_3$

12 정답 ② 출제 기20-2

$Q=KH^{1/2}$이므로, 유량측정오차

$$\frac{dQ}{Q}=\frac{1}{2}\frac{dH}{H}=\frac{1}{2}\times 1.0=0.5\%$$

13 정답 ② 출제 기20-2

강우강도

$$I=\frac{b}{t+a}=\frac{5,000}{20+40}=83.33\ (\text{mm/hr})$$

20분간의 강우량은

$$R=IA=83.33\times\frac{20}{60}=27.8\ (\text{mm})$$

14 정답 ④ 출제 기20-2

Hardy Cross 법에서 손실은 마찰손실만 고려한다.

15 정답 ② 출제 기20-2

- Darcy 법칙은 $Re<4$ 정도의 층류영역에서만 적용된다.
- 투수계수(수리전도계수)는 지하수의 특성과 관계가 있다.
- Darcy 법칙 $V=KI$에서 V는 Darcy 유속이며, 이를 공극률로 나누면 실제유속이다.

16 정답 ② 출제 기20-2

단면계수 $Z^2=Ch^M$에서 C는 형상계수, M은 수리지수이다.

17 정답 ④ 출제 기20-2

부등류는 $\frac{\partial v}{\partial l}\neq 0$인 흐름이다.

④에서 $\frac{\partial v}{\partial t}=0$이 없어야 정답이다.

정확히 표현하자면 ④는 정상부등류이다.

주의 2020년 2회에서 실제로 보기는 '① $\frac{v}{t}=0$, ② $\frac{v}{t}\neq 0$, ③ $\frac{v}{t}=0$, $\frac{v}{l}=0$, ④ $\frac{v}{t}=0$, $\frac{v}{l}\neq 0$'와 같이 편미분 기호가 누락된 채 출제되었다.

18 **정답** ③ **출제** 기20-2

병렬 관수로에서의 각 관의 손실수두는 동일하다.

19 **정답** ② **출제** 기20-2

도달시간은 하천본류를 따라 유역의 가장 먼 곳에서부터 출구까지 물이 유하하는 데 소요되는 시간을 의미하며, 홍수량에 큰 영향을 준다.

20 **정답** ① **출제** 기20-2

밀도의 차원은 $[ML^{-3}]$이다.

이를 $[F]=[MLT^{-2}]$을 이용하여 공학단위로 나타내면, $[ML^{-3}]=[FL^{-4}T^2]$이다.

기출문제 6 2020년도 제3회 기사

시행일: 2020. 8. 20.

★★☆

01 그림과 같이 1 (m)×1 (m)×1 (m) 인 정육면체의 나무가 물에 떠 있을 때 부체(浮體)로서의 상태로 옳은 것은? (단, 나무의 비중은 0.8이다.)

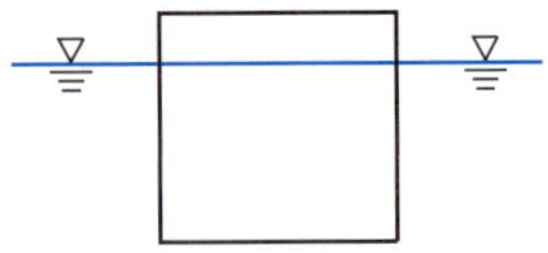

① 안정하다. ② 불안정하다.
③ 중립상태다. ④ 판단할 수 없다.

★☆☆

02 관의 마찰 및 기타 손실수두를 양정고의 10%로 가정할 경우 펌프의 동력을 마력으로 구하면? (단, 유량은 Q=0.07 (m^3/s)이며, 효율은 100%로 가정한다.)

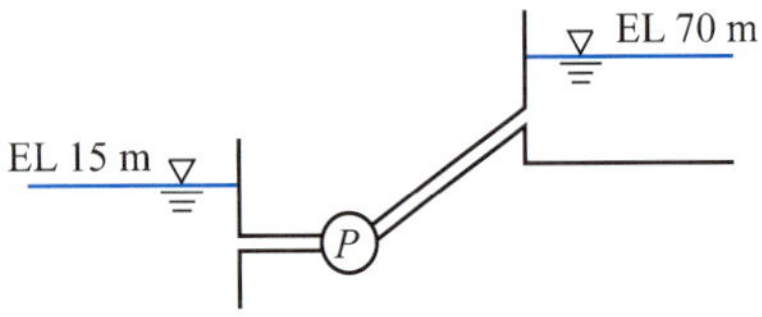

① 57.2 (HP) ② 48.0 (HP)
③ 51.3 (HP) ④ 56.5 (HP)

★☆☆

03 비피압대수층 내 지름 D=2 (m), 영향권의 반지름 R=1,000 (m), 원지하수의 수위 H=9 (m), 집수정의 수위 h_0=5 (m)인 심정호의 양수량은? (단, 투수계수 k=0.0038 (m/s))

① 0.0415 (m^3/s) ② 0.0461 (m^3/s)
③ 0.0968 (m^3/s) ④ 1.8232 (m^3/s)

★★☆

04 지름 25 (cm), 길이 1 (m)의 원주가 연직으로 물에 떠 있을 때, 물속에 가라앉은 부분의 길이가 90 (cm)라면 원주의 무게는? (단, 무게 1 (kgf) =9.8 (N))

① 253 (N) ② 344 (N)
③ 433 (N) ④ 503 (N)

★☆☆

05 폭이 50 (m)인 직사각형 수로의 도수 전 수위 h_1=3 (m), 유량 Q=2,000 (m^3/s)일 때 대응수심은?

① 1.6 (m)
② 6.1 (m)
③ 9.0 (m)
④ 도수가 발생하지 않는다.

★★☆

06 그림과 같은 개수로에서 수로경사 S_0=0.001, Manning의 조도계수 n=0.002일 때 유량은?

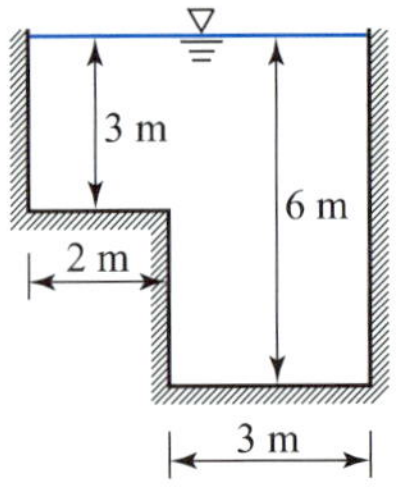

① 약 150 (m^3/s) ② 약 320 (m^3/s)
③ 약 480 (m^3/s) ④ 약 540 (m^3/s)

★★☆

07 **배수면적이** 500 (ha), **유출계수가** 0.70**인 어느 유역에 연평균강우량이** 1,300 (mm) **내렸다. 이때 유역 내에서 발생한 최대유출량은?**

① 0.1443 (m^3/s) ② 12.64 (m^3/s)
③ 14.43 (m^3/s) ④ 1,264 (m^3/s)

★★☆

08 20℃**에서 지름** 0.3 (mm)**인 물방울이 공기와 접하고 있다. 물방울 내부의 압력이 대기압보다** 10 (gf/cm^2)**만큼 크다고 할 때 표면장력의 크기를** (dyne/cm)**로 나타내면?**

① 0.075 ② 0.75
③ 73.50 ④ 75.0

★☆☆

09 **수조에서 수면으로부터** 2 (m)**의 깊이에 있는 오리피스의 이론 유속은?**

① 5.26 (m/s) ② 6.26 (m/s)
③ 7.26 (m/s) ④ 8.26 (m/s)

★☆☆

10 **수심이** 10 (cm), **수로 폭이** 20 (cm)**인 직사각형 개수로에서 유량** $Q=80$ (cm^3/s)**가 흐를 때 동점성계수** $\nu=1.0\times10^{-2}$ (cm^2/s)**이면 흐름은?**

① 난류, 사류 ② 층류, 사류
③ 난류, 상류 ④ 층류, 상류

★★☆

11 **방파제 건설을 위한 해안지역의 수심이** 5.0 (m), **입사파랑의 주기가** 14.5**초인 장파**(long wave)**의 파장**(wave length)**은?** (**단, 중력가속도** $g=9.8$ (m/s^2))

① 49.5 (m) ② 70.5 (m)
③ 101.5 (m) ④ 190.5 (m)

★☆☆

12 **수중 오리피스**(orifice)**의 유속에 관한 설명으로 옳은 것은?**

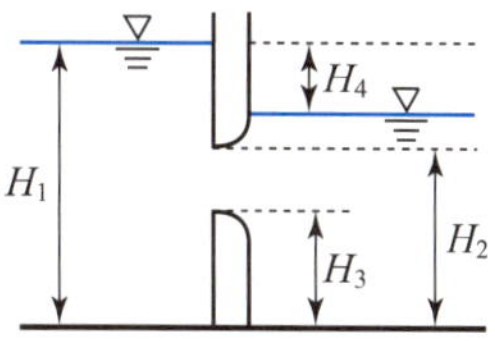

① H_1이 클수록 유속이 빠르다.
② H_2가 클수록 유속이 빠르다.
③ H_3이 클수록 유속이 빠르다.
④ H_4가 클수록 유속이 빠르다.

★☆☆

13 **누가우량곡선**(rainfall mas curve)**의 특성으로 옳은 것은?**

① 누가우량곡선의 경사가 클수록 강우강도가 크다.
② 누가우량곡선의 경사가 지역에 관계없이 일정하다.
③ 누가우량곡선으로부터 일정기간 내의 강우량을 산출하는 것을 불가능하다.
④ 누가우량곡선은 자기우량기록에 의하여 작성하는 것보다 보통우량계의 기록에 의하여 작성하는 것이 더 정확하다.

★★☆

14 **그림과 같은 유역**(12 (km)×8 (km))**의 평균강우량을** Thiessen **방법으로 구한 값은?** (**단, 작은 삼각형은** 2 (km)×2 (km)**의 정사각형으로서 모두 크기가 동일하다.**)

① 120 (mm)
② 123 (mm)
③ 125 (mm)
④ 130 (mm)

관측점	1	2	3	4
강우량(mm)	140	130	110	100

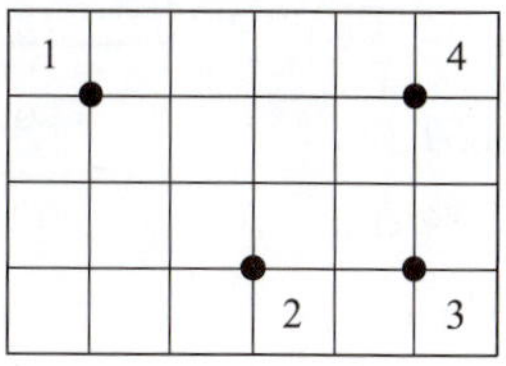

★☆☆

15 Hardy-Cross의 관망 계산 시 가정조건에 대한 설명으로 옳은 것은?

① 합류점에 유입하는 유량은 그 점에서만 1/2만 유출된다.

② 각 분기점에 유입하는 유량은 그 점에서 정지하지 않고 전부 유출한다.

③ 폐합관에서 시계방향 또는 반시계 방향으로 흐르는 관로의 손실수두의 합은 0이 될 수 없다.

④ Hardy-Cross 방법은 관경에 관계없이 관수로의 분할 개수에 의해 유량 분배를 하면 된다.

★☆☆

16 정상적인 흐름에서 1개 유선 상의 유체입자에 대하여 그 속도수두를 $V^2/2g$, 위치수두를 z, 압력수두를 p/γ_0라 할 때 동수경사는?

① $\frac{p}{\gamma_0}+z$를 연결한 값이다.

② $\frac{V^2}{2g}+z$를 연결한 값이다.

③ $\frac{V^2}{2g}+\frac{p}{\gamma_0}$를 연결한 값이다.

④ $\frac{V^2}{2g}+\frac{p}{\gamma_0}+z$를 연결한 값이다.

★★★

17 아래 그림과 같이 지름 10 (cm)인 원관이 지름 20 (cm)로 급확대되었다. 관의 확대 전 유속이 4.9 (m/s)라면 단면 급확대에 의한 손실수두는?

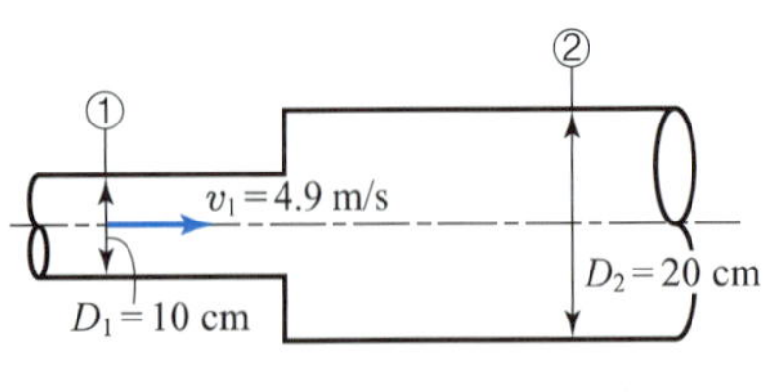

① 0.69 (m) ② 0.96 (m)

③ 1.14 (m) ④ 2.45 (m)

★★☆

18 왜곡모형에서 Froude 상사법칙을 이용하여 물리량을 표시한 것으로 틀린 것은? (단, X_r은 수평축척비, Y_r은 연직축척비이다.)

① 시간비 : $T_r=\frac{X_r}{Y_r^{1/2}}$

② 경사비 : $S_r=\frac{Y_r}{X_r}$

③ 유속비 : $V_r=\sqrt{Y_r}$

④ 유량비 : $Q_r=X_r Y_r^{5/2}$

★☆☆

19 관의 지름이 각각 3 (m), 1.5 (m)인 서로 다른 관이 연결되어 있을 때, 지름 3 (m) 관 내에 흐르는 유속이 0.03 (m/s)이라면 지름 1.5 (m) 관 내에 흐르는 유량은?

① 0.157 (m^3/s) ② 0.212 (m^3/s)

③ 0.378 (m^3/s) ④ 0.540 (m^3/s)

★☆☆

20 홍수 유출에서 유역면적이 작으면 단시간의 강우에, 면적이 크면 장시간의 강우에 문제가 발생한다. 이와 같은 수문학적 인자 사이의 관계를 조사하는 DAD 해석에 필요 없는 인자는?

① 강우량 ② 유역면적

③ 증발산량 ④ 강우지속시간

정답과 풀이

01 정답 ① 출제 기20-3

물체의 중량 $W = \gamma V = (0.8 \times 1) \times (1 \times 1 \times 1)$
$= 0.8$ (tonf)

비중이 0.8이므로, 흘수 $d = 0.8$ (m)

중심 G까지 깊이 $h_G = 0.5$ (m)

부심 C까지 깊이 $h_b = 0.6$ (m)

$\overline{\text{CG}} = 0.1$ (m)

$$\overline{\text{GM}} = \frac{I}{V} - \overline{\text{CG}} = \frac{1 \times 1^3/12}{1 \times 1 \times 0.8} - 0.1 = 0.004 > 0$$

따라서 안정하다.

02 정답 ④ 출제 기20-3

양정고 $H = 55$ (m), 손실 $h_L = 5.5$ (m)

유량 $Q = 0.07$ (m^3/s), 효율 $\eta = 1.0$

$$\text{펌프 용량 } P = \frac{\gamma Q (H + h_L)}{\eta} = \frac{9,800 \times 0.07 \times (55 + 5.5)}{1.0} = 41,503 \text{ (W)} = 56.43 \text{ (HP)}$$

03 정답 ③ 출제 기20-3

$$Q = \frac{\pi K (H^2 - h_0^2)}{\ln(R/r)} = \frac{\pi \times 0.0038 \times (9^2 - 5^2)}{\ln(1,000/1)} = 0.0968 \text{ (m}^3\text{/s)}$$

04 정답 ③ 출제 기20-3

$$W = F_b = \gamma_w V_s = 9,800 \times \left(\frac{\pi \times 0.25^2}{4} \times 0.9 \right) = 432.96 \text{ (N)}$$

05 정답 ③ 출제 기20-3

대응수심(alternate depth)은 비에너지가 같은 상류 상태와 사류 상태의 두 수심을 말한다. 그런데 문제에서처럼 대응수심이 도수 전(사류) 수위 y_1에 대한 도수 후(상류)의 수심 y_2를 의미한다면 다음과 같이 구한다.

먼저, 도수 전의 유속은 다음과 같다.

$$V_1 = \frac{Q}{A_1} = \frac{2,000}{50 \times 3} = 13.3 \text{ (m/s)}$$

$$\text{Froude 수 } Fr_1 = \frac{V_1}{\sqrt{g y_1}} = \frac{13.3}{\sqrt{9.8 \times 3}} = 2.45$$

$$\text{도수 후 수심 } y_2 = \frac{y_1}{2}\left(-1 + \sqrt{1 + 8Fr_1^2}\right) = \frac{3}{2}\left(-1 + \sqrt{1 + 8 \times 2.45^2}\right) = 9.0 \text{ (m)}$$

주의 만일 대응수심의 원래 의미대로 같은 비에너지에 대한 두 수위로 풀면,

$$\text{단위폭당 유량 } q = \frac{Q}{B} = \frac{2,000}{50} = 40 \text{ (m}^3\text{/s/m)}$$

$$V_1 = \frac{Q}{A_1} = \frac{2,000}{50 \times 3} = 13.3 \text{ (m/s)}$$

$$\text{비에너지 } E = y_1 + \frac{V_1^2}{2g} = 3.0 + \frac{13.3^2}{2 \times 9.8} = 12.1 \text{ (m)}$$

$$\text{대응수심은 } E = y_2 + \frac{q^2}{2 g y_2^2} = y_2 + \frac{40^2}{2 \times 9.8 \times y_2^2} = 12.1 \text{ (m)}$$

시산법으로 풀면, $y_2 = 11.4$ (m)

06 정답 ③ 출제 기20-3

윤변 $P = 3 + 2 + 3 + 3 + 6 = 17$ (m),

단면적 $A = 2 \times 3 + 3 \times 6 = 24$ (m^2)

$$\text{수리반경 } R_h = \frac{A}{P} = \frac{24}{17} = 1.412 \text{ (m)}$$

$$\text{유량 } Q = \frac{1}{n} A R_h^{2/3} \sqrt{S_0} = \frac{1}{0.002} \times 24 \times 1.412^{2/3} \times \sqrt{0.001} = 477.6 \text{ (m}^3\text{/s)}$$

주의 주어진 조도계수 $n = 0.002$는 현실적인 조도계수의 범주를 벗어나서 크게 작은 값이다. $n = 0.02$가 보다 현실적인 값이며, 이 경우 유량은 약 48 (m^3/s)이다.

07 정답 ① 출제 기20-3

배수면적 $A = 500$ ha $= 5$ (km^2)

합리식에 대입하면 첨두유량은

$$Q_p = 0.2778 CIA = 0.2778 \times 0.70 \times \left(\frac{1,300}{365 \times 24} \right) \times 5 = 0.144 \text{ (m}^3\text{/s)}$$

주의 원하는 답을 산출했지만, 이 문제는 두 가지 면에서 불합리하다.

첫째, 문제에서 최대유출량이라 했지만, 계산값은 평균 유출량이다.

둘째, 합리식은 어떤 강우사상에 대한 첨두홍수량을 구하는 것이지 이처럼 연강수량에 대한 유출을 추정하는 식이 아니다.

08 정답 ③ 출제 기|00, 기|20-3

$$\sigma = \frac{\Delta pd}{4} = \frac{10 \times 0.03}{4} = 0.075 \ \text{(gf/cm)}$$
$$= 73.5 \ \text{(dyne/cm)}$$

09 정답 ② 출제 기|20-3

$$V = \sqrt{2gh} = \sqrt{2 \times 9.8 \times 2} = 6.26 \ \text{(m/s)}$$

10 정답 ④ 출제 기|05, 기|08-2, 기|13-1, 기|20-3

단면평균유속 $V = \frac{Q}{A} = \frac{80}{10 \times 20} = 0.4 \ \text{(cm/s)}$

수리반경 $R_h = \frac{A}{P} = \frac{20 \times 10}{20 + 2 \times 10} = 5 \ \text{(cm)}$

레이놀즈수 $Re = \frac{VR_h}{\nu} = \frac{0.4 \times 5}{1 \times 10^{-2}} = 200 < 500$

∴ 층류

프루드수 $Fr = \frac{V}{\sqrt{gy}} = \frac{0.4}{\sqrt{980 \times 10}} = 0.004 < 1$

∴ 상류

11 정답 ③ 출제 기|20-3

장파의 파속 $C = \sqrt{gh} = \sqrt{9.8 \times 5.0} = 7.0 \ \text{(m/s)}$

파장 $L = CT = 7.0 \times 14.5 = 101.5 \ \text{(m)}$

12 정답 ④ 출제 기|20-3

수중오리피스의 유속 $V = \sqrt{2gH_4}$ 이므로, H_4가 클수록 유속이 빠르다.

13 정답 ① 출제 기|02, 기|08-2, 기|11-2, 기|15-4, 기|18-1, 기|20-3

누가우량곡선의 특징

- 곡선의 경사가 급할수록 강우강도가 크다.
- 곡선의 경사가 없으면 무강우를 의미한다.

14 정답 ② 출제 기|12-1, 기|20-3

다음 그림과 같이 티센망을 형성한다.

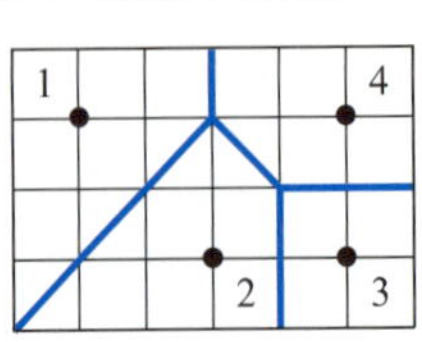

면적과 강우량을 표로 만들어 계산하면 매우 편리하다.

관측점	1	2	3	4	합
면적(km^2) A_i	30	28	16	22	96
우량(mm) P_i	140	130	110	100	
면적 × 우량, A_iP_i	4,200	3,640	1,760	2,200	11,800
			평균우량		122.9

15 정답 ② 출제 기|09-1, 기|20-3

Hardy-Cross 관망 계산 시 기본가정

- 각 분기점 또는 합류점에 유입되는 수량은 그 점에서 정지하지 않고 전부 유출된다($\Sigma Q = 0$).
- 각 폐합관에서 시계방향 또는 반시계방향으로 흐르는 관로의 손실수두의 합은 0이다($\Sigma h_L = 0$).
- 유량은 초기 유량을 가정하며, 손실은 마찰손실만을 고려한다.
- 보정량(ΔQ)은 (+)와 (−) 값 모두를 가진다.

16 정답 ① 출제 기|11-1, 기|20-3

동수경사선은 위치수두와 압력수두의 합, 즉 위압수두를 연결한 선이다.

17 정답 ① 출제 기|20-3

단면급확대손실

$$h_L = \left\{1 - \left(\frac{A_1}{A_2}\right)\right\}^2 \frac{V_1^2}{2g} = \left\{1 - \left(\frac{0.1}{0.2}\right)^2\right\}^2 \times \frac{4.9^2}{2 \times 9.8}$$
$$= 0.69 \ \text{(m)}$$

18 정답 ④ 출제 기|20-3

왜곡모형에서 유량비 $Q_r = X_r Y_r^{3/2}$

19 정답 ② 출제 기|20-3

지름 3 (m)인 관에 흐르는 유량

$$Q = A_1 V_1 = \frac{\pi \times 3^2}{4} \times 0.03 = 0.212 \ (\text{m}^3/\text{s})$$

연속식에 의해 지름 1.5 (m) 관에도 같은 유량이 흐른다.

20 정답 ③ 출제 기|00, 기|20-3

DAD(Depth-Area-Duration) 해석은 최대평균 우량깊이−유역면적−강우지속시간의 관계를 나타내므로 증발산량과는 관계가 적다.

기출문제 7 2020년도 제4회 기사

시행일: 2020. 9. 26.

★☆☆
01 **수면 아래** 30 (m) **지점의 수압을** (kN/m^2)**로 표시하면?** (단, **물의 단위중량은** 9.81 (kN/m^3)**이다.**)

① 2.94 (kN/m^2)
② 29.43 (kN/m^2)
③ 294.3 (kN/m^2)
④ 2943 (kN/m^2)

★☆☆
02 **유출(流出)에 대한 설명으로 옳지 않은 것은?**

① 총 유출은 통상 직접 유출(direct runoff)과 기저 유출(base runoff)로 분류된다.
② 하천에 도달하기 전에 지표면 위로 흐르는 유수를 지표유하수(overland flow)라 한다.
③ 하천에 도달한 후 다른 성분의 유출수와 합친 유수량을 총 유출수(total flow)라 한다.
④ 지하수 유출은 토양을 침투한 물이 침투하여 지하수를 형성하나 총 유출량에는 고려하지 않는다.

★☆☆
03 **개수로 내의 흐름에서 비에너지**(specific energy, H_e)**가 일정할 때, 최대 유량이 생기는 수심** h**로 옳은 것은?** (단, **개수로의 단면은 직사각형이고** $\alpha=1$**이다.**)

① $h=H_e$
② $h=\frac{1}{2}H_e$
③ $h=\frac{2}{3}H_e$
④ $h=\frac{3}{4}H_e$

★☆☆
04 **도수**(hydraulic jump) **전후의 수심** h_1, h_2**의 관계를 도수 전의** Froude **수** Fr_1**의 함수로 표시한 것으로 옳은 것은?**

① $\frac{h_2}{h_1}=\frac{1}{2}\left(\sqrt{8Fr_1^2+1}-1\right)$
② $\frac{h_1}{h_2}=\frac{1}{2}\left(\sqrt{8Fr_1^2+1}+1\right)$
③ $\frac{h_2}{h_1}=\frac{1}{2}\left(\sqrt{8Fr_1^2+1}+1\right)$
④ $\frac{h_1}{h_2}=\frac{1}{2}\left(\sqrt{8Fr_1^2+1}-1\right)$

★☆☆
05 **오리피스**(orifice)**의 압력수두가** 2 (m)**이고 단면적이** 4 (cm^2), **접근유속은** 1 (m/s)**일 때 유출량은?** (단, **유량계수** $C=0.63$**이다.**)

① 1,558 (cm^3/s)
② 1,578 (cm^3/s)
③ 1,598 (cm^3/s)
④ 1,618 (cm^3/s)

★☆☆
06 **위어**(weir)**에 물이 월류할 경우 위어의 정상을 기준으로 상류 측 전수두를** H, **하류 수위를** h**라 할 때, 수중위어**(submerged weir)**로 해석될 수 있는 조건은?**

① $h<\frac{2}{3}H$
② $h<\frac{1}{2}H$
③ $h>\frac{2}{3}H$
④ $h>\frac{1}{3}H$

★☆☆
07 부체의 안정에 관한 설명으로 옳지 않은 것은?

① 경심(M)이 무게중심(G)보다 낮을 경우 안정하다.
② 무게중심(G)이 부심(B)보다 아래쪽에 있으면 안정하다.
③ 경심(M)이 무게중심(G)보다 높을 경우 복원 모멘트가 작용한다.
④ 부심(B)과 무게중심(G)이 동일 연직선 상에 위치할 때 안정을 유지한다.

★☆☆
08 다음 중 베르누이의 정리를 응용한 것이 아닌 것은?

① 오리피스
② 레이놀즈수
③ 벤투리미터
④ 토리첼리의 정리

★☆☆
09 DAD 해석에 관한 내용으로 옳지 않은 것은?

① DAD의 값은 유역에 따라 다르다.
② DAD 해석에서 누가우량곡선이 필요하다.
③ DAD 곡선은 대부분 반대수지로 표시된다.
④ DAD 관계에서 최대평균우량은 지속시간 및 유역면적에 비례하여 증가한다.

★☆☆
10 합성단위 유량도(synthetic unit hydrograph)의 작성방법이 아닌 것은?

① Snyder 방법
② Nakayasu 방법
③ 순간 단위유량도법
④ SCS의 무차원 단위유량도 이용법

★☆☆
11 수리학적으로 유리한 단면에 관한 내용으로 옳지 않은 것은?

① 동수반경을 최대로 하는 단면이다.
② 구형에서는 수심이 폭의 반과 같다.
③ 사다리꼴에서는 동수반경이 수심의 반과 같다.
④ 수리학적으로 가장 유리한 단면의 형태는 이등변직각삼각형이다.

★☆☆
12 마찰손실계수(f)와 Reynolds 수(Re) 및 상대조도(ε/d)의 관계를 나타낸 Moody 도표에 대한 설명으로 옳지 않은 것은?

① 층류 영역에서는 관의 조도에 관계없이 단일 직선이 적용된다.
② 완전난류의 완전히 거친 영역에서 f는 Re^n과 반비례하는 관계를 보인다.
③ 층류와 난류의 물리적 상이점은 $f-Re$ 관계가 한계 Reynolds 수 부근에서 갑자기 변한다.
④ 난류 영역에서는 $f-Re$ 곡선은 상대조도에 따라 변하며 Reynolds 수보다는 관의 조도가 더 중요한 변수가 된다.

★☆☆
13 관수로에서의 마찰손실수두에 대한 설명으로 옳은 것은?

① Froude 수에 반비례한다.
② 관수로의 길이에 비례한다.
③ 관의 조도계수에 반비례한다.
④ 관 내 유속의 1/4 제곱에 비례한다.

★★★
14 수심이 50 (m)로 일정하고 무한히 넓은 해역에서 주태양반일주조(S_2)의 파장은? (단, 주태양반일주조의 주기는 12시간, 중력가속도 $g=9.81$ (m/s^2)이다.)

① 9.56 (km)　　② 95.6 (km)
③ 956 (km)　　④ 9,560 (km)

★★☆
15 지름 0.3 (m), 수심 6 (m)인 굴착정이 있다. 피압대수층의 두께가 3.0 (m)라 할 때, 5 (l/s)의 물을 양수하면 우물의 수위는? (단, 영향원의 반지름은 500 (m), 투수계수는 4 (m/h)이다.)

① 3.848 (m)　　② 4.063 (m)
③ 5.920 (m)　　④ 5.999 (m)

★☆☆
16 흐르는 유체 속에 물체가 있을 때, 물체가 유체로부터 받는 힘은?

① 장력(張力)　　② 충력(衝力)
③ 항력(抗力)　　④ 소류력(掃流力)

★★☆
17 유역면적이 2 (km^2)인 어느 유역에 다음과 같은 강우가 있었다. 직접 유출 용적이 140,000 (m^3)일 때, 이 유역에서의 ϕ-index는?

시간 (30 min)	1	2	3	4
강우강도 (mm/h)	102	51	152	127

① 36.5 (mm/h)　　② 51.0 (mm/h)
③ 73.0 (mm/h)　　④ 80.3 (mm/h)

★★☆
18 양정이 5 (m)일 때, 4.9 (kW)의 펌프로 0.03 (m^3/s)를 양수했다면 이 펌프의 효율은?

① 약 0.3　　② 약 0.4
③ 약 0.5　　④ 약 0.6

★★☆
19 두 개의 수평한 판이 5 (mm) 간격으로 놓여 있고, 점성계수 0.01 (N·s/cm^2)인 유체로 채워져 있다. 하나의 판을 고정시키고 다른 하나의 판을 2 (m/s)로 움직일 때의 유체 내에서 발생되는 전단응력은?

① 1 (N/cm^2)　　② 2 (N/cm^2)
③ 3 (N/cm^2)　　④ 4 (N/cm^2)

★★☆
20 폭 4 (m), 수심 2 (m)인 직사각형 단면 개수로에서 Manning 공식의 조도계수 $n=0.017$ (m$^{-1/3}$·s), 유량 $Q=15$ (m^3/s)일 때, 수로의 경사(I)는?

① 1.016×10^{-3}　　② 4.548×10^{-3}
③ 15.365×10^{-3}　　④ 31.875×10^{-3}

정답과 풀이

01 정답 ③ 출제 기20-4

물의 단위중량 $\gamma=9.81$ (kN/m^3), 수심 $h=30$ (m)이므로, 압력 $p=\gamma h=9.81\times30=294.3$ (kN/m^2)

02 정답 ④ 출제 기15-2, 기19-1, 기20-4

(강수량)=(증발산량)+(지표면 유출량)+(침투량)
=(지표먼 유출)+(지표하 유출)+(지하수)

(총유 출량)=(직접 유출)+(기저 유출)

03 정답 ③ **출제** 산04, 산08, 산11, 기20-4

직사각형 개수로에서 비에너지가 일정할 때, 최대유량이 생기는 수심은 한계수심이다. 또, 이때 한계수심(y_c)은 최소비에너지($E_{\min}$)의 2/3이다.

즉, $y_c = \dfrac{2}{3}E_{\min}$

04 정답 ① **출제** 기07-4, 기12-4, 기14-4, 기16-1, 기20-4

도수 전후의 식 $\dfrac{y_2}{y_1} = \dfrac{1}{2}\left(\sqrt{8Fr_1^2+1}-1\right)$

05 정답 ③ **출제** 기20-4

접근류의 수두 $H = \dfrac{p}{\gamma} + \dfrac{V^2}{2g} = 2 + \dfrac{1^2}{2\times9.8} = 2.05$ (m)

오리피스 유속 $V = \sqrt{2gH} = \sqrt{2\times9.8\times2.05}$

$= 6.34$ (m/s)

오리피스 유량을 CGS 단위로 구하면

$Q = CAV = 0.63\times4\times634 = 1,597.7$ (cm^3/s)

06 정답 ③ **출제** 기20-4

하류 수위가 한계수심 이상일 경우이므로,

$h > y_c = \dfrac{2}{3}H$

07 정답 ① **출제** 기04, 기18-2, 산02, 산05, 기20-4

부체의 중심선과 부력의 작용선의 교점인 경심(M)이 중심(G)보다 아래에 있을 때 부체는 불안정하다.

08 정답 ② **출제** 기20-4

베르누이 정리를 응용한 것으로 토리첼리의 정리, 피토관, 오리피스, 벤투리미터 등이 있다.

09 정답 ④ **출제** 기20-4

최대평균우량은 지속시간에 비례하여 증가하나, 유역면적에 비례하여 감소한다.

10 정답 ③ **출제** 기13-1, 기20-4

합성단위도를 유량도를 구하는 방법은 Snyder 방법, SCS 방법, Clark 방법, Nakayasu 방법의 네 가지가 주된 방법이다.

11 정답 ④ **출제** 기20-4

최적수리단면은 직각이등변삼각형을 포함하여 원에 외접하는 모든 다각형이다.

12 정답 ② **출제** 기08-4, 기11-2, 기20-4

Moody 선도는 크게 네 부분으로 나눈다.

- 층류 영역에서는 단일 곡선 $f = \dfrac{64}{Re}$가 관의 조도에 관계없이 적용된다.
- 완전히 매끄러운 영역(smooth pipe)에서는 f는 Re^n과 반비례하는 관계를 보인다.
- 완전난류 영역에서는 $f-Re$ 곡선은 상대조도(ε/d)에 따라서만 변하며 Reynolds 수는 큰 관계가 없다.
- 앞의 매끄러운 영역과 완전난류 영역 사이의 구간이 천이구간이며, 상대조도(ε/d)와 Reynolds 수(Re)의 영향을 모두 받는다.

13 정답 ② **출제** 기20-4

$h_L = f\dfrac{L}{D}\dfrac{V^2}{2g}$이므로, 마찰손실계수와 관로 길이, 속도의 제곱에 비례하고, 관의 지름에 반비례한다.

14 정답 ③ **출제** 기20-4

장파로 보면 파속 $C = \sqrt{gh} = \sqrt{9.81\times50}$

$= 22.1$ (m/s)

주기 $T = 12$ (hr) $= 43,200$ (sec)

파장 $L = CT = 22.1\times43,200 = 956,760.5$ (m)

$= 956.8$ (km)

15 정답 ② **출제** 기20-4

우물의 반경 $r = 0.15$ (m)

영향원 반지름 $R = 500$ (m)

피압대수층 두께 $D = 3.0$ (m)

원지하수위 $H = 6.0$ (m)

투수계수 $K = 4$ (m/h) $= 96$ (m/day)

양수량 $Q = 5$ (l/s) $= 432$ (m^3/day)

굴착정의 양수량 $Q = \dfrac{2\pi DK(H-h)}{\ln(R/r)}$에 적용

$432 = \dfrac{2\pi\times6\times3\times(6-h)}{\ln(500/0.15)}$에서 $h = 4.063$ (m)

16 정답 ③ **출제** 기11-2, 기16-2, 기20-4

흐르는 유체에 물체가 있는 경우나, 정지된 유체 속에서 물체가 움직일 때, 이 물체가 운동에 반대방향으로 받는 힘을 항력이라 한다.

17 **정답** ④ **출제** 기20-4

먼저 직접 유출고를 계산하면,

$$R=\frac{V}{A}=\frac{140,000}{2\times10^6}=0.07\ (\text{m})=70\ (\text{mm})$$

ϕ－지표가 $51<\phi<102$ (mm/hr)라고 가정하면,

$$\{(102-\phi)+(152-\phi)+(127-\phi)\}\times\frac{1}{2}=70$$

$\therefore\ \phi=80.3$ (mm/hr). 즉, 가정을 만족한다.

18 **정답** ① **출제** 기11-4, 기20-4

펌프의 동력 $P_p=\dfrac{\gamma QH}{\eta}$ 에서

효율 $\eta=\dfrac{\gamma QH}{P_p}=\dfrac{9,800\times0.03\times5}{4,900}=0.3$

19 **정답** ④ **출제** 기17-2, 기20-4

모든 것을 [MKS] 단위로 표시하자.

$\Delta y=0.005$ (m), $\mu=100$ $(\text{N}\cdot\text{s/m}^2)$, $u=2$ (m/s)

$$\tau=\mu\frac{du}{dy}=100\times\frac{2}{0.005}=40,000\ (\text{N/m}^2)=4\ (\text{N/cm}^2)$$

20 **정답** ① **출제** 기06, 기16-1, 기20-4

$Q=AV=A\dfrac{1}{n}R_h^{2/3}S^{1/2}$ 에서

$15=(4\times2)\times\dfrac{1}{0.017}\times\left(\dfrac{4\times2}{4+2\times2}\right)^{2/3}\times S^{1/2}$ 이므로

$S=1.016\times10^{-3}$

저자 소개
AUTHOR INTRODUCTION

류권규

서울대학교 토목공학과 공학사, 공학석사
한국건설기술연구원 수자원연구실 선임연구원
미국 University of Iowa 토목환경공학과 공학박사
現 동의대학교 토목공학과 교수
pururumi@gmail.com

이남주

연세대학교 토목공학과 공학사
서울대학교 토목공학과 공학석사, 공학박사
現 경성대학교 토목공학과 교수
namjoo.ksu@gmail.com

토목기사·산업기사
수리수문학
필기

2021년 2월 9일 초판 인쇄
2021년 2월 22일 초판 발행

지은이 류권규·이남주
펴낸이 류원식
펴낸곳 **교문사**
편집팀장 모은영
책임진행 성혜진
표지디자인 신나리
본문편집 디자인이투이

주소 (10881) 경기도 파주시 문발로 116
전화 031-955-6111
팩스 031-955-0955
홈페이지 www.gyomoon.com
E-mail genie@gyomoon.com
등록번호 1960. 10. 28. 제406-2006-000035호
ISBN 978-89-363-2135-2 (13530)
값 19,500원